Birds of Patagonia, Tierra del Fuego & Antarctic Peninsula
The Falkland Islands & South Georgia

Aves de Patagonia, Tierra del Fuego y Península Antártica
Islas Malvinas y

Enrique Couve & Claudio Vidal

Editorial Fantástico Sur Birding Ltda.

Editor Fotográfico: Enrique Couve
Editor de Textos: Claudio Vidal
Traducción al Inglés: Chris Bradshaw
Digitalización y Diagramación: Miguel A. Montecinos
Supervisión de Imprenta: Enrique Couve

Impresión:
Primera Edición, Julio 2003

Edición General: Editorial Fantástico Sur Birding Ltda.
Magallanes 960 - 2° Piso, Casilla 455, Punta Arenas, Chile
Fono/Fax: 56-61-247194 • e-mail: info@fantasticosur.com
www.fantasticosur.com

Birds of Patagonia,
Tierra del Fuego & Antarctic Peninsula
The Falkland Islands & South Georgia

Aves de Patagonia,
Tierra del Fuego y Península Antártica
Islas Malvinas y Georgia del Sur

CONTENTS / CONTENIDOS

"I now belong to a higher cult of mortals, for I have seen the albatross"

"Ahora pertenezco a un culto más alto de mortales, porque he visto el albatros"

Robert Cushman Murphy, (1912)

A Cecilia, por comprender mis pasiones
Enrique Couve

A Soledad, con mucho amor
Claudio Vidal

Acknowledgements

Many people have helped us with this guide over the years and all have generously shared their information and knowledge. Juan Mazar Barnett and Jürgen Rottmann deserve particular thanks for providing constructive criticism of draft species accounts and some very helpful unpublished information.

We also wish to express our appreciation to Chris Bradshaw, who translated much of the original manuscript and made many patient contributions.

For their contributions of time, information and bibliographic resources, we are especially grateful to Pablo Acerbo, Juan Aguirre, Peter Burke, Miguel Castelino, Graham Hearl, Steve N.G. Howell, Santiago Imberti, Alvaro Jaramillo, Jaime Jiménez, Manuel Marín, Nigel Milius, Ralph Powlesland, Noble S. Proctor, Germán Pugnali, Carlos Risso, Andrew Rossaak, Carl Rothfels, Jorge Ruiz, Hernaldo Saldivia, Roberto Schlatter, Luis Segura, Juan Carlos Torres-Mura, Claudio Venegas, Francois Vuilleumier, Doug Wechsler/VIREO and Robin Woods.

For their cooperation, enthusiasm and friendship during our field trips, we would like to thank to Mariano Bernal, Carlos Bravo, Colin Bushell, Francisco Cárdenas, David E. Clapp, Francisco Contreras, Chris Cutler, Alejandro Da Milano, Werner G. Deuser, Roberto Donoso, Emma Elgueta, Mark & Joanne Finn, Magnus Forsberg, Alberto Gantz, Dana Gardner, Greg Greer, Armando Iglesias, Scott Jones, Algirdas Knystautas, Alejandro Kusch, Donald Mac Leod, Patricio Marín, Diana Martin, José Luis Merlo, Mario Mohr, René Monsalve, Waldemar Monsalve, Ian & Collin Morrison, Juan Antonio Ordoñez, Tony Pym, Jack Poll, Marco Sepúlveda, Cecilia Smith, Ian Tillotson, Maurice Van de Maele, Osvaldo Vidal, Andreas Von Mayer and Mike Whitherick.

We offer special thanks to the several nature photographers who gathered and submitted the gorgeous pictures that make this book a delight to view. Special mention must made of Gonzalo Gonzalez, Roberto Guller and Harald Kocksch. The photographers involved were Pablo Acerbo, Guillermo Bodrati, Dennis Buurman, Jose & Adriana Calo, Rohan Clarke, Alejandro Correa, Paul Cuming, Eveline Deveraux, Jim Enticott, Cristian Estades, Chris Gooddie, Don Hadden, Alan Henry, Mike Hermes, Armando Iglesias, Federico Johow, Andres Johnson, Scott Jones, Alejandro Kusch, Greg Lasley, Jose Leiberman, Reginaldo Lejarraga, Bladimiro López, Juan Mazar Barnett, Tony Palliser, Nicolas Piwonka, Dario H. Podesta, Hernan Povedano, Julio Preller, German Pugnali, Mauricio A.E. Rumboll, Hernaldo Saldivia, Julio Schindler, Craig Smith, Brent Stephenson, Charif Tala, Maurice Van de Maele and Jacob T. Wijpkema.

We thank Miguel A. Montencinos from Fantástico Sur for his skills in the image digitalization and layout process of the book. For their friendship and encdcdcdless moral support we thank our partners of Fantastico Sur: Liliana, José Antonio, Mauricio and Vesna Kusanovic.

The authors reserve their greatest tribute to our families. Enrique Couve thank Cecilia and their children: Vicente, Valerie, David and Denise. Claudio Vidal thank his wife Soledad. We appreciate their efforts during our many absences, and for always being there when we needed them.

Agradecimientos

Muchas personas han colaborado con el desarrollo de esta guía a través de los años y han compartido generosamente su información y conocimiento.

Juan Mazar Barnett y Jürgen Rottmann merecen nuestro especial reconocimiento por entregar críticas constructivas sobre el manuscrito y muy valiosa información previamente no publicada.

También queremos agradecer muy especialmente a Chris Bradshaw, quien tradujo la mayor parte del manuscrito original y realizó numerosas y pacientes contribuciones.

Por su tiempo, información y recursos bibliográficos, estamos muy agradecidos de Pablo Acerbo, Juan Aguirre, Peter Burke, Miguel Castelino, Graham Hearl, Steve N.G. Howell, Santiago Imberti, Alvaro Jaramillo, Jaime Jiménez, Manuel Marín, Nigel Milius, Ralph Powlesland, Noble S. Proctor, Germán Pugnali, Carlos Risso, Andrew Rossaak, Carl Rothfels, Jorge Ruiz, Hernaldo Saldivia, Roberto Schlatter, Luis Segura, Juan Carlos Torres-Mura, Claudio Venegas, Francois Vuilleumier, Doug Wechsler/VIREO y Robin Woods.

Por su cooperación, entusiasmo y amistad durante nuestras salidas a terreno y trabajo de campo, quisiéramos agradecer a Mariano Bernal, Carlos Bravo, Colin Bushell, Francisco Cárdenas, David E. Clapp, Francisco Contreras, Chris Cutler, Alejandro Da Milano, Werner G. Deuser, Roberto Donoso, Emma Elgueta, Mark y Joanne Finn, Magnus Forsberg, Alberto Gantz, Dana Gardner, Greg Greer, Armando Iglesias, Scott Jones, Algirdas Knystautas, Alejandro Kusch, Donald Mac Leod, Patricio Marín, Diana Martin, José Luis Merlo, Mario Mohr, René Monsalve, Waldemar Monsalve, Ian y Collin Morrison, Juan Antonio Ordoñez, Tony Pym, Jack Poll, Marco Sepúlveda, Cecilia Smith, Ian Tillotson, Maurice Van de Maele, Osvaldo Vidal, Andreas Von Mayer y Mike Whitherick.

Agradecemos de manera muy especial a los fotógrafos quienes reunieron y gentilmente enviaron las hermosas fotografías que ilustran este libro. Una especial mención hacia Gonzalo González, Roberto Guller y Harald Kocksch. Los fotógrafos fueron Pablo Acerbo, Guillermo Bodrati, Dennis Buurman, José y Adriana Calo, Rohan Clarke, Alejandro Correa, Paul Cuming, Eveline

Deveraux, Jim Enticott, Cristián Estades, Chris Gooddie, Don Hadden, Alan Henry, Mike Hermes, Armando Iglesias, Federico Johow, Andrés Johnson, Scott Jones, Alejandro Kusch, Greg Lasley, José Leiberman, Reginaldo Lejarraga, Bladimiro López, Juan Mazar Barnett, Tony Palliser, Nicolás Piwonka, Darío H. Podesta, Hernán Povedano, Julio Preller, Germán Pugnali, Mauricio A.E. Rumboll, Hernaldo Saldivia, Julio Schindler, Craig Smith, Brent Stephenson, Charif Tala, Maurice Van de Maele y Jacob T. Wijpkema.

Queremos agradecer a Miguel A. Montencinos de Fantástico Sur por su hábil trabajo en el proceso de digitalización y diagramación del libro.

Por su amistad y continuo apoyo moral agradecemos a nuestros socios de Fantastico Sur: Liliana, José Antonio, Mauricio y Vesna Kusanovic.

Los autores expresan su inmenso reconocimiento hacia nuestras familias. Enrique Couve desea agradecer a Cecilia y a sus hijos: Vicente, Valerie, David y Denise. Claudio Vidal agradece a su esposa Soledad. Reconocemos sus esfuerzos durante nuestras prolongadas ausencias, y por siempre estar presentes cuando las necesitamos.

INTRODUCTION

The idea to producing this Photographic Field Guide originated during our many expeditions and birding tours and after several discussions about how to overcome such a vast and diverse area, with a mosaic of habitats, a very peculiar climate and fascinating birdlife.

Our approach has varied through the years since we began with the project in 1997. The idea to consider the whole of Patagonia and Tierra del Fuego, in addition to great portion of the Southern Ocean and the Antarctic Peninsula, together with the Falkland Islands and islands of the Scotia Sea began to fascinate to us as we learnt more about the distribution and natural history of the species that inhabit the southernmost region of the Southern Cone of South America.

This is a unique region on the planet. One can hardly imagine the contrasts between the frozen austral fjords of Chile and the steep Argentina Atlantic coast that is virtually teemed with wildlife. Between are the exuberant Valdivian Temperate Forests that are the realm of the Chucao Tapaculo and the windy and arid Patagonian steppes where rheas and tinamous travel in groups. There are fascinating albatross colonies from South Georgia to the Antarctic islands, where each available space is occupied by breeding penguins. Such contrasts and such beauty are perhaps the reasons that every year attract more and more visitors to explore and enjoy the landscapes and wildlife of this region.

It is our hope that this book will inspire the reader to observe, learn, value and therefore protect the rich but also fragile birdlife of this remote corner of the world.

The authors

ABOUT THIS BOOK

Plan of the Book

This book is divided into seven main sections. The first introductory section contains (1) a synopsis of the region considered by the book and its main eco-regions, (2) a section of several maps of localities, including a phytogeographic map and habitat photographs and (3) a section of schemes on bird topography.

The main section of the book is (4) the Species Accounts that consider 302 species and contains descriptive text, range map and a photographic selection for every species.

It is continued with (5) an Appendix that considers 129 species, (6) a complete bibliography and (7) the listing of photographic credits.

Species Accounts

Species Order

The species order appearing in the plates of this book, follows a different sequence from that generally adopted by most of the bird guides. The plates are divided in two sections, beginning with the Land Birds (141 species), and following a traditional taxonomic order. For this edition, we basically follow Clements (2000), with some exceptions. The section on Aquatic Birds (161 species) then follows.

Information by Species

Every species plate contains the following information:

English name: The English names used in this book are those most commonly used in recent literature. Some alternative names are shown between brackets.

Chilean name: We basically follow the Checklist by Araya et al. (1995), although several common names have been changed.

Argentinean name: We follow the Checklist of Mazar Barnett & Pearman (2001).

Scientific name and Family: We follow Araya & Millie (1995), Clements (2000) and Mazar Barnett & Pearman (2001).

Identification: Each species has a brief plumage description, and where applicable the differences between male, female, immature and juvenile are described. Where such distinction does not exist, it is assumed that sexes are alike.

Habitat: The typical habitat of the species in the Patagonian and/or Antarctic region, is described.

Range: The Patagonian and/or Antarctic range is described for every species and subspecies present in the area. Additionally details of the bird's status (resident, summer resident, visitor, accidental) and abundance are included. The global distributional range is also briefly mentioned. The endemic species are highlighted with CAPITALS. Altitudinal information is mentioned, where appropriate.

Habits: A brief review of habits that can be useful to make a specific identification in the field is given.

Conservation: For species mentioned by BirdLife International (2000) and Stattersfield et al. (1998), a brief description of conservation status is included.

Measurements: The length of a bird is the measurement taken from the tip of the bill to the tip of the tail, with the bird lying flat on it's back. In species where it is justified, the wingspan is included. Both measurements are given in centimetres and inches.

Distributional map: Every species has a distributional map in which its range in Patagonia and/or Antarctic Peninsula is shown. The symbol (•) indicates local records whilst the symbol (?) indicates possible occurrence in the area.

Photographs: The photographs have been carefully selected from an exhaustive collection in order to help the reader to identify the species in the field. For this purpose, we have included a number of images focused on key features. When there is more than one subspecies, we have tried to include photographs of these other races. The nominate races do not have generally subtitles, whereas we have tried to include them for the other races. Also and where it is appropriate, we have included a symbol for male (♂) and female (♀), and a letter for sub-adult (SA), immature (I) and juvenile (J). Every picture has been numbered in order to identify its author in the index of photographers of this book.

Appendix

We have included in this section, the resident species of the Patagonian region, especially those occurring in provinces located in the northern limit of the area such as western Patagonia (Cauquenes and Linares) and Eastern Patagonia (Neuquén, Negro River and south-western Buenos Aires). Also, we comment the status of regular and accidental visitors in the Patagonian area, Humboldt Current, Southern Ocean, Scotia Sea and Antarctic Peninsula. Species introduced into the area are also included 133 species are treated in this section.

INTRODUCCION

La idea de producir esta Guía de Campo Fotográfica se originó durante nuestras diversas expediciones y tours de observación de aves y luego de variadas discusiones sobre como abordar un área tan vasta y diversa, con un mosaico de hábitats, un clima muy particular y una fascinante avifauna. El enfoque varió con los años, desde que comenzamos con el proyecto en el año 1997. La idea de considerar toda la Patagonia y Tierra del Fuego, además de gran parte del Océano Austral y Península Antártica, junto al Archipiélago de las Malvinas e Islas del Mar de Escocia comenzó a fascinarnos a medida que aprendíamos más sobre la distribución y la historia natural de las especies que habitan la región más austral del cono sur de Sudamérica. Esta es una región única en el planeta. Difícilmente uno puede imaginar los contrastes entre los gélidos fiordos australes de Chile y la abrupta costa atlántica Argentina que bulle de vida. Entre los exuberantes bosques valdivianos que son el reino del Chucao y la ventosa y árida estepa patagónica donde ñandúes y martinetas viajan en grupos. De las fascinantes colonias de albatros en Isla Georgia del Sur a las islas antárticas, donde cada espacio disponible es ocupado por los pingüinos para nidificar. Tales contrastes y tal belleza son quizás las razones que atraen cada año a más y más visitantes a explorar y disfrutar de los paisajes y vida silvestre de esta región.

Es nuestra esperanza que este libro inspire al lector a observar, aprender, valorar y por lo tanto a conservar la rica pero a su vez frágil avifauna de este alejado rincón del mundo.

Los autores

ACERCA DE ESTE LIBRO

Plan del libro
Este libro está dividido en siete secciones principales. La primera sección introductoria contiene (1) una sinopsis sobre la región considerada por el libro y sus principales eco-regiones, (2) una sección de varios mapas de localidades, incluyendo un mapa fitogeográfico y fotografías de hábitat y (3) una sección de esquemas sobre la topografía de aves.

La principal sección del libro es (4) la Descripción de Especies que considera 302 especies y que contiene texto descriptivo, mapa distribucional y una selección fotográfica para cada una de ellas.

Se continúa con (5) el Apéndice que considera 129 especies, (6) una completa bibliografía y (7) el listado de créditos fotográficos.

Descripción de Especies

Orden de las Especies
El orden de las especies aparecidas en las láminas de este libro, sigue un ordenamiento distinto al generalmente adoptado por la mayoría de las guías de campo de aves. Las láminas están divididas en dos secciones, comenzando con la de Aves Terrestres (141 especies), que sigue un orden taxonómico tradicional. Para esta edición, seguimos básicamente a Clements (2000), con algunas excepciones. Luego prosigue la sección de Aves acuáticas (161 especies).

Información por Especie
Cada lámina de especie contiene la siguiente información:
Nombre en Inglés: Los nombres en inglés usados en este libro son los más comúnmente utilizados en la literatura reciente. Algunos nombres alternativos son mostrados entre paréntesis.
Nombre Chileno: Seguimos básicamente la lista patrón de Araya et al. (1995), aunque varios nombres vernaculares han sido cambiados.
Nombre Argentino: Seguimos el listado de Mazar Barnett & Pearman (2001).
Nombre Científico y Familia: Seguimos a Araya & Millie (1995), Clements (2000) y Mazar Barnett & Pearman (2001).
Identificación: Cada especie de ésta sección cuenta con una breve descripción de plumajes, y diferencias entre macho, hembra, inmaduro y juvenil, donde corresponda. Donde no exista tal distinción, se asume que los sexos son similares.
Hábitat: Se describe el tipo de hábitat típico de la especie, en la región patagónica o antártica.
Rango: Se describe el rango distribucional patagónico y/o antártico de cada especie y subespecie presente en el área. Además se menciona el estatus de residencia (residente, residente estival, visitante, accidental) de cada especie además de un comentario sobre su abundancia. También se menciona brevemente su rango distribucional global. Las especies endémicas son destacadas con letras mayúsculas. También se menciona información sobre altitud, donde sea necesario.
Hábitos: Se entrega una breve reseña sobre hábitos que ayuden a la identificación específica en el terreno.
Conservación: En especies mencionadas por BirdLife (2000) y Stattersfield et al. (1998), se incluye una breve descripción sobre su estado su conservación.
Medidas: El largo de un ave es tomada desde la punta del pico hasta la punta de la cola, de un ejemplar extendido de

espalda sobre una superficie plana, según corresponda. En especies donde se justifique, se incluye la medida de envergadura. Ambas medidas son entregadas en centímetros y pulgadas.

Mapa distribucional: Cada especie cuenta con un mapa distribucional en el que se grafica su rango anual en Patagonia y/o Península Antártica. El signo (•) señala registros locales y el signo (?) su posible presencia en el área.

Fotografías: Se ha realizado una cuidadosa y exhaustiva selección de fotografías para ayudar al lector a identificar a las especies en terreno. Para este propósito, se ha incluido un número de imágenes concentradas en características claves. Cuando existen más una de subespecie se ha tratado de incorporar fotografías de las mismas. Las razas nominales generalmente no tienen subtítulo, en tanto que a las otras razas se ha procurado nombrarlas. Asimismo y donde corresponda, se incluye un símbolo para macho (♂) y hembra (♀), y una letra para subadulto (SA), inmaduro (I) y juvenil (J). Cada fotografía ha sido numerada en orden de identificar a su autor en el índice de fotógrafos de este libro.

Apéndice

En esta sección se consideran las especies residentes de la región patagónica, en especial de aquellas provincias localizadas en el extremo norte tanto de la Patagonia occidental (Cauquenes y Linares) como de la oriental (Neuquén, Río Negro y extremo sur-oeste de Buenos Aires). También se comenta el estatus de ocurrencia de especies visitantes regulares y accidentales en la región patagónica, Corriente de Humboldt, Océano Austral, Mar de Escocia y Península Antártica. También se incluyen las especies introducidas en el área. Se tratan en esta sección 133 especies.

SYNOPSIS OF THE REGION

PATAGONIA

Patagonia is defined as the southernmost temperate region of South America, and is located southwards of a line extending in a south-easterly direction from the mouth of the Maule River (36ºS), in Chile to the mouth of the Colorado River (38ºS), in Argentina to Cape Horn (56ºS), comprising an area of approximately 1,140,000 km² (Vuilleumier 1985, 1991). Politically, the northern limits of the Patagonian region are the provinces of Cauquenes and Linares (VII Region del Maule), south of the Maule River, in Chile and the Provinces of Neuquén, Negro River and the south-western extreme of Buenos Aires, south of the Colorado River, in Argentina.

The two main vegetation types of Patagonia are the forests dominated by *Nothofagus* trees and the Patagonian steppes. The Andes extend along the western edge of the continent, as a mountainous belt of approximately 2,000km of length, but of just 100 to 200km wide. Both slopes are covered with forests, whereas the steppes extend through the plateaus and lowlands of eastern Patagonia to the coasts of the Atlantic. A narrow ecotone separates both formations in the eastern slope of the Andes.

Other eco-regions are present in the northern limit of the Patagonian region, including the Chilean Matorral, the Southern Andean Steppe and the Monte Desert in Argentina.

Magellanic Forests

The sub-Antarctic forests of *Nothofagus* cover the western edge of southern South America extending along the Patagonian Andes and the Chilean Fiords from 47ºS to Cape Horn, including the southern regions of Aysén and Magallanes. In Argentina, they comprise just a small part of the western side of Santa Cruz Province, southern Tierra del Fuego and Staten Island. The northern end of the sub-Antarctic *Nothofagus* forests is bordered by the Valdivian Temperate Forests, whilst the eastern limit borders with the Patagonian Steppe and Grasslands. To the west of this eco-region is the cold Pacific Ocean.

Most of the mountains in the northern part of this eco-region have heights near 1,500m/4,920ft, but there are several along the border between Chile and Argentina, exceeding the 3,000m/9,840ft: Mount San Lorenzo (3,706m/12,155ft), Mount Fitz Roy (3,406m/11,172ft) and Mount Murallón (3,600m/11,808ft). Westwards there is another great mountain: Mount San Valentín (3,910m/12,825ft). There are great lakes of glacial origin along the border of both countries such as the General Carrera/Buenos Aires Lake (the deepest and second largest in South America), Cochranne/Pueyrredón Lake, O'Higgins/San Martín Lake, Viedma Lake and Argentine Lake.

Ice caps and glaciers cover a great part of the Patagonian Andes. The combined effect of low temperatures, strong prevailing westerly winds and a high annual precipitation of nearly 5,000mm, have created three huge ice fields. These are the Northern Patagonian Ice Field, extending between 46º30'S - 47º30'S, and covering an area of approximately 4,200km², the Southern Patagonian Ice Field, extending between 48º30'S - 51º30'S, with an approximate area of 13,500km², and finally the Cordillera Darwin Ice Field, in the south-western part of Isla Grande de Tierra del Fuego, between 54º30'S - 55ºS, with an approximate area of 2,300km². Most of glaciers are currently receding, although during the Quaternary ice ages, they experienced significant expansion.

The climate of this area is generally cold-temperate and wet, being very cold at high elevations. The effects of the cold Humboldt Current and Antarctic Circumpolar Current (ACC) in the south-western and southern coastal areas of this region, are the reason that this zone is colder than others located in similar latitudes, with an average temperature in January lower than 10ºC. The strong westerly winds blow throughout the year, producing high precipitation on the western slope of the Andes and reduced precipitation east of the mountains. There is a remarkable west-east precipitation gradient, from 4,000mm to 700mm.

The vegetation comprises two main types of forest: evergreen forests of *Nothofagus betuloides* westwards and deciduous forests of *Nothofagus pumilio* and *Nothofagus antarctica* eastwards, extending towards Argentina. In Tierra del Fuego, the evergreen forests are located in the southern part and the deciduous forests inland.

In colder areas with high precipitation in the south-western extreme of this eco-region, there is a characteristic vegetation, Magellanic Tundra, extending from the southern part of Tierra del Fuego northwards through the archipelago to 48ºS. This tundra is characterized by the presence of dwarfed prostrate shrubs, cushion-like plants and grasslands.

The alpine vegetation above the forests, is limited by a belt of *krumholz*, made up of low and prostrate specimens of *Nothofagus*. The tree line descends from the north to the south, from approximately 1,000m to 500m.

The flora of this eco-region is diverse and in terms of phytogeographic classification, it is part of the Sub-Antarctic Province and shows close relationships with the Valdivian Temperate Forests located in the north. Several plant genera of this one eco-region have close representatives in Australia, New Zealand and Tasmania, such as *Nothofagus* and ferns of the *Blechnum* genus between many others.

The forests of Patagonia are separated by about 1,100km from the nearest montane forests of north-western Argentina and to about 1,400km from the forests of the north-east of Argentina and Paraguay. This isolation has caused the Patagonian *Nothofagus* forests to have a high degree of bird endemism.

Valdivian Temperate Forests

This eco-region covers a thin continental strip, between the western slope of the Andes and the Pacific Ocean, extending between 35ºS and 48ºS. The snow line is about 2,400m/7,872ft in Central Chile (35ºS), descending to 1,000m/3,280ft southwards in the Valdivian region. The Andes here rise to about 3,000m/9,840ft, and at these higher elevations the temperate forests are replaced by typical high Andean vegetation. The precipitation ranges between 1,000mm in the north, to 6,000mm per year in the southernmost part of this eco-region. The precipitation decreases significantly on the eastern slope of the Andes, with about 200mm falling annually. These rains are seasonal and are concentrated mainly in the winter. Biogeographic events, temperature and precipitation gradients, a long history of isolation and recent climatic changes have caused the development of a heterogeneous mosaic of forest-types. There are five types of forest ecosystems: 1) Deciduous forest of the Maule Province, which is a transition between Mediterranean-type schlerophyllous forests and the wet temperate forests extending southwards, 2) Valdivian Laurel-leaved forest dominated by *Laureliopsis philippiana*, *Aextoxicon punctatum*, *Eucryphia cordifolia*, *Caldcluvia paniculata* and *Weinmannia trichosperma*. 3) Northern Patagonian forests dominated by perennial species such as *Nothofagus dombeyi*, *Podocarpus nubigena* and *Drimys winteri*. 4) Patagonian Andean forests including *Araucaria araucana* and Andean scrub with deciduous *Nothofagus*. 5) Evergreen forests with bogs consisting forests of *Nothofagus betuloides* and *Sphagnum* bogs. Additionally there are forest communities dominated by conifers such as *Fitzroya cuppresoides*, *Pilgerodendron uviferum* and *Austrocedrus chilensis*.

Patagonian Steppes

This eco-region comprises the Argentinean Patagonia extending from the Atlantic coast to the southern limit with Chile. Valdes Peninsula is on the northern outskirts of this region. The topography of this zone includes hills, plateaus and plains. The climate is very dry and cold, with snow during the winter but with an annual precipitation that usually is less than 200mm. A feature of the Patagonian climate is the constant dry westerly winds, particularly blowing during the summer months. The elevations vary considerably from north to south, from about 2,000m/6560ft to 700m/2296ft, respectively. The steppe vegetation of this region is xerophytic and is highly adapted to protection against drought, wind and the presence of herbivores. This vegetation is closely related to the Andean flora. The semi-desert vegetation is highly adapted and includes shrubs such as *Acantholippia*, *Benthamiella*, *Nassauvia*, *Verbena*, *Mulinum* and *Brachyclados* and hard grasses such as *Poa* and *Stipa*. Taller woody scrub such as *Anarthrophyllum*, *Berberis* and *Schinus*, indicate a change to a shrubby steppe community.

Patagonian Grasslands

This region extends from the province of Santa Cruz, in Argentina to Isla Grande de Tierra del Fuego, shared by Chile and Argentina. The Strait of Magellan divides this eco-region in two sections: the continental and the insular. The topography of the region consists of small hills, plateaus and plains. The climate is cold and humid, with an annual precipitation that fluctuates between 200 and 300mm per year and with an average temperature below 8ºC.

The dominant vegetation consists of steppe grasslands interspersed with shrubs. Some of these plants include *Festuca pallescens*, *Senecio patagonicus* and *Plantago maritime*. *Atriplex reichei* and *Lepidophyllum cupressiforme* are present in saline grounds near the sea. In Tierra del Fuego, the dominant vegetation is *Festuca gracillima*, a perennial grass 30 - 70cm high.

This eco-region also includes the dominant vegetation of the **Falklands Islands**, in the South Atlantic. This archipelago is located between 51º00'S - 52º54'W and 57º42'S - 61º27'W, some 490km east of the Argentine Patagonian coast. The archipelago comprises about 778 islands and covers about 12,173km².

Monte Desert

Also known as Argentine Monte. The Monte Desert is located in central Argentina, extending east of the Andes, from Salta (24ºS) to Chubut (44ºS). It is a warm area of scrub desert located between the eco-regions of Puna, the Chaco and Patagonia. Its climate is arid-temperate with a little precipitation that varies between 80 and 250mm per year. The dominant vegetation is the "jarillales" formed by shrubs of *Larrea*. Other important species include the retamos (*Bulnesia*) and the mancapotrillos (*Plectocarpa*), although there is also cactus scrub and xerophilous open woodland communities. Several fluvial systems cross this wide territory creating sparse gallery forests. Westwards, the Monte Desert borders with the Southern Andean Steppe, and towards the east of the Colorado River, this eco-region gradually changes into the Pampas. Elements of flora and fauna of the Monte Desert are very closely related to those of the phytogeographic province of the Chaco, although there are some Patagonian elements in the central and southern part of this eco-region.

Southern Andean Steppe

This eco-region comprises communities of mountain grasslands and shrubs, extending to high altitude in the Andes of central Argentina and adjacent areas of Chile. It forms a continuous area throughout the southern Andes from Catamarca, the Rioja, San Juan, Mendoza to Neuquén, in Argentina and bordering areas of Chile between the latitudes 27ºS and 39ºS. It is a quite arid area, in which there are many of the highest mountains of South America. The Southern Andean Steppe is bordered in the north by the Central Andean Puna and south by the Valdivian Temperate Forests and the Patagonian Steppe.

The eastern limit is the eco-region of Argentine Monte Desert whereas to the west it borders with the Chilean Matorral and Rain Forests. The lower altitudinal limit varies between 3,500m/11,480ft in the north and 1,800m/5,904 in the south, whereas the highest altitudinal limit reaches to 5,000m/16,400ft in the north and 3,000m/9,840ft by the south.

In the south, the mountains are generally less than 3,000m/9,840ft, even though high volcanoes are frequent in this zone, including the Peteroa (3,951m/12,959ft), Descabezado Grande (3,880m/12,726ft), Domuyo (4,709m/15,446ft) and Tromen (3,978m/13,048ft). Permanent snow and glaciers cover the top of these mountains. The climate is generally dry, and very cold at high altitudes. Precipitation in the centre and the south originate mainly from prevailing winds from the Pacific, falling mostly during the winter.

The flora of this eco-region is diverse and has several characteristic and fairly well diversified genera such as *Adesmia*, *Astragalus*, *Cajophora*, *Loasa*, *Junellia*, *Jaborosa*, *Calceolaria*, *Calandrinia*, *Chaetanthera*, *Chuquiraga* and *Senecio*. In terms of phytogeographic classification, this eco-region is part of the Altoandina province, which is very closely related floristically to the Puneña and Patagónica provinces. Although the number of species of vertebrates is high, there are few endemic species. Regarding the birdlife, most of the birds of the Southern Andean Steppe extend towards the north through the Central Andean Puna or to the south, to the Patagonian Andes and steppes (Fjeldså & Krabbe, 1990).

Matorral

The Matorral extends as a long and thin strip on the central part of the Chilean coast. This eco-region represents a transition habitat between the barren Atacama Desert in the north, and the wet Valdivian Temperate Forests, to the south. The Chilean Matorral is the only eco-region of Mediterranean-type scrub in the whole South America, and is one of five such ecosystems existing in the world. It is characterized by its dry and warm summers and cold and humid winters. The vegetation consists mainly of perennial shrubs and a great percentage of the plants are endemic.

SCOTIA SEA ISLANDS

The islands of the Scotia Sea are a group of several archipelagos located in the South Atlantic Ocean. Some islands are of continental origin and others of volcanic origin. They are closely related to Antarctica, in terms of flora and fauna; these islands are partly or completely covered by ice and permanent snow. The dominant vegetation is a tundra community composed of mosses, lichens and algae.

The islands of the Scotia Arc do not have native terrestrial mammals, but they maintain significant breeding populations of pinnipeds, penguins and other seabirds.

This region includes South Georgia, South Sandwich, South Orkney and South Shetland Islands.

South Georgia Island (54°48'S 36°90'W) is the second sub-Antarctic island in terms of size, with an area of approximately 3,755km². The islands Bird, Willis, Cooper and Annenkov as well as the Rocks Clerke and Shag are off the main island. The landscape is rugged and mountainous; the main summit is Mount Paget (2,934m/9,624ft). The mountains are surrounded by ice fields and glaciers, and nearly 50% of the island is permanently covered by ice and snow.

South Sandwich Islands (57°S 27°W) are twelve volcanic islands and several adjacent smaller barren isles located about 470km south of South Georgia Island and about 1,300km north of the Antarctic coast. This it is the only volcanic arc of the Antarctic region and a deep marine trench (8,265m/27,109ft deep) is located at the eastern edge of the archipelago. The main islands (Bristol, Cook, Saunders, Thule, Visikoi and Montagu) are almost completely covered with ice, whereas the smaller islands virtually are uncovered during the summer. Volcanic activity exists and many islands have active fumaroles.

South Orkney Islands (60°40'S 45°15'W) comprise four main islands and several smaller isles and barren rocks, located about 600km north-east of the northern tip of the Antarctic Peninsula. Coronation Island is largest and highest of the group, with Mount Nivea (1,265m/4,149ft) as the main summit. Signy Island has a great biological importance since approximately half of its surface is free of ice and snow for around three months during summer.

South Shetland Islands (62°S 58°W) form a chain of 11 islands of approximately 539km long, located about 480km west of South Orkney Islands.

All these islands are located south of the Antarctic Convergence, a biological barrier that surrounds Antarctic waters. The climate is cold, windy and generally very cloudy.

The vegetation of the sub-Antarctic region is mostly tundra dominated by mosses, lichens and algae. The flora of South Georgia Island is the most diverse of the entire group. The non-glaciated parts of the island are covered by tundra dominated by *Festuca erecta*, rushes (*Rostkovia sp.*) and varied mosses (*Sphagnum*). Extensive belts of tussock grasses *Paradiochloa (Poa) flabellata* are present throughout the coast.

ANTARCTIC PENINSULA

Most of the Antarctic continent is covered with a permanent ice cap almost 5km thick in some places. The Antarctic coast can be divided approximately into two biogeographic regions: The Antarctica Peninsula and the continental coast. While the continental coast covers a greater surface than the Antarctic Peninsula, the climate of the Peninsula, especially on the western coast, is the mildest on the continent. The western coast of the Antarctic Peninsula has an Antarctic maritime climate, similar to the South Sandwich, South Orkney and South Shetland Islands. From the northern end of the Antarctic Peninsula south to 68°S, the monthly average temperatures exceed 0°C during 3 to 4 months during the summer, and rarely fall below -10°C during the winter. Average precipitation fluctuates between 350 and 500mm per year, with a good proportion of rain falling during the summer. This can be compared to the greater precipitation occurring in sub-Antarctic islands (1,000 to 2,000mm per year), or to the dry interior of the continent, that is virtually a desert with just 100mm of annual precipitation. The climate of the eastern coast of the Peninsula, south to 63°S, is generally colder due to the extensive ice cover of the Weddell Sea. Here, average temperatures exceed 0°C, for just less than 1 month during the summer, whilst winter temperatures fluctuate between the -5 and -25°C. Annual precipitation fluctuates between 100 to 150mm per year.

The Antarctic Peninsula is divided by the Antarctic Circle, where there are about 2 hours of twilight during the winter days, and nearly 24 hours of sunlight during the summer. During the winter months, area covered by pack-ice increases dramatically. The Antarctic Peninsula extends northwards in the direction of southern South America; this area is nearer to the Antarctic than any other continent.

SOUTHERN OCEAN

It is defined as the southernmost portion of the Pacific, Atlantic and Indian Oceans, which come together around Antarctica. Without any mass of earth to interrupt it, the narrowest part of the Southern Ocean is the Drake Passage, approximately 1,000km wide, located between the South America and the northern tip of the Antarctic Peninsula.

Warm subtropical surface currents flow southwards in the western parts of these oceans, then turning eastwards after merging with the Antarctic Circumpolar Current. The warm water partially mixes with the Antarctic Surface Water, forming a mass with intermediate features called Sub-Antarctic Surface Water. The mixture occurs over a wide area of approximately 10° of latitude, south of the **Subtropical Convergence** (near 40°S) and north of the **Antarctic Convergence** (between 50° and 60°S).

The two convergences are important and well-defined oceanic boundaries that deeply affect the climate, marine life, sedimentation, the extension of pack-ice and iceberg-drift. These limits are easily identified by sudden changes in temperature and salinity. Antarctic waters are less saline than tropical waters. When the surface waters move southwards of the Subtropical Convergence to the sub-Antarctica zone, the temperature falls to between 5° and 9°C. Towards the south of the Antarctic Convergence, the surface water cools even more.

Antarctic Circumpolar current (ACC)

This cold current flows from east to west and completely surrounds the Antarctic continent. As a result, this is also known as West Wind Drift. In the South Atlantic, CCA flows eastwards between 45°S and 50°S.

Humboldt Current

The rich waters of the CCA circulate around the Southern Ocean eastwards and reach the coasts of South America, close to the Gulf of Penas and Peninsula Tres Montes (approximately at 47°S). While most waters continue southwards to the Drake Passage and the Atlantic, a branch deflects northwards parallel to the continent along the coasts of Chile and Peru until 4°S, where it turns west before joining the South Pacific Equatorial Current.

This cold current is intensified by numerous upwellings caused by the combined effects of strong winds and forces of rotation. Upwellings bring abundant nutrients towards the surface transforming this current into one of the more productive oceanic areas on the planet.

Falklands Current

The Falkland Current has cold waters of low salinity and slowly flows northwards to the coasts of Patagonia to 40°S. It is stronger towards the outer edge of the continental shelf, circulating at an approximate speed of one knot. The prevailing westerly winds produce a cold upwelling of Antarctic water, at the edge of the shelf, which brings a large supply of nutrients towards the surface. This richness of nutrients is the cause of the highly-productive ecosystem of the south-western Atlantic. The Falkland Current is a northerly branch of the ACC.

Brazil Current

The Brazil Current flows southwards through the eastern edge of South America; its force and direction vary seasonally. It is stronger in offshore waters of Brazil; from the Tropic of Capricorn southwards, weakening progressively. It reaches south to about 40°S, where it turns east after meeting the cold waters of the Falkland Current, off Argentina, forming gigantic eddies and swirls. The Brazil Current of Brazil has influence along the coasts to northern Patagonia.

SINOPSIS DE LA REGION

PATAGONIA

Se define Patagonia como la región más austral de la zona templada de Sudamérica, y que se sitúa hacia el sur de una línea que se extiende en dirección sur-este desde la desembocadura del Río Maule (36ºS), en Chile hasta la desembocadura del Río Colorado (38ºS), en Argentina hasta el Cabo de Hornos (56ºS), comprendiendo un área aproximada de 1.140.000km^2 (Vuilleumier 1985, 1991).

Políticamente el límite norte de la región patagónica son las Provincias de Cauquenes y Linares (VII Región del Maule), al sur del río homónimo, en Chile y las Provincias de Neuquén, Río Negro y extremo sur-oeste de Buenos Aires, al sur del Río Colorado, en Argentina.

Las dos principales formaciones vegetacionales de Patagonia son los bosques dominados por el género *Nothofagus* y la estepa patagónica.

Al borde occidental del continente se extienden los Andes, un cinturón montañoso de aproximadamente 2.000km de largo, pero de solo unos 100 a 200km de ancho. Ambas vertientes se hayan cubiertas de bosques, en tanto que las estepas se extienden a través de la meseta y tierras bajas de la Patagonia oriental hasta las costas del Atlántico. Un delgado ecotono separa ambas formaciones en la vertiente oriental de los Andes.

Otras eco-regiones delimitan por el norte a la región patagónica e incluyen el Matorral de Chile, la Estepa Andina Austral y el Desierto de Monte en Argentina.

Bosques Magallánicos

Los bosques subantárticos de *Nothofagus* cubren la franja occidental del extremo sur de Sudamérica y se extienden a lo largo de los Andes Patagónicos y los Fiordos Chilenos desde los 47ºS hasta el Cabo de Hornos, incluyendo las regiones australes de Aysén y Magallanes. En Argentina solo cubren una pequeña superficie del lado occidental de la Provincia de Santa Cruz, sur de Tierra del Fuego e Isla de los Estados.

El extremo norte de los Bosques subantárticos de *Nothofagus* limita con el Bosque Templado Valdiviano, en tanto que por el este con la Estepa y Pastizales Patagónicos. Hacia el oeste la eco-región está en contacto con el frío Océano Pacífico.

La mayor parte de las montañas del norte de esta eco-región tiene alturas cercanas a los 1.500m, pero existen varias en el límite entre Chile y Argentina, que exceden los 3.000m: Monte San Lorenzo (3.706m), Monte Fitz Roy (3406m) y Monte Murallón (3.600m). Hacia el oeste existe otra gran montaña: el Monte San Valentín (3.910m). Grandes lagos de origen glaciar están presente en el límite de ambos países tales como el Lago General Carrera/Buenos Aires (el más profundo y el segundo más grande de Sudamérica), Lago Cochranne/Pueyrredón, Lago O'Higgins/San Martín, Lago Viedma y Lago Argentino.

Campos de hielos y glaciares cubren gran parte de los Andes Patagónicos. El efecto combinado de bajas temperaturas, fuertes vientos predominantes desde el oeste y una alta precipitación cercana a los 5.000mm anuales, son las causas de la presencia de tres enormes campos de hielo. Estos son el Campo de Hielo Patagónico Norte, que se extiende entre los 46º30'S - 47º30'S, de un área aproximada a 4.200 km^2, el Campo de Hielo Patagónico Sur, que se extiende entre los 48º30'S - 51º30'S, con un área aproximada a los 13.500 km^2, y por último el Campo de Hielo Cordillera Darwin, en la porción sur-occidental de Isla Grande de Tierra del Fuego, entre los 54º30'S - 55ºS, con un área aproximada de 2.300 km^2. La mayor parte de los glaciares están en actual retroceso, aunque durante las edades de hielo del Cuaternario, experimentaron significativas expansiones.

El clima es en general templado-frío y húmedo, siendo muy frío en altura. El efecto de la fría Corriente de Humboldt y la Corriente Circumpolar Antártica (CCA) en la costa sur-oeste y sur de esta región, resulta en que ésta zona sea más fría que otras localizadas a similares latitudes, con una media en enero menor a los 10ºC. Los fuertes vientos del oeste están presentes durante todo el año, produciendo una alta precipitación en la vertiente occidental de los Andes y una escasa precipitación hacia el este de las montañas. Existe una marcada gradiente de precipitación de oeste a este, de aproximadamente 4.000mm a 700mm anuales respectivamente.

La vegetación comprende principalmente dos tipos de bosque: Bosque perennifolio de *Nothofagus betuloides* hacia el oeste y Bosque deciduo de *Nothofagus pumilio* y *Nothofagus antarctica* hacia el este, que se extiende hacia Argentina. En Tierra del Fuego los bosques perennes se encuentran hacia el sur y los deciduos hacia el interior.

En áreas más frías y de alta precipitación del extremo sur-oeste de esta eco-región, una vegetación característica denominada Tundra magallánica se extiende desde el extremo sur de Tierra del Fuego, hacia el norte a través del archipiélago hasta los 48ºS. Esta tundra se caracteriza por la presencia de arbustos enanos postrados, cojines de plantas y pastizales.

La vegetación alpina sobre los bosques, está limitada por un cinturón de *krumholz*, compuesto por especimenes bajos y postrados de *Nothofagus*. La línea de árboles desciende desde el norte hacia el sur, desde aproximadamente los 1.000m a 500m.

La flora de esta eco-región es diversa y en términos de clasificación fitogeográfica, es parte de la Provincia Subantártica y muestra cercanas relaciones con el Bosque Templado Valdiviano por el norte. Existen varios géneros de esta eco-región con cercanos representantes en Australia, Nueva Zelanda y Tasmania, tales como *Nothofagus* y helechos del género *Blechnum* entre muchos otros. Los bosques de Patagonia se encuentran separados por unos 1.100 kilómetros de los bosques montañosos del nor-oeste de Argentina y a unos 1400 kilómetros de los bosques del nor-este de Argentina y Paraguay. Este aislamiento hace que los bosques patagónicos de *Nothofagus* tengan un alto grado de endemismo en aves.

Bosque Templado Valdiviano

Esta eco-región cubre una delgada franja continental, entre la vertiente occidental de los Andes y el Océano Pacífico, extendiéndose entre los 35ºS y 48ºS. La línea de nieve se encuentra a unos 2400m en Chile Central (35ºS), descendiendo a unos 1.000m hacia el sur de la región Valdiviana. Los Andes emergen a estas latitudes por sobre los 3.000m, y a esta altura los bosques son reemplazados por una vegetación típicamente Altoandina. La precipitación varía entre los 1.000mm por el norte y por sobre los 6.000mm por año, en la porción más austral de esta eco-región. La precipitación decrece significativamente hacia la vertiente oriental de los Andes, donde precipitan solo unos 200mm anuales. Estas lluvias son estacionales y se concentran principalmente durante el invierno.

Eventos biogeográficos, gradientes de temperatura y precipitación, un prolongado aislamiento y recientes cambios climáticos han provocado el establecimiento de un heterogéneo mosaico de tipos de bosques. Existen cinco tipos de ecosistemas boscosos: 1) Bosque Deciduo de la Provincia de Maule, que es una transición entre el bosque esclerófilo del tipo mediterráneo y los bosques templados húmedos que se extienden hacia el sur, 2) Bosque Valdiviano de Laurel dominado por *Laureliopsis philippiana, Aextoxicon punctatum, Eucryphia cordifolia, Caldcluvia paniculata* y *Weinmannia trichosperma*. 3) Bosques Nor-Patagónicos con predominio de especies perennes tales como *Nothofagus dombeyi, Podocarpus nubigena* y *Drimys winteri*. 4) Bosques Andino-Patagónicos que incluyen *Araucaria araucana* y matorral andino con *Nothofagus* deciduo. 5) Bosques siempre-verdes y pantanos consistentes en bosques de *Nothofagus betuloides* y pantanos de *Sphagnum*. Existen además comunidades forestales dominadas por coníferas tales como *Fitzroya cuppresoides, Pilgerodendron uviferum* y *Austrocedrus chilensis*.

Estepa Patagónica

Esta eco-región comprende la Patagonia de Argentina desde la costa atlántica hasta el límite con Chile por el sur. Península Valdés está en las afueras de esta región, ligeramente hacia el norte. La topografía de esta zona incluye cerros, mesetas y planicies. El clima es muy seco y frío, con nieve durante el invierno pero con una precipitación que usualmente no excede los 200mm anuales. Una característica del clima patagónico es el constante viento seco que sopla desde el sector occidental, particularmente durante los meses de verano. Las elevaciones varían considerablemente de norte a sur, desde los 2.000m hasta los 700m, respectivamente. La vegetación de esta región de estepa es xerófita y altamente adaptada a la protección contra la sequedad, el viento y la presencia de herbívoros. La vegetación se considera fuertemente relacionada con la flora andina. La vegetación semi-desértica está altamente adaptada e incluye arbustos tales como *Acantholippia, Benthamiella, Nassauvia, Verbena, Mulinum* y *Brachyclados* y pastos duros tales como *Poa* y *Stipa*. Arbustos más altos tales como *Anarthrophyllum, Berberis* y *Schinus*, indican un cambio a una comunidad de estepa arbustiva.

Pastizales Patagónicos

En la región se extienden desde la Provincia de Santa Cruz, en Argentina hasta la Isla Grande de Tierra del Fuego, compartida por Chile y Argentina. El Estrecho de Magallanes, divide esta eco-región en dos secciones: la continental y la insular. La topografía de la región consiste de pequeños cerros, mesetas y planicies. El clima es frío y húmedo, con una precipitación anual que fluctúa entre los 200 y 300 mm anuales y con una temperatura promedio menor a 8ºC.

La vegetación dominante consiste en pastizales esteparios con arbustos dispersos. Algunas de estas plantas incluyen *Festuca pallescens, Senecio patagonicus* y *Plantago maritime*. *Atriplex reichei* y *Lepidophyllum cupressiforme* se encuentran en suelos salinos cerca del mar. En Tierra del Fuego la vegetación dominante es *Festuca gracillima*, un pasto perenne de 30 a 70cm de alto. Esta eco-región también incluye la vegetación dominante en **Islas Malvinas**, en el Atlántico Sur. Este archipiélago se encuentra entre los 51º00'S - 52º54'W y 57º42'S - 61º27'W, a unos 490km al este de la costa patagónica Argentina. El archipiélago está compuesto por unas 778 islas que cubren unos 12.173 km².

Desierto de Monte

También denominada como Monte Argentino. El Desierto de Monte se encuentra en Argentina central, extendiéndose por el este de los Andes, desde Salta (24ºS) hasta Chubut (44ºS). Es un área de desierto cálido de matorral situado entre las eco-regiones de Puna, el Chaco y Patagonia. Su clima es árido-templado con una escasa precipitación que varía entre los 80 y 250mm anuales. La vegetación dominante son los "jarillales" formados por matorrales de *Larrea*. Otras especies de importancia son los retamos (*Bulnesia*) y los mancapotrillos (*Plectocarpa*), aunque también existen comunidades de cactus y de bosque xerófilo abierto. Varios sistemas fluviales recorren este amplio territorio creando bosques de galería dispersos. Hacia el oeste, el Desierto de Monte limita con la Estepa andina austral, en tanto que hacia el este del Río Colorado, esta eco-región se transforma gradualmente en las Pampas. Los elementos de flora y fauna de Desierto de Monte están muy relacionados con los de la provincia fitogeográfica del Chaco, aunque algunos elementos patagónicos se encuentran en la parte central y sur de esta eco-región.

Estepa Andina Austral

Esta eco-región comprende comunidades de pastizales y matorrales de montaña, extendiéndose a gran altura por los Andes de Argentina central y áreas adyacentes de Chile. Forma una franja continua a lo largo de los Andes australes desde Catamarca, La Rioja, San Juan, Mendoza hasta Neuquén, en Argentina y áreas limítrofes de Chile entre las latitudes 27ºS y 39ºS. Es una zona bastante árida, en la que se encuentran muchas de las montañas más altas de Sudamérica.

La Estepa andina austral limita hacia el norte con la Puna Andina Central y hacia el sur con el Bosque Templado Valdiviano y la Estepa

Patagónica. El límite oriental es la eco-región de Desierto de Monte Argentino en tanto que el occidental es la eco-región de Matorral y bosque lluvioso Chilenos.

El límite altitudinal inferior varía entre los 3.500m en el norte y los 1.800m en el sur, en tanto que el superior alcanza hasta los 5.000m en el norte y los 3.000m por el sur.

Hacia el sur, las montañas son generalmente inferiores a los 3.000m, aun cuando altos volcanes son frecuentes en esta zona, incluyendo el Peteroa (3.951m), Descabezado Grande (3.880m), Domuyo (4.709m) y Tromen (3.978m). Nieve permanente y glaciares cubren la cima de estas montañas. El clima es generalmente seco, y muy frío a gran altura. Las precipitaciones en el centro y sur provienen de los vientos del Pacífico, precipitando principalmente durante el invierno.

La flora de esta eco-región es diversa y tiene varios géneros característicos y bastante diversificados tales como Adesmia, Astragalus, Cajophora, Loasa, Junellia, Jaborosa, Calceolaria, Calandrinia, Chaetanthera, Chuquiraga y Senecio. En términos de clasificación fitogeográfica, esta eco-región es parte de la provincia fitogeográfica Altoandina, que está muy relacionada florísticamente con las provincias Puneña y Patagónica.

Aunque el número de especies de vertebrados es alto, existen pocas especies endémicas. Entre la avifauna, la mayoría de las aves de la Estepa andina austral se extiende hacia el norte por la Puna Andina Central o por el sur, hasta los Andes o Estepa Patagónicos (Fjeldså & Krabbe, 1990).

Matorral

El Matorral se extiende como una larga y delgada franja por la parte central de la costa Chilena. Esta eco-región representa un hábitat de transición entre el árido Desierto de Atacama por el norte, y el húmedo Bosque Valdiviano, por el sur. El Matorral Chileno es la única eco-región de matorral de tipo-mediterráneo en toda Sudamérica, y es uno de los cinco ecosistemas tales existentes en el mundo. Se caracteriza por sus veranos secos y cálidos e inviernos fríos y húmedos. La vegetación consiste principalmente en arbustos perennes y un gran porcentaje de las plantas son endémicas.

ISLAS DEL MAR DE ESCOCIA

Las islas del Mar de Escocia son un grupo de varios archipiélagos localizados en Océano Atlántico Sur. Algunas islas son de origen continental y otras de origen volcánico. Muy relacionadas a la Antártica, en términos de flora y fauna, estas islas se encuentran parcial o completamente cubiertas por un manto de hielo y nieve permanente. La vegetación dominante es una tundra compuesta de musgos, líquenes y algas. Las islas del Arco de Escocia no tienen mamíferos terrestres nativos, pero mantienen significativas poblaciones reproductivas de pinnípedos, pingüinos y otras aves marinas.

Esta región incluye las Islas Georgia del Sur, Sandwich del Sur, Orcadas del Sur y Shetland del Sur.

La **Isla Georgia del Sur** (54º48'S 36º90'W) es la segunda isla subantártica en tamaño, con un área aproximada de 3.755km². Las islas Bird, Willis, Cooper y Annenkov así como las rocas Clerke y Shag se encuentran en aguas exteriores de la isla. El paisaje es abrupto y montañoso; la cumbre principal es el Monte Paget (2.934m). Las montañas están rodeadas por campos de hielo y glaciares, y cerca de un 50% de la isla se encuentra permanentemente cubierta por hielo y nieve.

Las **Islas Sandwich del Sur** (57ºS 27ºW) son doce islas volcánicas y varios islotes menores adyacentes localizados a unos 470km al sur de Isla Georgia del Sur y a unos 1.300km al norte de la costa antártica. Este es el único arco volcánico de la región antártica y una profunda fosa marina (8.265m de profundidad) recorre el borde oriental del archipiélago. Las islas principales (Bristol, Cook, Saunders, Thule, Visikoi y Montagu) están casi completamente cubiertas de hielo, en tanto que las islas menores están virtualmente descubiertas durante el verano. Existe actividad volcánica y muchas islas tienen fumarolas activas.

Las **Islas Orcadas del Sur** (60º40'S 45º15'W) la componen cuatro islas principales y varias islas menores, islotes y rocas, localizadas a unos 600km al nor-este del extremo norte de la Península Antártica. La Isla Coronación es la más grande y alta del grupo, con el Monte Nívea (1.265m) como cumbre principal. La Isla Signy es la de mayor importancia biológica debido a que aproximadamente la mitad de la isla se encuentra libre de hielo y nieve por alrededor de tres meses durante el verano.

Las **Islas Shetland del Sur** (62ºS 58ºW) forman una cadena de 11 islas de unos 539km de largo, localizadas a unos 480km al oeste de Islas Orcadas del Sur.

Todas estas islas se encuentran hacia el sur de la Convergencia Antártica, una barrera biológica que rodea las aguas antárticas. El clima es frío, ventoso y generalmente muy nublado.

La vegetación existente en la región subantártica es primordialmente tundra dominada por musgos, líquenes y algas. La flora de Isla Georgia del Sur es la más diversa de todas. Las partes no glaciadas de la isla están cubiertas por tundra dominada por Festuca erecta, juncos (Rostkovia sp.) y variados musgos (Sphagnum). Extensos pastizales de Paradiochloa (Poa) flabellata se encuentran a lo largo de la costa.

PENINSULA ANTARTICA

La mayor parte del continente antártico se encuentra cubierto por un casquete de hielo permanente de casi 5km de espesor en algunos lugares. La costa antártica puede ser dividida aproximadamente en dos regiones biogeográficas: La Península Antártica y la costa continental. Mientras la costa continental cubre una superficie mayor a la de la Península Antártica, el clima de la Península, especialmente el de la costa occidental, es el más templado del continente. La costa occidental de la Península Antártica tiene un clima marítimo antártico, similar al de las Islas Sandwich, Orcadas y Shetland del Sur. Desde el extremo norte de la Península Antártica hasta los 68° S, las temperaturas mensuales promedio exceden los 0°C durante 3 a 4 meses del verano, y rara vez caen por debajo de los -10°C durante el invierno. El promedio de precipitación fluctúa entre los 350 a 500mm por año, con una buena porción de la lluvia precipitando durante el verano. Esto puede ser comparable a la mayor precipitación que ocurre en islas subantárticas (1.000 a 2.000mm por año), o al interior seco del continente, que es virtualmente un desierto con sólo unos 100mm de precipitación anual. El clima de la costa oriental de la Península, por el sur hasta los 63°S, es generalmente más frío debido a la extensa cubierta de hielo del Mar de Weddell. Aquí las temperaturas medias exceden los 0°C, solo durante menos de 1 mes en el verano y las medias invernales fluctúan entre los -5 y -25°C. La precipitación anual fluctúa entre los 100 y 150mm.

La Península Antártica está dividida por el Círculo Antártico, donde hay unas 2 horas de crepúsculo durante los días de invierno, y cerca de 24 horas de luz durante el verano. Durante los meses de invierno, la extensión del hielo marino se incrementa dramáticamente.

La Península Antártica se extiende hacia el norte en dirección del extremo sur de Sudamérica; esta área es la porción antártica más cercana a cualquier otro continente.

OCEANO AUSTRAL

Se define como la porción más austral de los océanos Pacífico, Atlántico e Indico, que confluyen alrededor de la Antártica. Sin una masa de tierra que la interrumpa, la porción más delgada del Océano Austral es el Paso Drake, de unos 1.000km de ancho, entre Sudamérica y el extremo norte de la Península Antártica.

Corrientes superficiales subtropicales cálidas fluyen hacia el sur en las partes occidentales de estos océanos para luego dirigirse hacia el este luego de tener contacto con la Corriente Circumpolar Antártica. El agua cálida se mezcla parcialmente con el Agua Superficial Antártica, formando una masa con características intermedias denominada Agua Superficial Subantártica. La mezcla ocurre en una amplia área de aproximadamente 10° de latitud, al sur de la Convergencia Subtropical (cerca de 40° S) y hacia el norte de la Convergencia Antártica (entre los 50° y 60°S).

Las dos convergencias son importantes límites oceánicos bien definidos que afectan profundamente el clima, la vida marina, la sedimentación, la extensión del pack-ice y las deriva de los témpanos. Estos límites son fácilmente identificados por rápidos cambios en temperatura y salinidad. Las aguas antárticas son menos salinas que las aguas tropicales. Cuando las aguas superficiales se mueven hacia el sur de la Convergencia Subtropical hacia la zona subantártica, su temperatura cae hasta los 5° a 9°C. Hacia el sur de la Convergencia Antártica, el agua superficial se enfría más aun.

Corriente Circumpolar Antártica (CCA)

Esta corriente fría fluye de oeste a este y recorre completamente al continente antártico. Debido a esto también se conoce como Corriente de Deriva del Oeste. En el Atlántico Sur, la CCA fluye hacia el este entre los 45°S y 50°S.

Corriente de Humboldt

Las ricas aguas de la CCA circulan por el Océano Austral hacia el este e impactan las costas de Sudamérica, a la altura del Golfo de Penas y Península Tres Montes (app. 47ºS). Mientras la mayor parte de sus aguas continúan hacia el sur hacia el Paso Drake y al Atlántico, una rama se dirige hacia el norte en forma paralela al continente por las costas de Chile y Perú hasta aproximadamente 4°S, donde toma dirección oeste uniéndose a la Corriente Ecuatorial del Pacífico Sur.

Esta corriente fría se intensifica por surgencias de aguas profundas provocadas por los efectos combinados de los vientos y fuerzas de rotación. Las surgencias traen abundantes nutrientes hacia la superficie transformando a esta corriente en una de las zonas oceánicas más productivas del planeta.

Corriente de Malvinas

La Corriente de Malvinas tiene aguas frías y de baja salinidad y fluye lentamente hacia el norte a las costas de Patagonia hasta los 40°S. Es más fuerte hacia el borde exterior de la plataforma continental, circulando a una velocidad aproximada de un nudo. Los vientos predominantes desde el oeste producen una surgencia de agua fría antártica, al borde de la plataforma, que trae gran variedad de nutrientes hacia la superficie. Esta riqueza de nutrientes es la causa de la riqueza del ecosistema de Atlántico sur-occidental. La Corriente de Malvinas es una extensión de la CCA.

Corriente de Brasil

La Corriente de Brasil fluye hacia el sur a lo largo del borde oriental de Sudamérica; su fuerza y dirección varía estacionalmente. Es más fuerte en aguas exteriores de Brasil; desde el Trópico de Capricornio hacia el sur, progresivamente se debilita. Alcanza por el sur hasta los 40°S, donde toma dirección este y se junta con las frías aguas de la Corriente de Malvinas en aguas exteriores de Argentina, formando gigantescos remolinos y contracorrientes. La Corriente de Brasil tiene influencia hasta las costas del norte de Patagonia.

MAPS / MAPAS

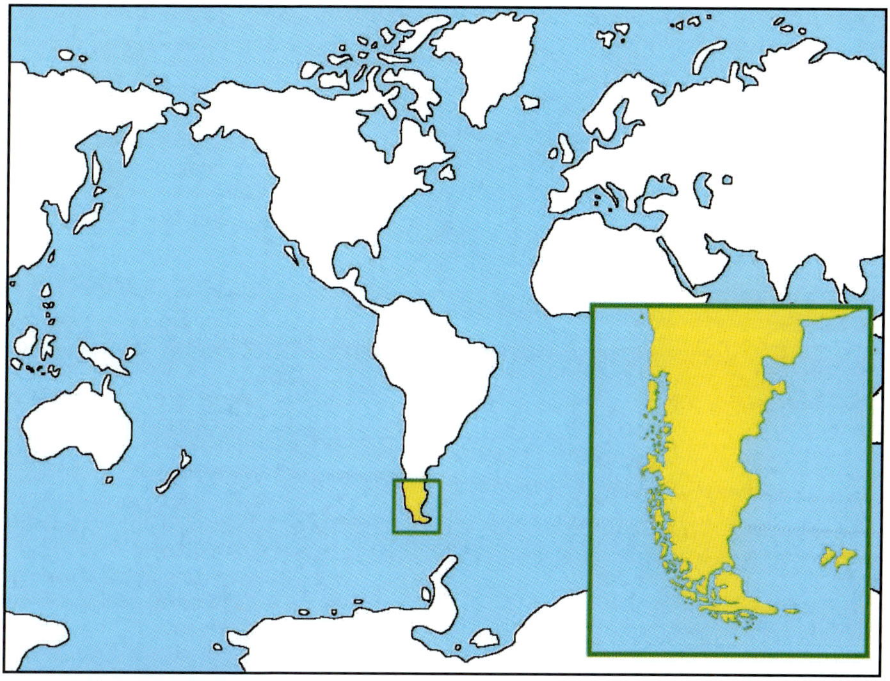

Fig. 1. Location of Patagonia / Ubicación de Patagonia

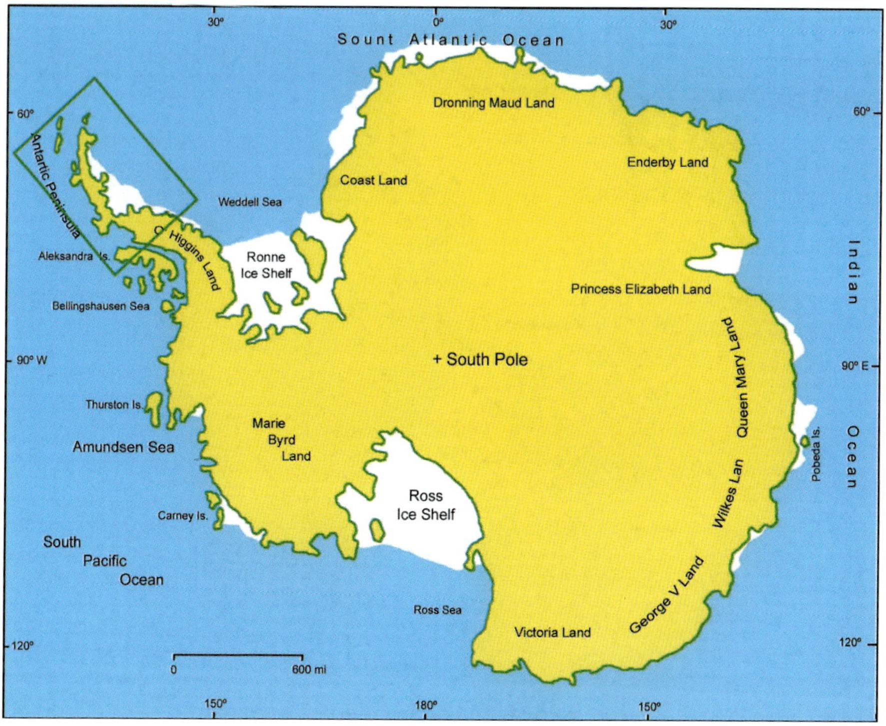

Fig. 2. Antarctic Peninsula and Continent / Península y Continente Antártico

Fig. 3. Patagonia • Provinces, major cities and towns / Provincias, principales ciudades y pueblos

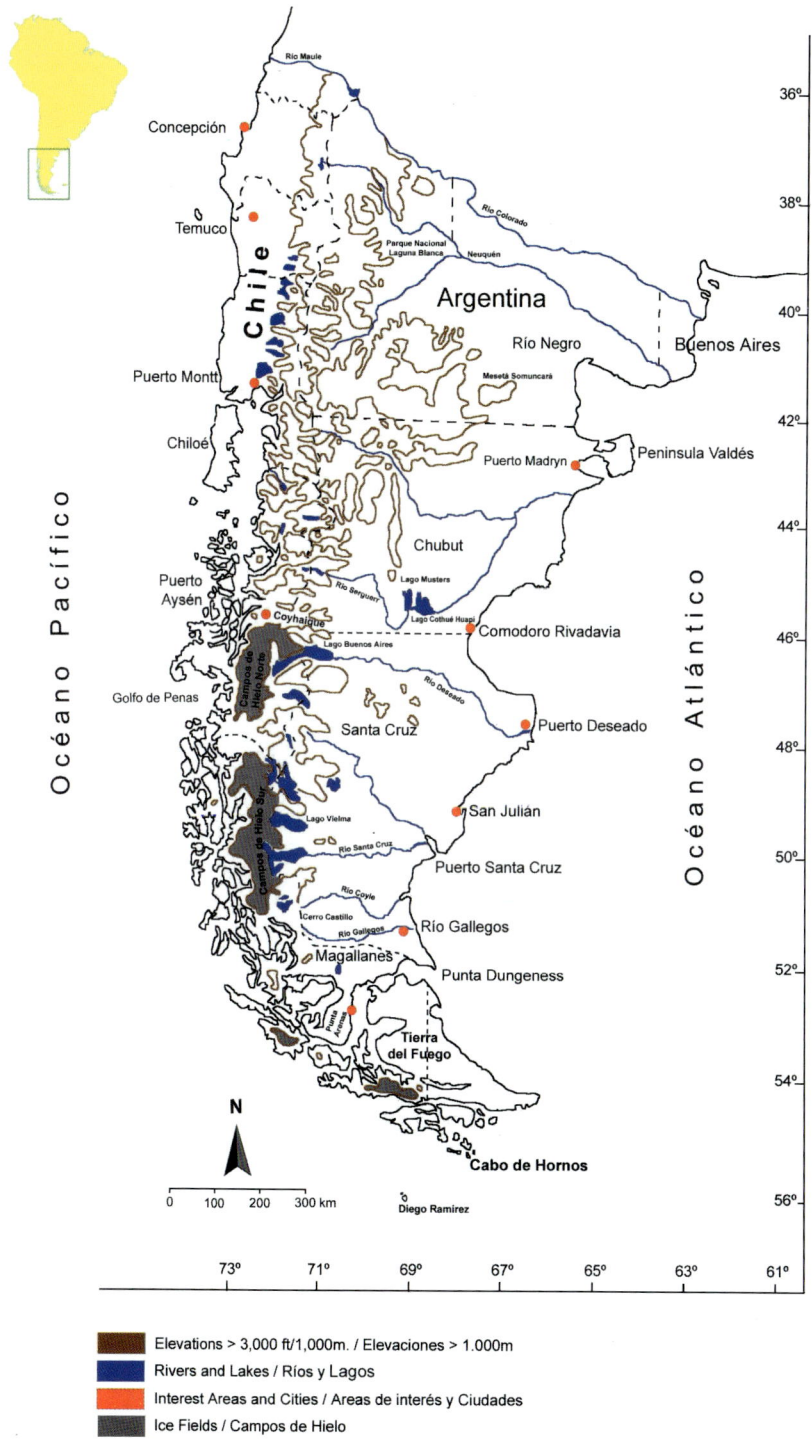

Fig. 4. Patagonia • Main geographic features / Principales características geográficas

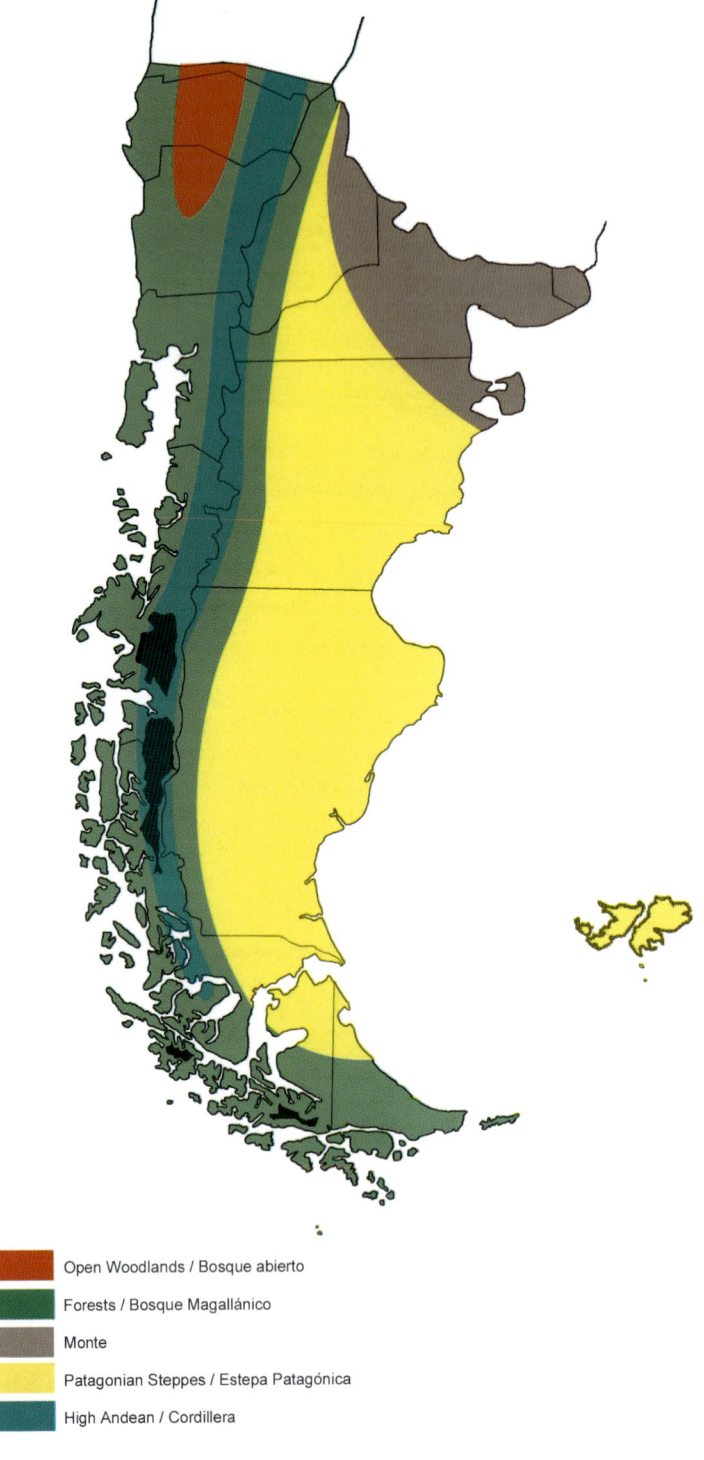

Open Woodlands / Bosque abierto

Forests / Bosque Magallánico

Monte

Patagonian Steppes / Estepa Patagónica

High Andean / Cordillera

Fig. 5. Patagonia • Main habitats / Principales hábitats

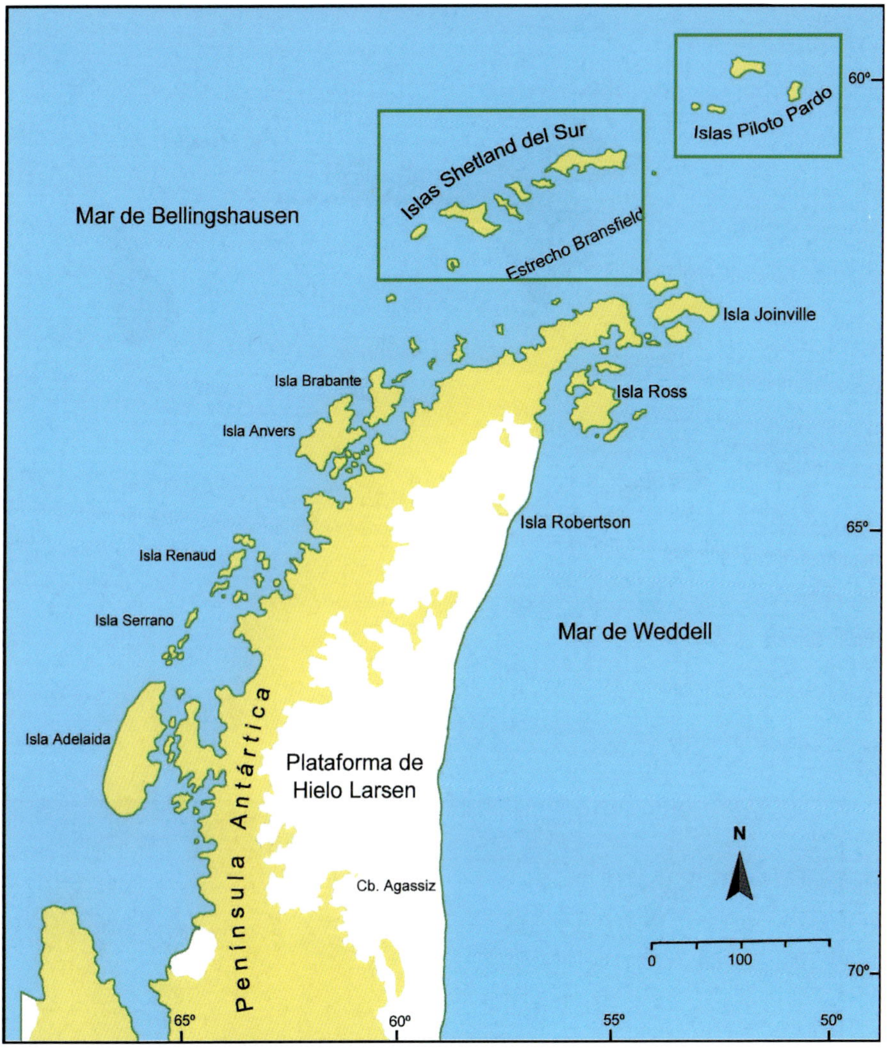

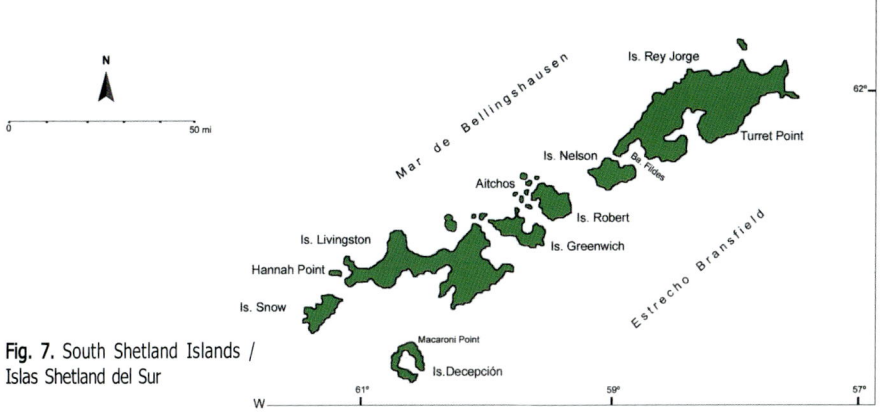

Fig. 6. Antarctic Peninsula / Península Antártica

Fig. 7. South Shetland Islands / Islas Shetland del Sur

27

Fig. 8. Elephant Island / Islas Piloto Pardo

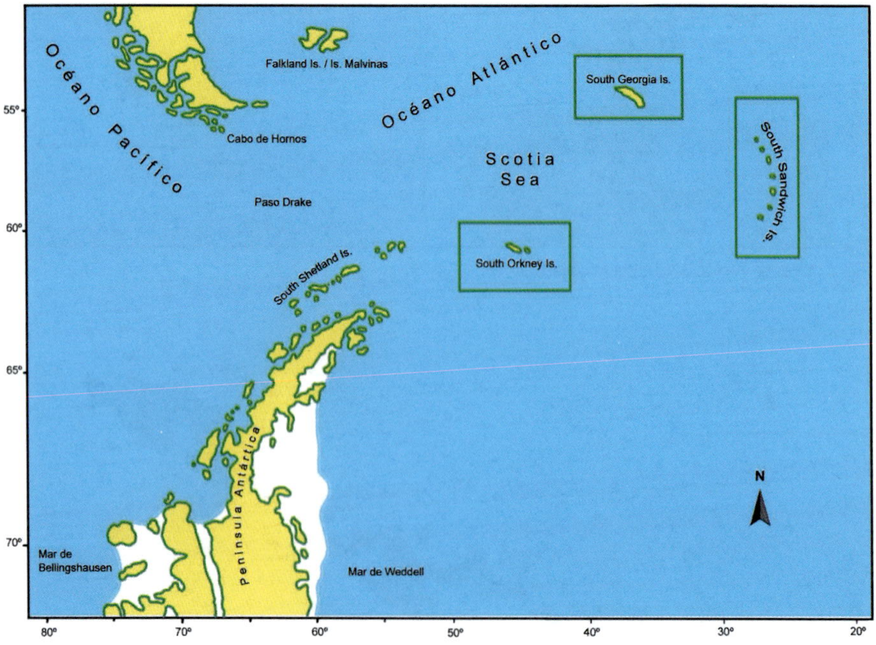

Is. Cornwallis
Cb. Valentine
Pta. Walker
Is. Elefante
Rocas Cruiser
Is. Rowett
Paso Holy Spirit
Pta. Lopez
Cb. lloyd
Pan de Azucar
Cb. Bowles
Is. Clarence
Is. Aspland
Is. Eadie
Is. O'Brien
Is. Gibbs
N

61°
56°   55°   54°

Océano Pacífico
Océano Atlántico
Falkland Is. / Is. Malvinas
South Georgia Is.
Cabo de Hornos
Scotia Sea
South Sandwich Is.
Paso Drake
South Shetland Is.
South Orkney Is.
Península Antártica
Mar de Bellingshausen
Mar de Weddell
N

55°
60°
65°
70°
80°   70°   60°   50°   40°   30°   20°

Fig. 9. Scotia Sea Islands / Islas del Mar de Escocia

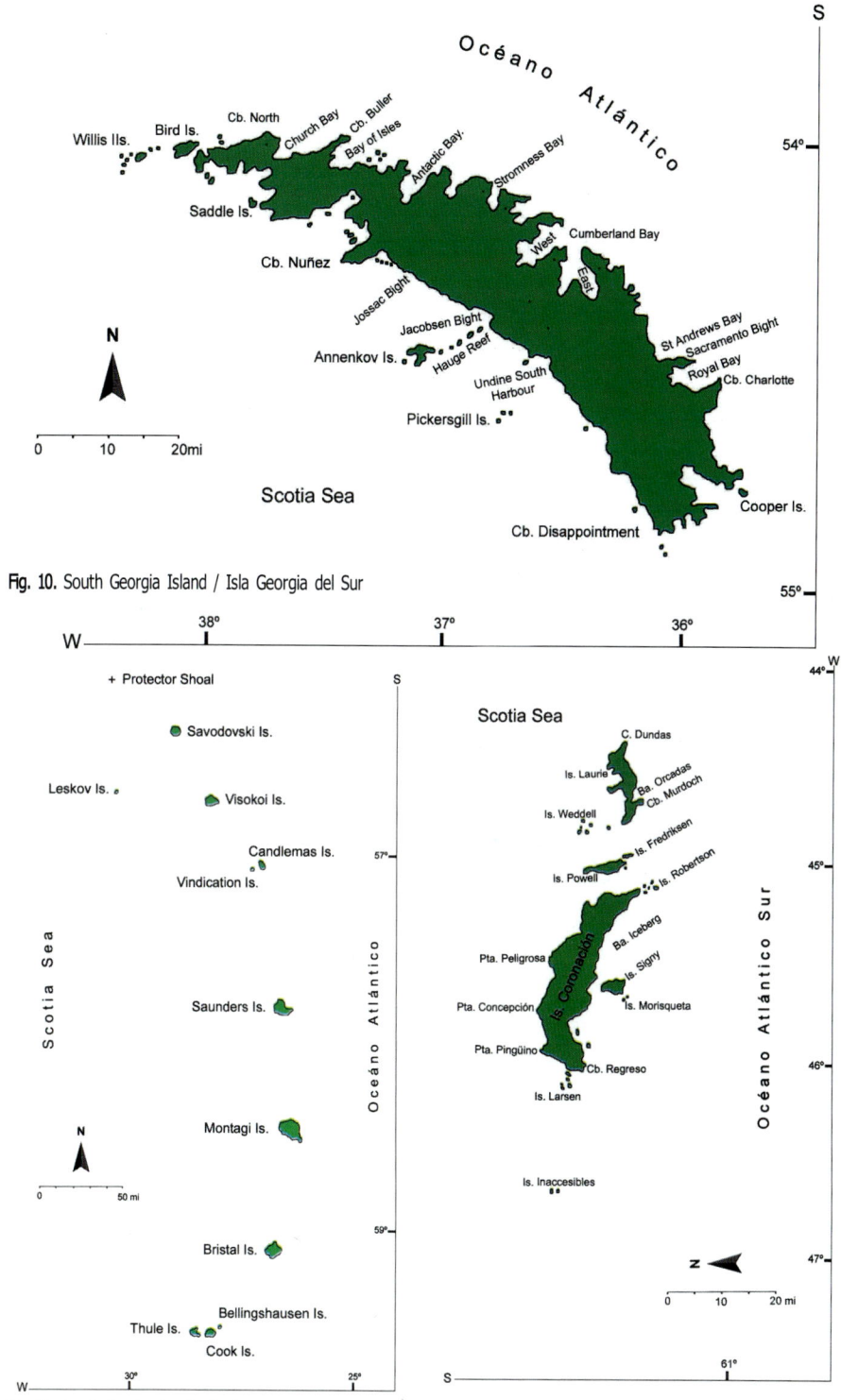

Fig. 10. South Georgia Island / Isla Georgia del Sur

Fig. 11. South Sandwich Islands / Islas Sandwich del Sur

Fig. 12. South Orkney Islands / Islas Orcadas del Sur

Fig. 10. Labels: Willis Ils., Bird Is., Cb. North, Church Bay, Cb. Buller, Bay of Isles, Antacic Bay, Stromness Bay, Saddle Is., Cumberland Bay, West, East, Cb. Nuñez, Jossac Bight, Jacobsen Bight, St Andrews Bay, Sacramento Bight, Annenkov Is., Hauge Reef, Undine South Harbour, Royal Bay, Cb. Charlotte, Pickersgill Is., Cooper Is., Cb. Disappointment, Scotia Sea, Océano Atlántico, N, S, 54°, 55°, 0 10 20mi

Fig. 11. Labels: + Protector Shoal, Savodovski Is., Leskov Is., Visokoi Is., Candlemas Is., Vindication Is., Saunders Is., Montagi Is., Bristal Is., Thule Is., Bellingshausen Is., Cook Is., Scotia Sea, Océano Atlántico, N, S, W, 38°, 37°, 36°, 57°, 59°, 30°, 25°, 0 50 mi

Fig. 12. Labels: C. Dundas, Is. Laurie, Ba. Orcadas, Cb. Murdoch, Is. Weddell, Is. Fredriksen, Is. Powell, Is. Robertson, Pta. Peligrosa, Is. Coronación, Ba. Iceberg, Is. Signy, Pta. Concepción, Is. Morisqueta, Pta. Pingüino, Cb. Regreso, Is. Larsen, Is. Inaccesibles, Scotia Sea, Océano Atlántico Sur, N, S, W, 44°, 45°, 46°, 47°, 61°, 0 10 20 mi

29

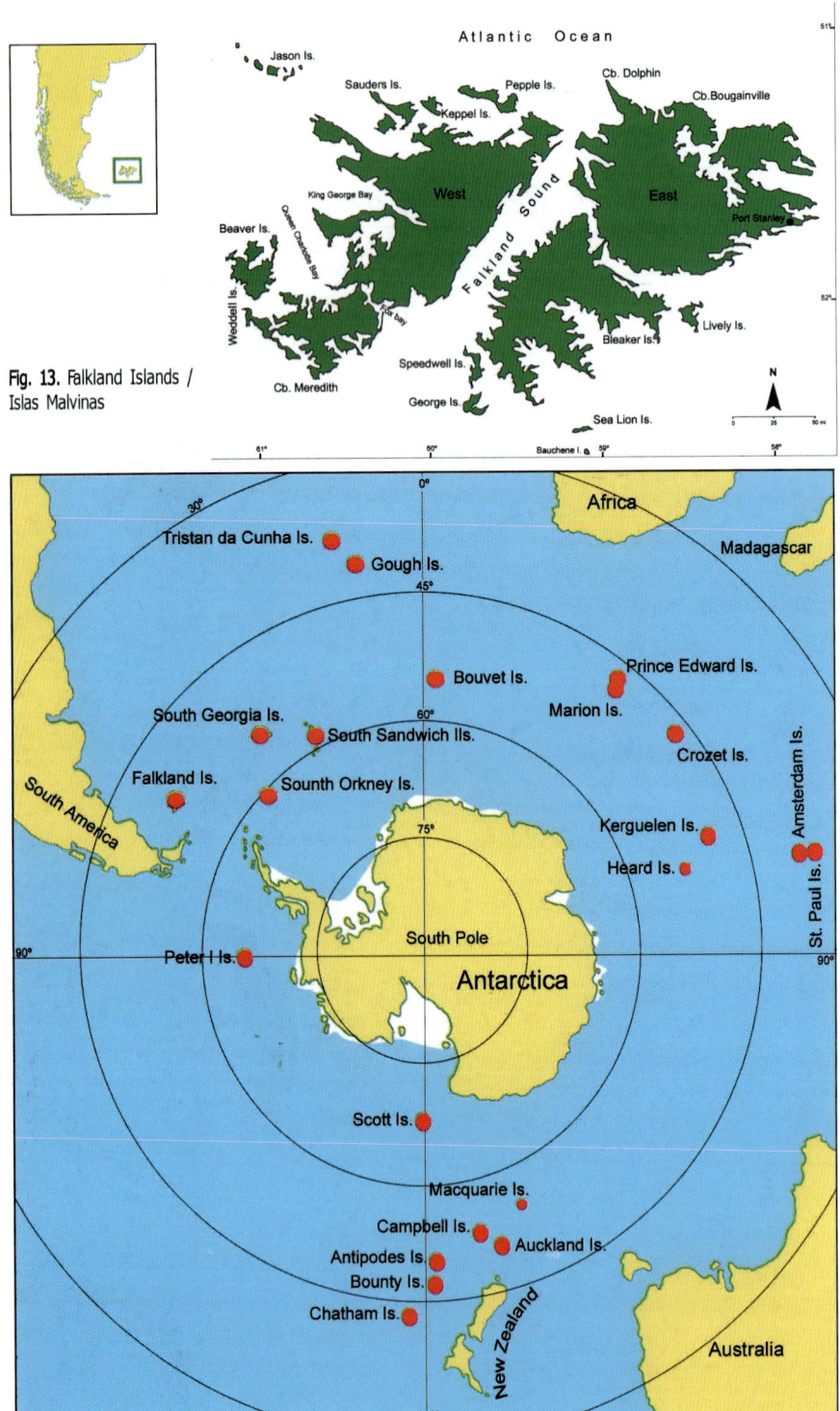

Fig. 13. Falkland Islands / Islas Malvinas

Fig. 14. Southern Ocean • Sub-Antarctic Islands / Océano Austral • Islas Subantárticas

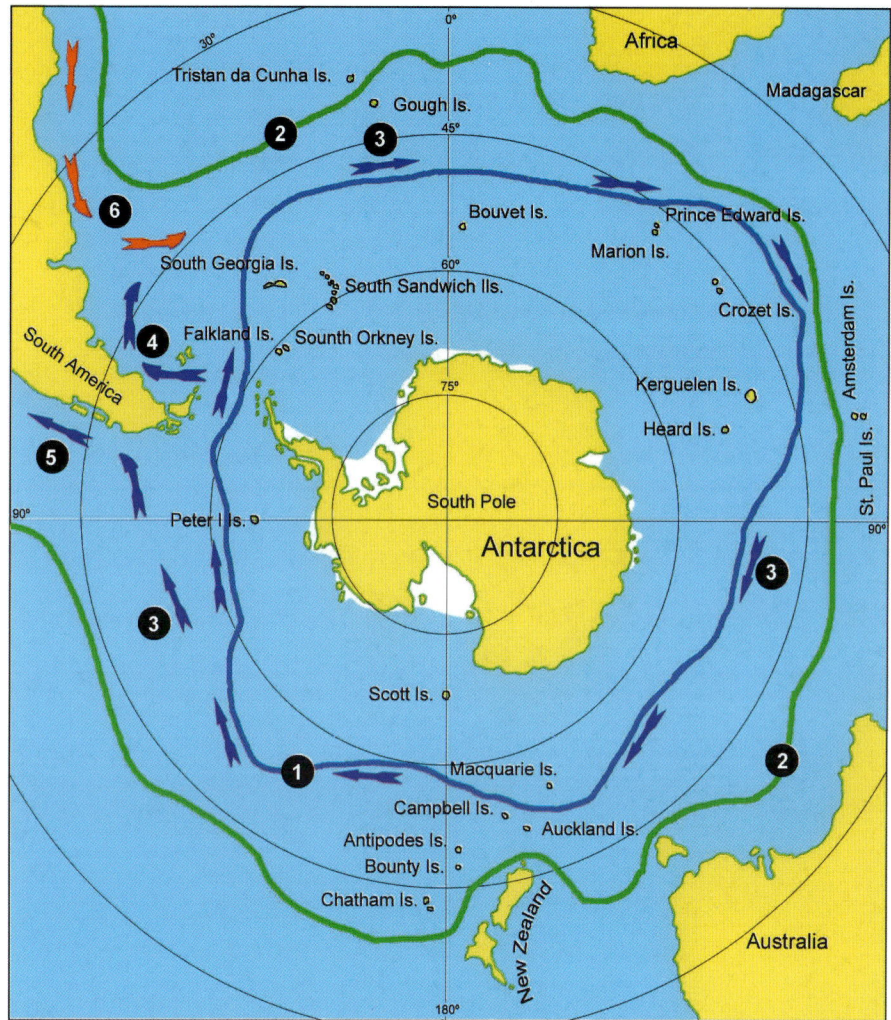

Fig. 15. Southern Ocean • Main oceanographic features / Océano Austral • Principales características oceanográficas

1) Antarctic Convergence / Convergencia Antártica
2) Subtropical Convergence / Convergencia Subtropical
3) Antartic Circumpolar Current / Corriente Circumpolar Antártica
4) Falkland Current / Corriente de las Malvinas
5) Humboldt Current / Corriente de Humboldt
6) Brazil Current / Corriente de Brasil

Land Birds

Aves Terrestres

Topography / Topografía

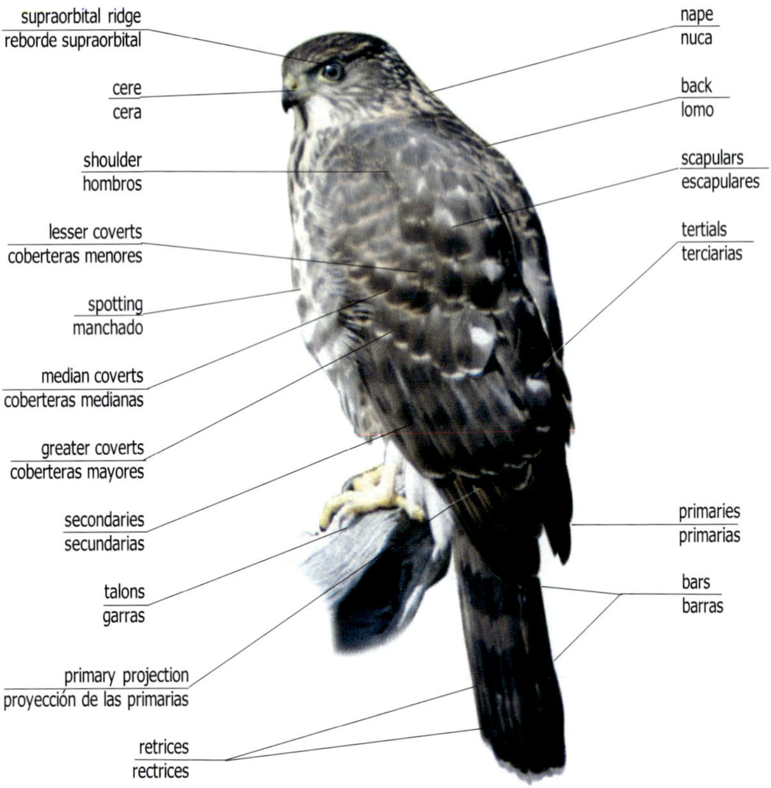

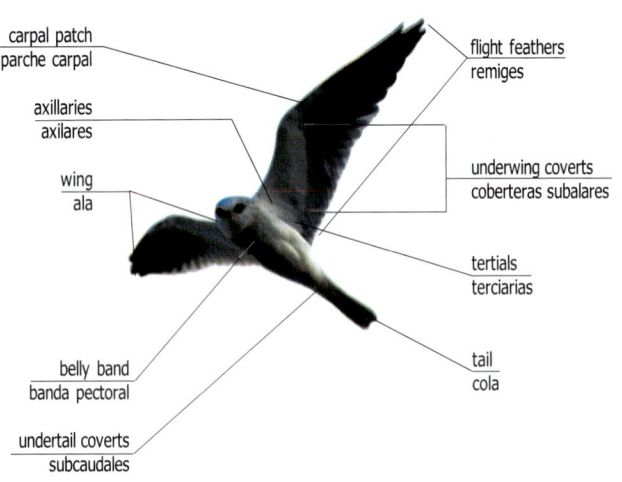

supraorbital ridge
reborde supraorbital

cere
cera

shoulder
hombros

lesser coverts
coberteras menores

spotting
manchado

median coverts
coberteras medianas

greater coverts
coberteras mayores

secondaries
secundarias

talons
garras

primary projection
proyección de las primarias

retrices
rectrices

nape
nuca

back
lomo

scapulars
escapulares

tertials
terciarias

primaries
primarias

bars
barras

carpal patch
parche carpal

axillaries
axilares

wing
ala

belly band
banda pectoral

undertail coverts
subcaudales

flight feathers
remiges

underwing coverts
coberteras subalares

tertials
terciarias

tail
cola

primaries
primarias

primary fingers
dedos (primarias)

writ comma
coma carpal

carpal

patagium
patagial

secondaries
secundarias

flanks
flancos

beak
pico

foot
pata

taroat
garganta

leg feathers
calzones

breast
pecho

subterminal band
banda subterminal

alula

terminal band
banda terminal

belly
abdomen

baring
barrado

scapulars
escapulares

rump
rabadilla

tail banding
cola barrada

wrist
muñeca

facial disk
disco facial

superciliary line
superciliar

crown
corona

crest
cresta

bare skin
piel desnuda

auriculars
auriculares

beak
pico

notch
muesca

gape
comisura

tail coverts
supracaudales

narrow bands
barrado fino

terminal band
banda terminal

cheek
mejilla

streaking
estriado

trainling edge
borde de fuga

breast
pecho

leading edge
borde de ataque

wing panel
panel alar

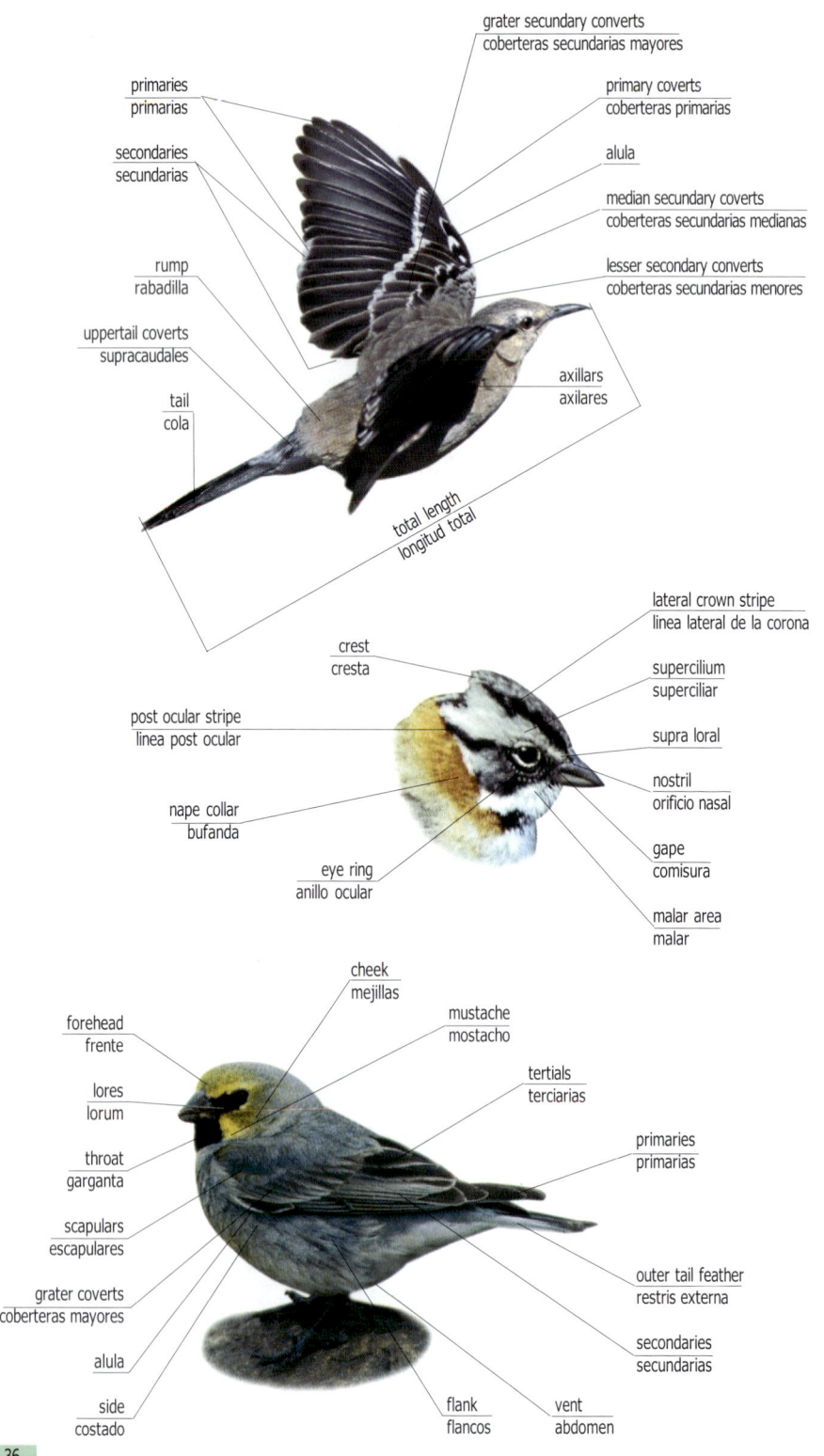

grater secundary converts
coberteras secundarias mayores

primaries
primarias

primary coverts
coberteras primarias

secondaries
secundarias

alula

median secundary coverts
coberteras secundarias medianas

rump
rabadilla

lesser secondary converts
coberteras secundarias menores

uppertail coverts
supracaudales

axillars
axilares

tail
cola

total length
longitud total

lateral crown stripe
linea lateral de la corona

crest
cresta

supercilium
superciliar

post ocular stripe
linea post ocular

supra loral

nostril
orificio nasal

nape collar
bufanda

gape
comisura

eye ring
anillo ocular

malar area
malar

cheek
mejillas

forehead
frente

mustache
mostacho

tertials
terciarias

lores
lorum

primaries
primarias

throat
garganta

scapulars
escapulares

outer tail feather
restris externa

grater coverts
coberteras mayores

alula

secondaries
secundarias

side
costado

flank
flancos

vent
abdomen

side / costado
breast / pecho
wing bars / bandas alares
belly / abdómen
flank / flanco
toe / dedo
tarsus / tarso

mantle / manto
median coverts / coberteras medianas
greater coverts / coberteras mayores
rump / rabadilla
tail / cola
undertail coverts / subcaudales

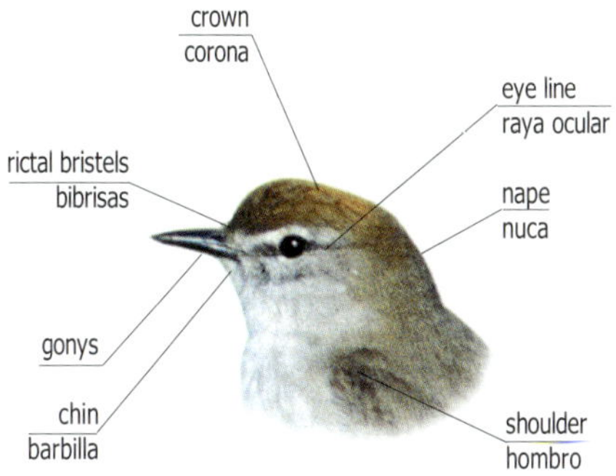

crown / corona
eye line / raya ocular
rictal bristels / bibrisas
nape / nuca
gonys
chin / barbilla
shoulder / hombro

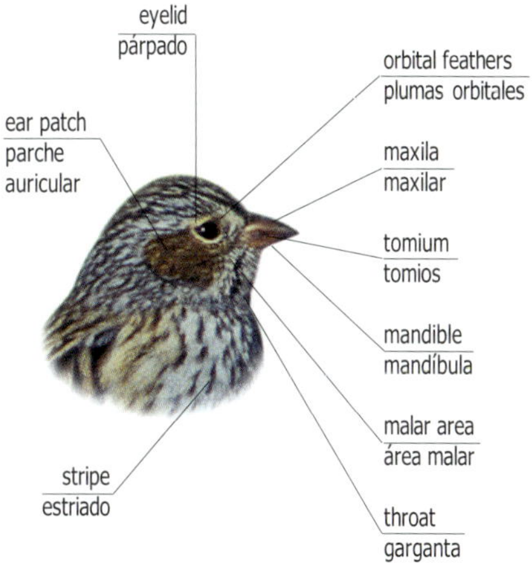

eyelid / párpado
ear patch / parche auricular
orbital feathers / plumas orbitales
maxila / maxilar
tomium / tomios
mandible / mandíbula
malar area / área malar
stripe / estriado
throat / garganta

eye brow / superciliar
nape / nuca
mantle / manto
scapulars / escapulares
back / lomo
tertials / terciarias
rump / rabadilla
uppertail cover / supracaudales
tail feathers / rectrices
claw / uña

throat / garganta
shoulder / hombro
wing bar / banda alar
thigh / muslo
hind toe / dedo posterior

37

Lesser Rhea
Pterocnemia pennata RHEIDAE

C. Ñandú
A. Choique

1

Identification: Unmistakable. Very large, elegantly-shaped, flightless bird with very long neck and legs. Generally brownish-grey with elongated whitish spots on feathers of back and wings. Underparts whitish.

Habitat: Wind-swept Patagonian steppes, desert plains and hillsides with scattered vegetation. From inland plateaus down to the seacoast.

Range: *R. p. pennata* is a common resident in suitable habitats of Aysén and Magallanes, excluding Tierra del Fuego, in Chile and from Neuquén, Río Negro and south-western Buenos Aires south to Santa Cruz, in Argentina. Its northern range reaches Mendoza, La Pampa and La Rioja.
This species ranges in the High Andes of northern Chile, north-western Argentina, western Bolivia and southern Peru.

Habits: Social, usually in groups of up to 5 to 10 individuals, grazing on the plains. Polygamous. Females lay their eggs on several huge nests and the males are responsible for incubation and the rearing of chicks. Cautious and fast-runner. Runs with its neck forward, using its wings to manoeuvre and change direction. Easily crosses over fences.

Conservation: Classified as Near Threatened. The nominate form does not have any immediate threats, although it suffers to a certain degree as a result of habitat alteration.

Identificación: Inconfundible. Ave corredora de gran tamaño. Cuello y patas largas. Estilizada. Gris marrón con manchas blancas alargadas en las puntas de las plumas de dorso y alas. Partes inferiores blanquecinas.

Hábitat: Estepas patagónicas, planicies desérticas y pequeñas lomas con vegetación dispersa desde el interior hasta la costa.

Rango: *R. p. pennata* es un residente común en los ambientes apropiados de Aysén y Magallanes, excluyendo Tierra del Fuego, en Chile y desde Neuquén, Río Negro y sur-oeste de Buenos Aires hasta Santa Cruz, en Argentina. Su rango septentrional alcanza hasta Mendoza, La Pampa y La Rioja.
Esta especie se distribuye también en los Altos Andes del norte de Chile, nor-oeste de Argentina, oeste de Bolivia y sur de Perú.

Hábitos: Social, en grupos de 5 a 10 individuos, pastando en las planicies. Polígamos. Las hembras colocan sus huevos en varios nidos enormes, siendo los machos los responsables de la incubación y crianza de los pollos. Es precavido y veloz. Corre con el cuello hacia adelante, utilizando las alas para controlar su dirección. Salta alambradas.

Conservación: Considerada una especie casi-amenazada; a pesar de que la raza nominal no se encuentra bajo amenazas inmediatas, sufre en cierta medida la alteración de su hábitat.

L. 95cm (37")

Chilean Tinamou
Nothoprocta perdicaria   TINAMIDAE   **C.** Perdiz Chilena

Identification: Horn-coloured bill. Legs yellow. Generally light brown with blackish mottling and dark cinnamon barring on the upperparts. Crown barred with brown and black. Wing-coverts barred with cinnamon and dark brown. Secondaries reddish-brown. Primaries spotted with white. Throat and centre of belly ochraceous. Pale spots on centre of breast. Rest of underparts largely grey, but flanks cinnamon.

Habitat: Grasslands, cultivated fields and areas with scattered scrubby vegetation, in lowlands and in hillsides. Also on sides of trails and roads.

Range: ENDEMIC to lowlands of Chile. *N. p. sanborni* is a locally common resident from southern Maule south to Reloncaví Sound (Los Lagos). Ranges throughout Chile north to Huasco Valley (Atacama). Introduced species on Easter Island.

Habits: Alone or in pairs. Occasionally in small groups. Diagnostic whistled call. Wary and very shy. Runs in order to hide within the cover of vegetation, crouching down to avoid detection. When threatened takes off in a sudden, fast-flapping and straight flight, to land again after a short distance and giving a characteristic call.

Conservation: Restricted to Endemic Bird Area 060 (Central Chile).

Identificación: Pico color cuerno. Patas amarillas. Café claro con moteado negruzco y barrado acanelado oscuro en las partes superiores. Corona barrada de café y negro. Coberteras alares barradas de canela y café oscuro. Secundarias café rojizo. Primarias con manchas blancas. Garganta y centro del abdomen ocráceo. Manchas pálidas en el centro del pecho. Resto de las partes inferiores grises, exceptuando los flancos que son acanelados.

Hábitat: Pastizales, zonas cultivadas y áreas con vegetación arbustiva dispersa en sectores planos y laderas de cerros. También a orillas de caminos y carreteras.

Rango: ENDEMICO de regiones bajas de Chile. *N. p. sanborni* es un residente localmente común desde el sur del Maule hasta el Seno de Reloncaví (Los Lagos). Su distribución en Chile alcanza hasta el valle del Huasco (Atacama). Introducida en Isla de Pascua.

Hábitos: Solitaria o en parejas. Ocasionalmente en pequeños grupos. Silbido característico. Esquiva y muy tímida. Corre para ocultarse entre la vegetación, agazapándose para pasar inadvertida. Cuando es muy acosada emprende un vuelo rápido, aleteado y recto, a corta distancia y emitiendo un característico grito.

Conservación: Especie restringida al Area de Endemismo para Aves 060 (Chile central).

L. 29cm. (11")

Elegant Crested-Tinamou
Eudromia elegans   TINAMIDAE

C. Martineta
A. Martineta Común

14

Identification: Unmistakable. Large, elegant and stocky-bodied. Diagnostic, long and narrow black crest rising from the forehead. On the sides of face, two whitish streaks extend towards neck. Body ochre-grey finely streaked and mottled with dark brown on the upperparts. Underparts ochraceous with dark-brown barring.

Habitat: Arid Patagonian steppes with scattered grassy and scrubby vegetation and in scrubby gorges. Also in cultivated fields. From the sea level up to 400m/1,200ft.

Range: *E. e. elegans* is a common resident in Neuquén, Río Negro and south-western Buenos Aires. *E. e. devia* is a resident in pre-Andean habitats of Neuquén. *E. e. patagonica* is a fairly common resident from southern Neuquén and Río Negro south to Chubut and central-southern Santa Cruz, in Argentina, including adjacent regions of Aysén, in Chile. Accidental visitor to eastern Magallanes (Torres del Paine NP).

This species has a predominantly Argentinean range, widely distributed throughout semi-arid regions of the country.

Habits: In pairs or small groups. Congregates in flocks during the winter. Silent. Rather confiding. Shelters within the cover of scrub. Runs away in the presence of intruders.

Identificación: Inconfundible. Grande, elegante y maciza. Diagnóstica, larga y delgada cresta negra en la frente. A los lados de la cara, dos rayas blanquecinas que bajan hacia el cuello. Cuerpo gris ocráceo con fino estriado y moteado oscuro en las partes superiores. Partes inferiores con ocre con barrado café oscuro.

Hábitat: Planicies patagónicas áridas con vegetación de matorral y pastizal y quebradas arbustivas húmedas. También en campos cultivados. Desde el nivel del mar hasta los 400m.

Rango: *E. e. elegans* es un residente común en Neuquén, Río Negro y sur-oeste de Buenos Aires. *E. e. devia* es un residente de la pre-cordillera de Neuquén. *E. e. patagonica* es un residente bastante común desde el sur de Neuquén y Río Negro hasta Chubut y centro-sur de Santa Cruz, en Argentina, incluyendo regiones adyacentes de Aysén, en Chile. Accidental al oriente de Magallanes (PN Torres del Paine).

Especie predominantemente argentina, de distribución amplia en regiones semi-áridas del país.

Hábitos: En parejas o en pequeños grupos. Se congrega en bandadas durante el invierno. Silenciosa. Algo confiada. Se protege entre la cubierta de arbustos. Corre ante la presencia de intrusos.

L. 42cm (17")

Patagonian Tinamou

Tinamotis ingoufi

TINAMIDAE

C. Perdiz Austral

A. Quiula Patagónica

20

Identification: Iris yellow. Large, stocky body. Generally bluish-grey with black mottling on breast and upperparts. Primaries rufous. Head and neck whitish with diagnostic longitudinal blackish stripes. Belly and undertail-coverts reddish-brown.
Habitat: Open wind-swept steppes with scattered scrubby cover, especially of *Verbena* and *Berberis*. Either on the Patagonian plateau or near the coast. From the sea level up to approximately 800m/2,400ft.
Range: ENDEMIC to Patagonia. Scarce to uncommon resident on upland plateaus and low steppes of inland Patagonia from western Río Negro and Chubut south to Santa Cruz, in Argentina, being more common in the latter province. Also found, although far scarcer, in adjacent regions of eastern Aysén and Magallanes, in Chile.
Habits: In small groups and flocks up to 10 individuals. Alarm call is a characteristic whistle. Runs rapidly, with its body in an upright position. Flies only when threatened, with loud, heavy and strong wing-beats. Shy.

Identificación: Iris amarillo. Cuerpo grande y macizo. Coloración general gris azulado con moteado negro en pecho y partes superiores. Primarias rufas. Cabeza y cuello blanquecino con diagnósticas líneas longitudinales negruzcas. Abdomen y subcaudales de color café rojizo.
Hábitat: Estepas abiertas con parches arbustivos dispersos en especial de *Verbena* y *Berberis*. Tanto en la meseta patagónica como cerca de la costa. Desde el nivel del mar hasta aproximadamente 800m.
Rango: ENDEMICO de Patagonia. Residente escaso a poco común en mesetas y estepas bajas del interior patagónico desde el oeste de Río Negro y Chubut hasta Santa Cruz, en Argentina, siendo más común en la última provincia. También aunque muy escaso en regiones adyacentes de Aysén y Magallanes, en Chile.
Hábitos: En grupos pequeños, en bandadas de hasta 10 individuos. Silbido de alerta, característico. Corre rápido y con el cuerpo erecto. Vuela solo si se siente amenazada, con aleteos muy sonoros y esforzados. Tímida.

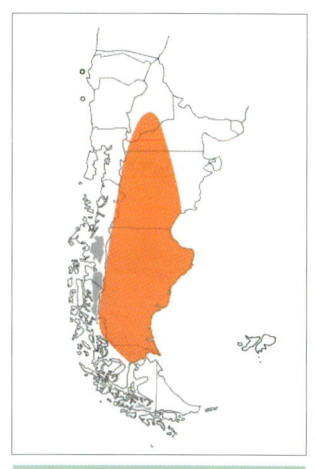

L. 38cm (15")

Black Vulture
Coragyps atratus   CATHARTIDAE   **C. & A.** Jote de Cabeza Negra

Identification: Bill long and slender, blackish with pale tip. Pale greyish legs. Iris dark brown. Uniform black general colouration. Head and upper neck with blackish bare skin. Long and rectangular-shaped wings. Diagnostic brilliant white patch at base of primaries, prominent in flight. Tail short and square.
Habitat: Any kind of open habitat, although it prefers surroundings of cities, human settlements and rubbish dumps. Also in forested areas and near the coast.
Range: *C. a. foetens* is a common to very common resident in lowland and coastal areas from southern Maule south to Aysén, in Chile and Neuquén, Río Negro and south-western Buenos Aires south to Chubut, in Argentina. Occasionally found in western Santa Cruz, with recent sightings at Roca Lake, Los Glaciares NP.
This species ranges throughout the lowlands of Chile and Argentina to the rest of South America, Central America and eastern and southern United States.
Habits: Gregarious, occasionally forming very large flocks around carrion and rubbish dumps. Perches in an upright posture in trees, posts or buildings. Walks or jumps over the ground. Characteristic gliding flight interspersed with vigorous and regular wing beats, often at great heights. Silent.

Identificación: Pico largo y delgado, negruzco con punta pálida. Patas gris pálido. Iris café oscuro. Coloración general negra uniforme. Cabeza y parte del cuello con piel desnuda de color negruzco. Las alas son largas y rectangulares. Diagnóstica mancha blanca brillante en la base de las primarias, visible en vuelo. Cola corta y cuadrada.
Hábitat: Todo tipo de ambientes abiertos, aunque de preferencia cerca de ciudades, asentamientos humanos y basurales. También en sectores forestados y cerca de la costa.
Rango: *C. a. foetens* es un residente común a muy común en sectores bajos y costeros desde el sur del Maule hasta Aysén, en Chile y Neuquén, Río Negro y sur-oeste de Buenos Aires hasta Chubut, en Argentina. Ocasionalmente por el sur hasta el oeste de Santa Cruz, con observaciones recientes en Lago Roca, PN Los Glaciares.
Esta especie se distribuye por las tierras bajas del resto de Chile y Argentina hacia el resto de Sudamérica, Centroamérica y este y sur de Estados Unidos.
Hábitos: Gregario, se congrega en torno a lugares con carroña o basurales, generalmente en grupos, en ocasiones bastante numerosos. Se posa erguidamente sobre árboles, postes u otras construcciones. En el suelo camina o anda a saltos. Característico vuelo planeado mezclado con series de vigorosos aleteos regulares. También planea, usualmente a gran altura. Silencioso.

L. 65cm (26") W. 150cm (59")

Turkey Vulture
Cathartes aura   CATHARTIDAE   **C. & A.** Jote de Cabeza Colorada

Identification: Horn-coloured bill. Pinkish legs. Iris red. Blackish-brown general colouration with bluish sheen on the upperparts. Head and neck with reddish bare skin. On the underwing, grey flight-feathers contrasting with blackish wing-coverts. Wings long and rectangular-shaped with 6 finger-like primaries, visible at a distance. Tail longish and rounded.

Habitat: Prefers open terrain, especially near the coast. Near human settlements including ports and fishing villages. In south-western Patagonia inhabits fjords and channels.

Range: Common resident in lowland and coastal areas of Chile, from southern Maule to the southern part of Isla Grande de Tierra del Fuego, southern islands of the Beagle Channel, including Wollaston Archipelago (Cape Horn) and Staten Island, the latter in Argentina. Also a common resident on the Falkland Islands. Accidental visitor to South Georgia Island. Also is a common resident of eastern Patagonia from Río Negro and south-western Buenos Aires south to the coasts of Chubut and Santa Cruz, in Argentina.
This species ranges widely throughout the rest of South and Central America north to southern Canada.

Habits: Normally seen in pairs or small groups, but also gregarious. Scavenger. Feeds on corpses, faeces and placentas of marine mammals. Associated with sea lion colonies in the southern part of the region year-round. Capable of sustaining prolonged glides at great height. Rather confiding.

Identificación: Pico color cuerno. Patas rosadas. Iris rojo. Coloración general café negruzco uniforme con brillo azulado en las partes superiores. Cabeza y cuello con piel desnuda de color rojizo. En la superficie inferior alar, las rémiges son grises contrastando con el resto del ala que es negra. Las alas son largas y rectangulares con 6 primarias visibles, en forma de "dedos" a la distancia. Cola bastante larga y redondeada.

Hábitat: Prefiere terrenos abiertos, en especial cerca de la costa marina. Cerca de asentamientos e instalaciones humanas, como puertos y villas de pescadores. Al sur-oeste de Patagonia vive en canales y fiordos.

Rango: Residente común en sectores bajos y costeros de Chile, desde el sur del Maule hasta la porción sur de Isla Grande de Tierra del Fuego, islas australes del Canal Beagle, incluyendo el Archipiélago de las Wollaston (Cabo de Hornos) e Isla de los Estados, ésta última en Argentina. También es un residente común en Islas Malvinas. Visitante accidental en Isla Georgia del Sur. También es un residente común en la Patagonia oriental desde Río Negro y sur-oeste de Buenos Aires hasta la costa de Chubut y Santa Cruz, en Argentina.
Esta especie se distribuye ampliamente por el resto de Sudamérica y Centroamérica hasta el sur de Canadá.

Hábitos: Solitario, aunque también se observa en parejas o en pequeños grupos. Algo gregario. Carroñero. Se alimenta de cadáveres, deyecciones y placentas de mamíferos marinos. Casi todo el año asociado a colonias de lobos marinos en la región austral. Prolongados planeos a gran altura. Algo confiado.

L. 75cm (30″) W. 180cm (71″)

Andean Condor
Vultur gryphus

CATHARTIDAE

C. Cóndor
A. Cóndor Andino

Identification: Unmistakable due to its outline and huge size. General colouration black. **Male:** Head and neck of reddish bare skin. Comb dark red. White ruff at base of neck. Prominent white area on the upper-wing, formed by secondaries and wing-coverts. Wings very long and rectangular-shaped with 8 finger-like primaries, very visible at a distance. Tail short. **Female:** Lacks comb. **Juveniles:** Greyish-brown general colouration. Head and neck of blackish skin and brown ruff.
Habitat: Mountain areas, reaching the coast through steppe and forested areas. Frequents marine mammal colonies on the southern coast.
Range: Locally common resident in mountain regions from Linares (Maule), in Chile and western Neuquén and Río Negro, in Argentina down to the southern part of Isla Grande de Tierra del Fuego, southern islands of the Beagle Channel, including Wollaston Archipelago (Cape Horn) and Staten Island. More common in the southern part of its range.
This species ranges throughout the Andes from the southern tip of the continent north to Peru, Ecuador and very locally to Colombia and Venezuela.
Habits: Alone or in groups. Occasionally in large flocks of up to a hundred or more individuals. Scavenger. Searches for corpses of wild and domestic animals from height, forming flocks once a corpse is found. Perches and nests in small rookeries on cliffs, from where it takes flight very easily. Wary.

Identificación: Inconfundible por su silueta y gran tamaño. Coloración general negra. **Macho:** Cabeza y cuello de piel desnuda de color rojizo. Cresta rojo oscuro. Collar blanco de plumón, en la base del cuello. Notoria zona blanca en la parte media de la superficie dorsal alar, muy visible en el vuelo. Las alas son largas y rectangulares con 8 primarias visibles, en forma de largos "dedos" a la distancia. Cola corta. **Hembra:** Carece de cresta. **Juveniles:** Coloración general café grisáceo. Cabeza y cuello de piel negruzca y collar café.
Hábitat: Zonas montañosas llegando también a la costa por la estepa y zonas boscosas. Frecuenta colonias de mamíferos marinos en la costa sur.
Rango: Residente localmente común en regiones cordilleranas desde Linares (Maule), en Chile y oeste de Neuquén y Río Negro, en Argentina hasta la porción sur de Isla Grande de Tierra del Fuego, islas australes del Canal Beagle, incluyendo el Archipiélago de las Wollaston (Cabo de Hornos) e Isla de los Estados. Es más común en la parte sur de su rango.
Esta especie se distribuye a lo largo de los Andes desde el extremo sur del continente hasta Perú, Ecuador y muy localmente en Colombia y Venezuela.
Hábitos: Solitario o en grupos. Ocasionalmente en grandes bandadas de hasta cien o más individuos. Carroñero. Busca los cadáveres de animales desde la altura, y se congrega al localizarlo. Se posa y nidifica en pequeñas colonias en acantilados, desde donde emprende el vuelo con facilidad. Desconfiado.

36   37

39   40

38

J   ♀

41

42

L. 110cm (43″) W. 315cm (124″)

43

Identification: Cere and legs bluish-grey. Iris yellow. Crown dark brown, rest of head white. Broad brown band across the eye towards the sides of neck. Upperparts and wings dark brown. Rest of body white. Wings long and narrow and from below in flight shows a prominent black carpal patch. Tail square finely barred with dark brown. **Immature:** Feathers of back fringed with white and underparts streaked with brown.

Habitat: Broad fast-flowing rivers in lowlands of coastal sectors and sheltered seacoasts.

Range: *P. h. carolinensis* is a rare to locally frequent visitor from the Nearctic to river systems from Cauquenes (Maule) south to Los Lagos and mainland Chiloé, in Chile. Rarer visitor on the eastern slope of the Andes, although there are accidental records from Río Negro and north-eastern Chubut.

Remains in the region during the spring and southern summer and starts to migrate towards North America, where nests, during April. Also has a range extending throughout much of Eurasia and Africa.

Habits: Alone. Spends a great amount of time perched on tall trees and other platforms from where it looks for prey. Also hunts on the wing, locating large fish and pausing to hover before plunge-diving, feet-first to catch prey. Quickly carries fish away with fish between claws.

Identificación: Cera y patas gris azulado. Iris amarillo. Corona café oscuro, resto de la cabeza blanca. Ancha banda café a través del ojo hacia los lados del cuello. Partes superiores y alas café oscuro. Resto del cuerpo blanco. Alas largas y angostas y en vuelo por debajo notoria mancha carpal negra. Cola cuadrada con fino barrado café oscuro. **Inmaduro:** Plumas del dorso con bordes blancos y partes inferiores con estriado café.

Hábitat: Ríos anchos y de gran caudal en sectores bajos y costas marinas protegidas.

Rango: *P. h. carolinensis* es un visitante neártico raro a localmente frecuente en sistemas fluviales bajos desde Cauquenes (Maule) hasta Los Lagos y Chiloé continental, en Chile. Es un visitante más raro en la vertiente oriental de los Andes, pero existen registros accidentales en Río Negro y noreste de Chubut.

Permanece en la región durante la primavera y verano austral y comienza a migrar hacia Norteamérica, donde nidifica, en el mes de Abril. Su rango también se extiende por la mayor parte de Eurasia y Africa.

Hábitos: Solitaria. Pasa gran parte del tiempo posado sobre árboles altos u otras plataformas desde donde acecha. También planea alto desde donde al localizar peces grandes, queda suspendido con aleteo constante, para arrojarse hacia su presa, sumergiendo las patas primero y después el cuerpo. Muy rápidamente abandona el agua con el pez en sus garras.

L. 59cm (23″)

White-tailed Kite

Elanus leucurus   ACCIPITRIDAE

C. Bailarín
A. Milano Blanco

Identification: Smallish raptor. **Macho:** Cere and legs orange-yellow. Bill blackish. Iris orange-red. Small black ocular patch. Crown and face white. Upperparts pale grey. Black shoulders, formed by wing-coverts. Carpal patch black. Secondaries grey and primaries blackish. Underparts entirely white. Tail pale grey with white sides. **Female:** Darker back than male. **Juvenile:** Iris pale brown. Upperparts greyish-brown with feathers of mantle bordered with white. Tail with darker subterminal band. Reddish spots on breast.
Habitat: Grasslands, open fields and damp areas.
Range: *E. l. leucurus* is a scarce to locally common resident in lowlands from southern Maule south to northern Isla Grande de Chiloé, in Chile and Neuquén, Río Negro and south-western Buenos Aires south to northern Chubut, in Argentina.
This species ranges widely through the rest of Chile and Argentina throughout South America, Central America and extreme south and west of United States.
Habits: Alone or in pairs. Territorial. Crepuscular, in hunting at dawn and dusk. Perches on tall branches. Flapping flight, often hovering trying to locate its favoured prey of rodents. Silent. Wary.

Identificación: Rapaz pequeño. **Macho:** Cera y patas amarillo anaranjado. Pico negruzco. Iris rojo anaranjado. Pequeño parche ocular negro. Corona y cara blanca. Partes superiores gris pálido. Hombros negros, formado por las coberteras alares. Parche carpal negro. Secundarias grises y primarias negruzcas. Partes inferiores completamente blancas. Cola gris pálido con lados blancos. **Hembra:** Dorso más oscuro que el macho. **Juvenil:** Iris café pálido. Partes superiores café grisáceo con plumas del manto con borde blanco. Cola con banda subterminal oscura. Manchas rojizas en el pecho.
Hábitat: Pastizales, terrenos abiertos y ambientes pantanosos.
Rango: *E. l. leucurus* es un residente escaso a localmente común en tierras bajas desde el sur del Maule hasta el norte de la Isla Grande de Chiloé, en Chile y desde Neuquén, Río Negro y sur-oeste de Buenos Aires hasta el norte de Chubut, en Argentina.
Esta especie se distribuye ampliamente por el resto de Chile y Argentina hacia Sudamérica, Centroamérica y el extremo sur y oeste de Estados Unidos.
Hábitos: Solitario o en parejas. Territorial. Crepuscular, en actitud de caza durante el amanecer y atardecer. Posado sobre ramas altas. Vuelo aleteado quedando suspendido al momento de localizar una presa, en especial roedores. Silencioso. Desconfiado.

L. M: 35cm (14") F: 43cm (17")

♂

Identification: Medium-sized raptor. Largest *Circus*. **Dimorphic. Light phase – Male:** Cere bluish-grey. Legs orange-yellow. Iris reddish-brown. Iris yellow. Forehead, supercilium, cheeks and throat white. Upperparts, pectoral band and eye-ring black. Noticeable white facial disc. Rump white. Primaries and secondaries grey with blackish barring. Breast and belly white with small black spots on flanks. Tail grey with black bars and tip white. **Light phase – Female:** Upperparts dusky brown. Face and underparts with pale buffish tinge. **Dark phase – Male:** Completely blackish with underparts browner. **Immature:** Iris brown. Densely streaked with dark brown on underparts.
Habitat: Damp areas, wet grasslands and small ponds fringed with abundant emergent vegetation and reeds.
Range: Uncommon summer resident to lowlands of eastern Patagonia in eastern Neuquén, Río Negro and south-western Buenos Aires. Scarcer southwards to the north-east of Chubut, being occasional south to Santa Cruz. Accidental visitor in the central-northern part of Isla Grande de Tierra del Fuego and Falkland Islands. In Chile is a trans-Andean vagrant with records in northern Chiloé, Ñuble Cordillera and several in the central part of the country. From the sea level up to 700m/2,100ft.
Widely distributed species northwards through the lowlands of northern Argentina north to Uruguay, Paraguay, north-eastern Bolivia, Brazil, Guianas, Venezuela and Colombia.
Habits: Alone or in pairs. Territorial. Long and low glides with slow wing-beats. Wary and silent.

Identificación: Rapaz mediano. El más grande de los *Circus*. **Dimórfico. Fase clara – Macho:** Cera gris azulado. Patas amarillo anaranjado. Iris café rojizo. Iris amarillo. Frente, ceja, mejillas y garganta blancos. Partes superiores, banda pectoral y anillo ocular negros. Claro disco facial blanco. Rabadilla blanca. Primarias y secundarias grises con barrado negruzco. Pecho y abdomen blancos con pequeñas manchas negras en los flancos. Cola gris con barras negras y punta blanca. **Fase clara – Hembra:** Partes superiores café oscuro. Cara y partes inferiores con tinte café amarillento pálido. **Fase oscura – Macho:** Completamente negruzco con partes inferiores más café. **Inmaduro:** Iris café. Con denso estriado café oscuro en las partes inferiores.
Hábitat: Areas pantanosas, pastizales húmedos y pequeñas lagunas con abundante vegetación emergente y totorales en sus orillas.
Rango: Residente estival poco común en tierras bajas de la Patagonia oriental del este de Neuquén, Río Negro y sur-oeste de Buenos Aires. Más escaso por el sur hasta el nor-este de Chubut, siendo ocasional hasta Santa Cruz. Visitante accidental en el centro-norte de Isla Grande de Tierra del Fuego e Islas Malvinas. En Chile es un errante trasandino con registros en el norte de Chiloé, Cordillera de Ñuble y varios en la zona central del país. Desde el nivel del mar hasta los 700m.
De amplia distribución hacia el norte por las tierras bajas del norte de Argentina hasta Uruguay, Paraguay, nor-este de Bolivia, Brasil, Guyanas, Venezuela y Colombia.
Hábitos: Solitario o en parejas. Territorial. Planeos largos con aleteos lentos a escasa altura. Tímido y silencioso.

58 ♂

59 ♂

60 ♀

61 ♂

Dark morph / Fase oscura

62 ♀

Dark morph / Fase oscura

63 ♀

L. M: 46cm (18″) F: 60cm (24″)

Cinereous Harrier
Circus cinereus   ACCIPITRIDAE

C. Vari Común

A. Gavilán Ceniciento

64

♂

Identification: Smallish raptor. **Male:** Cere and legs orange-yellow. Bill blackish. Iris yellow. Whitish collar around neck. Head, breast and upperparts ashy-grey. Mantle and wing-coverts darker. Rump white. In flight, black primaries contrast with rest of white underwing. Lower breast and rest of underparts white barred with rufous. Tail grey finely and incompletely barred with dusky. **Female:** Upperparts dark brown with numerous white and buffish spots and bars. Prominent whitish barring on wings and tail. Rump white. Underparts white densely streaked with brown on throat and breast. Belly barred with brown. **Immature:** Above densely streaked with dark brown and white below.
Habitat: Damp terrain, reed-fringed ponds, grasslands, cultivated fields and arid Patagonian steppes with scattered bushes.
Range: Fairly common to locally very common resident in lowlands from southern Maule south to Los Lagos and Chiloé, in Chile and Neuquén, Río Negro and south-western Buenos Aires south to Santa Cruz, in Argentina, including adjacent regions of eastern Aysén and central-eastern Magallanes. Also in the northern part of Isla Grande de Tierra del Fuego, occasionally reaching south to the shores of the Beagle Channel. Hypothetical visitor to Staten Island. Extinct in the Falkland Islands. The southernmost populations migrate northwards to more temperate regions of Central Chile and Argentina, although many individuals remain in the southern region during the colder months. From sea level up to 2,000m/6,000ft.
This species ranges northwards to the rest of Chile and Argentina, through the Andes north to Peru, Ecuador and Colombia and through lowlands of Argentina north to southern Bolivia, Paraguay, south-eastern Brazil and Uruguay.
Habits: Alone, in pairs or small groups. Territorial. Long and low glides with slow wing-beats. Males are polygamous. Shy and silent.

Identificación: Rapaz pequeño. **Macho:** Cera y patas amarillo anaranjado. Pico negruzco. Iris amarillo. Collarín blanquecino alrededor del cuello. Cabeza, pecho y partes superiores gris ceniza. Manto y coberteras alares más oscuras. Rabadilla blanca. En vuelo muestra primarias negras que contrasta con la superficie inferior alar blanca. Parte baja del pecho y resto de las partes inferiores blancas con barrado rufo. Cola gris con fino barrado incompleto oscuro. **Hembra:** Partes superiores café oscuro con numerosas manchas y barras blancas y café amarillento. Prominente barrado blanquecino en alas y cola. Rabadilla blanca. Partes inferiores blancas con denso estriado café en garganta y pecho. Abdomen barrado de café. **Inmaduro:** Con denso estriado café oscuro y blanco por debajo.
Hábitat: Ambientes pantanosos, lagunas con totorales, pastizales, zonas cultivadas y estepas patagónicas áridas con matorral disperso.
Rango: Residente común a localmente muy común en ambientes bajos desde el sur del Maule hasta Los Lagos y Chiloé, en Chile y desde Neuquén, Río Negro y sur-oeste de Buenos Aires hasta Santa Cruz, en Argentina, incluyendo regiones adyacentes del este de Aysén y centro-este de Magallanes. También en la porción norte de Isla Grande de Tierra del Fuego, llegando ocasionalmente hasta el Canal Beagle por el sur. Visitante hipotético en Isla de los Estados. Extinto en Islas Malvinas. Las poblaciones más australes migran hacia regiones más templadas del centro de Chile y Argentina, aunque algunos individuos permanecen en la región durante los meses más fríos. Desde el nivel del mar hasta los 2.000m.
Esta especie se distribuye hacia el norte por el resto de Chile y Argentina, por los Andes hasta Perú, Ecuador y Colombia y por las tierras bajas de Argentina hasta el sur de Bolivia, Paraguay, sur-este de Brasil y Uruguay.
Hábitos: Solitario, en parejas o en pequeños grupos. Territorial. Planeos largos con aleteos lentos a escasa altura. Los machos son políginos. Tímido y silencioso.

65 ♀

66 ♂

67 ♂

68 ♀

69 ♀

70 ♀

L. M: 40cm (16") F: 50cm (20")

Bicolored (Chilean) Hawk

Accipiter bicolor

ACCIPITRIDAE

C. Peuquito

A. Esparvero Variado

♂

Identification: Slim raptor with short, rounded wings and very long tail. **Adult:** Cere and legs yellow. Prominent yellow iris diagnostic. Upperparts and wings blackish-brown. Throat white. Rest of underparts grey barred and spotted with rufous, brown and white. Thighs rufous. Undertail-coverts white. Tail grey with five black bars visible and a narrow white terminal band. **Juvenile:** Generally blackish-brown upperparts and whitish below, with dense brown streaking. Tail similar to adult, although lighter.

Habitat: Forests and its edges, favouring adjacent open fields. During the southern winter frequents cities and towns. Occasionally seen in steppes.

Range: *A. b. chilensis* is a rare to locally common resident in forested habitats of both slopes of the Andes range from southern Maule, in Chile and Neuquén and Río Negro in Argentina south to the southern part of Isla Grande de Tierra del Fuego, Staten Island and Wollaston Archipelago (Cape Horn). Also in the Patagonian archipelago.

During the winter frequents more open habitats, reaching the coasts of the Straits of Magellan and more occasionally, eastwards to coastal southern Santa Cruz.

This species reaches northern Chile (Atacama), the rest of Argentina, the Andes of Perú and Bolivia and lowlands of Uruguay and extreme south Brazil.

Habits: Solitary and rather sedentary. Feeds almost exclusively on birds. Mainly still-hunts from perches in tall trees. Fierce hunter, favouring parakeets, doves and passerines as prey items. Wary.

Identificación: Rapaz pequeño, estilizado, de alas cortas y redondeadas y cola muy larga. **Adulto:** Cera y patas amarillas. Notorio y diagnóstico iris amarillo. Por encima café negruzco, al igual que las alas. Garganta blanca. Resto de las partes inferiores grises con barrado y manchas de rufo, café y blanco. Calzones rufos. Subcaudales blancas. Cola gris con cinco barras negras visibles y una pequeña banda terminal blanca. **Juvenil:** De coloración general café negruzco en las partes superiores y blanquecino por debajo, con profuso jaspeado café. Cola similar a la del adulto aunque algo más clara.

Hábitat: Bosques y borde de bosques, de preferencia aledaños a terrenos abiertos. Durante el invierno austral frecuenta ciudades y pueblos. Ocasionalmente llega a zonas de estepa.

Rango: *A. b. chilensis* es un residente raro a localmente común en ambientes forestados de ambas vertientes de la Cordillera de los Andes, desde el sur del Maule, en Chile y Neuquén y Río Negro en Argentina hasta el sur de Isla Grande de Tierra del Fuego, Archipiélago de las Wollaston (Cabo de Hornos) e Isla de los Estados. También en el archipiélago patagónico. Durante el invierno frecuenta ambientes abiertos, alcanzando las costas del Estrecho de Magallanes y más ocasionalmente hasta el sur de Santa Cruz.

La distribución de esta especie alcanza hasta el norte de Chile (Atacama), el resto de Argentina, los Andes de Perú y Bolivia, y tierras bajas de Uruguay y extremo sur de Brasil.

Hábitos: Solitario. Bastante sedentario. Se alimenta casi exclusivamente de aves, a las que acecha de los árboles. Feroz cazador, en la región patagónica prefiere loros, palomas y avecillas. Tímido.

72 J

73 J

74 J

75 ♀

76

77

78 ♀

L. M: 38cm (15″) F: 42cm (17″)

Black-chested Buzzard-Eagle

Geranoaetus melanoleucus   ACCIPITRIDAE

C. Aguila

A. Aguila Mora

79

Identification: Large raptor of triangle-shaped outline in flight with very broad wings and short, wedge-shaped tail. **Male:** Cere and legs yellow. Iris brown. Head and upperparts dark slaty-grey to blackish. Cheeks and throat paler. Shoulders ashy-grey finely barred with black. Breast blackish. Belly and undertail-coverts white finely vermiculated with blackish. **Female:** Larger than male; reddish-brown tinge to secondary and uppertail-coverts. **Juvenile:** Buffish supercilium and cinnamon and whitish streaking on crown and nape. Upperparts blackish-brown. Feathers of back, scapulars and shoulders with reddish and buffish fringes. Throat and breast buff and reddish. Tail dark grey.
Habitat: Open areas, especially steppes with scattered bushes. Also on mountain cliffs and hillsides. From the coast to the Andes.
Range: *G. m. australis* is a locally common to common resident in mountain regions and lowlands from southern Maule south to Araucanía, in Chile and Neuquén and Río Negro south to Santa Cruz, in Argentina, including adjacent regions of eastern Aysén and central-eastern Magallanes. Is also a resident of Isla Grande de Tierra del Fuego south to the Beagle Channel, including the Wollaston Archipelago (Cape Horn) and Staten Island. Partial migrant during the southern winter. From sea level up to 3,500m/10,500ft.
This species ranges northwards throughout the Andes north to Venezuela and lowlands Argentina north to Paraguay, south-eastern Brazil and Uruguay.
Habits: Alone, in pairs or family groups. Very territorial during the breeding season. Often glides at considerable height or hunts from cliffs, tall trees or posts. Hunts medium-sized prey, including mammals and birds. Also eats on carrion. Gives loud and high-pitched calls while flying, to attract the attention of its mate or chicks. Often mobbed by smaller raptors. Wary.

Identificación: Rapaz grande de perfil triangular en vuelo, alas muy anchas y cola corta y ancha. **Macho:** Cera y patas amarillas. Iris café. Cabeza y partes superiores gris apizarrado oscuro a negruzco. Mejillas y garganta más pálidos. Hombros gris ceniza con fino barrado negro. Pecho negruzco. Abdomen y subcaudales blancos con fino vermiculado negruzco. **Hembra:** Más grande que el macho y presenta coberteras secundarias y rabadilla con tinte café rojizo. **Juvenil:** Superciliar café amarillento y presenta estriado canela y blanquecino en corona y nuca. Partes superiores café negruzco. Plumas de espalda, escapulares y hombros con bordes rojizos y café amarillento. Garganta y pecho café amarillento y rojizo. Cola gris oscura.
Hábitat: Ambientes abiertos especialmente en áreas de estepa y matorral. También en acantilados de montañas y laderas de cerros. Desde la costa a la cordillera.
Rango: *G. m. australis* es un residente localmente común a común tanto de regiones montañosas como bajas desde el sur del Maule hasta Araucanía, en Chile y desde Neuquén y Río Negro hasta Santa Cruz, en Argentina, incluyendo regiones adyacentes del este de Aysén y centro-este de Magallanes. También es un residente de Isla Grande de Tierra del Fuego hasta el Canal Beagle, incluyendo el Archipiélago de las Wollaston (Cabo de Hornos) e Isla de los Estados. Realiza migraciones parciales durante el invierno. Desde el nivel del mar hasta los 3.500m.
Esta especie se distribuye hacia el norte por los Andes hasta Venezuela y por las tierras bajas de Argentina hasta Paraguay, sur-este de Brasil y Uruguay.
Hábitos: Solitaria, en parejas o en grupos familiares. Muy territorial durante el período de cría. Suele planear a gran altura o acecha a sus presas desde acantilados, árboles altos o postes. Caza presas de tamaño medio, incluyendo mamíferos y aves. También come carroña. Emite fuertes y agudos chillidos en vuelo, para llamar la atención de su pareja o polluelos. Frecuentemente acosado por rapaces de menor tamaño. Desconfiado.

80

81

83

82

84

85

SA

62

86   J

87   J

88   J

89   I

90   I

L. M: 65cm (26") F: 80cm (31")

Bay-winged Hawk

Parabuteo unicinctus   ACCIPITRIDAE

C. Peuco

A. Gavilán Mixto

91

92

Identification: Medium-sized and slim raptor. Sexes alike. **Adult:** Cere and legs yellow. Bill dark bluish-grey. Iris dark brown. Generally uniform blackish-brown. Uppertail- and undertail-coverts white. Contrasting rufous shoulders and wing-coverts. Faint white mottling on flanks. Thighs rufous with slight dark brown barring. Tail black with wide white terminal band. **Immature:** Buffish densely streaked with black on underparts. Upperparts and upperwing dark greyish-brown with ochraceous mottling. Uppertail- and undertail-coverts white. Thighs buffish with brown barring. Tail grey with black barring and white tip.
Habitat: Open fields and lowlands including grasslands and hillsides with scattered bushes. From the coast to pre-Andean habitats.
Range: *P. u. unicinctus* is a scarce to uncommon resident in lowlands of the eastern slope of the Andes from southern Maule south to Aysén, in Chile and adjacent territories of Neuquén, Río Negro and northern Chubut, in Argentina. From sea level up to 1,900m/5,700ft.
This species ranges northwards through Central Chile and central-northern Argentina, Uruguay, south-eastern Brazil, Paraguay, northern Bolivia and Peru north to Central America and extreme south of United States.
Habits: Generally solitary and rather sedentary. Flies with long and high glides, occasionally soaring in groups. Aerial display during the breeding season. Shy and silent.

Identificación: Rapaz mediano y de cuerpo delgado. Sexos similares. **Adulto:** Cera y patas amarillas. Pico gris azulado oscuro. Iris café oscuro. Coloración general café negruzco uniforme. Rabadilla y subcaudales blancas. Contrastante hombros y coberteras alares de color rufo. Leve moteado blanco en flancos. Calzones rufos con leve barrado café oscuro. Cola negra con amplia banda terminal blanca. **Inmaduro:** Café amarillento con denso estriado negro en las partes inferiores. Partes superiores y dorso de las alas café grisáceo oscuro con moteado ocráceo. Rabadilla y subcaudales blancas. Calzones café amarillento con barrado café. Cola gris con barrado negro y punta blanca.
Hábitat: Terrenos abiertos y bajos incluyendo pastizales y laderas de cerros con arbustos dispersos. Desde la costa a la pre-cordillera.
Rango: *P. u. unicinctus* es un residente escaso a poco común en tierras bajas de la vertiente occidental de los Andes desde el sur del Maule hasta Aysén, en Chile y territorios adyacentes de Neuquén, Río Negro y norte de Chubut, en Argentina. Desde el nivel del mar hasta los 1.900m.
Esta especie se distribuye por el centro de Chile y centro-norte de Argentina hasta Uruguay, sur-este de Brasil, Paraguay, norte de Bolivia y Perú hasta Centroamérica y extremo sur de Estados Unidos.
Hábitos: Solitario. Bastante sedentario. Planeos largos y altos, en ocasiones en grupos. Despliegues aéreos en el período reproductivo. Tímido y silencioso.

L. 53cm (21″)

Red-backed (Variable) Hawk

Buteo polyosoma   ACCIPITRIDAE   **C. & A.** Aguilucho Común

♀

Dark phase / Fase oscura

Identification: Medium-sized raptor. **Polimorphic. Adult:** Cere and legs yellow. Bill dark bluish-grey. Iris reddish-brown. At rest, wing tips do not extend beyond the tip of tail. All plumages are very variable, although tail always diagnostic. Light phases commoner than darker. **Light phase – Male:** Upperparts grey. Forehead and cheeks white. Underparts white with faint grey barring on flanks. Tail white with black subterminal band. **Female:** Upperparts dark grey. Head and wings black. Mantle and scapulars reddish-chestnut. Flanks and sides of belly with reddish-brown barring. Occasionally males show some rufous feathers on the back. **Dark phase – Male:** Upperparts and underparts dark slaty-grey. **Female:** Very similar. Head blackish-grey. Mantle, scapulars and belly reddish-chestnut. **Light phase – Juvenile:** Blackish malar stripe. Cheeks buffish. Upperparts blackish-brown with feathers bordered with buffish, especially wing-coverts. Underparts buffish with narrow dark brown streaking on throat, bolder on breast and belly. Thighs barred with rufous. Tail grey with narrow blackish bars.
Habitat: Wide range of open habitats favouring hillsides with scattered vegetation and shrubby Patagonian steppes. From the coast to Andean valleys.

Identificación: Rapaz mediano. **Polimórfico. Adulto:** Todos los plumajes muy variables, aunque la cola es siempre diagnóstica. Las fases pálidas son más comunes que las oscuras. Cera y patas amarillas. Pico gris azulado oscuro. Iris café rojizo. En descanso, la punta de las alas no sobrepasa el borde de la cola. **Fase clara – Macho:** Partes superiores grises. Frente y mejillas blancos. Partes inferiores blancas con leve barrado gris en los flancos. **Hembra:** Partes superiores gris oscuro. Cabeza y alas negras. Manto y escapulares castaño rojizo. Flancos y lados del abdomen con barrado café rojizo. Los machos en ocasiones presentan la espalda con algunas plumas rufas. **Fase oscura – Macho:** Partes superiores e inferiores gris apizarrado oscuro. **Hembra:** Muy similar. Cabeza gris negruzca. Manto, escapulares y abdomen castaño rojizo. **Fase pálida – Juvenil:** Banda malar negruzca. Mejillas café amarillento. Partes superiores café negruzco con plumas bordeadas de café amarillento, en especial las coberteras alares. Partes inferiores café amarillento con delgado estriado café oscuro en garganta, siendo más grueso hacia el pecho y abdomen. Calzones barrados de rufo. Cola gris con delgadas barras negruzcas.
Hábitat: Una gran variedad de ambientes abiertos prefiriendo las laderas de cerros con vegetación dispersa y estepas patagónicas arbustivas. Desde la costa a la pre-cordillera.

103

104

105

106

107

108

109

Range: Scarce to locally common resident in open areas from southern Maule south to Los Lagos, in Chile and from Neuquén, Río Negro and south-western Buenos Aires south to Santa Cruz, in Argentina including adjacent territories of eastern Aysén and central-eastern Magallanes. Also on Isla Grande de Tierra del Fuego south to the Beagle Channel, including the Wollaston Archipelago (Cape Horn) and Staten Island. Partial migrant during the winter. Common and widely distributed resident in the Falkland Islands. From sea level up to 2,000m/6,000ft.

This species ranges northwards through the Andes of Chile and Argentina reaching Bolivia, Peru, Ecuador and south-western Colombia.

Habits: Alone or in pairs. Occasionally in family groups. Mainly seen gliding at considerable height. Perches on posts and cliffs. Gives out a loud and high-pitched call while flying to attract the attention of its mate. Wary.

Rango: Residente escaso a localmente común en territorios abiertos desde el sur del Maule hasta Los Lagos, en Chile y desde Neuquén, Río Negro y sur-oeste de Buenos Aires hasta Santa Cruz, en Argentina incluyendo territorios adyacentes del este de Aysén y centro-este de Magallanes. También en la Isla Grande de Tierra del Fuego hasta el Canal Beagle, incluyendo el Archipiélago de las Wollaston (Cabo de Hornos) e Isla de los Estados. Realiza migraciones parciales durante el invierno. Residente común y de amplia distribución en Islas Malvinas. Desde el nivel del mar hasta los 2.000m.

Esta especie se distribuye hacia el norte por los Andes de Chile y Argentina hasta Bolivia, Perú, Ecuador y sur-oeste de Colombia.

Hábitos: Solitario o en parejas. Ocasionalmente en grupos familiares. Suele planear a gran altura. Se posa sobre postes y roqueríos. Emite fuertes y agudos chillidos en vuelo para llamar la atención de su pareja. Desconfiado.

L. M: 45cm (18") F: 53cm (21")

White-throated Hawk

Buteo albigula

ACCIPITRIDAE

C. Aguilucho Chico
A. Aguilucho Andino

120

Identification: Smallish raptor. **Adult:** Cere and legs yellow. Bill blackish. Iris brown. Head and upperparts uniform blackish-brown. Forehead whitish. Underparts white. Sides of neck and breast reddish-brown streaked with dark brown. Thighs white with very faint reddish-brown barring. Tail greyish-brown, paler below, with 8-10 dark bars. **Immature:** Similar to adult. Wing-coverts with thin reddish-brown edges. Thighs buff, barred with dark brown.
Habitat: Humid *Nothofagus* and *Araucaria* forests in Andean habitats. Seen hunting in open areas and in cliffs.
Range: Rare to locally scarce summer resident along both slopes of the Andes range. Very locally from southern Maule and Nahuelbuta (Bío-Bío) south to Aysén, in Chile and from western Neuquén south to north-western Chubut, in Argentina. From sea level up to 2,000m/6,000ft.
At the beginning of southern fall migrates to central-north South America, along the Andes of Chile and Argentina to localities of north-western Argentina, Bolivia, Peru, Ecuador and Colombia.
Habits: Alone or in pairs. Territorial. Glides with wings very extended and stiff, high, well above the canopy or around hillsides. Silent and wary.

Identificación: Rapaz pequeño. **Adulto:** Cera y patas amarillas. Pico negruzco. Iris café. Cabeza y partes superiores café negruzco uniforme. Frente blanquecina. Partes inferiores blancas. Lados del cuello y pecho café rojizo con estrías café oscuro. Calzones blancos con muy leve barrado café rojizo. Cola café grisáceo, por debajo más pálida, con 8-10 barras oscuras. **Inmaduro:** Similar al adulto. Coberteras alares con finos bordes café rojizo y calzones café amarillento con barras café oscuras.
Hábitat: En ambientes cordilleranos húmedos y forestados de *Nothofagus* y *Araucaria*. Observado cazando en sectores abiertos y en acantilados.
Rango: Residente estival raro a localmente escaso en ambas vertientes de los Andes. Muy localmente desde el sur del Maule y Nahuelbuta (Bío-Bío) hasta Aysén, en Chile y desde el oeste de Neuquén hasta el nor-oeste de Chubut, en Argentina. Desde el nivel del mar hasta los 2.000m.
A comienzos del otoño austral, las poblaciones migran hacia el norte de Sudamérica, por los Andes de Chile y Argentina hasta localidades del nor-oeste de Argentina, Bolivia, Perú, Ecuador y Colombia.
Hábitos: Solitario o en parejas. Territorial. Planea alto con sus alas muy extendidas y rectas, sobre el follaje o las laderas de cerros. Silencioso y tímido.

L. M: 38cm (15") **F:** 48cm (19")

Identification: Medium-sized raptor with robust body and longish wings. **Dimorphic**. **Light phase:** Cere yellowish-green. Legs yellow. Iris light brown. At rest wingtips extend well beyond the tail tip. Forehead and lores white. Head blackish. Upperparts dark slaty-grey. Rump white. Rufous scapulars and lesser coverts form a distinct shoulder patch. Underparts white. Tail white finely barred with dusky and prominent black subterminal band. **Dark phase:** Body entirely pale slaty-grey to blackish. Shoulders rufous. Rufous barring on flanks and thighs. Undertail-coverts barred with dusky. **Juvenile:** Underparts densely streaked with blackish.
Habitat: Open areas with scattered scrub and trees and grasslands. Also on hillsides.
Range: *B. a. albicaudatus* is a scarce to uncommon summer resident in lowland areas of north-eastern Patagonia including Neuquén, Río Negro and south-western Buenos Aires. Very occasional south to southern Chubut (Colhué Huapi Lake).
Widely distributed species throughout the rest of eastern South America, Central America and the extreme south-east of United States.
Habits: Alone or in pairs. Perches on posts and tall trees. Long glides and slow wing-beats. Wary.

Identificación: Rapaz mediano, de cuerpo robusto y alas largas. **Dimórfico**. **Fase pálida:** Cera verde amarillento. Patas amarillas. Iris café claro. En descanso la punta de las alas sobrepasa el borde de la cola. Frente y lorums blancos. Cabeza negruzca. Partes superiores gris apizarrado oscuro. Rabadilla blanca. Hombros rufos, formado por escapulares y coberteras menores. Partes inferiores blancas. Cola blanca con fino barrado oscuro y prominente banda subterminal negra. **Fase oscura:** Cuerpo gris apizarrado pálido a negruzco. Hombros rufos y barrado rufo en flancos y calzones. Barras blancas en subcaudales. **Juvenil:** Partes inferiores con denso estriado negro.
Hábitat: Ambientes abiertos con arbustos y árboles dispersos y pastizales. También en laderas de cerros.
Rango: *B. a. albicaudatus* es un residente estival escaso a poco común en sectores bajos de Patagonia nor-oriental desde Neuquén y Río Negro hasta el sur-oeste de Buenos Aires y muy ocasionalmente hasta el sur de Chubut (Lago Colhué Huapi).
Es una especie de amplia distribución por el resto de Sudamérica oriental, Centroamérica y extremo sur-este de Estados Unidos.
Hábitos: Solitario o en parejas. Se posa sobre postes y árboles altos. Largos planeos y lento aleteos. Desconfiado.

L. M: 46cm (18") F: 56cm (22")

Rufous-tailed Hawk

Buteo ventralis   ACCIPITRIDAE   **C. & A.** Aguilucho de Cola Rojiza

Identification: Medium-sized raptor. **Dimorphic. Light phase:** Cere and legs yellow. Bill dark bluish-grey. Iris reddish-brown. Head dark brown. Cinnamon-rufous tinge on sides of head. Blackish malar stripe. Throat white with blackish streaking. Upperparts blackish-brown. At rest, wing tips reach the tip of tail. Underwing-coverts creamy to pale reddish with prominent triangular patagial spot, trailing edge and black carpal arc. Underparts cream-coloured with blackish streaking and mottling on lower belly and flanks. Thighs reddish barred with dark brown. Tail rufous with eight black bars and white tip. **Dark phase:** Generally dark brown with faint grey mottling on underparts. Tail dark grey with black barring and white tip. Reddish tinge on thighs and undertail-coverts.
Habitat: In open *Nothofagus* and *Araucaria* forested sectors: forest borders, parks and adjacent shrubby coastal areas. Also in secondary forest. From the coast to the Andes.
Range: ENDEMIC to Patagonia. Rare to locally common resident along both slopes of the Andes, from Ñuble (Bío-Bío) south to southern Magallanes, in Chile and locally from southern Neuquén (Victoria Island), western Río Negro to south-western Santa Cruz, in Argentina. Scarcer southwards to the southern part of Isla Grande de Tierra del Fuego, islands of the Beagle Channel (Navarino Island) south to Wollaston Archipelago (Bayly Island). From the sea level up to 1,200m/3,600ft.
In Chile ranges northwards to Coquimbo.
Habits: Alone or in pairs. Perches on trees, posts and fences. Flight high and gliding, sometimes circling at considerable height. Wary, although sometimes allows approach.

Identificación: Rapaz mediano. **Dimórfico. Fase clara:** Cera y patas amarillas. Pico gris azulado oscuro. Iris café rojizo. Cabeza café oscuro. Tinte rufo acanelado en lados de la cara. Banda malar negruzca. Garganta blanca con estrías negruzcas. Partes superiores café negruzco. En reposo, la punta de las alas alcanzan el borde de la cola. Superficie inferior alar crema a rojizo pálido con notorio triángulo patagial, borde posterior y arco carpal negro. Partes inferiores crema con estriado y moteado negruzco en la parte baja del abdomen y flancos. Calzones rojizos con barrado café oscuro. Cola rufa con ocho barras transversales negras y punta blanca. **Fase oscura:** Coloración general café oscuro con leve moteado gris en las partes inferiores. Cola gris oscuro con barrado negro y punta blanca. Tinte rojizo en calzones y subcaudales.
Hábitat: En ambientes forestados abiertos de *Nothofagus* y *Araucaria*: bordes de bosque, zonas de parque y zonas arbustivas costeras adyacentes. También en renovales. Desde la costa a la pre-cordillera.
Rango: ENDEMICO de Patagonia. Residente raro a localmente común en ambas vertientes de los Andes, desde Ñuble (Bío-Bío) hasta el sur de Magallanes, en Chile y localmente desde el extremo sur de Neuquén (Isla Victoria), oeste de Río Negro hasta el sur-oeste de Santa Cruz, en Argentina. Escaso más al sur hasta la porción sur de Isla Grande de Tierra del Fuego, Islas del Canal Beagle (Isla Navarino) hasta el Archipiélago de las Wollaston (Isla Bayly). Desde el nivel del mar hasta los 1.200m.
Por Chile su rango septentrional alcanza hasta Coquimbo.
Hábitos: Solitario o en parejas. Se posa sobre árboles, postes y alambradas. Vuelo alto y planeado, algunas veces describiendo círculos a considerable altura. Tímido aunque ocasionalmente permite aproximársele.

129

130

131

132

133

134 I

135 I

136

L. 57cm (22″)

I

White-throated Caracara

Phalcoboenus albogularis   FALCONIDAE

C. Carancho Cordillerano del Sur
A. Matamico Blanco

Identification: Cere orange-yellow. Bill bluish. Legs yellow. Most of upperparts black. White rump, uppertail-coverts and broad terminal band on tail. Underwing white with black margin. Underparts white, from chin to undertail-coverts, although with some black spots on sides and flanks. **Immature:** Generally dark brown with somewhat paler underparts. Rump and uppertail-coverts buffish. Whitish patch at the base of primaries. Black bill.
Habitat: Mountain areas, forested hills, high Patagonian steppes and borders of rivers. Often seen around rubbish dumps, slaughter-houses and other human settlements.
Range: ENDEMIC to the Patagonian Andes. Scarce to locally common resident in Andean habitats from Bío-Bío, in Chile and western Neuquén, in Argentina south to the central-southern part of Isla Grande de Tierra del Fuego and southern islands of the Beagle Channel (Hoste and Navarino Is.), including the Wollaston Archipelago (Cape Horn). More common in the southern part of its range. From sea level to the snow-line.
Habits: Alone or in pairs. Sometimes in family groups. Scavenger, mainly feeding on the corpses of cattle, but also preying on small rodents. Often seen perched high on cliffs, hillsides or fences. Spends long periods of time flying slowly and gliding at considerable heights. Shy and very wary.

Identificación: Cera amarillo anaranjado. Pico azulado. Patas amarillas. Partes superiores negro, exceptuando la rabadilla y ancho borde terminal de la cola que son blancos. Superficie inferior alar blanca marginada de negro. Partes inferiores blancas, desde la barbilla a la cola, aunque con pequeñas manchas negras en los lados y flancos. **Inmaduro:** Coloración general café oscuro, siendo algo más pálido en la cabeza. Rabadilla café amarillento. Parche blanquecino en la base de las primarias. Pico negro.
Hábitat: Areas montañosas, ambientes forestados, estepa patagónica de altura y bordes de ríos. Frecuenta basurales, mataderos y otros asentamientos humanos.
Rango: ENDEMICO de los Andes patagónicos. Residente escaso a localmente común en ambientes cordilleranos desde Bío-Bío en Chile y oeste de Neuquén en Argentina hasta la porción centro-sur de Isla Grande de Tierra del Fuego e islas australes del Canal Beagle (Is. Hoste y Navarino), incluyendo el Archipiélago de las Wollaston (Cabo de Hornos). Más común en la porción meridional de su rango. Desde el nivel del mar hasta la línea de nieve.
Hábitos: Solitario o en parejas. A veces en grupos familiares. Carroñero, consume cadáveres de animales, aunque también preda sobre pequeños mamíferos. Se observa posado sobre peñascos altos, laderas de cerros o alambradas. Pasa gran parte del tiempo volando lento y planeado a considerable altura. Tímido y muy desconfiado.

138 J

139

140 J

141 SA

142

143

144

145

L. 52cm (20″)

Striated Caracara

Phalcoboenus australis   FALCONIDAE

C. Carancho Negro
A. Matamico Grande

Identification: Large and stockily-built Caracara. Orange-yellow cere. Horn coloured bill. Legs yellow. Blackish-brown general colouration. White or cinnamon shafts forming diagnostic and pale striations on nape, neck, back, shoulders and breast. Flanks and thighs reddish-brown. White patch at the base of the primaries. Tail with broad white terminal band. **Immature:** Similar to adult, but bill is black with pale pink cere. Pale legs. Lacks pale striations and shows some variable brown wash on the upperparts.
Habitat: Coasts, adjacent grasslands and coastal cliffs exposed to the ocean. Also on Fuegian fjords. Always associating with breeding colonies of seabirds and marine mammals.
Range: ENDEMIC to the Falkland Islands and extreme south-western Patagonia. Locally common resident in the Falkland Islands and outer southern islands of the extreme south-western Magallanes, from Guarello Island to the sothern part of Isla Grande de Tierra del Fuego, Fuegian fjords and adjacents islands, including the Wollaston Archipelago (Cape Horn) and Diego Ramírez Island, in Chile. Also present in the south-eastern coast of Tierra del Fuego (Mitre Peninsula) and Staten Island. During the non-breeding season, immatures disperse to protected bays of the Beagle Channel. Occasional records in inland Magallanes and coastal Santa Cruz.
Habits: Alone or in pairs. Occasionally in small groups. Preys on eggs and chicks of penguins, cormorants and other seabirds. Also a scavenger, feeding on dead birds, marine mammals and placentas in breeding colonies. Pirate, robs food from other birds, even from others of its own species. Very tame and curious, occasionally inspecting or trying to rob objects or equipment.
Conservation: Restricted to Endemic Bird Area 062 (Southern Patagonia). Classified as a Near Threatened species. It has a relatively small population facing no immediate threats.

Identificación: Caracara grande y robusto. Cera amarillo anaranjado. Pico córneo. Patas amarillas. Coloración general café negruzco. Raquis blancos o canela, formando un estriado característico y pálido en nuca, cuello, espalda, hombros y pecho. Flancos y piernas café rojizo. Parche blanco en la base de las primarias. Cola con banda terminal blanca. **Inmaduro:** Similar al adulto. Cera rosado pálido y pico negro. Patas pálidas. Carece del estriado blanco y presenta un poco de café en las partes superiores del cuerpo. **Hábitat:** Costas marinas, pastizales y acantilados costeros en sectores expuestos al océano. También en fiordos fueguinos. Siempre asociado a colonias reproductivas de aves y mamíferos marinos. **Rango:** ENDEMICO de Islas Malvinas y extremo sur-oeste de Patagonia. Residente localmente común en Islas Malvinas e islas australes exteriores del extremo sur-oeste de Magallanes desde Isla Guarello hasta la porción sur de Isla Grande de Tierra del Fuego, fiordos fueguinos e islas adyacentes, incluyendo el Archipiélago de las Wollaston (Cabo de Hornos) e Islas Diego Ramírez, en Chile. Presente también en la porción sur-este de Tierra del Fuego Argentina (Península Mitre) e Isla de los Estados. Durante el período no-reproductivo, los inmaduros pueden dispersarse hacia bahías interiores del Canal Beagle. Registros ocasionales en el interior de Magallanes y en la costa de Santa Cruz. **Hábitos:** Solitario o en parejas. Ocasionalmente en pequeños grupos. Predador de huevos y polluelos de pingüinos, cormoranes y otras aves marinas. Carroñero, se alimenta de cadáveres de aves, mamíferos marinos y placentas en los lugares de parición. Pirata, roba comida de otras aves y aún de sus congéneres. Muy confiado y curioso. Ocasionalmente inspecciona y roba objetos y equipamiento.
Conservación: Especie restringida al Area de Endemismo para Aves 062 (Patagonia Sur). Considerado Casi Amenazado. Cuenta con una población relativamente baja que no enfrenta amenazas inmediatas.

L. 62cm (24")

Southern Crested Caracara

Caracara plancus   FALCONIDAE

C. Traro
A. Carancho

Identification: Largest caracara. Cere and legs orange-yellow. Horn coloured bill with bluish base. Crown black, with small erect crest. Neck sides and throat whitish to buffish. Neck, breast and mantle whitish finely barred with brown. Rest of upperparts dark brown. Tail finely barred with brown with broad terminal band. Rest of underparts uniform dark brown. Wings dark brown with conspicuous white patch at the base of primaries. **Juvenile:** Generally uniform brown. Cheeks ochre. Underparts broadly streaked buff.

Habitat: Usually in open terrain, bushy steppe, parks and forest borders. Also on the coast and near human settlements and rubbish dumps.

Range: Common resident from lowlands to Andean valleys from southern Maule, in Chile and Neuquén, Río Negro and south-western Buenos Aires, in Argentina south to Isla Grande de Tierra del Fuego, southern islands of the Beagle Channel, including Wollaston Archipelago (Cape Horn) and Diego Ramírez and Staten Islands. Much commoner in the southern part of its range. Also a common resident in the Falkland Islands. From the sea level up to 2,000m/6,000ft.

This species ranges widely throughout the rest of Chile and Argentina north to southern Peru, northern and eastern Bolivia and Brazil.

Habits: Alone, in pairs or groups. Gregarious during winter. Scavenger, feeds on corpses and any kind of carrion. Piratical, often robbing other birds of their food. Also preys on small mammals and birds. Noisy, especially during the breeding season, giving a loud call similar to "*Caracara*". This species is frequently observed being mobbed and chased by seabirds and landbirds. Confiding.

Identificación: El más grande de los Caracara. Cera y patas amarillo anaranjado. Pico color cuerno con base azulada. Corona negra, con pequeña cresta eréctil. Lados de la cara y garganta blanquecino a café amarillento. Cuello, pecho y manto blanquecino con fino barrado café. Resto de las partes superiores café oscuro. Rabadilla y cola blanca, ésta última con fino barrado y banda terminal café. Resto de las partes inferiores café oscuro uniforme. Alas café oscuro con notoria mancha blanca en la base de las primarias. **Juvenil:** Coloración general café. Mejillas ocráceas y grueso estriado café amarillento en las partes inferiores.

Hábitat: Especialmente en terrenos abiertos, zonas de estepa arbustiva, parque y bordes de bosque. También en la costa marina, y en asentamientos humanos y basurales.

Rango: Residente común de tierras bajas a la pre-cordillera desde el sur del Maule, en Chile y Neuquén, Río Negro y sur-oeste de Buenos Aires, en Argentina hasta el sur de Isla Grande de Tierra del Fuego, islas australes del Canal Beagle, incluyendo el Archipiélago de las Wollaston (Cabo de Hornos) e Islas Diego Ramírez y de los Estados. Mucho más común en la porción meridional de su rango. También es un residente común en Islas Malvinas. Desde el nivel del mar hasta los 2.000m.

Esta especie se distribuye por el resto de Chile y Argentina hasta el sur de Perú, norte y este de Bolivia y Brasil.

Hábitos: Solitario, en parejas o en grupos. Gregario durante el invierno. Carroñero, se alimenta de cadáveres y todo tipo de carroña. Pirata, acostumbra robar el alimento de otras aves. También preda sobre pequeños mamíferos y aves. Bullicioso, especialmente durante el período reproductivo, emite un llamado similar a su nombre "*Caracara*". Frecuente de observar siendo perseguida y acosada por aves marinas y terrestres. Confiado.

154

J

155

156

Ligth phase / Fase clara

157

158

I

159

160

161

L. 56cm (22") W. 120cm (47")

Chimango Caracara

Milvago chimango   FALCONIDAE

C. Tiuque
A. Chimango

Identification: Small and slim caracara. Cere dull yellow. Horn coloured bill with bluish base. Legs yellow to pale grey. Reddish-brown general colouration. Slight buff barring above. Whitish rump. Wings dark brown with buffish patch at the base of primaries. Underparts paler with slight dark barring. Throat and undertail-coverts pale buff. Tail with broad dark brown subterminal band and another narrower white terminal bar.

Habitat: Open forests and forest borders. Also in grasslands, agricultural areas, bushy steppes, hillsides and parks. Also near human settlements and rubbish dumps.

Range: *M. c. chimango* is a common resident from southern Maule south to northern Bío-Bío, in Chile and from Río Negro and south-western Buenos Aires south to Chubut, Argentina. Ranges southwards through the cordilleran zone. *M. c. temucoensis* is a common resident from Bío-Bío south to the Straits of Magellan, in Chile and from western Neuquén and Río Negro, south to Santa Cruz, in Argentina. *M. c. fuegiensis* is a common resident of Isla Grande de Tierra del Fuego and southern islands of the Beagle Channel, including Wollaston Archipelago (Cape Horn) and Staten Island. Accidental visitor to the Falkland Islands. From sea level up to 3,000m/9,000ft.

This species ranges to northern Chile and Argentina northwards to south-eastern Bolivia, Paraguay, south-eastern Brazil and Uruguay. Introduced on Easter Island, Chile.

Habits: Alone or in pairs. Also in small groups. Scavenger, although it also preys on small rodents or insects. Very noisy, especially during the breeding season and twilight. Gregarious, especially in large communal roosting areas. Aggressive and quite territorial. Confiding.

Identificación: Pequeño caracara de cuerpo delgado. Cera amarillo apagado. Pico color cuerno con base azulada. Patas amarillo a gris claro. Coloración general café rojizo. Leve barrado café amarillento por encima. Rabadilla blanquecina. Alas café oscuro con mancha café amarillenta en la base de las primarias. Partes inferiores más pálidas con leve barrado oscuro. Garganta y subcaudales café amarillento pálido. Cola con amplia banda subterminal café oscuro y delgada banda terminal blanca.

Hábitat: En ambientes forestados, bordes de bosque y abiertos tales como pastizales, terrenos agrícolas, estepa arbustiva, laderas de cerros y áreas de parque. También en asentamientos humanos y basurales.

Rango: *M. c. chimango* es un residente común desde el sur del Maule hasta el norte de Bío-Bío en Chile, y desde Río Negro y sur-oeste de Buenos Aires hasta Chubut, Argentina. Se distribuye hacia el sur por la región cordillerana. *M. c. temucoensis* es un residente común desde Bío-Bío hasta el Estrecho de Magallanes, en Chile y oeste de Neuquén y Río Negro hasta Santa Cruz, en Argentina. *M. c. fuegiensis* es un residente común de Isla Grande de Tierra del Fuego e islas australes del Canal Beagle, incluyendo el Archipiélago de las Wollaston (Cabo de Hornos) e Isla de los Estados. Visitante accidental en Islas Malvinas. Desde el nivel del mar hasta los 3.000m.

Esta especie se distribuye por el norte de Chile y Argentina hasta el sur-este de Bolivia, Paraguay, sur-este de Brasil y Uruguay. Introducido en Isla de Pascua, Chile.

Hábitos: Solitario o en parejas. También en pequeños grupos. Carroñero, aunque también preda sobre pequeños roedores e insectos. Muy bullicioso, especialmente durante la temporada reproductiva y durante el crepúsculo. Gregario, especialmente en dormideros comunitarios. Agresivo y bastante territorial. Confiado.

163

164

M. c. fuegiensis

M. c. temucoensis

165

166

167

168

M. c. temucoensis

169

170

L. 40cm (16")

M. c. fuegiensis

♂

Identification: Smallest of the falcons. Cere and legs orange-yellow. **Male:** Grey crown with central patch of reddish-cinnamon. Rest of head white with black moustache and two spots on sides of nape. Upperparts reddish-cinnamon with broad black barring. Wings bluish-grey with blackish spotting and black primaries. Underparts creamy white with black spotting towards the lower breast and more densely, on the flanks. Thighs and undertail-coverts white. Reddish tail with broad black subterminal band and white tip. **Female:** Reddish tail with numerous black bars.

Habitat: Open areas including forest borders, fields, xerophytieshrubbery and boggy terrain. Also on the coast, pre-Andean valleys and in parks.

Range: *F. s. cinnamominus* is a common resident from southern Maule, in Chile and Neuquén, Río Negro and south-western Buenos Aires south to Isla Grande de Tierra del Fuego, southern islands of the Beagle Channel including Wollaston Archipelago (Cape Horn) and Diego Ramírez and Staten Islands. Occasional visitor to the Falkland Islands. This species ranges to northern Chile and the rest of Argentina throughout most of South, Central America, the Caribbean islands and in North America to arctic regions of Canada.

Habits: Alone or in pairs. Searches for prey from high branches, poles or rocks. Frequently seen hovering while searching for small rodents or insects. Silent and rather wary.

Identificación: El más pequeño de los halcones. Cera y patas amarillo anaranjado. **Macho:** Corona gris con mancha central canela rojizo. Resto de la cabeza blanca con mostacho y "patilla" negra. Partes superiores canela rojizo con grueso barrado negro. Alas gris azulado con moteado negro y primarias negras. Partes inferiores blanco crema con manchas negras hacia la parte baja del pecho, siendo más gruesas hacia los flancos. Calzones y subcaudales blancos. Cola rojiza con ancha banda subterminal negra y punta blanca. **Hembra:** Cola rojiza con numerosas bandas negras.

Hábitat: Terrenos abiertos incluyendo bordes de bosque, campos, matorral xerófito y zonas de turbales. También en la costa marina, ambientes pre-cordilleranos y parques.

Rango: *F. s. cinnamominus* es un residente común desde el sur del Maule en Chile y Neuquén, Río Negro y sur-oeste de Buenos Aires hasta el sur de Isla Grande de Tierra del Fuego, islas australes del Canal Beagle incluyendo el Archipiélago de las Wollaston (Cabo de Hornos) e Islas Diego Ramírez y de los Estados. Visitante ocasional en Islas Malvinas.

Esta especie se distribuye hacia el norte por Chile y resto de Argentina hacia gran parte de Sudamérica, Centroamérica, islas del Caribe y Norteamérica hasta regiones árticas de Canadá.

Hábitos: Solitario o en parejas. Acecha a sus presas desde ramas altas, postes o rocas. También realiza un vuelo suspendido, aleteando fuertemente mientras localiza roedores o insectos (halconeo). Silencioso y algo desconfiado.

172 ♂

173 I ♀

174 ♀

175 176 177 178

179

L. 27cm (16")

Aplomado Falcon

Falco femoralis   FALCONIDAE

C. Halcón Perdiguero
A. Halcón Plomizo

Identification: Colourful, long-tailed falcon. Cere and legs yellow. Bill blackish. Buffish supercilium extending from just behind eye towards nape. Sides of face, forehead and throat pale buff. Crown, post-ocular stripe and moustache blackish. Upperparts dark greyish-brown. Wings blackish with broad white trailing edge, formed by the tips of secondaries and inner primaries. Pale rufous breast with slight blackish streaking, being more evident in the **female**. Belly and thighs reddish. Lower belly and flanks black finely barred white. Tail blackish finely barred with whitish and broad white terminal band.

Habitat: Open fields with scattered bushes and trees, hillsides and Patagonian steppe.

Range: *F. f. femoralis* is an uncommon to locally frequent resident in lowlands of the eastern slope of the Andes from Neuquén, Río Negro and south-western Buenos Aires, in Argentina south to southern Santa Cruz and central-northern and south-eastern (Mitre Peninsula) parts of Isla Grande de Tierra del Fuego, including adjacent regions of Aysén and Magallanes, in Chile. Isolated records in north-western Patagonia, in Araucanía and Los Lagos, in Chile. Accidental visitor to the Falkland Islands.
This species ranges northwards throughout the Andes of northern Chile and Argentina and from lowlands north to Brazil. Present locally throughout Central America and extreme south-western United States.

Habits: Frequently seen in pairs. Looks for prey whilst perched on high branches, cliffs and man-made structures like antennas. Fierce hunter of birds, which are caught in flight. Fast flight and regularly stoops with half-closed wings. Confiding.

Identificación: Halcón colorido y de cola larga. Cera y patas amarillas. Pico negruzco. Superciliar café amarillento que se extiende hasta la nuca. Lados de la cara, frente y garganta café amarillento pálido. Corona, línea postocular y mostacho negruzcos. Partes superiores café grisáceo oscuro. Alas negruzcas con banda blanca, formada por la punta de las secundarias y primarias internas. Pecho rufo pálido con leve estriado negruzco, más evidente en la **hembra**. Abdomen y calzones rojizos. Parte baja del abdomen y lados negros con fino barrado blanco especialmente en la zona de los flancos. Cola negruzca finamente barrada de blanquecino y banda terminal blanca.

Hábitat: Campos abiertos con arbustos y árboles dispersos, laderas de cerros y estepa patagónica.

Rango: *F. f. femoralis* es un residente escaso a localmente frecuente de sectores bajos de la vertiente oriental de los Andes desde Neuquén, Río Negro y sur-oeste de Buenos Aires, en Argentina hasta el sur de Santa Cruz y las porciones centro-norte y sur-este (Península Mitre) de Isla Grande de Tierra del Fuego, incluyendo regiones adyacentes de Aysén y Magallanes, en Chile. Registros en el nor-oeste de Patagonia, en Araucanía y Los Lagos, en Chile. Visitante accidental en Islas Malvinas.
Esta especie se distribuye hacia el norte por los Andes del norte de Chile y Argentina y sectores bajos hasta Brasil. Presente localmente en Centroamérica y extremo sur-oeste de Estados Unidos.

Hábitos: Frecuentemente en parejas. Acecha posado desde ramas altas, acantilados y estructuras humanas (antenas). Temido cazador. Caza aves voladoras. Vuelo muy rápido y en picada, con las alas cerradas hacia el cuerpo. Confiado.

181

182

183

184

185

186

187

188

189

M: L. 36cm (16") W. 110cm (43")
F: L. 43cm (17")

Peregrine Falcon

Falco peregrinus   FALCONIDAE   **C. & A.** Halcón Peregrino

Identification: Broad-shouldered, pointed-winged and short-tailed falcon. Cere and legs yellow. Bill bluish-grey. Dark hood covering almost the entire head, excepting chin (*cassini*) or reaching well below the eye and thick black moustache (*tundrius*). Upperparts and wings dark slaty-grey barred with bluish-grey. Throat white. Underparts white (*tundrius*) or pale buffish (*cassini*) densely barred with dark. *F. p. cassini* shows a **pale morph**, only known to occur in southern Chile and Argentina. Head very white with narrow dark moustache. Upperparts dark grey with pale barring and underparts creamy-white with slight dark streaking.

Habitat: Forested and open terrain. Hills, open hillsides, cliffs, gorges and rocky outcrops. Also on the coast and in urban areas. Recorded at sea.

Range: *F. p. cassini* is a scarce or rare to locally common resident along both slopes of the Andes, from southern Maule, in Chile and Neuquén, Río Negro and south-western Buenos Aires south to Isla Grande de Tierra del Fuego, southern islands of the Beagle Channel, including Navarino and Staten Islands and Wollaston Archipelago (Cape Horn). Resident in the Falkland Islands. *F. p. tundrius* is a nearctic summer visitor from Alaska along to the Pacific coast south to Puerto Montt (Los Lagos) and in Argentina south to Buenos Aires.

Cosmopolitan species.

Habits: Alone or in pairs. Searches for prey perched from high trees, cliffs and man-made structures like antennas. Fierce hunter, hunting flying birds from doves to diving-petrels in the region. Fast flight and regularly stoops with half-closed wings. Loud screams. Rather wary.

Identificación: Halcón de hombros anchos, alas puntiagudas y cola corta. Cera y patas amarillas. Pico gris azulado. Capucha oscura que cubre casi toda la cabeza, a excepción de la barbilla (*cassini*) o llegando hasta por debajo del ojo y con grueso mostacho negro (*tundrius*). Partes superiores y alas gris apizarrado oscuro con barrado gris azulado. Garganta blanca. Partes inferiores blancas (*tundrius*) a café amarillento pálido (*cassini*) con denso barrado oscuro. *F. p. cassini* presenta una **fase pálida** solo conocida para el s de Chile y Argentina. Cabeza muy blanca con delgado mostacho oscuro. Por encima es gris oscuro con barrado pálido y las partes inferiores son blanco crema con leve estriado oscuro.

Hábitat: Ambientes forestados y abiertos. Cerros, laderas abiertas, paredones, acantilados y roquedales. También en costas marinas y centros urbanos. Observado en alta mar.

Rango: *F. p. cassini* es un residente escaso y raro a localmente común por ambas vertientes de los Andes, desde el sur del Maule, en Chile y Neuquén, Río Negro y sur-oeste de Buenos Aires hasta el sur de Isla Grande de Tierra del Fuego, islas australes del Canal Beagle, incluyendo Isla Navarino, Archipiélago de las Wollaston (Cabo de Hornos) e Isla de los Estados. Residente en Islas Malvinas. *F. p. tundrius* es un visitante neártico estival desde Alaska por la costa del Pacífico hasta Puerto Montt (Los Lagos); llega por Argentina hasta Buenos Aires.

Especie cosmopolita.

Hábitos: Solitario o en parejas. Acecha posado desde ramas altas, acantilados y estructuras humanas (antenas). Temido cazador. Caza aves voladoras, desde palomas hasta Yuncos. Vuelo muy rápido y en picada, con las alas cerradas hacia el cuerpo. Potentes gritos. Desconfiado.

193

♂

Pale phase / Fase clara

195

194

196

M: L. 41cm (16") **W.** 95cm (37")
F: L. 47cm (18") **W.** 117cm (46")

Rufous-bellied Seedsnipe

Attagis gayi   THINOCORIDAE

C. Perdicita Cordillerana
A. Agachona Grande

Identification: Thick greyish-brown bill. Legs yellowish. Head and throat buffish densely mottled with dark. Upperparts dark brown vermiculated with cinnamon and buffish. Primaries and secondaries brown with pale rufous edging. Underwing-coverts and axillaries cinnamon. Breast and neck reddish-chestnut vermiculated like upperparts. Underparts pale cinnamon with feathers of belly broadly edged pale.
Habitat: Rocky mountains and hillsides with scattered vegetation, generally very close to the snow-line. Also in damp areas with cushion-like vegetation.
Range: *A. g. gayi* is a scarce to locally frequent resident in mountainous habitats, between 1,000-2,000m/3,000-6,000ft, along both slopes of the Andes from Linares (Maule), in Chile and western Neuquén and Río Negro, in Argentina south to north-eastern Magallanes and south-western Santa Cruz, respectively, being commoner in the northern part of its Patagonian range.
This species ranges northwards through the Andes of the rest of Chile and Argentina, to Bolivia and Peru north to Ecuador.
Habits: Generally in pairs or small family groups. In more numerous flocks during the non-breeding period. Stands upright while walking and running. Feeds on the ground on seeds, buds and grasses. Rather confiding, although when threatened takes off in a zigzagging flight.

Identificación: Pico café grisáceo, grueso. Patas amarillentas. Cabeza y garganta café amarillento con denso moteado oscuro. Partes superiores café negruzco con vermiculado canela y café amarillento. Primarias y secundarias café con bordes rufo pálido. Coberteras subalares y axilares canela. Pecho y cuello castaño rojizo con vermiculado como en el dorso. Partes inferiores canela pálido con plumas del abdomen con amplios bordes pálidos.
Hábitat: Laderas rocosas de montañas con escasa vegetación dispersa, generalmente muy cerca de la línea de nieve. También en áreas húmedas y vegas adyacentes con vegetación en forma de cojines.
Rango: *A. g. gayi* es un residente escaso y local en ambientes montañosos, entre los 1.000-2.000m, en ambas vertientes de los Andes desde Linares (Maule), en Chile y oeste de Neuquén y Río Negro, en Argentina hasta el nor-este de Magallanes y sur-oeste de Santa Cruz, respectivamente, siendo más común en la porción septentrional de su rango patagónico.
Esta especie se distribuye hacia el norte por los Andes del resto de Chile y Argentina, por Bolivia y Perú hasta Ecuador.
Hábitos: Generalmente en parejas o en grupos familiares. En bandadas más numerosas durante el período no-reproductivo. De postura bastante erguida mientras camina y corre. Se alimenta en el suelo de brotes de plantas y pastos. Bastante confiada, aunque al ser molestada se aleja volando en forma zigzagueante.

L. 30cm (11 3/4")

White-bellied Seedsnipe
Attagis malouinus

THINOCORIDAE

C. Perdicita Cordillerana Austral
A. Agachona Patagónica

Identification: Thick, horn-coloured bill. Legs greyish. Head and neck buffish finely streaked with blackish brown. Post-ocular stripe ochraceous. Upperparts and wing-coverts dark brown with reddish-cinnamon scaling and fringed with white. Underwing-coverts and axillaries white. Breast and flanks with ochraceous feathers centred and fringed with blackish-brown. Rest of underparts white. **Male:** Shows a sharp demarcation between the breast and belly. Rounded tail, as back, bordered with white.
Habitat: Rocky mountainsides with scattered vegetation, generally close to the snowline. Also in peat bogs and surrounding cushion-like vegetation (*Azorella*). During winter in over-grazed steppes.
Range: ENDEMIC to Patagonia. Locally frequent to common resident in mountainous terrain between 650-2,000m/1,950-6,000ft, from south-western Río Negro, in Argentina and Magallanes in Chile to the southern part of Isla Grande de Tierra del Fuego, southern islands of the Beagle Channel, including the Wollaston Archipelago (Cape Horn) and Staten Island. During the winter the southernmost populations migrate to lower and more temperate terrain near the Atlantic coast, eastern coasts of the Straits of Magellan and steppes of northern Isla Grande. Accidental visitor to the Falkland Islands.
Habits: Generally in pairs or small loose groups. During the winter forms flocks between 20 up to 50 individuals. Feeds on the ground on buds and grasses. Rather confiding, although difficult to spot due to its cryptic colouration and habits. When threatened takes off in a zigzagging flight.

Identificación: Pico color cuerno, grueso. Patas grisáceas. Cabeza y cuello café amarillento con fino estriado café negruzco. Ceja post-ocular ocre. Partes superiores y coberteras alares con plumas café oscuro con ribete intermedio canela rojizo y otro terminal blanco. Coberteras subalares y axilares blancas. Pecho y flancos con plumas ocre con borde y centro café negruzco. Resto de las partes inferiores blancas. El **macho** presenta una clara demarcación entre el pecho y el abdomen. Cola redondeada, del color del dorso, con borde blanco.
Hábitat: Laderas rocosas de montañas con escasa vegetación dispersa, generalmente muy cerca de la línea de nieve. También en turberas y zonas adyacentes con vegetación en forma de cojines (*Azorella*). En invierno, en zonas de estepa degradada.
Rango: ENDEMICO de Patagonia. Residente localmente frecuente a común en ambientes cordilleranos entre los 650-2.000m, desde el sur-oeste de Río Negro, en Argentina y Magallanes en Chile hasta la porción sur de Isla Grande de Tierra del Fuego, islas australes del Canal Beagle, incluyendo el Archipiélago de las Wollaston (Cabo de Hornos) e Isla de los Estados. Durante el invierno las poblaciones australes migran hacia sectores más bajos y templados cerca de la costa atlántica, este del Estrecho de Magallanes y estepas del norte de Isla Grande. Visitante accidental en Islas Malvinas.
Hábitos: Generalmente en parejas o en pequeños grupos dispersos. Durante el invierno forma bandadas de 20 a 50 individuos. Se alimenta en el suelo de brotes de plantas y pastos. Bastante confiada aunque difícil de encontrar debido a su coloración críptica y hábitos. Al ser molestada se aleja volando en forma zigzagueante.

204 ♂ ♀

205

206 ♀

207 ♂

208

209

210

L. 28cm (11")

Grey-breasted Seedsnipe

Thinocorus orbignyianus   THINOCORIDAE

C. Perdicita Cojón
A. Agachona de Collar

Identification: Bill yellowish with black tip. Very short yellowish legs. **Male:** Face, neck and breast uniform bluish-grey. Crown buffish streaked with dark brown. Upperparts feathers centred with dark brown and bordered with buff. Back and rump brown. Primaries and secondaries brown. Throat white fringed with black. Belly and undertail-coverts white. Tail dark brown, rounded in shape. **Female:** Similar to male. Crown, neck and breast densely streaked with blackish. Throat yellowish-white thinly edged with dark brown.
Habitat: Upland steppes, scrubby areas and rocky hillsides. Also in or near surrounding damp areas or on sides of dirt roads.
Range: *T. o. orbignyianus* is a locally common summer resident in open and relatively high habitats (above 400m/1,200ft.), from Linares (Maule), in Chile and Neuquén and Río Negro south to the central-northern part of Isla Grande de Tierra del Fuego. More occasional southwards to the Beagle Channel. Accidental visitor to the Falkland Islands. In the southern part of its range, favours areas of the eastern slope of the Andes. During the winter, populations migrate to lower and more temperate areas, close to the coast.
This species ranges in Andean regions of Chile and Argentina, north to Peru.
Habits: Alone, in pairs or in family groups. Gives a diagnostic territorial call. Forms flocks during migration. Herbivorous, feeding on grasses and buds of scrubs. It is difficult to spot due to its cryptic colourations and terrestrial habits. Shy.

Identificación: Pico amarillento con punta negra. Patas amarillentas, muy cortas. **Macho:** Cara, cuello y pecho gris azulado uniforme. Corona café amarillenta estriada de café oscuro. Partes superiores con plumas de centro café oscuro y borde café amarillento. Espalda y rabadilla café. Primarias y secundarias café. Garganta blanca bordeada de negro. Abdomen y subcaudales blancos. Cola café oscura de forma redondeada.
Hembra: Similar al macho. Corona, cuello y pecho con denso estriado negruzco. Garganta blanco amarillento con leve borde café oscuro.
Hábitat: Sectores de estepa alta, áreas de matorral y laderas pedregosas de cerros. También en zonas inundadas adyacentes y al borde de caminos de tierra.
Rango: *T. o. orbignyianus* es un residente estival localmente común en ambientes abiertos y de altura (sobre 400m) desde Linares (Maule), en Chile y Neuquén y Río Negro hasta la porción centro-norte de Isla Grande de Tierra del Fuego. Más ocasional hacia el sur hasta el Canal Beagle. Accidental en Islas Malvinas. En la porción sur de su rango, de preferencia en ambientes de la vertiente oriental de los Andes. Durante el invierno las poblaciones migran hacia sectores más bajos y templados, cerca de la costa.
Esta especie se distribuye por regiones cordilleranas de Chile y Argentina, hasta Perú.
Hábitos: Solitaria, en parejas o en grupos familiares. Emite un característico llamado territorial. En bandadas durante la migración. Herbívora, se alimenta de pastos y brotes de arbustos. Es difícil de detectar debido a su coloración críptica y hábitos terrestres. Tímida.

212 ♂

213

215

214 ♂

217 ♀

216 ♀

218

L. 23cm (9″)

Least Seedsnipe

Thinocorus rumicivorus THINOCORIDAE

C. Perdicita Común
A. Agachona Chica

219

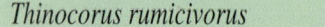

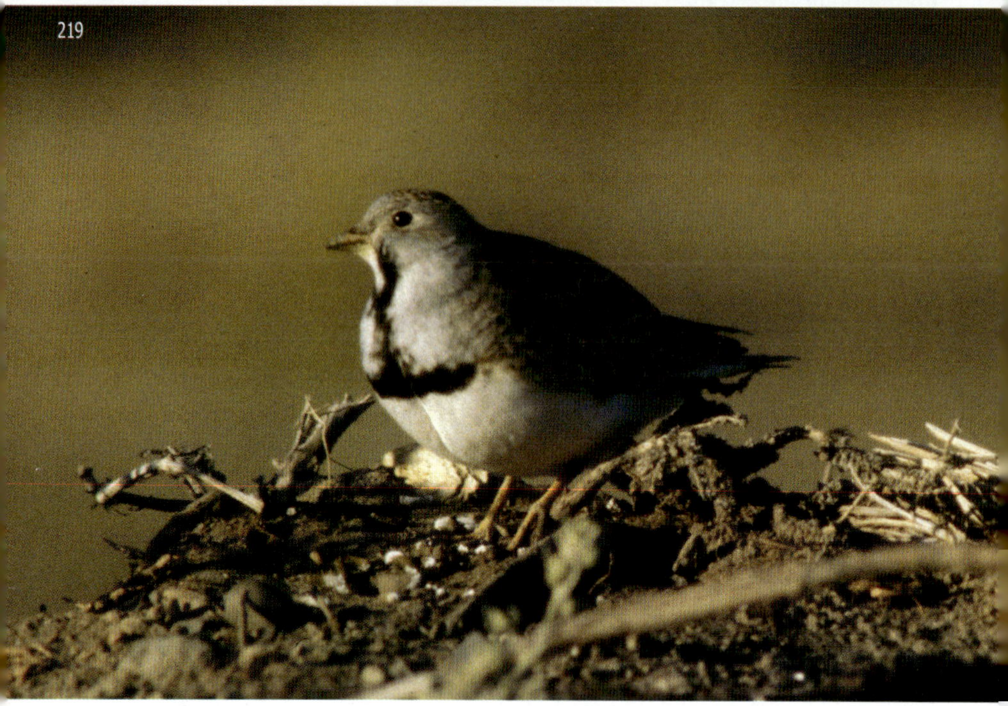

Identification: Smallest of the seedsnipes. Horn-coloured bill. Legs yellow. **Male:** Face, neck and breast uniform bluish-grey. Upperparts dark brown with ochre scaling. Throat white edged with black and a black stripe extends down to the centre of breast towards the flanks, separating breast from the belly. Rest of underparts white. **Female:** Similar to male, with neck and breast buffish with dark mottling and streaking.

Habitat: Lowland wind-swept steppes, with scattered scrubby vegetation. Also on sides of dirt roads, in sandy areas and rocky seashores.

Range: *T. r. rumicivorus* is a common summer resident, in lowlands of the eastern slope of the Andes, from Río Negro in Argentina, including adjacent regions of Aysén and central-eastern Magallanes to the northern-central part of Isla Grande de Tierra del Fuego. During winter from Araucanía northwards, in Chile. Occasional visitor to the Falkland Islands. During the southern winter, all population migrate towards the pampas of central Argentina.

This species ranges along the Andes of north-western Argentina, coast and mountains of northern Chile north to western Bolivia, Peru and south-western Ecuador.

Habits: Alone, in pairs or family groups. In flocks, sometimes numerous, during the non-breeding period. Short and fast flight. Herbivorous, feeding on grasses and buds from shrubs. Difficult to see due to its cryptic colouration and terrestrial habits. Confiding. When threatened, drops down in order to avoid being detected.

Identificación: La más pequeña de las perdicitas/agachonas. Pico color cuerno. Patas amarillas. **Macho:** Cara, cuello y pecho gris azulado uniforme. Partes superiores café oscuro con escamado ocre. Garganta blanca bordeada de negro y una línea del mismo color que baja por el centro del pecho y que se extiende hacia los flancos, separando el pecho del abdomen. Resto de las partes inferiores blancas. **Hembra:** Similar al macho, con cuello y pecho café amarillento con moteado y estriado oscuro.

Hábitat: Ambientes de estepa baja y expuesta, con matorral disperso. También al borde de caminos de tierra, en sectores arenosos y playas marinas pedregosas.

Rango: *T. r. rumicivorus* es un residente estival común, en ambientes bajos de la vertiente oriental de los Andes, desde Río Negro en Argentina, incluyendo regiones adyacentes de Aysén y centro-este de Magallanes hasta la porción centro-norte de Isla Grande de Tierra del Fuego. Durante el invierno desde Araucanía hacia el norte, en Chile. Visitante ocasional en Islas Malvinas. Durante el invierno austral, las poblaciones migran hacia las planicies del centro de Argentina.

Esta especie se distribuye por la cordillera del nor-oeste de Argentina, costa y montaña del norte de Chile hasta el oeste de Bolivia, Perú y sur-oeste de Ecuador.

Hábitos: Solitaria, en parejas o en grupos familiares. En bandadas, a veces numerosas, durante el período no-reproductivo. Vuelo corto y rápido. Herbívora, se alimenta de pastos y brotes de arbustos. Es difícil de observar debido a su coloración críptica y hábitos terrestres. Confiada. Al sentirse amenazada se agacha a fin de pasar inadvertida.

L. 17cm (6 3/4")

Chilean Pigeon
Columba araucana

COLUMBIDAE

C. Torcaza
A. Paloma Araucana

Identification: Largest dove in the region. Bill black. Legs reddish-purple. Head, mantle, scapulars and underparts greyish-purple, with stronger purple tinge on breast. Narrow white semi-collar, and below a metalliegreen sheen on nape. Back and rump bluish-grey. Grey wing-coverts and black primaries. Tail dark grey with broad black subterminal band.

Habitat: *Nothofagus* and *Araucaria* forests, from the sea level to the Andean slopes. Also frequents forest-edge and cultivated fields. Occasionally in steppe areas.

Range: Resident of forested regions from southern Maule south to Taitao Peninsula (Aysén), in Chile and from western Neuquén to Chubut and south-western Santa Cruz, to Lago Roca, in Argentina. Accidental visitor to the Falkland Islands. From sea level up to 1,000m/3,000ft.
In Chile its range reaches Atacama in the north.

Habits: Generally seen in flocks. Rests and breeds in loose colonies. Predominantly a forest-dwelling species, often seen in the highest levels of canopy. Feeds on a wide variety of tree fruits. Shy, will take flight suddenly when disturbed or feeling threatened.

Conservation: Species restricted to Endemic Bird Area 061 (Temperate forests of Chile).

Identificación: La paloma más grande de la región. Pico negro. Patas rojo púrpura. Cabeza, manto, escapulares y partes inferiores púrpura vinoso, con un tinte más fuerte en el pecho. Delgado semi-collar blanco en la nuca, y debajo de éste una mancha verde con brillo metálico. Lomo y rabadilla gris azulado. Coberteras alares grises y primarias negras. Cola gris oscuro con amplia banda subterminal negra.

Hábitat: Bosques de *Nothofagus* y *Araucaria*, desde el nivel del mar hasta la pre-cordillera. También frecuenta bordes de bosque y terrenos cultivados. Ocasionalmente en la estepa.

Rango: Residente de regiones boscosas desde el sur del Maule hasta la Península de Taitao (Aysén), en Chile y oeste de Neuquén hasta Chubut y sur-oeste de Santa Cruz, hasta el Lago Roca. Visitante accidental en Islas Malvinas. Desde el nivel del mar a los 1.000m.
En Chile su distribución septentrional alcanza hasta Atacama.

Hábitos: Generalmente observada en bandadas. Descansa y nidifica en colonias dispersas. Especie predominantemente arbórea, frecuentemente observada en los niveles superiores del follaje. Se alimenta de frutos de variadas especies de árboles. Tímida, emprende repentinamente el vuelo al ser molestada o sentirse amenazada.

Conservación: Especie restringida al Area de Endemismo para Aves 061 (Bosques templados de Chile).

L. 37cm (14 1/2")

Spot-winged Pigeon

Columba maculosa COLUMBIDAE **A.** Paloma Manchada

233

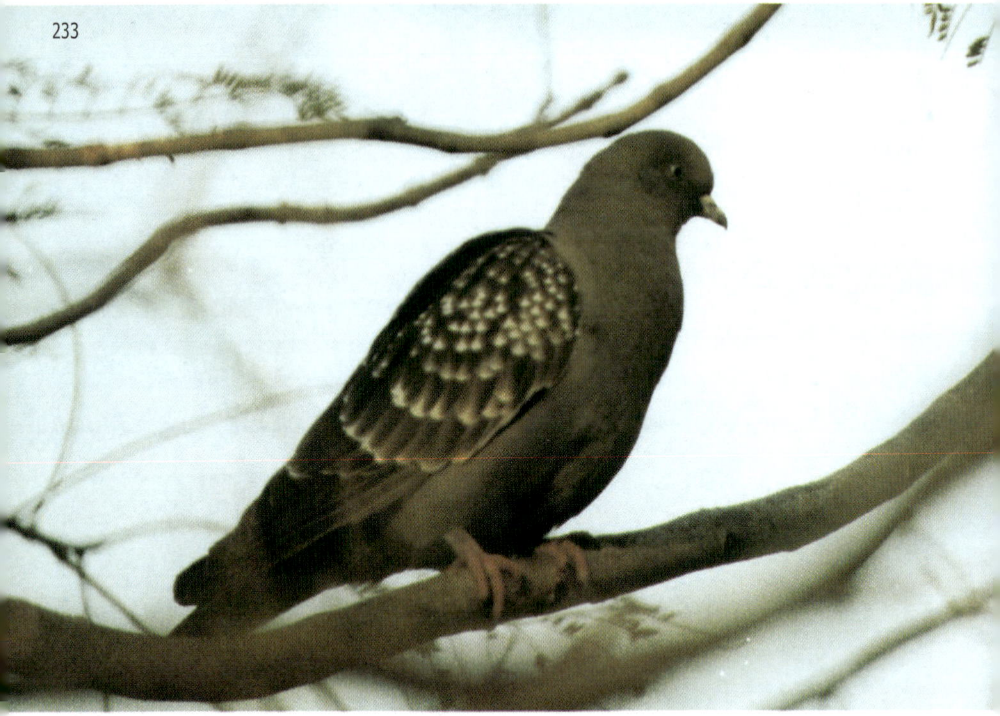

Identification: Large and stocky bodied. Bill black. Reddish legs. Head, neck, rump and underparts bluish-grey. Mantle and wing-coverts greyish-brown with white-fringed feathers. Broad white wing-patch formed by the outer webs of outermost secondary-coverts. Tail dark grey with broad black terminal band.

Habitat: Lowlands and hills with scattered trees, favouring exotic introduced species. Also in urban areas. Reaches northern Patagonia through areas of espinal and forested sectors of monte desert.

Range: *C. m. maculosa* is a common summer resident in lowlands of Neuquén, Río Negro and south-western Buenos Aires. Very occasional visitor to north-eastern Chubut, in the south.

This is a widely distributed species throughout the rest of Argentina, in lowland and mountainous areas north to Peru, southern and western Bolivia, Paraguay and Uruguay.

Habits: Gregarious, generally seen in flocks. Perches high in the canopy. Feeds on the ground. Flight fast and sustained. Confiding.

L. 32cm (12 1/2")

Identificación: Grande y de cuerpo robusto. Pico negro. Patas rojizas. Cabeza, cuello, rabadilla y partes inferiores gris azulado. Manto y coberteras alares café grisáceo con plumas marginadas de blanco. Amplia mancha blanca formada por la membrana externa de las coberteras secundarias más exteriores. Cola gris oscuro con amplia banda terminal negra.

Hábitat: Planicies y montes con árboles dispersos, prefiriendo especies exóticas. También en zonas urbanas. Alcanza el norte de Patagonia a través de áreas de espinal y sectores forestados de desierto de monte.

Rango: *C. m. maculosa* es un residente estival escaso a común en sectores bajos de Neuquén, Río Negro y sur-oeste de Buenos Aires. Muy ocasional hasta el nor-este de Chubut, por el sur.

Esta especie se distribuye por el resto de Argentina, por tierras bajas y cordilleras hasta el sur de Perú, sur y oeste de Bolivia, Paraguay y Uruguay.

Hábitos: Gregaria, generalmente observada en bandadas. Se posa en la parte alta de los árboles. Se alimenta en el suelo. Confiada. De vuelo rápido y sostenido.

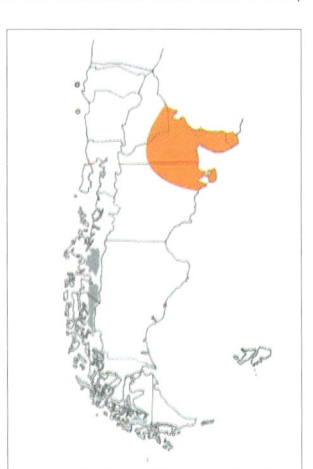

234

Z. a. virgata

Identification: Medium-sized. Bill black. Legs pink. Head and upperparts pale grey with purplish tinge. Bluish-black post-ocular and auricular patch. Sides of neck with pink and golden-green sheen. Wings dark olive-grey with black spots on greater coverts. Primaries blackish-brown. Underparts as back but somewhat paler, becoming cream on the undertail-coverts. Central rectrices greyish-brown with black subterminal band and conspicuous white border.

Habitat: In open forested areas, forest borders and parks. Also in agricultural areas, prairies, steppes, hillsides with scattered bushes and in towns and cities.

Range: *Z. a. auriculata* is a common resident from southern Maule to Los Lagos, in Chile and Río Negro in Argentina. *Z. a. virgata* is a common resident of Río Negro to the southern part of Isla Grande de Tierra del Fuego. Recorded on Staten Island, but status uncertain. Occasional visitor to the Falkland Islands and vagrant to South Georgia Islands. From sea level up to 2,200m/6,600ft.

This is a widely distributed species in South America.

Habits: In pairs or small flocks. Rests and perches on branches and bushes and on fence-posts and poles. Feeds on the ground. Flight fast, low and straight. Wary.

Identificación: Mediana. Pico negro. Patas rosadas. Cabeza y partes superiores gris pálido con tinte vinoso. Mancha postocular y subauricular negro azulada. Lados del cuello con reflejos rosados y verde dorado. Alas gris oliváceo oscuro con manchas negras en las coberteras mayores. Primarias café negruzco. Partes inferiores como el dorso aunque más pálidas, llegando a crema en las subcaudales. Plumas centrales de la cola café grisáceo con banda subterminal negra y notorio borde blanco.

Hábitat: En áreas forestadas abiertas, bordes de bosque y zonas de parque. También en zonas arbustivas, praderas, estepas, laderas de cerros con arbustos dispersos, terrenos agrícolas y en ciudades y pueblos.

Rango: *Z. a. auriculata* es un residente común desde el sur del Maule hasta Los Lagos, en Chile y oeste de Río Negro, en Argentina. *Z. a. virgata* es un residente común desde el este de Río Negro hasta la porción sur de Isla Grande de Tierra del Fuego. Registrada en Isla de los Estados, aunque de estatus incierto. Visitante ocasional en Islas Malvinas y errante en Isla Georgia del Sur. Desde el nivel del mar hasta los 2.200m.

Esta especie tiene una amplia distribución en Sudamérica.

Hábitos: En parejas o en pequeñas bandadas. Descansa y se posa en ramas de árboles y arbustos y sobre postes. Se alimenta en el suelo. Vuelo rápido, bajo y directo. Desconfiada.

Z. a. virgata

Z. a. virgata

L. 26cm (10 1/4")

Picui Ground-Dove

Columbina picui　　　COLUMBIDAE

Identification: Small, slim-bodied with long tail. Bill black. Very short pinkish legs. Crown grey with some bluish on nape. Upperparts pale grey. Prominent white wing-bar along the greater secondary-coverts, another white patch at the base of primaries, lesser coverts metallic blue; rest of upperwing black. Throat, belly and undertail-coverts white. Breast and upper belly pale pink, with a more purplish tinge on the **female**. Tail black with outer rectrices white.

Habitat: Flat and open zones, low hillsides with scattered bushes, cultivated areas, gardens and parks of cities and towns. Ecotone areas between espinal and monte desert and between monte and Patagonian steppe.

Range: *C. p. picui* is a locally common resident from Neuquén, Río Negro and south-western Buenos Aires south to Chubut, occasionally reaching Santa Cruz in Argentina. In Chile this species ranges in lowland areas from southern Maule to Araucanía. Occasionally to Los Lagos, in the south.
This species ranges to Atacama, northern Chile, and the rest of Argentina northwards to Bolivia, eastern Peru, Paraguay and Brazil.

Habits: Alone, in pairs or small flocks. Generally seen on the ground, walking fast while searching for food. Constantly moves its head back and forth. Rests in trees. Confiding.

Identificación: Pequeña, de cuerpo delgado y cola larga. Pico negro. Patas rosadas, muy cortas. Corona gris algo azulado en la nuca. Partes superiores gris pálido. Notoria banda blanca a lo largo de las coberteras secundarias mayores, otro parche blanco en la base de las primarias, fina banda azul metálica a lo largo de las coberteras menores; resto del ala negra. Garganta, abdomen y subcaudales blancas. Pecho y parte superior del abdomen rosado pálido, de un tinte algo más vinoso en la **hembra**. Cola negra con plumas exteriores blancas.

Hábitat: Terrenos planos y abiertos, laderas de cerros bajos y con arbustos dispersos, regiones cultivadas, jardines y plazas de ciudades y pueblos. Zonas ecotonales entre espinal y desierto de monte y entre monte y estepa.

Rango: *C. p. picui* es un residente localmente común desde Neuquén, Río Negro y sur-oeste de Buenos Aires hasta Chubut, alcanzando ocasionalmente por el sur hasta Santa Cruz, en Argentina. En Chile se distribuye en terrenos bajos desde el sur del Maule hasta Araucanía. Ocasionalmente hasta Los Lagos.
Esta especie se distribuye hacia el norte hasta Atacama, en Chile, por el resto de Argentina hasta Bolivia, este de Perú, Paraguay y Brasil.

Hábitos: Solitaria, en parejas o en pequeñas bandadas. Por lo general observada en el suelo, caminando rápidamente en busca de alimento. Mueve su cabeza continuamente hacia delante y atrás. Descansa en árboles. Confiada.

L. 18cm (7″)

Black-winged Ground-Dove

Metriopelia melanoptera   COLUMBIDAE

C. Tórtola Cordillerana
A. Palomita Cordillerana

Identification: Medium-sized. Bill and very short legs black. Conspicuous orange bare skin patch in the loral area. Iris pale blue. General colouration uniform greyish-brown with faint olive tinge. Shoulders white. Primaries and tail black. Underparts somewhat paler.

Habitat: Rocky hillsides and mountains, with scattered low vegetation. In the southern part of its range usually seen on bushy steppes and grasslands near patches of forests. Also near cultivated fields and humans buildings.

Range: *M. m. melanoptera* is a locally common resident of Andean habitats from Linares (Maule) south to Bío-Bío and Araucanía, in Chile and western Neuquén south to Santa Cruz, in Argentina, including adjacent territories of Aysén. More occasional visitor southwards to central-eastern Magallanes and Isla Grande de Tierra del Fuego, reaching the coasts of the Beagle Channel. Accidental in areas close to the Atlantic coast, in eastern Chubut. In Patagonia, from 2,000m/6,000ft down to sea level in the south.

This species ranges northwards throughout the Andes of Chile and Argentina to Bolivia, Peru, Ecuador and south-western Colombia.

Habits: In pairs or very compact small groups. Occasionally in larger flocks. Flight short, low and noisy, with fast wing beats. Feeds on the ground. Mainly sings during the breeding season. Very wary.

Identificación: Mediana. Pico y patas negras, muy cortas. Notoria zona de piel desnuda naranja en frente del ojo. Iris azul pálido. Coloración general café grisáceo uniforme con leve tinte oliváceo. Hombros blancos. Primarias y cola negra. Partes inferiores ligeramente más pálidas.

Hábitat: Laderas rocosas de cerros y montañas, con vegetación baja dispersa. En el sur de su rango observada en estepas arbustivas y pastizales en las cercanías de bosques. También cerca terrenos cultivados y de construcciones humanas.

Rango: *M. m. melanoptera* es un residente localmente común en ambientes cordilleranos desde Linares (Maule) hasta Bio-Bío y Araucanía, en Chile y oeste de Neuquén hasta Santa Cruz, en Argentina, incluyendo territorios adyacentes de Aysén. Visitante más ocasional por el sur hasta el centro-este de Magallanes e Isla Grande de Tierra del Fuego, llegando a las costas del Canal Beagle. Accidental en áreas cercanas a la costa, del este de Chubut. En Patagonia, desde los 2.000m al nivel del mar por el sur.

Esta especie se distribuye hacia el norte por los Andes de Chile y Argentina hasta Bolivia, Perú, Ecuador y sur-oeste de Colombia.

Hábitos: En parejas o en pequeños grupos muy compactos. Ocasionalmente en grandes bandadas. Vuelo corto, bajo y sonoro, de aleteos rápidos. Se alimenta en el suelo. Cantora, en especial durante el período de cría. Muy desconfiada.

L 23cm (9″)

Burrowing Parrot
Cyanoliseus patagonus   PSITTACIDAE

C. Tricahue
A. Loro Barranquero

Identification: Large, robust parrot with a very long tail. Unmistakable. Bill blackish-grey. Legs yellowish-brown. White orbital ring. Head, neck and mantle dark olive-brown. Rump bright yellow. Scapulars brown. Wing-coverts olive-yellow. Primaries blue. Underwing-coverts dark olive-grey. Whitish semi-collar on breast sides. Breast and tail greyish-brown with olive tinge. Belly yellow with red patch in the centre. Rest of underparts bright yellow.
Habitat: Semi-arid areas with scattered bushes (in Argentina) and pre-Andean forested zones (in Chile). In rocky ravines close to rivers. Also on coastal cliffs.
Range: *C. p. patagonus* is a locally common resident in lowlands from Neuquén, Río Negro, south-western Buenos Aires to north-eastern Chubut, in Argentina. Occasionally south to northern Santa Cruz. *C. p. bloxami* is a very local and scarce resident in forested low and pre-Andean areas (up to 1,900m/5,700ft.) from Linares (Maule) south to Bío-Bío, in Chile. Its former southern range reached Los Lagos. Doubtful record from the Falkland Islands.
This species ranges though semi-arid regions of central and north-western Argentina, occasionally reaching north to Uruguay. In Chile its range reaches northwards to Atacama, although the population has undergone a drastic decline.
Habits: Gregarious, always in numerous flocks. Nests colonially in burrows excavated in cliffs. Also roosts communally in trees and wires. Feeds on the ground, amongst the vegetation. Very noisy.

Identificación: Loro grande de cuerpo robusto y cola muy larga. Inconfundible. Pico gris negruzco. Patas café amarillento. Anillo orbital blanco. Cabeza, cuello y manto café oliváceo oscuro. Rabadilla amarillo brillante. Escapulares café. Coberteras alares amarillo oliváceo. Primarias azules. Coberteras subalares gris oliváceo oscuro. Semi-collar blanquecino a cada lado del pecho. Pecho y cola café grisáceo con tinte oliva. Abdomen amarillo con parche rojo en la parte central. Resto de las partes inferiores amarillo brillante.
Hábitat: Ambientes semi-áridos con matorral disperso (en Argentina) y regiones boscosas pre-cordilleranas (en Chile). En quebradas rocosas aledañas a cauce de ríos. También en acantilados costeros.
Rango: *C. p. patagonus* es un residente localmente común en ambientes bajos de Neuquén, Río Negro, sur-oeste de Buenos Aires y nor-este de Chubut, en Argentina. Ocasionalmente hasta el norte de Santa Cruz por el sur. *C. p. bloxami* es un residente muy local y escaso en regiones boscosas bajas y pre-cordilleranas (hasta 1.900m) desde Linares (Maule) hasta Bío-Bío, en Chile. Su rango meridional original alcanzaba hasta Los Lagos. Registro dudoso en Islas Malvinas.
Esta especie se distribuye por regiones semi-áridas del centro y nor-oeste de Argentina, alcanzando ocasionalmente hasta Uruguay. En Chile su distribución por el norte alcanza hasta Atacama, aunque las poblaciones han experimentado una drástica reducción.
Hábitos: Gregario, siempre en bandadas numerosas. Nidifica colonialmente en cuevas excavadas en quebradas. También sus dormideros son grupales, en arbodelas y cables. Se alimenta en el suelo, entre la vegetación. Muy ruidoso.

C. p. bloxami

L. 45cm (18″)

Austral Parakeet
Enicognathus ferrugineus   PSITTACIDAE   **C. & A.** Cachaña

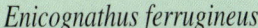

263

Identification: Small grey bill. Legs dark grey. Brown orbital ring. Forehead and lores dull red. Generally olive-green, darker on upperparts. Feathers of body and wing-coverts with dark-edging, giving a scaled appearance. Wings dull green, with metallic sheen. Belly with rufous central patch. Tail reddish, long and very pointed.
Habitat: *Nothofagus* forests and forest borders, also frequenting *Araucaria* and *Drymis*. From sea level up to pre-Andean areas.
Range: ENDEMIC RESIDENT to Patagonia. *E. f. ferrugineus* is a common resident in the central-southern part of Isla Grande de Tierra del Fuego and southern islands of the Beagle Channel (Hoste and Navarino Is.). Records from Staten Island, although of uncertain status. Accidental visitor to the Falkland Islands. *E. f. minor* is a common resident in forested areas of both slopes of the Andes (up to 1,200m/3,600ft), from the Straits of Magellan, in Chile and south-western Santa Cruz, in Argentina north to Bío-Bío (occasionally to Colchagua) and western Neuquén, respectively.
Habits: Gregarious. Generally in pairs or small flocks. Flight fast and low. Perches on tall branches. While feeding on the ground, an individual keeps watch to ensure the safety of the flock. Silent while resting or breeding. Noisy. Confiding and curious.

Identificación: Pico pequeño, gris. Patas gris oscuras. Anillo orbital café. Frente y lorums rojo apagado. Coloración general verde oliváceo, más oscura en las partes superiores. Las plumas del cuerpo y coberteras alares tienen borde oscuro, lo que otorga un aspecto escamado. Alas verde apagado, con brillo metálico. Abdomen con mancha central rufa. Cola rojiza, larga y muy puntiaguda.
Hábitat: Bosques y bordes de bosque de *Nothofagus*, aunque también frecuenta *Araucaria* y *Drymis*. Desde el nivel del mar hasta la pre-cordillera.
Rango: ENDEMICO de Patagonia. *E. f. ferrugineus* es un residente común de la porción centro-sur de Isla Grande de Tierra del Fuego e islas australes del Canal Beagle (Islas Hoste y Navarino). Registros en Isla de los Estados aunque de estatus incierto. Visitante accidental de Islas Malvinas. *E. f. minor* es un residente común de ambientes boscosos en ambas vertientes de los Andes (hasta 1.200m), desde el Estrecho de Magallanes, en Chile y sur-oeste de Santa Cruz, en Argentina hacia el norte hasta Bío-Bío (ocasional hasta Colchagua) y oeste de Neuquén, respectivamente.
Hábitos: Gregario. Generalmente en parejas o en pequeñas bandadas. Vuelo rápido y bajo. Se posa en ramas altas de árboles. Mientras se alimenta en el suelo, un individuo de la bandada vigila por la seguridad del grupo. Silencioso mientras descansa o nidifica. Bullicioso. Confiado y aún curioso.

L. 35cm (13 3/4")

Slender-billed Parakeet

Enicognathus leptorhynchus   PSITTACIDAE   C. Choroy

Identification: Bill grey, with particularly long and narrow upper mandible. Legs grey. Red orbital ring. Forehead and lores bright red. Generally olive-green, darker on the upperparts. Belly with small red central patch. Wings dull green, with greenish-blue primaries. Tail red, long and very pointed.
Habitat: *Nothofagus* and *Araucaria* forests, also frequenting *Drymis*, from the sea level to pre-Andean areas. During the winter frequents semi-open areas and cultivated fields.
Range: ENDEMIC of southern Chile. Locally common resident from southern Maule south to Aysén, although its population concentrates between Bío-Bío and Araucanía and Isla Grande de Chiloé. Also on Mocha Island (Bío-Bío). In lowlands up to 2,000m/6,000ft. Its range reaches central Chile north to Valparaíso.
Habits: Gregarious. Generally in pairs or flocks. Flight fast and high. Perches on tall trees. Concentrates on forests between March and April, feeding on seeds. Silent while resting or breeding. Very noisy. Populations have decreased considerably due to loss of habitats, persecution and disease. Wary.
Conservation: Restricted to the Endemic Bird Area 061 (Temperate forests of Chile).

Identificación: Pico gris, con maxila larga y delgada. Patas grises. Anillo orbital rojo. Frente y lorums rojo brillante. Coloración general verde oliváceo, más oscura en las partes superiores. Abdomen con pequeña mancha central rojo apagado. Alas verde apagado, con primarias azul verdoso. Cola rojo apagado, larga y muy puntiaguda.
Hábitat: Bosques de *Nothofagus*, *Araucaria* y *Drymis*, desde el nivel del mar hasta la pre-cordillera. Durante el invierno frecuenta regiones semi-abiertas y terrenos cultivados.
Rango: ENDEMICO del sur de Chile. Es un residente localmente común desde el sur del Maule hasta Aysén, aunque su población se concentra entre Bío-Bío y Araucanía y la Isla Grande de Chiloé. También en Isla Mocha (Bío-Bío). En regiones bajas hasta los 2.000m. Su distribución alcanza por el centro de Chile hasta Valparaíso, donde se observan individuos escapados.
Hábitos: Gregario. Generalmente en parejas o en bandadas. Vuelo rápido y alto. Se posa en ramas altas de árboles. Se concentra en bosques entre marzo y abril, alimentándose de sus semillas. Silencioso mientras descansa o nidifica. Muy bullicioso. Sus poblaciones han disminuido considerablemente debido a la pérdida de hábitat, persecución y enfermedades. Desconfiado.
Conservación: Especie restringida al área de endemismo para aves 061 (Bosques templados de Chile).

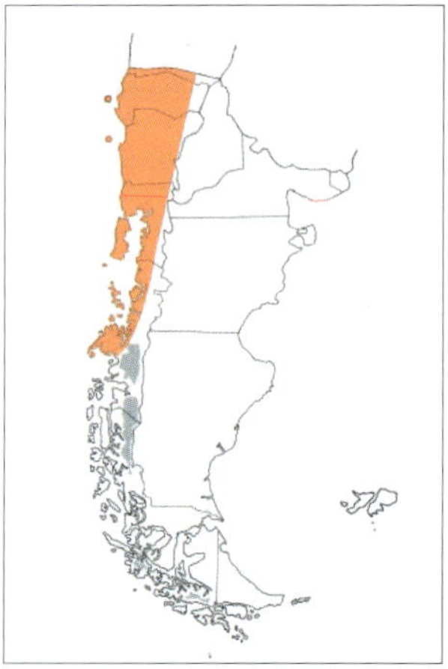

L. 41cm (16″)

Monk Parakeet
Myiopsitta monachus

PSITTACIDAE

C. Catita Argentina
A. Cotorra

Identification: Bill horn-coloured. Legs grey. Head, forehead and throat pale grey. Nape and rump bright green. Scapulars and rest of upperparts duller green. Primaries and primary-coverts blue. Rest of wing green as back. Lower belly olive-yellow. Undertail-coverts and legs pale green. Pointed greenish-blue tail.

Habitat: Open areas with scattered trees, parks, gardens and plazas of cities and towns.

Range: *M. m. calita* is an uncommon to abundant resident in lowlands from eastern Neuquén, Río Negro and south-western Buenos Aires south to north-eastern Chubut. Recent arrival in the latter province. Introduced in central Chile and rapidly expanding southwards during the last few years. Recorded at Puerto Montt (Los Lagos) and intermediate locations.

This species ranges through lowlands from central Argentina north to Bolivia and south-eastern Brazil.

Habits: Highly gregarious. Occasionally in large flocks. Flight low and direct. Feeds quietly on seeds on the ground and on fruits of trees. Is a pests in several countries where it has been introduced and expanded range very rapidly. Builds huge communal nests on branches. Very vocal.

Identificación: Pico color cuerno. Patas grises. Cabeza, frente y garganta gris pálido. Nuca y rabadilla verde brillante. Escapulares y resto de las partes superiores de un verde algo más apagado. Primarias y coberteras primarias azules. Resto del ala verde como el dorso. Parte inferior del abdomen amarillo oliváceo. Abdomen, subcaudales y piernas verde pálido. Cola azul verdoso, puntiaguda.

Hábitat: Ambientes abiertos con árboles dispersos, áreas de parque, jardines y plazas de ciudades y villas.

Rango: *M. m. calita* es un residente poco común a abundante en terrenos bajos desde el este de Neuquén, Río Negro y sur-oeste de Buenos Aires hasta el nor-este de Chubut. De reciente arribo en esta última provincia. Introducido en el centro de Chile y de rápida dispersión hacia el sur durante los últimos años. Observada en Puerto Montt (Los Lagos) y localidades intermedias.

Esta especie se distribuye en terrenos bajos desde el centro de Argentina hasta Bolivia y el sur-este de Brasil.

Hábitos: Muy gregaria. En ocasiones en grandes bandadas. Vuelo bajo y directo. Se alimenta silenciosamente de semillas en el suelo o de frutos en árboles. Es una plaga en países donde ha sido introducida, invadiendo nuevos territorios con rapidez. Construye enormes nidos comunitarios con ramas. Muy vocal.

L. 29cm (11 1/2")

Guira Cuckoo

Guira guira CUCULIDAE **A.** Pirincho

Identification: Bill orange. Legs grey. Iris red. Head and neck pale buffish with crown and crest cinnamon. Sides of neck buffish streaked with brown. Upperparts dark brown with feathers fringed with buff. Prominent white rump. Long tail dark brown with buffish sides and wide terminal band. Underparts pale buff.
Habitat: Open shrubby areas with scattered trees and grasslands. Also near human settlements.
Range: Locally common resident of north-eastern Patagonia from western Neuquén, northern Río Negro and south-western Buenos Aires south to north-eastern Chubut.
Widely distributed species in the lowlands of the rest of Argentina north to Bolivia, Paraguay, south-eastern Brazil and Uruguay.
Habits: In small flocks of up to 20 individuals. Flight heavy, low, direct, with fast wing-beats. Feeds on the ground. Roosts communally in trees. Tail wagged constantly whilst perched in order to maintain balance. Very noisy, harsh whistle. Rather confiding.

Identificación: Pico naranja. Patas grises. Iris rojo. Cabeza y cuello café amarillento pálido con corona y cresta acanelada. Lados del cuello café amarillento con estriado café. Partes superiores café oscuro con plumas bordeadas de café amarillento. Amplia rabadilla blanca. Cola larga café oscura con lados y amplia banda terminal café amarillento. Partes inferiores café amarillento pálido.
Hábitat: Areas arbustivas abiertas con árboles dispersos y pastizales. También cerca de asentamientos humanos.
Rango: Residente localmente común de Patagonia nororiental desde el oeste de Neuquén, norte de Río Negro y sur-oeste de Buenos Aires hasta el nor-este de Chubut.
Especie de amplia distribución en tierras bajas por el resto de Argentina hasta Bolivia, Paraguay, sur-este de Brasil y Uruguay.
Hábitos: En pequeñas bandadas de hasta 20 individuos. Vuelo pesado, bajo, aleteado y directo. Se alimenta en el suelo. Descansa grupalmente en árboles. Cuando se posa mueve su cola constantemente para mantener el equilibrio. Muy bullicioso, áspero silbido. Algo confiado.

285

287

286

288

289

L. 36cm (14")

Dark phase / Fase oscura

Identification: White, large-headed and long-legged owl. Iris brown. Heart-like facial disc white, bordered with orange-brown. Upperparts including crown, wings and tail with pale grey and buffish mottling and small white spotting. Underparts white to beige with slight greyish mottling on flanks. Wings and tail with faint buffish and black barring. Thighs and legs white.

Habitat: Fields, cities and parks. Also in mature and open forests and forest edges. Strongly associated with abandoned human habitation.

Range: *T. a. tuidara* is a scarce to uncommon resident in lowlands from southern Maule, in Chile and Neuquén, Río Negro and south-western Buenos Aires to the southern part of Isla Grande de Tierra del Fuego and southern islands of the Beagle Channel (Navarino Island). Rare and very local resident to the Falkland Islands.

Widely distributed species throughout South America, with a cosmopolitan range.

Habits: Alone, in pairs or family groups. Crepuscular and nocturnal habits. During the day remains motionless, resting in protected areas. Gliding, slow and silent flight. Wary, in the presence of intruders moves its head from one side to the other.

Identificación: Lechuza blanca, de cabeza grande y patas largas. Iris café. Disco facial blanco, en forma de corazón y bordeado de café anaranjado. Partes superiores incluyendo corona, alas y cola con moteado gris pálido y café amarillento y pequeñas pecas blancas. Partes inferiores blanco a crema con leve moteado grisáceo en flancos. Alas y cola con leve barrado café amarillento y negro. Calzones blancos.

Hábitat: Campos, ciudades y parques. También en bosques maduros y abiertos y bordes. Muy asociada a construcciones abandonadas.

Rango: *T. a. tuidara* es un residente escaso a poco común en ambientes bajos desde el sur del Maule, en Chile y Neuquén, Río Negro y sur-oeste de Buenos Aires hasta la porción sur de Isla Grande de Tierra del Fuego e islas australes del Canal Beagle (Isla Navarino). Residente raro y muy local en Islas Malvinas.

Especie de amplia distribución en Sudamérica y cosmopolita.

Hábitos: Solitario, en parejas o en grupos familiares. Hábitos crepusculares y nocturnos. Durante el día permanece inmóvil, durmiendo en áreas protegidas. Vuelo planeado, lento y silencioso. Desconfiada, ante la presencia de intrusos mueve su cabeza de lado a lado.

Dark phase / Fase oscura

L. 38cm (15″)

Magellanic Horned Owl

Bubo magellanicus STRIGIDAE C. & A. Tucúquere

Identification: Largest owl in the region. Iris yellow. Long and conspicuous auricular tufts. Facial disc pale brown fringed by black. Upperparts greyish-brown spotted and streaked with black and grey. Throat and collar white, separated by a brown semi-collar. Underparts are cinnamon-yellow densely and finely barred by dark brown.
Habitat: Favours open woods, secondary forests and park areas. Also on cordilleran cliffs, hillsides and scrubby Patagonian steppes. From the coast to pre-Andean habitats.
Range: Scarce to locally common resident along both slopes of the Andes from southern Maule, in Chile and western Neuquén and Río Negro south to the southern part of Isla Grande de Tierra del Fuego and southern islands of the Beagle Channel, being more common in the southern part of its range. Accidental visitor to the Falkland Islands.
This species ranges northwards through the rest of Chile to the northern extreme and along the Andes north to Jujuy, north-western Argentina.
Habits: Alone, in pairs or family groups. Nocturnally active rather than during twilight. Hunts birds and medium-sized mammals. Often heard calling at night. During the day remains motionless, resting on high tree branches. Quite confiding.

Identificación: El búho más grande de la región. Iris amarillo. Largos y notorios penachos auriculares. Disco facial café pálido bordeado de negro. Partes superiores café grisáceo manchado y jaspeado de negro y gris. Garganta y collar blanco, separados por semi-collar café. Las partes inferiores son amarillo acanelado con denso y fino barrado transversal café negruzco.
Hábitat: Prefiere bosques abiertos, renovales y áreas de parque. También en quebradas cordilleranas, laderas de cerros y ambientes de estepa patagónica arbustiva. Desde la costa a la pre-cordillera.
Rango: Residente escaso a localmente común por ambas vertientes de los Andes desde el sur del Maule, en Chile y oeste de Neuquén y Río Negro hasta la porción sur de Isla Grande de Tierra del Fuego e islas australes del Canal Beagle, siendo más común en la porción sur de su rango. Visitante accidental en Islas Malvinas.
Esta especie se distribuye hacia el norte por Chile hasta el extremo norte del país y por la cordillera hasta Jujuy, en el nor-oeste de Argentina.
Hábitos: Solitario, en parejas o en grupos familiares. De hábitos más nocturnos que crepusculares. Caza aves y mamíferos de tamaño medio. Suele cantar durante la noche. Durante el día permanece inmóvil y durmiendo en ramas altas o en el suelo. Muy confiado.

L. 45cm (18")

Rufous-legged Owl
Strix rufipes

STRIGIDAE

C. Concón
A. Lechuza Bataraz Austral

Identification: Compact-bodied and large-headed owl. Iris dark brown. Head blackish-brown with reddish-brown facial disc bordered with black. Supercilium, lores and throat white. Upperparts blackish-brown finely barred with white and buffish. Wings blackish with reddish-brown barring. Underparts whitish with buffish tinge and densely barred with black. Thigh reddish-brown. Tail buffish broadly barred with blackish-brown. **Juvenile:** Face reddish-brown and numerous white spots on the head.

Habitat: Mature, tall, humid and dense forests, favouring those with little or no undergrowth. From the coast to pre-Andean habitats.

Range: *S. r. rufipes* is a rare to locally scarce resident in forested areas along both slopes of the Andes, from southern Maule, in Chile and western Neuquén, in Argentina to the southern part of Isla Grande de Tierra del Fuego and southern islands of the Beagle Channel (Hoste and Navarino Islands). Hypothetical visitor to the Falkland Islands. *S. r. sanborni* is a locally common resident in dense forests of Isla Grande de Chiloé (Los Lagos), in Chile.

This species ranges though north of Chile to Valparaíso.

Habits: Alone or in loose groups. Strictly nocturnal. During the day remains motionless while resting. Noisy at night, often giving a loud and characteristic series of calls. Spies on prey whilst perched on tall trees. Due to its habitat, habits and cryptic colouration it is very difficult to see. Confiding.

Identificación: Búho compacto y de cabeza grande. Iris café oscuro. Cabeza café negruzco con disco facial café rojizo bordeado de negro. Ceja, lorums y garganta blanca. Partes superiores café negruzco con delgado barrado blanco y café amarillento. Alas negruzcas con barrado café rojizo. Partes inferiores blanquecinas con tinte café amarillento con denso barrado negro. Calzones café rojizo. Cola café amarillento con anchas barras café negruzco. **Juveniles:** Cara café rojiza y numerosas manchas blancas en la cabeza.

Hábitat: Bosques maduros, altos, húmedos y densos, preferentemente sin sotobosque. Desde la costa a la pre-cordillera.

Rango: *S. r. rufipes* es un residente raro a localmente escaso en sectores forestados de ambas vertientes de los Andes, desde el sur del Maule, en Chile y oeste de Neuquén, en Argentina hasta la porción sur de Isla Grande de Tierra del Fuego e islas australes del Canal Beagle (Islas Hoste y Navarino). Visitante accidental hipotético en Islas Malvinas. *S. r. sanborni* es un residente localmente común en bosque denso de la Isla Grande de Chiloé (Los Lagos), en Chile.

Esta especie se distribuye por el norte de Chile hasta Valparaíso.

Hábitos: Solitario o en grupos muy dispersos. Estrictamente nocturno. Durante el día permanece inmóvil y durmiendo. Bullicioso durante la noche, a menudo emitiendo una serie de gritos fuertes y característicos. Acecha desde ramas altas. Ave muy difícil de observar debido a su hábitat, hábitos y coloración críptica. Confiado.

L. 35cm (14″)

Austral Pygmy-Owl

Glaucidium nanum   STRIGIDAE

C. Chuncho
A. Caburé Austral

309

Identification: Smallest owl in the region. Bill, legs and iris yellow. Upperparts cinnamon-brown with long whitish spots. Head brown finely streaked with creamy-white. Supercilium white. On the nape shows two black spots bordered with white. Breast and belly brown with prominent white streaking. Tail light brown with 7 to 10 reddish-brown bars. **Juvenile:** Generally of more uniform brown on crown, nape, mantle and breast.

Habitat: Open forest and its edges, parks, secondary woodlands and tall scrubby areas. From the coast to pre-Andean habitats.

Range: Locally common to abundant resident in forested and scrubby areas along both slopes of the Andes from southern Maule, in Chile and western Neuquén and Río Negro, in Argentina to the southern part of Isla Grande de Tierra del Fuego and southern islands of the Beagle Channel (Navarino Island). From the sea level up to 2,000m/6,000ft.

Habits: Alone, in pairs or family groups. Diurnal and crepuscular in habits rather than nocturnal. Noisy, gives a long and monotonous series of whistles. Very voracious, spies on prey whilst sitting motionless on a high perch. Feeds mainly on small birds and mammals. Confiding.

Identificación: El más pequeño de los búhos de la región. Pico, patas e iris amarillo. Partes superiores café acanelado con lunares blanquecinos alargados. Cabeza café con fino jaspeado blanco crema. Ceja blanca. En la nuca presenta dos lunares negros bordeados de blanco, aparentando ojos. Pecho y abdomen café con prominente jaspeado blanco especialmente en pecho y abdomen. Cola café claro con 7 a 10 barras café rojizo. **Juvenil:** De coloración café más uniforme en corona, nuca, manto y pecho.

Hábitat: Bosques abiertos y sus bordes, parque, renovales y zonas de arbustos altos. Desde la costa a la pre-cordillera. También en ciudades y pueblos.

Rango: Residente localmente común a abundante en sectores forestados y arbustivos de ambas vertientes de los Andes desde el sur del Maule, en Chile y oeste de Neuquén y Río Negro, en Argentina hasta la porción sur de Isla Grande de Tierra del Fuego e islas australes del Canal Beagle (Isla Navarino). Desde el nivel del mar a los 2.000m.

Hábitos: Solitario, en parejas o en grupos familiares. Hábitos más diurnos y crepusculares que nocturnos. Bullicioso, emite una prolongada y monótona serie de silbidos. Muy voraz, Acecha inmóvil desde perchas altas. Se alimenta de pequeñas aves y mamíferos. Confiado.

L. 20cm (7 3/4")

Burrowing Owl
Athene cunicularia   STRIGIDAE   **C.** Pequén
A. Lechucita Vizcachera

Identification: Small, flat-headed owl. Bill pale yellow. Long grey legs. Iris yellow. Forehead and broad supercilium white. Small brown facial disc. Upperparts and wings greyish-brown with prominent white mottling. Underwing white densely barred with brown on primaries. Throat white fringed below by a dark brown semi-collar. Underparts creamy-white with brown barring on breast, belly and flanks. Thighs light brown.

Habitat: Lowlands and sandy areas, open scrubby grasslands and hillsides with scattered vegetation.

Range: *A. c. cunicularia* is a scarce to locally common resident of lowlands and coastal areas from Cauquenes (Maule) south to Los Lagos, in Chile. *A. c. partridgei* is a locally common resident from Neuquén, Río Negro and south-western Buenos Aires south to Chubut. Scarcer southwards to northern Santa Cruz, in Argentina. Also in suitable habitats of eastern Aysén, in Chile. Extinct in Isla Grande de Tierra del Fuego. Accidental visitor to the Falkland Islands.

This species ranges widely throughout the rest of Chile and Argentina through most of South, Central America north to western United States.

Habits: In pairs, family parties or loose groups. Diurnal habits. During the day, seen perched on posts or fences, very close to the burrows where it nests. Flight short and undulating. Very vocal during the night and the breeding period, giving a series of harsh, high-pitched screams. Feeds mainly on large insects and small mammals and birds.

Identificación: Búho pequeño y de cabeza plana. Pico amarillo pálido. Largas patas grises. Iris amarillo. Frente y amplia ceja blanca. Pequeño disco facial café. Partes superiores y alas café grisáceo con prominente moteado blanco. Superficie inferior alar blanca con denso barrado café en las primarias. Garganta blanca bordeada por semi-collar café oscuro por debajo. Partes inferiores blanco crema con barrado café en pecho, abdomen y flancos. Calzones café claro.

Hábitat: Sectores bajos y arenosos, pastizales y matorrales abiertos y laderas de cerros con vegetación dispersa.

Rango: *A. c. cunicularia* es un residente escaso a localmente común en tierras bajas y costeras desde Cauquenes (Maule) hasta Los Lagos, en Chile. *A. c. partridgei* es un residente localmente común desde Neuquén, Río Negro y sur-oeste de Buenos Aires hasta Chubut. Más escaso por el sur hasta el norte de Santa Cruz, en Argentina. También en ambientes apropiados del este de Aysén, en Chile. Extinto en Isla Grande de Tierra del Fuego. Visitante accidental en Islas Malvinas.

Esta especie se distribuye ampliamente por el resto de Chile y Argentina hacia la mayor parte de Sudamérica, Centroamérica y oeste de Estados Unidos.

Hábitos: En parejas, grupos familiares o en grupos dispersos. De hábitos diurnos. Durante el día se observa posado sobre postes o alambradas, muy cerca de las cuevas donde nidifica. Vuelo corto y ondulante. Muy vocal durante la noche y el período de cría, emitiendo una áspera serie de gritos agudos. Se alimenta predominantemente de insectos grandes y pequeños mamíferos y aves.

L. 25cm (10″)

Short-eared Owl
Asio flammeus

STRIGIDAE

C. Nuco
A. Lechuzón de Campo

Identification: Large and rounded head. Bill blackish. Iris lemon-yellow. Facial disc pale buffish. Supercilium and lores white. Black peri-ocular area. Small auricular tufts, not very prominent. Upperparts buffish with dark brown mottling and barring. Pale mottling on scapulars and wing-coverts. Underwing buffish with black carpal patch and brown barring on primaries and secondaries. Underparts buffish becoming paler towards belly, flanks and thighs. Bold dark brown streaking on neck and breast, somewhat finer towards the rest of belly. Tail short with buffish and black barring.

Habitat: Open lowlands with tall grasslands, swamps and inundated fields with abundant vegetation around the edges.

Range: *A. f. suinda* is a scarce to locally common resident in lowlands from southern Maule south to Los Lagos, in Chile and Neuquén, Río Negro and south-western Buenos Aires south to Santa Cruz, in Argentina including adjacent regions of eastern Aysén and central-eastern Magallanes, in Chile. Scarce summer resident to Isla Grande de Tierra del Fuego, occasionally reaching the Beagle Channel (Nueva Island). Accidental visitor to Staten Island. *A. f. sanfordi* is a locally common resident, widely distributed in the Falkland Islands.

This species widely ranges throughout the rest of America, Europe, northern Asia and Africa.

Habits: Alone or in pairs. Hunts mainly during twilight. During the day mainly seen perched on posts or fences. Less erect posture than other owls. Gliding, low flight interspersed with strong wing-beats. Nests on the ground. Silent. Feeds on small rodents and birds. Fairly confiding.

Identificación: Cabeza grande y redondeada. Pico negruzco. Iris amarillo limón. Disco facial café amarillento pálido. Ceja y lorums blancos. Región periocular negra. Pequeños penachos auriculares, poco notorios. Partes superiores café amarillento con moteado y barrado café oscuro. Moteado pálido en escapulares y coberteras alares. Superficie inferior alar café amarillento con marca carpal negra y barrado café en primarias y secundarias. Partes inferiores café amarillento que palidece hacia el abdomen, flancos y calzones. Estriado café oscuro grueso en cuello y pecho, siendo algo más fino hacia el resto del abdomen. Cola corta con barrado café amarillento y negro.

Hábitat: Terrenos abiertos y bajos con pastizales altos, pantanos y áreas inundadas con abundante vegetación en las orillas.

Rango: *A. f. suinda* es un residente escaso a localmente común en tierras bajas desde el sur del Maule hasta Los Lagos, en Chile y Neuquén, Río Negro y sur-oeste de Buenos Aires hasta Santa Cruz, en Argentina incluyendo regiones adyacentes del este de Aysén y centro-este de Magallanes, en Chile. Es un residente estival escaso en Isla Grande de Tierra del Fuego, llegando ocasionalmente hasta el Canal Beagle (Isla Nueva). Visitante accidental en Isla de los Estados. *A. f. sanfordi* es un residente localmente común y de amplia distribución en Islas Malvinas.

Esta especie es ampliamente distribuida por el resto de América, Europa, norte de Asia y Africa.

Hábitos: Solitario o en parejas. Caza de preferencia durante el crepúsculo. Durante el día se observa posado sobre postes y alambradas. Postura menos erguida que otros búhos. Vuelo planeado, bajo y de aleteos fuertes. Nidifica en el suelo. Silencioso. Se alimenta de pequeños roedores y aves. Algo confiado.

325

326

327

328

329

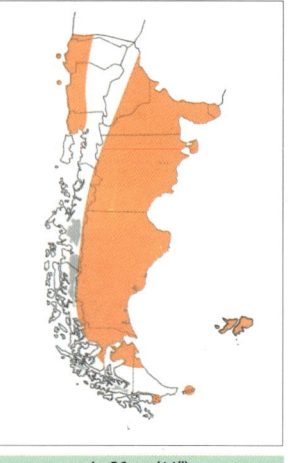

330

L. 36cm (14″)

Band-winged Nightjar

Caprimulgus longirostris CAPRIMULGIDAE

C. Gallina Ciega Común
A. Atajacaminos Ñañarca

C. l. patagonicus

Identification: Bill black. Conspicuous rictal bristles. **Male:** Head grey with black and brown mottling. Reddish-brown nuchal semi-collar. Upperparts and wing-coverts grey with black, brown and buffish mottling. Rounded wings with white or buffish (**female**) patch at the base of outer primaries. Throat whitish. Breast dark grey. Belly and undertail-coverts buffish finely barred and spotted with blackish-brown. Long tail with grey central rectrices streaked and vermiculated with blackish, outer rectrices with white terminal spot (**male**).

Habitat: Semi-open areas such as scrubby flatlands and hillsides, although also near human habitation. From seacoasts to pre-Andean valleys.

Range: *C. l. bifasciatus* is a scarce to locally common resident in lowland and pre-Andean habitats from southern Maule south to the Guaitecas Archipelago (Aysén), in Chile and western Neuquén, in Argentina. *C. l. patagonicus* is a summer resident from Río Negro and south-western Buenos Aires south to Santa Cruz, in Argentina, including adjacent territories of Ultima Esperanza, in central-eastern Magallanes. The most southerly populations migrate to northern Argentina during winter.

This species ranges north throughout the rest of Chile and Argentina through lowlands and mountains to Bolivia, Peru, Ecuador, Colombia and Venezuela.

Habits: Alone or in pairs. Habits strictly crepuscular and nocturnal. Flight erratic, catching flying insects with bill completely open. Often rests on the ground, at road sides. During the day, remains motionless hidden by the surrounding vegetation cover. Silent. Wary. When threatened takes off in a zigzagging and low flight, landing again after a short distance.

Identificación: Pico negro. Notorias cerdas rictales. **Macho:** Cabeza gris con moteado negro y café. Semicollar café rojizo en la nuca. Partes superiores y coberteras alares grises con moteado negro, café y café amarillento. Alas redondeadas con parche blanco y café amarillento (**hembra**) en la base de las primarias exteriores. Garganta blanquecina. Pecho gris oscuro. Abdomen y subcaudales café amarillento con finas barras y moteado café negruzco. Cola larga con rectrices centrales grises con jaspeado y vermiculado negruzco, las plumas más exteriores con mancha terminal blanca (**macho**).

Hábitat: Ambientes semi-abiertos como planicies arbustivas y laderas de cerros, también en las cercanías de asentamientos humanos. Desde la costa marina a la pre-cordillera.

Rango: *C. l. bifasciatus* es un residente escaso a localmente común en ambientes bajos y pre-cordilleranos desde el sur del Maule hasta el Archipiélago de las Guaitecas (Aysén), en Chile y oeste de Neuquén, en Argentina. *C. l. patagonicus* es un residente estival desde Río Negro y sur-oeste de Buenos Aires hasta Santa Cruz, en Argentina, incluyendo territorios adyacentes de Ultima Esperanza, en el centro-este de Magallanes. Las poblaciones australes migran hacia el norte de Argentina durante el invierno.

Esta especie se distribuye por el resto de Chile y Argentina por tierras bajas y cordillera hasta Bolivia, Perú, Ecuador, Colombia y Venezuela.

Hábitos: Solitaria o en parejas. De hábitos estrictamente crepusculares y nocturnos. Vuelo errático durante la noche, mientras captura insectos voladores con su pico abierto. Suele posarse en el suelo a orillas de caminos. Durante el día, permanece inmóvil descansando oculta por la vegetación circundante. Muy silenciosa. Desconfiada. Al sentirse amenazada emprende un vuelo zigzagueante y bajo, para aterrizar nuevamente a corta distancia.

332

333

♀

C. l. patagonicus

334

335

♂

C. l. bifasciatus

336

337

338

L. 25cm (9 3/4")

♀

C. l. bifasciatus

White-sided Hillstar
Oreotrochilus leucopleurus TROCHILIDAE

C. Picaflor Cordillerano
A. Picaflor Andino Común

339

♂

Identification: Bill slightly curved. **Male:** Upperparts greyish-brown. Throat metallic emerald-green, edged with black. Underparts white. Lower breast and belly with central and broad bluish-black stripe. Tail white with central pair and outer web of outermost rectrices black. **Female:** Generally dark greyish-brown, somewhat paler on the underparts. Throat with small bright metallic green spots. Tail black with greenish sheen and outer rectrices with white tip and base. **Juvenile** dark grey, with base of mandible yellow.

Habitat: Hillsides with scattered scrubs and cacti, being seen most often around streams and wet grasslands.

Range: Locally common summer resident in Andean habitats. Mainly between 1,200-2,000m/3,600-6000ft., reaching the snowline. At considerably lower height in the southern part of its range. In Chile, throughout the southern Andes from Linares (Maule) south to Bío-Bío. Also recorded in Aysén, although not in intermediate localities. In Argentina, found locally in mountainous areas from Neuquén south to Santa Cruz (Los Glaciares NP). Recent records from central-eastern Magallanes (Torres del Paine NP).
This species ranges north to Antofagasta in Chile and Jujuy and Salta, in Argentina. Also in the extreme south of Bolivia.

Habits: Often seen perched on branches of low bushes. Flies fast and often high. Also favours grassland and damp terrain, flying low searching for hidden flowers. Rather aggressive towards other hummingbirds. Nests in holes on rocky hillsides.

Identificación: Pico ligeramente curvado. **Macho:** Partes superiores café grisáceo. Garganta verde esmeralda metálico, demarcada de negro. Partes inferiores blancas. Porción baja del pecho y abdomen con ancha línea central negro azulada. Cola blanca con par central y membrana externa de las rectrices exteriores de color negro. **Hembra:** De coloración café grisáceo oscuro, algo más pálida en las partes inferiores. Garganta con pequeñas manchas verde brillante. Cola negra con brillo verdoso y con rectrices más externas blancas en la punta y base. **Juvenil** gris oscuro, con base de la mandíbula amarilla.

Hábitat: Laderas de cerros con arbustos y cactus dispersos, frecuentemente cerca de riachuelos y pastizales húmedos.

Rango: Residente estival localmente común en ambientes cordilleranos. Frecuentemente entre los 1.200-2.000m, alcanzando la línea de nieve. Considerablemente más bajo en el sur de su rango. En Chile, por los Andes australes desde Linares (Maule) hasta Bío-Bío. También registrada en Aysén aunque no en localidades intermedias. En Argentina, se encuentra localmente en los ambientes montañosos desde Neuquén hasta Santa Cruz (PN Los Glaciares). Recientes registros en centro-este de Magallanes (PN Torres del Paine). Esta especie se distribuye por el norte hasta Antofagasta en Chile y hasta Jujuy y Salta por Argentina. También en el extremo sur de Bolivia.

Hábitos: Frecuente de observar posado sobre ramas de arbustos. Vuela rápido y frecuentemente alto. También frecuenta pastizales y bofedales, volando bajo y en búsqueda de flores ocultas. Agresivo con otros picaflores. Nidifica en oquedades de laderas rocosas.

340

341

342 ♀

343

344

345 ♂

346 I

347

L. 14cm (5 1/2")

Green-backed Firecrown

Sephanoides sephaniodes   TROCHILIDAE

C. Picaflor Común
A. Picaflor Rubí

348

Identification: Compact body, large headed and short-tailed hummingbird. **Male:** Forehead and crown metallic red. White post-ocular spot. Upperparts metallic green with bronzy sheen. Underparts light buffish densely mottled with bronzy-green, especially on the flanks.

Habitat: Dense forest and forest edge, especially near trees and shrubs with colourful flowers like *Embothrium* and *Fuschsia*. Frequents cities, parks and gardens. From the seacoast to the snowline. During migration, often seen on Patagonian steppe areas.

Range: Uncommon to locally common summer resident in forested habitats along both slopes of the Andes from southern Maule, in Chile and western Neuquén, in Argentina to the southern part of Isla Grande de Tierra del Fuego and southern islands of the Beagle Channel. Accidental visitor to the Falkland Islands. During the winter, the southern populations migrate mostly towards the northern Chile north to Atacama. A few individuals occasionally reaching western Mendoza, Cordoba and Buenos Aires, in Argentina. Also in the Juan Fernandez Archipelago, in the South Pacific. From the sea level up to 2,000m/6,000ft.

Habits: Alone, in pairs or small groups. Very active, flying very fast and high. Stationary hovering flight while feeding. Highly territorial and noisy. High-pitched diagnostic call. Rather confiding.

Identificación: Compacto, de cabeza grande y cola corta. **Macho:** Frente y corona rojo iridiscente. Mancha post-ocular blanca. Partes superiores de color verde metálico con brillo bronceado. Partes inferiores café amarillento pálido con denso moteado verde bronceado, especialmente en los flancos.

Hábitat: Bosques y bordes de bosque, especialmente en las cercanías de árboles y arbustos de flores coloridas como *Embothrium* y *Fuschsia*. En ciudades, parques y jardines. Desde la costa a la línea de nieve. Durante la migración frecuenta ambientes de estepa patagónica.

Rango: Residente estival poco común a localmente común en ambientes forestados de ambas vertientes de los Andes desde el sur del Maule, en Chile y oeste de Neuquén, en Argentina hasta la porción sur de Isla Grande de Tierra del Fuego e islas australes del Canal Beagle. Visitante accidental en Islas Malvinas. Durante el invierno las poblaciones australes migran principalmente hacia el norte de Chile hasta Atacama. Unos pocos individuos alcanzan ocasionalmente hasta el oeste de Mendoza, Córdoba y Buenos Aires, en Argentina. También en el Archipiélago de Juan Fernández en el Pacífico Sur. Desde el nivel del mar a los 2.000m.

Hábitos: Solitario, en parejas o en pequeños grupos. Muy activo, de vuelo muy rápido y alto. Estacionario mientras se alimenta. Muy territorial y bullicioso. Agudo llamado diagnóstico. Bastante confiado.

349

350

352

♀

351

353

354

♂

L. 8cm (3 1/4")

Checkered Woodpecker
Picoides mixtus   PICIDAE   **A.** Carpintero Bataraz Chico

Identification: Bill black. Legs greyish. Forehead and crown blackish-brown with white streaking. The **male** has red nape. Ear-coverts dark brown. White lores and supercilium. Slight dark brown moustache. Chin and throat white. Nape, upperparts and wings blackish-brown with whitish barring. Breast white with buffish tinge. Dark streaking on breast and flanks. Undertail-coverts with slight dark barring.

Habitat: Low and dry forested and scrubby areas, plantations and near human settlements.

Range: *P. m. berlepschi* is a scarce to locally summer resident in lowlands of Neuquén, Río Negro and south-western Buenos Aires, more occasionally south to north-eastern Chubut.

This species ranges through central-eastern and northern Argentina north to south-eastern Bolivia, Paraguay and Brazil.

Habits: Alone or in pairs. Short, undulating flights from tree to tree. Not seen on the ground. Gives a characteristic and strident alarm call when threatened. Similar call to Striped Woodpecker. Drumming loud and fast. Rather confiding.

Identificación: Pico negro. Patas grisáceas. Frente y corona café negruzco con estriado blanco. El **macho** tiene nuca roja. Auriculares café oscuro. Lorums y superciliar blanca. Leve mostacho café oscuro. Barbilla y garganta blanca. Nuca, partes superiores y alas café negruzco con barrado blanquecino. Pecho blanco con tinte café amarillento. Estriado oscuro en pecho y flancos. Subcaudales con leve barrado oscuro.

Hábitat: Ambientes forestados y de matorral bajos, abiertos y secos, plantaciones y cerca de asentamientos humanos.

Rango: *P. m. berlepschi* es un residente estival escaso a localmente frecuente en tierras bajas de Neuquén, Río Negro y sur-oeste de Buenos Aires, más ocasionalmente hasta el nor-este de Chubut.

Esta especie se distribuye por el centro-este y norte de Argentina hasta el sureste de Bolivia, Paraguay y Brasil.

Hábitos: Solitario o en parejas. Vuelos ondulantes cortos de árbol en árbol. No baja al suelo. Emite un característico y estridente llamado de alerta ante la presencia de intrusos. Canto similar a *Picoides lignarius*. Tamborileo fuerte y rápido. Relativamente confiado.

L. 15cm (6")

Striped Woodpecker
Picoides lignarius
PICIDAE

C. Carpinterito
A. Carpintero Bataraz Grande

I

Identification: Bill and legs black. Forehead and crown black. Sides of head whitish with black post-ocular stripe. Upperparts including wings and tail densely barred with black and white. The **male** has a red spot on nape, lacking in the female and quite extensive in **immature plumage**, comprising almost the entire crown. Underparts whitish-yellow with black barring, finer than on the back.

Habitat: Open and dense forested areas, ecotone forests, urban parks, plantations and hillsides with scattered trees and bushes.

Range: Scarce to locally common resident from southern Maule south to Llanquihue and Chiloé (Los Lagos), in Chile. In Argentina from western Neuquén south to Santa Cruz and adjacent regions of Aysén and central-eastern Magallanes. From sea level up to 1,800m/5,400ft.

Northern range extends north to Coquimbo in Chile. A disjunct population in the the central valleys of Bolivia. One record to Salta in north-western Argentina.

Habits: Alone or in pairs. Searches for small insects and their larvae in tall to medium-sized trees. Short undulating flight from tree to tree. Not seen on the ground. Gives a diagnostic and very loud, strident, alarm call when threatened and a harsh and high-pitched call. Loud and fast drumming. Rather confiding.

Identificación: Pico y patas negras. Frente y corona negra. Lados de la cabeza blanquecinos con una banda post-ocular negra. Partes superiores, incluyendo alas y cola con denso barrado blanco y negro. El **macho** tiene una mancha roja en la nuca, que es inexistente en la **hembra** y que en los **inmaduros** es más extensa, cubriendo gran parte de la corona. Partes inferiores blanco amarillentas con barrado negro, algo más fino que en el dorso.

Hábitat: Sectores forestados abiertos y densos, bosques ecotonales, parques urbanos, plantaciones y laderas de cerros con árboles y arbustos dispersos.

Rango: Residente escaso a localmente común desde el sur del Maule hasta Llanquihue y Chiloé (Los Lagos), en Chile. Por Argentina desde el oeste de Neuquén hasta Santa Cruz y regiones adyacentes de Aysén y centro-este de Magallanes. Desde el nivel del mar hasta los 1.800m.

Su distribución septentrional alcanza en Chile hasta Coquimbo. Una población disjunta en los valles centrals de Bolivia. Un registro para Salta, en el nor-oeste de Argentina.

Hábitos: Solitario o en parejas. Busca pequeños insectos y larvas en árboles altos a medianos. Vuelos ondulantes cortos de árbol en árbol. No baja al suelo. Emite un característico y estridente llamado de alerta ante la presencia de intrusos y un áspero y agudo canto. Tamborileo fuerte y rápido. Relativamente confiado.

358 ♀

359 ♂

360 ♀

361

362

363

L. 18cm (7")

J

135

Chilean Flicker
Colaptes pitius

PICIDAE

C. Pitío Común
A. Carpintero Pitío

364

Identification: Bill black. Legs grey. Iris yellow, light blue in immatures. Generally dark greyish-brown densely barred with black on upperparts, underparts and wings. Forehead, crown and nape black. Sides of head and throat buffish. Back and belly with buffish tinge. Rump white. Black tail with longer central rectrices.

Habitat: In open forested areas, forest borders, patches of *Nothofagus antarctica* with cleared borders, hillsides with bushes and pre-Andean slopes.

Range: *C. p. pitius* is a common resident in forested habitats of Chile from southern Maule south to Llanquihue (Los Lagos), from sea level up to 1,000m/3,000ft. *C. p. cachinnans* is a locally common resident in Isla Grande de Chiloé and in Argentina from western Neuquén south to Santa Cruz, including adjacent regions of eastern Aysén and central-northern Magallanes.

Its northern range in Chile reaches Huasco Valley in Atacama.

Habits: In pairs or family groups. Typical undulating flight. Characteristic and loud onomatopoeic call. Searches for insects and insect larvae, in the bark of live trees or inside fallen and hollow logs. Also feeds on the ground, in grasslands or rocky soils. Confiding.

Identificación: Pico negro. Patas grises. Iris amarillo, celeste en los inmaduros. Coloración general café grisáceo oscuro con denso barrado negro en partes superiores, inferiores y alas. Frente, corona y nuca negra. Lados de la cara y garganta café amarillento. Lomo y abdomen con tinte café amarillento. Rabadilla blanca. Cola negra con rectrices centrales más largas.

Hábitat: En zonas forestadas abiertas, bordes de bosque, parches de *Nothofagus antarctica* con orillas despejadas, laderas de cerros con matorrales y faldeos pre-cordilleranos.

Rango: *C. p. pitius* es un residente común en ambientes forestados de Chile desde el sur del Maule hasta Llanquihue (Los Lagos), desde el nivel del mar hasta los 1.000m. *C. p. cachinnans* es un residente localmente común en la Isla Grande de Chiloé y en Argentina desde el oeste de Neuquén hasta Santa Cruz, incluyendo regiones adyacentes del este de Aysén y centro-norte de Magallanes.

Por Chile su distribución septentrional alcanza hasta el Valle del Huasco (Atacama).

Hábitos: En parejas o en grupos familiares. Típico vuelo ondulante. Característico y estridente canto onomatopéyico. Busca su alimento, consistente en insectos y larvas, entre la corteza de árboles vivos o el interior de troncos caídos y huecos. También se alimenta en el suelo, en pastizales o terrenos pedregosos. Confiado.

L. 33cm (13")

Magellanic Woodpecker
Campephilus magellanicus   PICIDAE

Identification: Largest South American woodpecker. **Male:** Completely black with bluish sheen. Bill and legs black. Iris yellow. White stripe on folded wings, formed by tertials and inner webs of primaries and secondaries. Scarlet head and neck. **Female:** Has curled crest and dull red around base of the bill.

Habitat: In areas of mature and tall *Nothofagus* forests, although while feeding can move to younger forests and forest borders.

Range: ENDEMIC to Patagonia. Scarce to locally common resident in forested habitats along both slopes of the Andes Range, from Linares (Maule), in Chile and western Neuquén, in Argentina to the central-southern part of Isla Grande de Tierra del Fuego and southern islands of the Beagle Channel (Navarino and Hoste Islands). Recorded on Staten Island. From sea level up to 2,000m/6,000ft in the northernmost part of its range. In Chile its range reaches Curicó in the north.

Habits: In pairs or small family groups of up to five individuals. Territorial. Loud single or double drum, reveals its presence and that can be heard at considerable distance. Gives a loud and diagnostic laughing-like call when returning to territory in order to attract attention of its mate. Short flights from tree to tree, with quite loud and heavy wing-beats. Feeds by pecking and excavating the trunks of trees in search of insect larvae. Also feeds on fallen logs. Curious although wary.

Identificación: El más grande de los carpinteros de América. **Macho:** Completamente negro con brillo azulado. Pico y patas negras. Iris amarillo. Franja blanca en las alas, formada por las terciarias y borde interno de primarias y secundarias. Cabeza y cuello rojo escarlata. **Hembra:** Penacho enroscado y de color rojo apagado alrededor de la base del pico.

Hábitat: En zonas de bosque maduro y alto de *Nothofagus*, aunque para alimentarse puede trasladarse en bosque más jóvenes como renovales y bordes de bosque.

Rango: ENDEMICO de Patagonia. Residente escaso a localmente común en ambientes forestados de ambas vertientes de la Cordillera de los Andes, desde Linares (Maule), en Chile y oeste de Neuquén, en Argentina hasta la mitad centro-sur de Isla Grande de Tierra del Fuego e islas australes del Canal Beagle (Islas Navarino y Hoste). Registrada en Isla de los Estados. Desde el nivel del mar hasta los 2.000m en la porción más septentrional de su rango.

En Chile su distribución alcanza por el norte hasta Curicó.

Hábitos: En parejas, tríos o en pequeños grupos familiares de hasta cinco individuos. Territorial. Fuertes golpes con su pico a los troncos que delatan su presencia y que pueden escucharse a considerable distancia, que consiste en un doble golpe, muy rápido. Emite un fuerte y característico grito similar a una carcajada al llegar a un lugar, para anunciarse o llamar la atención de la pareja. Vuelos cortos de un árbol a otro, bastante sonoros y de aleteos pesados. Se alimenta perforando los troncos en busca de larvas de insectos. También se alimenta en troncos caídos. Curioso aunque desconfiado.

♀

L. 45cm (18″)

139

Common Miner
Geositta cunicularia

FURNARIIDAE

C. Minero Común
A. Caminera Común

Identification: Prominent beige supercilium. Upperparts greyish-brown. Wings as upperparts, with conspicuous reddish band along the base of primaries and secondaries, quite conspicuous in flight. Underparts whitish with brown streaking on breast. Tail as upperparts with tip and edge reddish-brown. Broad black subterminal band.

Habitat: Steppes, shrubby areas and arid hillsides. Also near the coast. Often seen at the edges of dirt roads.

Range: Frequent summer resident throughout the region, excluding the Patagonian channels. *G. c. fissirostris* is found in Chile, from southern Maule south to Llanquihue (Los Lagos). *G. c. cunicularia* throughout northern Patagonia in Argentina, Magallanes and central-northern part of Isla Grande de Tierra del Fuego, in Chile. Accidental visitor to Staten Island. *G. c. hellmayri* in mountainous regions of Río Negro, Neuquén and Chubut and in Chile, in Lonquimay Valley (Araucanía).
Ranges throughout the rest of Chile and Argentina, Uruguay, southern Brazil, Paraguay and the Andes of Bolivia and Peru.

Habits: Alone, in pairs or small groups. Inconspicuous due to its strictly terrestrial habitats and cryptic colouration. A feature of miners when on the ground or perched is that the tail is moved in a wagtail-like fashion. Excavates burrows of up to a meter for nesting. Quite vocal during the breeding season.

Identificación: Notoria ceja beige. Partes superiores café grisáceo. Alas como el dorso, con notoria banda rojiza en la base de las primarias y secundarias, visible en vuelo. Partes inferiores blanquecinas con pecho estriado de café. Cola del color del dorso con punta y borde externo café rojizo. Ancha banda subterminal negra.

Hábitat: Zonas esteparias, de matorral y laderas áridas de cerros. También cerca de la costa. Suele observarse junto a los caminos de tierra.

Rango: Residente estival frecuente en toda la región a excepción de los canales patagónicos. *G. c. fissirostris* se encuentra en Chile, desde el sur del Maule hasta Llanquihue (Los Lagos). *G. c. cunicularia* por el norte patagónico argentino, Magallanes y la porción centro-norte de Isla Grande de Tierra del Fuego. Accidental en Isla de los Estados. *G. c. hellmayri* en las regiones cordilleranas de Río Negro, Neuquén y Chubut y cn Chile, en el valle del Lonquimay (Araucanía). Se distribuye por el resto de Chile y Argentina, Uruguay, sur de Brasil, Paraguay y en los Andes de Bolivia y Perú.

Hábitos: Solitario, en parejas o en pequeños grupos. Poco visible por sus hábitos estrictamente terrestres y coloración críptica. Una característica de los mineros cuando están posados, es mover su cola permanentemente hacia arriba y hacia abajo. Excava túneles de hasta un metro de longitud para nidificar. Bastante vocal durante el período reproductivo.

379 380 381

L. 15cm (6")

382

Short-billed Miner
Geositta antarctica

FURNARIIDAE

C. Minero Austral
A. Caminera Patagónica

Identification: Bill relatively short in comparison with other canasteros. Slight beige supercilium. Upperparts greyish-brown. Rump whitish. Wings as upperparts with very dull reddish bar. Underparts pale beige with fine and faint brown streaking on breast. Outermost tail feathers whitish. Rest of tail blackish-brown, appearing as a dark triangle at a distance.
Habitat: Steppes, open shrubby and sandy areas. Also on the coast and on the shores of lakes and lagoons. At the edges of dirt roads.
Range: ENDEMIC to southern Patagonia. Frequent summer resident that makes partial migrations during the winter through the west north to central Argentina. Ranges from southern Chubut and Santa Cruz, favouring the highland plateaus of western Patagonia and Magallanes, in Chile. Absent from most of the Patagonian channels, although present on some islands of eastern Magellan Straits. Part of the population is resident throughout the year in the central-northern part of Isla Grande de Tierra del Fuego.
Habits: Alone, in pairs or small groups. In noisy flocks of up to 50 individuals during the winter months. Inconspicuous due to its strictly terrestrial habits and cryptic colouration. As other miner species, has a very peculiar way of walking with synchronized movements of head and neck with its feet, similar to the movements of a dove.
Conservation: Species restricted to Endemic Bird Area 062 (Southern Patagonia).

Identificación: Pico corto en relación a sus congéneres. Muy leve ceja beige. Partes superiores café grisáceo. Rabadilla blanquecina. Alas como el dorso con una banda alar rojiza apenas esbozada. Partes inferiores beige pálido con estrías café en el pecho, muy poco visibles. Plumas exteriores de la cola blanquecinas. El resto es café negruzco observándose un triángulo oscuro en la cola.
Hábitat: Areas abiertas de estepa, matorral y en sectores arenosos. También en la costa y en playas de lagos y lagunas. Al borde de caminos de tierra.
Rango: ENDEMICO de Patagonia austral. Residente estival frecuente que realiza migraciones parciales durante el invierno por el oeste hasta el centro de Argentina. Presente en el sur de Chubut y Santa Cruz, de preferencia en las planicies del altura del occidente y en Chile, en Magallanes, excluyendo los canales patagónicos aunque presente en algunas islas del Estrecho de Magallanes. Parte de su población es residente durante todo el año en la porción centro-norte de Isla Grande de Tierra del Fuego.
Hábitos: Solitario, en parejas o en pequeños grupos. En ruidosas bandadas superiores a los 50 individuos durante el invierno. Ave poco notoria por sus hábitos estrictamente terrestres y coloración críptica. Como los otros mineros, tiene una manera muy peculiar de caminar pues sincroniza los movimientos de cabeza y cuello con los de las patas, similar al desplazamiento de la paloma.
Conservación: Especie restringido al Area de Endemismo para Aves 062 (Patagonia Sur).

L. 15cm (6")

Rufous-banded Miner
Geositta rufipennis

FURNARIIDAE

C. Minero Cordillerano
A. Caminera Colorada

400

Identification: Very slight beige supercilium. Upperparts buffish to greyish-brown. Wings reddish with black subterminal band parallel to the trailing edge. Throat whitish. Flanks cinnamon. Rest of underparts creamy-white. Tail strongly reddish with black subterminal band.
Habitat: Upland plateaus, steep hillsides and rocky areas with scattered vegetation. Seasonally down the coast.
Range: Scarce summer resident in mountain areas from Neuquén south to northern Santa Cruz, entering in similar adjacent habitats of Aysén, in Chile. Also in the Somuncura Plateau, Río Negro. Also present throughout the rest of the Andes of Chile and Argentina and western Bolivia.
Habits: Alone or in pairs. Essentially terrestrial in habits. Like other members of *Geositta* genus is rather confiding and when flushed takes off in an undulating and low flight. Noisy during the breeding season. Often seen flying or creeping between rocky outcrops.

Identificación: Muy leve ceja beige. Partes superiores café amarillento a café grisáceo. Alas rojizas con banda subterminal negra que corre paralela al borde posterior. Garganta blanquecina. Flancos acanelados. Resto de las partes inferiores blanco crema. Cola muy rojiza con banda subterminal negra.
Hábitat: Planicies de altura, laderas escarpadas de cerros y zonas pedregosas con vegetación dispersa. Estacionalmente en la costa.
Rango: Residente estival escaso en las zonas cordilleranas desde Neuquén hasta el norte de Santa Cruz, internándose en hábitats similares adyacentes de Aysén, en Chile. También en la meseta de Somuncurá, Río Negro. Presente también en el resto de los Andes de Chile y Argentina y del oeste de Bolivia.
Hábitos: Solitario o en parejas. Es absolutamente terrestre. Al igual que todos los miembros del género *Geositta* es bastante confiado y cuando levanta vuelo lo hace en forma ondulante y cerca del suelo. Bullicioso durante el período de cría. Acostumbra volar entre roqueríos.

L. 16cm (6 1/4")

Scale-throated Earthcreeper

Upucerthia dumetaria FURNARIIDAE

C. Bandurrilla Común
A. Bandurrita Común

U. d. saturatior

Identification: Easily identified by its long decurved bill. Long whitish supercilium. Upperparts greyish-brown. Whitish throat. Chest pale buff scaled with brown. Remainder of underparts whitish with pale brown streaking. Tail brown, tipped and edged with cinnamon. **Juvenile:** Similar to adult, although with shorter bill.
Habitat: Patagonian steppes, pre-Andean shrubs, arid rocky and sandy areas. Frequents human habitation in isolated locations. From highlands down to the seacoast.
Range: Common resident in the entire continental area, except the Patagonian channels region. *U. d. saturatior* ranges from southern Maule to Valdivia (Los Lagos) and western Neuquén, Río Negro and north-western Chubut, in Argentina. *U. d. hypoleuca* is a resident of northern Neuquén and Río Negro. *U. d. dumetaria* from central Argentina, including Aysén and Magallanes in Chile, down to central-northern part of Isla Grande de Tierra del Fuego.
Found in the remainder of Chile and Argentina, southern Peru and western Bolivia. During the southern winter reaches northwards to s Uruguay.
Habits: Alone or in pairs. Characteristic call is audible over long distances, being particularly vocal during the breeding season. Mostly terrestrial, although also seen perched atop bushes, rocky walls or wire fences. Nests in burrows or holes between boulders. Wary.

Identificación: Inconfundible por su largo pico curvo. Larga ceja blanquecina. Partes superiores café grisáceo. Garganta blanquecina. Pecho café amarillento pálido con escamado café. Resto de las partes inferiores blanquecinas con variegado café claro. Cola café con punta y borde canela. **Juvenil:** Similar al adulto, aunque de pico más corto.
Hábitat: Estepa patagónica, matorral pre-cordillerano, áreas pedregosas áridas y arenales. Frecuenta construcciones humanas en sectores aislados. Desde zonas de altura hasta la costa.
Rango: Residente común en toda la región continental, a excepción de los canales patagónicos. *U. d. saturatior* se encuentra desde el sur del Maule hasta Valdivia (Los Lagos) y oeste de Neuquén, Río Negro y nor-oeste de Chubut, en Argentina. *U. d. hypoleuca* es un residente del norte de Neuquén y Río Negro. *U. d. dumetaria* desde el centro de Argentina, incluyendo Aysén y Magallanes en Chile, hasta la porción centro-norte de Isla Grande de Tierra del Fuego.
Presente en el resto de Chile y Argentina, en el sur de Perú y oeste de Bolivia. Durante el invierno austral alcanza hasta el sur de Uruguay.
Hábitos: Solitario o en parejas. Característico canto que se escucha a la distancia, siendo bulliciosa durante el período reproductivo. Es absolutamente terrestre aunque puede verse posada sobre arbustos, paredones rocosos o alambradas. Nidifica en túneles y oquedades rocosas. Tímida.

409

410

U. d. saturatior

U. d. saturatior

411

412

413

414

415

L. 22cm (8 3/4")

Straight-billed Earthcreeper

Upucerthia ruficauda   FURNARIIDAE

Identification: Bill (almost entirely straight) and feet black. Narrow whitish supercilium. Pale brown above. Throat and chest creamy white. Remainder of underparts pale cinnamon with slight whitish streaking. Tail rufous with darker central rectrices.
Habitat: Bushy hillsides, open scrubby areas and scattered boulders.
Range: *U. r. ruficauda* is a local summer resident in mountain regions and high steppes of western Neuquén, Río Negro and southern Chubut, in Argentina.
Present northwards throughout the remainder of the Andes of Argentina and Chile, reaching western Bolivia and southern Peru.
Habits: Alone or in pairs. Hops and runs on the ground, perching briefly on rocks or hiding in bushy cover. Always seen with its tail cocked. Shy and very active.

Identificación: Pico casi recto y patas negras. Delgada banda superciliar blanquecina. Por encima café pálido. Garganta y pecho, blanco crema. Resto de las partes inferiores acanelado claro con leve estriado blanquecino. Cola rufa con rectrices centrales más oscuras.
Hábitat: Laderas de cerros, zonas arbustivas abiertas y bloques de rocas dispersos.
Rango: *U. r. ruficauda* es un residente estival local en regiones montañosas y de estepa de altura del oeste de Neuquén, Río Negro y sur de Chubut, en Argentina.
Presente hacia el norte, en el resto de los Andes de Argentina y Chile, alcanzando hasta el oeste de Bolivia y sur de Perú.
Hábitos: Solitario o en parejas. Salta y corre sobre el suelo, posándose sobre rocas u ocultándose entre los matorrales. Casi siempre se observa con su cola erecta. Tímido y muy activo.

L. 19cm (7 1/2")

Band-tailed Earthcreeper

Eremobius phoenicurus   FURNARIIDAE

C. Patagón

A. Bandurrita Patagónica

426

Identification: Long and straight bill. Large feet. Narrow, white supercilium. Dark rufous ear-coverts. Upperparts and wings greyish-brown. White throat. Remainder of underparts light greyish-brown, streaked with white. Most of tail black with basal half rufous, excepting the central rectrices, which are completely black.

Habitat: Bushy Patagonian steppes. Also near arid zones with scattered shrubs, reaching the seacoast.

Range: ENDEMIC of Patagonia. Regular and local resident in Neuquén, Río Negro, Chubut and Santa Cruz, in Argentina, reaching southwards to the Straits of Magellan, in north-eastern Magallanes, Chile. It ranges northwards as far as southern Mendoza, in Argentina.

Habits: Alone or in pairs. Mainly terrestrial, running rapidly with tail cocked high. Also perches on top of bushes. Wary, often remaining hidden in bushy cover.

Identificación: Pico largo y recto. Patas grandes. Ceja postocular blanca. Auriculares rufo oscuro. Partes superiores y alas café grisáceo. Garganta blanca. Resto de las partes inferiores café grisáceo pálido estriadas de blanco. Cola mayoritariamente negra con la mitad basal rufa, a excepción de las rectrices centrales que son completamente negras.

Hábitat: Estepas patagónicas arbustivas. También en zonas áridas con vegetación dispersa, llegando inclusive a la costa.

Rango: ENDEMICO de Patagonia. Residente frecuente y local de Neuquén, Río Negro, Chubut y Santa Cruz, en Argentina, llegando hasta el Estrecho de Magallanes en la porción nor-este de Magallanes, Chile. Se distribuye por el norte hasta el sur de Mendoza, en Argentina.

Hábitos: Solitario o en parejas. Terrestre. Corre en el suelo balanceando su cola levantada. Se sube también a los matorrales. Desconfiado, se oculta entre arbustos.

L. 18cm (7″)

Blackish Cinclodes
Cinclodes antarcticus   FURNARIIDAE

431

Identification: Bill black. Some individuals, especially juveniles, show a yellow area at the base of the lower mandible. Entirely blackish-brown. Supercilium, throat, and wing bar, all obvious features in most of the members of this genus, are very slightly paler.
Habitat: Seacoasts and coastal grasslands. Strongly associated with tussock grass (*Poa*) stocks and to seabird and marine mammal colonies.
Range: ENDEMIC RESIDENT to the Falkland Islands and south-western Patagonia. *C. a. antarcticus* is a regular resident on islands and coasts exposed to the ocean, in Magallanes. Also in the Wollaston Archipelago (Cape Horn) and Staten and Diego Ramírez Isls. Rare in the southern and south-eastern part of Isla Grande de Tierra del Fuego. *C. a. maculirostris* is a locally common resident of the more exposed islands of the Falkland Archipelago.
Habits: Alone, in pairs or small loose groups. Terrestrial. Feeds on insects and other tiny invertebrates. Usually searches for food among the faeces of marine mammals, penguins and other seabirds. Extremely tame, restless and curious. The most maritime of the passerines.

Identificación: Pico negro. Algunos individuos, especialmente los juveniles, presentan una mancha amarillenta en la base de la mandíbula. Enteramente café negruzco. La ceja, garganta y banda transversal alar, características presentes en todos los miembros de este género, están apenas insinuadas por una coloración levemente más pálida.
Hábitat: Litoral y pastizales costeros. Se encuentra altamente asociada a la presencia del pasto *Poa* y a colonias de aves y mamíferos marinos.
Rango: RESIDENTE ENDEMICO de Islas Malvinas y sur-oeste de Patagonia. *C. a. antarcticus* es un residente frecuente en las islas exteriores y costas más expuestas al océano de Magallanes. También en Archipiélago de las Wollaston (Cabo de Hornos) e Islas Diego Ramírez y de los Estados. Raro en la porción sur y extremo sur-oriental de Isla Grande de Tierra del Fuego. *C. a. maculirostris* es un residente localmente común en las islas más exteriores del archipiélago de las Malvinas.
Hábitos: Solitario, en parejas o pequeños grupos bastante dispersos. Totalmente terrestre. Se alimenta de insectos y otros pequeños invertebrados. También acostumbra buscar alimento entre las fecas de mamíferos marinos, pingüinos y otras aves. Extremadamente confiado, inquieto y curioso. El más marítimo de los Passeriformes.

432

433

434

I 435

436

437

438

L. 23cm (9")

Dark-bellied Cinclodes

Cinclodes patagonicus FURNARIIDAE

C. Churrete Común
A. Remolinera Araucana

439

Identification: Long and characteristic white supercilium. Upperparts blackish-brown. Wings as upperparts. Black primaries. Cinnamon wing bar seen just in flight. White throat. Remainder of underparts smoky grey streaked with white. Tail black with cinnamon outer rectrices often not visible.

Habitat: Frequents all kinds of freshwater and saline habitats including the seashore. Also in forested areas and near human settlements and buildings.

Range: Very common resident throughout the region, except the arid eastern steppes of Argentinian Patagonia. *C. p. chilensis* ranges from southern Maule, in Chile and Neuquén, Argentina southwards to Aysén and northern Santa Cruz, respectively. It ranges north to Valparaíso and Mendoza. *C. p. patagonicus* is found from Golfo de Penas (Aysén) and southern Santa Cruz south to the central-southern portion of Isla Grande de Tierra del Fuego, Staten Island and southern islands of the Beagle Channel, including the Wollaston Archipelago (Cape Horn).

Habits: Alone, in pairs or small loose groups. Very vocal, especially during the breeding season, giving a loud trill whilst raising its head and flapping its wings, from a prominent location. Terrestrial, although often seen perched on low branches of trees. Voracious feeder, taking mainly insects and other small invertebrates. Frequently seen with its tail cocked. Very active and quite confiding.

Identificación: Larga y característica ceja blanca. Partes superiores café negruzco. Alas como el dorso. Primarias negras. Banda transversal canela en el ala, visible sólo en vuelo. Garganta blanca. Resto de las partes inferiores café oscuro jaspeadas de blanco. Cola negra con plumas laterales con punta canela muy poco visible.

Hábitat: Frecuenta todo tipo de ambientes asociados a cuerpos de agua y a orillas del litoral marino. También frecuenta poblados, sectores forestados y construcciones humanas.

Rango: Residente muy común en toda la región, exceptuando las estepas orientales áridas de la Patagonia argentina. *C. p. chilensis* se distribuye desde el sur del Maule, en Chile y Neuquén, Argentina hasta Aysén y norte de Santa Cruz, respectivamente. *C. p. patagonicus* habita desde el Golfo de Penas (Aysén) y sur de Santa Cruz hasta la porción centro-sur de Isla Grande de Tierra del Fuego, Isla de los Estados e islas australes del Canal Beagle, incluyendo el Archipiélago de las Wollaston (Cabo de Hornos).

Hábitos: Solitario, en parejas o en pequeños grupos dispersos. Muy bullicioso durante el período reproductivo, emitiendo un trino mientras levanta su cabeza y agita las alas, desde algún punto aventajado. Terrestre, aunque suele posarse sobre ramas bajas de árboles. Muy voraz, consumiendo preferentemente insectos y otros invertebrados. Frecuentemente se le observa con su cola erguida. Activo y confiado.

C. p. chilensis

C. p. chilensis

C. p. chilensis

C. p. chilensis

L. 22cm (8 3/4")

Grey-flanked Cinclodes

Cinclodes oustaleti   FURNARIIDAE

C. Churrete Chico
A. Remolinera Chica

C. o. hornensis

Identification: Narrow and faint whitish supercilium, sometimes barely discernible. Upperparts dark greyish-brown. Cinnamon wing bar. White axillaries. White throat. Remainder of underparts dark grey, except centre of the belly, which is whitish.

Habitat: Shrubby areas and at timberline in highlands (in northern Patagonia). Also frequent in coastal areas, around stranded stocks of kelp, abandoned buildings and coastal towns.

Range: *C. o. oustaleti* is a locally common resident throughout the whole continental area, extending locally through both the eastern and western slopes of the Andes south to northern Magallanes and southern Santa Cruz. *C. o. hornensis* is a resident of the central-southern portion of Isla Grande de Tierra del Fuego, Patagonian and Fuegian channels, Staten Island and southern islands of the Beagle Channel, including the Wollaston Archipelago (Cape Horn).

Present along the remainder of the Andes of Chile and Argentina, with a small population on the Chilean archipelago of Juan Fernández, in the South Pacific.

Habits: Alone, in pairs or small groups. Extremely active and frequently seen with its tail cocked. Quiet, compared with other members of the genus. Almost entirely terrestrial. Tame.

Identificación: Pequeña y delgada ceja blanquecina, algunas veces poco aparente. Partes superiores café grisáceo oscuro. Banda alar transversal canela. Axilares blancas. Garganta blanca. Resto de las partes inferiores gris oscuro, a excepción del centro del abdomen que es blanquecino.

Hábitat: Ambientes de matorral y línea de árboles en zonas de altura (en el norte de Patagonia). Frecuente en la costa, cerca de algas marinas varadas. También en construcciones abandonadas y poblados costeros.

Rango: *C. o. oustaleti* es un residente localmente común en toda la región continental, extendiéndose localmente a través de las vertientes occidental y oriental de los Andes hasta el norte de Magallanes y sur de Santa Cruz. *C. o. hornensis* es un residente de la porción centro-sur de Isla Grande de Tierra del Fuego, canales patagónicos y fueguinos, Isla de los Estados e islas australes del Canal Beagle, incluyendo el Archipiélago de los Wollaston (Cabo de Hornos).

Presente en el resto de los Andes de Chile y Argentina. Una pequeña población en el archipiélago chileno de Juan Fernández, en el Pacífico Sur.

Hábitos: Solitario, en parejas o en pequeños grupos. Sumamente activo y frecuente de observar con su cola erguida. Silencioso, a diferencia de sus congéneres. Esencialmente terrestre. Ocasionalmente sobre parches de algas flotantes en el mar. Confiado.

C. o. hornensis

C. o. hornensis

C. o. hornensis

C. o. hornensis

L. 18cm (7")

C. o. hornensis

Bar-winged Cinclodes

Cinclodes fuscus   FURNARIIDAE

C. Churrete Acanelado
A. Remolinera Común

456

Identification: Buff to whitish supercillium. Greyish-brown above. Reddish-brown wing bar, visible in flight. Whitish throat with light brown streaking. Remainder of underparts greyish-brown, noticeably lighter than upperparts. Tail as back, with buff edge in outer rectrices.
Habitat: Rocky terrain, hillsides, grasslands, shrubbery and steppe areas. Mostly associated with water bodies. Distributed from the seacoast to highland areas.
Range: *C. f. fuscus* is a very common summer resident throughout the whole region. Also in Isla Grande de Tierra del Fuego, Staten Island and southern islands of the Beagle Channel, including Wollaston Archipelago (Cape Horn). Accidental visitor to the Falkland Islands. Also present throughout the remainder of Chile and Argentina and throughout the Andes of Venezuela, Colombia, Ecuador, Peru, and Bolivia. During the southern winter reaches Uruguay, and southern Paraguay and Brazil.
Habits: Alone, in pairs or small loose groups. Essentially terrestrial, although is also seen on top of poles, buildings or bushes. During the breeding season, also gives a loud call whilst raising its head and flapping its wings. Frequently seen running with its tail cocked. Rather wary.

Identificación: Banda superciliar café amarillento a blanquecina. Partes superiores café grisáceo. Banda alar transversal café rojiza, visible en vuelo. En reposo muestra un ribete amarillento en las secundarias. Garganta blanquecina con leve jaspeado café. Resto de las partes inferiores café grisáceo pálido. Cola como el dorso, con borde de las plumas exteriores café amarillento.
Hábitat: Terrenos pedregosos, laderas de cerros, pastizales y zonas de matorral y estepa. Más específicamente asociado a cuerpos y cursos de agua. Se distribuye desde la costa hasta sectores altos.
Rango: *C. f. fuscus* es un residente estival muy común en toda la región. También en Isla Grande de Tierra del Fuego, Isla de los Estados e islas australes del Canal Beagle, incluyendo el Archipiélago de las Wollaston (Cabo de Hornos). Visitante accidental en Islas Malvinas.
Presente en el resto de Chile y Argentina. También en los Andes de Venezuela, Colombia, Ecuador, Perú, y Bolivia. En el invierno austral alcanza hasta Uruguay y el sur de Paraguay y Brasil.
Hábitos: Solitario, en parejas o en pequeños grupos dispersos. Terrestre aunque se puede observar posado sobre postes, construcciones o matorrales. También emite un fuerte y prolongado trino mientras levanta su cabeza y agita sus alas, en la temporada reproductiva. Generalmente corre con su cola erguida. Algo desconfiado.

L. 17cm (6 3/4")

Rufous Hornero
Furnarius rufus FURNARIIDAE A. Hornero

Identification: Upperparts reddish brown. Dull cinnamon wing bar. Underparts entirely buff. Whitish throat. Rufous tail.

Habitat: Humid grassland areas and woodlands. Also around houses, roads and parks.

Range: *F. r. rufus* is a common resident in the north of eastern Patagonia: Neuquén, Río Negro and south-western Buenos Aires. This species recently arrived in north-eastern Chubut, being quite regular in the valley of Chubut River and in the surroundings of Puerto Madryn.

Widely distributed in the remainder of Argentina, Uruguay, southern Brazil, Paraguay and Bolivia.

Habits: Usually seen in pairs. Terrestrial. Quite tame. Builds a characteristic and voluminous oven-like nest, generally located atop of poles and trees. It is the national bird of Argentina.

Identificación: Partes superiores café rojizo. Banda alar canela poco notoria. Por debajo café amarillento. Garganta blanquecina. Cola rufa.

Hábitat: Areas con pastizales húmedos y zonas boscosas. También cerca de casas, caminos y parques.

Rango: *F. r. rufus* es un residente común en el norte de la Patagonia oriental: Neuquén, Río Negro y sur-oeste de Buenos Aires. De arribo reciente a la porción nor-este de Chubut, siendo frecuente al borde del valle del Río Chubut y en los alrededores de Puerto Madryn.

De amplia distribución en el resto de Argentina, Uruguay, s de Brasil, Paraguay y Bolivia.

Hábitos: Usualmente en parejas. Muy terrestre. Confiado. Construye un característico y voluminoso nido como un horno de barro, y que generalmente se ubica sobre postes y árboles. Es el ave nacional de Argentina.

L. 20cm (8")

Des Mur's Wiretail

Sylviorthorhynchus desmursii   FURNARIIDAE   **C. & A.** Colilarga

Identification: Thin and longish bill. Unmistakable small passerine, readily recognized by its extremely long tail, comprising two-thirds of the entire length of the bird. Forehead rufous. Whitish supercilium. Upperparts reddish-brown. Reddish wings. Underparts buffish-brown grading to whitish on the belly.
Habitat: Humid shrubby areas, forest borders and very dense undergrowth (*Chusquea*).
Range: ENDEMIC to Patagonia. Common to uncommon resident in forests of Chile, from southern Maule south to Piazzi and Rennell Islands, Magallanes and in Argentina from western Neuquén, being very scarce and local to the north-western part of Santa Cruz. Also ranges in the Patagonian archipelagos. It's distribution extends northwards in Chile, to Valparaíso.
Habits: Spends most of it's time within the vegetation, being very difficult to observe. Restless. Very vocal when it feels threatened. Very curious.

Identificación: Pico fino y alargado. Pequeño e inconfundible por su cola extremadamente larga, alcanzando dos tercios del largo del ave. Escudete frontal rufo y ceja blanquecina. Partes superiores de color café rojizo. Alas rojizas. Partes inferiores café amarillento llegando a blanquecino en el abdomen.
Hábitat: En zonas arbustivas húmedas, bordes de bosque y en sotobosque denso (*Chusquea*).
Rango: ENDEMICO de Patagonia. Residente poco común en áreas boscosas desde en Chile, desde el sur del Maule hasta Islas Piazzi y Rennell (Magallanes) y por Argentina desde el oeste de Neuquén, siendo muy escaso y local hasta la mitad nor-oeste de Santa Cruz. También en el archipiélago patagónico. Su rango alcanza por Chile, hasta Valparaíso.
Hábitos: Vive dentro de la vegetación lo que hace difícil su observación. Muy activo. Bullicioso cuando se siente amenazado, lo que delata su presencia. Muy curioso.

L. 24cm (9 1/2")

Thorn-tailed Rayadito

Aphrastura spinicauda   FURNARIIDAE   **C. & A.** Rayadito

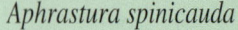

Identification: Crown and sides of head black. Broad buff supercilium with a cinnamon tinge. Upperparts brown. Lower back and rump rufous. Wings blackish with coverts and secondaries tipped with white. Two wing bars, rufous median covert bar and buff greater covert bar. Underparts white except undertail-coverts, which are buff. Long rufous tail with conspicuous black extensions of the shafts, appearing like thorns.

Habitat: Forests, undergrowth and dense shrubby areas. Prefers mature and old trees. Also in city parks. On Fuegian islands, into the cover of small bushes and tussock grasslands.

Range: Very common resident throughout the region, except the arid steppes of Argentine Patagonia. *A. s. spinicauda* ranges from southern Maule, in Chile and western Neuquén in Argentina south to Isla Grande de Tierra del Fuego, Patagonian and Fuegian archipelagos, Staten Island and southern islands of the Beagle Channel, including Wollaston Archipelago (Cape Horn) and Diego Ramírez I. *A. s. bullocki* only found on Mocha Island, off the coast of Bío-Bío, in Chile. *A. s. fulva* on the Isla Grande de Chiloé and Guaitecas and Chonos Archipelagos, in Aysén. An old doubtful record from the Falkland Islands.

It's range extends northwards in Chile to Fray Jorge National Park (Coquimbo).

Habits: Gregarious, generally seen in small groups. It associates with other small passerines forming mixed flocks especially with White-throated Treerunner. Restless and vocal. Quite tame and curious. Moves from tree to tree, inspecting the canopy for food. Usually seen with it's tail cocked.

Identificación: Corona y lados de la cabeza negros. Amplia ceja café amarillento con tinte canela. Partes superiores café. Lomo y rabadilla de coloración rufa. Alas negruzcas con coberteras y secundarias de punta blanca. Dos bandas transversales: una rufa y otra café amarillento. Partes inferiores blancas exceptuando las subcaudales que son café amarillento. Cola larga de rufa con notorias prolongaciones del raquis negro, con apariencia de "espinas".

Hábitat: Bosques, sotobosque y zonas arbustivas. Prefiere árboles maduros y viejos. También en parques. En islas fueguinas, entre matorrales bajos y pastizales.

Rango: Residente muy común en toda la región, exceptuando las estepas áridas de la Patagonia argentina. *A. s. spinicauda* se distribuye desde el el sur del Maule, en Chile y oeste de Neuquén por Argentina hasta el sur de Isla Grande de Tierra del Fuego, archipiélago patagónico-fueguino, Isla de los Estados e islas australes del Canal Beagle incluyendo el Archipiélago de las Wollaston (Cabo de Hornos) e I. Diego Ramírez. *A. s. bullocki* solamente en Isla Mocha, frente a las costas de Bío-Bío, en Chile. *A. s. fulva* en la Isla Grande de Chiloé (Los Lagos) y en los archipiélagos de las Guaitecas y los Chonos (Aysén). Hipotético en Islas Malvinas.

Su distribución alcanza en Chile hasta el PN Fray Jorge (Coquimbo).

Hábitos: Gregario, generalmente en pequeños grupos. Se asocia a otras especies de avecillas formando grupos mixtos con *Pygarrhichas albogularis*. Muy inquieto y bullicioso. Se desplaza de árbol en árbol, inspeccionando el follaje. Usualmente con la cola erecta. Bastante confiado y muy curioso.

L. 14 cm (6")

Identification: Crown and nape blackish finely streaked with buffish to whitish. Forehead and supercilium whitish. Upperparts light greyish-brown. Wings greyish-brown with reddish-brown outer borders. Throat and upper neck pure white. Rest of underparts pale buffish. Long blackish-brown tail. Bill short.

Habitat: Pre-Andean shrubby areas and bushy steppes.

Rango: *L. a. aegithaloides* is a resident ranging from southern Maule south to Aysén. *L. a. pallida* is a summer resident of scrubby steppes from Neuquén, Río Negro and south-western Buenos Aires south to Santa Cruz, in Argentina, including adjacent regions of Araucanía (Lonquimay Valley), Aysén and Magallanes, in Chile. Also in the central-northern part of Isla Grande de Tierra del Fuego. During the southern winter migrates northwards reaching central Argentina.

Present throughout the rest of Chile and Argentina, southern Peru and western Bolivia.

Habits: Alone or in pairs. Occasionally in small groups. Very active and restless. Spends most of its time in the cover of bushes, but often seen perched on top of bushes and also on the ground. Undulating flight. Confiding and curious.

Identificación: Corona y nuca negruzca con finas estrías de color café amarillento a blanquecino. Frente y ceja blanquecina. Partes superiores café grisáceo claro. Alas café grisáceo con bordes externos café rojizo. Garganta y parte superior del pecho blanco. Resto de las partes inferiores café amarillento pálido. Cola larga de color café negruzco. Pico corto.

Hábitat: Areas de matorral pre-cordillerano y estepas arbustivas.

Rango: *L. a. aegithaloides* es un residente que se distribuye desde el sur del Maule hasta Aysén. *L. a. pallida* es un residente estival que habita estepas arbustivas desde Neuquén, Río Negro y sur-oeste de Buenos Aires hasta Santa Cruz, en Argentina, incluyendo regiones cordilleranas aledañas de Araucanía (Valle del Lonquimay), Aysén y Magallanes, en Chile. También en la porción centro-norte de Isla Grande de Tierra del Fuego. Durante el invierno austral migra hacia el norte alcanzando hasta el centro de Argentina.

Presente en el resto de Chile y Argentina, sur de Perú y oeste de Bolivia.

Hábitos: Solitario o en parejas. Ocasionalmente en pequeños grupos. Es un ave muy activa e inquieta. Vive al interior de los arbustos. Frecuentemente posado sobre matorrales y también en el suelo. Vuelo ondulante. Confiado y curioso.

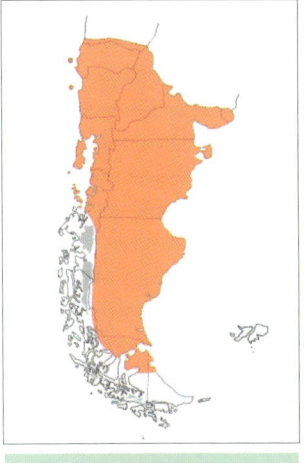

L. 16cm (6 1/4")

Tufted Tit-Spinetail

Leptasthenura platensis　　　　FURNARIIDAE　　　　**A.** Coludito Copetón

Identification: Prominent crest finely streaked darker on crown. Whitish throat streaked with grey. Upperparts greyish-brown. Wings greyish-brown with cinnamon bar. Underparts ochre-greyish. Longish tail brown with cinnamon edges.
Habitat: Shrubby and forested areas of monte desert and espinal.
Range: Local and uncommon summer resident in Río Negro, south-western Buenos Aires and extreme north-east of Chubut. A vagrant record from Paso Ibáñez (Santa Cruz). Ranges northwards through the rest of the chaco zone of Argentina, north to Paraguay, Uruguay and southern Brazil.
Habits: Alone or in pairs. Very occasionally in small groups. Restless and very active. Seen on exposed branches of trees or in bushy cover. Actively searching for food on outer branches of dense bushes.

Identificación: Prominente cresta finamente estriada en la corona. Garganta blanquecina completamente estriada de gris. Partes superiores café grisáceo. Alas café grisáceo con banda canela. Partes inferiores gris ocráceas. Cola larga café con borde exterior canela.
Hábitat: Areas de matorral y arboladas de la estepa de monte y espinal.
Rango: Residente estival, local y poco común en Río Negro, sur-oeste de Buenos Aires y extremo nor-este de Chubut. Un registro de un errante en Paso Ibáñez (Santa Cruz). Se distribuye hacia el norte por el resto de la zona chaqueña de Argentina, hasta Paraguay, Uruguay y sur de Brasil.
Hábitos: Solitario o en parejas. Muy ocasionalmente en pequeños grupos. Inquieto y activo. En las ramas más expuestas de los árboles o entre matorrales. Recorre activamente en busca de alimento en las ramas externas de arbustos densos.

L. 17cm (6 3/4")

Wren-like Rushbird

Phleocryptes melanops   FURNARIIDAE

C. Trabajador
A. Junquero

488

Identification: Long and pointed bill. Blackish crown. Broad creamy supercilium. Upperparts densely streaked with black, brown, grey and white. Wing-coverts ashy-grey streaked with white. Rest of wing blackish with prominent reddish-chestnut wingbar. Underparts whitish with cinnamon tinge. Short blackish tail with central rectrices dull reddish-brown.

Habitat: Shallow lagoons and ponds fringed with abundant reed cover.

Range: *P. m. melanops* is a scarce summer resident to suitable habitats throughout the whole region south to north-eastern Magallanes, in the south. Accidental visitor to Isla Grande de Tierra del Fuego.

Present throughout the rest of Chile and Argentina. Also in Peru, western Bolivia, Paraguay, Uruguay and southern Brazil.

Habits: Alone or in pairs. Restless, being difficult to observe due to its secretive habits and habitat. Usually detected by its characteristic and endless hammer-like calls, emanating from dense reed cover. Builds a vault-like nest, hidden in the reeds. Confiding.

Identificación: Pico largo y aguzado. Corona negruzca. Ancha ceja crema. Partes superiores con intenso estriado de negro, café, gris y blanco. Coberteras gris ceniza jaspeadas de blanco. Resto del ala negruzca con notoria banda castaño rojizo. Partes inferiores blanquecinas con tinte canela. Cola corta de color negruzco con rectrices centrales café rojizo apagado.

Hábitat: Lagunas de poca profundidad con abundante vegetación acuática en sus orillas, especialmente con cubierta densa de juncos.

Rango: *P. m. melanops* es un residente estival escaso en los ambientes apropiados de toda la región hasta el nor-este de Magallanes, por el sur. Accidental en Isla Grande de Tierra del Fuego.

Presente en el resto de Chile y Argentina. También en Perú, oeste de Bolivia, Paraguay, Uruguay y sur de Brasil.

Hábitos: Solitario o en parejas. Muy inquieto, siendo muy difícil su observación por su tipo de hábitat. Es posible detectar su presencia por su característica e interminable serie de sonidos semejantes a martilleos, provenientes de la vegetación. Construye un nido en forma de bóveda, oculto entre los juncos. Confiado.

L. 14cm (5 1/2")

Sharp-billed Canastero

Asthenes pyrrholeuca　　　　FURNARIIDAE

C. Canastero de Cola Larga
A. Canastero Coludo

495

Identification: Bill thin and sharp. Narrow buffish supercilium. Small orange patch on chin, not always visible. Upperparts pale greyish-brown. Rest of underparts pale grey. In spite of being smaller and with a comparatively longer tail, the only way to separate it from Cordilleran Canastero is to see its open tail: the three outer rectrices are completely rufous and the central pair blackish brown.

Habitat: Shrubby coastal areas and Patagonian steppes. Also on rocky and semi-arid hillsides. Of all canasteros, this species that most frequently inhabits humid habitats.

Range: *A. p. pyrrholeuca* is a summer resident which ranges from eastern Río Negro south to Santa Cruz, including north-western and eastern Magallanes. *A. p. sordida* ranges from southern Maule south to Aysén and in Argentina, in mountain regions of western Neuquén and Río Negro.

During the southern winter reaches southern Bolivia, Paraguay and Uruguay.

Habits: Solitary or in pairs. Spends much time inside the cover of bushes, usually only being seen when perched on outer branches. Flight low, from bush to bush pumping its tail. Erects its tail. Rather confiding.

Identificación: Pico fino y aguzado. Delgada ceja café amarillento. Pequeño parche anaranjado en la barbilla, no siempre visible. Partes superiores café grisáceo pálido. Resto de las partes inferiores gris pálido. A pesar de ser el canastero más pequeño y el de cola comparativamente más larga, la única forma de diferenciarlo de *A. modesta* es observar con mucha atención su cola abierta, donde muestra las tres rectrices laterales completamente rufas y el par central café negruzco.

Hábitat: Zonas arbustivas costeras y estepas patagónicas. También en laderas rocosas semiáridas de cerros. De los canasteros es la especie que más frecuenta ambientes húmedos.

Rango: *A. p. pyrrholeuca* es un residente estival desde el este de Río Negro hasta Santa Cruz, incluyendo el nor-oeste y este de Magallanes. *A. p. sordida* habita desde el sur del Maule hasta Aysén y por Argentina, en regiones montañosas del oeste de Neuquén y Río Negro.

Durante el invierno austral alcanza hasta el sur de Bolivia, Paraguay y Uruguay.

Hábitos: Solitario o en parejas. Vive entre el follaje de los matorrales, siempre observado sobre ramas. Vuela bajo, de arbusto en arbusto con su cola ondulante. Eleva la cola. Bastante confiado.

L. 17cm (6 3/4")

Patagonian Canastero
Asthenes patagonica   FURNARIIDAE   **A.** Canastero Patagónico

Identification: Bill shorter than in other canasteros. Faint whitish supercilium. Throat white finely spotted with black. Upperparts greyish-brown. Underparts grey. Pale cinnamon on lower belly, flanks and undertail-coverts. Tail black with outer web of outermost rectrix, chestnut.

Habitat: Shrubby areas and Patagonian steppes.

Range: ENDEMIC to Argentina. Locally common resident in the northern extreme of eastern Patagonia, from Neuquén, Río Negro and southern Buenos Aires south to Chubut and extreme north-east of Santa Cruz (Bosque Petrificado NM).

Range extends northwards to reaches to Mendoza, San Juan and La Pampa.

Habits: Alone or in pairs. Frequently seen running on the ground with its tail cocked o flying between bushes, to hide again inside the cover. Confiding, although difficult to see.

Identificación: Pico más corto que otros canasteros. Ceja blanquecina poco evidente. Garganta blanca finamente moteada de negro. Partes superiores café grisáceo. Partes inferiores grises. Canela pálido en parte baja del abdomen, flancos y subcaudales. Cola negra con la membrana externa de la rectriz más lateral, castaña.

Hábitat: Zonas arbustivas y estepas patagónicas.

Rango: ENDEMICO de Argentina. Residente localmente común en el norte de la Patagonia oriental desde Neuquén, Río Negro, extremo sur de Buenos Aires hasta Chubut y extremo nor-este de Santa Cruz (MN Bosque Petrificado). Por el norte alcanza hasta Mendoza, San Juan y La Pampa.

Hábitos: Solitario o en parejas. Suele correr en el suelo con su cola erecta o volando entre los matorrales, para ocultarse entre el follaje. Confiado, aunque difícil de observar.

L. 16cm (6 1/4")

Cordilleran Canastero
Asthenes modesta   FURNARIIDAE

C. Canastero Chico
A. Canastero Pálido

504

Identification: Whitish supercilium. Small orange patch on chin, not always evident. Upperparts dark greyish-brown. Wings as upperparts with prominent reddish patch at base of secondaries. Underparts whitish. Tail dark brown with rufous outer border.

Habitat: Arid steppes, shrubby areas and rocky hillsides with scattered vegetation. From highlands down to the coast.

Range: *A. m. navasi* is a summer resident which ranges in Andean and pre-Andean areas from Neuquén, Río Negro and south-western Buenos Aires south to Santa Cruz, in Argentina, including adjacent regions of eastern Aysén and central-eastern Magallanes, in Chile.

Present throughout the rest of Andes of Chile and Argentina. Also in the Andes of central-southern Peru and western Bolivia.

Habits: Alone, in pairs or small loose groups. Essentially terrestrial, where seen actively jumping whilst searching for food, with its tail usually cocked at an acute angle. Perches on rocks. Rather confiding.

Identificación: Ceja blanquecina. Pequeña mancha anaranjada en la barbilla, no siempre presente. Partes superiores café grisáceo oscuro. Alas como el dorso aunque con notoria banda transversal rojiza. Partes inferiores blanquecinas. Cola café oscura con todas las plumas con borde externo rufo.

Hábitat: Estepas áridas, zonas arbustivas y laderas pedregosas de cerros con vegetación dispersa. Desde zonas de altura llegando hasta la costa.

Rango: *A. m. navasi* es un residente estival en áreas cordilleranas y pre-cordilleranas desde Neuquén, Río Negro y sur-oeste de Buenos Aires hasta Santa Cruz, en Argentina, incluyendo regiones adyacentes del este de Aysén y centro-este de Magallanes, en Chile.

Presente en el resto de los Andes de Chile y Argentina. También en los Andes del centro-sur de Perú y oeste de Bolivia.

Hábitos: Solitario, en parejas o en pequeños grupos dispersos. Esencialmente terrestre, donde se le observa saltando muy activo en busca de alimento y con la cola por lo general erecta en ángulo agudo. Se posa sobre rocas. Bastante confiado.

L. 17cm (6 3/4")

Austral Canastero

Asthenes anthoides

FURNARIIDAE

C. Canastero Austral

A. Espartillero Austral

Identification: Narrow whitish supercilium. Faint orange spot on chin. Upperparts greyish-brown densely streaked with black. Reddish shoulders. Cinnamon-red wing-bar. Foreneck finely streaked with black. Rest of underparts yellowish-grey. Tail dark with buffish edges, and very pointed feathers.
Habitat: Steppe areas with dense shrubs. Also in dwarf forests and hillsides with scattered bushes.
Range: ENDEMIC to southern Patagonia. Uncommon and local resident in pre-Andean areas and scrubby steppe of the mainland, but commoner on the eastern slope of the Southern Andes. Ranges from Bío-Bío in Chile and locally from central-western Neuquén, in Argentina south to the central-northern part of Isla Grande de Tierra del Fuego. Accidental visitor to Staten Island and hypothetical to the Falkland Islands.
Habits: Alone, in pairs, or small scattered groups. Spends much of its time inside vegetation and is thus difficult to observe. Sometimes perches on top of bushes, from where it gives its song before hiding again. Very active and wary.

Identificación: Delgada ceja blanquecina. Leve mancha anaranjada en el mentón. Partes superiores café grisáceo con denso estriado negro. Hombro rojizo. Banda transversal alar canela rojizo. Parte inferior de la garganta con fino estriado negro. Resto de las partes inferiores gris amarillento. Cola oscura con bordes café amarillento, con plumas muy puntiagudas.
Hábitat: Areas de estepa con matorral denso. También en zonas de bosque achaparrado y laderas de cerros con matorral disperso.
Rango: ENDEMICO de Patagonia austral. Residente no muy común y local de ambientes pre-cordilleranos y de estepa arbustiva de toda la región, aunque más frecuente en la vertiente oriental de los Andes. Se distribuye desde Bío-Bío en Chile y localmente desde el centro-oeste de Neuquén, en Argentina hasta la porción centro-norte de Isla Grande de Tierra del Fuego. Accidental en Isla de los Estados e hipotético en Islas Malvinas.
Hábitos: Solitario, en parejas o en pequeños grupos dispersos. Vive entre el follaje lo que dificulta su observación. Se posa en la parte alta de matorrales, desde donde emite su trino para luego ocultarse. Muy activo y desconfiado.

L. 17cm (6 3/4")

Identification: Rufous forehead. Whitish supercilium. Upperparts sandy-brown. Back with prominently spotted with blackish. Wings brown with flight-feathers washed cinnamon. Throat white bordered by a line of black spots. Rest of underparts pale buffish. Tail longish and graduated, with outer rectrices edged conspicuously with white.
Habitat: Grasslands with scattered bushes and trees. Also in open agricultural areas.
Range: Uncommon summer resident in Río Negro and south-western Buenos Aires, more occasionally south to north-eastern Chubut. Commoner throughout the rest of Argentina, Uruguay, Paraguay and southern Brasil.
Habitos: Generally in pairs. Inconspicuous. Diagnostic call. Feeds on the ground or inside the vegetation. During the breeding season builds a large nest made of thorny branches, often over fence poles, tall trees or thorny bushes.

Identificación: Frente rufa. Superciliar blanquecina. Por encima café arena. Espalda con notorio manchado negruzco. Alas café con rémiges con lavado canela. Garganta blanca bordeada por una línea de puntos negros. Resto de las partes inferiores café amarillento pálido. Cola larga y graduada de color café, con rectrices exteriores con notorio borde blanco.
Hábitat: Pastizales con árboles y matorrales dispersos. También en ambientes abiertos para agricultura.
Rango: Residente estival poco común en Río Negro y suroeste de Buenos Aires, más ocasional por el sur hasta el noreste de Chubut.
Más común y frecuente en el resto de Argentina, Uruguay, Paraguay y sur de Brasil.
Hábitos: Generalmente en parejas. Poco notorio. Canto característico. Se alimenta en el suelo o entre la vegetación. Durante la temporada reproductiva construye un voluminoso nido hecho de ramitas espinosas, que coloca generalmente sobre postes, árboles altos o arbustos espinosos.

L. 20cm (7 3/4")

White-throated Cacholote

Pseudoseisura gutturalis   FURNARIIDAE   **A.** Cacholote Pardo

525

526

Identification: Robust bill, rather longish. Short crest, not usually raised. Lores and narrow partial eye-ring ring whitish. Upperparts greyish-brown. Small white throat patch faintly bordered below with black. Rest of underparts grey with ochre tinge. Wings and tail brown.
Habitat: Shrubby and arid steppes.
Range: ENDEMIC to Argentina. *P. g. gutturalis* is a resident present in Neuquén, Río Negro, south-western Buenos Aires, Chubut and northern half Santa Cruz. Ranges north-westwards to Salta.
Habits: Essentially terrestrial, although frequently seen actively perched on bushes. Flight slow and undulating. Noisy, sings out very loud in pairs. Wary.

Identificación: Pico robusto, algo largo. Cresta corta, usualmente no levantada. Lorum y delgado anillo periocular blanquecino. Partes superiores café grisáceo. Garganta blanca con tenue margen negro. Resto de las partes inferiores grises con tinte ocre. Alas y cola café.
Hábitat: Estepas arbustivas y zonas áridas.
Rango: ENDEMICO de Argentina. *P. g. gutturalis* es un residente presente en Neuquén, Río Negro, sur-oeste de Buenos Aires, Chubut y mitad norte de Santa Cruz. Se distribuye por el nor-oeste hasta Salta.
Hábitos: Esencialmente terrestre aunque se puede observar posado inquietamente sobre matorrales. Vuelo lento y undulante. Bullicioso, canta a dúo extremadamente fuerte. Desconfiado.

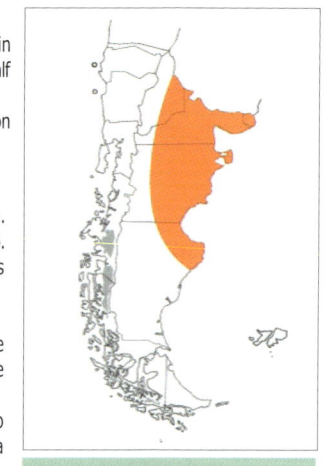

L. 24cm (9 1/2")

White-throated Treerunner

Pygarrhichas albogularis FURNARIIDAE

C. Comesebo Grande
A. Picolezna Patagónico

527

Identification: Bill long and dark, with slightly upcurved, horn-coloured lower mandible. Upperparts dark brown. Back, uppertail-coverts and tail reddish-brown, the latter having extended "thorn-like" shafts. Wings as back with scapulars, coverts and secondaries edged with reddish-brown. Underwing-coverts white. Throat and breast completely white. Belly and undertail-coverts white with feathers fringed dark-brown. Flanks reddish.
Habitat: Forests, favouring old and mature trees.
Range: ENDEMIC to Patagonia. Common resident throughout the region along both slopes of the Andes, from southern Maule, in Chile and western Neuquén, in Argentina south to the central-southern part of Isla Grande de Tierra del Fuego, Patagonian and Fuegian archipelagos and southern islands of the Beagle Channel, including the Wollaston Archipelago (Cape Horn).
In Chile ranges northwards to PN La Campana (Valparaíso).
Habits: Alone, in pairs or small groups of up to 6 individuals. Often forming mixed groups with Thorn-tailed Rayadito. Actively feeds on tree trunks and branches, removing pieces of bark and perching vertically in a woodpecker-fashion. Mostly seen ascending in trees. Drumming similar to Striped Woodpecker. Rather confiding.

Identificación: Pico largo y oscuro con mandíbula color marfil, ésta ligeramente curvada hacia arriba. Partes superiores café oscuro. Lomo, rabadilla y cola café rojizo, esta última presentando prolongaciones de los raquis a manera de espinas. Alas como el dorso con escapulares, coberteras y secundarias con borde café rojizo. Coberteras subalares blancas. Garganta y pecho completamente blancos. Abdomen y subcaudales con plumas blancas de bordes café oscuro. Flancos rojizos.
Hábitat:. Bosques, mostrando preferencia por los árboles maduros y viejos.
Rango: ENDEMICO de Patagonia. Residente común en toda la región en ambientes apropiados de ambas vertientes de la Cordillera de los Andes desde el sur del Maule, en Chile y oeste de Neuquén, en Argentina hasta la porción centro-sur de Isla Grande de Tierra del Fuego, archipiélago patagónico-fueguino e islas australes del Canal Beagle, incluyendo el Archipiélago de las Wollaston (Cabo de Hornos).
En Chile su rango por el norte alcanza hasta el PN La Campana (Valparaíso).
Hábitos: Solitario, en parejas o e pequeños grupos de no más de 6 individuos. Suele formar grupos mixtos con el Rayadito. Se alimenta activamente en troncos y ramas, removiendo pedazos de corteza y trepado verticalmente con sus patas y cola. Generalmente se observa ascendiendo por los árboles. Sus golpeteos en los troncos son similares a los de *Picoides lignarius*. Bastante confiado.

L. 16cm (6 1/4")

Black-throated Huet-huet

Pteroptochos tarnii   RHINOCRYPTIDAE

C. Hued-hued del Sur
A. Huet-huet Común

534

Identification: Large. Bill dark grey. Black legs and long toes. Forehead and crown reddish-chestnut. Conspicuous whitish eye-ring. Sides of head, throat, neck and back slaty-black. Rump reddish-chestnut. Wings blackish with secondaries and coverts edged with reddish-brown. Breast and rest of underparts reddish-chestnut. Faint and variable blackish barring and pale reddish-brown on belly. Tail blackish.
Habitat: Humid forests, forest borders and dense scrubby undergrowth. From pre-Andean habitats to sea level.
Range: ENDEMIC to Patagonia. Uncommon to locally common resident in *Nothofagus* forests of the continental region and Patagonian fjords. In Chile from the southern side of Bío-Bío River south to Eyre Sound, in south-western Patagonia. Recent record south of Punta Arenas (Magallanes). Present in Argentina throughout the eastern slope of the Andes, from western Neuquén and Río Negro south to north-western Santa Cruz.
Habits: Alone, in pairs or small loose family groups. Hides in thick vegetation and is thus very difficult to see, although its loud, onomatopoeic call reveals its presence. Terrestrial, although creeps along branches of trees, always with its tail cocked. Scratches on the ground with its strong feet when searching for food. Very territorial and skulking.
Conservation: Species restricted to Endemic Bird Area 061 (Temperate Forests of Chile).

Identificación: Grande. Pico gris oscuro. Patas y largos dedos negros. Frente y corona castaño rojiza. Notorio anillo periocular blanquecino. Lados de la cabeza, garganta, cuello y espalda negro apizarrado. Rabadilla castaño rojiza. Alas negruzcas con secundarias y coberteras de borde café rojizo. Pecho y resto de las partes inferiores castaño rojizo. Leve y variable barrado negruzco y café rojizo pálido en el abdomen. Cola negruzca.
Hábitat: Bosques húmedos, bordes de bosque y sotobosque arbustivo denso. Desde la pre-cordillera hasta el nivel del mar.
Rango: ENDEMICO de Patagonia. Residente no muy frecuente a localmente común en bosques de *Nothofagus* de la región continental y del archipiélago patagónico. En Chile desde el sur del Río Bío-Bío hasta el Seno Eyre, en la Patagonia sur-occidental. Registro reciente al sur de Punta Arenas (Magallanes). En Argentina se encuentra solamente en la vertiente oriental de los Andes, desde el oeste de Neuquén y Río Negro hasta el sur-oeste de Santa Cruz.
Hábitos: Solitario, en parejas o en pequeños grupos familiares. Oculto, muy difícil de observar aunque su fuerte y onomatopéyico canto delata su presencia. Terrestre aunque se desplaza trepando entre el denso follaje, siempre con su cola erecta. Escarba en el suelo con sus fuertes patas en busca de alimento. Muy territorial y curioso.
Conservación: Especie restringida al Area de Endemismo para Aves 061 (Bosques templados de Chile).

L 25cm (9 3/4")

Chucao Tapaculo

Scelorchilus rubecula   RHINOCRYPTIDAE   **C. & A.** Chucao

Identification: Medium-sized. Rufous lores and small post-ocular stripe. Forehead and cheeks grey. Upperparts dark brown. Throat and breast rufous. Belly grey barred with white and black. Undertail-coverts rufous. Sides and flanks grey.

Habitat: Humid forests, forest borders and very dense scrubby undergrowth, and especially bamboo (*Chusquea*). Always associated with streams and other freshwater bodies.

Range: ENDEMIC to Patagonia. Fairly frequent to locally common resident in *Nothofagus* forests of the continental region and Patagonian Archipelago. *S. r. rubecula* ranges from the southern side of Bío-Bío River south to Aysén, in south-western Patagonia. In Argentina restricted to the eastern slope of the Andes, from Neuquén south to Chubut. *S. r. mochae* is an endemic race of Mocha Island (Bío-Bío).

Habits: In pairs or small family parties. Secretive and difficult to see. Very loud and diagnostic call. Often seen crossing paths in forests. Terrestrial, although also seen creeping along branches inside dense cover. Noisily scratches the ground with its feet when searching for food. Very territorial, skulking and confiding.

Conservation: Species restricted to Endemic Bird Area 061 (Temperate Forests of Chile).

Identificación: Mediano. Lorum y pequeña banda postocular rufa. Gris en frente y mejillas. Partes superiores café oscuro. Garganta y pecho rufo. Abdomen gris con barrado blanco y negro. Subcaudales rufas. Lados y flancos grises.

Hábitat: Bosques húmedos, bordes de bosque y sotobosque arbustivo muy denso, especialmente compuesto por quila (*Chusquea*). Siempre asociado a vertientes y en las cercanías de otros cuerpos de agua.

Rango: ENDEMICO de Patagonia. Residente relativamente frecuente a localmente común en bosques de *Nothofagus* de la región continental y del archipiélago patagónico. *S. r. rubecula* se distribuye desde el sur del Río Bío-Bío hasta Aysén, en la Patagonia sur-occidental, en tanto que por Argentina se encuentra solamente en la vertiente oriental de los Andes, desde Neuquén hasta Chubut. *S. r. mochae* es una subespecie endémica de Isla Mocha (Bío-Bío).

Hábitos: En parejas o en pequeños grupos familiares. Oculto, muy difícil de observar. Muy fuerte y característico canto. Suele atravesarse en los senderos. Terrestre aunque también se desplaza trepando entre el denso follaje. Escarba ruidosamente en el suelo con sus patas en busca de alimento. Muy territorial, curioso y confiado.

Conservación: Especie restringida al Area de Endemismo para Aves 061 (Bosques templados de Chile).

L. 18cm (7")

Ochre-flanked Tapaculo

Eugralla paradoxa   RHINOCRYPTIDAE

C. Churrín de la Mocha
A. Churrín Grande

Identification: Smallish. Generally dark grey. Rump, flanks and lower belly reddish-brown. Whitish on centre of belly. Legs yellow. **Immatures** are generally dark brown, with pale cinnamon scaling on upperparts and wings.

Habitat: Humid forests and thick scrubby undergrowth and especially bamboo (*Chusquea*). Also near streams.

Range: ENDEMIC to Patagonia. Relatively frequent to locally common resident in the forests of north-western Patagonia, from southern Maule south to Isla Grande de Chiloé, in Chile, and locally in western Neuquén and Río Negro, in Argentina. Also present at Mocha Island (Bío-Bío).

Habits: In pairs or small loose family groups. More easily heard than seen. Terrestrial. Moves very quickly through the vegetation. Tail often held erect. Noisy, scratches the ground with its feet in search of food.

Conservation: Restricted to the Endemic Bird Areas 060 (Central Chile) and 061 (Temperate forests of Chile).

Identificación: Chico. Coloración general gris oscura. Rabadilla, flancos y parte baja del abdomen de color café rojizo. Blanquecino en el centro del abdomen. Patas amarillas. **Inmaduros** de coloración café oscuro, con escamado canela pálido en las partes superiores y alas.

Hábitat: Bosques húmedos y sotobosque arbustivo muy denso, especialmente compuesto por quila (*Chusquea*). También junto a arroyos.

Rango: ENDEMICO de Patagonia. Residente relativamente frecuente a localmente común en los bosques de la Patagonia noroccidental, desde el sur del Maule hasta Chiloé, en Chile, y localmente al oeste de Neuquén y Río Negro, en Argentina. Presente también en Isla Mocha (Bío-Bío).

Hábitos: En parejas o en pequeños grupos familiares. Oculto. Se escucha más frecuentemente de lo que se observa. Terrestre, siempre a nivel del suelo. Se desplaza velozmente entre la vegetación. La cola no siempre levantada. Escarba ruidosamente en el suelo con sus patas en busca de alimento.

Conservación: Especie restringida al Area de Endemismo para Aves 060 (Chile central), así como también en la 061 (Bosques templados de Chile).

L. 15 cm (6")

187

Magellanic Tapaculo

Scytalopus magellanicus   RHINOCRYPTIDAE

C. Churrín del Sur
A. Churrín Andino

Identification: Very small. Generally dark grey. Darker on head and upperparts. Brownish tinge on flanks, undertail-coverts and wings. Some individuals show a variable silvery white spot on forehead and crown. Juveniles are generally greyish-brown to cinnamon-brown, densely barred blackish throughout.

Habitat: Humid forests, undergrowth and surrounding dense scrubby areas. From pre-Andean valleys down to sea level.

Range: ENDEMIC to Patagonia. Locally common resident throughout the continental region except the arid steppe district of eastern Patagonia. From Linares (Maule), in the Andes and Bío-Bío River south to Isla Grande de Tierra del Fuego, Fuego-Patagonian archipelagic area, southern islands of the Beagle Channel including the Wollaston Archipelago (Cape Horn), and Staten Island. Also in adjacent cordilleran areas of Argentina from Neuquén south to Santa Cruz. Doubtful old record from the Falkland Islands.

Habits: Alone, in pairs or small family parties. Cautious. Repeatedly gives its loud, prolonged and repetitive calls. Due to its behaviour and habitat it is extremely difficult to see. Terrestrial. Always has tail cocked. Scratches on the ground removing leaves and small branches when searching for food. Very elusive although quite curious.

Identificación: Muy pequeño. Coloración general gris oscura. Más oscuro en la cabeza y partes superiores. Tinte café en flancos, subcaudales y alas. **Macho:** Presenta un manchón blanco plateado en frente y corona, variable en extensión. **Juvenil:** Coloración café grisácea a café acanelado, densamente barrados de negruzco.

Hábitat: Bosques húmedos, sotobosque y zonas arbustivas densas en las cercanías. Desde la pre-cordillera hasta el nivel del mar.

Rango: ENDEMICO de Patagonia. Residente localmente común en toda la región continental exceptuando las estepas áridas de la Patagonia oriental. Desde Linares (Maule), por la cordillera y desde el Río Bío-Bío hasta el sur de la Isla Grande de Tierra del Fuego, archipiélago fuego-patagónico, Isla de los Estados e islas australes del Canal Beagle, incluyendo el Archipiélago de las Wollaston (Cabo de Hornos). En regiones cordilleranas adyacentes de Argentina continental, desde Neuquén hasta Santa Cruz. Dudoso registro antiguo para Islas Malvinas.

Hábitos: Solitario, en parejas o en pequeños grupos familiares. Se acerca silenciosamente. Es frecuente escuchar sus fuertes, prolongados y repetitivos cantos. Por su comportamiento y hábitat es un ave extremadamente difícil de observar. Terrestre. Siempre con su cola erecta. Escarba en el suelo removiendo hojas y ramitas en busca de alimento. Ave muy elusiva aunque bastante curiosa.

L. 12cm (4 3/4")

White-crested Elaenia

Elaenia albiceps   TYRANNIDAE

C. Fío-fío
A. Fiofío Silbón

Identification: Thin bill. White erect crest often raised from the crown, but generally concealed. Upperparts dark olive-grey. Wings blackish with two whitish bars. Throat and breast olive-grey. Rest of underparts whitish with yellowish tinge on flanks and undertail-coverts. Tail blackish.

Habitat: Open *Nothofagus* forests, forest borders and surrounding scrubby areas. In parks and near human habitation.

Range: One of the most common and typical species of the Andean forests. *E. a. chilensis* is a common summer resident throughout the mainland region. Present from southern Maule, in Chile and Neuquén, Río Negro and south-western Buenos de Aires (scarce and local), in Argentina south to Isla Grande de Tierra del Fuego, Fuego-Patagonian Archipelago, southern islands of the Beagle Channel, including the Wollaston Archipelago (Cape Horn), Diego Ramírez Islands and Staten Island. Irregular visitor to the Falkland Islands. Recorded at sea in the Drake Passage, near South Shetland Islands. It ranges through Chile north to Atacama and throughout Argentina to La Rioja. This subspecies is completely migratory reaching, during the southern winter, the Amazon of Peru and Brazil.

Other subspecies are found in western Peru and northern Chile, and from western Bolivia south to Colombia.

Habits: Alone, in pairs or small groups, even in mixed groups with other passerines. Lives and feeds within the foliage of trees. Sometimes seen in a fluttering flight, in a hummingbird-fashion, in order to take nectar from flowers. Noisy. Characteristic monotonous and onomatopoeic whistle. Territorial amongst other members of the same species. Curious and rather confiding.

Identificación: Pico fino. En la corona una cresta eréctil blanca generalmente oculta. Partes superiores gris oliváceo oscuro. Alas negruzcas con dos bandas blanquecinas. Garganta y pecho gris oliváceo. Resto de las partes inferiores blanquecinas con tinte amarillento en flancos y subcaudales. Cola negruzca.

Hábitat: Bosques abiertos de *Nothofagus*, bordes de bosque y en zonas arbustivas aledañas. En parques y asentamientos humanos.

Rango: Una de las especies más comunes y típicas de los bosques cordilleranos. *E. a. chilensis* es un residente estival común en toda la región continental. Presente desde el sur del Maule, en Chile y Neuquén, Río Negro y sur-oeste de Buenos de Aires (donde es escaso y local), en Argentina hasta la Isla Grande de Tierra del Fuego, archipiélago patagónico-fueguino, islas australes del Canal Beagle, incluyendo el Archipiélago de las Wollaston (Cabo de Hornos), Islas Diego Ramírez e Isla de los Estados. Visitante irregular en Islas Malvinas. Registrado en el Mar de Drake, cerca de las Islas Shetland del Sur. Su rango alcanza por Chile hasta Atacama y por Argentina hasta La Rioja. Esta subespecie es completamente migratoria, alcanzando durante el invierno austral la Amazonía de Perú y Brasil.

Otras subespecies se encuentran en el oeste de Perú y norte de Chile, y desde el oeste de Bolivia hasta el sur de Colombia.

Hábitos: Solitario, en parejas o en pequeños grupos, inclusive mixtos con otras especies de avecillas. Vive y se alimenta entre el follaje de los árboles. Algunas veces, se observa aleteando a manera de picaflor, para extraer néctar de las flores. Bullicioso. Característico silbido que le da su nombre común. Agresivo entre sus congéneres. Curioso y bastante confiado.

L. 15cm (6")

White-crested Tyrannulet

Serpophaga subcristata   TYRANNIDAE   **A.** Piojito Común

561

562

Identification: Very small. Head and neck greyer. Short whitish supercilium. Crown blackish with white patch on crown, often concealed. Upperparts olive-grey. Wings and tail blackish-brown. Two bold whitish-cream wing-bars. Throat whitish. Breast pale grey and rest of underparts pale yellow.

Habitat: Dense scrubby plains, near cultivated fields and also at the edges of monte.

Range: Summer resident of the extreme north of eastern Patagonia: Río Negro and south-western Buenos Aires. Scarcer south to north-eastern Chubut. Ranges northwards through central and eastern Argentina, reaching southern and eastern Bolivia, Paraguay, Uruguay and southern Brazil.

Habits: Very active, moving very rapidly within the foliage of scrub and trees. Lives and feeds within the cover. Fairly confiding.

Identificación: Muy pequeño. Cabeza y cuello más grisáceos. Corta banda superciliar blanquecina. Corona negruzca con parche blanco en la corona, a menudo oculto. Partes superiores gris oliváceo. Alas y cola café negruzco. Dos notorias bandas alares blanco crema. Garganta blanquecina. Pecho gris pálido y resto de las partes inferiores amarillo pálido.

Hábitat: Areas de matorral denso, planicies arbustivas y cerca de campos cultivados, así como también en el borde de montes.

Rango: Residente estival del extremo norte de la Patagonia oriental en Río Negro y sur-oeste de Buenos Aires. Bastante escaso en el nor-este de Chubut. Se distribuye hacia el norte, por el centro-este de Argentina, alcanzando el sur y este de Bolivia, Paraguay, Uruguay y sur de Brasil.

Hábitos: Muy activo, se mueve rápidamente entre follaje de matorrales y árboles. Vive y se alimenta entre los arbustos. Bastante confiado.

L. 11cm (4 1/4")

Yellow-billed Tit-Tyrant

Anairetes flavirostris　　　　　TYRANNIDAE

C. Cachudito del Norte
A. Cachudito Pico Amarillo

563

564

565

Identification: Bill blackish with bright orange-yellow mandible. Dark iris. Long tuft on crown. Blackish face with white streaking on crown and head sides. Upperparts greyish-brown. Blackish wings with two well-defined light cinnamon wing-bars. Throat and breast broadly streaked with white and black. Rest of underparts pale yellow. Tail blackish with light outer feathers.

Habitat: Semi-arid steppes with low, scattered bushes. Also in cultivated areas.

Range: *A. f. flavirostris* is a summer resident of north-eastern Patagonia: Río Negro, south-western Buenos Aires and Chubut, reaching southwards to Santa Cruz. Also extends northwards to Jujuy. During the southern winter migrates north through western Argentina.

Other subspecies inhabit the Andes of Perú, western Bolivia the extreme north of Chile.

Habits: Alone, in pairs or small family groups. Restless. Moves actively through the foliage of bushes. Sometimes erects its crest. Silent. Confiding.

Identificación: Pico negruzco con la mandíbula inferior, de color amarillo anaranjado intenso. Iris oscuro. Cresta larga en la corona. Cara negruzca con estriado blanco en corona y lados de la cara. Partes superiores café grisáceo. Alas negruzcas con dos bien definidas bandas de color canela claro. Garganta y pecho con estriado grueso blanco y negro. Resto del abdomen amarillo pálido. Cola negruzca con plumas exteriores de borde pálido.

Hábitat: Estepas semiáridas con arbustos bajos y dispersos. También en zonas cultivadas.

Rango: *A. f. flavirostris* es un residente estival en el norte de la Patagonia oriental: Río Negro, sur-oeste de Buenos Aires y Chubut, alcanzando por el sur hasta Santa Cruz. Su rango alcanza por el norte hasta Jujuy. Durante el invierno austral, migra hacia el norte por el oeste de Argentina.

Otras subespecies habitan los Andes de Perú, oeste de Bolivia y el extremo norte de Chile.

Hábitos: Solitario, en parejas o en pequeños grupos familiares. Muy activo. Se mueve dentro del follaje de los arbustos. Algunas veces eleva su cresta. Silencioso. Confiado.

L. 12cm (4 3/4")

Tufted Tit-Tyrant
Anairetes parulus　　　TYRANNIDAE

C. Cachudito Común
A. Cachudito Pico Negro

566

Identification: Bill black, thin and short. Iris white. Black head with white streaking on forehead, head sides and ear coverts. A noticeable crest of black feathers on the crown. Upperparts dark smoky grey. Blackish wings with white-edges to outer secondaries. Underparts pale yellow with fine longitudinal black streaks, especially on throat and breast. Tail blackish with thin outer white border.

Habitat: Low and open forests, dense scrubby areas, Patagonian steppes and hillsides. Also in parks and human settlements.

Range: Common summer resident throughout the mainland region. *A. p. parulus* occurs from southern Maule, in Chile south to Isla Grande de Tierra del Fuego and southern islands of the Beagle Channel, and in Argentina, from western Neuquén south to Santa Cruz. Its northern range reaches northwards to Antofagasta, in Chile. *A. p. patagonicus* ranges from eastern Neuquén, Río Negro and south-western Buenos Aires south to north-eastern Santa Cruz. Occurs northwards to San Juan and Mendoza. During the southern winter migrates northwards to north-western Argentina. Vagrant in the Falkland Islands.

This species is also found through the Andes from southern Colombia south to Peru and western Bolivia.

Habits: Alone, in pairs or small groups. Also in mixed flocks with other passerines. Very active. Easy to detect by its short and repetitive trill. Frequents dense cover. Rarely seen on the ground. Curious and quite tame.

Identificación: Pico negro, fino y corto. Iris blanco. Cabeza negra con estriado blanco en la frente, lados de la cara y auriculares. Un notorio mechón erecto de plumas negras en la corona. Partes superiores gris ahumado oscuro. Alas negruzcas con bordes blancos en las secundarias exteriores. Partes inferiores amarillo pálido con fino estriado longitudinal negro, especialmente en la garganta y pecho. Cola negruzca con delgado borde externo blanco.

Hábitat: Bosques bajos y abiertos, zonas arbustivas densas, estepas patagónicas y quebradas de cerros. También en parques y en asentamientos humanos.

Rango: Residente estival frecuente en toda la región continental. *A. p. parulus* se distribuye desde el sur del Maule, en Chile hasta la Isla Grande de Tierra del Fuego e islas australes del Canal Beagle, y en Argentina, desde Neuquén hasta Santa Cruz, por el oeste. Su rango septentrional alcanza hasta Antofagasta, por Chile. *A. p. patagonicus* se encuentra desde el este de Neuquén, Río Negro y sur-oeste de Buenos Aires hasta el nor-este de Santa Cruz. Alcanza por el norte hasta San Juan y Mendoza. Durante el invierno austral migra hacia el nor-oeste de Argentina. Visitante accidental en Islas Malvinas. Esta especie también se encuentra en los Andes desde el sur de Colombia hasta Perú y oeste de Bolivia.

Hábitos: Solitario, en parejas o en pequeños grupos. También en grupos mixtos. Ave muy activa. Fácil de detectar por su trino corto y repetitivo. Se alimenta y vive entre el follaje denso. Rara vez en el suelo. Curioso y bastante confiado.

L. 11cm (4 1/4")

574

Identification: Bill black. Head black. Elongated red patch on crown. Long and conspicuous yellow supercilium. Sides of head tinged with bluish. **Female:** Duller colouration, with smaller patch on crown. Upperparts dark bronzy-green. Wings greyish-brown with white band. Chin white. Rest of underparts yellow with partial black collar on lower breast. Undertail-coverts red. Tail black with white outer border.

Habitat: Reed-fringed ponds, lagoons and rivers.

Range: *T. r. rubrigastra* is a locally common resident in suitable habitat from southern Maule south to eastern Aysén, in Chile and in Argentina, from Río Negro and south-western Buenos Aires to south-western Santa Cruz. It ranges northwards reaching Atacama in Chile, and extending east of the Andes throughout the rest of Argentina north to Paraguay, Uruguay and southern Brazil. Other subspecies inhabiting northern Chile, north-western Argentina, western Bolivia and south-eastern and western Peru.

Habits: Alone or in pairs. Occasionally in small family groups. Territorial. Lives within reed cover. Extremely active, seen jumping between the reeds while searching for food. Weak alarm whistle. Curious and confiding.

Identificación: Pico negro. Cabeza negra. Parche rojo alargado en la corona. Larga y conspicua ceja amarilla. Lados de la cabeza con tinte azulado. **Hembra:** Coloración más apagada, con parche de la corona más pequeña. Partes superiores verde bronceado oscuro. Alas café grisáceo oscuro con banda blanca. Barbilla blanca. Resto de las partes inferiores amarillas con collar negro parcial en la parte inferior del pecho. Subcaudales rojo salmón. Cola negra con borde blanco.

Hábitat: Lagunas y bañados con orillas con abundantes juncales.

Rango: *T. r. rubrigastra* es un residente localmente común, en los ambientes apropiados, desde el sur del Maule hasta el este de Aysén, en Chile y en Argentina, desde Río Negro y sur-oeste de Buenos Aires hasta el sur-oeste de Santa Cruz. Su rango hacia el norte alcanza en Chile hasta Atacama, en tanto que por el este de los Andes se distribuye por el resto de Argentina hasta Paraguay, Uruguay y sur de Brasil.

Otras subespecies habitan el norte de Chile, nor-oeste de Argentina, oeste de Bolivia y sur-este y oeste de Perú.

Hábitos: Solitario y en parejas. Ocasionalmente en pequeños grupos familiares. Territorial. Vive dentro del juncal. Ave sumamente activa, pues salta en la base de los juncos en busca de alimento. Débil silbido de alarma. Curioso y confiado.

L. 11cm (4 1/4")

Warbling Doradito
Pseudocolopteryx flaviventris TYRANNIDAE

C. Pájaro Amarillo
A. Doradito Común

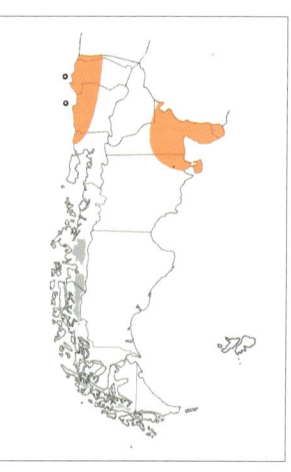

Identification: Bill black. Feathers of crown with reddish-brown edging. Lores and sides of face dark. Upperparts olive-brown. Underparts completely yellow.

Habitat: Reed-fringed lagoons and surrounding scrubby areas.

Range: Locally frequent summer resident in the suitable habitats of the north of eastern Patagonia: Río Negro, south-western Buenos Aires south to the extreme north-east of Chubut. In Chile, it is an uncommon and very local resident from Cauquenes (Maule) south to Valdivia (Los Lagos). Migrates northwards during the southern winter. Its northern range reaches Antofagasta, in Chile, the rest of central-eastern Argentina, Uruguay and southern Brazil, while in winter it can reach Paraguay and Bolivia.

Habits: Alone, in pairs or family groups. Usually keeps within cover although sometimes seen perching briefly on the top of reeds. Rather wary and very difficult to see, although during the breeding period is rather more curious and visible.

Identificación: Pico negro. Plumas de la corona con bordes café rojizo. Lorum y lados de la cara oscuros. Partes superiores café oliváceo. Partes inferiores completamente amarillas.

Hábitat: Lagunas de orillas con abundantes juncales, y áreas de matorral aledañas.

Rango: Residente estival localmente frecuente en los ambientes adecuados del norte de la Patagonia oriental: Río Negro, sur-oeste de Buenos Aires hasta el extremo nor-este de Chubut. En Chile, en tanto, es un residente poco frecuente y muy local, desde Cauquenes (Maule) hasta Valdivia (Los Lagos). Migra hacia el norte durante el invierno austral. Su rango septentrional alcanza hasta Antofagasta, en Chile, el resto de Argentina en su porción centro-este, Uruguay y el sur de Brasil, en tanto que durante el invierno puede alcanzar hasta Paraguay y Bolivia.

Hábitos: Solitario, en parejas o en grupos familiares. Se mueve entre los juncos, posándose sobre las puntas de éstos, en algunas ocasiones. Bastante tímido, muy difícil de observar, aunque durante el período reproductivo es algo más curioso y visible.

L. 12cm (4 3/4")

Patagonian Tyrant
Colorhamphus parvirostris   TYRANNIDAE

C. Viudita
A. Peutrén

Identification: Proportionately large head. Bill short and thin. Slight light grey supercilium. Blackish auricular spot. Upperparts dark greyish-brown with dark reddish tinge on back and rump. Wings blackish-brown with two narrow chestnut bars. Underparts dark grey grading to light yellow on belly and undertail-coverts. Tail as back.

Habitat: Humid forests favouring clearings, edges and dense undergrowth. Also on tall and dense bushes on forest borders.

Range: Uncommon, partly migratory resident throughout the mainland region in suitable habitats along both slopes of the Andes Range. Nests from Los Lagos, in Chile and western Neuquén, in Argentina, southwards. Also present throughout the Fuego-Patagonian channels and the central-southern part of Isla Grande de Tierra del Fuego. Very rare in the southern islands of the Beagle Channel. During the southern winter migrates towards the central-northern part of Chile, especially to lowland and coastal areas, reaching north to Coquimbo.

Habits: Alone or in pairs. Spends most of the time in cover, actively moving about in search for food. Perches on tall trees flying out to catch insects before returning to the same perch. Its melancholic call helps reveal its presence. Rather wary.

Identificación: Cabeza proporcionalmente grande. Pico corto y fino. Leve superciliar gris claro. Mancha auricular negruzca. Partes superiores pardo grisáceo oscuro con tinte rojizo oscuro en lomo y rabadilla. Alas café negruzcas con dos finas bandas de color castaño. Partes inferiores gris oscuro que tiende al amarillento pálido en abdomen y subcaudales. Cola como el dorso.

Hábitat: Bosques húmedos preferentemente en claros, bordes y sotobosque denso. También en matorrales altos y densos en bordes de bosque.

Rango: Residente parcialmente migratorio poco común en toda la región continental en ambientes apropiados de ambas vertientes de la Cordillera de los Andes. Nidifica desde Los Lagos, en Chile y oeste de Neuquén, en Argentina, hacia el sur. Presente también en los canales patagónico-fueguinos y en la porción centro-sur de Isla Grande de Tierra del Fuego. Muy raro en islas australes del Canal Beagle. Durante el invierno austral migra hacia la porción centro-norte de Chile, especialmente por sectores bajos y cerca de la costa, alcanzando hasta Coquimbo.

Hábitos: Solitario o en parejas. Vive entre el follaje, moviéndose activamente en busca de alimento. Posado inmóvil en ramas altas desde donde vuela para capturar insectos, retornando luego al mismo lugar. Su característico silbido melancólico delata su presencia. Algo desconfiado.

L. 14cm (5 1/2")

Fire-eyed Diucon
Xolmis pyrope

TYRANNIDAE

C. & A. Diucón

Identification: Bill black. Iris red. Upperparts dark grey. Wings with dark grey coverts and secondaries. Primaries black. Throat white. Pale grey breast, with rest of underparts white. In fresh plumage, shows cinnamon flanks. Tail grey with white outer border.

Habitat: Forest borders and scrubby areas. Also in parks, cultivated fields and near human habitation, especially during the winter.

Range: Common resident throughout the region, along both slopes of the Andes Range. *X. p. pyrope* ranges in Chile, from southern Maule and western Neuquén, in Argentina south to Isla Grande de Tierra del Fuego. Its range includes the Fuego-Patagonian Archipelago, southern islands of the Beagle Channel, including the Wollaston Archipelago (Cape Horn) and Staten Island. During the winter, the southernmost populations migrate northwards, although some individuals remain in southern regions. Irregular visitor to the Falkland Islands. *X. p. fortis* is only found at Isla Grande de Chiloé.

Its northern range in Chile, reaches Atacama.

Habits: Alone, in pairs or in small groups. Perches on tall branches high in the canopy, from where it gives a characteristic short, weak whistle. Feeds on the ground on catching large insects on the wing. Rather confiding.

Identificación: Pico negro. Iris rojo. Partes superiores gris oscuro. Alas con coberteras y secundarias gris oscuro. Primarias negras. Garganta blanca. Partes inferiores blancas exceptuando el pecho que es gris pálido. En plumaje nuevo, presenta los flancos acanelados. Cola gris con borde externo blanco.

Hábitat: Bordes de bosque y zonas arbustivas. También en parques, sembradíos y cerca de asentamientos humanos durante el invierno.

Rango: Residente común en toda la región, por ambas vertientes de la Cordillera de los Andes. *X. p. pyrope* se distribuye en Chile, desde el sur del Maule y oeste de Neuquén, en Argentina hasta Isla Grande de Tierra del Fuego. Su rango incluye el archipiélago patagónico-fueguino, Isla de los Estados e islas australes del Canal Beagle, incluyendo el Archipiélago de las Wollaston (Cabo de Hornos). En invierno las poblaciones más australes migran hacia el norte, aunque también permanecen individuos en las regiones más meridionales. Visitante irregular de Islas Malvinas. *X. p. fortis* se encuentra solamente en la Isla Grande de Chiloé.

Su rango septentrional en Chile, alcanza hasta Atacama.

Hábitos: Solitario, en parejas o en pequeños grupos. Posado en partes altas del follaje desde donde emite un débil y característico silbido corto. Se alimenta en el suelo o en vuelos cortos. Caza insectos grandes. Bastante confiado.

592

593

I

594

595

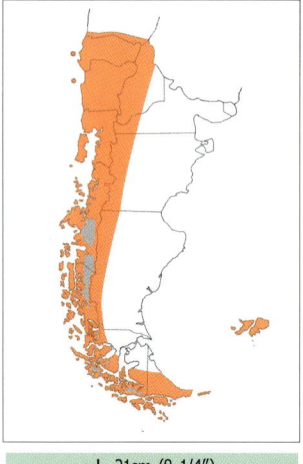

L. 21cm (8 1/4")

596

I

Rusty-backed Monjita

Neoxolmis rubetra   TYRANNIDAE   **A.** Monjita Castaña

597

598

Identification: Bill black. Long white supercilium. Upperparts reddish-brown, being more rufous on the crown. Rump paler. Wings proportionately long, entirely blackish with coverts fringed buffish. Sides of face, neck and breast streaked with black. Sides of neck and underparts white. Flanks tinged with rufous. Tail blackish with white border to outer rectrices. **Female:** Generally duller.
Habitat: Scrubby steppes. Scrubby areas at the edge of brackish lagoons and lakes.
Range: ENDEMIC to Argentina. Scarce to locally common summer resident in the south of Argentina, especially in the Patagonian region. From Neuquén, Río Negro and south-western Buenos Aires (during winter) south to Chubut and north-eastern Santa Cruz. Its northern breeding range reaches southern Mendoza. The southernmost populations migrate towards central and northern Argentina during the winter.
Habits: Alone or in pairs. In flocks of up to 20 or 30 individuals during the winter and on migration. Feeds on the ground, often seen running quite rapidly. Perches on shrubs or fences. Silent. Open and closes its tail constantly.
Conservation: Restricted to Endemic Bird Area 062 (Southern Patagonia).

Identificación: Pico negro. Superciliar larga, blanca. Partes superiores de color café rojizo, siendo más rufo en la corona. Rabadilla pálida. Alas proporcionalmente largas enteramente negruzcas con coberteras superiores e inferiores bordeadas de café amarillento. Lados de la cara, cuello y pecho estriado de negro. Lados del cuello y partes inferiores blancas. Flancos con tinte rufo. Cola negruzca con rectrices exteriores con borde blanco. **Hembra:** De coloración general más apagada.
Hábitat: Estepas arbustivas. Areas de matorral en las orillas de lagunas y lagos salobres.
Rango: ENDEMICO de Argentina. Residente estival poco frecuente a localmente común, en el sur de Argentina, especialmente en la región patagónica. Desde Neuquén, Río Negro y sur-oeste de Buenos Aires (en invierno) hasta Chubut y nor-este de Santa Cruz. Su rango reproductivo septentrional alcanza hasta el sur de Mendoza. Las poblaciones más australes migran hacia el centro y norte de Argentina, durante el invierno.
Hábitos: Solitario o en parejas. En bandadas de 20 hasta 30 individuos durante el invierno, en migración. Se alimenta en el suelo, donde se observa corriendo rápidamente. Posado sobre arbustos o alambradas. Silencioso. Abre y cierra su cola constantemente.
Conservación: Restringido al Area de Endemismo para Aves 062 (Patagonia Sur).

L. 19cm (7 1/2")

Chocolate-vented Tyrant

Neoxolmis rufiventris TYRANNIDAE

C. Cazamoscas Chocolate
A. Monjita Chocolate

599

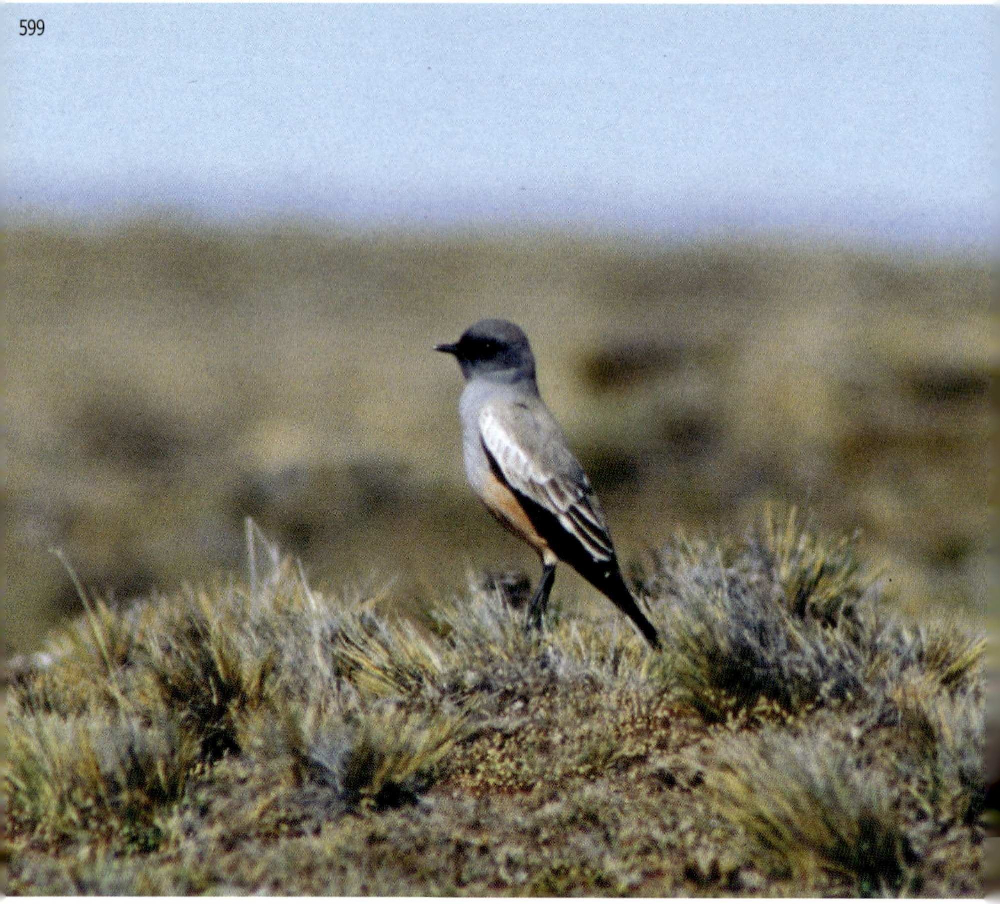

Identification: Bill black. Sides of face and ear-coverts black. Upperparts smoky grey. Wings long, with black primaries. Secondaries edged with white. Wing-coverts grey with white edging. Throat and upper breast pale smoky grey. Rest of underparts including underwing-coverts, reddish-chestnut. Tail black with white outer and terminal border.
Habitat: Patagonian open steppes and plains with short grasses. From pre-Andean areas to the coast.
Range: Locally common summer resident in the wind-swept steppes of western Río Negro, Chubut and Santa Cruz, in Argentina and eastern Magallanes, in Chile. Also present in the central-northern part of Isla Grande de Tierra del Fuego. Migrate towards north-eastern Argentina and Uruguay, during the winter. Very rare in the extreme south of Brazil.
Habits: Alone or in pairs. Forms small flocks prior to commencing migration. Terrestrial. Rather erratic flight. Perches conspicuously on top of rocks or posts. Opens and closes tail very rapidly. Occasionally gives out an alarm whistle. During migration in mixing with plovers. Very wary.

Identificación: Pico negro. Lados de la cara y auriculares negros. Partes superiores gris ahumado. Alas largas, con primarias negras. Secundarias con borde blanco. Coberteras alares grises con borde blanco. Garganta y parte superior del pecho gris ahumado pálido. Resto de las partes inferiores y incluyendo subalares, castaño rojizo. Cola negra con bordes externo y terminal blanco.
Hábitat: Estepas patagónicas abiertas y zonas de pastizales. Desde regiones pre-cordilleranas hasta la costa.
Rango: Residente estival localmente común en las estepas desde el oeste de Río Negro, Chubut y Santa Cruz, por Argentina y este de Magallanes, en Chile. También en la porción centro-norte de Isla Grande de Tierra del Fuego. Migra hacia el nor-este de Argentina y Uruguay, durante el invierno. Muy raro en el extremo sur de Brasil.
Hábitos: Solitario o en parejas. Forma pequeños grupos antes de migrar. Terrestre. Vuelo errático. Se posa conspicuamente sobre rocas y postes. Abre y cierra la cola con rapidez. Ocasionalmente emite un silbido de alarma. En migración se mezcla con grupos de chorlos. Muy desconfiado.

L. 24cm (9 1/2")

Identification: Bill black, slightly hooked at the tip. Indistinct whitish supercilium. Upperparts dark greyish-brown with bold white fringes on secondaries. Whitish throat streaked with blackish. Belly light greyish-brown with cinnamon wash. Thighs and undertail coverts creamy white. Tail mostly white with greyish-brown central pair of rectrices.

Habitat: Open scrubby hillsides, arid steppe plateaus and valleys. Usually seen around abandoned human buildings in remote locations.

Range: *A. m. leucura* is an uncommon resident of Andean habitats and hillsides of Chile, from Linares (Maule) south to Aysén and north-eastern Magallanes, and from Neuquén and Río Negro south to Santa Cruz, in Argentina. One record in the north-west of Falkland Islands.

This species occurs throughout the Andes, from southern Colombia southwards to central Chile and north-western Argentina.

Habits: Alone or in pairs. Quite fierce tyrant-flycatcher. Perches conspicuously atop of rocks or high branches, from where it drops to the ground after prey. Peculiar whistle at dawn.

Identificación: Pico negro, levemente ganchudo. Ceja blanquecina poco notoria. Partes superiores pardo grisáceo oscuro. Alas como el dorso con secundarias con notorio borde blanco. Garganta blanquecina estriada de negruzco. Abdomen pardo grisáceo claro con tinte acanelado. Piernas y subcaudales blanco crema. La cola cuando está abierta es casi completamente blanca exceptuando las plumas centrales que son del color del dorso.

Hábitat: Zonas arbustivas abiertas pre-cordilleranas, estepas áridas de altura y valles. Frecuenta construcciones abandonas en zonas aisladas.

Rango: *A. m. leucura* es un residente poco común de ambientes cordilleranos y pre-cordilleranos de Chile, desde Linares (Maule) hasta Aysén y nor-este de Magallanes, y desde Neuquén y Río Negro hasta Santa Cruz, en Argentina. Un registro para el nor-oeste del Archipiélago de las Malvinas, en el Atlántico Sur.

Esta especie se distribuye por los Andes, desde el sur de Colombia hasta el centro de Chile y nor-oeste de Argentina.

Hábitos: Solitario o en parejas. Una especie muy voraz. Acecha desde el aire en vuelo estacionario. Se posa conspicuamente sobre rocas o ramas altas, desde donde acecha. Notorio silbido durante el amanecer.

L. 25cm (9 3/4")

Great Shrike-Tyrant
Agriornis livida   TYRANNIDAE   C. Mero Grande
A. Gaucho Grande

Identification: Heavy black bill, hooked at the tip and with horn-coloured base to lower mandible. Upperparts greyish-brown with light black streaking on head and mantle. Blackish wings with wing coverts and secondaries edged paler. Whitish throat with conspicuous black streaks. Rest of underparts light greyish-brown. Belly and undertail coverts cinnamon. Tail blackish with thin white outer web to outermost rectrix.

Habitat: Shrubby steppes and hillsides, as well as arid hillsides. Also in forest edges.

Range: *A. l. livida* is a fairly common resident in suitable habitats of north-western Patagonia, from southern Maule south Valdivia (Los Lagos). It occurs northwards to Atacama, northern Chile. *A. l. fortis* is an uncommon Patagonian resident in Aysén, Magallanes and the cen-northern portion of Isla Grande de Tierra del Fuego, in Chile and from western Neuquén and Río Negro south to Santa Cruz, in Argentina.

Habits: Alone, in loose pairs or small family groups. Confiding. Usually seen perched at the top of bushes or poles. Fierce predator, being able to catch small passerines and rodents.

Identificación: Pico negro fornido con gancho en la punta y base de la mandíbula color cuerno. Partes superiores pardo grisáceo con fino estriado negruzco en cabeza y manto. Alas negruzcas con coberteras y secundarias con ribete más claro. Garganta blanquecina con notables estrías longitudinales negras. Resto de las partes inferiores pardo grisáceo pálido. Abdomen y subcaudales canela. Cola negruzca con fino borde externo blanco.

Hábitat: Estepas y laderas de cerros arbustivas y ambientes áridos de altura. También en bordes de bosques.

Rango: *A. l. livida* es un residente frecuente en ambientes apropiados del norte de la Patagonia occidental, desde el sur del Maule hasta Valdivia (Los Lagos). Su rango septentrional, alcanza hasta Atacama, en el norte de Chile. *A. l. fortis* es un residente patagónico poco común en Aysén, Magallanes y la porción centro-norte de Isla Grande de Tierra del Fuego, en Chile y desde el oeste de Neuquén y Río Negro hasta Santa Cruz por el sur, en Argentina.

Hábitos: Solitario, en parejas muy dispersas o en pequeños grupos familiares. Confiado. Frecuenta posarse sobre arbustos o postes. Ave muy voraz, siendo capaz de capturar avecillas y pequeños roedores.

617

618

A. l. fortis

A. l. fortis

619

621

A. l. fortis

620

622

623

L. 30 cm. (11 3/4")

Grey-bellied Shrike-Tyrant
Agriornis microptera

TYRANNIDAE

C. Mero de Tarapacá
A. Gaucho Gris

624

625

626

Identification: This is an intermediate-sized *Agriornis* among the species present in the region. Heavy, black bill, hooked at the tip and horn-coloured base. Long and pale supercilium. Upperparts greyish-brown. Wings brown with whitish-bordered coverts and secondaries. Whitish throat with black streaking on male and brown in the female. Underparts greyish, lighter than upperparts. Lacks cinnamon tinge on lower ventral area, a feature present on most of the members of the genus. Tail black with thin white border of outer feathers.

Habitat: Shrubby plains and Patagonian steppes. From mountain hillsides to sea level.

Range: *A. m. microptera* is an uncommon summer resident of north-eastern Patagonia: Neuquén, Río Negro, Chubut and Santa Cruz. During the southern winter, the population migrates northwards to northern Argentina, Uruguay and Paraguay. The distribution of this species includes the Andes of southern Peru, western Bolivia, northern Chile and north-western Argentina.

Habits: Usually seen alone. Wary. Flies low and for a long distance when disturbed. Perches conspicuously on top of bushes. Runs quite rapidly on the ground.

Identificación: De tamaño intermedio entre sus congéneres de la zona. Pico negro, macizo y ganchudo con mandíbula de color cuerno. Larga ceja clara. Partes superiores café grisáceo. Alas pardas con coberteras y secundarias con borde blanquecino. Garganta blanquecina estriada de negro en el macho y de pardo en la hembra. Partes inferiores grisáceas más pálidas en el abdomen sin el tinte canela que caracteriza a sus congéneres. Cola negra con delgado borde exterior blanquecino.

Hábitat: Planicies arbustivas y estepas patagónicas. Desde zonas precordilleranas al nivel del mar.

Rango: *A. m. microptera* es un residente estival poco común en el norte de la Patagonia oriental: Neuquén, Río Negro, Chubut y Santa Cruz. Durante el invierno austral, las poblaciones migran hacia el norte de Argentina, Uruguay y Paraguay. La distribución de ésta especie incluye los Andes del sur de Perú, oeste de Bolivia, norte de Chile y nor-oeste de Argentina.

Hábitos: Usualmente solitario. Desconfiado, volando bajo por una larga distancia cuando es molestado. Se posa conspicuamente sobre matorrales. Corre en el suelo rápidamente.

L. 24cm (9 1/2")

Lesser Shrike-Tyrant

Agriornis murina   TYRANNIDAE   **A.** Gaucho Chico

627

Identification: The smallest *Agriornis*. Thin bill black, slightly hooked at the tip. Whitish supercilium. Light greyish-brown upperparts. Blackish wings with whitish-edged coverts and inner primaries. Whitish throat with conspicuous blackish streaking. Chest as upperparts and belly light beige. Flanks tinged variably with buff. Tail blackish with outer web of outermost feathers whitish.
Habitat: Patagonian steppes with scattered bushes, especially in low and sheltered locations. Also around cultivated areas.
Range: Uncommon summer resident of north-eastern Patagonia from Neuquén, Río Negro and south-western Buenos Aires south to Chubut. Very rarely south to Santa Cruz. During the southern winter, the population migrates northwards to northern Argentina, Bolivia and western Paraguay. Its breeding range includes locally La Rioja and Catamarca, in north-western Argentina.
Habits: Solitary. Perches on tops of bushes and fences but otherwise spends much time on the ground. Frequently seen running quite rapidly. Silent. Wary.

Identificación: El más pequeño de los *Agriornis*. Pico delgado y levemente curvo en la punta. Ceja blanquecina. Partes superiores café grisáceo pálido. Alas negruzcas con coberteras alares y primarias internas con borde blanquecino. Garganta blanca con notorio estriado negruzco. Pecho café grisáceo pálido y beige claro en el abdomen. Flancos teñidos de ante variable. Cola negruzca con rectrices exteriores de borde externo blanquecino.
Hábitat: Estepas patagónicas con arbustos dispersos, localizadas en sectores bajos. También en áreas cultivadas.
Rango: Residente estival poco común en el norte de la Patagonia oriental desde Neuquén, Río Negro y sur-oeste de Buenos Aires hasta Chubut. Más ocasional en Santa Cruz, por el sur. Durante el invierno austral, las poblaciones migran hacia el norte de Argentina, Bolivia y oeste de Paraguay. La distribución reproductiva de ésta especie incluye localmente La Rioja y Catamarca, en el nor-oeste de Argentina.
Hábitos: Solitario. Se posa sobre arbustos y alambradas. Bastante terrestre, donde se le observa corriendo velozmente. Silencioso. Desconfiado.

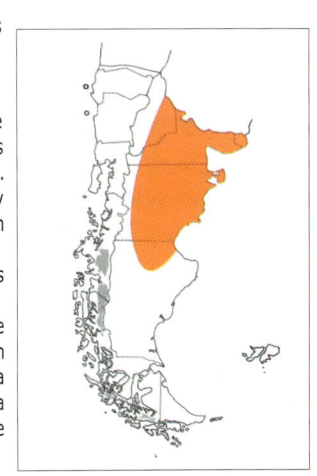

L. 19cm. (7 1/2")

Spot-billed Ground-Tyrant
Muscisaxicola maculirostris   TYRANNIDAE   **C. & A.** Dormilona Chica

628

Identification: A more compact ground-tyrant compared with the other members of the genus. Bill black with yellow spot at the base of lower mandible. Large dark head. Short white supercilium. Narrow dark line across the eye. Upperparts greyish-brown with a reddish-brown tinge on the back. Rump and tail black, the latter with white outer border. Wings grey with flight-feathers edged with cinnamon. Underparts beige with whitish throat and greyish tinge on sides of neck and breast.

Habitat: Scrubby steppe areas, favouring uplands. Also on rocky hillsides, grasslands in Andean valleys and around abandoned human habitation.

Range: *M. m. maculirostris* is an uncommon summer resident of Andean and pre-Andean areas throughout the mainland region. Ranges throughout the Andes of Chile and Argentina south to Magallanes and Santa Cruz, respectively. Isolated records on the Somuncurá plateau (Río Negro). Accidental visitor to Isla Grande de Tierra del Fuego and the Beagle Channel.
This species ranges through the Andes north to Colombia, Ecuador, Peru and western Bolivia.

Habits: Alone or in pairs. Terrestrial, although often seen perched on top of bushes. Opens and closes its tail nervously. Difficult to spot due to its behaviour and cryptic colouration. Silent. Moves about using short and low flights. Display flight similar to *Anthus*. Confiding.

Identificación: No estilizada como sus congéneres. Pico negro con mancha amarilla en la base de la mandíbula. Cabeza grande, de coloración oscura. Pequeña ceja supraloral blanca. Delgada línea oscura a través del ojo. Partes superiores café grisáceo con tinte café rojizo en el lomo. Rabadilla y cola negra, esta última con borde externo blanco. Alas grises con rémiges bordeadas de canela. Partes inferiores beige con garganta blanquecina y lados del cuello y pecho con tinte grisáceo.

Hábitat: Ambientes esteparios y de matorral, preferentemente en altura. También en laderas pedregosas de cerros, pastizales en valles cordilleranos y alrededores de construcciones abandonadas.

Rango: *M. m. maculirostris* es un residente estival poco común de las zonas cordilleranas y pre-cordilleranas de la región continental. Se distribuye por los Andes de Chile y Argentina hasta Magallanes y Santa Cruz, respectivamente. Registros aislados en la meseta de Somuncurá (Río Negro). Accidental en Isla Grande de Tierra del Fuego y en el Canal Beagle.
Esta especie se distribuye por los Andes del norte de Colombia, Ecuador, Perú y oeste de Bolivia.

Hábitos: Solitario o en parejas. Terrestre aunque también se posa sobre matorrales. Abre y cierra las alas y cola nerviosamente. Difícil de observar debido a su comportamiento y coloración críptica. Silencioso. Se desplaza mediante pequeños vuelos cortos y bajos. Vuelo de despliegue similar a *Anthus*. Confiada.

L. 15cm (6")

Dark-faced Ground-Tyrant
Muscisaxicola macloviana   TYRANNIDAE

C. Dormilona Tontita
A. Dormilona Cara Negra

636

I

Identification: Bill black. Most of head dark brown. Forehead and lores black. Mantle and upper back dark grey. Rest of back, rump and tail black, the latter with white outer border. Chin dark chestnut. Underparts pale grey, grading to white towards belly and undertail-coverts.
Habitat: Scrubby areas and open terrain near forested zones, inundated fields and even streams, rivers and lake shores in mountainous habitats. Also on rocky hillsides and along the coast.
Range: *M. m. mentalis* is a fairly common summer resident throughout the mainland region, especially on the western slope of the Andes Range, from Araucanía in Chile and Neuquén and Río Negro, in Argentina south to Isla Grande de Tierra del Fuego, Fuego-Patagonian channels, southern islands of the Beagle Channel, including the Wollaston Archipelago (Cape Horn) and Staten Island. During the southern winter, the species migrates northwards through Chile and Argentina, reaching Peru and more occasionally the extreme south of Ecuador. Recorded from the north of South Georgia Island. *M. m. macloviana* is a widely distributed resident in the Falkland Islands.
Habits: Alone, in pairs or small groups. Often seen perching on top of small shrubs or on rocks. Voracious. This is a quite active species, seen jumping or fluttering on the ground or at the edge of water bodies, while searching for food. Opens and closes its wings and tail nervously. Rather confiding.

Identificación: Pico negro. Parte superior de la cabeza café oscuro. Frente y lorum negro. Manto y parte anterior del lomo gris oscuro. Resto del lomo, rabadilla y cola negra, esta última con borde externo blanco. Barbilla castaño oscuro. Partes inferiores gris pálido, tendiendo al blanco en abdomen y subcaudales.
Hábitat: Areas de matorral y zonas abiertas en las cercanías de ambientes boscosos, vegas e incluso riachuelos, ríos y costas de lagos en sectores montañosos. También en laderas rocosas y en la costa.
Rango: *M. m. mentalis* es un residente estival bastante común en toda la región continental, especialmente en la vertiente occidental de la Cordillera de los Andes, desde la Araucanía en Chile y Neuquén y Río Negro, en Argentina hasta la Isla Grande de Tierra del Fuego, archipiélago patagónico-fueguino, Isla de los Estados e islas australes del Canal Beagle, incluyendo el archipiélago de las Wollaston (Cabo de Hornos). Durante el invierno austral ésta especie migra hacia el norte de Chile y Argentina, alcanzando Perú y ocasionalmente el extremo sur de Ecuador. Un ejemplar registrado al norte de la Isla Georgia del Sur. *M. m. macloviana* es un residente ampliamente distribuido en Islas Malvinas.
Hábitos: Solitario, en parejas o en pequeños grupos. Frecuenta posarse sobre pequeños arbustos o rocas. Voraz. Es una especie bastante activa que se observa saltando y revoloteando sobre el suelo y a orillas de cuerpos de agua en busca de alimento. Abre y cierra las alas y cola nerviosamente. Bastante confiada.

M. m. macloviana

M. m. macloviana

M. m. mentalis

M. m. mentalis

L. 16cm (6 1/4")

M. m. mentalis

Cinammon-bellied Ground-Tyrant

Muscisaxicola capistrata TYRANNIDAE

C. Dormilona Rufa

A. Dormilona Canela

645

Identification: Bill black. Forehead and lores black. Crown and nape reddish-chestnut, absent in juvenile plumage. Upperparts greyish-brown with chestnut tinge on mantle and back. Rump and tail black, the latter with creamy-white outer border. Throat whitish. Breast pale grey with cinnamon tinge. Belly, flanks and undertail-coverts cinnamon. **Female:** Slightly smaller than male.
Habitat: Hillsides, slopes with scattered scrubby cover and rocky outcrops. Also on grasslands, Patagonian steppes and rocky terrain. From pre-Andean habitats to the sea level.
Range: Locally common summer resident in the suitable habitats of Aysén and Magallanes, in Chile and Neuquén and Río Negro to Santa Cruz, in Argentina. Also present in the central-northern part of Isla Grande de Tierra del Fuego. During the southern winter, this species migrates northwards through Chile and Argentina, reaching the Altiplano of western Bolivia and southern Peru. However, some individuals remain in the austral region during the colder months.
Habits: Alone, in pairs or loose groups. Essentially terrestrial habits, although often seen flying around rocky cliffs. Opens and closes its wings and tail nervously. Quite active, seen jumping and running on the ground while searching for food. Voracious. Silent. Wary.

Identificación: Pico negro. Frente y lorum negro. Corona y nuca castaño rojizo, no evidente en individuos juveniles. Partes superiores café grisáceo con tinte castaño en manto y lomo. Rabadilla y cola negra, esta última con borde externo blanco crema. Garganta blanquecina. Pecho gris pálido con tinte acanelado. Abdomen, flancos y subcaudales canela. **Hembra:** Ligeramente más pequeña que el macho.
Hábitat: En laderas de cerros, quebradas con vegetación arbustiva dispersa y roquedales. También en pastizales, estepas patagónicas y sectores pedregosos. Desde la pre-cordillera hasta el nivel del mar.
Rango: Residente estival localmente común en ambientes apropiados de Aysén y Magallanes, en Chile y desde Neuquén y Río Negro hasta Santa Cruz, en Argentina. Presente también en la porción centro-norte de Isla Grande de Tierra del Fuego. Durante el invierno austral, ésta especie migra hacia el norte por el resto de Chile y Argentina, alcanzando el altiplano del oeste de Bolivia y sur de Perú. Sin embargo, algunos ejemplares permanecen en la región austral durante los meses más fríos.
Hábitos: Solitario, en parejas o en grupos dispersos. Esencialmente terrestre aunque acostumbra volar entre paredones rocosos. Abre y cierra las alas y cola nerviosamente. Bastante activa, observándose saltando en el suelo en busca de alimento. Muy voraz. Silenciosa. Desconfiada.

L. 18cm (7")

I

White-browed Ground-Tyrant
Muscisaxicola albilora   TYRANNIDAE   **C. & A.** Dormilona de Ceja Blanca

Identification: Bill black. Chestnut spot on crown and nape, absent in juveniles. Long white supercilium. Upperparts greyish-brown grading to black on back and rump. Underparts white with some pale grey on neck, breast and flanks. Tail black with white outer border.

Habitat: Pre-Andean open areas with scrubby vegetation. Also on gorges and rocky hillsides.

Range: Locally common summer resident of Andean and pre-Andean habitats through the mainland region, from southern Maule south to Magallanes and Neuquén south to Santa Cruz, in Argentina. Recorded on the Somuncurá plateau, central Río Negro. An accidental visitor to the Beagle Channel it occasionally reaches Isla Grande de Tierra del Fuego. Accidental visitor to the Falkland Islands. Its breeding range in Chile, reaches Valparaíso. During the southern winter, the species migrates northwards along the Andes of Chile and Argentina, reaching western Bolivia, Peru and Ecuador.

Habits: Alone, in pairs or in small groups. In flocks during the migration season. Perches on top of bushes or rocks. Quite active, seen running and jumping on the ground, while searching for food. Opens and closes its wings and tail nervously. Shy.

Identificación: Pico negro. Mancha castaña en corona y nuca, a excepción de los juveniles. Larga ceja blanca. Partes superiores café grisáceo que llega a negro al lomo y rabadilla. Partes inferiores blancas con algo de gris pálido en cuello, pecho y flancos. Cola negra con borde externo blanco.

Hábitat: Zonas abiertas con vegetación arbustiva de la pre-cordillera. También en quebradas y laderas rocosas de cerros.

Rango: Residente estival localmente común de las zonas cordilleranas y pre-cordilleranas de toda la región continental, desde el sur del Maule hasta Magallanes y Neuquén hasta Santa Cruz, en Argentina. Registrada en la meseta Somuncurá, centro de Río Negro. Ocasionalmente alcanza la Isla Grande de Tierra del Fuego, siendo accidental en el Canal Beagle. Errante en Islas Malvinas. Su rango reproductivo alcanzan por el norte hasta Valparaíso, en Chile. Durante el invierno austral, ésta especie migra hacia el norte por los Andes de Chile y Argentina, alcanzando el oeste de Bolivia, Perú y Ecuador.

Hábitos: Solitario, en parejas o en pequeños grupos. En bandadas durante la migración. Se posa sobre arbustos o rocas. Bastante activa, corre y salta en el suelo en busca de alimento. Abre y cierra las alas y cola nerviosamente. Tímida.

L. 18cm (7")

Ochre-naped Ground-Tyrant
Muscisaxicola flavicucha   TYRANNIDAE   **C. & A.** Dormilona Fraile

660

M. f. brevirostris

Identification: Bill black. Forehead white and prominent ochre-yellow spot on the nape, absent in juvenile plumage. Upperparts grey. Back blackish-grey. Rump and tail black, the latter with white outer border. Throat and breast greyish-white. Rest of underparts completely greyish-white, although some individuals show a cinnamon wash on the flanks.
Habitat: Open areas with scattered scrubby vegetation, arid steppes, rocky hillsides and inundated terrain of the Andes and pre-Andean valleys. Often seen near water bodies.
Range: *M. f. flavinucha* is a locally common summer resident on Andean and pre-Andean areas from Linares (Maule) south to Palena (Los Lagos) and Neuquén to Chubut, in Argentina. Recorded on the Somuncará plateau, central Río Negro. *M. f. brevirostris* inhabits suitable mountain areas from Aysén and Santa Cruz south to Isla Grande de Tierra del Fuego and southern islands of the Beagle Channel, including the Wollaston Archipelago (Cape Horn).
During the southern winter, this species migrates northwards along the Andes of Chile and Argentina, reaching the Altiplano of Bolivia and Peru.
Habits: Alone, in pairs or loose groups. Essentially terrestrial habits. Opens and closes its wings and tail nervously. Difficult to see due to its habits and cryptic colouration. Quite active, seen running and jumping while searching for food. Silent. Confiding.

Identificación: Pico negro. Frente blanca y notoria mancha ocre amarillento en la nuca, no presente en los juveniles. Partes superiores grises. Lomo gris negruzco. Rabadilla y cola negra, esta última con bordes externos blancos. Garganta y pecho blanco grisáceo. Resto de las partes inferiores completamente blanco grisáceo, aunque la zona inferior de los flancos presenta un tinte acanelado.
Hábitat: Zonas abiertas con vegetación arbustiva, estepas áridas, laderas rocosas de cerros y vegas de la cordillera y pre-cordillera. Especie frecuente en las cercanías de cuerpos de agua.
Rango: *M. f. flavinucha* es un residente estival localmente común de zonas cordilleranas y pre-cordilleranas desde Linares (Maule) hasta Palena (Los Lagos) y Neuquén hasta Chubut, en Argentina. Registrada en la meseta Somuncará, centro de Río Negro. *M. f. brevirostris* habita los ambientes apropiados de altura, desde Aysén y Santa Cruz hasta la Isla Grande de Tierra del Fuego e islas australes del Canal Beagle, incluyendo el Archipiélago de las Wollaston (Cabo de Hornos).
Durante el invierno austral, ésta especie migra hacia el norte por los Andes de Chile y Argentina, alcanzando el altiplano de Bolivia y Perú.
Hábitos: Solitaria, en parejas o en grupos dispersos. Esencialmente terrestre. Abre y cierra las alas y cola nerviosamente. Difícil de observar debido a su comportamiento y coloración críptica. Bastante activa, observándose saltando en el suelo en busca de alimento. Silenciosa. Confiada.

661
662
663
664
665
M. f. brevirostris

666
M. f. brevirostris

L. 20cm (8″)

667

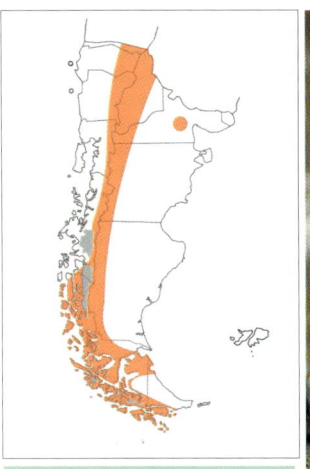

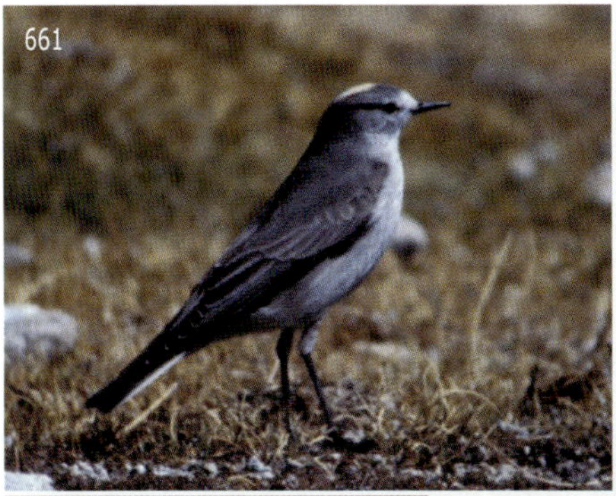

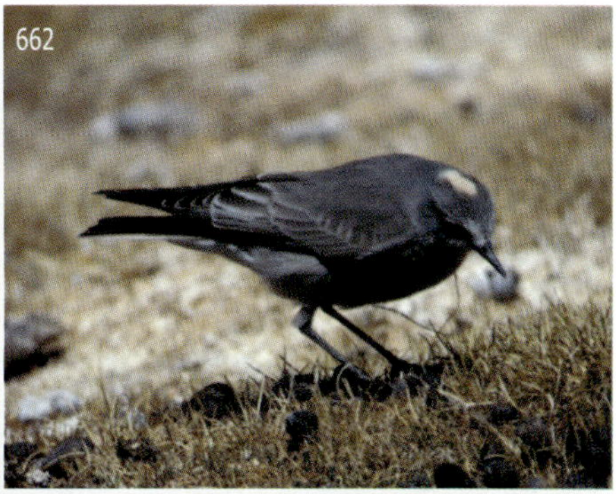

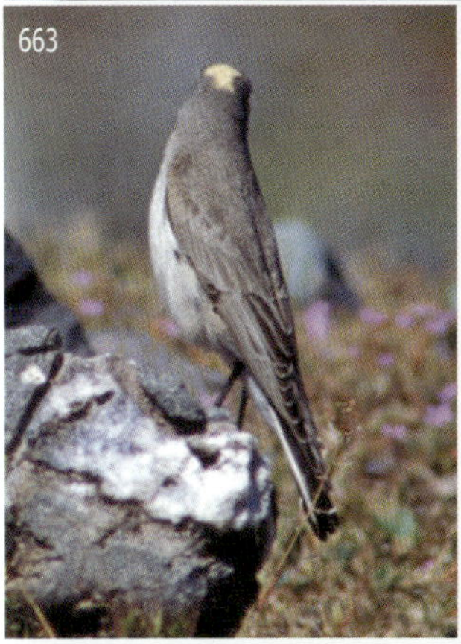

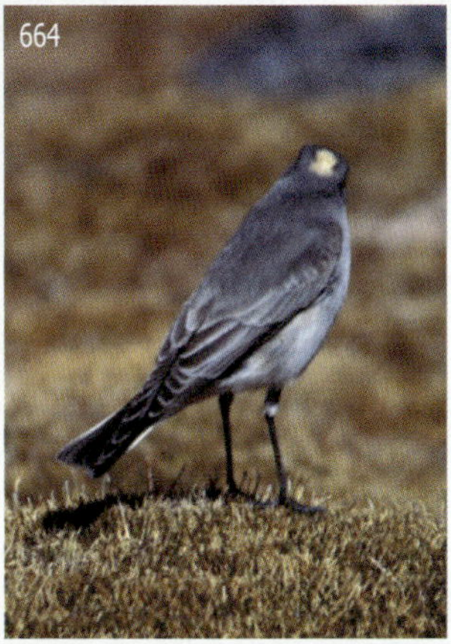

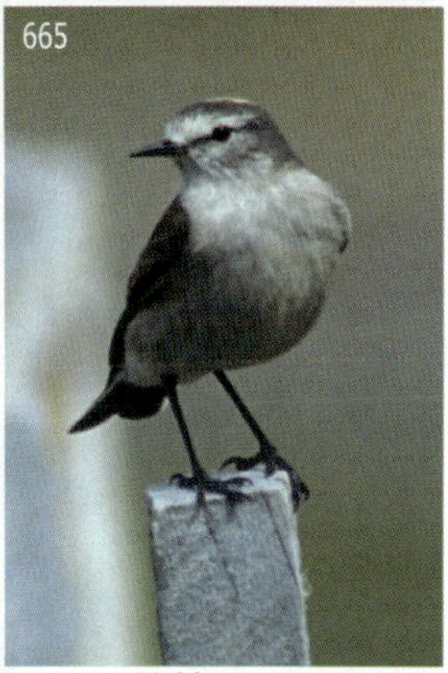

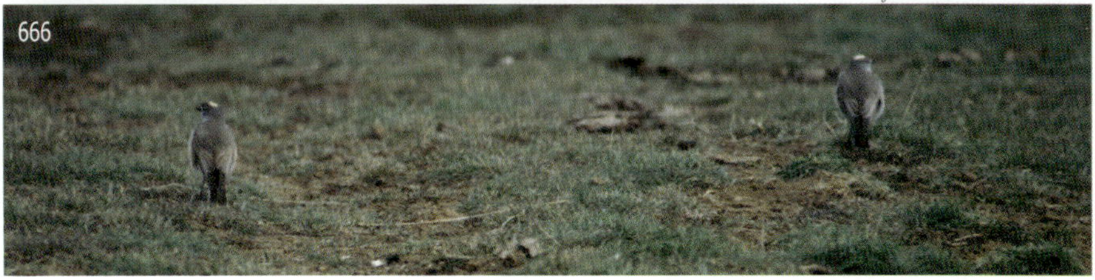

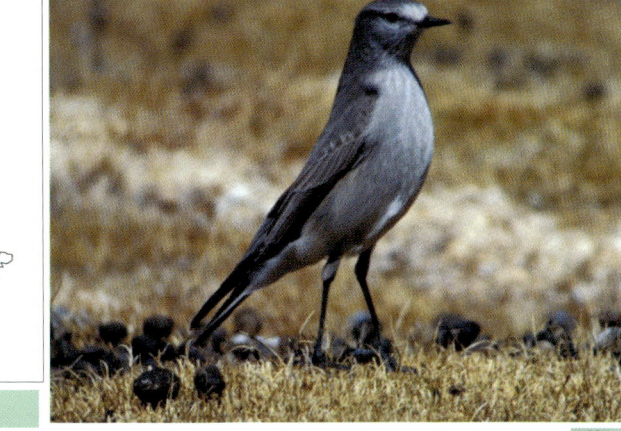

Austral Negrito
Lessonia rufa

TYRANNIDAE

C. Colegial Común
A. Sobrepuesto Común

668

Identification: Male: Completely black except for a prominent rufous patch extending through the back and scapulars. Bill black. **Female:** Chin whitish. Upperparts greyish-brown with cinnamon region on back. Wings black with secondaries edged with cinnamon. Rest of underparts greyish-brown with white undertail-coverts. Tail black with whitish outer border. **Juvenile:** Similar to female, although underparts are whitish.
Habitat: Open terrain surrounding water, including inundated fields, riversides, edges of ponds and lagoons, and seacoast. From pre-Andean habitats to the seacoast.
Range: Very common summer resident from southern Maule, in Chile and Neuquén, in Argentina south to Isla Grande de Tierra del Fuego, southern islands of the Beagle Channel, including the Wollaston Archipelago (Cape Horn) and Staten Island. Its northern breeding range reaches to Santiago in Chile, and Mendoza in Argentina. The males migrate north towards more temperate areas during the winter, ranging throughout the rest of Chilean and Argentinean territories, north to southern and eastern Bolivia, Paraguay and southern Brazil. Accidental visitor to the Falkland Islands.
Habits: In pairs or small groups. Essentially terrestrial, although often seen perching on low bushes or fences. Silent. Runs and jumps rapidly. Open and closes with wings and tail nervously. A very active and confiding flycatcher.

Identificación: Macho: Completamente negro excepto por un notorio parche rufo que se extiende por el lomo y escapulares. Pico negro. **Hembra:** Barbilla blanquecina. Partes superiores café grisáceo con mancha acanelada en el lomo. Alas negras con secundarias con borde canela. Resto de las partes inferiores café grisáceo con subcaudales blancas. Cola negra con borde externo blanquecino. **Juvenil:** Similar a la hembra aunque con partes inferiores blanquecinas.
Hábitat: Terrenos abiertos cercanos a cuerpos de agua, tales como vegas, lechos de ríos, bordes de lagunas y playas. Desde la pre-cordillera hasta la costa.
Rango: Residente estival muy común desde el sur del Maule, en Chile y Neuquén, en Argentina hasta la Isla Grande de Tierra del Fuego, islas australes del Canal Beagle, incluyendo el Archipiélago de las Wollaston (Cabo de Hornos) e Isla de los Estados. Su rango reproductivo septentrional alcanza hasta Santiago en Chile, y Mendoza en Argentina. Los machos migran tempranamente al norte hacia territorios templados durante el invierno, distribuyéndose por el resto del territorio chileno y argentino, hasta el sur y este de Bolivia, Paraguay y sur de Brasil. Accidental en Islas Malvinas.
Hábitos: En parejas o en pequeños grupos. Esencialmente terrestre aunque suele posarse sobre arbustos bajos o alambradas. Silencioso. Corre rápidamente y salta. Abre y cierras las alas y cola nerviosamente. Ave muy activa, inquieta y confiada.

669 ♂

670 ♀

671

672 I

673

674 J

675 ♀

L 12cm (4 3/4")

White-winged Black-Tyrant
Knipolegus aterrimus   TYRANNIDAE

♂

Identification: Large, square-shaped head. **Male:** Bill bluish-grey with black tip. Iris dark. Completely black with conspicuous white wing-bar across the base of primaries, normally hidden when perched but quite prominent in flight. Underwing-coverts white. **Female:** Bill black with some blue on the lower mandible. Slight whitish mottling on the lores and below the eye. Upperparts greyish-brown. Rump and basal half of tail reddish-chestnut. Wings blackish with two bold cinnamon-buff bars. Underparts uniform cinnamon, somewhat paler on throat and central part of belly. Terminal half of tail blackish.
Habitat: Arid plains with scattered scrubby cover and dense monte borders.
Range: *K. a. aterrimus* is an uncommon summer resident of the extreme north of eastern Patagonia, including Río Negro, south-western Buenos Aires and northern Chubut. Its range also includes the rest of central Argentina, dispersing westwards through the Andes foothills, reaching western Bolivia and Peru. During the southern winter, migrates to eastern Argentina and western Paraguay. Accidental visitor to central Chile (Talca).
Habits: Alone or in pairs. Quite graceful display flight, making circular and vertical flying displays during the breeding period. Perches on exposed branches. Silent. Wary.

Identificación: Cabeza grande y cuadrada. **Macho:** Pico gris azulado con punta negra. Iris oscuro. Completamente negro brillante con conspicua banda blanca a través de la base de las primarias, oculta cuando el ave descansa pero muy notoria en vuelo. Coberteras subalares blancas. **Hembra:** Pico negro con algo de azul en la mandíbula. Leve moteado blanquecino en lorums y debajo del ojo. Partes superiores café grisáceo. Rabadilla y mitad basal de la cola castaño rojizo. Alas negruzcas con dos gruesas bandas ante acanelado. Partes inferiores canela uniforme, algo más pálido en garganta y parte central del abdomen. Mitad terminal de la cola, negruzco.
Hábitat: Planicies áridas con matorral denso disperso y bordes de monte denso.
Rango: *K. a. aterrimus* es un residente estival poco frecuente en el extremo norte de la Patagonia oriental, incluyendo Río Negro, sur-oeste de Buenos Aires y norte de Chubut. Su distribución también incluye el resto del centro de Argentina, dispersándose hacia el oeste por el pie de los Andes, alcanzando el oeste de Bolivia y Perú. Durante el invierno austral, migra hacia el este de Argentina y oeste de Paraguay. Accidental en Chile central (Talca).
Hábitos: Solitario o en parejas. Vuelo de despliegue bastante ágil, realizando giros circulares de orientación vertical durante el período reproductivo. Se posa sobre ramas expuestas. Silencioso. Desconfiado.

L. 18cm (7")

Spectacled Tyrant
Hymenops perspicillatus

TYRANNIDAE

C. Run-run
A. Pico de Plata

Identification: Bill yellow. Iris brown. **Male:** Completely black. Conspicuous lemon yellow bill and eye-ring. Primaries white with base and tip black, forming a very visible wing-bar in flight. **Female:** Upperparts dark brown with feathers with light edging. Supercilium beige. Yellow eye-ring less prominent than male. Wings with reddish-brown patch on primaries and two buffish bars on coverts. Underparts buffish with dark streaking on breast. Tail black with yellow outer border. **Juvenile:** No yellow eye-ring.

Habitat: Favours reed-fringed ponds, lagoons and rivers. Also in swamps, riversides and scrubby areas, always close to freshwater bodies.

Range: *H. p. perspicillatus* is a common summer resident in suitable habitats of extreme north of eastern Patagonia, including Río Negro, south-western Buenos Aires and Chubut. Very local south to Aysén, Chile and Santa Cruz, Argentina. Accidental visitor to north-eastern Magallanes (Torres del Paine NP). The southern population migrates north during the winter, reaching northern Argentina, eastern Bolivia, Paraguay and southern Brazil. *H. p. andina* is a common migratory resident from southern Maule south to Valdivia (Los Lagos), Chile and adjacent regions of western Río Negro and Chubut, in Argentina. Its breeding range extends through Chile north to Atacama. The southern population migrates northwards through both countries.

Habits: Alone or in pairs, always at low density. Male usually perches in a prominent position. In nuptial flight, male flies out in an arc before returning to original perch. Undulating flight interspersed with rapid wing-beats. While flying, wings produce a characteristic sound. Wary.

Identificación: Pico amarillo. Iris café. **Macho:** Completamente negro. Notables pico y anillo periocular amarillo limón. Primarias blancas con base y punta negra formando una banda alar muy visible en vuelo. **Hembra:** Partes superiores café oscuras con bordes de las plumas más claros. Superciliar beige. Anillo periocular amarillo aunque no tan notorio. Alas con parche café rojizo en primarias y dos bandas transversales café amarillento en las coberteras. Partes inferiores café amarillento con estrías oscuras en el pecho. Cola negra con borde amarillento. **Inmaduro:** Sin amarillo en la región periocular.

Hábitat: De preferencia en bordes de lagunas con pajonal. También en vegas, lechos de ríos y zonas con matorral siempre en las cercanías de cuerpos de agua.

Rango: *H. p. perspicillatus* es un residente estival común en los ambientes apropiados del extremo norte de la Patagonia oriental, incluyendo Río Negro, sur-oeste de Buenos Aires y Chubut. Local en Aysén, Chile y Santa Cruz, Argentina. Accidental al nor-este de Magallanes (PN Torres del Paine). Las poblaciones más australes son migratorias durante el invierno austral, alcanzando el norte de Argentina, este de Bolivia, Paraguay y sur de Brasil. *H. p. andina* es un residente migratorio común desde el sur del Maule hasta Valdivia (Los Lagos), Chile y regiones adyacentes del oeste de Río Negro y Chubut, en Argentina. Su rango reproductivo alcanza en Chile, hasta Atacama. Las poblaciones australes migran hacia el norte por ambos países.

Hábitos: Solitario o en parejas siempre guardando considerable distancia entre ambos. El macho siempre posado en algún lugar aventajado. En vuelo nupcial, el macho describe un giro circular desde su punto de origen. Vuelo undulante con aleteos a intervalos. Al volar, produce con las alas un característico zumbido. Desconfiado.

679

680

♀

681

682

683

♂

684

685

686

L. 16cm (6 1/4")

Great Kiskadee
Pitangus sulphuratus   TYRANNIDAE   **C. & A.** Benteveo Común

Identification: Bill black, thick and straight. Crown and sides of face blackish. Elongated yellow stripe across crown, not always evident. Long and bold white supercilium. Upperparts brown with olive tinge. Flight-feathers edged with dull rufous. Throat white. Rest of underparts yellow.

Habitat: Semi-open terrain including agricultural areas, favouring sites near water, such as lagoons and rivers. Also near human habitation, including residential areas, plazas and parks.

Range: *P. s. argentinus* is a summer resident widely distributed throughout central and southern Argentina. Present in the extreme north of eastern Patagonia: eastern Neuquén, Río Negro, south-western Buenos Aires south to Chubut. Its range includes most of South America, throughout lowlands east of the Andes. Very occasional visitor to Chile: one record from Bío-Bío. Accidental visitor to the Falkland Islands.

Habits: Alone, in pairs or small family groups. Very conspicuous flycatcher. Perches low and in the open, also on fences. Aggressive and voracious. Diet is quite varied and includes fruit, insects, frogs, lizards and also chicks of other birds. Catches insects during hovering flight. Very noisy.

Identificación: Pico negro, grueso y recto. Corona y lados de la cara negruzca. Alargada banda amarilla sobre la corona, no siempre evidente. Larga y gruesa superciliar blanca. Partes superiores café con tinte oliváceo. Alas con plumas de borde rufo apagado. Garganta blanca. Resto de las partes inferiores amarillo.

Hábitat: Areas semiabiertas como terrenos agrícolas, de preferencia cerca de cuerpos de agua, como lagunas y ríos. También cerca de asentamientos humanos, como zonas residenciales, plazas y parques.

Rango: *P. s. argentinus* es un residente estival de amplia distribución en el centro y sur de Argentina. Presente en el extremo norte de la Patagonia oriental: este de Neuquén, Río Negro, sur-oeste de Buenos Aires hasta el sur de Chubut. Su distribución incluye la mayor parte de Sudamérica, en ambientes bajos localizados en la vertiente oriental de los Andes. Visitante muy ocasional en Chile: un registro en Bío-Bío. Accidental en Islas Malvinas.

Hábitos: Solitario, en parejas o en pequeños grupos familiares. Ave muy notoria. Utiliza perchas bajas y en lugares expuestos, también alambradas. Agresivo y voraz. Su dieta es muy variada e incluye frutos, insectos, sapos y lagartijas, también polluelos de otras aves. Halconea, suspendido en el aire desde donde acecha a los insectos, para capturarlos en vuelo. Muy ruidoso.

688

689

690

691

692

693

L. 24cm (9 1/2")

Fork-tailed Flycatcher

Tyrannus savana   TYRANNIDAE

C. Cazamoscas Tijereta
A. Tijereta

694

Identification: Unmistakable. Head and nape black. Yellow patch on crown, often concealed. Upperparts pale grey. Underparts completely white. Wings dark greyish-brown. Tail black with basal half of outer web of outermost rectrices white. The tail is very long (almost half of the total length of the bird), and strongly forked, being shorter in females and immatures. **Immature:** Crown brownish.
Habitat: Open fields and grasslands with scattered scrubs and trees.
Range: *T. s. savana* is a scarce summer resident in the north of eastern Patagonia, including eastern Neuquén, Río Negro, south-western Buenos Aires and north-eastern Chubut. Widely distributed throughout central and eastern Argentina, and through the rest of South America. Highly migratory species. Accidental visitor to the Falkland Islands and Chile.
Habits: Alone, in pairs or family groups. Also in flocks during migration. Generally perches on top of fences or small bushes. Aggressive around the nest, chasing larger birds and even raptors. Catches insects on the wing. Opens and closes its tail constantly. During the breeding period, makes spiralling flights. Silent.

Identificación: Inconfundible. Cabeza y nuca negra. Parche amarillo en la corona, frecuentemente oculto. Partes superiores gris pálido. Partes inferiores completamente blancas. Alas gris parduzco oscuro. Cola negra con parte basal de la membrana externa de las rectrices exteriores, blanca. La cola es muy larga (casi la mitad del largo total del ave), y muy ahorquillada, siendo más corta en las hembras e inmaduros. **Inmaduro:** Corona pardusca.
Hábitat: Campos abiertos y pastizales con arbustos y árboles dispersos.
Rango: *T. s. savana* es un residente estival escaso en el norte de la Patagonia oriental, incluyendo el este de Neuquén, Río Negro, sur-oeste de Buenos Aires y nor-este de Chubut. De amplia distribución en el centro y este de Argentina, y en el resto de Sudamérica. Especie muy migratoria. Accidental en Islas Malvinas. Errante en el norte de Chile.
Hábitos: Solitario, en parejas o en grupos familiares. También en bandadas durante la migración. Se posa generalmente sobre alambradas o pequeños matorrales. Agresivo en torno a su nido, llegando a expulsar a aves mayores e incluso rapaces. Captura insectos al vuelo. Abre y cierra su cola constantemente. Durante el período reproductivo, realiza vuelos en espiral. Silencioso.

L. M: 40cm (15 3/4")
F: 30cm (11 3/4")

White-tipped Plantcutter

Phytotoma rutilla   PHYTOTOMIDAE   **A.** Cortarramas

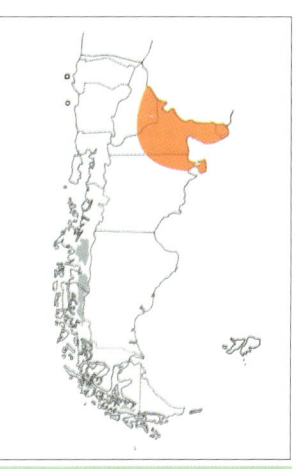

Identification: Bill short and thick. Iris dull yellow. **Male:** Rufous forehead. Upperparts dark grey with black streaking on back. Wings blackish with two bold white bars. Underwing-coverts whitish. Underparts orange-rufous with grey on sides and flanks. Tail blackish with conspicuous white terminal band. **Female:** Pale brown upperparts, densely streaked with blackish. Wings blackish with 2 or 3 narrow whitish bars. Underparts buffish with ochraceous tinge, and prominent blackish streaking.

Habitat: Semi-open scrubby areas with some larger trees. Frequents over-grazed and sandy arid areas. Also around houses.

Range: *P. r. rutilla* is the only plantcutter within its range. Locally frequent to common summer resident found only in the north of eastern Patagonia, including Neuquén, Río Negro, south-western Buenos Aires and occasionally south to north-eastern Chubut. It ranges northwards through the rest of Argentina, reaching southern Bolivia, western Paraguay, Uruguay and extreme south of Brazil.

Habits: In pairs, family groups or small flocks. Perches on bushes, posts or fences. Feeds also on the ground. Does not fly for long distances.

Identificación: Pico corto y grueso. Iris amarillo apagado. **Macho:** Frente rufa. Partes superiores gris oscuras con estrías negras en la espalda. Alas negruzcas con dos amplias bandas blancas. Coberteras subalares blanquecinas. Partes inferiores rufo anaranjado con gris hacia los lados y flancos. Cola negruzca con conspicua banda terminal blanca. **Hembra:** Partes superiores café pálido, con denso estriado negruzco. Alas negruzcas con 2 o 3 delgadas bandas blanquecinas. Partes inferiores café amarillento con tinte ocráceo, y notorio estriado negruzco.

Hábitat: Areas de matorral semiabierto y con presencia de árboles. Frecuenta regiones sobrepastoreadas, áridas y de suelos arenosos. También visita alrededores de casas.

Rango: *P. r. rutilla* es el único cortarramas dentro de su rango. Es un residente estival localmente frecuente a común que se encuentra solamente el norte de la Patagonia oriental, incluyendo Neuquén, Río Negro, sur-oeste de Buenos Aires y ocasionalmente hasta el nor-este de Chubut.

Se distribuye hacia el norte por el resto de Argentina, alcanzando el sur de Bolivia, oeste de Paraguay, Uruguay y extremo sur de Brasil.

Hábitos: En parejas, grupos familiares o pequeñas bandadas. Se posa sobre arbustos, postes o alambradas. Se alimenta también en el suelo. No acostumbra volar por largas distancias.

L. 20cm (7 3/4")

Rufous-tailed Plantcutter

Phytotoma rara   PHYTOTOMIDAE   **C. & A.** Rara

♂

Identification: Short, thick bill with serrated cutting edges. Iris red. **Male:** Rufous forehead and crown. Sides of head as back. Upperparts light greyish-brown with blackish-brown streaking. Wings blackish with two white bars formed by tips of median coverts and outer borders of outermost primaries. Underparts orange-rufous. Belly lighter. Tail rufous with central rectrices blackish-brown and broad black terminal band. **Female:** Upperparts and sides of head olive-brown densely streaked with blackish brown. Wings with two narrow buffish bars. Underparts buffish with blackish-brown streaking on breast and sides.

Habitat: Low forests and dense shrubby areas near forest borders. Associated with Chilean Fire-Bush (*Embothrium coccineum*). Also in cultivated fields and gardens.

Range: Uncommon to locally common summer resident from el sur del Maule south to Llanquihue and Isla Grande de Chiloé and adjacent Andean regions of eastern Aysén and northern Magallanes (south to Puerto Natales), in Chile. From western Neuquén and Río Negro south to Santa Cruz, in Argentina. Accidental visitor to Isla Grande de Tierra del Fuego and the Falkland Islands.

Range in Chile reaches northwards to Atacama and in Argentina north to north-western Mendoza.

Habits: In pairs or small family parties. Perches on tops of trees or bushes. Rarely seen on the ground. Feeds constantly on buds and fruits, which it cuts with its specialized bill. Can be located by its loud and diagnostic alarm call. Very wary.

Identificación: Pico grueso, corto y aserrado. Iris rojo. **Macho:** Frente y corona rufa. Lados de la cabeza del color del dorso. Partes superiores café grisáceo claro estriadas de café negruzco. Alas negruzcas con dos bandas blancas formadas por las puntas de las coberteras medianas y por los bordes externos de las primarias exteriores. Partes inferiores rufo-anaranjado. Abdomen más pálido. Cola rufa con rectrices centrales café negruzco y amplia banda terminal negra. **Hembra:** Partes superiores y lados de la cabeza café oliváceo con denso estriado café negruzco. Alas con dos delgadas bandas café amarillento. Partes inferiores café amarillento con estriado café oscuro en pecho y lados.

Hábitat: Bosques bajos y áreas abiertas arbustivas densas en bordes de bosque. Asociado a Ciruelillo (*Embothrium coccineum*). También en campos cultivados y jardines.

Rango: Residente estival poco común a localmente común desde el sur del Maule hasta Llanquihue e Isla Grande de Chiloé y regiones cordilleranas aledañas al este de Aysén y norte de Magallanes (hasta Puerto Natales), en Chile. Desde el oeste de Neuquén y Río Negro hasta Santa Cruz, en Argentina. Accidental en Isla Grande de Tierra del Fuego e Islas Malvinas.

Su distribución en Chile, alcanza por el norte hasta Atacama y en Argentina hasta el nor-oeste de Mendoza.

Hábitos: En parejas o en pequeños grupos familiares. Posado en el tope de árboles y arbustos. Rara vez en el suelo. Se alimenta constantemente de brotes y frutos, los que corta con su pico especializado. Delata su presencia por un fuerte cacareo de alarma. Muy tímido.

702

703

704

♀

705

706

L. 19cm (7 1/2")

J

Southern Martin

Progne elegans   HIRUNDINIDAE   **C. & A.** Golondrina Negra

707

708

709

710

Identification: Fairly large swallow. **Male:** Generally black with violet and blue sheen. **Female:** Similar to the male on upperparts. Underparts dark brown, with white-fringed feathers. Undertail-coverts whitish, tipped with black. Tail strongly forked.
Habitat: Coastal cliffs, hillsides, steppes, cultivated fields and cities. Normally associated to human habitation.
Range: Fairly frequent to common summer resident in northern extreme of eastern Patagonia: Neuquén, Río Negro, south-western Buenos Aires and north-eastern Chubut. Local southwards to northern Santa Cruz. Ranges northwards throughout the rest of Argentina, north to Bolivia. Accidental visitor to the Falkland Islands. During the southern winter, migrates northwards to the western Amazon Basin of eastern Peru, northern Brazil and Colombia.
Habits: Generally in small groups, occasionally in larger flocks. Gliding flight often at considerably greater height than other swallow species. Perches on elevated structures. Nests on cliffs, in pairs or loose colonies, depending on the availability of nesting sites. Often nests under roofs. Vocal, especially the males.

Identificación: Relativamente grande. **Macho:** Coloración general negra con brillo violeta y azul. **Hembra:** Similar al macho por encima. Partes inferiores café oscuro, con plumas bordeadas de blanco. Coberteras subcaudales blanquecinas con puntas negras. Cola muy ahorquillada.
Hábitat: Acantilados costeros, laderas de cerros, estepas, campos cultivados y ciudades. Normalmente asociado a asentamientos humanos.
Rango: Residente estival frecuente a común en el extremo norte de la Patagonia oriental: Neuquén, Río Negro, sur-oeste de Buenos Aires y nor-este de Chubut. Local hacia el sur hasta el norte de Santa Cruz. Se distribuye hacia el norte por el resto de Argentina, hasta Bolivia. Accidental en Islas Malvinas. Durante el invierno austral, migra hacia el norte hasta la Amazonía occidental del este de Perú, norte de Brasil hasta Colombia.
Hábitos: Generalmente en grupos, ocasionalmente en grandes bandadas. Vuela planeado y alto, a considerable mayor altura que otras especies de golondrinas. Se posa sobre estructuras elevadas. Nidifica en acantilados, en parejas o semi-colonialmente, dependiendo de la disponibilidad de sitios para anidar. También anida frecuentemente bajo techumbres. Vocal, especialmente los machos.

L. 19cm (7 1/2")

Chilean Swallow

Tachycineta meyeni

HIRUNDINIDAE

C. Golondrina Chilena
A. Golondrina Patagónica

711

Identification: Smallish. Upperparts dark blue with a metallic sheen forming a hood on the head. Prominent and diagnostic white rump. Wings blackish. Slightly forked blackish tail. Underparts completely white. Slight greyish tinge on breast and flanks.

Habitat: Shrubby areas, forest borders and open fields. Often near damp fields and other wetlands such as rivers, streams and lagoons. Also near human habitation whilst nesting. From pre-Andean habitats down to the coast.

Range: Common summer resident throughout the mainland region. In Chile, from southern Maule and in Argentina, from Neuquén and Río Negro south to Isla Grande de Tierra del Fuego, Patagonian and Fuegian archipelago and southern islands of the Beagle Channel including the Wollaston Archipelago (Cape Horn) and Diego Ramírez and Staten Islands. Irregular visitor to the Falkland Islands, although there is a breeding record from the south-west part of the archipelago. Accidental visitor to South Georgia Island and South Shetland Islands, Antarctica where recorded some 160 nautical miles south-east of Elephant Island. Its range in Chile reaches north to Atacama. During the southern winter, the southern populations migrate northwards through the rest of Argentina, north to Bolivia, Paraguay, Uruguay and southern Brazil. Part of the population remains in the extreme northern Patagonia during the colder months.

Habits: Generally in groups, occasionally very numerous. Fast flight. Sometimes perches briefly on posts, fences and tall branches of dry trees. Rarely seen on the ground. Insectivorous, with prey caught in flight. Aggressive and territorial in the presence of other birds. Noisy. Confiding.

Identificación: Pequeña. Cabeza con capuchón del color del dorso. Partes superiores azul oscuro metálico. Notable y diagnóstica rabadilla blanca. Alas y cola ligeramente ahorquillada, negruzca. Todas las partes inferiores blancas. Leve tinte grisáceo en pecho y flancos.

Hábitat: Ambientes de matorral, bordes de bosque y terrenos abiertos. Frecuenta vegas y otras zonas húmedas como ríos, riachuelos y lagunas. También en construcciones humanas para nidificar. Desde la pre-cordillera hasta la costa.

Rango: Residente estival nidificante común en toda la región continental. En Chile, desde el sur del Maule y en Argentina, desde Neuquén y Río Negro hasta Isla Grande de Tierra del Fuego, archipiélago patagónico-fueguino e islas australes del Canal Beagle incluyendo el Archipiélago de las Wollaston (Cabo de Hornos) e Islas Diego Ramírez y de los Estados. Visitante irregular en las Islas Malvinas, aunque existe un registro de nidificación en el sur-oeste del archipiélago. Accidental en Isla Georgia del Sur e Islas Shetland del Sur, Antártica donde fue registrada a unas 160 millas náuticas al sur-este de Isla Elefante. Su distribución en Chile alcanza por el norte hasta Atacama. Durante el invierno, las poblaciones australes migran hacia el norte por el resto de Argentina, hasta Bolivia, Paraguay, Uruguay y sur de Brasil. Parte de la población permanece en el extremo norte de Patagonia durante los meses más fríos.

Hábitos: Generalmente en grupos, en ocasiones muy numerosos. Veloces planeos. Descansa brevemente posada sobre postes, alambradas y ramas altas de árboles secos. Rara vez en el suelo. Insectívora, especializada para capturar sus presas en vuelo. Agresiva ante la presencia de cualquier ave intrusa. Bulliciosa. Confiada.

712

713

714

715

J

716

J

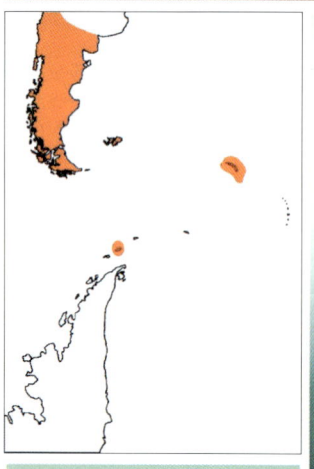

L. 14cm (5 1/2")

717

I

Blue-and-White Swallow

Notiochelidon cyanoleuca   HIRUNDINIDAE

C. Golondrina de Dorso Negro
A. Golondrina Barraquera

Identification: Smallish. Upperparts and hood black with metallic bluish sheen. Wings and tail slightly forked, blackish-brown. Underparts white with blackish-brown undertail-coverts.

Habitat: Steppes, shrubby areas, forest borders, cliffs and open habitats near water bodies. Rarely near human settlements. From pre-Andean habitats to the coast.

Range: *N. c. patagonica* is a fairly common summer resident on the eastern slope of the Andes, throughout the mainland region, from southern Maule, in Chile and Neuquén, Río Negro and south-western Buenos Aires, in Argentina, south to the Straits of Magellan. Rare visitor to Isla Grande de Tierra del Fuego and accidental to southern islands of the Beagle Channel and Staten Island. During the southern winter migrates through northern Chile and Argentina to the northern part of South America, reaching Venezuela, and even Panamá.

Habits: Generally in loose groups or mixed flocks with Chilean Swallow. Gliding flight is low and fast. Sometimes perches briefly on posts and fences. Rarely seen on the ground. Insectivorous, with prey caught in flight. Aggressive and territorial in the presence of other birds, especially during the breeding season. Wary.

Identificación: Pequeña. Partes superiores y capuchón negro con brillo azul metálico. Alas y cola levemente ahorquillada, pardo negruzco. Partes inferiores blancas exceptuando las coberteras subcaudales que son café negruzco.

Hábitat: En estepa, matorral, bordes de bosque, barrancos y ambientes abiertos en las cercanías de cuerpos de agua. No frecuenta asentamientos humanos. Desde la pre-cordillera hasta la costa.

Rango: *N. c. patagonica* es un residente estival localmente común en la vertiente oriental de los Andes, de toda la región continental, desde el sur del Maule, en Chile y desde Neuquén, Río Negro y sur-oeste de Buenos Aires, en Argentina, hasta el Estrecho de Magallanes. Visitante raro en Isla Grande de Tierra del Fuego y accidental en islas australes del Canal Beagle e Isla de los Estados. Durante el invierno austral migra por el norte de Chile y Argentina hasta la porción septentrional de Sudamérica, alcanzando Venezuela, y aún Panamá.

Hábitos: Generalmente en bandadas dispersas y también en grupos mixtos con *Tachycineta meyeni*. Veloces planeos bajos. Descansa brevemente posado sobre postes o alambradas. Se posa rara vez en el suelo. Insectívora, especializada para capturar sus presas en vuelo. Agresiva ante la presencia de cualquier ave intrusa, especialmente durante el período reproductivo. Desconfiada.

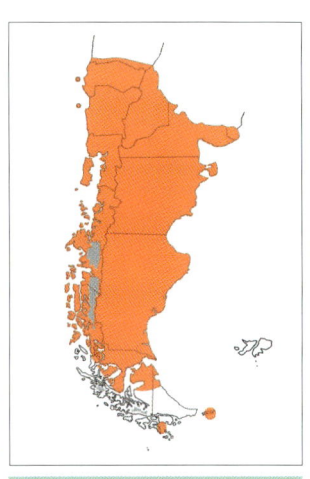

L. 13cm (5")

Sand Martin (Bank Swallow)

Riparia riparia   HIRUNDINIDAE

C. Golondrina Barranquera
A. Golondrina Zapadora

721

722

Identification: Smallish. Upperparts, hood and contrasting pectoral band uniform greyish-brown. Wings blackish-brown. Slightly forked blackish-brown tail. Rest of underparts white.
Habitat: Always near ponds, lagoons, rivers and swampy areas, favouring areas fringed with abundant vegetation. Also in open areas such as cultivated fields and grasslands.
Range: *R. r. riparia* is a occasional visitor from the Nearctic to Patagonia. Records at Valdivia (Los Lagos), Ancud (Chiloé) and in San Juan (Magallanes), in Chile. Occasionally reaches Argentina south to Isla Grande de Tierra del Fuego. A solitary individual collected at sea, some 540 nautical miles south-east of Port Stanley, in the Falkland Islands.
Breeds in North America.
Habits: In the region, just in small numbers associated with loose flocks of other swallows. Flight and wing beats fast when compared with other swallows.

Identificación: Pequeña. Partes superiores, capuchón y contrastante banda pectoral café grisáceo uniforme. Alas y cola café negruzco, ésta última levemente ahorquillada. Resto de las partes inferiores blancas.
Hábitat: Siempre en las cercanías de lagunas, ríos y áreas pantanosas, prefiriendo zonas con abundante vegetación en sus márgenes. También en zonas abiertas como áreas cultivadas y pastizales.
Rango: *R. r. riparia* es un visitante neártico bastante casual en la zona patagónica. Registros en Valdivia (Los Lagos), Ancud (Chiloé) y en San Juan (Magallanes), en Chile, alcanzando ocasionalmente por Argentina hasta Isla Grande de Tierra del Fuego. Un ejemplar fue colectado en el mar, a unas 540 millas al sur-este de Puerto Stanley, en Islas Malvinas.
Proveniente de Norteamérica, donde nidifica.
Hábitos: En la región, sólo en pequeños números formando parte de bandadas dispersas con otras golondrinas. Veloz y muy aleteado vuelo, comparado al de otras golondrinas.

L. 13cm (5")

Cliff Swallow
Petrochelidon pyrrhonota   HIRUNDINIDAE

C. Golondrina Grande
A. Golondrina Rabadilla Canela

723

724

Identification: Smallish. Bill and legs black. Forehead whitish to buffish. Upperparts black with blue metallic sheen. Back slightly streaked with whitish. Uppertail-coverts reddish-cinnamon. Sides of head and throat dull chestnut. Black patch on upper breast. Rest of underparts grey to white. Square tail, blackish.

Habitat: Open fields, grasslands, agricultural areas and near water bodies and swampy areas.

Range: *P. p. pyrrhonota* is a scarce to regular visitor from the Nearctic in lowlands of Patagonia. Isolated records at Quepe (Araucanía), Todos los Santos Lake (Los Lagos), central-eastern Magallanes, Chile and in Río Grande (Tierra del Fuego, Argentina). Accidental visitor to the Falkland Islands.
During the southern fall, migrates throughout Chile and Argentina to North America where it breeds.

Habits: In the region, records relate only to solitary individuals amongst loose mixed flocks of other swallows. Wide elliptic arcs in flight.

Identificación: Pequeña. Pico y patas negras. Frente blanquecina o café amarillento. Partes superiores negras con brillo metálico azul. Espalda con leves estrías blanquecinas. Rabadilla canela rojizo. Lados de la cabeza y garganta castaño oscuro. Parche negro en la parte superior del pecho. Resto de las partes inferiores gris a blanco. Cola negruzca, cuadrada.

Hábitat: Terrenos abiertos, pastizales, zonas agrícolas y cerca de cuerpos de agua y terrenos pantanosos.

Rango: *P. p. pyrrhonota* es un escaso y regular visitante neártico en sectores bajos de Patagonia. Registros aislados en Quepe (Araucanía), Lago Todos los Santos (Los Lagos), centro-este de Magallanes, Chile y en Río Grande (Tierra del Fuego, Argentina). Visitante accidental en Islas Malvinas.
Durante el otoño austral, migra por Chile y Argentina hacia Norteamérica, donde nidifica.

Hábitos: En la región, sólo reportes de individuos solitarios, formando parte de bandadas dispersas con otras golondrinas. Amplio vuelo elíptico.

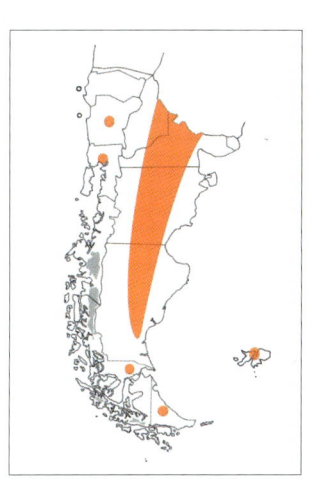

L. 13cm (5")

Barn Swallow
Hirundo rustica

HIRUNDINIDAE

Identification: Forehead ochraceous. Head black. Upperparts bluish-black with metallic sheen. Wings and tail black with greenish sheen. Tail strongly forked with white subterminal band. Underparts whitish, throat with cinnamon tinge and blackish partial pectoral collar. In **boreal summer** forehead, chin and neck rufous down to the collar. Rest of underparts tinged with cinnamon. **Juvenile:** Whitish forehead and throat.
Habitat: Open areas, generally associated with freshwater bodies and near the coast. Also around human habitation.
Range: *H. r. erythrogaster* is an uncommon visitor from the Nearctic along the coast of the entire Patagonian region. Also occurs on Isla Grande de Tierra del Fuego, occasionally occurs southwards to Diego Ramírez and Staten Islands. Accidental visitor to the Falkland Islands and South Georgia Island. Ship-assisted individuals transported to South Shetland Islands.
Cosmopolitan species.
Habits: Alone, in pairs, small groups and also in mixed flocks with other swallow species. Fast and acrobatic flight, not very high. Roosts on posts, fences or electric wires. Insectivorous, with prey caught in flight. Confiding.

Identificación: Frente ocrácea. Cabeza negra. Partes superiores negro azulado con brillo metálico. Alas y cola negra con brillo verdoso. Cola muy ahorquillada con banda subterminal blanca. Partes inferiores blanquecinas, garganta con tinte acanelado y collar pectoral parcial del color del dorso. En el **plumaje** de verano **boreal** tiene frente, barbilla y cuello de color rufo hasta el collar. Resto de las partes inferiores con tinte acanelado. **Juvenil:** Frente y garganta blanquecina.
Hábitat: Ambientes abiertos, generalmente asociados a cuerpos de agua dulce y cerca de la costa. También cerca de asentamientos humanos.
Rango: *H. r. erythrogaster* es un visitante neártico poco frecuente por la costa de toda la región patagónica. También en Isla Grande de Tierra del Fuego, visitando ocasionalmente por el sur hasta Islas Diego Ramírez y de los Estados. Visitante accidental en Islas Malvinas y Georgia del Sur. Ejemplares transportados por barco hasta Islas Shetland del Sur. Especie cosmopolita.
Hábitos: Solitario, en parejas, pequeños grupos y también en bandadas mixtas con otras especies de golondrinas. Veloces y acrobáticos planeos, no muy altos. Descansa posada sobre postes, alambradas y cables eléctricos. Insectívora, especializada para capturar sus presas en vuelo. Confiada.

726

727

♂

728

729

730

731

732

L. 13 cm. (5″)

House Wren

Troglodytes aedon   TROGLODYTIDAE

C. Chercán Común
A. Ratona Común

Identification: Thin bill and legs horn-coloured. Upperparts including head brown. Rump rufous. Wings brown with primaries and secondaries barred with buffish and wing-coverts barred with cinnamon. Underparts whitish with buffish tinge. Tail rufous finely barred with black.
Habitat: Forests, scrubby areas and steppes. Also in parks and cities. From pre-Andean habitats to the coast. Strongly associated to human habitation.
Range: *T. a. chilensis* is a common resident throughout the mainland region, from southern Maule, in Chile and Neuquén and Río Negro, in Argentina, south to Isla Grande de Tierra del Fuego, Fuego-Patagonian Archipelago, southern islands of the Beagle Channel, including the Wollaston Archipelago (Cape Horn), and Staten Island.
This species ranges northwards through the rest of Chile and Argentina, throughout South and Central America, Caribbean Islands and in North America, north to south-western Canada.
Habits: Alone, in pairs or small groups. Extremely active and noisy. Lives within the cover of trees and scrubs, although frequently seen on the ground. Also seen creeping on trunks. Moves with its tail cocked. Very confiding.

Identificación: Pico fino y patas color cuerno. Partes superiores incluyendo la cabeza café. Rabadilla rufa. Alas café con primarias y secundarias barradas de café amarillento y coberteras barradas de canela. Partes inferiores blanquecinas con tinte café amarillento. Cola rufa con finas barras negras.
Hábitat: Bosques, áreas de matorral y zonas de estepas. También en parques y ciudades. Desde la pre-cordillera hasta la costa. Bastante asociado a la presencia humana.
Rango: *T. a. chilensis* es un residente común en toda la región continental, desde el sur del Maule, en Chile y Neuquén y Río Negro, en Argentina hasta la Isla Grande de Tierra del Fuego, archipiélago patagónico-fueguino, islas australes del Canal Beagle incluyendo el Archipiélago de las Wollaston (Cabo de Hornos) e Isla de los Estados.
Esta especie se distribuye hacia el norte por el resto de Chile y Argentina, por toda Sudamérica, Centroamérica, Islas del Caribe y en Norteamérica hasta el sur-oeste de Canadá.
Hábitos: Solitario, en parejas o en pequeños grupos. Extremadamente activo y bullicioso. Vive entre el follaje de árboles y matorrales, aunque es frecuente observarlo en el suelo. También trepador. Se mueve con su cola erecta. Muy confiado.

734

735

736

738

737

J

J

J

739

L. 12cm (4 3/4")

Cobb's Wren
Troglodytes cobbi   TROGLODYTIDAE   **A.** Ratona Malvinera

Identification: Upperparts including head brown. Rump rufous. Wings brown with primaries and secondaries barred with buffish and coverts barred with cinnamon. Underparts whitish with buffish tinge. Tail rufous finely barred with black. Bill black, long and thin. Horn-coloured legs.

Habitat: Exposed outer islands with dense areas of tussock grasses (*Poa flabellata*), especially in rodent free-areas. Also on coastal rocky outcrops.

Range: ENDEMIC to the Falkland Islands. Locally common resident on exposed islands of north-western and Western Falkland and southern and eastern outer islands of Eastern Falkland.

Habits: Alone or in pairs. Extremely active and noisy. Wary. Closely associated with grasslands, from where it comes out just to look around and to sing. Moves with its tail cocked.

Conservation: Considered as a vulnerable species, with a stable population of about 9,000 to 16,000 individuals. Restricted to small barren islands without the presence of invading species, but future escapes of rats or cats in such can be fatal. Restricted to Endemic Bird Area 062 (Southern Patagonia).

Identificación: Partes superiores incluyendo la cabeza café. Rabadilla rufa. Alas café con primarias y secundarias barradas de café amarillento y coberteras barradas de canela. Partes inferiores blanquecinas con tinte café amarillento. Cola rufa con fino barrado negro. Pico negro, largo y fino. Patas color cuerno.

Hábitat: Islas exteriores con presencia de cubierta densa de *Poa flabellata*, especialmente en aquellas libres de la presencia de ratas. También en roquedales costeros.

Rango: ENDEMICO de Islas Malvinas. Residente localmente común en islas exteriores del nor-oeste y oeste de la Isla Malvina Occidental e islas exteriores australes y orientales de la Isla Malvina Oriental.

Hábitos: Solitario o en parejas. Extremadamente activo y bullicioso. Desconfiado. Vive entre los pastizales, desde donde sale solamente para observar y cantar. Se mueve con su cola erecta.

Conservación: Considerada como una especie vulnerable, con una población estable de unos 9.000 a 16.000 individuos. Se encuentra restringida a islotes sin la presencia de especies invasoras, pero futuros escapes de ratas o gatos en los mismos pueden resultar fatales. Restringido al Area de Endemismo para Aves 062 (Patagonia Sur).

741

742

743

744

745

746

L. 13cm (5")

Sedge Wren
Cistothorus platensis TROGLODYTIDAE

C. Chercán de las Vegas
A. Ratona Aperdizada

Identification: Bill and legs horn-coloured. Supercilium whitish. Upperparts dark brown, streaked with black on head and with buffish on the back. Rump barred with black. Wings cinnamon-coloured barred with brown. Underparts buffish. Tail chestnut barred with black.

Habitat: Reed-covered and scrubby areas located in inundated terrain. From pre-Andean habitats to the seacoast.

Range: *C. p. platensis* is a locally common resident in lowlands of south-western Buenos Aires and Río Negro, in Argentina. *C. p. hornensis* is a common migratory resident from southern Maule, in Chile and Río Negro, in Argentina south to the Patagonian Archipelago, Isla Grande de Tierra del Fuego, southern islands of the Beagle Channel and Staten Island. *C. p. falklandicus* is a common and widely distributed resident in the Falkland Islands.

This species ranges north from Chile and Argentina, throughout most of South, Central and North America, to eastern Canada.

Habits: Alone or in pairs, although in suitable habitats can form loose colonies. Quite difficult to spot because it hides within the cover of vegetation. Extremely active and noisy. Comes out briefly in order to sing from the higher braches of bushes and border of tall reeds. Never seen on the ground. Whilst moving, always with holds tail cocked.

Identificación: Pico y patas color cuerno. Superciliar blanquecina. Partes superiores café oscuro, con estriado negro en la cabeza y café amarillento en el dorso. Rabadilla barrada de negro. Alas de color canela barradas de café. Partes inferiores café amarillento. Cola castaña barrada de negro.

Hábitat: Pajonales y áreas de matorral localizados en ambientes inundados. Desde la pre-cordillera hasta la costa.

Rango: *C. p. platensis* es un residente localmente común en ambientes bajos del sur-oeste de Buenos Aires y Río Negro, en Argentina. *C. p. hornensis* es un residente migratorio común desde el sur del Maule, en Chile y Río Negro, en Argentina hasta el archipiélago patagónico, Isla Grande de Tierra del Fuego, islas australes del Canal Beagle e Isla de los Estados. *C. p. falklandicus* es un residente común y de amplia distribución en el Archipiélago de las Malvinas.

Esta especie se distribuye hacia el norte de Chile y Argentina, por gran parte de Sudamérica, Centroamérica, y en Norteamérica hasta el este de Canadá.

Hábitos: Solitario o en parejas, aunque en los ambientes que habita forma colonias bastante dispersas. Ave difícil de observar debido a que se oculta entre la vegetación palustre. Extremadamente activo y bullicioso. Se asoma a cantar en ramas altas de los matorrales o al borde de juncales. Nunca en el suelo. En movimiento, siempre con su cola erecta.

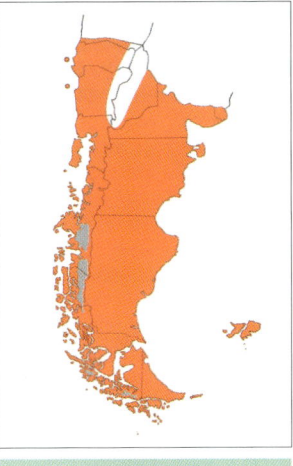

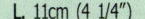

L. 11cm (4 1/4")

Austral Thrush

Turdus falcklandii

TURDIDAE

C. Zorzal Común

A. Zorzal Patagónico

Identification: Bill and legs yellow. Crown and sides of head blackish. Yellow eye-ring. Upperparts greyish-brown. Wings and tail blackish. Throat white streaked with black. Breast and sides greyish-buff. Belly light buff. Undertail-coverts whitish. **Juvenile:** Underparts ochraceous with prominent blackish mottling. Bill and legs light brown.

Habitat: Forested and scrubby areas. In cities, human habitation, gardens and parks. From pre-Andean habitats to the coast.

Range: Very common resident throughout the region. *T. f. magellanicus* ranges from southern Maule, in Chile and western Chubut and Santa Cruz, in Argentina south to Cape Horn, including the Patagonian channels, the central-southern part of Isla Grande de Tierra del Fuego, southern islands of the Beagle Channel and Staten Island. This subspecies ranges throughout the north of Chile, to Antofagasta. *T. f. pembertoni* is a resident of the eastern slope of the Andes, in southern Mendoza, Neuquén and Río Negro, occasionally reaching the coasts of Chubut and south-western Buenos Aires. *T. f. falcklandii* is a common and widely distributed resident in the Falkland Islands. *T. f. mochae* is an endemic subspecies to Mocha Island (Bío-Bío), in the northern extreme of western Patagonia.

Habits: Alone or in pairs. Forms flocks during the non-breeding period. Feeds on the ground or amongst foliage. Very active and especially noisy during twilight, usually singing from a prominent and high branch. Quite curious although always wary.

Identificación: Pico y patas amarillas. Corona y lados de la cabeza negruzco. Anillo periocular amarillo. Partes superiores café grisáceo. Alas y cola negruzcas. Garganta blanca estriada de negro. Pecho y lados café amarillento grisáceo. Abdomen café amarillento claro. Subcaudales blanquecinas. **Juvenil:** Partes inferiores ocre con notorio moteado negruzco. Pico y patas café claro.

Hábitat: Ambientes forestados y áreas abiertas con matorral. En ciudades, asentamientos humanos, jardines y parques. Desde la pre-cordillera hasta la costa.

Rango: Residente muy común en toda la región. *T. f. magellanicus* se distribuye desde el sur del Maule, en Chile y oeste de Chubut y Santa Cruz, por Argentina hasta el Cabo de Hornos, incluyendo los canales patagónicos, la porción centro-sur de Isla Grande de Tierra del Fuego, islas australes del Canal Beagle e Isla de los Estados. Esta subespecie se distribuye por el norte de Chile, hasta Antofagasta. *T. f. pembertoni* es un residente de la vertiente oriental de los Andes, en el sur de Mendoza, Neuquén y Río Negro, alcanzando ocasionalmente la costa de Chubut y sur-oeste de Buenos Aires. *T. f. falcklandii* es un residente común y de amplia distribución en islas Malvinas. *T. f. mochae* es una subespecie endémica de Isla Mocha (Bío-Bío), en el extremo norte de la Patagonia occidental.

Hábitos: Solitario o en parejas. Durante el período no-reproductivo se agrupa en bandadas. Se alimenta en el suelo y entre el follaje. Muy activo y especialmente bullicioso durante el ocaso, vocalizando generalmente desde una percha alta y prominente. Bastante curioso aunque siempre desconfiado.

754 *T. f. magellanicus*

755 *T. f. magellanicus*

756 *T. f. magellanicus*

757 *T. f. magellanicus*

758

759 *T. f. magellanicus*

L. 26cm (10 1/4")

760 *T. f. magellanicus*

Patagonian Mockingbird
Mimus patagonicus   MIMIDAE

C. Tenca Patagónica
A. Calandria Mora

761

Identification: Short and broad white supercilium. Narrow blackish malar stripe. Ear-coverts with ochre tinge. Upperparts ashy-grey. Mantle greyish-brown and rump tinged with buffish. Wings blackish with two bold white bars, across wing-coverts. Throat and breast whitish. Belly and undertail-coverts tinged cinnamon. Long blackish tail with broad white border. **Juvenil:** Have breast spotted blackish.

Habitat: Shrubby Patagonian steppes. Also near buildings. From pre-Andean habitats down to the coast.

Range: Rare to locally common summer resident to eastern Aysén and north-eastern Magallanes, in Chile and from Neuquén and Río Negro south to Santa Cruz in Argentina. Accidental visitor to northern Isla Grande de Tierra del Fuego and the Falkland Islands. During the winter, southernmost populations migrate northwards, reaching from Valdivia (Los Lagos) to Santiago, in Chile and north to Entre Ríos, Salta and Jujuy, in Argentina.

Habits: Alone or in pairs. Frequently seen perched on or singing from bushes. A more varied repertoire than other mockingbirds. Exhibits a–unique behaviour while feeding, when chasing insects by constantly spreading its wings, to capture them. Raises and wags its tail. Rather confiding.

Identificación: Corta y ancha ceja blanca. Delgada banda malar negruzca. Región auricular con tinte ocre. Partes superiores gris ceniciento. Manto café grisáceo y rabadilla con tinte ante. Alas oscuras con dos notorias bandas transversales blancas a la altura de las coberteras. Garganta y pecho blanquecino. Abdomen y subcaudales con tinte acanelado. Cola larga, todas las plumas negruzcas, a excepción de las centrales, con amplio borde blanco. **Juvenil:** Tiene el pecho con manchas negruzcas.

Hábitat: Estepas patagónicas arbustivas. También cerca de construcciones. Desde ambientes pre-cordilleranos a la costa.

Rango: Residente estival raro a localmente común del este de Aysén y nor-este de Magallanes, en Chile y desde Neuquén y Río Negro hasta Santa Cruz en Argentina. Accidental en el norte de Isla Grande de Tierra del Fuego e Islas Malvinas. Durante el invierno austral, las poblaciones australes migran hacia el norte, alcanzando desde Valdivia (Los Lagos) hasta Santiago, en Chile y hasta Entre Ríos, Salta y Jujuy, por Argentina.

Hábitos: Solitaria o en parejas. Es frecuente observarla posada y vocalizando sobre arbustos. Canto más variado que el de otras tencas/calandrias. Exhibe un comportamiento singular al alimentarse en el suelo, pues espanta a los insectos abriendo sus alas continuamente, para luego capturarlos. Levanta y agita su cola. Es bastante confiada.

762
763
764
765
766
767
768

L. 23cm (9")

White-banded Mockingbird

Mimus triurus　　　MIMIDAE

C. Tenca de Alas Blancas

A. Calandria Real

Identification: Long white supercilium. Narrow dark stripe across the eye. Head and upperparts greyish-brown. Rump rufous. Wings black with prominent and broad white band very noticeable in flight. Underparts whitish with greyish wash on breast. Flanks and undertail-coverts tinged buffish. Tail mostly white, although pair of central rectrices are black. Iris yellow to orange.

Habitat: Shrubby Patagonian steppes and semi-open areas with scattered bushes and trees. Often near human settlements.

Range: Relatively frequent summer resident to the extreme north of eastern Patagonia, in Río Negro and south-western Buenos Aires. Scarcer southwards to Chubut, where it is a rare visitor to Valdes Peninsula. Very occasional in southern Chile where recorded at Loncotraro, near Pucón (Araucanía) and in Valdivia (Los Lagos). During the southern winter disperses northwards, through the rest of Argentina, occasionally reaching northern Chile (Atacama), Bolivia, Paraguay and Uruguay.

Habits: Alone or in pairs. Perches and sings from the lower part of bushes and trees. Sings throughout the year, having a particularly beautiful and varied repertoire. Has a unique breeding display where it walks on the ground, sings, spreads its wings and tail, and jumps. Confiding.

Identificación: Larga ceja blanca. Delgada mancha oscura a través del ojo. Cabeza y partes superiores café grisáceo. Rabadilla rufa. Alas negras con notoria y amplia banda longitudinal blanca, ésta última muy notoria en vuelo. Partes inferiores blanquecinas con lavado grisáceo en pecho. Flancos y subcaudales con tinte café amarillento. Cola mayoritariamente blanca, aunque las rectrices centrales son negras. Iris amarillo a anaranjado.

Hábitat: Estepas patagónicas arbustivas y ambientes semiabiertos con arbustos y árboles dispersos. Frecuente cerca de habitaciones humanas.

Rango: Residente estival relativamente frecuente del extremo norte de la Patagonia oriental, en Río Negro y sur-oeste de Buenos Aires. Más escaso en Chubut, donde es un raro visitante de la Península Valdés. Muy ocasional en el sur de Chile donde se ha registrado en Loncotraro, cerca de Pucón (Araucanía) y en Valdivia (Los Lagos). Durante el invierno austral se dispersa hacia el norte, por el resto de Argentina, alcanzando ocasionalmente el norte de Chile (Atacama), Bolivia, Paraguay y Uruguay.

Hábitos: Solitario o en parejas. Se posa y vocaliza desde la parte superior de arbustos y árboles. Canta durante todo el año, teniendo un particular y bello repertorio. Realiza un singular comportamiento reproductivo en el camina en el suelo, vocaliza, abre sus alas y cola, y salta. Confiado.

770

771

772

773

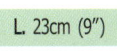

Chilean Mockingbird
Mimus thenca MIMIDAE **C.** Tenca Chilena

Identification: Long and broad white supercilium. Black eye-stripe. Broad black malar stripe. Upperparts dark greyish-brown. Wings with two narrow white bars. Throat whitish. Underparts pale greyish-brown with dark streaking on belly; sides and flanks streaked dark and tinged with buffish. Long dark brown tail with outer white border. Bill and legs black.
Habitat: Hillsides and open shrubby areas. Also near human settlements including cultivated fields. From sea level up to pre-Andean habitats.
Range: ENDEMIC to Chile. Relatively frequent to common resident from southern Maule south to Valdivia (Los Lagos). Rather scarce southwards, from Osorno to Llanquihue. Recorded at Puerto Cárdenas, in Palena (southern Los Lagos). Its range reaches Atacama in the north.
Habits: Alone or in pairs. Frequently seen perched or vocalizing on bushes or posts. Very varied repertoire, imitating a great variety of birds. Sings throughout the year. Captures insects on the ground. Rather confiding, although when threatened it hides in bushy cover.

Identificación: Larga y ancha ceja blanca. Línea negra a través del ojo. Amplia banda malar negra. Partes superiores café grisáceo oscuro. Alas con dos delgadas bandas blancas. Garganta blanquecina. Por debajo café grisáceo pálido con estriado oscuro en el abdomen; lados y flancos con tinte café amarillento también con estrías oscuras. Larga cola café oscuro con borde exterior blanco. Pico y patas negros.
Hábitat: Laderas cerros y zonas de matorral abierto. También cerca de construcciones humanas y ocasionalmente en áreas cultivadas. Desde el nivel del mar hasta la pre-cordillera.
Rango: ENDEMICO de Chile. Residente relativamente frecuente a común desde el sur del Maule hasta Puerto Montt (Los Lagos). Algo menos frecuente hacia el sur, desde Osorno a Llanquihue. Registrada en Puerto Cárdenas, en Palena (Los Lagos). Su distribución en el país hacia el norte alcanza hasta Atacama.
Hábitos: Solitario o en parejas. Es frecuente observarla posada y vocalizando sobre arbustos y postes. Canto muy variado, imitando a una variedad de aves. Vocaliza a lo largo del año. Captura insectos en el suelo. Bastante confiada, aunque al sentirse inquieta se oculta entre los arbustos.

L. 28cm (11")

781

Identification: Double malar stripe. Upperparts buffish densely streaked with blackish. Two prominent longitudinal lines across back. Tail dark with outer feathers white. Breast ochre with prominent and long dark brown streaking extending onto flanks. Belly and ventral area whitish. Legs horn with very long hind-claw. Bill black with most of lower mandible horn-coloured.

Habitat: Steppes, open shrubby areas, grasslands and around damp soils.

Range: *A. c. correndera* is a common resident in lowland areas of Argentina from Neuquén, Río Negro and south-western Buenos Aires south to Chubut. *A. c. chilensis* is a common summer resident from southern Maule, in Chile and Chubut, in Argentina to the southern part of Isla Grande de Tierra del Fuego and occasionally on islands of the Beagle Channel (Navarino Island). Most of the southernmost population migrate northwards to more temperate zones during winter. *A. c. grayi* is a common endemic and widely distributed resident on the Falkland Islands.
This species ranges northwards along the Andes of Chile and Argentina north to Peru and Bolivia. Also reaches Paraguay, south-eastern Brazil and Uruguay.

Habits: Alone or in pairs. Easy to locate whilst male is displaying, when it constantly repeats a loud and diagnostic call whilst flying high in large circles. Most often seen running on the ground rather than perched on tops of bushes or fences.

Identificación: Doble banda malar. Partes superiores café amarillento densamente estriado de negruzco. Dos notorias rayas blancas longitudinales en la espalda. Cola oscura con bordes exteriores blancos. Pecho ocre con estrías café oscuras, siendo estas más tenues en el resto de las partes inferiores que son blanquecinas, pero notables y largas en los flancos. Patas color cuerno con dedo posterior con uña muy larga. Pico negro con la mayor parte de la mandíbula color cuerno.

Hábitat: Estepas, áreas de matorral abierto, pastizales y alrededor de zonas húmedas.

Rango: *A. c. correndera* es un residente común en sectores bajos de Argentina desde Neuquén, Río Negro y sur-oeste de Buenos Aires hasta Chubut. *A. c. chilensis* es un residente estival común desde el sur del Maule, en Chile y Chubut, en Argentina hasta el sur de Isla Grande de Tierra del Fuego y ocasionalmente en islas del Canal Beagle (Isla Navarino). La mayor parte de las poblaciones más australes migra hacia zonas templadas durante el invierno. *A. c. grayi* es un residente endémico común y de amplia distribución en Islas Malvinas. Esta especie se distribuye hacia el norte por los Andes de Chile y Argentina hasta Perú y Bolivia. Por el norte de Argentina alcanza hasta Paraguay, sur-este de Brasil y Uruguay.

Hábitos: Solitario o en parejas. Fácil de detectar cuando el macho realiza su vuelo nupcial debido a que emite un fuerte y característico canto mientras vuela describiendo grandes círculos. Es más frecuente observarlo corriendo en el suelo que posado sobre matorrales o alambradas.

A. c. grayi

L. 16cm (6 1/4")

South Georgia Pipit
Anthus antarcticus   MOTACILLIDAE   **A.** Cachirla Grande

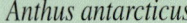

789

Identification: Upperparts buffish, densely streaked with blackish brown and with longitudinal whitish lines across scapulars. Underparts pale buffish densely streaked on breast and flanks, with finer streaks on throat and belly. Tail as back with white outer feathers. Legs long with elongated hind-claw.
Habitat: Seacoasts, moraines and streams with grasslands (*Poa ssp.*).
Range: ENDEMIC to South Georgia and surrounding isles.
Habits: Alone or in pairs. Terrestrial, feeding amongst stranded kelp on the beach or inland grasslands. Difficult to locate due to its cryptic colouration. Undulating flight. Prefers to run for short distances pausing to pump tail and then running again. Nests mainly on rodent-free islands. Extremely tame.
Conservation: Classified as Near Threatened. Restricted to islets and areas of the main island free of rats and feral cats.

Identificación: Partes superiores café amarillento con denso estriado de café negruzco. Línea blanquecina en las escapulares. Partes inferiores como el dorso aunque más pálidas y con denso estriado en pecho y flancos, siendo las estrías más delgadas en garganta y abdomen. Cola con borde exterior blanquecino. Patas largas con uña del dedo posterior elongada.
Hábitat: Costas marinas, morrenas y riachuelos con pastizales (*Poa ssp.*).
Rango: ENDEMICO de Isla Georgia del Sur e islotes aledaños.
Hábitos: Solitario o en parejas. Terrestre, se alimenta en el suelo, entre las algas varadas en la playa o en pastizales interiores. Difícil de detectar su presencia por lo críptico de su coloración. Vuelo undulante. Prefiere correr por cortas distancias para luego mover su cola y seguir corriendo. Nidifica preferentemente en islotes libres de ratas. Extremadamente confiado.
Conservación: Considerada como una especie Casi-amenazada. Se encuentra restringida a islotes y sectores de la isla principal libres de ratas y gatos asilvestrados.

L 17cm (6 3/4")

Short-billed Pipit

Anthus furcatus   MOTACILLIDAE   **A.** Cachirla Uña Corta

Identification: Bill horn-coloured. Legs pale pink. Supercilium whitish. Prominent black malar stripe. Upperparts buffish with blackish streaking. Wings dark with wing-coverts, secondaries and tertials edged with buffish. Primaries with narrow white border. Underparts whitish. Breast and flanks with ochraceous tinge, boldy streaked with black on breast. Tail dark with white outer feathers.

Habitat: Dry grasslands and shrubby Patagonian steppes.

Range: *A. f. furcatus* is a scarce to locally common resident in north-eastern Patagonia from Río Negro south to north-eastern Chubut.

This species ranges northwards throughout the rest of Argentina, from the highlands and lowlands north to central and southern Peru, western Bolivia, Uruguay and south-eastern Brazil.

Habits: Alone or in pairs. In flocks during the non-breeding season. Easy to locate whilst male is displaying when it gives a loud and diagnostic call while hovering at considerable height.

Identificación: Pico color cuerno. Patas rosado pálido. Ceja blanquecina. Prominente banda malar negra. Partes superiores café amarillento con estriado negruzco. Alas oscuras con coberteras alares, secundarias y terciarias bordeadas de café amarillento. Primarias con delgado borde blanco. Partes inferiores blanquecinas. Pecho y flancos con tinte ocráceo, grueso estriado negro en el pecho. Cola oscura con borde exterior blanco.

Hábitat: Pastizales secos y estepas patagónicas arbustivas.

Rango: *A. f. furcatus* es un residente escaso a localmente común en la Patagonia nor-oriental desde Río Negro al nor-este de Chubut.

Esta especie se distribuye hacia el norte por el resto de Argentina, por la cordillera y tierras bajas hasta el centro y sur de Perú, oeste de Bolivia, Uruguay y sur-este de Brasil.

Hábitos: Solitario o en parejas. En bandadas durante el período no-reproductivo. Fácil de detectar cuando el macho realiza su vuelo nupcial debido a que emite un fuerte y característico canto mientras realiza un vuelo suspendido a considerable altura.

L. 15cm (6")

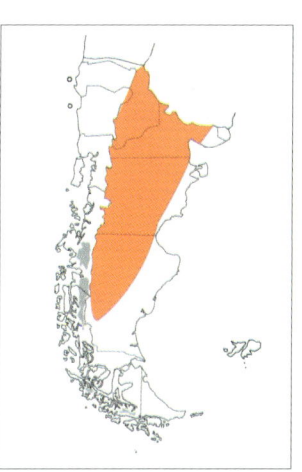

Identification: Bill horn-coloured. Legs pale pink. Supercilium and eye-ring whitish. No malar stripe. Upperparts light brown densely streaked with blackish. Underparts buffish with darker tinge on breast. Finer blackish streaking on the pectoral zone extending towards the sides and flanks. Tail dark with outer feathers buffish.
Habitat: Grasslands, prairies and rocky hillsides.
Range: *A. h. dabbenei* is a locally common summer resident in Neuquén and Río Negro. Scarcer and local southwards to western Chubut and Santa Cruz. Status unclear in Andean areas of Araucanía (Lonquimay). Southernmost populations migrate to the north of Argentina during the winter.
This species ranges northwards in Argentina, along the Andes north to western Bolivia and southern Peru, and in lowlands north to Uruguay and south-eastern Brazil.
Habits: Alone or in pairs. Sings out perched on posts or on rocks.

Identificación: Pico color cuerno. Patas rosado pálido. Ceja y anillo ocular blanquecino. Sin banda malar. Partes superiores café claro con denso estriado negruzco. Partes inferiores café amarillento con tinte más oscuro en el pecho. Fino estriado negruzco en la zona pectoral que se extiende hacia los lados y flancos. Cola oscura con bordes exteriores café amarillento.
Hábitat: Pastizales, praderas y laderas rocosas de cerros.
Rango: *A. h. dabbenei* es un residente estival localmente común en Neuquén y Río Negro. Más escaso y local por el sur hasta el oeste de Chubut y Santa Cruz. Visitante de estatus no definido en la zona cordillerana de Araucanía (Lonquimay). Las poblaciones australes migran hacia el norte de Argentina durante el invierno.
Esta especie se distribuye hacia el norte por Argentina por la cordillera hasta el oeste de Bolivia y sur de Perú, y por las tierras bajas hasta Uruguay y sur-este de Brasil.
Hábitos: Solitario o en parejas. Canta posado en postes o sobre rocas.

L. 15cm (6")

Grey-hooded Sierra-Finch
Phrygilus gayi   EMBERIZIDAE

C. Cometocino de Gay
A. Comesebo Andino

Identification: Male: Head and neck dark bluish grey. Lores black. Back olive. Primaries with silver-grey border. Wing-coverts slaty-grey. Rest of wing and tail blackish-brown. Breast and upper belly olive-yellow. Lower belly grey. Undertail-coverts white. **Female:** Similar to male although duller. Head grey with whitish chin. Black malar stripe. Wings and tail greyish-brown. Breast washed with ochre. **Immatures:** Similar to females.

Habitat: Steppes and shrubby areas. Upland grasslands with rocky zones. Hillsides. Also along forest-edge. Reaches the seacoast in the south.

Range: *P. g. caniceps* is a fairly common to common resident from Aysén, in Chile and Neuquén and Río Negro, in Argentina south to Isla Grande de Tierra del Fuego, including the Patagonian and Fuegian channels, Staten Island and southern islands of the Beagle Channel. Partly migratory, reaching very occasionally north to south-western Buenos Aires. Some individuals remain in the southern region (Magallanes and Tierra del Fuego) during the colder months. Ranges northwards from Santiago to Atacama, in Chile and to western Salta, in Argentina.

Habits: In pairs or small groups. Usually in flocks during the winter, including individuals of varied plumages stages. Mainly terrestrial although often seen perched on rocks, bushes and fences. Confiding.

Identificación: Macho: Cabeza y cuello gris azulado oscuro. Lorum negro. Espalda oliva. Primarias con borde gris plateado. Coberteras gris apizarrado. Resto del ala y cola pardo negruzco. Pecho y parte superior del abdomen amarillo oliváceo. Parte inferior del abdomen gris. Subcaudales blancas. **Hembra:** Similar al macho aunque de coloración más apagada. Cabeza gris con barba blanquecina. Banda malar negra. Alas y cola pardo grisáceo. Pecho con lavado ocre. **Inmaduros:** Similares a las hembras.

Hábitat: Ambientes de estepa y matorral. Pastizales de altura con zonas pedregosas. Laderas de cerros. También en bordes de bosque. Hasta la costa por el sur.

Rango: *P. g. caniceps* es un residente bastante frecuente a común desde Aysén, en Chile, y desde Neuquén y Río Negro, en Argentina, hasta la Isla Grande de Tierra del Fuego, incluyendo los canales patagónicos y fueguinos, islas australes del Canal Beagle e Isla de los Estados. Parcialmente migratorio, alcanzando muy ocasionalmente hasta el sur-oeste de Buenos Aires. Algunos ejemplares permanecen en la región austral (Magallanes y Tierra del Fuego) durante los meses más fríos. Su distribución septentrional alcanza desde Santiago hasta Atacama en Chile, y hasta el oeste de Salta, en Argentina.

Hábitos: En parejas o en pequeños grupos. En pequeñas bandadas durante el invierno, usualmente con individuos en variados plumajes. Preferentemente terrestre aunque es frecuente avistarlo posado sobre rocas, matorrales y alambradas. Confiado.

801 ♂

802

803 J ♂

804 ♂

805 J ♀

806 ♀

807 ♀

808 ♂

L. 16cm (6 1/4")

Patagonian Sierra-Finch

Phrygilus patagonicus　　　EMBERIZIDAE

C. Cometocino Patagónico
A. Comesebo Patagónico

809

Identification: Male: Head, neck, wings and tail slaty-grey with bluish tinge. Lores black. Mantle orange with cinnamon tinge. Rump and uppertail-coverts yellow. Underparts bright yellow. Undertail-coverts white. **Female:** Mantle and underparts dull yellow. Head grey with white chin. Wings and tail greyish-brown. Breast, belly and flanks olive-yellow. Centre of belly and undertail-coverts whitish. **Immature:** Similar to female.

Habitat: Favours forest borders, forests and shrubby areas. Occasionally on the Patagonian steppe. Also in gardens and near urban areas.

Range: ENDEMIC to Patagonia. Fairly common resident throughout the mainland region from southern Maule, in Chile and from western Neuquén and Río Negro, in Argentina south to Isla Grande de Tierra del Fuego, including the Patagonian and Fuegian channels, Staten Island and southern islands of the Beagle Channel. Occasionally also on the steppes of eastern Patagonia (Santa Cruz). During the southern winter, part of the population migrates northwards reaching Central Chile (Santiago and Valparaíso). Some individuals remain in southern areas (Magallanes) during the colder months.

Habits: In pairs or small groups. Very active. Generally seen in the canopy or middle storey, where sings and feeds. Also perches on top of bushes and fences. Quite vocal, especially during the breeding season. Confiding.

Identificación: Macho: Cabeza, cuello, alas y cola gris apizarrado con tinte azulado. Lorum negro. Manto anaranjado con tinte canela. Lomo y rabadilla amarillo. Partes inferiores amarillo intenso. Subcaudales blancas. **Hembra:** Coloración amarilla de manto y partes inferiores es más apagada. Cabeza gris con barba blanca. Alas y cola café grisáceo. Pecho, abdomen y flancos amarillo oliváceo. Centro del abdomen y subcaudales blanquecinos. **Inmaduros:** Similares a las hembras.

Hábitat: De preferencia en bordes bosque, áreas boscosas y de matorral. Ocasionalmente en la estepa patagónica. También en jardines y cerca de zonas urbanas.

Rango: ENDEMICO de Patagonia. Residente bastante común presente en toda la región continental desde el sur del Maule, en Chile y desde el oeste de Neuquén y Río Negro, en Argentina hasta la Isla Grande de Tierra del Fuego, incluyendo los canales patagónicos y fueguinos, Isla de los Estados e islas australes del Canal Beagle. Ocasionalmente en las estepas de la Patagonia oriental (Santa Cruz). Durante el invierno austral, parte de la población migra hacia el norte alcanzando el centro de Chile (Santiago y Valparaíso). Algunos ejemplares permanecen en la región austral (Magallanes) durante los meses más fríos.

Hábitos: En parejas o en pequeños grupos. Muy activo. Se observa generalmente en las zonas medias o altas del follaje, donde se alimenta y canta. También se posa sobre matorrales y alambradas. Bastante vocal, en especial durante el período de cría. Confiado.

810 ♂

811 ♂

812 ♂

813 ♀

814 J

815 J

816 J

L. 16cm (6 1/4")

Mourning Sierra-Finch

Phrygilus fruticeti　　　　　EMBERIZIDAE

C. Yal Común
A. Yal Negro

817

818

♀

Identification: Bill and legs orange yellow. **Male:** Dark slaty grey. Head and mantle streaked with black. Lores, throat and breast black. Wings black with two prominent white bars across median and greater coverts. Belly and undertail-coverts white. **Female:** Orange bill and legs dark pink. Ear-coverts and cheeks dark reddish-brown. Whitish malar stripe. Upperparts pale greyish-brown streaked with blackish. Wings brown with two white bars across median and greater coverts. Underparts grey with brown wash on sides and flanks. Whitish undertail-coverts.

Habitat: Steppes and dense scrubby areas. Also on rocky hillsides and cultivated zones.

Range: *P. f. fruticeti* is a locally common resident from southern Maule south to Araucanía. Also present in eastern Aysén and north-eastern Magallanes, in Chile, and from Neuquen, Río Negro and south-western Buenos Aires south to Santa Cruz, in Argentina. Part of the population is resident in the northernmost territories. Accidental visitor to Isla Grande de Tierra del Fuego and the Falkland Islands. Range also includes the rest of the Andes of Chile and Argentina, north to Peru and Bolivia.

Habits: In small flocks, sometimes numerous. Essentially terrestrial habits although often seen perched on bushes, from where gives its characteristic call. During breeding season, the male makes an aerial nuptial display. Rather confiding.

Identificación: Pico y patas amarillo anaranjado. **Macho:** Gris apizarrado oscuro. Cabeza y manto estriados de negro. Lorum, garganta y pecho negro. Alas negras con dos bandas transversales blancas. Abdomen y subcaudales blancos. **Hembra:** Pico anaranjado y patas rosado oscuro. Auriculares y mejillas café rojizo oscuro. Mostacho blanquecino. Las partes superiores café grisáceo claro con estriado negruzco. Alas café con dos bandas blancas. Partes inferiores gris con café en lados y flancos. Subcaudales blanquecinas.

Hábitat: Estepas y áreas de matorral denso. También en laderas rocosas de cerros y zonas cultivadas.

Rango: *P. f. fruticeti* es un residente localmente común desde el sur del Maule hasta Araucanía. También presente hacia el este de Aysén y nor-este de Magallanes, en Chile, y desde Neuquen, Río Negro y sur-oeste de Buenos Aires hasta Santa Cruz por Argentina. Parte de su población es residente en los territorios más septentrionales. Accidental en Isla Grande de Tierra del Fuego e Islas Malvinas. Su distribución incluye el resto de Chile y Argentina y los Andes de Perú y Bolivia.

Hábitos: En pequeñas bandadas, a veces numerosas. De hábitos esencialmente terrestres aunque también puede observarse posado sobre arbustos desde donde emite su característico canto. En época de apareamiento, los machos realizan un vuelo nupcial. Bastante confiado.

819 ♀

820 ♀

821 ♂

822 ♂

823 ♂

824 I ♂

L. 18cm (7")

825 ♂

826 ♀

Plumbeous Sierra-Finch

Phrygilus unicolor   EMBERIZIDAE

C. Pájaro Plomo
A. Yal Plomizo

827

Identification: Male: Completely uniform slaty-grey, slightly paler on underparts. Wings blackish. Tail black. **Female:** Generally brown with blackish streaking. Underparts paler. Very difficult to separate in the field from other female Sierra-Finches.

Habitat: Rocky areas, upland steppes, open terrain without vegetation and hillsides. Winters at lower elevations, inhabiting steppes areas and bushes.

Range: *P. u. unicolor* is a scarce to locally abundant resident of Andean zones of the entire mainland region from Linares (Maule), in Chile and western Neuquén, in Argentina south to Magallanes and Santa Cruz, respectively. Isolated population on the Somuncura Plateau, Río Negro. Undertakes altitudinal movements during the southern winter. *P. u. ultimus* is a scarce resident of upland of Isla Grande de Tierra del Fuego.

Ranges northwards throughout the rest of the Chilean and Argentinean Andes north to western Venezuela.

Habits: Alone, in pairs and occasionally in small groups. Often associating with other highland *emberizids*. Feeds on the ground. Confiding.

Identificación: Macho: Completamente gris apizarrado uniforme, levemente más pálido en las partes inferiores. Alas negruzcas. Cola negra. **Hembra:** Coloración general café, enteramente estriada de negruzco. Partes inferiores más pálidas. Es muy difícil distinguirla de las hembras de otros *Phrygilus*.

Hábitat: Zonas pedregosas, estepas de altura, terrenos desvegetados y laderas de cerros. Durante el invierno baja a sectores de estepa y matorral.

Rango: *P. u. unicolor* es un residente escaso a localmente abundante de las zonas andinas de toda la región continental desde Linares (Maule), en Chile y desde el oeste de Neuquén, en Argentina hasta Magallanes y Santa Cruz, respectivamente. Población aislada en la Meseta de Somuncurá, en Río Negro. Realiza migraciones altitudinales durante el invierno. *P. u. ultimus* es un escaso residente de Isla Grande de Tierra del Fuego.

Se distribuye hacia el norte por los Andes del resto de Chile y Argentina hasta el oeste de Venezuela.

Hábitos: Solitario, en parejas y ocasionalmente en pequeños grupos. A menudo con otras especies de fringílidos de altura. Se alimenta en el suelo. Confiado.

828 ♀

829 ♀

830 J

831 ♂

832 J

833 ♂

834 ♀

835 ♂

L. 17cm (6 3/4")

Carbonated Sierra-Finch
Phrygilus carbonarius　　　　EMBERIZIDAE　　　　A. Yal Carbonero

836

837 ♂

838 ♀

♀

Identification: Bill and legs yellow. **Male:** Grey upperparts with prominent black streaking. Forehead, lores, head sides and underparts blackish. Sides and flanks grey. **Female:** Upperparts pale brown with dark streaking and underparts whitish with thin dark brown streaking on breast, sides and flanks. Ear-coverts streaked. Median coverts with slightly paler tips. Outer tail feathers with thin white outer border. Both sexes are separated from Mourning Sierra-Finch by the lack of wing-bars.
Habitat: Semi-open shrubby steppes of monte desert. Also in grasslands.
Range: ENDEMIC to Argentina. Fairly frequent to locally common summer resident in lowland steppes of Central Argentina, from Neuquén, Río Negro and south-western Buenos Aires south to Chubut. Breeding range extends to Mendoza. During the southern winter migrates northwards to Tucumán, Santiago del Estero and Cordoba.
Habits: In pairs or small groups. During migration forms small flocks, often mixing with other species. Feeds on the ground and amongst bushes. Conspicuous display flight. Wary.

Identificación: Pico y patas amarillas. **Macho:** Partes superiores grises, con notable estriado negro. Frente, lorums, lados de la cabeza y partes inferiores negruzcas. Lados y flancos grises. **Hembra:** Partes superiores café pálido con estriado oscuro y partes inferiores blanquecinas con delgado estriado café oscuro en pecho, lados y flancos. Auriculares estriadas. Coberteras medianas con puntas levemente pálidas. Plumas exteriores de la cola con delgado borde externo blanco. Ambos sexos se separan de *P. fruticeti* por la ausencia de bandas alares.
Hábitat: Estepas arbustivas semiabiertas de desierto de monte. También en pastizales.
Rango: ENDEMICO de Argentina. Residente estival bastante frecuente a localmente común en las planicies de Argentina central, desde Neuquén, Río Negro y sur-oeste de Buenos Aires hasta Chubut. Su rango reproductivo alcanza hasta Mendoza. Durante el invierno austral, migra hacia el norte hasta Tucumán, Santiago del Estero y Córdoba.
Hábitos: En parejas o en pequeños grupos. En migración, en pequeñas bandadas, a menudo mixtas. Se alimenta en el suelo y entre los matorrales. Vistoso vuelo de despliegue. Tímido.

L. 15cm (6")

Black-throated Finch

Melanodera melanodera EMBERIZIDAE **C. & A.** Yal Austral

M. m. princetoniana

Identification: Male: Grey head. Lores and throat black, bordered with white. Back, rump and tail olive grey, the latter bordered with yellow. Underparts yellowish-grey. Undertail-coverts white. Wing-coverts and most of primaries bright yellow. Rest of wing darker. **Female:** Upperparts buffish densely streaked with black. Abdomen whitish, washed yellowish. Wings and tail bordered with yellow.

Habitat: In mainland Patagonia inhabits wind-swept steppes and uplands. In Tierra del Fuego found in areas of cushion-like vegetation over 500m/1,500ft. Found near the coast during the winter. In the Falkland Islands is found in any kind of habitat, including coastal areas and near human settlements.

Range: ENDEMIC to southern Patagonia and the Falkland Islands. *M. m. princetoniana* is a rare to locally common resident in Santa Cruz, Argentina and eastern Magallanes, including Ultima Esperanza, in Chile. Also found in the central-northern part of Isla Grande de Tierra del Fuego. *M. m. melanodera* is a very common and widely distributed resident in the Falkland Islands.

Habits: Alone, in pairs or small, loose groups. Forms flocks during the fall and winter. Movements generally short-distance and local. Males generally migrate first, with females leaving later. Essentially terrestrial habits. Wary.

Conservation: Restricted to Endemic Bird Area 062 (Southern Patagonia).

Identificación: Macho: Cabeza gris. Antifaz y garganta negra, bordeados de blanco. Espalda, rabadilla y cola gris oliváceo, esta última con bordes amarillos. Partes inferiores gris amarillento. Subcaudales blancas. Coberteras alares y la mayor parte de las primarias amarillo fuerte. El resto del ala es más oscuro. **Hembra:** Partes superiores café amarillento densamente estriadas de negro. Abdomen blanquecino, a veces amarillento. Alas y cola café ribeteadas con amarillo.

Hábitat: En el continente habita planicies esteparias y también en zonas de altura. En Tierra del Fuego se encuentra en zonas de vegetación baja sobre los 500m de altitud. En invierno, en ambientes cerca de la costa. En Islas Malvinas, en todo tipo de ambientes, incluyendo zonas costeras y en las cercanías de asentamientos humanos.

Rango: ENDEMICO de Patagonia austral e Islas Malvinas. *M. m. princetoniana* es un residente de raro a localmente común en Santa Cruz, Argentina y este de Magallanes, incluyendo Ultima Esperanza, en Chile. También en la parte centro-norte de Isla Grande de Tierra del Fuego. *M. m. melanodera* es un residente muy común y ampliamente distribuido en Islas Malvinas.

Hábitos: Solitario, en parejas o en pequeños grupos bastante dispersos. En bandadas durante el otoño e invierno. Migraciones invernales cortas. Migran primero los machos, quedando grupos de hembras rezagados. De hábitos esencialmente terrestres. Desconfiado.

Conservación: Especie restringida al Area de Endemismo para Aves 062 (Patagonia Sur).

840 ♀
841 ♂
842 ♂
843 ♀
M. m. princetoniana
844 ♀
M. m. princetoniana
845 ♂
M. m. princetoniana
846 ♂
M. m. princetoniana
847 I ♂
M. m. princetoniana
848 ♂
M. m. princetoniana

L. 14cm (5 1/2″)

Yellow-bridled Finch

Melanodera xanthogramma EMBERIZIDAE

C. Yal Cordillerano
A. Yal Andino

♂

Identification: Male: Generally ashy-grey. Lores and throat black bordered with yellow. Underparts with variable olive-yellow tinge. Tail blackish-brown with yellow edges. **Female:** Brown upperparts densely streaked with dark brown. Belly whitish and undertail-coverts white. Some individuals show some yellow on the chin.
Habitat: Pre-Andean shrubby areas, rocky arid terrain and upland bogs, and above the snow line in Andean desert areas. Also frequents rocky river beds. In coastal habitats during winter.
Range: *M. x. xanthogramma* is an uncommon resident in the southern part of Isla Grande de Tierra del Fuego and southern islands of the Beagle Channel. *M. x. barrosi* ranges in mainland through the Andes mountains, from Linares (Maule) in Chile and western Neuquén, in Argentina south to the Straits of Magellan and western Santa Cruz, respectively. Accidental visitor to the Falkland Islands. Its range extends northwards through the Andes to northern Chile (Atacama) and Mendoza, in Argentina.
Habits: Alone, in pairs, and occasionally in groups. In small flocks during the southern winter. It is very active and essentially terrestrial. Generally silent, although it gives trills when moving in groups. Confiding.

Identificación: Macho: Coloración general gris ceniciento. Antifaz y garganta negra con ribetes amarillos. Superficie ventral con tinte amarillento oliváceo variable. Cola café negruzco con borde amarillo. **Hembra:** Partes superiores café densamente estriadas de café oscuro. Abdomen blanquecino y subcaudales blancas. Algunos ejemplares presentan algo de amarillo en la zona de la barbilla.
Hábitat: Matorral pre-cordillerano, zonas pedregosas áridas y turbales de cumbres altas, y sobre la línea de nieve en sectores correspondientes a desierto andino. También en lechos de ríos pedregosos. En la costa durante el invierno.
Rango: *M. x. xanthogramma* es un residente poco común en el sur de la Isla Grande de Tierra del Fuego e islas australes del Canal Beagle. *M. x. barrosi* se distribuye en la región continental por la Cordillera de los Andes, desde Linares (Maule), en Chile y oeste de Neuquén, en Argentina hasta el Estrecho de Magallanes y oeste de Santa Cruz, respectivamente. Accidental en Islas Malvinas. Su distribución alcanza los Andes del norte de Chile (Atacama) y hasta Mendoza, en Argentina.
Hábitos: Solitario, en parejas y ocasionalmente en grupos. En pequeñas bandadas durante el invierno austral. Es un ave muy activa y esencialmente terrestre. Generalmente silencioso, aunque emite trinos cuando se mueve en grupos. Confiado.

850

851 ♂

852 ♀

853 I

854 I

855 ♀

856 ♂

857 ♂

M. x. barrosi

M. x. barrosi

858 ♀

859 ♀

860 ♀

M. x. barrosi

L. 15cm (6″)

Common Diuca-Finch

Diuca diuca　　　　EMBERIZIDAE　　　**C. & A.** Diuca Común

D. d. minor

Identification: General colouration ashy-grey. White eye crescents, the upper being very faint. Throat and centre of belly white. Undertail-coverts rufous. Wings blackish, primaries with narrow whitish border. Tail blackish with white outer borders, visible at close quarters. **Female:** Similar to male but with a slightly browner tinge.
Habitat: Forest borders, open scrubby areas, hillsides, pastures, cultivated fields and gardens.
Range: *D. d. diuca* is a fairly common resident to Chile, from southern Maule south to Aysén and north-eastern Magallanes (where scarce and migratory) and from Neuquén south to western Santa Cruz, in Argentina. Two records in different years from Nueva Island, in the Beagle Channel. *D. d. chiloensis* is a resident of Isla Grande de Chiloé. *D. d. minor* is a summer resident to eastern Patagonian steppes from south-western Buenos Aires and Río Negro south to eastern Santa Cruz, in Argentina. During the southern winter it migrates north to the north-east of Argentina.
This species ranges to northern Chile and north-western Argentina reaching the extreme south of Bolivia.
Habits: Fairly solitary, although frequently seen in pairs; also in small groups. In flocks during the winter. Feeds mainly on the ground, but often seen perched on fences and bushes. Rather confiding.

Identificación: Coloración general gris ceniciento. Párpados blancos, siendo el superior muy leve. Garganta y centro del abdomen blancos. Subcaudales rufas. Alas negruzcas con primarias con delgado borde blanquecino. Cola negruzca con bordes blancos, visibles en vuelo. **Hembra:** Similar al macho aunque con ligero tinte marrón.
Hábitat: Borde de bosques, zonas arbustivas abiertas, laderas de cerros y potreros, áreas cultivadas y jardines.
Rango: *D. d. diuca* es un residente relativamente común en Chile, desde el sur del Maule hasta Aysén y nor-este de Magallanes (donde es escaso y migratorio), y desde Neuquén hasta el oeste de Santa Cruz, por Argentina. Dos registros en diferentes años para Isla Nueva, en el Canal Beagle. *D. d. chiloensis* es un residente de Isla Grande de Chiloé. *D. d. minor* es un residente estival de las planicies patagónicas orientales del sur-oeste de Buenos Aires y Río Negro hasta el este de Santa Cruz, en Argentina. Durante el invierno austral, migra hacia el nor-oeste del país.
La distribución de ésta especie incluye el norte de Chile y nor-oeste de Argentina, alcanzado el extremo sur de Bolivia.
Hábitos: Solitario aunque es más frecuente observarla en parejas, también en pequeños grupos. En bandadas durante el invierno. Aunque se alimenta preferentemente en el suelo, puede verse posado sobre alambradas y arbustos. Algo confiado.

862

D. d. minor

863

D. d. chiloensis

864

D. d. chiloensis

865

D. d. chiloensis

866 ♂

867 ♀

868

L. 17cm (6 3/4")

Greater Yellow-Finch

Sicalis auriventris　　　　　　EMBERIZIDAE

869

Identification: Male: Head and underparts bright yellow. Back olive-brown. Rump olive-yellow. Wings and tail dark grey. Flight-feathers and coverts broadly fringed with grey. **Female:** Similar colouration to male although back browner slightly streaked with dark brown.
Habitat: Arid hillsides with scattered scrubby vegetation. Also in upland grasslands.
Range: Locally common resident of cordilleran habitats mainly on the eastern slope of the Andes. Ranges in Argentina from western Neuquén south to the extreme north of Chubut. In Chile, very locally in the extreme north of the Patagonian Andes, specifically at Laguna del Maule. Recent records southwards, in south-western Santa Cruz (Sierra Baguales) and on the Chilean side of the same massif, in Magallanes. Generally over 5,400ft/1800m, although considerably lower in the south (about 1,500ft/500m). Altitudinal movements during winter. Ranges northwards along the Andes of Chile to Antofagasta, and in Argentina north to Mendoza.
Habits: In groups. Feeds mainly on the ground. Noisy, especially during the breeding season. Rather confiding.

Identificación: Macho: Cabeza y partes inferiores amarillo brillante. Espalda café oliváceo. Lomo amarillo oliváceo. Alas y cola gris oscura. Rémiges y coberteras con amplio borde gris. **Hembra:** De coloración similar aunque la espalda es algo más café con leve estriado café oscuro.
Hábitat: Laderas áridas de cerros con vegetación arbustiva dispersa. También en pastizales de altura.
Rango: Residente localmente común en ambientes cordilleranos principalmente de la vertiente oriental de los Andes. Por Argentina desde el oeste de Neuquén hasta el extremo norte de Chubut. En Chile, muy localmente en el extremo norte de los Andes patagónicos, específicamente en la Laguna Maule. Registros recientes más al sur, en el sur-oeste de Santa Cruz (Sierra Baguales) y por el lado chileno en el mismo macizo, en Magallanes. Generalmente por sobre 1.800m, aunque considerablemente más bajo en sur (500m). Movimientos altitudinales durante el invierno. Se distribuye hacia el norte por los Andes de Chile hasta Antofagasta, y por Argentina hasta Mendoza.
Hábitos: En grupos. Se alimenta preferentemente en el suelo. Bullicioso especialmente durante el período reproductivo. Algo confiado.

870 ♂

871 ♀

872 ♀

873 J

874 J

875 ♂

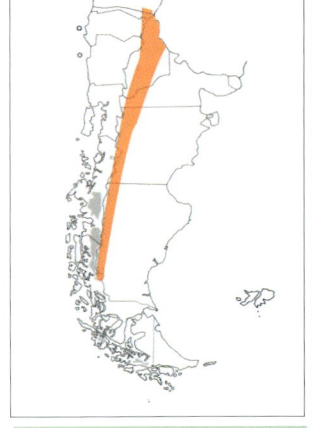

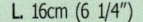

L. 16cm (6 1/4")

Grassland Yellow-Finch

Sicalis luteola **EMBERIZIDAE**

C. Chirihue Común
A. Misto

Identification: Male: Yellow eye-stripe. Upperparts olive-grey streaked with dark brown on crown and back. Rump olive-yellow. Wings brown and black primaries with outer border greenish. Lesser coverts yellowish. Underparts bright yellow with olive-grey breast and undertail-coverts yellowish. **Female:** Upperparts browner and underparts pale yellowish with greyish tinge.
Habitat: Fields, cultivated areas and open grasslands. Also in reed-fringed ponds and lagoons with tall grasses and bushes at edges.
Range: *S. l. luteiventris* is a common to locally common summer resident in suitable habitats of northern Patagonia, from southern Maule south to Aysén, in Chile and Neuquén and Río Negro south to Chubut, in Argentina. More ocasional south to northern Santa Cruz. Accidental in Isla Grande de Tierra del Fuego. Southernmost populations migrate northwards during the southern winter.
Widely distributed thought the rest of South America, including the north of Chile (Atacama) and Argentina, Uruguay, southern Brazil, Peru, Ecuador and northern Colombia.
Habits: In groups. Feeds mainly on the ground. Very noisy, especially during the breeding season, during which makes a characteristic nuptial display. Rather confiding.

Identificación: Macho: Línea amarilla a través del ojo. Partes superiores gris oliváceo estriado de café oscuro en corona y espalda. Rabadilla amarillo oliváceo. Alas café con primarias negras con borde exterior verdoso y coberteras menores amarillentas. Partes inferiores amarillo brillante con pecho gris oliváceo y subcaudales blanco amarillentas. **Hembra:** Partes superiores más pardas y las partes inferiores menos amarillas con tinte grisáceo.
Hábitat: En campos, cultivos y prados abiertos. También en las lagunas con pajonales, pastizales altos y áreas de matorral.
Rango: *S. l. luteiventris* es un residente estival frecuente a localmente común en ambientes apropiados del norte de Patagonia, desde el sur del Maule hasta Aysén, en Chile y desde Neuquén, Río Negro hasta Chubut, en Argentina. Más ocasional por el sur hasta el norte de Santa Cruz. Accidental en Isla Grande de Tierra del Fuego. Las poblaciones más australes, migran hacia el norte durante el invierno austral. Ampliamente distribuido en el resto de Sudamérica, incluyendo el norte de Chile (hasta Atacama) y Argentina, Uruguay, sur de Brasil, Perú, Ecuador y norte de Colombia.
Hábitos: En grupos. Se alimenta preferentemente en el suelo. Muy bullicioso especialmente durante el período reproductivo, durante el cual también realiza un característico vuelo nupcial. Algo confiado.

877 ♀

878 ♂

879 ♂

880 ♂

881 ♂

882 ♂

883 ♂

884

L. 15cm (6")

Patagonian Yellow-Finch

Sicalis lebruni

EMBERIZIDAE

C. Chirihue Austral

A. Jilguero Austral

Identification: Male: Generally yellow. Lores and sub-ocular area grey. Upperparts and sides of head olive-grey, shoulders yellow. Primaries and tail-feathers edged with white. **Female:** Greyer, with centre of belly yellow.
Habitat: Steppes and open shrubby areas. Present in rocky and arid terrain at mid-altitude, also along the coast, dirt roads and near human settlements.
Range: ENDEMIC RESIDENT to southern Patagonia. Uncommon and local resident from Río Negro and south-western Buenos Aires, in Argentina, and eastern Magallanes, in Chile south to the coastal lowlands of extreme south-east of Isla Grande de Tierra del Fuego.
Habits: Generally in groups, although during the breeding season disperses in pairs. Feeds on the ground. Mainly seen perched on posts or fences, or on cliffs. Melodious call. Very wary.

Identificación: Macho: Coloración general amarilla. Lorum y zona subocular gris. Partes superiores y lados de la cabeza gris oliváceo. Hombros amarillos. Primarias y rectrices con borde blanco. **Hembra:** Bastante más gris, con el centro del abdomen amarillo.
Hábitat: Estepas y áreas abiertas de matorral. Presente en áreas pedregosas y áridas de mediana altura, también en la costa, caminos de tierra y cerca de habitaciones humana.
Rango: RESIDENTE ENDEMICO de Patagonia austral. Residente poco frecuente y local desde Río Negro y sur-oeste de Buenos Aires, en Argentina, y desde el este de Magallanes, en Chile, hasta las planicies costeras del extremo sur-este de Isla Grande de Tierra del Fuego.
Hábitos: Generalmente en grupos, aunque durante el período reproductivo se dispersan en parejas. Se alimenta en el suelo. Frecuente de observar posado sobre postes o alambradas y en barrancos. Canto melodioso. Muy tímido.

886

887 ♂

888

889 J

890 ♂

L. 14cm (5 1/2")

Rufous-collared Sparrow

Zonotrichia capensis   EMBERIZIDAE

C. Chincol
A. Chingolo

891

Z. c. australis

Identification: Head grey, sometimes with black longitudinal stripes. **Males** have a slight erect crest. Cinnamon collar, sometimes thick. Upperparts brown with blackish streaking. Wings greyish-brown with two white bars across median and greater coverts. Underparts whitish with grey wash on the breast. **Juveniles** are greyish-brown densely streaked black and can be confused with the females of some *emberizids*.

Habitat: Found in almost any kind of habitat: from Patagonian steppe to bushy areas and forests reaching the snow line, in the Andean desert zone and also on the coast. Also present in cultivated areas and near human settlements.

Range: Common throughout its range. *Z. c. australis* is a common summer resident to the mainland region, from Aysén, in Chile and Chubut, in Argentina south to the Patagonian and Fuegian channels, Isla Grande de Tierra del Fuego, southern islands of the Beagle Channel and Staten Island. Rare breeding visitor to the north-west of the Falkland Islands. Part of the population migrates northwards during the southern winter, reaching the north-western Argentina and southern Bolivia, although some individuals remain in southern areas during the colder months. *Z. c. chilensis* is a common resident of north-western Patagonia from southern Maule south to Guaitecas Archipelago and northern Aysén. *Z. c. choraules* is a resident of north-eastern Patagonia, ranging in Río Negro and Neuquén.

Ranges throughout most of South America, except the Amazon and Orinoco Basins. Also ranges from Panama north to Mexico.

Habits: In pairs or very large groups. Feeds mainly on the ground. Often seen perched on bushes, posts and fences. Rather confiding.

Identificación: Cabeza gris, a veces con rayas longitudinales negras. **Macho** con leve cresta eréctil. Collar canela, a veces abultado. Partes superiores café con estriado negruzco. Alas café grisáceo con dos bandas transversales blancas. Partes inferiores blanquecinas con lavado gris en la zona del pecho. **Juvenil:** Café grisáceo con intenso jaspeado negro que eventualmente podría confundirse con la hembra de algún fringílido.

Hábitat: Distribuido en casi todo tipo de ambientes: desde estepa patagónica pasando por ambientes de matorral y bosque llegando inclusive a la línea de nieve, en la zona de desierto andino y también en la costa. Presente en áreas de cultivos y en asentamientos humanos.

Rango: Común en todo su rango distribucional. *Z. c. australis* es un residente estival común en toda la parte continental, desde Aysén, en Chile y Chubut, en Argentina hasta los canales patagónicos y fueguinos, Isla Grande de Tierra del Fuego, islas australes del Canal Beagle e Isla de los Estados. Raro visitante que nidifica en las islas del nor-oeste de las Malvinas. Parte de la población migra hacia el norte durante el invierno austral, alcanzando el nor-oeste de Argentina y sur de Bolivia, aunque algunos ejemplares permanece en los territorios australes durante los meses más fríos. *Z. c. chilensis* es un residente común del norte de la Patagonia occidental, desde el sur del Maule hasta las Islas Guaitecas y norte de Aysén. *Z. c. choraules* es un residente patagónico nororiental, presente en Río Negro y Neuquén.

Su rango comprende la mayor parte de Sudamérica, a excepción de la Amazonía y cuenca del Orinoco. También presente desde Panamá hasta México.

Hábitos: En parejas o en grupos muy numerosos. Se alimenta preferentemente en el suelo. Se observa por lo general posado sobre arbustos, postes y alambradas. Bastante confiado.

892

893 ♂

Z. c. australis

Z. c. australis

894 J

895 ♀

Z. c. australis

Z. c. australis

896

897

Z. c. choraules

Z. c. chilensis

898

899 I

L. 15cm (6")

Z. c. chilensis

Yellow-winged Blackbird

Agelaius thilius　　　　　　　ICTERIDAE

C. Trile

A. Varillero Ala Amarilla

900

Identification: Male: Glossy black with shoulders, bend of wing and underwing-coverts bright yellow. **Female:** Brown upperparts and is greyish-brown below, densely streaked with blackish. Long whitish supercilium. Yellow areas of the wing as the male. **Juvenile:** Similar to female, although with a dull reddish tinge throughout.

Habitat: Lagoons with abundant reeds on its edges, located in quite open terrains.

Range: *A. t. thilius* is a locally common resident from southern Maule south to Llanquihue, in Chile. *A. t. petersi* is a summer resident to the eastern steppes of Patagonia from Río Negro and south-western Buenos Aires south to Chubut and locally throughout Santa Cruz, in Argentina and Aysén and north-eastern Magallanes (Torres del Paine NP), in Chile. Elsewhere this species reaches the north of Chile (Atacama), the remainder of Argentina, the Andes of Peru and Bolivia, and lowlands of Uruguay and southern Brazil.

Habits: Alone, in pairs or small groups. Usually seen perched on reeds, from where it gives a loud and characteristic metallic call. Flies constantly over the reeds. It's call is said to sound like "Chile".

Identificación: Macho: Negro brillante con hombros, doblez del ala y coberteras subalares amarillo brillante. **Hembra:** Partes superiores café e inferiores café grisáceo, todo con denso estriado negruzco. Larga superciliar blanquecina. Zonas amarillas del ala como en el macho. **Juvenil:** Similar a la hembra, aunque con lavado café rojizo.

Hábitat: Lagunas con abundantes juncales en sus orillas, ubicadas en terrenos abiertos.

Rango: *A. t. thilius* es un residente localmente común desde el sur del Maule hasta Llanquihue, in Chile. *A. t. petersi* es un residente estival de las planicies patagónicas orientales desde Río Negro y sur-oeste de Buenos Aires hasta Chubut y localmente por todo Santa Cruz, en Argentina y Aysén y nor-este de Magallanes (PN Torres del Paine), en Chile.

La distribución de ésta especie alcanza hasta el norte de Chile (Atacama), el resto de Argentina, los Andes de Perú y Bolivia, y tierras bajas de Uruguay y extremo sur de Brasil.

Hábitos: Solitario, en parejas o en grupos. Suele posarse sobre los juncos desde donde emite su fuerte y característico grito metálico, mientras vuela entre los pajonales. Su canto es relacionado con el nombre "Chile".

901

902 ♀

903 ♂

904 I

905 J

906 ♂

L. 18cm (7")

Long-tailed Meadowlark
Sturnella loyca   ICTERIDAE   **C. & A.** Loica Común

♂

Identification: Male: Black head with prominent white supercilium, red at base and lores. Upperparts brown with blackish streaking. Underwing-coverts white. Throat, breast, upper belly and fold of wing scarlet red. **Female:** Duller than male. Supercilium and throat entirely whitish. Breast and upper belly red to pale orange. Bill and tail, relatively long.

Habitat: Favours scrubby areas associated with damp soils and grasslands, and ravines with dense bush cover. Also on the Patagonian steppe and in the coast.

Range: *S. l. loyca* is a common resident throughout the continental region from southern Maule, in Chile and Río Negro and south-western Buenos Aires, in Argentina south to Isla Grande de Tierra del Fuego and southern islands of the Beagle Channel. *S. l. falklandicus* is a common and widely distributed resident in the Falkland Islands. Vagrant to South Georgia Island.

Chilean range reaches northwards to Atacama. During the southern winter, part of the population migrates to the north reaching the north-west of Argentina.

Habits: In pairs or groups. Rather social. In large flocks during the winter. Usually seen on the ground, where it feeds and nests, although it is also seen perched on posts and bushes. Often seen feeding with other species on the ground. Rather confiding.

Identificación: Macho: Cabeza negra con prominente ceja blanca, que es roja en la base del pico. Partes superiores café con rayado negruzco. Coberteras subalares blancas. Garganta, pecho, parte superior del abdomen y doblez del ala de color rojo escarlata. Resto de las partes inferiores negruzco con estriado grisáceo. **Hembra:** Similar coloración aunque más apagada. Banda superciliar y garganta blanquecinas. Pecho y parte superior del abdomen rojo o anaranjado pálido. Pico y cola, relativamente largos.

Hábitat: De preferencia en ambientes asociados a terrenos húmedos con matorrales y pastizales y zonas de quebradas con matorral denso. También en estepa y en zonas costeras.

Rango: *S. l. loyca* es un residente común en toda la región continental desde el sur del Maule, en Chile y desde Río Negro y sur-oeste de Buenos Aires, en Argentina hasta Isla Grande de Tierra del Fuego e islas australes del Canal Beagle. *S. l. falklandicus* es residente común y de amplia distribución en Islas Malvinas. Errante en Isla Georgia del Sur.

Su distribución en Chile alcanza por el norte hasta Atacama. Durante el invierno austral, parte de su población alcanza hasta el nor-oeste de Argentina.

Hábitos: En parejas o en grupos. Bastante social. En grandes bandadas durante el invierno. En el suelo, donde se alimenta y nidifica, aunque también se le observa posada sobre postes y matorrales. Se observa alimentándose en el suelo junto a otras especies. Bastante confiado.

908

909
♀

910
♂

911
J

912
♀

S. l. falklandicus

913
♂

S. l. falklandicus

L. 27cm (10 1/2")

Bay-winged Cowbird

Molothrus badius

ICTERIDAE

C. Tordo Argentino
A. Tordo Músico

Identification: Bill and lores black, the latter forming a small dark mask. Generally dark ashy-grey with paler throat. Rufous wings contrast with rest of the body. Median and greater coverts and tertials, dark and edged with rufous. Tail blackish. **Juvenile:** Blackish spotting on crown and upperparts.

Habitat: Semi-open scrubby areas with scattered trees, grasslands and humid areas, parks and open fields. Also near human habitation.

Range: *M. b. badius* is a fairly common to common resident of the extreme north of eastern Patagonia: central-eastern Río Negro, south-western Buenos Aires and north-eastern Chubut.

Ranges northwards throughout the rest of Argentina, reaching northern and eastern Brazil, western and central Paraguay, Uruguay and Brazil. Accidental visitor to central Chile (Curicó, Maule).

Habits: In family groups, very social; occasionally in larger flocks. Perches on trees and walls. Feeds mainly on the ground. Usually near cattle. A regular host of the Screaming Cowbird, it is not itself parasitic. Breeds in the abandoned nests of horneros, Firewood-gatherer and other furnariids.

Identificación: Pico y lorum negro, éste último formando una pequeña máscara oscura. Coloración general gris ceniciento oscuro. Garganta más pálida. Alas rufas, muy contrastantes. Coberteras medias, mayores y terciarias oscuras con borde rufo. Cola negruzca. **Juvenil:** Manchado oscuro en corona y partes superiores.

Hábitat: Matorral semiabierto con árboles dispersos, pastizales y áreas húmedas, parques y terrenos abiertos. También en la cercanía de asentamientos humanos.

Rango: *M. b. badius* es un residente bastante frecuente a común del extremo norte de la Patagonia oriental: centro-este de Río Negro, sur-oeste de Buenos Aires y nor-este de Chubut. Se distribuye hacia el norte por el resto de Argentina, alcanzando el norte y este de Brasil, oeste y centro de Paraguay, Uruguay y Brasil. Visitante accidental en la zona central de Chile (Curicó, Maule).

Hábitos: En grupos familiares, muy social; ocasionalmente en bandadas más grandes. Se posa sobre árboles y muros. Se alimenta predominantemente en el suelo. Usualmente cerca de ganado. No es parásita, siendo por el contrario, parasitada regular por *M. rufoaxillaris*. Nidifica en nidos abandonados de horneros, leñateros y otros furnáridos.

L. 18cm (7")

Shiny Cowbird
Molothrus bonariensis   ICTERIDAE

C. Mirlo Común
A. Tordo Renegrido

921

Identification: Male: Completely black with bluish-violet metallic sheen, although wings and tail have a rather greenish sheen. **Female:** Greyish-brown general colouration, with paler underparts. Fairly obvious supercilium and chin. Smaller than male. **Juvenile:** Similar to female. Crown black. Black spot on back. Underparts with slight whitish streaking. Breast with black streaks broadening towards sides and flanks. Scapulars and median coverts black. Some primaries and inner secondaries black, quite noticeable on folded wing.

Habitat: Semi-arid open areas, grasslands, cultivated fields, gardens, human settlements, and near cattle. Also near forests.

Range: *M. b. bonariensis* is a common resident in northern Patagonia, from southern Maule south to Aysén in Chile and Río Negro and south-western Buenos Aires south to Chubut. Occasional visitor to northern Santa Cruz, Argentina and in Magallanes, Chile (Ultima Esperanza and Riesco Island). Recent records from the Falkland Islands.
In Chile, its range reaches northwards to Atacama, whilst in Argentina it is a widely distributed species through the northern territories, being commoner and widely distributed throughout the rest of South America. Also Central America and the Caribbean.

Habits: Usually in small groups or in pairs. In huge flocks when moving to roosting sites. Brood parasitic bird, parasitising a great variety of species. Quite musical flight-call. Generally seen on the ground and near domesticated animals, even sometimes sitting on them. Usually has tail at least partially raised. Very confiding.

Identificación: Macho: Completamente negro con brillo metálico azul-violeta, aunque en sus alas y cola el brillo se torna verdoso. **Hembra:** Coloración general café grisáceo, siendo más pálida en las partes inferiores. Ceja y barbilla más visibles. De menor tamaño que el macho. **Juvenil:** Similar a la hembra. Corona negra. Mancha negra en la espalda. Partes inferiores con estriado leve blanco. Pecho con franja negra que se abre hacia los lados y flancos. Escapulares y coberteras medianas negras. Algunas primarias y secundarias internas negras, muy notables en ala cerrada.

Hábitat: Ambientes abiertos semiáridos, pastizales, zonas cultivadas, jardines, asentamientos humanos y ganado. También en la cercanía de bosques.

Rango: *M. b. bonariensis* es un residente común en el norte de Patagonia, desde el sur del Maule hasta Aysén en Chile y desde Río Negro y sur-oeste de Buenos Aires hasta Chubut. Es un visitante ocasional en el norte de Santa Cruz, Argentina y en Magallanes, Chile (Ultima Esperanza e Isla Riesco). Recientes registros en Islas Malvinas.
En Chile, su distribución hacia el norte alcanza hasta Atacama, en tanto que en Argentina se encuentra por el resto del territorio septentrional, siendo un ave muy frecuente y de amplio rango en el resto de Sudamérica. También en Centro América e Islas del Caribe.

Hábitos: Usualmente en pequeños grupos o en parejas. En enormes bandadas en sitios usados como dormideros. Ave de reproducción parasitaria de una gran variedad de especies. De canto muy musical en vuelo. Generalmente en el suelo y en la cercanía del ganado, llegando a posarse sobre los animales. Usualmente se observa con la cola algo levantada. Muy confiado.

922 ♀

923 ♀

924

925 ♂

926

927 ♂

928

L. 22cm (8 1/2")

I

929

Identification: Bill long and black. Iris brown. Completely black. **Female:** Has a brownish tinge, and is often difficult to distinguish from the male. Fairly long square tail.
Habitat: Forest borders and shrubby areas. Frequently seen around human settlements with cultivated areas and domesticated animals.
Range: *C. c. curaeus* is a common resident throughout the entire mainland region except the wind-swept arid steppe district of eastern Patagonia. From southern Maule south to Magallanes in Chile, and from western Neuquén, Río Negro, Chubut south to Santa Cruz, in Argentina. *C. c. reynoldsi* only in Tierra del Fuego, southern islands of the Beagle Channel and Staten Island. *C. c. recurvirostris* reported only from the south-western part of Isla Riesco, in Magallanes, Chile.
In Chile, the range of this species extends northwards to Coquimbo. Occasionally also north to Atacama.
Habits: Generally in small flocks. Very noisy and bold. Perches on bushes and small trees. Feeds mainly on the ground, although it also feeds on wild fruits and berries. Curious and confiding.

Identificación: Pico largo y negro. Iris café. Negro brillante. **Hembra:** Tiente un tinte pardo, siendo muy difícil distinguirla del macho. Cola cuadrada, siendo bastante larga.
Hábitat: Bordes de bosques y áreas de matorral. Frecuenta asentamientos humanos con cultivos y animales.
Rango: *C. c. curaeus* es un residente común en toda la región continental a excepción de las estepas áridas de la Patagonia oriental. Desde el sur del Maule hasta Magallanes en Chile, y por el oeste de Neuquén, Río Negro, Chubut hasta Santa Cruz, en Argentina. *C. c. reynoldsi* en Tierra del Fuego, islas australes del Canal Beagle e Isla de los Estados. *C. c. recurvirostris* sólo reportada para la parte sur-occidental de Isla Riesco en Magallanes, Chile.
En Chile, la distribución de ésta especie hacia el norte alcanza hasta Coquimbo. Ocasionalmente hasta Atacama.
Hábitos: Generalmente en pequeñas bandadas. Muy bullicioso y notorio. Posado sobre arbustos y matorrales. Se alimenta preferentemente en el suelo, aunque también consume frutos de arbustos. Curioso y confiado.

930

931
J

932

933

934

935
C. c. reynoldsi

936
C. c. reynoldsi

L. 28cm (11″)

♂

Identification: Greenish-yellow general colouration. **Male:** Crown and chin black. Wings blackish with two yellowish bars on greater and median coverts. Prominent yellow bases to primaries and secondaries forming striking wing bar in flight. Tail black. **Female:** Generally olive-yellow, paler on underparts and grading to whitish on the belly. Lacks the male's black area on head and throat.

Habitat: Forests, forest borders and scrubby habitats. In villages and human settlements. Also on the coast.

Range: Common resident throughout mainland region from southern Maule, in Chile and western Neuquén and Río Negro south to the central-southern part of Isla Grande de Tierra del Fuego, Staten Island and southern islands of the Beagle Channel. Locally common and widely distributed resident on the Falkland Islands. Also recorded locally from southern Buenos Aires. Ranges northwards to northern Chile (Atacama) and in Argentina to western Mendoza. More recently seems to have dispersed through the Patagonian coast, perhaps following human settlements and tree plantations.

Habits: In flocks of up to 100 individuals. Feeds on the ground and inside the foliage. Very active and noisy. Rather confiding.

Identificación: Coloración general amarillo verdoso. **Macho:** Corona y barbilla negra. Alas negruzcas con dos bandas transversales amarillentas en las coberteras. Una notoria banda transversal amarilla en la base de las primarias y secundarias, muy notoria en vuelo. Cola negra. **Hembra:** Coloración amarillo oliváceo más pálido llegando al blanquecino en el abdomen. Carece de las regiones negras de la cabeza y garganta.

Hábitat: Ambientes forestados, bordes de bosque y áreas de matorral. En ciudades y asentamientos humanos. También en la costa.

Rango: Residente común por toda la región continental desde el sur del Maule, en Chile y oeste de Neuquén y Río Negro hasta la porción centro-sur de Isla Grande de Tierra del Fuego, Isla de los Estados e islas australes del Canal Beagle. Es un residente localmente común y de amplia distribución en el Archipiélago de las Malvinas. Observado localmente en el sur de Buenos Aires. Se distribuye por el norte de Chile hasta Atacama y por Argentina hasta el oeste de Mendoza. Más recientemente parece haberse establecido a lo largo de la costa patagónica, tal vez siguiendo la urbanización y plantaciones de árboles.

Hábitos: En bandadas de hasta 100 individuos. Se alimenta en el suelo y dentro del follaje. Muy activo y ruidoso. Bastante confiado.

938

939

I ♀

940

941 ♀

942

♀ ♂

L. 15cm (6")

House Sparrow
Passer domesticus   PASSERIDAE   **C. & A.** Gorrión

943

I   ♂

Identification: Bill grey, short and thick. **Male:** Grey crown and reddish-brown nape. Cheeks and sides of neck greyish-white. Black band extending from chin towards breast. Upperparts reddish-brown with blackish streaking. Rump grey. Underparts whitish. Flanks grey. White tips to median coverts form a white wing-bar which is buffish in **female.** The female also has buffish supercilium and breast.
Habitat: Cities, villages and parks.
Range: Widely distributed, present in almost all the cities and villages, from extreme north of the region south to Ushuaia and Puerto Williams, in the Beagle Channel. Also an abundant resident in Port Stanley, Falkland Islands. Accidental visitor to South Georgia Island, where a ship-assisted vagrant arrived, dying a few days later. Introduced in Chile and Argentina towards the end of the XIX century. Native species in Eurasia but currently with a cosmopolitan distribution.
Habits: Alone, in pairs or flocks. Noisy and aggressive. Has displaced some native species including Rufous-collared Sparrow and Common Diuca-Finch. Nests colonially in holes in almost any kind of structures and buildings.

Identificación: Pico gris, grueso y corto. **Macho:** Corona gris y nuca rojiza. Mejillas y lados del cuello blancos. Banda negra que se extiende desde la barbilla hacia el pecho. Partes superiores café rojizo con estriado negruzco. Rabadilla gris. Partes inferiores blanquecinas. Flancos grises. Coberteras medianas formando una banda alar blanca y café amarillento en la **hembra.** Además la hembra tiene ceja café amarillento y pecho del mismo color.
Hábitat: Ciudades, villas y parques.
Rango: Amplia distribución, prácticamente presente en todas las ciudades y pueblos, desde el extremo norte de la región hasta Ushuaia y Puerto Williams, en el Canal Beagle. También es un residente abundante en Puerto Stanley, Islas Malvinas. Visitante accidental en Isla Georgia del Sur, donde un ejemplar arribo asistido por un barco, muriendo al cabo de pocos días. Introducida en Chile y Argentina hacia fines del siglo XIX. Nativa de Eurasia pero de amplia distribución mundial.
Hábitos: Solitario, en parejas o en bandadas. Bullicioso y agresivo. Compite y desplaza especies nativas como Chincol/Chingolo y Diuca. Nidifica colonialmente en huecos en todos tipo de estructuras humanas.

L. 15cm (6")

Aquatic Birds

Aves Acuáticas

Topography / Topografía

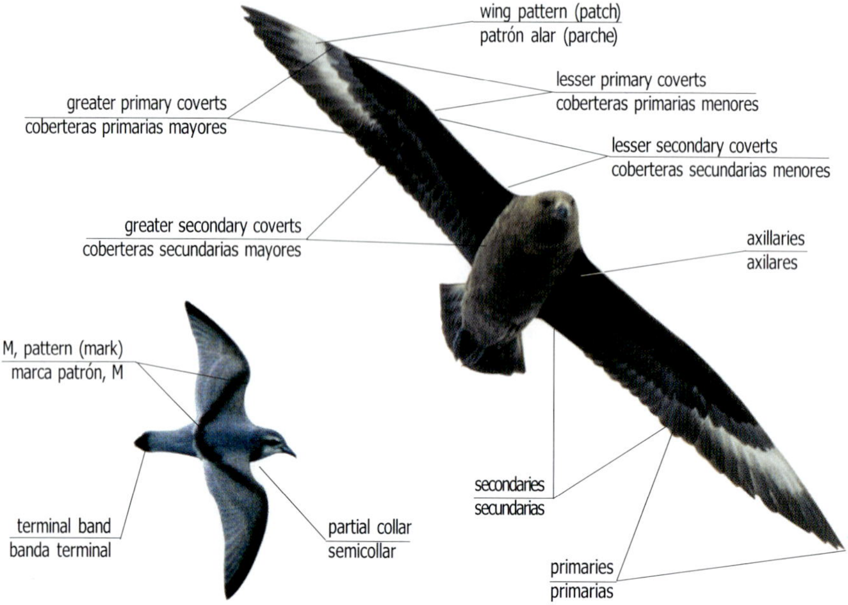

wing pattern (patch)
patrón alar (parche)

greater primary coverts
coberteras primarias mayores

lesser primary coverts
coberteras primarias menores

lesser secondary coverts
coberteras secundarias menores

greater secondary coverts
coberteras secundarias mayores

axillaries
axilares

M, pattern (mark)
marca patrón, M

terminal band
banda terminal

partial collar
semicollar

secondaries
secundarias

primaries
primarias

length
longitud

Types of Tails / Tipos de Colas

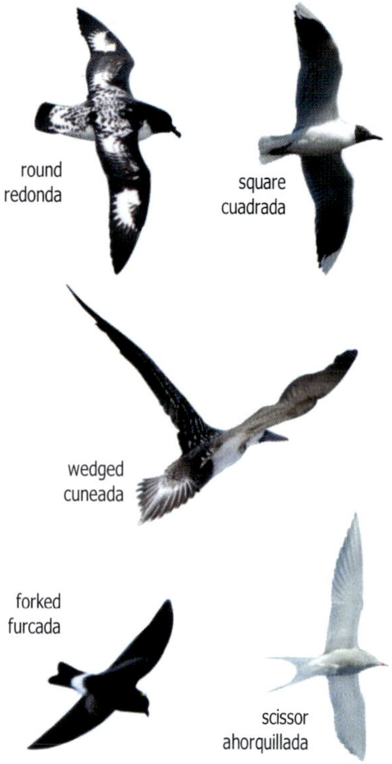

round
redonda

square
cuadrada

wedged
cuneada

wingspan
envergadura

leading edge
borde de ataque

trailing edge
borde de fuga

forked
furcada

scissor
ahorquillada

eye patch
parche ocular

upper mandible
mandíbula superior

crown
corona

lower mandible
mandíbula inferior

nape
nuca

chin
barbilla

back
lomo

thoat
garganta

short, stiff tail
cola rígida y corta

breast
pecho

shoulder
hombro

stiff flippers
aletas rígidas

short legs
patas cortas

band over head
banda semicircular

bare facial skin
piel desnuda

ear coverts
conberteras
auriculares

forehead
frente

transverse bar
barra transversal

cheek
mejilla

mandibular plate
placa mandibular

breast bands
bandas pectorales

auricular patch
parche auricular

crest
penacho

caruncle
carúncula

superciliary crest plumes
penacho superciliar

occipital crest
cresta occipital

gular feathering
plumas gulares

upper throat
garganta alta

eyebrow
ceja

neck
cuello

lower throat
garganta baja

face mask
máscara facial

iris

lores
lorum

eyelid
párpado

nasal tube - naricorn
tubo nasal - naricornio

nostril
orificio nasal

nasal tube
tubo nasal

culminicorn
culminicornio

nostrils
narinas

latericorn
latericornio

hook
gancho

maxillary unguis
unguicornio superior

sulcus
cisura

ramicorn
ramicornio

cutting edge
tomios

mandibular unguis
unguicornio inferior

mirror
espejo

terminal band
banda terminal

white primery tip
puntos blancos

outer wing
ala externa

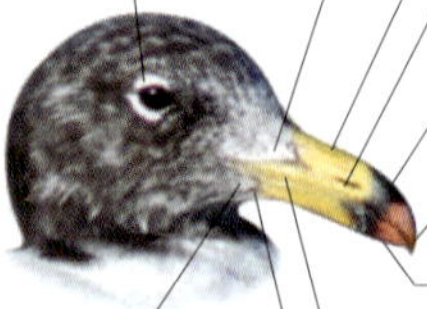

eye ring
anillo periocular

frontal apex
ápice frontal

culmen

nostril
orificio nasal

subterminal ring
anillo subterminal

nail
uña

gonys

cutting edge
tomio

mandibular ramus
ramus mandibular

window
ventana

secondary bar
barra secundaria

carpal bar
barra carpal

midwing panel
panel alar

axillaries
axilares

rump
rabadilla

tail
cola

undertail coverts
subcaudales

inner wing
ala interna

malar apex
apice malar

hood
capuchón

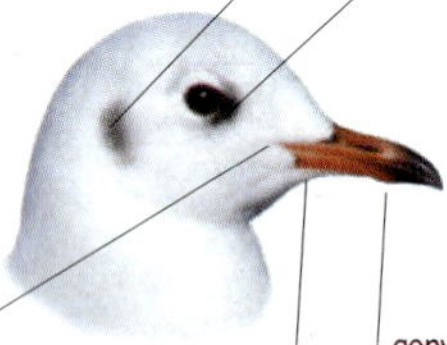

ear-spot
parche auricular

eye-crescent
arco del parpado

flank
flanco

gape
comisura

gonydeal angle
ángulo del gonys

inter-ramus region
inter ramus

forehead
frente

crown
corona

orbital ring
anillo ocular

nape
nuca

ear-coverts
coberteras auriculares

mantle
manto

lore
lorum

hindneck
cuello posterior

scapulars
scapulares

chin
barbilla

side of neck
costado del
cuello

greater coverts
coberteras mayores

throat
garganta

tertials
terciarias

foreneck
cuello anterior

secodaries
secundarias

breast
pecho

lesser cover
coberteras menores

primaries
primarias

median coverts
coberteras medianas

knee
rodilla

vent
cloaca

flank
flancos

tarsus
tarso

belly
abdomen

thigh
muslo

ankle
tobillo

crest
cresta

speculum
especulo

crown
corona

eye - patch
parche ocular

loral spot
marca loral

culmen

breast stripes
rayas del pecho

trailing edge
borde de fuga

secondaries
secundarias

primaries
&
primarias

palmate
palma

web
membrana

gape
comisura

frontal shield
escudo frontal

ear patch
parche auricular

iris

swollen knob
protuberancia

nostril
orificio nasal

nail
uña

wattle
carnosidad

nostril
orificio nasal

moustache
mostachos

crown
corona

supercilium
superciliar

hindneck
cuello posterior

frontal bar
barra frontal

mantle
manto

lores
lorum

scapulars
escapulares

foreneck collar
collar frontal

wing - tips
punta alar

brest
pecho

tail
cola

breast - band
banda pectoral

undertail coverts
subcaudales

tibia

legs
patas

belly
abdómen

tarsus
tarso

vent
cloaca

flank
flancos

King Penguin

Aptenodytes patagonicus   SPHENISCIDAE   **C. & A.** Pingüino Rey

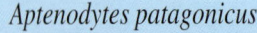

Identification: Head black. Auricular patches orange, fringed with black, and extending onto upper breast. Bill black with orange base to lower mandible. Legs black with unfeathered tarsi. Upperparts bluish-grey and underparts white.

Habitat: Pelagic. Also near coasts and occasionally entering straits and channels.

Range: Sub-Antarctic resident. Breeds on South Georgia Island, the largest breeding population for the species in the South Atlantic. Also breeds on the Falkland Islands and a small colony at South Sandwich, in the Scotia Sea. Uncommon summer visitor, although more regular along the coasts of Chubut (Valdés Peninsula) and Santa Cruz, Straits of Magellan and Isla Grande de Tierra del Fuego. Vagrant in the Patagonian archipelago and islands off the Antarctic Peninsula. The northernmost record, in the South Pacific, is from Guafo Island, on the exposed southern coast of Isla Grande de Chiloé. In the Atlantic, recorded in the coasts of Buenos Aires and Brazil (Rio de Janeiro).

Habits: Alone, in pairs or small loose groups. Highly gregarious at the breeding colonies. Has an exceptionally extended breeding season, nesting twice every three years. Often seen resting on rocky seacoasts and coastal plains.

Identificación: Cabeza negra. Parches auriculares naranjos, bordeados de negro, conectados a la parte superior del pecho. Pico negro con base anaranjada en la mandíbula. Aletas largas. Patas negras con tarsos sin plumas. Por encima gris azulado y por debajo blanco.

Hábitat: Pelágico. También cerca de la costa y ocasionalmente en estrechos y canales.

Rango: Residente subantártico. Nidifica en Isla Georgia del Sur, siendo la población reproductiva más grande del Atlántico Sur. También nidifica en Islas Malvinas y una pequeña colonia en Islas Sandwich del Sur, en el Mar de Escocia. Visitante estival poco común, aunque cada vez más frecuente en las costas de Chubut (Península Valdés) y Santa Cruz, Estrecho de Magallanes e Isla Grande de Tierra del Fuego. Errante en los canales patagónicos y en islas de la Península Antártica. El registro más septentrional, por el Océano Pacífico, corresponde a Isla Guafo, en la costa exterior sur de la Isla Grande de Chiloé. En el Atlántico, registrado en las costas de Buenos Aires y Brasil (Río de Janeiro).

Hábitos: Solitario, en parejas o en pequeños grupos dispersos. Muy gregario en sus colonias reproductivas. Tiene un excepcionalmente largo período reproductivo, nidificando dos veces cada tres años. Se observa descansando sobre playas rocosas y planicies costeras. Muy confiado en colonias.

Chick / Polluelo

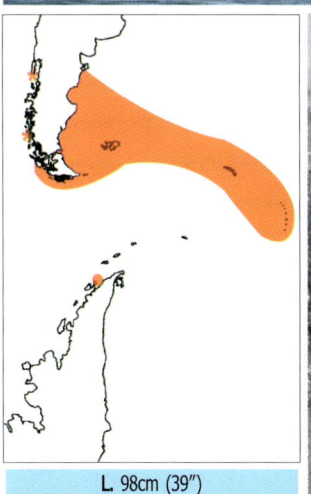

L 98cm (39")

Emperor Penguin

Aptenodytes forsteri   SPHENISCIDAE   **C. & A.** Pingüino Emperador

Identification: Largest penguin. Head black. Yellow to white auricular patches, extending to upper breast. Bill black with coral red to purple spot at base of lower mandible. Legs black with feathered tarsi. Upperparts light bluish-grey and underparts white. **Juveniles:** Whitish auricular patches and upper breast. Bill dark.
Habitat: Open ice-free sea. Pelagic after the breeding season.
Range: Strictly Antarctic resident. Breeds in about 44 locations in the Antarctic continent. Breeds in the southern part of the Antarctic Peninsula at Dion Island (67°52'S, 68°43'W), and in a small recently discovered colony in the north-eastern part of the peninsula, at Snow Hill Island, in the Weddell Sea, this being the most northerly colony of the species. Juveniles and non-breeding adults disperse northwards occasionally reaching the coasts of Tierra del Fuego. Vagrant to South Georgia Island, the Falkland Archipelago and offshore Argentinean waters.
Habits: Gregarious. Very compact breeding colonies, on the ice. Only species to incubate its eggs during the dark Antarctic winter. Nests between March and December. Walks long distances over the ice-pack. Very confiding.

Identificación: El más grande de los pingüinos. Cabeza negra. Parches auriculares de color amarillo y blanco, abiertos y conectados a la parte superior del pecho. Pico negro con mancha rojo coral a lila, en la base de la mandíbula. Patas negras con tarsos emplumados. Por encima gris azulado claro y por debajo blanco. **Juveniles:** Parches auriculares y parte superior del pecho blanquecinos. Pico oscuro.
Hábitat: Zonas de mar congelado abierto. Pelágico luego de la temporada reproductiva.
Rango: Residente estrictamente antártico. Nidifica en 44 localidades del continente antártico. En la Península Antártica, sólo en la zona sur, en Isla Dion (67°52'S, 68°43'W), y una colonia recientemente descubierta al nor-este de la Península, en Isla Snow Hill, en el Mar de Weddell, siendo ésta la colonia más septentrional para la especie. Los juveniles y adultos no-reproductivos se dispersan hacia el norte alcanzando muy ocasionalmente las costas de Tierra del Fuego. Errante en Isla Georgia del Sur, Islas Malvinas y en aguas argentinas.
Hábitos: Gregario. Colonias reproductivas muy compactas, sobre el hielo. La única especie que incuba sus huevos durante el oscuro invierno antártico. Nidifica entre marzo y diciembre. Camina grandes distancias por sobre el mar congelado. Muy confiado.

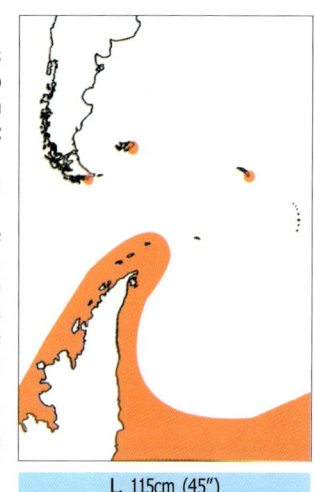

L. 115cm (45")

Gentoo Penguin

Pygoscelis papua SPHENISCIDAE

C. Pingüino Papúa
A. Pingüino de Vincha

959

Identification: Head and upperparts slaty-black and underparts white. Eye-lid and triangle-shaped white patch above the eye diagnostic. Bill orange-red with black culmen.
Habitat: Antarctic littoral and surrounding seas. Avoids frozen sea. Breeds on rocky coasts, preferring level terrain.
Range: Antarctic and sub-Antarctic circumpolar resident. *P. p. ellsworthii* breeds at several localities on the Antarctic Peninsula, South Shetland, Elephant, South Orkney and South Sandwich Islands. *P. p. papua* breeds on South Georgia Island and the Falkland Archipelago. A small number of pairs breed on Martillo Island, Beagle Channel. Pelagic during the post-breeding season. Occasionally visits the coasts of Chubut, Santa Cruz, Isla Grande de Tierra del Fuego and exposed Fuegian islands.
Habits: Alone or in small groups. Breeds in small colonies between August and March. Rests on rocky and sandy coasts, avoiding harsh terrain. Shy.
Conservation: Classified as a Near Threatened species.

Identificación: Cabeza y partes superiores negro apizarrado e inferiores blancas. Párpado y diagnóstica mancha triangular blanca sobre el ojo. Pico rojo anaranjado con culmen negro.
Hábitat: Pelágico y litoral antártico. Evita los mares congelados. Nidifica en playas rocosas, prefiriendo terrenos planos.
Rango: Residente circumpolar antártico y subantártico. *P. p. ellsworthii* nidifica en varias localidades de la Península Antártica, Islas Shetland del Sur, Elefante, Orcadas y Sandwich del Sur. *P. p. papua* es un nidificante en Isla Georgia del Sur y Archipiélago de las Malvinas. Un pequeño número de parejas reproductivas en Isla Martillo, Canal Beagle. Pelágico durante el período post-reproductivo. Visita ocasionalmente las costas de Chubut, Santa Cruz, Isla Grande de Tierra del Fuego e islas fueguinas exteriores.
Hábitos: Solitario o en pequeños grupos. Nidifica entre agosto y marzo, en pequeñas colonias. Descansa en playas pedregosas y arenosas, evitando los terrenos ásperos. Tímido.
Conservación: Considerada como una especie Casi-amenazada.

960

961

962

P. p. ellsworthii

963

964

965

P. p. ellsworthii

966

967

P. p. ellsworthii

P. p. ellsworthii

L. 76cm (30″)

968

P. p. ellsworthii

Adelie Penguin

Pygoscelis adeliae   SPHENISCIDAE

C. Pingüino de Adelia
A. Pingüino Ojo Blanco

969

Identification: Prominent white eye-ring. Head, neck and upperparts black. Underparts white.
Habitat: Antarctic littoral. Also in areas with icebergs. Nests on coastal flats. After the breeding season, present in ice-free Antarctic areas.
Range: Antarctic circumpolar resident. Breeds at several localities of the Antarctic Peninsula, South Shetland, Elephant and South Orkney Islands. Occasional visitor to South Georgia Island and accidental at the Falkland Archipelago.
Habits: Walks slowly with short hops. Highly gregarious, nesting in very large colonies between October and February. In order to reach their breeding grounds, sometimes has to walk long distances over the ice. Also in large flocks at sea, swimming or resting on ice floes. Can be very aggressive towards other members of the colony during the nesting period. Curious and confiding.

Identificación: Notorio anillo periocular blanco. Cabeza, cuello y partes superiores negras. Por debajo es blanco.
Hábitat: Litoral antártico. También en zonas de témpanos. Nidifica en terrenos costeros planos. Luego de la crianza, en aguas oceánicas antárticas, libres de hielo.
Rango: Residente circumpolar antártico. Nidifica en varias localidades de la Península Antártica, Islas Shetland del Sur, Elefante y Orcadas del Sur. Visitante ocasional en Isla Georgia del Sur y accidental en Islas Malvinas.
Hábitos: Camina lento y con balanceos. Muy gregario, anidando en enormes colonias, entre octubre y febrero. Para alcanzar sus colonias, muchas veces debe caminar largas distancias por sobre el hielo. También en grandes grupos en el mar, nadando o descansando sobre témpanos. Puede ser agresivo con otros miembros de la colonia durante la nidificación. Curioso y confiado.

970

971

972

973

974

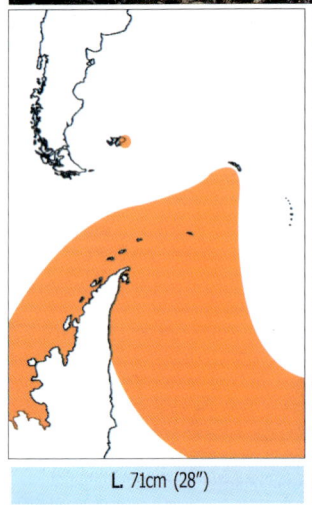

L 71cm (28")

975

Chinstrap Penguin
Pygoscelis antarctica   SPHENISCIDAE   **C. &** A. Pingüino de Barbijo

Identification: Face and forehead white, with narrow black line extending from the auricular area and passing through the chin from side to side. Bill black. Upperparts slaty-black and underparts completely white.

Habitat: Antarctic littoral. Avoids frozen seas. Breeds on coastal flatlands. After the breeding season, in ice-free Antarctic oceanic waters.

Range: Antarctic circumpolar resident. Breeds on the Antarctic Peninsula, South Shetland and Elephant Islands. Also on several other islands of the Scotia Arc including South Georgia Island. During the winter, occurs in areas around the Antarctic pack-ice. Accidental visitor to the coasts of Isla Grande de Tierra del Fuego, exposed Fuegian islands, the Beagle Channel and Buenos Aires.

Habits: Strong swimmer, frequently seen porpoising over the surface. Breeds between November and March, in large, dense colonies. Gregarious, although quite aggressive towards other penguins and natural predators during the breeding season.

Identificación: Cara y frente blanca, con delgada línea negra que nace en la zona auricular y que pasa por la barbilla de lado a lado. Pico negro. Por encima negro apizarrado y por debajo blanco.

Hábitat: Litoral antártico. Evita los mares congelados. Nidifica en terrenos costeros planos. Luego de la crianza, en aguas oceánicas antárticas, libres de hielo.

Rango: Residente circumpolar antártico. Nidifica en la Península Antártica, Islas Shetland del Sur e Isla Elefante. También en otras islas del Arco de Escocia e Isla Georgia del Sur. En aguas periféricas al *pack-ice* durante el invierno. Visitante accidental en las costas de Isla Grande de Tierra del Fuego, islas exteriores australes, Canal Beagle y Buenos Aires.

Hábitos: Veloz nadador, frecuente de observar saltando sobre la superficie con zambullidas cortas (marsopeando). Nidifica entre noviembre y marzo, en enormes y densas colonias. Gregario aunque bastante agresivo con sus congéneres y enemigos naturales, durante la crianza.

977

978

979

980

981

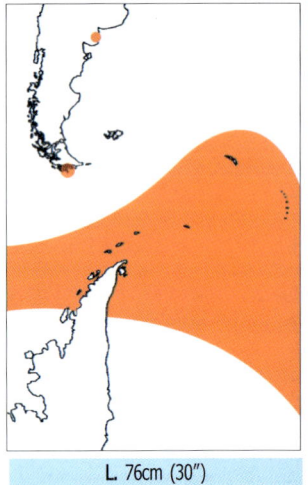

L. 76cm (30")

982

Rockhopper Penguin

Eudyptes chrysocome   SPHENISCIDAE

983

Identification: Smallish. Long, crest-like bright-yellow supercilium is diagnostic. Thick orange bill. Iris red. Head, neck and upperparts slaty-black. A straight line separates the neck and underparts. Underparts white.

Habitat: Exposed coasts and islands, although occasionally entering straits and channels. Nests on high cliffs with difficult access. After the breeding season, entirely pelagic.

Range: Common sub-Antarctic resident. The most important breeding colony is located in the Falkland Islands. Also breeds at South Georgia Island and more exposed littoral of southern Aysén and Magallanes, in southern Chile, nesting on several islands between the Penas Gulf south to Diego Ramírez Islands: Notables Group, Recalada and Noir Islands and several of the Wollaston Archipelago (Cape Horn). Breeds at Pingüino Island, near Puerto Deseado (Santa Cruz) and also at Staten Island. In pelagic southern waters during the winter; regular in the coasts of Buenos Aires. There is one record from the coasts of Valdivia (40ºS), in southern Chile. Vagrant to islands off the Antarctic Peninsula.

Habits: In pairs or loose groups. Nests in large colonies, between September and April, often with other penguin species. Moves around the steep terrain by jumping with its legs together. Swims at fast speed, jumping out of the water with short dives (porpoising). After breeding season, gathers in groups, to migrate. Very confiding.

Conservation: Classified as Vulnerable due to the striking decrease in numbers. Oil extraction activities are the main hazards for this species in the South Atlantic.

Identificación: Pequeño. Diagnóstica ceja larga a manera de mechón de color amarillo fuerte. Pico grueso de color naranja. Iris rojo. Cabeza, cuello y partes superiores negro apizarrado. La separación del negro del cuello y partes inferiores es recta. Por debajo blanco.

Hábitat: Islas y costas muy expuestas, aunque ocasionalmente en canales y estrechos. Nidifica en islas escarpadas, en barrancas altas y de difícil acceso. Luego de la crianza, completamente pelágico.

Rango: Residente subantártico común. La población reproductiva más importante de la especie en el mundo se localiza en el Archipiélago de las Malvinas. También nidifica en Isla Georgia del Sur y en el litoral más expuesto del sur de Aysén y Magallanes, en Chile, nidificando en varias islas desde el Golfo de Peñas hasta Islas Diego Ramírez: Grupo Notables, Islas Recalada, Noir y varias del Archipiélago de las Wollaston (Cabo de Hornos). Nidifica en Isla Pingüino cerca de Puerto Deseado (Santa Cruz) y también en Isla de los Estados. En aguas pelágicas australes durante el invierno; regular en la costa hasta Buenos Aires. Un registro para las costas de Valdivia (40ºS), en la costa sur de Chile. Errante en islas de la Península Antártica.

Hábitos: En parejas o en grupos dispersos. Nidifica entre septiembre y abril, en grandes colonias, a menudo también con otras especies de pingüinos. Se desplaza saltando con las piernas juntas. Nada a gran velocidad, saltando sobre la superficie con zambullidas cortas (marsopeando). Terminada la crianza se reúne en grupos, para luego migrar. Muy confiado.

Conservación: Considerada como una especie vulnerable debido a la marcada disminución de sus poblaciones. En el Atlantico Sur, la explotación de petróleo es una amenaza potencial.

L. 60cm (24″)

Macaroni Penguin
Eudyptes chrysolophus

SPHENISCIDAE

C. Pingüino Macaroni
A. Pingüino Frente Dorada

989

Identification: Prominent orange-yellow crest rising from the forehead is diagnostic. Thick orange bill. Iris reddish-brown. Head, neck and upperparts slaty-black. V-shaped line separates the neck and white underparts. Underparts white.

Habitat: Northern Antarctic littoral. Also on exposed coasts and islands of the Fuegian Archipelago. After the breeding season, strictly pelagic in habits.

Range: Antarctic and sub-Antarctic resident. Breeds on the Antarctic Peninsula, South Shetland Islands, several islands of the Scotia Arc, South Georgia Island (mainly in the north-western sector) and a small breeding colony on the Falkland Islands. In the Fuegian Archipelago, breeds at Desolación, Recalada Noir and Diego Ramírez Islands. A nesting attempt by a pair at Pingüino Island, Santa Cruz. Ocasional visitor to the coasts of Chubut and Buenos Aires.

Habits: Breeds between September and March, at large colonies, often together with other penguin species. After the breeding season gathers in groups, to begin dispersing. Can be aggressive towards other penguins. Confiding.

Conservation: Classified as Vulnerable. Populations have diminished and the species faces threats derived from the pollution.

Identificación: Diagnóstico y prominente mechón amarillo anaranjado que nace en la frente. Pico grueso de color naranja. Iris café rojizo. Cabeza, cuello y partes superiores negro apizarrado. La separación del negro del cuello y partes inferiores en forma de "V". Por debajo blanco.

Hábitat: Litoral septentrional antártico. También presente en costas e islas exteriores del archipiélago fueguino. Luego de la crianza, estrictamente pelágico.

Rango: Residente antártico y subántartico. Nidifica en la Península Antártica, Islas Shetland del Sur, en varias islas del Arco de Escocia, Isla Georgia del Sur (especialmente en el sector nor-oeste) y una pequeña población reproductiva en Islas Malvinas. En el archipiélago fueguino, nidifica en Islas Desolación, Recalada, Noir y Diego Ramírez. Un pareja intentó nidificar en Isla Pingüino, Santa Cruz. Visitante ocasional en las costas de Chubut y Buenos Aires.

Hábitos: Nidifica entre septiembre y marzo, en grandes colonias, a menudo también con otras especies de pingüinos. Terminada la crianza se reúne en grupos, para luego migrar. Puede ser agresivo con otras especies de pingüinos. Confiado.

Conservación: Considerada como una especie vulnerable. Se infiere una disminución de sus poblaciones y enfrenta a amenazas derivadas de la polución.

L. 70cm (28")

Humboldt Penguin

Spheniscus humboldti   SPHENISCIDAE

997

Identification: Bill black with greyish band. Prominent deep pinkish bare skin facial area. Iris reddish-brown. Narrow white circular band extending from forehead, passing though the ear and connecting with breast. Head and upperparts blackish-grey. Seen from the front, shows only one black pectoral band. Rest of underparts white with black line running parallel to the black upperparts. **Juveniles/Immatures:** Head dark. No pectoral band.
Habitat: Pelagic and coastal. Breeds on islands and islets with soft-soils, with or without vegetation.
Range: In Patagonia, breeds on some exposed islets on the northern coast of Chiloé Island (Puñihuil Isles). Endemic species to the Humboldt Current. Most of their breeding colonies are found in Chile from Valparaíso northwards. Also in the Peruvian littoral. Doubtful records from the Argentinean coast.
Habits: In pairs or in groups. Highly gregarious in the sea. Swims very rapidly, with constant porpoising. Frequents ports and sheltered bays. Excavates burrows for nesting throughout the year. Shy.
Conservation: Classified as Vulnerable, with a maximum population of 12,000 individuals. It faces threats such as pollution, disturbance and the over-fishing of Anchovies (*Engraulis spp*).

Identificación: Pico negro con banda grisácea. Zona desnuda de la cara de notorio color rosado fuerte. Iris café rojizo. Delgada banda circular blanca que nace en la frente, pasa por las auriculares y se conecta al pecho. Cabeza y partes superiores de color gris negruzco. De frente se observa sólo una banda pectoral negra. Resto de las partes inferiores blancas con línea negra que corre paralela al negro del dorso.
Juveniles/Inmaduros: Cabeza oscura. Sin banda pectoral.
Hábitat: Pelágico y costero. Nidifica en islas e islotes con suelos blandos, con y sin vegetación.
Rango: En Patagonia, nidifica en algunos islotes exteriores septentrionales de Chiloé (Islotes Puñihuil). Especie endémica de aguas de la Corriente de Humboldt. La mayoría de sus colonias reproductivas se encuentran en Chile desde Valparaíso hacia el norte. También en el litoral peruano. Dudosos registros para la costa argentina.
Hábitos: En parejas o en grupos. Muy gregario en el mar. Nada rápidamente, realizando saltos y zambullidas cortas (marsopeando). Se acerca a muelles y bahías. Excava cuevas donde nidifica, durante todo el año. Tímido.
Conservación: Considerada como una especie vulnerable, con un máximo poblacional de 12.000 individuos. Enfrenta amenazas tales como la polución, disturbios y la sobrepesca de anchoveta (*Engraulis spp*).

998

999

1000

J

1001

1002

1003

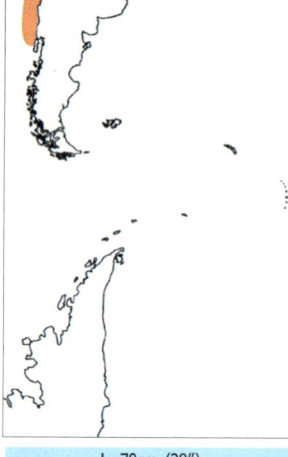

1004

1005

L. 70cm (28″)

Magellanic Penguin

Spheniscus magellanicus   SPHENISCIDAE

C. Pingüino de Magallanes
A. Pingüino Patagónico

1006

Identification: Bill black with greyish band. Prominent white circular band extending from forehead, passing through auriculars and joining on the throat. Head, collar and upperparts black. Seen from the front, shows two black pectoral bands. Rest of underparts white with a black line extending parallel to the black back. **Juveniles/Immatures:** Sides of face and throat pale. Faint pectoral band.

Habitat: Exposed and inshore marine waters. Nests on burrows, excavated by themselves, on coasts and islands with soft-soils, with or without vegetation.

Range: Common summer resident in Patagonia. Numerous breeding colonies along the Atlantic coast from Valdés Peninsula (Chubut) south to Isla Grande de Tierra del Fuego and through the Pacific from Cape Horn north to Chiloé Island and exposed isles of Llanquihue (Los Lagos). There are also important breeding colonies on the Falkland Islands. After the breeding season, population disperses northwards along the Pacific and Atlantic coasts. Occasionally present in the Drake Passage and vagrant to South Georgia Island and South Shetland and Anvers Island, in the Antarctic Peninsula.

Habits: In pairs or in groups. Swims very rapidly, frequently porpoising. Frequents ports and sheltered bays. Very noisy at the breeding grounds. Excavates burrows for nesting between September and April. Confiding.

Conservation: Classified as Near Threatened. The population is estimated to be around 1,300,000 pairs: 650,000 in Argentina, 100,000 in the Falkland Islands and 200,000 in Chile. Each colony has experienced different problems, but the common threats include pollution, with oil slicks on offshore waters, and potential hazards oil extraction operations in the South Atlantic. In addition, exploitation of fisheries by man seems to be threatening this species.

Identificación: Pico negro con banda grisácea. Notoria banda circular blanca que nace en la frente, pasa por las auriculares y se junta en la garganta. Cabeza, collar y partes superiores de color negro. De frente se observan dos bandas pectorales negras. Resto de las partes inferiores blancas con línea negra que corre paralela al negro del dorso. **Juveniles/Inmaduros:** Lados de la cara y garganta pálidos. Difusa banda pectoral.

Hábitat: En aguas marinas exteriores e interiores. Nidifica en cuevas, excavadas por ellos mismos en costas e islas con suelos blancos, con o sin vegetación.

Rango: Residente estival común en Patagonia. Numerosas colonias reproductivas en las costa atlántica desde Península Valdés (Chubut) hasta Isla Grande de Tierra del Fuego y por el Pacífico desde el Cabo de Hornos hasta Chiloé e islas exteriores de Llanquihue. También existen importantes colonias en Islas Malvinas. Luego de la crianza, las poblaciones se dispersan hacia el norte por el Pacífico y el Atlántico. Ocasionalmente en el Paso Drake y errante en Isla Georgia del Sur, Islas Shetland del Sur e Isla Anvers, en la Península Antártica.

Hábitos: En parejas o en grupos. Nada rápidamente, realizando saltos y zambullidas cortas (marsopeando). Se acerca a muelles. Muy bullicioso en las colonias reproductivas. Excava cuevas donde nidifica, entre septiembre y abril. Confiado.

Conservación: Considerado como una especie Casi-amenazada. Se estima una población de 1.300.000 parejas: 650.000 en Argentina, 100.000 en Islas Malvinas y 200.000 en Chile. Cada colonia ha experimentado distintos progresos, pero las amenazas comunes incluyen la polución con manchas de petróleo en alta mar, y potencialmente la explotación de hidrocarburos en el Atlantico Sur. Además, las pesquerías parecen estar compitiendo en gran medida con esta especie.

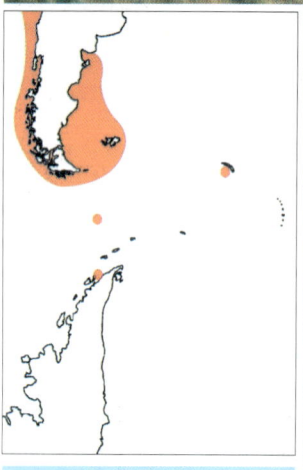

L. 73cm (29″)

Pied-billed Grebe

Podilymbus podiceps PODICIPEDIDAE

C. Picurio
A. Macá Pico Grueso

Identification: Large-headed grebe with greyish-brown general appearance. Bill thick, horn-coloured with black transversal band. Iris dark. Mask and throat black. Sides of head grey with no tuft. Breast and flanks somewhat paler. Belly and undertail-coverts whitish.

Habitat: Lakes, lagoons, reservoirs, rivers and reed-fringed ponds in lowlands. Occasionally in estuaries and river mouths.

Range: *P. p. antarcticus* is a scarce to uncommon resident in lowland and coastal wetlands along both slopes of the Andes Range. In Chile, from southern Maule south to Aysén and in Argentina, from Neuquén, Río Negro and southwestern Buenos Aires south to Chubut.

This species ranges widely throughout America, from Alaska south to Central America and Caribbean, and a great part of South America.

Habits: Alone, in pairs or family groups. Territorial. Spends more time diving than other grebes. Reluctant to fly, needs to run over the water surface for a long distance, before being able to take off. Shy, when threatened hides in the cover of vegetation, leaving just its head above the water. Occasionally whistles and gives harsh and low-pitched calls.

Identificación: Zambullidor café grisáceo, de cabeza grande. Pico grueso, color cuerno con banda transversal negra. Iris oscuro. Máscara y garganta negra. Lados de la cabeza grises, sin penacho. Pecho y flancos algo más pálidos. Abdomen y subcaudales blanquecinas.

Hábitat: Lagos, lagunas, tranques, ríos y pajonales de zonas bajas. Ocasionalmente en estuarios y desembocaduras de ríos.

Rango: *P. p. antarcticus* es un residente escaso a poco común en zonas bajas y costeras de ambas vertientes de la Cordillera de los Andes. En Chile desde el sur del Maule hasta Aysén y en Argentina desde Neuquén, Río Negro y sur-oeste de Buenos Aires hasta Chubut.

Esta especie se haya ampliamente distribuida en América, desde Alaska hasta Centroamérica y el Caribe, y por gran parte de Sudamérica.

Hábitos: Solitario, en parejas o en grupos familiares. Territorial. El más buceador de los zambullidores. Evita volar, necesita emprender una carrera sobre la superficie por largo rato, para lograrlo. Tímido, al sentirse amenazado se esconde entre la vegetación acuática, dejando fuera del agua, sólo la cabeza. Ocasionalmente silba y emite trinos ásperos y bajos.

L. 31 cm (12 1/4")

322

White-tufted Grebe

Rollandia rolland   PODICIPEDIDAE

C. Pimpollo Común
A. Macá Común

1023

R. r. chilensis

Identification: Very small. Short, sharp black bill. Iris red. White auricular tuft with black streaks. Head, neck, and underparts black with metallic sheen. Wings black with white wing-bar. Underparts reddish-brown. The Falkland race is considerably larger than that of mainland.

Habitat: Present in any kind of shallow wetland: reed-fringed lagoons, channels and lakes. From pre-Andean habitats to the coast. Generally in water bodies with good vegetation cover. During the winter frequents sheltered seacoasts such as straits and channels in the southern part of its range.

Range: *R. r. rolland* is a race endemic to the Falkland Islands. *R. r. chilensis* is a locally frequent to fairly common resident in lowlands from southern Maule, in Chile and Neuquén, Río Negro and south-western Buenos Aires, in Argentina to the southern part of Isla Grande de Tierra del Fuego and southern islands of the Beagle Channel, including the Wollaston Archipelago (Cape Horn) and Staten Island. During fall, part of the southernmost populations migrate northwards to Argentina, although many individuals remain in the region during the colder months.

Its range extends northwards to the lowlands in Atacama, Chile. Also in the puna of north-eastern Chile, north-western Argentina, western Bolivia and Peru.

Habits: Alone or in pairs. Territorial, although in small flocks during the non-breeding season. Shares its habitat with ducks, coots and other grebes. Silent. Excellent diver, diving for long periods. Wary, although somewhat curious.

Identificación: Muy pequeño. Pico negro, corto y aguzado. Iris rojo. Penacho auricular blanco con estrías negras. Cabeza, cuello, parte superior del pecho y partes superiores negras con brillo metálico. Alas negras con banda blanca. Partes inferiores de color café rojizo. La raza nominal es considerablemente más grande que la continental.

Hábitat: Presente en todo tipo de aguas someras: pajonales en pequeñas lagunas, canales y lagos. Desde la pre-cordillera hasta la costa. Generalmente en cuerpos de agua con buena cobertura vegetal. Durante el invierno en costas marinas de estrechos y canales, en la zona sur de su distribución.

Rango: *R. r. rolland* es una subespecie endémica residente del Archipiélago de las Malvinas. *R. r. chilensis* es un residente localmente frecuente a bastante común en tierras bajas desde el sur del Maule, en Chile y Neuquén, Río Negro y sur-oeste de Buenos Aires, en Argentina hasta el sur de Isla Grande de Tierra del Fuego e islas australes del Canal Beagle incluyendo el Archipiélago de las Wollaston (Cabo de Hornos) e Isla de los Estados. Durante el otoño, parte de las poblaciones australes migran hacia el norte de Argentina, aunque muchos individuos permanecen durante los meses más fríos.

Su rango se extiende hacia el norte de Chile, en sectores bajos hasta Atacama. También en la puna del nor-este de Chile, nor-oeste de Argentina, oeste de Bolivia y Perú.

Hábitos: Solitario o en parejas. Territorial, aunque en pequeños grupos durante el período no-reproductivo. Comparte su hábitat con patos, taguas y otros zambullidores. Muy silencioso. Excelente buceador, se zambulle todo el tiempo. Desconfiado aunque algo curioso.

R. r. chilensis

R. r. chilensis

R. r. chilensis

R. r. chilensis

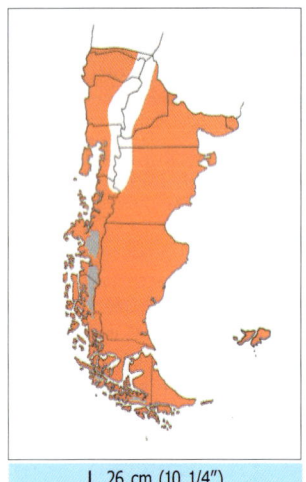

L. 26 cm (10 1/4″)

R. r. chilensis

Great Grebe

Podiceps major

PODICIPEDIDAE

C. Huala
A. Macá Grande

1030

Identification: Largest grebe in the region. Slim and long-necked. Long black bill. Iris reddish. Black crest, neck and hindneck. Face and throat grey. Upperparts and wings dark grey. White wing bar, only visible in flight. Foreneck and upper breast rufous. Breast and rest of underparts white.

Habitat: Broad rivers, estuaries, reservoirs, lagoons and lakes. Also in straits, fjords and channels. Along seacoasts, especially during winter.

Range: *P. m. navasi* is a frequent to locally common resident in lowland and coastal areas of both slopes of the Andes, from Bío-Bío, in Chile and adjacent regions of Neuquén and Río Negro, in Argentina south to the southern part of Isla Grande de Tierra del Fuego and southern islands of the Beagle Channel, including the Wollaston Archipelago (Cape Horn) and Staten Island. During the fall, part of the southern populations migrate north to central Argentina, although many individuals remain in the south during the colder months.

This species ranges northwards to Atacama, in Chile, north-eastern Argentina, Paraguay, south-eastern Brazil, Uruguay and coastal Peru.

Habits: Alone, in pairs or family groups. Forms flocks in sheltered bays during the southern fall and winter. Has a characteristic loud, melancholic and pitying whistle. Builds semi-floating nests. Reluctant to fly when threatened. Migrates by night, in high flight. Sleeps on the water or more rarely on the shore. Excellent diver. Very territorial, although shares its habitat with other waterfowl. There is a hybridism report with Silvery Grebe. Shy.

Identificación: El zambullidor más grande de la región. Estilizado y de cuello largo. Pico negro, largo. Iris rojizo. Penacho, parte dorsal de la cabeza y cuello negro. Cara y garganta gris. Partes superiores y alas de color gris oscuro. Barra blanca en el ala, sólo visible en vuelo. Parte anterior del cuello y superior del pecho de color rufo. Pecho y resto de las partes inferiores blancas.

Hábitat: Ríos anchos, estuarios, tranques, lagunas y lagos. También en estrechos, fiordos y canales. En la costa marina, en especial durante el invierno.

Rango: *P. m. navasi* es un residente frecuente a localmente común en zonas bajas y costeras de ambas vertientes de la Cordillera de los Andes, desde Bío-Bío, en Chile y regiones adyacentes de Neuquén y Río Negro, en Argentina hasta la porción sur de Isla Grande de Tierra del Fuego e islas australes del Canal Beagle, incluyendo el Archipiélago de las Wollaston (Cabo de Hornos) e Isla de los Estados. Durante el otoño, parte de las poblaciones australes migran hacia el centro de Argentina, aunque muchos individuos permanecen durante los meses más fríos.

Esta especie se distribuye hacia el norte alcanzando hasta Atacama, en Chile, el nor-este de Argentina, Paraguay, sur-este de Brasil, Uruguay y en la costa del Perú.

Hábitos: Solitaria, en parejas o en grupos familiares. En bandadas durante el otoño e invierno, en bahías protegidas. Reconocible por su fuerte, melancólico y lastimero silbido. Construye nidos semi-flotantes. Evita volar. Migra de noche, en vuelo alto. Duerme flotando y rara vez en la orilla. Excelente buceador. Muy territorial, aunque comparte su hábitat con otras aves acuáticas. Existe un reporte de hibridismo con *Podiceps occipitalis*. Tímida.

L. 78 cm (31")

Silvery Grebe
Podiceps occipitalis

PODICIPEDIDAE

C. Blanquillo
A. Macá Plateado

1037

Identification: Smallish. Pale grey and white general appearance. Short, sharp black bill. Iris red. Head and upperparts ashy-grey. Nape black. Auricular tuft yellow. Wings ashy-grey with white wing-bar. Underparts white with greyish flanks.

Habitat: On shallow water bodies in open areas: freshwater and brackish lagoons and lakes, with or without shoreline vegetation, mainly in steppe plateaus. Also on seacoasts, especially during the southern winter.

Range: *P. o. occipitalis* is a frequent to locally common resident in lowlands from southern Maule south to Isla Grande de Chiloé (Los Lagos), in Chile. A common resident in Argentina, in similar habitats of the eastern slope of the Andes, from Neuquén, Río Negro and south-western Buenos Aires, including adjacent territories of eastern Aysén and central-eastern Magallanes, Chile south to the northern part of Isla Grande de Tierra del Fuego. Occasional south to the Beagle Channel. A small resident population in the Falkland Islands. During the fall southernmost populations migrate to northern Argentina. Chilean range extends through lowland areas north to Atacama.

Also found in the puna of eastern Chile, north-western Argentina, western Bolivia and Peru, and extending along the Andes north to Ecuador and Colombia.

Habits: In pairs or small groups. Not very territorial. During the non-breeding forms large flocks of up to several hundreds or thousands of individuals in southern Patagonia and Tierra del Fuego. Shares its habitat with other grebes and waterfowl. Excellent diver. Whistles. Rather confiding.

Identificación: Pequeño y de coloración general clara. Pico negro, corto y aguzado. Iris rojo. Cabeza y partes superiores gris ceniciento. Nuca negra. Penacho auricular amarillo. Alas gris ceniciento con banda transversal blanca. Partes inferiores blancas, a excepción de los flancos que son grisáceos.

Hábitat: En cuerpos de aguas someras en sectores abiertos: lagunas y lagos de agua dulce y salobre, con o sin vegetación en sus orillas, sobre todo en sectores de mesetas esteparias. También en la costa marina, en especial durante el invierno.

Rango: *P. o. occipitalis* es un residente frecuente a localmente común en tierras bajas desde el sur del Maule hasta Isla Grande de Chiloé (Los Lagos), en Chile. En Argentina, es un residente común en ambientes similares de la vertiente oriental de Los Andes, desde Neuquén, Río Negro y sur-oeste de Buenos Aires, incluyendo territorios adyacentes del este de Aysén y centro-este de Magallanes, Chile hasta la porción norte de Isla Grande de Tierra del Fuego. Ocasional por el sur hasta el Canal Beagle. Una pequeña población reside en Islas Malvinas. Durante el otoño parte de las poblaciones australes migran hacia el norte de Argentina. Su rango se extiende hacia el norte de Chile, en sectores bajos hasta Atacama.

También se encuentra en la puna del este de Chile, nor-oeste de Argentina, oeste de Bolivia y Perú. Alcanza por los Andes hasta Ecuador y Colombia.

Hábitos: En parejas o en pequeños grupos. No es territorial. Durante el período no-reproductivo en grandes bandadas de cientos a miles de individuos en Patagonia Sur y Tierra del Fuego. Comparte su hábitat con otros zambullidores y aves acuáticas. Excelente buceador. Silba. Algo confiado.

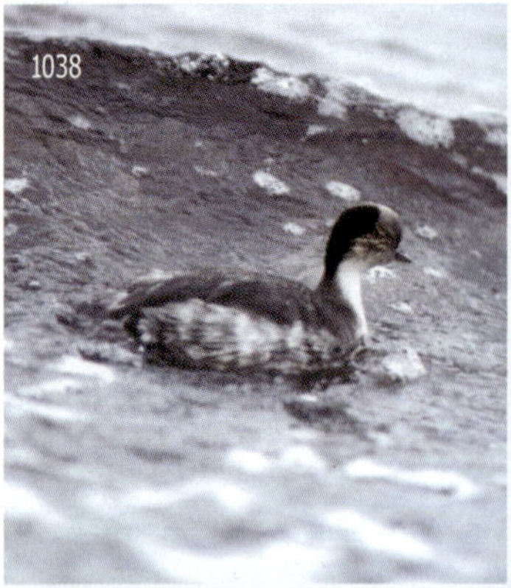
1038

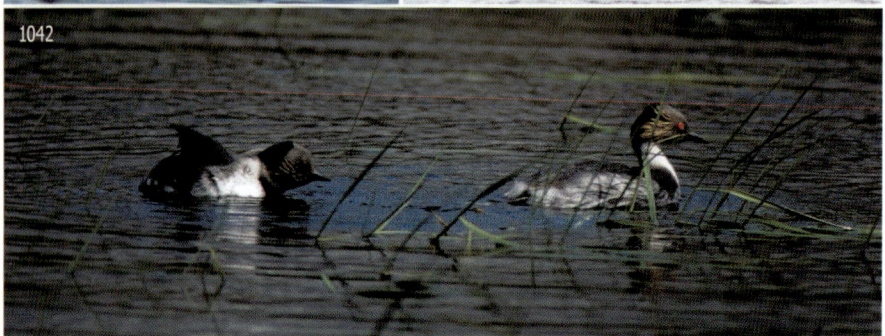

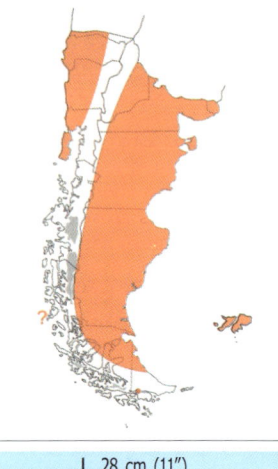

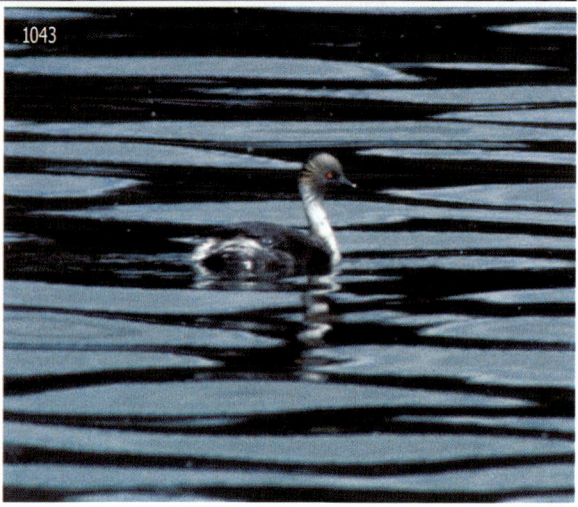

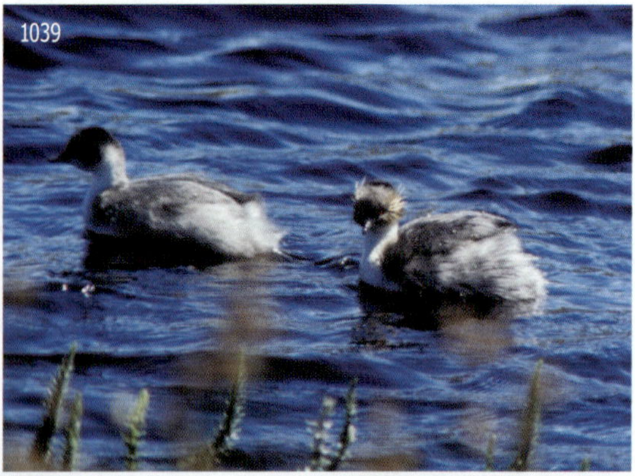
1039

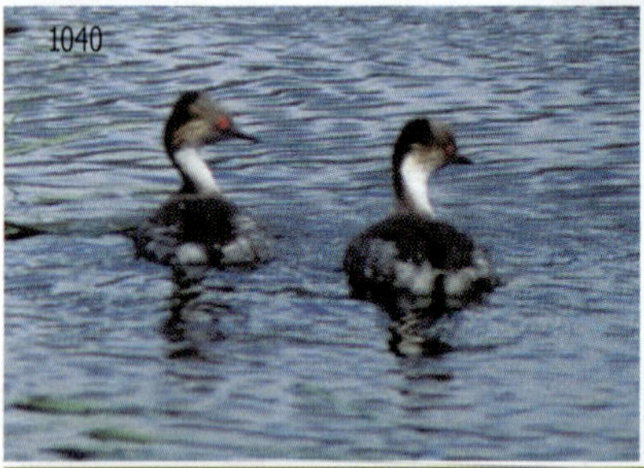
1040

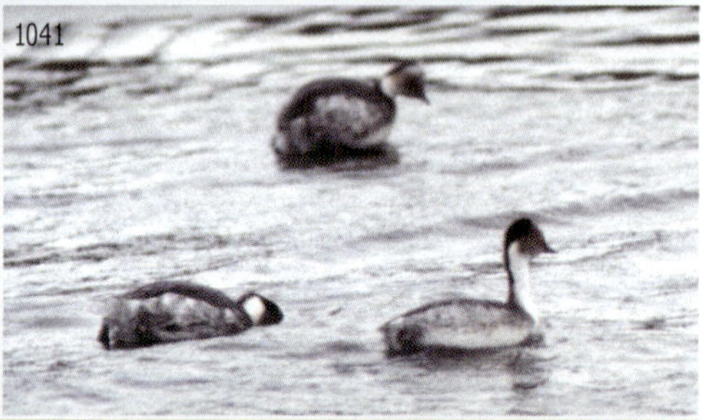
1041

1042

1043

L. 28 cm (11″)

Hooded Grede

Podiceps gallardoi

PODICIPEDIDAE

C. Pimpollo Tobiano
A. Macá Tobiano

1044

Identification: Sharp, dark grey bill. Iris red. Black head and line along hind-neck. Forehead white and frontal crest rufous. Upperparts slaty-grey. Wings black with white wing-bar. Underparts white.

Habitat: Basaltic inland Patagonian plateaus, lagoons and lakes with abundant emergent vegetation, located in open areas very exposed to strong prevailing winds and generally against volcanic cliffs. During the southern winter in rivers and estuaries on the Atlantic coast.

Range: ENDEMIC to south-eastern Patagonia. Resident exclusively to uplands of western Santa Cruz (between 500-1,200m/1,500-3,600ft), in diverse eastern pre-Andean plateaus from Laguna de los Escarchados in the south, north to Cardiel, Strobel and Quiroga lakes. During the fall makes partial and local migrations to the Atlantic coast including the estuaries of Coyle and Gallegos rivers. Accidental visitor in Chile, with sightings from brackish ponds and lagoons of central-eastern Magallanes and central Isla Grande de Tierra del Fuego.

Habits: Recently discovered species, described in 1974. Alone or in pairs. Nests colonially, sometimes seen in flocks of several hundreds of individuals. Rather territorial. During non-breeding season, forms mixed flocks with Silvery Grebe. Excellent diver. Gives melodious whistling calls. Confiding and somewhat curious.

Conservation: Restricted to the Endemic Bird Area 062 (southern Patagonia). Classified as Near Threatened. The total population is estimated to be between 3,000 and 5,000 individuals. Currently the introduction of *salmonids*, for the purpose of sport fishing, into the lagoons where it breeds is the main conservation threat.

Identificación: Pico gris oscuro, aguzado. Iris rojo. Cabeza y línea dorsal del cuello de color negro. Frente blanca y penacho frontal rufo. Partes superiores gris apizarrado. Alas negras con banda transversal blanca. Partes inferiores blancas.

Hábitat: En mesetas del interior patagónico, en lagunas y lagos con abundante vegetación emergente, localizadas en sectores abiertos, muy expuestos al viento y por lo general contra barrancos volcánicos. Durante el invierno en ríos y estuarios de la costa atlántica.

Rango: ENDEMICO de Patagonia sur-oriental. Residente exclusivo del oeste de Santa Cruz en ambientes de altura (entre 500-1.200m), en las diversas mesetas de la pre-cordillera oriental desde Laguna de los Escarchados por el sur hasta los lagos Cardiel, Strobel y Quiroga por el norte. Durante el otoño realiza migraciones parciales y locales hasta la costa del Atlántico incluyendo los estuarios de los ríos Coyle y Gallegos. Visitante accidental en Chile, con registros visuales en lagunas salobres del centro-este de Magallanes y centro de Isla Grande de Tierra del Fuego.

Hábitos: Especie recientemente descubierta, descrita en 1974. Solitario o en parejas. Nidifica colonialmente, en ocasiones observado en bandadas de cientos de individuos. Bastante territorial. Durante el período no-reproductivo, se asocia a bandadas de *P. occipitalis*. Excelente buceador. Realiza melodiosos silbidos trinados. Confiado y algo curioso.

Conservación: Restringido al Area de Endemismo para Aves 062 (Patagonia Sur). Considerado casi-amenazado, con una población estimada entre 3.000 y 5.000 individuos. Actualmente la introducción de salmónidos en las lagunas donde nidifica, para la pesca deportiva, representa la principal amenaza.

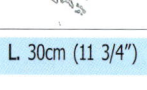

L. 30cm (11 3/4")

Wandering Albatross

Diomedea exulans   DIOMEDEIDAE   **C. & A.** Albatros Errante

Identification: Very large. Bill pink with horn tip. Largely white. Upperwing white with primaries and trailing edge black. Back white. Tail white with variable amounts of black on sides. During the **breeding season** acquires a pink tinge on the ear-coverts. A few individuals show an entirely white tail. **Juveniles:** Completely chocolate-brown. Sides of face white. As the bird attains immature plumage, the upperparts acquire progressively more white mottling until the rump and tail are white with a black terminal band. Underparts whiten progressively "leaving" collar, flanks and undertail-coverts brown. On the upperwing, a whitish patch appears at base of secondaries. Underwing as adult. **Immatures:** Head and body white. Wings black on which the central white patch extends as a wedge, whitening towards the leading edge. Tail loses gradually the black terminal band until just the outer rectrices remain black.

Habitat: Only in cold pelagic waters, avoiding the frozen Antarctic seas. Occasionally seen in straits and channels.

Range: Antarctic and sub-Antarctic circumpolar species. *D. [e.] exulans* is a common breeding species on South Georgia Island. Commonly seen in the Southern Ocean. Offshore visitor to the Falkland Islands and around the Patagonian Shelf and to the seas of southern Chile, spreading northwards though the waters of the Humboldt Current. Occasional around South Shetland Islands. *D. [e.] dabbenena* breeds in Tristan da Cunha and Gough Islands, in the South Atlantic and is an occasional visitor to Argentinean and Brazilian waters. Recorded in the Drake Passage. *D. [e.] antipodensis* and *D. [e.] gibsoni* are visitors to Chilean waters, breeding on the Antipodes and Auckland Islands, in the South Pacific. Both have been recorded in the Drake Passage.

Habits: Majestic and powerful flight. During strong winds makes fast, long glides with wings completely extended. Slow and few wing beats. Rests on the surface for long

Identificación: Muy grande. Pico rosado con punta córnea. Blanco. Superficie dorsal alar blanca con primarias y borde de arrastre negros. Espalda blanca. Cola blanca con costados negros, variable en extensión. Durante el **período reproductivo** aparece un tinte rosado en la zona auricular. Pocos ejemplares presentan la cola completamente blanca. **Juveniles:** Completamente café chocolate. Lados de la cara blancos. A medida que pasa a estado inmaduro, las partes superiores presentan un progresivo moteado blanco hasta dejar la rabadilla y cola blancas, a excepción de una banda terminal negra. Las partes inferiores se blanquean completamente dejando collar, flancos y la región subcaudal café. En el dorso de las alas, en tanto, va apareciendo un parche blanquecino en la base de las secundarias y por debajo tienen siempre la coloración del adulto. **Inmaduros:** Cabeza y cuerpo blancos. Alas negras en donde el parche blanco central se extiende como una cuña, abriéndose hasta blanquear el borde de ataque. La cola pierde la banda terminal negra quedando solamente las plumas exteriores de ése color.

Hábitat: Sólo en aguas pelágicas frías, aunque evita los mares congelados de la Antártica. Ocasionalmente en estrechos y canales.

Rango: Circumpolar antártico y subantártico. *D. [e.] exulans* es un nidificante común en Isla Georgia del Sur. Frecuente de observar en el Océano Austral. Visitante pelágico de Islas Malvinas, de la plataforma continental en aguas argentinas y en los mares del sur de Chile, distribuyéndose hacia el norte por la Corriente de Humboldt. Ocasional alrededor de Islas Shetland del Sur. *D. [e.] dabbenena* nidifica en Islas Tristan da Cunha y Gough, en el Atlántico sur y es un visitante en el Mar Argentino y sur de Brasil. Registrada en el Paso Drake. *D. [e.] antipodensis* y *D. [e.] gibsoni* son visitantes en las costas chilenas, y nidifican en Islas Antipodes y Auckland, en el Pacífico Sur. Ambas razas han sido registradas en el Paso Drake.

Hábitos: Vuelo majestuoso e imponente. Con fuertes vientos realiza rápidos y largos planeos con las alas absolutamente extendidas. Aletea lento y rara vez. Con buen tiempo prefiere

periods. Feeds mainly at night when its prey approaches the water surface. Frequently seen following boats, especially trawlers in search for offal. Occasionally associates with cetaceans. Breeds on flat, level and vegetated terrain on very remote islands. Wandering Albatross have a biannual breeding cycle starting in November and December and lasting around 13 months.

Conservation: Classified as Vulnerable. The declining population is estimated at 28,000 individuals. All subspecies are highly susceptible to long-line fisheries. Being one of the most aggressive species to attend fishing vessels, many individuals die after striking at baited hooks.

descansar sobre el agua. Se alimenta de noche cuando sus presas se acercan más a la superficie. Habitualmente sigue barcos, en especial pesqueros en busca de descargas. Ocasionalmente asociado a cetáceos. Nidifica en terrenos planos y vegetados en islas muy remotas. Tiene un ciclo reproductivo bianual que comienza entre noviembre y diciembre y que dura unos 13 meses.

Conservación: Considerada como una especie Vulnerable, con una población decreciente estimada en 28.000 individuos. Todas sus subespecies son altamente susceptibles a la pesca con palangre. Siendo una de las especies mas agresivas que se acerca a barcos pesqueros grandes, muchos ejemplares quedan enganchados en los anzuelos.

1059
J

1060
J

1061
I

1062
I

1063
I

1064
I

L. 120cm (47") W. 350cm (138")

1065

1066

Northern Royal Albatross

Diomedea [e.] sanfordi   DIOMEDEIDAE   **C. & A.** Albatros Real del Norte

1067

Identification: Very large. White. Unmistakable. Upperwing completely black, colour extending towards lower back. This feature is retained at all plumage stages and ages. White shoulders. Underwing white with black trailing edge and tips of primaries; also a diagnostic and thin black line extending from the primaries to the carpal joint. Tail white. **Juveniles:** As adult but showing black mottling on the lower back and thin black terminal band across the tail.
Habitat: Cold pelagic waters. Occasionally near the coast and in channels.
Range: Sub-Antarctic circumpolar species. Regular non-breeding visitor from the South Pacific to the Drake Passage and in the South Atlantic, especially to offshore waters around the Falkland Islands. Also ranges along the Humboldt Current. Breeds on Chatham Island and Dunedin, in New Zealand.
Habits: Identical to Southern Royal Albatross.
Conservation: Classified as Endangered, with a declining population of 13,000 individuals. Long-line fisheries, the presence of introduced animals and natural disasters in breeding areas are the main threats for the species.

Identificación: Muy grande. Blanco. Inconfundible. Superficie dorsal alar enteramente negra, prolongándose en la parte baja de la espalda. Este carácter se mantiene en todas las edades. Hombros blancos. Superficie inferior alar blanca con borde de arrastre y puntas negras; además una diagnóstica y delgada línea negra que se extiende desde las primarias hasta la zona carpal. Cola blanca. **Juveniles:** Como el adulto pero presenta moteado negro en la parte baja de la espalda y delgada banda terminal negra en la cola.
Hábitat: Aguas pelágicas frías. Ocasionalmente cerca de tierra y en estrechos.
Rango: Circumpolar subantártico. Visitante regular no-reproductivo del Pacífico Sur hasta el Paso Drake y Atlántico Sur, en especial alrededor de las Islas Malvinas. También a lo largo de la Corriente de Humboldt. Nidifica en Islas Chatham y en Dunedin, en Nueva Zelanda.
Hábitos: Idénticos a *Diomedea [e.] epomophora*.
Conservación: Considerada una especie En Peligro, con una población decreciente de 13.000 individuos. La pesca, los animales introducidos y los desastres naturales en áreas de nidificación son sus principales amenazas.

1068

1069

1070

1071

1072

1074

1073

1075

L. 115cm (45″) W. 305-350cm (120-138″)

Southern Royal Albatross

Diomedea [e] epomophora   DIOMEDEIDAE   **C. & A.** Albatros Real del Sur

Identification: Very large. White. Bill pink with horn-coloured tip and diagnostic black line along the cutting edge of upper mandible, visible at close quearters. Upperparts white. Upperwing black with white leading edge and central patch. With age the wing progressively whitens until just the trailing edge and tips of primaries are black. Underwing white with thin black trailing edge and tips to wings. Tail completely white. **Juveniles:** Head and body white. Upperwing has white spotting on upperwing-coverts and a white shoulder patch. Blackish mottling on lower back and tail with black central terminal band.

Habitat: Cold pelagic waters. Occasionally near the coast and straits.

Range: Sub-Antarctic circumpolar species. Regular non-breeding visitor, present throughout the year in the South Pacific to the Drake Passage and in the South Atlantic, being more frequent between the Falkland Islands and 23ºS, especially to waters around the Patagonian Shelf. Vagrant to offshore waters around South Georgia Island. Breeds on Campbell and Auckland Islands, off New Zealand.

Habits: During strong winds has a characteristic and majestic flight with prolonged glides, almost without wing beats. Flight with somewhat humped posture. In calm conditions just rests on the surface. Quite confiding, permitting an approximation, although keeping a distance. Congregates with other seabirds around fishing vessels in search of offal. Doesn't usually follow ships.

Conservation: This species qualifies as Vulnerable, with a maximum population of about 28,000 individuals. The main threat for the species is long-line fishing activities in offshore waters.

Identificación: Muy grande. Blanco. Pico rosado con punta córnea y línea negra a lo largo del borde de corte de la maxila, diagnóstica y visible a corta distancia. Partes superiores blancas. Dorso del ala negro con borde de ataque y mancha central blanca. Con la edad el blanco se expande dejando sólo el borde de arrastre y las puntas negras. Superficie inferior alar blanca con delgado borde de arrastre y puntas negras. Cola completamente blanca. **Juveniles:** Cabeza y cuerpo blanco. Tienen la superficie dorsal alar negra jaspeada de blanco en la parte central y un parche blanco en el hombro. Moteado negruzco en la parte baja de la espalda y cola blanca con banda central terminal negra.

Hábitat: Aguas pelágicas frías. Ocasionalmente cerca de tierra y en estrechos.

Rango: Circumpolar subantártico. Visitante regular no-reproductivo, presente durante todo el año en el Pacífico Sur hasta el Paso Drake y en el Atlántico Sur, siendo algo frecuente entre las Islas Malvinas y los 23ºS, especialmente en aguas sobre la plataforma continental. Errante alrededor de Isla Georgia del Sur. Nidifica en Is. Campbell y Auckland, en Nueva Zelanda.

Hábitos: Con fuertes vientos realiza su característico e imponente vuelo con prolongados planeos, casi sin aletear. Volando tiene postura algo jorobada. Con vientos calmos sólo descansa sobre la superficie. No huye al aproximársele, aunque se mantiene a distancia. Se congrega con otras aves marinas en torno a barcos pesqueros, en busca de deshechos. Usualmente no sigue barcos.

Conservación: Considerada como una especie Vulnerable, con máximo poblacional de unos 28.000 individuos. Su principal amenaza en altamar es la pesca con palangre.

1077

1078

1079

1080

1081

1082

1083

1084

L. 115cm (45") W. 305-350cm (120-138")

Grey-headed Albatross
Thalassarche chrysostoma   DIOMEDEIDAE   **C. & A.** Albatros de Cabeza Gris

1085

Identification: Medium-sized albatross. Bill black with culmen and ramicorn bright yellow and tip tinged orange. Head and neck grey with paler forehead. Mantle and tail dark grey. Back and upperwing blackish-brown. Rump and underparts white. Underwing white with irregular, fairly broad black margin. **Juveniles:** Blackish bill, immatures with yellowish tip. Hood dark grey, mottled with white on immatures. Dark grey collar. Underwing of juveniles is very dark, with a faint whitish area, which expands with age.
Habitat: Cold pelagic waters. Occasionally in straits and channels.
Range: Sub -Antarctic and Antarctic circumpolar species. Nearly half of the world population of this species breeds on South Georgia Island, especially in the north-western part. Also nests on some outer islands of southern Chile: Diego Ramírez and Ildefonso islands. Vagrant to inland Fuegian and Andean lakes: Lakes Fagnano (Tierra del Fuego) and Nahuel Huapi (Río Negro). Uncommon pelagic visitor around the Antarctic Peninsula. Disperses northwards to the South Atlantic north to 35ºS and through the Pacific, via the Humboldt Current.
Habits: Generally alone or in scattered groups. During strong winds agile and elegant whilst gliding. Follows ships, although is quite shy. Nests on coastal cliffs, frequently associated with Black-browed Albatross, between August and May.
Conservation: Classified as Vulnerable. Has a declining population estimated around 250,000 individuals. It is estimated that the population has decreased by 20% over the last 60 years (three generations). There are high mortality rates associated with long-line fisheries.

Identificación: Albatros mediano. Pico negro con borde superior e inferior amarillo fuerte y punta con tinte anaranjado. Cabeza y cuello gris con frente más pálida. Manto y cola gris oscura. Espalda y dorso alar café negruzco. Rabadilla y partes inferiores blancas. Superficie inferior alar blanca con borde negro irregular y moderadamente ancho. **Juveniles:** Pico negruzco, en los inmaduros con punta amarillenta. Capucha gris oscura, apareciendo zonas blancas en los inmaduros. Collar gris oscuro. La superficie inferior alar de los juveniles muy oscura, apareciendo una leve zona blanca, que se agranda a medida que el ave madura.
Hábitat: Aguas pelágicas frías. Ocasionalmente en estrechos y canales.
Rango: Circumpolar en aguas subantárticas y antárticas. Cerca de la mitad de la población mundial de la especie nidifica en Isla Georgia del Sur, especialmente en la región nor-oeste. También nidifica en algunas islas exteriores del sur de Chile: Islas Diego Ramírez e Ildefonso. Accidental en lagos interiores: Lagos Fagnano (Tierra del Fuego) y Nahuel Huapi (Río Negro). Visitante pelágico poco frecuente alrededor de la Península Antártica. Se dispersa hacia el norte por el Atlántico Sur hasta los 35ºS y por el Pacífico, por la Corriente de Humboldt.
Hábitos: Generalmente solitario o en grupos dispersos. Con fuertes vientos realiza ágiles y gráciles planeos. Sigue barcos, aunque es bastante tímido. Nidifica en acantilados costeros, frecuentemente asociado con Albatros de ceja negra, entre agosto y mayo.
Conservación: Considerado como una especie Vulnerable, con una población decreciente de unos 250.000 individuos. Se estima una baja poblacional del 20% en los últimos 60 años (tres generaciones). Existen altas tasas de mortalidad en líneas de pesca con palangres.

1086

1087

1088

1089

1090

1091

1092

L. 82cm (32″) W. 220cm (86″)

Black-browed Albatross

Thalassarche melanophris   DIOMEDEIDAE   **C. & A.** Albatros de Ceja Negra

1093

Identification: Medium-sized albatross. Bill yellow with orange tip. Black stripe passing through the eye. Body white. Back, upperwing and tail blackish. Underwing white with broad black margin, its thickness varying with age. **Juveniles:** White head, greyish wash on nape and variable greyish collar, fading with age. Underwing dark with diffuse white central area. Bill horn-coloured to yellow with black tip.
Habitat: Cold pelagic waters. Frequents straits and channels.
Range: Antarctic and sub-Antarctic circumpolar species. *T. m. melanophris* is a very common resident. Nearly 75% of the world population of this species breeds in the Falkland Islands. Also nests on South Georgia Island and outer islands of southern Chile: Diego Ramírez, Ildefonso, Evout and Diego de Almagro islands. Occasionally seen on inland Fuegian lakes (Fagnano Lake). Rare visitor around Antarctic Peninsula waters. Part of the population disperses northwards to the South Atlantic and to the Pacific via the Humboldt Current. *T. m. impavida* has [2]been recorded in the Drake Passage.
Habits: Gregarious, forming very large rafts. Sometimes seen alone. Occasionally seen resting in channels, forming flocks of up to several hundred individuals. Agile flight with long, high and elegant glides, especially during strong winds. Follows ships for long periods. Shallow dives, sometimes reaching 16m/48ft deep. Nests on coastal cliffs, from August to May.
Conservation: Classified as Near Threatened. Has undergone a population decline that can be explained partly by the effects of long-line fisheries along the Atlantic Shelf.

Identificación: Albatros mediano. Pico amarillo con punta anaranjada. Raya negruzca que pasa a través del ojo. Cuerpo blanco. Espalda, dorso de las alas y cola negruzca. Superficie inferior alar blanca con ancho borde negro, cuyo grosor varía con la edad. **Juveniles:** Cabeza blanca, lavado gris en la nuca y variable collar grisáceo, que se va perdiendo con la edad. La superficie inferior alar oscura con difusa zona central blanca. El pico de color cuerno a amarillo con punta negra.
Hábitat: Aguas pelágicas frías. Frecuente en estrechos y canales.
Rango: Circumpolar subantártico y antártico. *T. m. melanophris* es un residente muy común. Cerca de un 75% de la población mundial nidifica en Islas Malvinas. Nidifica también en Isla Georgia del Sur y en islas exteriores del sur de Chile: Islas Diego Ramírez, Ildefonso, Evout y Diego de Almagro. Ocasionalmente observado en lagos fueguinos interiores (Lago Fagnano). Raro visitante alrededor de la Península Antártica. Parte de su población se dispersa hacia el norte por el Atlántico Sur y por el Pacífico, por la Corriente de Humboldt. *T. m. impavida* ha sido registrada en el Paso Drake.
Hábitos: Gregario llegando a formar grandes bandadas, aunque a veces solitario. En ocasiones se observa descansando en los canales, en grupos de hasta varios centenares de individuos. Vuelo ágil con largos, altos y gráciles planeos, especialmente con fuertes vientos. Sigue barcos de cerca y por largos períodos. Bucea superficialmente aunque en ocasiones hasta 16m. Nidifica en acantilados costeros, entre agosto y mayo.
Conservación: Considerado como una especie Casi Amenazado. La disminución poblacional debe explicarse en parte por el impacto de la pesca con palangre en la plataforma atlántica.

1094

1095

1096

SA

1097

1098

1099

1100

J

1101

1102

1103

L. 88cm (35″) W. 240cm (95″)

Buller's Albatross

Thalassarche bulleri   DIOMEDEIDAE   **C.** Albatros de Buller

1104

Identification: Medium-sized. Bill black with culmen and ramicorn pale yellow. Head and neck grey with contrasting and broad white forehead. Mantle and tail dark grey. Back and upperwing blackish-brown. Underwing white with thin black margin. Rump and underparts white. **Juveniles:** Dark bill. Head and neck completely grey, although underwing pattern is identical to adult.
Habitat: Cold pelagic waters. Rarely seen near land.
Range: Regular sub-Antarctic visitor to pelagic waters of southern Chile, approaching land especially in the south, from Gulf of Penas (Aysén), dispersing northwards though the Humboldt Current to the extreme north of the country and to Peruvian waters. Accidental visitor to offshore waters of the Falkland Islands. Breeds only on sub Antarctic islands of New Zealand.
Habits: Generally solitary. Flight with wide and slow arcs and glides, faster during strong winds. Follows ships, especially trawlers and long liners. Associates with other species of albatrosses. Confiding.
Conservation: Classified as Vulnerable. Has a stable population of 58,000 individuals. Long-line fisheries are the main threats for the species in South American waters.

Identificación: Albatros mediano. Pico negro con borde superior e inferior amarillo pálido. Cabeza y cuello gris con contrastante y amplia frente blanca. Manto y cola gris oscura. Espalda y dorso alar café negruzco. Superficie inferior alar blanca con delgado borde negro. Rabadilla y partes inferiores blancas. **Juveniles:** Pico oscuro. Cabeza y cuello completamente grises, aunque la superficie inferior alar es idéntica a la de los adultos.
Hábitat: Aguas pelágicas frías. Rara vez cerca de tierra.
Rango: Visitante regular subantártico de las costas del sur de Chile, desde el Golfo de Penas (Aysén), dispersándose hacia el norte por la Corriente de Humboldt, hasta el extremo norte del país y aguas peruanas. Accidental en aguas exteriores de Islas Malvinas. Nidifica únicamente en islas subantárticas de Nueva Zelanda.
Hábitos: Generalmente solitario. Realiza amplios y lentos arcos, siendo más veloz con fuertes vientos. Sigue barcos, especialmente pesqueros. Se asocia con otros albatros. Confiado.
Conservación: Considerada como una especie vulnerable, con una población estable de 58.000 individuos. La pesca con palangre es la principal amenaza en aguas de Sudamérica.

1105

1106

1107

1108

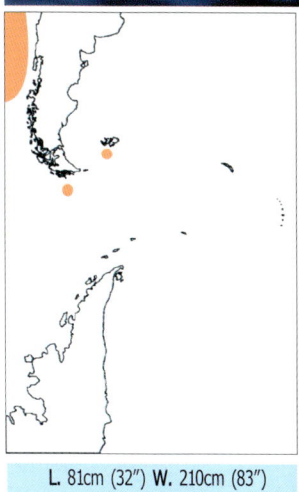

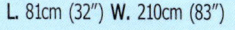

L. 81cm (32″) W. 210cm (83″)

1109

Tasmanian Shy Albatross

Thalassarche [c.] cauta   DIOMEDEIDAE

C. Albatros de Frente Blanca
A. Albatros Corona Blanca

Identification: Large albatross. Horn-coloured bill with yellowish tip. Head and neck white. Cheeks washed with greyish. Back and upperwing blackish-grey. Underwing white with narrow black margin and black spot on the axillaries. Rump and underparts white. Tail grey. **Juveniles:** Dark grey bill with black tip. Head and neck grey. Underwing identical to adult.
Habitat: Cold pelagic waters. Rarely seen near land.
Range: Sub-Antarctic. Occasional summer visitor to the south-western Atlantic: offshore waters of the Falkland Island and vagrant around South Georgia Island. Occasional in the Argentinean Shelf, off Buenos Aires. Visitor to the coast and offshore waters of southern Chile. Nests on Tasmania and Auckland Island, in New Zealand.
Habits: Alone or in small scattered groups. Elegant and slow flight, recalling the glides of the great albatrosses. Confiding. Follows ships, especially trawlers. Associates with other albatrosses and petrels.
Conservation: Classified as Near Threatened.

Identificación: Albatros grande. Pico color cuerno con punta amarilla. Cabeza y cuello blancos. Mejillas con tinte gris. Espalda y dorso alar gris negruzco. Inferior alar blanco con delgado borde negro y mancha negra axilar. Rabadilla y partes inferiores blancas. Cola gris. **Juveniles:** Pico gris oscuro con punta negra. Cabeza y cuello gris. Superficie inferior alar idéntica a la de los adultos.
Hábitat: Aguas pelágicas frías. Rara vez cerca de tierra.
Rango: Subantártico. Visitante ocasional estival en el Atlántico sur-occidental: alrededor de Islas Malvinas y errante en Isla Georgia del Sur. Ocasional en la plataforma argentina, llegando hasta Buenos Aires. Visitante de las costas y mar exterior del centro-sur de Chile. Nidifica en Tasmania y en Isla Auckland, en Nueva Zelanda.
Hábitos: Solitario o en pequeños grupos dispersos. Su vuelo grácil y lento, recuerda al de los grandes albatros. Confiado. Sigue barcos, especialmente pesqueros. Se asocia con otros albatros y petreles.
Conservación: Considerado como una especie Casi Amenazada.

L. 95cm (37") W. 238cm (94")

Salvin's Albatross

Thalassarche [c.] salvini   DIOMEDEIDAE   **C.** Albatros de Salvin

1119

Identification: Large albatross. Bill marble-coloured with upper mandible tip yellow and lower mandible tip with conspicuous black spot. Head and neck grey with forehead and crown white, grading to grey on mantle and contrasting with blackish-brown upperwing. Underwing identical to Tasmanian Shy Albatross but primaries completely black.
Juveniles: Head and neck completely grey, lacking white forehead. Underwing identical to adult. Bill dark grey with black tip.
Habitat: Cold pelagic waters. Rarely seen near land.
Range: Sub-Antarctic. Regular visitor to coasts and offshore waters of southern Chile south to Gulf of Penas (Aysén). Rarer southwards to the Straits of Magellan and Cape Horn area. Occasional visitor to Argentinean waters and waters around the Falkland Islands. Nests on Snares and Bounty Islands, New Zealand; also a small breeding population at Penguin Island, Crozet Group on the South Indian Ocean.
Habits: Identical to Tasmanian Shy Albatross.
Conservation: Classified as Vulnerable species, with an estimated population of about 62,700 individuals. Long-line fisheries are the main threats for this albatross in South American waters.

Identificación: Albatros grande. Pico marfil con unguicornio superior amarillo e inferior con notoria mancha negra. Cabeza y cuello gris con frente y corona blanca, color que pasa gradualmente a gris en el manto, contrastando con el café negruzco del dorso del ala. Inferior alar idéntico a *D. [c.] cauta* pero con primarias completamente negras.
Juveniles: Cabeza y cuello completamente grises y sin frente blanca. Superficie inferior alar idéntica a la de los adultos. Pico gris oscuro con punta negra.
Hábitat: Aguas pelágicas frías. Rara vez cerca de tierra.
Rango: Subantártico. Visitante regular en las costas y mar exterior del sur de Chile hasta el Golfo de Penas (Aysén). Raro más hacia el sur (Estrecho de Magallanes, Cabo de Hornos). Visitante ocasional en el Mar Argentino y alrededor de Islas Malvinas. Nidifica en Islas Snares y Bounty, Nueva Zelanda; también existe una pequeña población reproductiva en la Isla Penguin, Islas Crozet en el Océano Indico Sur.
Hábitos: Idénticos a *Thalassarche [c.] cauta.*
Conservación: Considerada como una especie Vulnerable, con una población estimada en 62.700 individuos. La pesca con palangre es la principal amenaza en aguas sudamericanas.

1120

1121

1122

1123

1124

1125

J

1126

1127

I

1128

I

1129

SA

L. 95cm (37") W. 238cm (94")

Chatham Albatross

Thalassarche [c.] eremita   DIOMEDEIDAE   **C.** Albatros de Chatham

Identification: Medium to large albatross. Bill bright yellow with diagnostic dark spot on lower mandible. Head and neck dark grey. Underwing identical to Tasmanian Shy Albatross. **Juveniles:** Bill dark olive-brown with blackish tip.

Habitat: Cold pelagic waters. Rarely seen near land.

Range: Sub-Antarctic. Rare visitor to offshore waters of southern Chile, in waters of the Humboldt Current south to Gulf of Penas (Aysén). Accidental southwards in offshore waters of Cape Horn and the Diego Ramírez Islands. Only nests on Pyramid Rock, Chatham Islands, west of New Zealand.

Habits: Identical to Salvin's Albatross.

Conservation: Classified as Critically Endangered, with an estimated population of some 10,000 individuals. Its very restricted nesting area and severe storms, together with the potential risks of mortality associated with long-line fisheries comprise the main threats facing this species.

Identificación: Albatros mediano a grande. Pico amarillo brillante con diagnóstica mancha oscura en el unguicornio inferior. Cabeza y cuello gris oscuro. Inferior alar idéntico a *D. [c.] cauta*. **Juveniles:** Pico café oliváceo oscuro con mancha oscura en la punta.

Hábitat: Aguas pelágicas frías. Rara vez cerca de tierra.

Rango: Subantártico. Visitante raro en el mar exterior del sur de Chile, en aguas de la Corriente de Humboldt hasta el Golfo de Penas (Aysén). Accidental más al sur hasta aguas exteriores del Cabo de Hornos e Islas Diego Ramírez. Nidifica únicamente en Roca Pirámide, en Islas Chatham, al oeste de Nueva Zelanda.

Hábitos: Idénticos a *Thalassarche [c.] salvini*.

Conservación: Considerada como una especie Críticamente Amenazada, con una población estimada en 10.000 individuos. Su reducida área de nidificación y los eventos climáticos que la afectan junto con los riesgos potenciales de mortalidad asociada a la pesca con palangre son las principales amenazas para la especie.

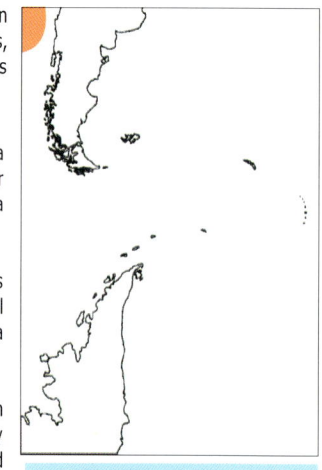

L. 95cm (37") **W.** 238cm (94")

Sooty Albatross

Phoebetria fusca   DIOMEDEIDAE   **C. & A.** Albatros Oscuro

1131

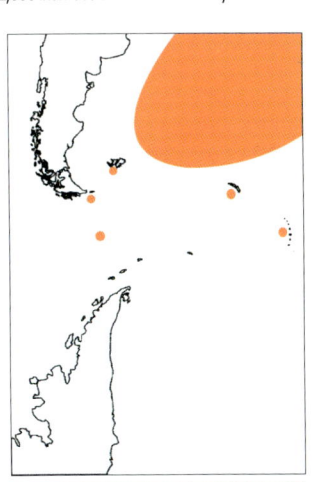

1132

Identification: Smallish. Bill black with yellow line on the sides of lower mandible, visible at close quarters. White eye-ring. Dark brown general colouration. Wings long and slender. Fairly long, wedge-shaped and pointed tail. White shafts to primaries and rectrices.
Habitat: Cold pelagic waters north to the Antarctic Convergence.
Range: Accidental visitor in the South Atlantic, and Argentinean and Chilean waters. Recent records around the Falkland Islands. Vagrant to South Georgia Island, the Scotia Sea and near South Sandwich Islands. Collected in offshore waters of Cape Horn. Recently recorded in the Drake Passage. Breeds in the South Atlantic, on Tristan da Cunha and Gough Islands. Somewhat more regular in the ocean north of 50ºS.
Habits: Alone. The most elegant-flyer of the albatrosses, especially during strong winds. In calm wind conditions makes elegant glides interspersed with powerful wing beats. Curious. Follows ships closely and for long periods.
Conservation: Considered as a Vulnerable species, with a declining population of about 42,000 individuals. There is mortality associated with long-line fisheries.

Identificación: Albatros pequeño. Pico negro con línea amarilla a los lados de la mandíbula, visible a muy corta distancia. Semianillo ocular blanco. Completamente café oscuro. Alas largas y delgadas, cola larga, cuneada y puntiaguda. Raquis de las primarias y de las rectrices blancos.
Hábitat: Aguas pelágicas frías al norte de la Convergencia antártica.
Rango: Accidental en el Atlántico Sur y en el Mar Argentino y Chileno. Registros recientes alrededor de Islas Malvinas. Errante en Isla Georgia del Sur, en el Mar de Escocia y cerca de Islas Sandwich del Sur. Colectado en aguas exteriores del Cabo de Hornos. Un registro reciente para el Paso Drake. En el Atlántico Sur, nidifica en Islas Tristan da Cunha y Gough. Algo más frecuente en el océano al norte de los 50ºS.
Hábitos: Solitario. En vuelo, el más grácil de los albatros, en especial con fuertes vientos. Con vientos calmos realiza ágiles planeos y poderosos aleteos. Curioso. Sigue barcos de cerca y por largos períodos.
Conservación: Clasificado como una especie Vulnerable[2] con una población decreciente de 42.000 individuos. Existe mortalidada asociada a la pesquería con palangres.

L. 86cm (34") **W.** 203cm (80")

349

Light-mantled Sooty Albatross

Phoebetria palpebrata   DIOMEDEIDAE

C. Albatros Oscuro de Manto Claro
A. Albatros de Manto Claro

Identification: Smallish. Bill black with bluish line on the sides of lower mandible, visible at close quarters. White eye-ring. Dark greyish-brown general colouration, being darker on face and tips of primaries. Upperparts pale ashy-grey. Wings long and slender. Fairly long, wedge-shaped and pointed tail. White shafts to primaries and rectrices.
Habits: Cold pelagic waters. Also in sub Antarctic waters, although avoids frozen waters. Occasionally in straits and channels.
Range: Antarctic and sub-Antarctic circumpolar species. Largest breeding population of the species is found on South Georgia Island. Regular visitor to offshore waters of the Falkland Archipelago north to 30ºS, especially around the continental shelf and in extreme south Chile, dispersing northwards to the Humboldt Current.
Habits: One of the most elegant-flyers amongst the albatrosses, especially during strong winds. In calm conditions makes elegant glides interspersed with powerful wing beats. Very curious. Follows ships closely for long periods. Nests on coastal vegetated cliffs, between October to May.
Conservation: Classified as Near Threatened. The population totals less than 60,000 individuals. The main threats are the long-line fisheries.

Identificación: Albatros pequeño. Pico negro con línea azul a los lados de la mandíbula, visible a muy corta distancia. Semianillo ocular blanco. Café grisáceo oscuro, más oscuro en la cara y en la punta de las primarias. Partes superiores gris ceniciento pálido. Alas largas y delgadas, cola larga, cuneada y puntiaguda. Raquis de las primarias y de las rectrices blancos.
Hábitos: Aguas pelágicas frías. También en aguas antárticas aunque evita los mares congelados. Ocasionalmente en estrechos y canales.
Rango: Circumpolar antártico y subantártico. En Isla Georgia del Sur, se encuentra la población reproductiva más grande del mundo para la especie. Visitante regular pelágico del Archipiélago de las Malvinas, del Atlántico Sur hasta los 30ºS, en especial cerca de la plataforma continental y del extremo s de Chile, dispersándose hacia el norte por la Corriente de Humboldt.
Hábitos: En vuelo, el más grácil de los albatros, en especial con fuertes vientos. Con vientos calmos realiza ágiles planeos y poderosos aleteos. Muy curioso. Sigue barcos de cerca y por largos períodos. Nidifica en acantilados costeros y vegetados, entre octubre y mayo.
Conservación: Considerado como una especie Casi Amenazada, con una población menor a los 60.000 individuos. La principal amenaza la constituye la pesca con palangres.

1134

1135

1136

1137

1138

1139

1140

L. 86cm (34") W. 208cm (82")

Southern Giant Petrel

Macronectes giganteus PROCELLARIIDAE

C. Petrel Gigante Antártico
A. Petrel Gigante Común

1141

J

Identification: Largest of the petrels, similar in size to a medium-sized albatross. Bill long and robust, horn-coloured with greenish tip, at all ages and in both phases. Completely dark brown to grey. Head and neck lighter in adults. Presents a white phase with scarce blackish spots (very scarce in Patagonian waters). Juveniles are completely blackish brown.
Habitat: Pelagic. Also near the coast. Frequents ports.
Range: Circumpolar Antarctic and sub-Antarctic species. Nests on the Antarctic Peninsula, South Shetland, Elephant, South Orkney, South Sandwich, and South Georgia Islands. Also nests on the Falkland Islands. A small breeding population occurs on the coasts of Chubut, Argentina: Gran Robledo and Arce islands in Cape Dos Bahías and in some exposed offshore islands of southern Tierra del Fuego, including Noir and Diego Ramírez Islands, Chile and Staten Island, in Argentina. A common visitor in offshore waters. In the Atlantic reaches 30ºS and in the Pacific dispersing northwards through the waters of the Humboldt Current.
Habits: Flight fast, majestic and undulating. During strong winds, makes long glides and high arcs, with stiff wings. Gregarious, often in pairs or small groups. Scavenger. Follows boats, especially trawlers, very closely. Aggressive towards other seabirds. Nests in small, loose colonies, between October and May.
Conservation: Classified as Vulnerable. Has a declining population of 62,000 individuals. Has a high mortality rate associated with long-line fishing.

Identificación: El más grande de los petreles, siendo del tamaño de un albatros mediano. Pico largo y robusto de color cuerno con punta verdosa, en todas las edades y en ambas fases. Completamente pardo oscuro a gris. Cabeza y cuello más claro, a excepción de los juveniles. Presenta una fase blanca con escasas salpicaduras de negro (muy escasa en aguas patagónicas). Los juveniles son completamente café negruzco.
Hábitat: Pelágico. También cerca de la costa. Frecuenta puertos.
Rango: Circumpolar antártico y subantártico. Nidifica en la Península Antártica, Islas Shetland del Sur, Elefante, Orcadas, Sandwich, y Georgia del Sur. También en Islas Malvinas. Una pequeña población reproductiva en las costas de Chubut, Argentina: Islas Gran Robledo y Arce en Cabo Dos Bahías y en algunas islas exteriores de Tierra del Fuego, incluyendo Islas Noir y Diego Ramírez, Chile y de los Estados, Argentina. Es un visitante común en aguas exteriores. Por el Atlántico alcanza hasta los 30ºS y por el Pacífico se dispersa hacia el norte por la Corriente de Humboldt.
Hábitos: Vuelo rápido, imponente y ondulante. Con fuertes vientos realiza planeos prolongados y altos giros, sin aletear. Gregario, habitualmente en parejas o en pequeños grupos. Carroñero. Sigue barcos muy de cerca, en especial pesqueros. Agresivo con otras aves marinas. Nidifica en pequeñas colonias dispersas, entre octubre y mayo.
Conservación: Considerado vulnerable, con una decreciente población de 62.000 individuos. Enfrenta una alta tasa de mortalidad en las líneas de pesca con palangre.

Ligth phase / Fase clara

Northern (Hall's) Giant Petrel

Macronectes halli   PROCELLARIIDAE

C. Petrel Gigante Subantártico
A. Petrel Gigante Oscuro

Identification: Very large petrel. Bill horn-coloured with reddish-brown tip, appearing dark at a distance. Completely dark greyish-brown with variable amount of white around the face. **Juveniles** uniform blackish-brown. Does not have a pale phase.

Habitat: Pelagic. Occasionally near the coast.

Range: Sub-Antarctic circumpolar species. Nests locally on South Georgia Island, in the South Atlantic, the world's most important breeding colony of the species. A regular pelagic visitor around the Falkland Islands, Scotia Arc islands, Drake Passage and outer islands of the extreme south of the continent, although it has also been occasionally reported coastal waters of eastern Patagonia and Tierra del Fuego. Disperses northwards along the Humboldt Current. Vagrant to the Antarctic Peninsula.

Habits: Flight and habits similar to Antarctic Giant Petrel. Usually alone, especially the juveniles. Scavenger. Follows ships, inspecting them very closely whilst searching for offal. Rests on the water surface, often forming mixed flocks with other seabirds. Nests in isolated pairs between July and February.

Conservation: Classified as Near Threatened. Some colonies have increasing populations, but the overall population has decreased, and the species faces increased mortality as a result of long-line fishing activities. Furthermore, some colonies of Antarctic Fur Seal occupy a great proportion of the habitat required by this species for breeding.

Identificación: Petrel muy grande. Pico color cuerno con punta café rojiza, que luce oscura a la distancia. Completamente pardo grisáceo oscuro con variable cantidad de blanco en la cara. **Juveniles** café negruzco uniforme. No presenta fase blanca de plumaje.

Hábitat: Pelágico. Ocasionalmente cerca de tierra.

Rango: Circumpolar subantártico. Nidifica localmente en Isla Georgia del Sur, en el Atlántico Sur, la principal colonia reproductiva a nivel mundial de la especie. Es un visitante pelágico regular de los alrededores de Islas Malvinas, islas del Arco de Escocia, Paso Drake e islas exteriores del extremo sur del continente, aunque también ha sido ocasionalmente registrado en aguas costeras de la Patagonia oriental y Tierra del Fuego. Se dispersa hacia el norte por la Corriente de Humboldt. Errante en la Península Antártica.

Hábitos: Vuelo y hábitos similares a los del *M. giganteus*. Usualmente solitario, especialmente los juveniles. Carroñero. Sigue barcos, inspeccionándolos muy de cerca, en busca de deshechos. Descansa sobre la superficie del mar, eventualmente agrupándose con otras aves marinas. Nidifica en parejas aisladas entre julio y febrero.

Conservación: Considerado como una especie casi-amenazada. Pese a que algunas colonias aumentaron en número, su población es reducida, y enfrenta la amenaza de la pesca con palangre. Además, algunas colonias los lobos marinos de dos pelos ocupan gran parte del hábitat que esta especie requiere para reproducirse.

1155

1156

1157

1158

1159

1160

I

J

J

L. 88cm (35") W. 190cm (75")

356

Southern Fulmar
Fulmarus glacialoides   PROCELLARIIDAE   **C. & A.**   Petrel Plateado

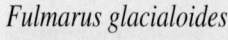

Identification: Large petrel. Compact body and long wings. Bill pinkish with blue naricorn. Head white and upperparts bluish-grey. Upperwing grey with black primaries. Prominent white patch near tip of wings. Trailing edge of wing black. Underparts white.

Habitat: Pelagic, avoids frozen seas. Also near the coast, often frequenting ports and bays.

Range: Antarctic and sub-Antarctic circumpolar species. Nests on the Antarctic Peninsula, South Shetland Islands and all the islands of the Scotia Arc. Common visitor, although more abundant during the southern winter, around the Falkland Islands, in the South Atlantic north to 30ºS and in the Pacific, dispersing northwards along the Humboldt Current. Also in waters of the Patagonian and Fuegian archipelagos.

Habits: Flight with constant and rapid wing-beats and fast, long and low glides, especially under strong wind conditions. Hovers above the sea surface, skipping over the water with its feet, to catch its prey. Visits ports or follows fishing vessels in search of offal. Often in large flocks. Associates with cetaceans and other seabirds while feeding. Nests colonially in coastal cliffs between October and April.

Identificación: Petrel grande. Cuerpo compacto y alas largas. Pico rosado con naricornio azul. Cabeza blanca y partes superiores gris azulado. Superficie dorsal del ala gris con primarias negras. Notorio parche blanco en la punta de las alas. Borde de arrastre del ala, negro. Partes inferiores blancas.

Hábitat: Pelágico, evitando los mares congelados. También cerca de la costa. Frecuenta puertos.

Rango: Circumpolar antártico y subantártico. Nidifica en la Península Antártica, Islas Shetland del Sur e islas del Arco de Escocia. Visitante común, aunque más numeroso durante el invierno austral, en Islas Malvinas, en el Atlántico Sur hasta los 30ºS y por el Pacífico, dispersándose hacia el norte por la Corriente de Humboldt. También en aguas del archipiélago patagónico-fueguino.

Hábitos: Vuelo con constantes aleteos rápidos y veloces planeos largos y bajos, especialmente con fuertes vientos. Se suspende sobre la superficie, agitando el agua con sus patas, para capturar alguna presa. En puertos o siguiendo barcos en busca de deshechos. A menudo en grandes bandadas. Se asocia con cetáceos y otras aves marinas. Nidifica colonialmente en acantilados costeros entre octubre y abril.

L. 47cm (18") W. 122cm (48")

Antarctic Petrel

Thalassoica antarctica   PROCELLARIIDAE   **C. & A.** Petrel Antártico

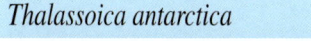

Identification: Medium-sized. Head and upperparts dark chocolate-brown. Inner primaries, greater coverts and secondaries white. Underwing white with narrow brown margin. Underparts white. Tail white with narrow brown terminal band. Outermost rectrices completely white.

Habitat: Pelagic waters. Inhabits areas with icebergs and always associated with frozen seas.

Range: Antarctic resident. Seasonally abundant in inshore waters of the Antarctic Peninsula and continent. Very scarce in northern waters of the Antarctic Peninsula during the southern summer. The only breeding colonies of the species in this area of the Antarctic are in the Shackleton mountains, some 300km/190miles from the Weddell Sea. Regular winter visitor around South Georgia Island, especially between June and August; occasional in Falkland Island waters and accidental visitor off Magallanes, in the Cape Horn and Drake Passage. Possibly reaches north to 40ºS, in the Humboldt Current, especially during very cold winters. Winter range is apparently influenced by the extension of the pack-ice.

Habits: Flight high, fast and swift interspersed with rapid wing-beats, occasionally very high above the water surface. Follows ships. Gregarious, sometimes congregating in large flocks resting on ice floes or in mixed flocks with other petrels and terns. Associates with cetaceans. Nests colonially on coastal cliffs between October and March.

Identificación: Mediano. Cabeza y partes superiores café chocolate oscuro. Primarias internas, coberteras mayores y secundarias blancas. Superficie inferior del ala blanca con delgado borde café. Partes inferiores blancas. Cola blanca con delgada banda terminal café. Rectrices más exteriores completamente blancas.

Hábitat: Pelágico. Habitante de zonas de témpanos y siempre asociado a mar congelado.

Rango: Residente antártico. Estacionalmente abundante en aguas de la Península y continente Antártico. Muy escaso en aguas septentrionales de la Península Antártica durante el verano austral. Nidifica en las montañas Shackleton, a unos 300 km del Mar de Weddell, siendo las únicas colonias de la especie en el sector. Visitante invernal regular en aguas de Islas Georgia del Sur, especialmente entre Junio y Agosto; ocasional en Islas Malvinas y muy accidental de las costas exteriores de Magallanes, en el Cabo de Hornos y Mar de Drake, pudiendo alcanzar por la Corriente de Humboldt hasta los 40ºS, especialmente durante inviernos muy fríos. Aparentemente su distribución invernal es influenciada por la extensión del pack-ice.

Hábitos: Vuelo alto, veloz y cortante con rápidos aleteos, ocasionalmente muy alto sobre la superficie. Sigue barcos. Gregario, pudiendo reunirse en grandes bandadas sobre témpanos o en bandadas mixtas con otros petreles y gaviotines. Se asocia a cetáceos. Nidifica colonialmente en acantilados costeros entre octubre y marzo.

1170

1171

1172

1173

1174

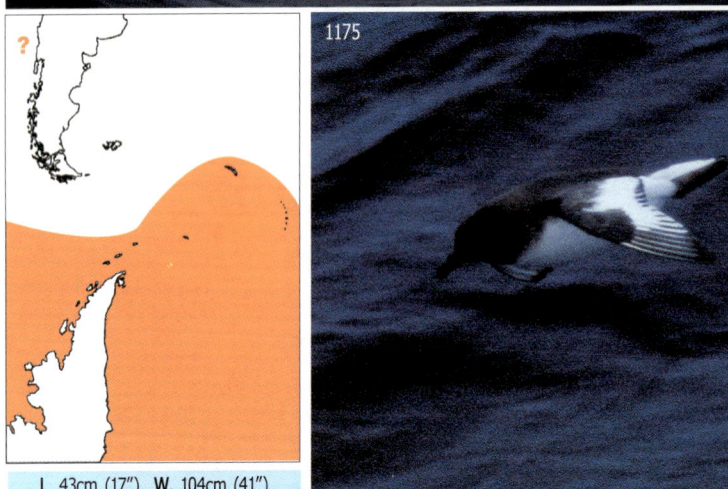
1175

?

L. 43cm (17")   W. 104cm (41")

Cape (Pintado) Petrel

Daption capense   PROCELLARIIDAE   **C. & A.** Petrel Damero

Identification: Medium-sized petrel. Unmistakable. Black head, nape and mantle. Upperparts white mottled with black. Upperwing with prominent white patches on primaries and on secondaries and wing-coverts, mottled with black. Underwing black with broad black margin. Underparts white. White tail mottled black and with black band on terminal third.

Habitat: Pelagic in cold waters. Avoids frozen seas. Also in channels and near the coast. Found in ports and bays during storms.

Range: Circumpolar Antarctic and sub-Antarctic species. *D. c. capense* nests on the Antarctic Peninsula, South Shetland, South Orkney, South Sandwich and South Georgia Islands. Common visitor around the Falkland Islands, along the entire Argentine coast and in the Pacific, visiting the extreme south of Chile dispersing northwards along the Humboldt Current.

Habits: Flight with fast wing-beats and short, low glides. Also rises to face the wind in stationary flight. Gregarious, often in large flocks. Follows ships in search of offal. Associates with cetaceans and seabirds. Occasionally dives to shallow depths. Nests colonially on coastal cliffs between August and March.

Identificación: Petrel mediano. Inconfundible. Cabeza, nuca y manto negro. Partes superiores blancas moteadas de negro. Superficie dorsal del ala con parche blanco en primarias y otro en las secundarias y coberteras, moteado de negro. Superficie inferior del ala blanca con ancho borde negro. Partes inferiores blancas. Cola blanca moteada de negro, con banda negra en el tercio terminal.

Hábitat: Pelágico en aguas frías. Evita los mares congelados. También en canales interiores y cerca de la costa. Alcanza los puertos para protegerse de los temporales.

Rango: Especie circumpolar antártica y subantártica. *D. c. capense* nidifica en la Península Antártica, Islas Shetland del Sur, Orcadas, Sandwich y Georgia del Sur. Visitante común de Islas Malvinas, de toda la costa argentina y por el Pacífico, visitando el extremo sur de Chile y dispersándose hacia el norte por la Corriente de Humboldt.

Hábitos: Vuelo con aleteos rápidos y cortos planeos a baja altura. También se eleva enfrentando el viento en vuelos estacionarios. Gregario, a menudo en grandes bandadas. Sigue barcos en busca de deshechos. Se asocia con cetáceos y aves marinas. Rara vez bucea y a poca profundidad. Nidifica colonialmente en acantilados costeros entre agosto y marzo.

1177

1178

1179

1180

1181

1182

L. 41cm (16″) **W.** 96cm (36″)

Snow Petrel
Pagodroma nivea

PROCELLARIIDAE

C. Petrel de las Nieves
A. Petrel Blanco

Identification: Medium-sized petrel. Unmistakable. Thin, black bill. The only completely white petrel. In poor light conditions and at distance, can appear pale grey. Rounded tail. **Immatures** with slight grey vermiculations in the back.
Habitat: Always associated with frozen seas with icebergs.
Range: Resident completely restricted to Antarctic waters. *P. n. nivea* nests on South Shetland Islands and in several localities on the Antarctic Peninsula and continent. Also at South Georgia Island. *P. n. confusa* nests on South Sandwich Islands. Accidental visitor, especially during the winter to offshore waters around the Falkland Islands.
Habits: Erratic flight with constant rapid wing-beats and sporadic glides fairly low over the water surface. Flies inland at great height to reach its nesting areas located up to 300km/190miles inland, in mountains up to 2,400m/7,200ft. Nests colonially between September and May. Frequently seen in groups resting on ice floes. Partially nocturnal. Often associates with cetaceans. Does not follow ships.

Identificación: Mediano. Inconfundible. Pico negro y fino. Unico petrel completamente blanco. En malas condiciones de luz y a distancia, puede parecer gris pálido. Cola redonda.
Inmaduros con un muy tenue vermiculado gris en la espalda.
Hábitat: Siempre asociado a mar congelado con témpanos.
Rango: Residente restringido completamente a aguas antárticas. *P. n. nivea* nidifica en Islas Shetland del Sur y en varias localidades del continente y Península Antártica. También en Islas Georgia del Sur. *P. n. confusa* nidifica en las Islas Sandwich del Sur. Visitante accidental, en especial durante el invierno, en aguas exteriores de Islas Malvinas.
Hábitos: Vuelo errático con frecuentes aleteos rápidos y planeos esporádicos a baja altura sobre la superficie del mar. Sobre el continente vuela a considerable altura, para alcanzar los lugares de nidificación ubicados hasta 300km al interior, en cerros de hasta 2400m. Nidifica colonialmente entre septiembre y mayo. Frecuentemente se observan grupos descansando sobre témpanos. Parcialmente nocturno. Se asocia con cetáceos. No se acerca a los barcos.

1184

1185

1186

1187

1188

L. 32cm (13″) W. 78cm (31″)

Kerguelen Petrel

Aphrodroma brevirostris   PROCELLARIIDAE

C. Petrel de Kerguelen
A. Petrel Pizarra

1189

1190

1191

Identification: Robust medium-sized, large-headed petrel with short, thick neck. Generally uniform dark slaty-grey. Head darker. Underwing slaty-grey with whitish leading edge. Primaries and wing-coverts silvery-grey, most prominent under good light conditions. Underparts slightly paler.

Habitat: Pelagic waters, favouring areas with cold oceanic currents.

Range: Circumpolar in sub-Antarctic and Antarctic waters. Regular pelagic visitor to offshore waters of South Georgia Island, Falkland Archipelago and Argentine sea, especially during the southern winter. Fairly frequent in waters of the Southern Ocean between the limit of the pack-ice and 30ºS. Uncommon visitor in Chilean waters. Seen in the Drake Passage, around Cape Horn and in the Humboldt Current at 40ºS. Specimen collected at Nahuel Huapi Lake (Neuquén, Argentina). Nests in the South Atlantic at Tristan da Cunha and Gough Islands. Also on several islands of the Southern Indian Ocean.

Habits: Very fast, erratic and zigzagging flight. Long glides interspersed by rapid wing-beats. Rises high above the sea surface, to face the wind in stationary flight, and often remaining immobile for long periods. Alone or in loose groups. Does not normally follow ships.

Identificación: Petrel mediano y robusto de cabeza grande. Cuello corto y grueso. Coloración general gris apizarrado oscuro uniforme. Cabeza más oscura. Superficie inferior del ala gris apizarrado con borde de ataque blanquecino. Primarias y coberteras primarias gris plateado, siendo zonas muy brillantes en buenas condiciones de luz. Partes inferiores levemente más pálidas.

Hábitat: Aguas pelágicas en zonas de corrientes oceánicas frías.

Rango: Circumpolar en aguas subantárticas y antárticas. Visitante regular pelágico en aguas adyacentes de Islas Georgia del Sur y Malvinas y en el Mar Argentino, especialmente durante el invierno. Es algo frecuente en aguas del Océano Austral entre el límite del *pack-ice* y los 30ºS. Visitante poco común de los mares del sur de Chile. Observado en el Mar de Drake, en las cercanías del Cabo de Hornos y en la Corriente de Humboldt a 40ºS. Ejemplar recolectado en Lago Nahuel Huapi (Neuquén, Argentina). En el Atlántico Sur, nidifica en Islas Tristan da Cunha y Gough. También en islas del Océano Indico Austral.

Hábitos: Vuelo muy rápido, errático y zigzagueante. Prolongados planeos interrumpidos por rápidos aleteos. Se eleva muy alto por sobre la superficie del mar, en vuelos estacionarios, enfrentando al viento, inmóvil y por largos períodos. Solitario o en grupos dispersos. Normalmente no sigue barcos.

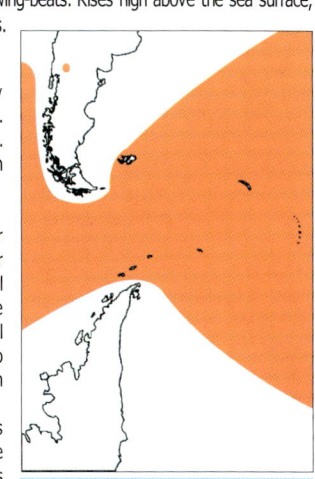

L. 36cm (14 1/4") **W.** 81cm (32")

Great-winged Petrel

Pterodroma macroptera   PROCELLARIIDAE   **C.** Petrel de Alas Grandes

1192

1193

1194

1195

1196

Identification: Medium-sized petrel. Thick, black bill with hooked tip. Generally blackish-brown with variable pale grey area around the base of bill and chin. Wings particularly long and narrow. In good light conditions, shows prominent white shafts on the underside of the primary bases.

Habitat: Cold pelagic waters. Also recorded in channels and inshore waters.

Range: Sub-Antarctic. *P. m. macroptera* is an occasional visitor to the region between 40 and 60°S. Recent records in the Argentinean Sea, also around the Falkland Islands, South Georgia Island and near the Weddell Sea, off the Antarctic Peninsula. In Chile, only recorded at Cockburn Channel, in Tierra del Fuego. Its nearest breeding grounds are located in Tristan da Cunha and Gough Islands, in the South Atlantic.

This petrel also breeds on some islands of the Southern Indian and western Pacific Oceans.

Habits: Flight powerful, strong and very fast. Often makes wide arcs at considerable height. Shy and solitary. Does not normally follow ships.

Identificación: Petrel mediano. Pico negro, grueso y ganchudo. Completamente café negruzco. Area gris pálida alrededor de la base del pico y barbilla, variable en extensión. De alas particularmente largas y delgadas. En buenas condiciones de luz, en la superficie inferior alar muestra destellos pálidos en la base de las primarias.

Hábitat: Pelágico en aguas frías. También registrado en canales y cerca de tierra.

Rango: Subantártico. *P. m. macroptera* es un visitante ocasional entre los 40 y 60°S. Registros recientes en el Mar Argentino, alrededor de las Islas Malvinas, Isla Georgia del Sur y cerca del Mar de Weddell, en la Península Antártica. En Chile, solamente registrado en el Canal Cockburn, en Tierra del Fuego. Su colonia de nidificación más cercana se localiza en Islas Tristan da Cunha y Gough, en el Atlántico Sur.

Este petrel nidifica también en islas del Indico y Pacífico Sur.

Hábitos: Vuelo poderoso, fuerte y muy rápido. A menudo realiza amplios arcos a considerable altura. Tímida y solitaria. No acostumbra seguir barcos.

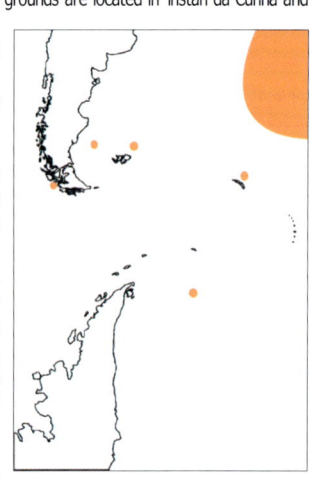

L. 41cm (16") **W.** 103cm (41")

White-headed Petrel

Pterodroma lessonii   PROCELLARIIDAE

C. Petrel de Frente Blanca
A. Petrel Cabeza Blanca

1197

1198

1199

1200

Identification: Medium-sized petrel. Head white with black ocular patch. Mantle, scapulars and back pearl-grey. Upperwing dark greyish-brown with faint "M". Silvery cast on primaries and secondaries. Underwing blackish-grey. Pale grey semi-collar. Underparts white. White, wedge-shaped tail.

Habitat: Cold pelagic waters.

Range: Antarctic and sub-Antarctic circumpolar species. In the Southern Ocean, can be seen in small numbers between 40 and 50ºS. Occasional visitor to waters of southern Chile, with records at the western entrance of the Straits of Magellan and in the Drake Passage. Accidental visitor in the South Atlantic: South Georgia Island, Scotia Sea and waters around the Falkland Islands. Nests on sub-Antarctic islands of the South Indian and Pacific Ocean (Kerguelen, Crozet, Macquarie, Auckland and Antipodes islands).

Habits: Flight fast and powerful. Rises very high above the sea surface to face the wind, often remaining immobile, and then falling and rising again flying in great arcs. Does not normally follow ships, although it will sometimes approach for a brief inspection.

Identificación: Petrel mediano. Cabeza blanca con parche ocular negro. Manto, escapulares y parte superior de la espalda gris perla. Dorsal del ala café grisáceo oscuro con "M" bastante tenue. Primarias y secundarias con matiz plateado. Inferior del ala gris negruzco. Semi-collar gris pálido. Partes inferiores blancas. Cola cuneada blanca.

Hábitat: Aguas pelágicas frías.

Rango: Circumpolar en aguas subantárticas y antárticas. En el Océano Austral, posible de observar en pequeños números entre los 40 y 50ºS. Visitante ocasional de los mares del sur de Chile, con registros al oeste del Estrecho de Magallanes y en el Paso Drake. Accidental en el Atlántico Sur: Isla Georgia del Sur, Mar de Escocia y en aguas aledañas a Islas Malvinas. Nidifica en islas subantárticas del Océano Indico y Pacífico (Islas Kerguelen, Crozet, Macquarie, Auckland y Antipodes).

Hábitos: Vuelo rápido y poderoso. Se eleva muy alto sobre el agua, casi inmóvil y contra el viento, para luego caer y elevarse realizando amplios arcos. Normalmente no sigue barcos, aunque puede aproximárseles en una breve y rápida inspección.

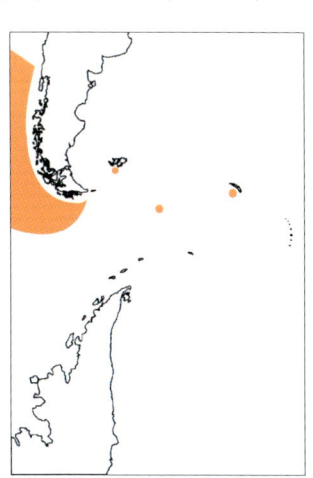

L. 43cm (17")   W. 109cm (43")

Atlantic Petrel

Pterodroma incerta PROCELLARIIDAE

C. Petrel Atlántico
A. Petrel Cabeza Parda

1201

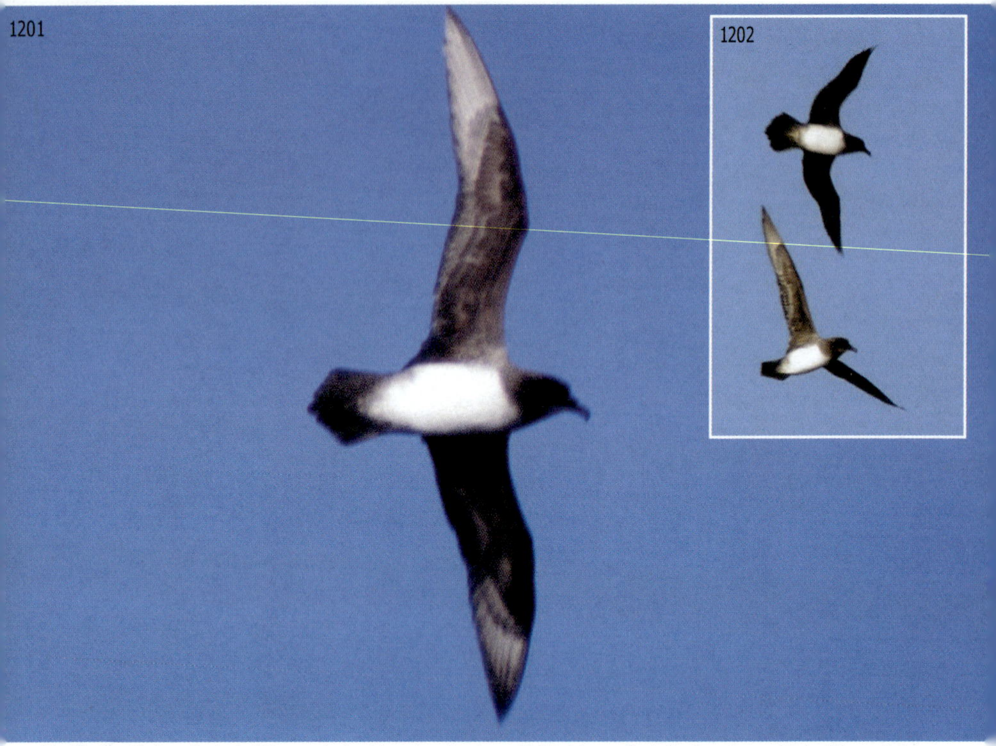

1202

Identification: Medium-sized petrel. Upperparts, head, breast, underwing and tail dark brown. Rest of underparts completely white, producing a noticeable contrast with the rest of body. In worn plumage, some feathers tend to fade, particularly on nape, sometimes appearing whitish at a distance. Long, wedge-shaped.

Habitat: Pelagic in cold waters.

Range: Regular visitor in the South Atlantic between 38º and 50ºS. Occasional visitor in offshore waters around the Falkland Islands and South Georgia. Also present during the summer season in the Drake Passage and around South Shetland Islands, in the Antarctic Peninsula. Nests on Tristan da Cunha and Gough Islands, in the South Atlantic.

Habits: Fast, erratic and zigzagging flight. Has a high arcing flight, rising very high above the water surface. Alone or in loose groups. Sometimes follows ships.

Conservation: Classified as Vulnerable. Has a stable population of about 40,200 individuals. On the breeding grounds it faces threats such as the presence of introduced mammalian predators and various random events.

L. 43cm (17") W. 104cm (41")

Identificación: Petrel mediano. Partes superiores, cabeza, pecho, superficie inferior alar y cola de color café oscuro. Resto de las partes inferiores completamente blancas, produciendo un notorio contraste con el resto del cuerpo. En plumaje gastado, algunas plumas tienden a palidecer y la nuca en particular, puede aparecer blanquecina a la distancia. Cola larga y terminada en forma de cuña.

Hábitat: Pelágico en aguas frías.

Rango: Visitante regular en el Atlántico Sur entre los 38º y 50ºS. Visitante ocasional en aguas exteriores de Islas Malvinas y Georgia del Sur. También presente durante la temporada estival en el Paso Drake y alrededor de las Islas Shetland del Sur, Península Antártica. Nidifica en Islas Tristan da Cunha y Gough, en el Atlántico Sur.

Hábitos: Vuelo muy rápido, errático y zigzagueante. Se eleva muy alto por sobre la superficie del mar, realizando amplios giros. Solitario o en grupos dispersos. Puede seguir barcos.

Conservación: Considerada una especie Vulnerable, con una población estable de 40.200 individuos. Enfrenta amenazas en sus sitios de nidificación tales como los predadores introducidos y eventos estocásticos.

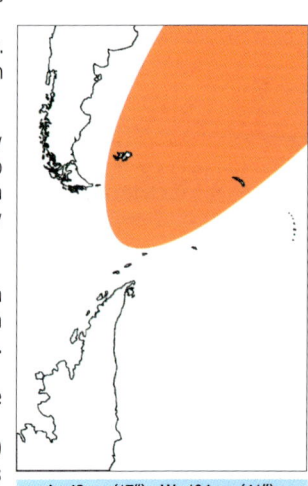

Soft-plumaged Petrel

Pterodroma mollis   PROCELLARIIDAE   **C. & A.** Petrel de Collar Gris

Identification: Medium-sized petrel. Bill black. Crown and collar dark grey, the latter not always complete. Forehead dark with white scaling. Sides of face white. Black eye patch. Upperparts grey and underparts white, contrasting with dark grey wings. Dark wings with grey coverts. Underwing blackish with white axillaries, a white patch at base of primaries and a whitish border running parallel to the trailing edge.

Habitat: Cold pelagic waters. Rarely near the coast.

Range: Sub-Antarctic. *P. m. mollis* is a regular visitor in Argentinean waters, off the Patagonian Shelf, the Falkland Islands and South Georgia Island. Often, especially during the winter, in the Drake Passage. Its nearest breeding grounds are located on Tristan da Cunha and Gough Islands, in the South Atlantic.
This petrel also breeds on several sub-Antarctic islands of the southern Indian and Pacific Oceans.

Habits: Flight fast and very erratic. Long glides followed by a series of rapid wing-beats. Makes wide arcs at height. Follows ships and cetaceans. Generally solitary or in small groups. Shy.

Identificación: Mediano. Pico negro. Corona y collar gris oscuro, éste último no siempre completo. Frente oscura con escamado blanco. Lados de la cara blanco. Mancha ocular negra. Por encima gris y por debajo blanco, que contrasta con el gris oscuro de las alas. Alas oscuras con coberteras del color de dorso. En el inferior alar presenta axilares blancas, una mancha del mismo color en la base de las primarias y un borde blanquecino que corre paralelo al borde de arrastre.

Hábitat: Aguas pelágicas frías. Rara vez cerca de tierra.

Rango: Subantártico. *P. m. mollis* es un visitante regular en el Mar Argentino, en aguas exteriores de la plataforma continental, Islas Malvinas y Georgia del Sur. Frecuente, especialmente durante el invierno, en aguas del Paso Drake. Sus colonias de nidificación más cercanas se encuentran en Islas Tristan da Cunha y Gough, en el Atlántico Sur.
Este petrel nidifica también en islas subantárticas del Indico y Pacífico.

Hábitos: Vuelo rápido, muy errático e impetuoso. Largos planeos seguidos de series de rápidos aleteos. Realiza amplios arcos en altura. Sigue barcos y cetáceos. Generalmente solitario o en pequeños grupos. Tímido.

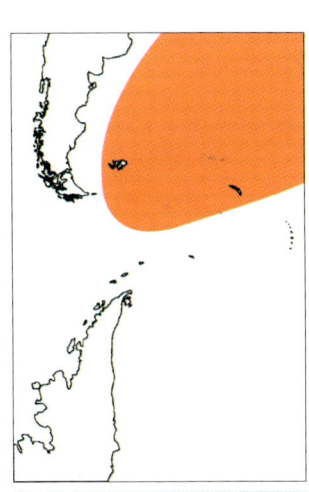

L. 36cm (14”)   **W.** 89cm (35”)

Juan Fernandez Petrel

Pterodroma externa   PROCELLARIIDAE   **C.** Petrel de Juan Fernández

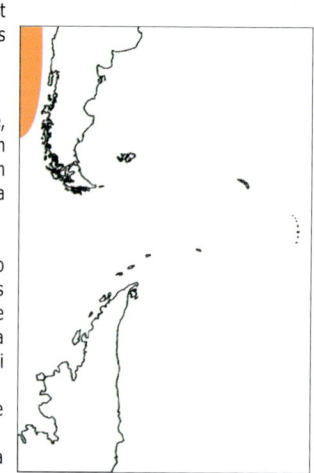

Identification: Medium-sized petrel with black cap. Upperparts greyish-brown. Forehead, sides of face and rest of underparts white. Narrow dark semi-collar on breast. Dark "M" across upperwing and back. Underwing white with black tips of primaries and narrow trailing edge. Narrow diagonal black carpal patch. Tail long, slaty grey.

Habitat: Cold pelagic waters.

Range: Rare visitor in Chilean offshore waters from Llanquihue south to Penas Gulf (Aysén). Accidental visitor south to 50ºS, in the Pacific. The world's only known breeding colonies are located in the Juan Fernández Archipelago: Alejandro Selkirk and Robinson Crusoe Islands. After the breeding season disperses northwards to Northern Hemisphere reaching offshore waters of the Galápagos Islands, Hawaii and western Mexico.

Habits: Flight graceful although powerful, describing great arcs at considerable height above the waves. Does not usually follow ships.

Conservation: Classified as Vulnerable. In spite of an estimated population of about two million individuals, this species has a very restricted breeding area and faces threats due to the presence of introduced mammalian predators.

Identificación: Petrel mediano. Boina oscura. Partes superiores café grisáceo. Frente, lados de la cara y resto de las partes inferiores blancas. Delgado semi-collar oscuro en el pecho. "M" oscura en la superficie dorsal del ala abierta. Inferior del ala blanca, con punta de las primarias y delgado borde de arrastre negro. Delgada diagonal negruzca en la zona carpal. Cola larga, gris pizarra.

Hábitat: Aguas pelágicas frías.

Rango: Visitante raro en aguas exteriores chilenas desde Llanquihue hasta el Golfo de Penas (Aysén). Accidental hasta los 50ºS, por el Pacífico. Las únicas colonias reproductivas conocidas en el mundo para esta especie están en el Archipiélago de Juan Fernández: Islas Alejandro Selkirk y Robinson Crusoe. Finalizada la crianza migra hacia el Hemisferio Norte alcanzando aguas exteriores de las Islas Galápagos, Hawaii y oeste de México.

Hábitos: Vuelo grácil aunque poderoso, describiendo amplios círculos a considerable altura sobre las olas. Usualmente no se acerca a barcos.

Conservación: Se la considera una especie Vulnerable, pese a su población estimada en 2 millones de individuos, debido a los peligros de su reducida área de cría, como también por la presencia de predadores introducidos.

L. 43cm (17") **W.** 97cm (38")

Blue Petrel

Halobaena caerulea   PROCELLARIIDAE   **C. & A.** Petrel Azulado

1211

Identification: Smallish petrel. Bill black. Upperparts bluish-grey. Forehead white and hood black. Dark semi-collar. Upperwing with contrastingly dark open "M". Underparts completely white. Tail square with conspicuous white terminal band and black subterminal band.
Habitat: Pelagic in cold waters. Occasionally in straits and channels.
Range: Sub-Antarctic circumpolar species. Resident in Magallanes, Chile, with the world's largest breeding colony at Diego Ramírez Islands. Also nests on several islands of Wollaston Archipelago (Cape Horn) and in South Georgia Island, in the South Atlantic. Vagrant in Andean lakes: Roca Lake (Tierra del Fuego). Frequent visitor in Argentine waters north to 45ºS, in surrounding waters of the Falkland Islands and in the Pacific, dispersing northwards through Chilean waters, and the Humboldt Current. Accidental visitor to surrounding waters of the Antarctic Peninsula.
Habits: Erratic flight with low glides near the water surface. Occasionally follows ships. Gregarious, forming loose groups and often associating with prions. Makes shallow dives in search of food. Nests colonially between September and March.

Identificación: Petrel pequeño. Pico negro. Partes superiores gris azuladas. Frente blanca y capucha negra. Semi-collar oscuro. Dorsal del ala con "M" abierta oscura. Por debajo totalmente blanco. Cola cuadrada con conspicua banda terminal blanca precedida por una banda negra.
Hábitat: Pelágico en aguas frías. Ocasionalmente en estrechos y canales.
Rango: Circumpolar subantártico. Residente en Magallanes, Chile, encontrándose su colonia de nidificación más importante en el mundo en Islas Diego Ramírez. Nidifica también en varias islas del Archipiélago de las Wollaston (Cabo de Hornos) y en Isla Georgia del Sur, en el Atlántico Sur. Errante en lagos andinos: Lago Roca (Tierra del Fuego). Visitante frecuente en el mar argentino hasta los 45ºS, en aguas aledañas a Islas Malvinas y por el Pacífico, se dispersa hacia el norte de Chile, por la Corriente de Humboldt. Errante en aguas aledañas a la Península Antártica.
Hábitos: Planea muy bajo cerca de la superficie, de manera errática. Ocasionalmente sigue barcos. Gregario, en bandadas dispersas y a menudo asociado con *Pachyptila*. Bucea a poca profundidad. Nidifica colonialmente entre septiembre y marzo.

1212

1213

1214

1215

1216

L. 29cm (11″) W. 62cm (24″)

Antarctic Prion

Pachyptila desolata PROCELLARIIDAE

C. Petrel Paloma Antártico
A. Prión Pico Grande

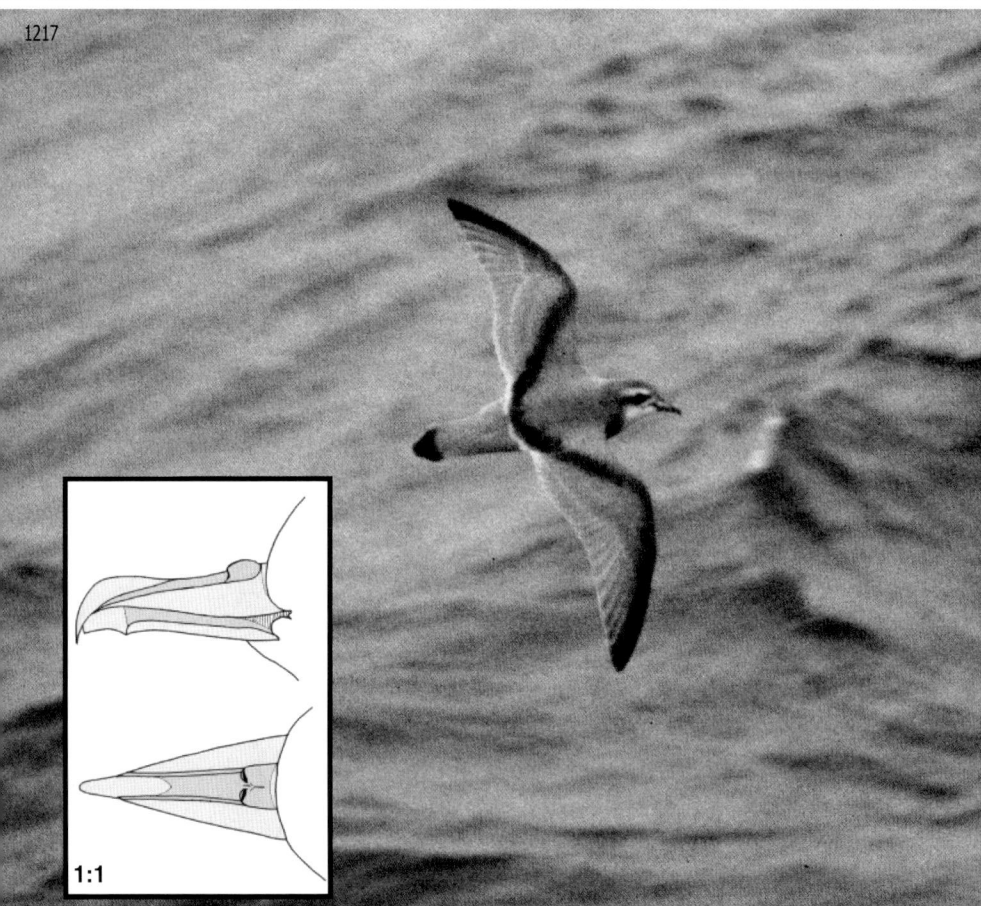

1:1

Identification: Smallish petrel. Relatively broad, blue bill. Forehead and cap dark bluish. Short and straight white supercilium and dark sub and post-ocular striped. Slightly darker bluish-grey upperparts. Black "M" extending across upperwing and back. Semi-collar as back. Underparts completely white. Grey, wedge-shaped tail with broad black terminal band in the centre.

Habitat: Pelagic in cold waters.

Range: Antarctic and sub-Antarctic resident. *P. d. banksi* nests on South Shetland, Elephant, South Orkney and South Sandwich Islands. Largest breeding concentrations are on South Georgia Island. During the southern winter, part of the population disperses through Argentine waters and in Chile, along the Humboldt Current. Occasional visitor around the Falkland Islands.

Habits: Rapid, very erratic and constantly bouncing flight. Its wings are held slightly forward with tail appearing relatively long. Very gregarious, even forming flocks of up to a thousand of individuals. Does not normally follow ships. Nests colonially between October and April.

Identificación: Petrel pequeño. Pico azul, moderadamente ancho.Frente y boina azulado oscuro. Corta y recta superciliar blanca (sobre el ojo) y banda sub y post-ocular oscura. Por encima gris azulado levemente oscuro. "M" negra que pasa por el dorso de las alas y espalda. Semi-collar del color del dorso. Por debajo completamente blanco. Cola cuneada gris con ancha banda negra terminal en el centro.

Hábitat: Pelágico en aguas frías.

Rango: Residente antártico y subantártico. *P. d. banksi* nidifica en Islas Shetland del Sur, Elefante, Orcadas y Sandwich del Sur, alcanzando su mayor concentración en Isla Georgia del Sur. Durante el invierno austral, parte de su población se dispersa por la costa Argentina y en Chile, por la Corriente de Humboldt. Visitante casual en Islas Malvinas.

Hábitos: Vuelo rápido y muy errático, con constantes balanceos. Dispone sus alas hacia adelante, acentuando el largo de la cola. Muy gregario, inclusive formando bandadas de miles de individuos. Normalmente no sigue barcos. Nidifica colonialmente entre octubre y abril.

1218

1219

1220

1221

1224

1223

1224

L. 28cm (11″) W. 62cm (24″)

Thin-billed Prion

Pachyptila belcheri   PROCELLARIIDAE

C. Petrel Paloma Pico Delgado
A. Prión Pico Fino

1:1

Identification: Smallish petrel. Slender blue bill. White forehead. White supercilium extending towards the sides of neck and contrasting with broad dark sub and post-ocular stripes. Lores completely white. Upperparts bluish-grey. Black "M" across upperwing and back. Underparts completely white. Tail square with narrow black terminal band and prominent white outer edges.

Habitat: Pelagic in cold waters, especially in waters around the continental shelf.

Range: Sub-Antarctic resident. Nests in large numbers at Noir Island (Magallanes), dispersing after the breeding season towards Chilean waters of the Humboldt Current. Also nests on the Falkland Islands, spreading towards Argentine waters. Accidental visitor to South Georgia Island.

Habits: Constantly bouncing flight agile, fast and very erratic. Gregarious. Adopts the same flight posture as the Antarctic Prion. Does not usually follow ships. Nests colonially between August and March.

Identificación: Petrel pequeño. Pico azul, delgado. Frente oscura y larga superciliar blanca (que se prolonga hacia los lados del cuello) y gruesa banda sub y post-ocular oscura. Lorums completamente blancos. Por encima gris azulado. "M" negra que pasa por el dorso de las alas y espalda. Por debajo completamente blanco. Cola cuadrada con delgada banda terminal negra y notorios bordes laterales blancos.

Hábitat: Pelágico en aguas frías, en especial cerca de la plataforma continental.

Rango: Residente subantártico. Nidifica en gran número en Isla Noir (Magallanes), dispersándose luego de la temporada reproductiva por la Corriente de Humboldt a lo largo Chile. También nidifica en Islas Malvinas, dispersándose hacia aguas argentinas y alrededores de Isla Georgia del Sur, donde es un visitante accidental.

Hábitos: Vuelo ágil, rápido y muy errático, con constantes balanceos. Gregario, en bandadas. Adopta la misma posición en vuelo que *P. desolata*. Normalmente no sigue barcos. Nidifica colonialmente entre agosto y marzo.

L. 26cm (10") W. 56cm (22")

Fairy Prion
Pachyptila turtur

PROCELLARIIDAE

C. Petrel Paloma Chico
A. Prión Pico Corto

1234

1235

1236

1237

1:1

Identification: Smallish petrel. The palest of the prions. Short blue bill. Upperparts pale bluish-grey. Face whitish. Crown, sub and post-ocular stripes as back. Lacks dark semi-collar. Black "M" across upperwing and back. Underparts completely white. Wedge-shaped tail with central broad black terminal bar.
Habitat: Pelagic in cold waters, especially around the continental shelf.
Range: Sub-Antarctic resident. Nests at Beauchêne Island, south of the Falkland Islands and at Bird Island, north of South Georgia Island, where there is a small breeding colony. After the breeding season spreads towards Argentina waters. Vagrant in Humboldt Current waters, in northern Chile.
Habits: Flight agile, fast, very erratic and constantly bouncing. Gregarious. Occasionally in mixed flocks with other prions. Does not normally follow ships. Nests colonially between August and February.

Identificación: Petrel pequeño. El más pálido de los Petreles paloma/Priones. Pico corto, azul.
Por encima gris azulado pálido. Cara blanquecina. Corona y banda sub y post-ocular del color del dorso. Carece de semi-collar oscuro. "M" negra que pasa por el dorso de las alas y espalda. Por debajo completamente blanco. Cola cuneada con una muy ancha y notoria banda terminal central negra.
Hábitat: Pelágico en aguas frías, en especial cerca de la plataforma continental.
Rango: Residente subantártico. Nidifica en Isla Beauchêne, sur del Archipiélago de las Malvinas y en Isla Bird, al norte de Isla Georgia del Sur, donde existe una pequeña colonia reproductiva. Luego de la temporada reproductiva se dispersa hacia aguas argentinas. Errante en la Corriente de Humboldt, hasta el norte de Chile.
Hábitos: Vuelo ágil, rápido y muy errático, con constantes balanceos. Gregario. Ocasionalmente en bandadas mixtas con otros *Pachyptila*. Normalmente no sigue barcos. Nidifica colonialmente entre agosto y febrero.

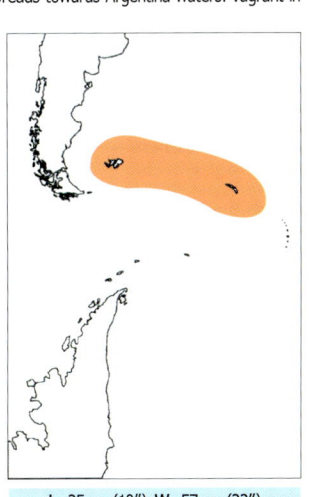

L. 25cm (10") **W.** 57cm (22")

Grey Petrel
Procellaria cinerea

PROCELLARIIDAE

C. Petrel Gris
A. Petrel Ceniciento

Identification: Large, compact petrel. Bill horn-coloured with pale tip. Upperparts uniform slaty-grey. Cap darker. Underparts white, with completely dark undertail-coverts and underwing. Wedge-shaped tail.

Habitat: Pelagic in cold waters. Occasionally near the coast.

Range: Sub-Antarctic circumpolar species. Visitor, more frequent in the South Atlantic. Present along the Argentine coast, surrounding waters of the Falkland Islands and occasional visitor to South Georgia Island. Rarer, although occasionally in flocks, in offshore waters of the extreme south of Chile, extending northwards along the Humboldt Current. Its nearest breeding colonies are located in Tristan da Cunha and Gough Islands, in the South Atlantic.

Habits: Flight high and methodical, with rapid wing-beats interspersed with sustained glides. Usually solitary, although also in flocks. Sometimes associates with cetaceans. Briefly approaches vessels, but rarely follows them.

Conservation: Classified as Near Threatened, due to the decrease of its population resulting from the mortality rate associated with long-line fishing activities in the Southern Ocean.

Identificación: Petrel grande y de cuerpo compacto. Pico córneo con punta clara. Por encima gris apizarrado uniforme. Boina más oscura. Partes inferiores blancas, a excepción de las subcaudales y la superficie inferior del ala que son oscuras. Cola en forma de cuña.

Hábitat: Pelágico en aguas frías. Ocasionalmente cerca de tierra.

Rango: Circumpolar subantártico. Visitante más frecuente en el Atlántico Sur. Presente en toda la costa Argentina, aguas adyacentes a Islas Malvinas y ocasional en Isla Georgia del Sur. Raro, aunque en ocasiones en bandadas, en aguas exteriores del extremo sur de Chile, extendiéndose hacia el norte por la Corriente de Humboldt. Su colonia de nidificación más cercana está en Islas Tristan da Cunha y Gough, en el Océano Atlántico.

Hábitos: Vuelo alto y pausado, de aleteos rápidos seguidos de planeos sostenidos. Usualmente solitario aunque también en bandadas. Se asocia a cetáceos. Se aproxima e inspecciona barcos, rara vez los sigue.

Conservación: Considerada como una especie casi amenazada, debido a la reducción en su población debido a la mortalidad asociada a las actividades de pesca de palangre en el Océano Austral.

1239

1240

1241

1242

L. 50cm (20") W. 125cm (49")

White-chinned Petrel

Procellaria aequinoctialis   PROCELLARIIDAE

C. Petrel Negro
A. Petrel Barba Blanca

Identification: Large petrel. Elegant, with long wings and wedge-shaped tail. Thin, horn-coloured bill with noticeable black grooves. Blackish-brown general colouration. Some individuals show variable white chin. Whitish shafts to primaries, visible at close quarters, on upper and underwing. Can be confused with Giant petrels in flight and at a distance.

Habitat: Pelagic in cold waters. Also in straits and channels.

Range: Sub-Antarctic circumpolar species. Nests on some outer islands of the Falkland Archipelago and South Georgia Island. Common non-breeding visitor in offshore waters of Argentina. In Chile, also in the Patagonian and Fuegian channels, extending northwards in waters of the Humboldt Current. Occasional visitor to waters around the Antarctic Peninsula.

Habits: Flight fast and powerful. Makes wide gliding arcs, rising, falling and then rising again. Follows ships. Gregarious although aggressive towards other species while feeding on the water surface. Dives occasionally. Nests between October and April.

Conservation: Classified as Vulnerable. The total population is estimated at five million individuals, but it is rapidly declining, due to the increased mortality associated with long-line fishing activities.

Identificación: Petrel grande. Estilizado, de alas largas y cola cuneada. Pico fino color cuerno con notorios surcos negros. Café negruzco. Algunos ejemplares presentan la barbilla blanca de tamaño variable. Destellos blanquecinos en la zona de las primarias, visibles a corta distancia, en ambos lados de las alas. En vuelo y a la distancia puede ser confundido con *Macronectes*.

Hábitat: Pelágico en aguas frías. También en estrechos y canales.

Rango: Circumpolar subantártico. Nidifica en algunas islas exteriores del Archipiélago de las Malvinas y en Isla Georgia del Sur. Visitante regular común, que no nidifica, en aguas exteriores de Argentina. En Chile, también en los canales patagónicos y fueguinos, extendiéndose hacia el norte, por la Corriente de Humboldt. Visitante ocasional en aguas de la Península Antártica.

Hábitos: Vuelo rápido y poderoso. Realiza amplios arcos planeados, elevándose para luego caer y elevarse nuevamente. Se acerca a barcos. Gregario aunque agresivo con otras especies, mientras se alimenta sobre la superficie. Se sumerge ocasionalmente. Nidifica entre octubre y abril.

Conservación: Considerado como una especie vulnerable, con una población estimada de 5 millones de individuos y que enfrenta una rápida reducción, debido a la mortalidad asociada a la pesca con palangres.

L. 55cm (22″) W. 140cm (55″)

Westland Petrel

Procellaria westlandica   PROCELLARIIDAE

C. Petrel de Nueva Zelanda
A. Petrel Negro

1250

1251

1252

1253

Identification: Long-winged, medium-sized petrel. Bill marble-coloured with black tip. Completely blackish-brown, with grey bases to primaries on the upperwing. Some moulting individuals visiting the coasts of Chile during the southern spring and early summer, show whitish areas on wing-coverts.
Habitat: Pelagic in cold waters. Also recorded in channels and near the coast.
Range: Regular but uncommon summer visitor to the Humboldt Current, from Penas Gulf (Aysén) northwards. Juveniles and immatures apparently remain in Chilean waters throughout the year. Accidental visitor to southern Tierra del Fuego, with accidental records from the Beagle Channel. This petrel breeds during the southern winter on the South Island of New Zealand.
Habits: Resting on the water surface or in fast flight making wide gliding arcs. Approaches and follows ships. Quite aggressive although gregarious with other seabirds. Sometimes associates with cetaceans. Occasionally dives.
Conservation: Classified as Near Threatened. Has a stable population of less than 20,000 individuals. There is mortality associated with long-line fishing activities.

Identificación: Petrel mediano y de alas largas. Pico marfil con punta negra. Completamente café negruzco. Bases grises de las primarias en la superficie inferior del ala. Algunos ejemplares que visitan costas chilenas durante la primavera y principios del verano austral, muestran zonas blanquecinas en las coberteras alares, durante la muda.
Hábitat: Pelágico en aguas frías. También registrado en canales y cerca de tierra.
Rango: Visitante regular estival y poco común en la Corriente de Humboldt, desde el Golfo de Penas (Aysén) hacia el norte. Los juveniles e inmaduros al parecer permanecen durante todo el año en las costas chilenas. Accidental en el sur de Tierra del Fuego, con registros accidentales en el Canal Beagle. Proveniente de la Isla Sur de Nueva Zelanda, donde nidifica en invierno austral.
Hábitos: Posado sobre la superficie o en vuelo rápido realizando amplios arcos planeados. Se acerca a barcos. Agresivo aunque gregario con otras especies de aves marinas. Se asocia a cetáceos. Se sumerge ocasionalmente.
Conservación: Considerada como una especie Vulnerable, con una población estable de menos de 20.000 individuos. Existe mortalidad asociada a artefactos de pesca con palangres.

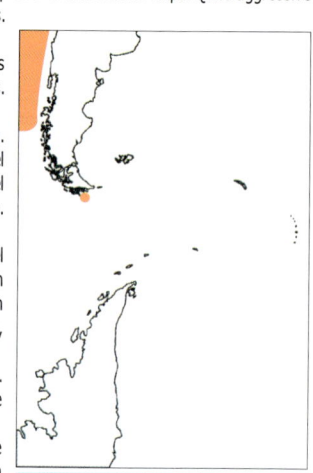

L. 51cm (20″)   W. 137cm (54″)

Pink-footed Shearwater

Puffinus creatopus   PROCELLARIIDAE

C. Fardela Blanca
A. Pardela Patas Rosadas

Identification: Medium-sized. Bill horn-coloured with dark tip. Legs pinkish. Upperparts dark greyish-brown and underparts white, with dark mottling on neck, flanks and undertail-coverts. Underwing white with wide and irregular dark brown margin. Tail blackish.

Habitat: Cold pelagic waters. Occasionally in inshore waters.

Range: Summer resident in offshore waters from Corcovado Gulf (Chiloé), northwards along the Humboldt Current. Occasional in Patagonian channels and in the Straits of Magellan. The only known breeding colonies for the species are in Chile: Mocha Island and Juan Fernández Archipelago. Vagrant in Argentinean waters: collected at San José Gulf (Chubut). After the breeding season disperses along the American coast north to Alaska.

Habits: Powerful flight. Short glides near the water surface followed by slow wing-beats. During strong winds has banking flight with high, wide arcs. Gregarious, forming small loose groups, and also associating with other seabirds. Approaches and inspects ships, especially following trawlers.

Conservation: Classified as Vulnerable. The estimated maximum population is 60,000 individuals. Faces numerous threats associated with the introduction of a varied fauna in the islands where it breeds.

Identificación: Mediana. Pico claro con punta oscura. Patas rosadas. Por encima café grisáceo oscuro y por debajo blanco, con moteado oscuro en el cuello, flancos y subcaudales. Superficie inferior alar blanca con amplio borde irregular café oscuro. Cola negruzca.

Hábitat: Pelágico en aguas frías. Ocasionalmente cerca de la costa.

Rango: Residente estival en aguas exteriores desde el Golfo del Corcovado (Chiloé), hacia el norte por la Corriente de Humboldt. Ocasional en los canales patagónicos y Estrecho de Magallanes. Las únicas colonias de nidificación conocidas en el mundo están en Chile (Islas Mocha y Archipiélago de Juan Fernández). Errante en aguas Argentinas. Colectada en Golfo San José (Chubut). Luego de la crianza se dispersa por la costa americana hasta Alaska.

Hábitos: Vuelo poderoso. Cortos planeos cerca de la superficie seguidos por aleteos lentos. Con fuertes vientos realiza rápidos virajes elevándose y describiendo amplios arcos. Gregario, formando pequeños grupos dispersos, aunque también se asocia con otras aves marinas. Se aproxima e inspecciona barcos, siguiendo en especial a los pesqueros.

Conservación: Considerada una especie vulnerable, con un máximo en su población de 60.000 individuos. Enfrenta numerosas amenazas por parte de una variada fauna introducida en las islas donde nidifica.

1255

1256

1257

1258

1259

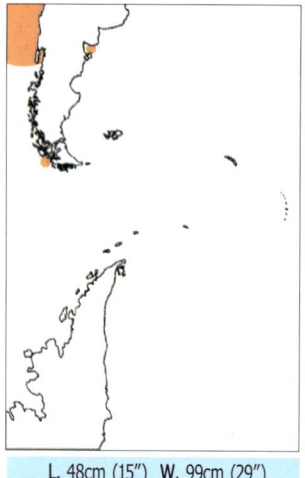

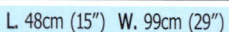

L. 48cm (15") W. 99cm (29")

1260

Greater Shearwater

Puffinus gravis   PROCELLARIIDAE

C. Fardela Capirotada
A. Pardela Cabeza Negra

Identification: Medium-sized. Dark cap passing below the eye. Collar and uppertail-coverts white. Upperparts dark brown. Primaries and tail black. Underparts white, with variable brown patch on belly. Underwing white with dark outer margin and diagonal line.

Habitat: Cold pelagic waters. Occasionally in straits and channels.

Range: Widely distributed species in the Atlantic. Summer resident breeding in small numbers at Kidney Island, in the Falkland Archipelago. Regular visitor along the entire Argentinean coast and the waters surrounding South Georgia Island. Is also a summer visitor in the southern part of Chile, with several records in the Straits of Magellan and in the Cape Horn area. Vagrant north to the Chacao Channel (Los Lagos) and northwards to the central coast of Chile. The largest breeding colonies are located at Tristan da Cunha and Gough Islands, in the South Atlantic.

Habits: Flight with rapid wing-beats. Glides effortlessly, with very stiff wings, raising high above the water surface. Plunge-dives from the air and makes shallow dives to feed. Associates with other shearwaters and petrels. Follows ships, especially trawlers. Nests colonially between September and April.

Identificación: Mediana. Capucha oscura que pasa por debajo del ojo. Collar y supracaudales blancas. Partes superiores café oscuro. Primarias y cola negra. Por debajo es blanca, con parche pardo variable en el abdomen. Superficie inferior alar blanca con borde externo y línea diagonal oscura.

Hábitat: Pelágico en aguas frías. Ocasionalmente en estrecho y canales.

Rango: Especie ampliamente distribuida en el Atlántico. Residente estival que nidifica en pequeños números en Isla Kidney, en el Archipiélago de las Malvinas. Visitante regular a lo largo de toda la costa Argentina y en aguas aledañas a Isla Georgia del Sur. También es un visitante estival de la zona austral de Chile, con registros en el Estrecho de Magallanes y en el área del Cabo de Hornos. Errante en el Canal de Chacao (Los Lagos) y más al norte hasta la costa central de Chile. Sus colonias de nidificación más numerosas se encuentran en Islas Tristan da Cunha y Gough, en el Atlántico Sur.

Hábitos: Vuelo con rápidos aleteos. Planea sin esfuerzo, con sus alas en postura muy recta, elevándose alto sobre el horizonte. Se zambulle desde el aire y bucea cuando se alimenta. Se asocia con otras fardelas y petreles. Sigue barcos, especialmente pesqueros. Nidifica colonialmente entre septiembre y abril.

1262

1263

1264

1265

1266

1267

L. 48cm (19″) W. 108cm (43″)

Sooty Shearwater
Puffinus griseus   PROCELLARIIDAE

C. Fardela Negra
A. Pardela Oscura

1268

Identification: Medium-sized, slim bodied and with long, narrow and pointed wings. Generally dark brown. Conspicuous and diagnostic whitish patch, variable in extension, on the underwing, quite prominent in flight. Bill dark, long and slender.
Habitat: Cold coastal and pelagic waters. Also in channels and straits.
Range: Common summer resident throughout the offshore waters of the region. Breeds in large numbers at Diego Ramírez Islands and in the Wollaston Archipelago (Cape Horn), Magallanes and Guamblín (Aysén) and Guafo Islands and Puñihuil Isles (Chiloé). Also breeds on the Falkland Islands, in the South Atlantic. Common visitor throughout Argentinean waters. Occasional visitor in surrounding waters of South Georgia Island, being somewhat commoner in the Drake Passage south to 58ºS. Accidental in Andean lakes: Nahuel Huapi Lake (Neuquén) and in El Maitén (north-western Chubut). After the breeding season disperses northwards to the coasts of the North Pacific and North Atlantic.
Habits: Flight fast, low and direct. Rapid wing-beats followed by a long glide. During strong winds, makes fast banks and changes of direction, with its wings held in a stiff position. Highly gregarious, congregating in huge and extensive flocks. During migration concentrates in flocks up to hundreds of thousand of individuals. Also associates with other seabirds. Follows ships, especially fishing vessels. Nests colonially between September and May.

Identificación: Mediana, de cuerpo estilizado y de alas largas, angostas y puntiagudas. Café oscura. Parche claro, variable en extensión, en la superficie inferior alar, notorio y diagnóstico en el mar. Pico oscuro, largo y delgado.
Hábitat: Costero y pelágico en aguas frías. También en canales y estrechos.
Rango: Residente estival común en aguas exteriores de la región. Nidifica en gran número en Islas Diego Ramírez y Archipiélago de las Wollaston (Cabo de Hornos), Magallanes e Islas Guamblín (Aysén) y Guafo e Islotes Puñihuil (Chiloé). También anida en Islas Malvinas, en el Atlántico Sur. Visitante común en toda la costa argentina. Visitante ocasional en aguas aledañas de Isla Georgia del Sur, siendo además frecuente en el Paso Drake hasta los 58ºS. Accidental en lagos andinos: Lago Nahuel Huapi (Neuquén) y en el Maitén (nor-oeste de Chubut). Luego de la crianza se dispersa por la costa hasta el Pacífico y Atlántico Norte.
Hábitos: Vuelo rápido, bajo y directo. Rápidos aleteos seguidos de un largo planeo. Con fuertes vientos realiza rápidos virajes y cambios de dirección, con sus alas dispuestas en posición recta. Muy gregario, concentrándose en enormes y alargadas bandadas. Durante sus migraciones llegan a congregarse en cientos de miles de individuos. Se asocia con otras aves marinas. Se acerca a barcos, siguiendo en especial a los pesqueros. Nidifica colonialmente entre septiembre y mayo.

1269

1270

1271

1272

1273

1274

1275

1276

1277

1278

L. 45cm (18″) W. 102cm (40″)

Manx Shearwater

Puffinus puffinus   PROCELLARIIDAE

C. Fardela Atlántica
A. Pardela Boreal

1279

Identification: Medium-sized. Bill black, long and slender. White triangle-shaped patch on neck sides and ear-coverts. The black of head passing below the eye. Upperparts blackish and underparts white. Underwing white with complete black margin, except in the patagial area.
Habitat: Cold pelagic shallow waters. Occasionally near the coast.
Range: Frequent summer non-breeding visitor throughout Argentinean waters. Has been recorded in the southern extreme of Chile, in the Cape Horn area, eastern entrance and central zone of the Straits of Magellan. Accidental visitor to offshore waters of the Falkland Islands and around Shag Isles, north of South Georgia Island. Widely distributed species in the Atlantic. Nests on several islands in the North Atlantic, migrating southwards during the southern summer.
Habits: Long glides near the water surface, interspersed with occasional and brief wing-beats. During strong winds rises to considerable height, falling suddenly with a swift constantly banking flight. Gregarious, often in flocks. Does not follows ships.

Identificación: Mediana. Pico negro, largo y delgado. Zona auricular blanca en forma de triángulo. El negro de la cabeza pasa por debajo del ojo. Partes superiores negruzcas e inferiores blancas. Superficie inferior del ala con borde negro, a excepción del parche patagial.
Hábitat: Pelágico en aguas frías y poco profundas. Ocasionalmente cerca de tierra.
Rango: Visitante estival no-reproductivo frecuente a lo largo de la costa argentina. En el extremo sur de Chile, ha sido registrada en el área del Cabo de Hornos, entrada oriental y centro del Estrecho de Magallanes. Accidental en aguas exteriores de Islas Malvinas y alrededor de Islotes Shag, al norte de Isla Georgia del Sur. Especie ampliamente distribuida en el Atlántico. Nidifica en islas del Atlántico Norte, migrando hacia el sur durante el verano austral.
Hábitos: Planeos largos cerca de la superficie, con aleteos ocasionales y breves. Con fuertes vientos se eleva a considerable altura para luego caer en vuelo cortante con continuos virajes. Gregario, a menudo en bandadas. No sigue a los barcos.

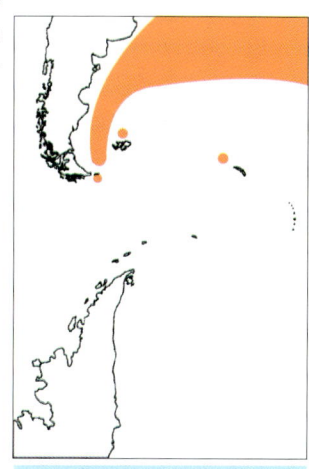

L. 35cm (14") **W.** 83cm (33")

389

Little Shearwater

Puffinus assimilis PROCELLARIIDAE

C. Fardela Chica
A. Pardela Chica

1280

1281

1282

Identification: Smallish. Bill short and narrow. The black of head extends to below the eye. Upperparts completely black and underparts entirely white, except for a black margin on the underwing.

Habitat: Cold pelagic waters. Occasionally in inshore waters.

Range: Sub-Antarctic circumpolar species. *P. a. elegans* is a uncommon non-breeding visitor in Argentinean waters. Occasionally in the Scotia Sea and outer waters of the Falkland Islands. Vagrant to South Georgia Island. Very occasionally in the south of Chile. Its nearest breeding grounds are located on Tristan da Cunha and Gough Islands, in the South Atlantic. Also breeds on Antipodes Islands, in the western South Pacific.

This species breeds on several islands in the North Atlantic and South Pacific.

Habits: Glides with stiff wings near the water surface. Very rapid wing-beats interspersed with shorter glides than other shearwaters, resembling the flight of a diving-petrel. During strong winds, glides low with faster and increasing arcs. Solitary, although it also associates with other larger shearwaters. Good swimmer. Does not usually follow ships.

Identificación: Pequeña. Pico corto y delgado. El negro de la cabeza pasa por debajo el ojo. Por encima completamente negra y por debajo totalmente blanca a excepción del borde externo negro de la superficie inferior alar.

Hábitat: Pelágico en aguas frías. Ocasionalmente se acerca a la costa.

Rango: Circumpolar subantártico. *P. a. elegans* es un visitante no-reproductivo poco frecuente a lo largo de la costa argentina. Ocasional en el Mar de Escocia y en aguas exteriores de Islas Malvinas. Errante en Isla Georgia del Sur. Ocasional en el sur de Chile. La colonia de nidificación más cercana se encuentra en Islas Tristan da Cunha y Gough, en el Atlántico Sur. También nidifica en Islas Antipodes, en el Pacífico occidental. La especie nidifica en varias islas del Atlántico Norte y Pacífico Sur.

Hábitos: Planea con las alas paralelas a la superficie del agua. Aleteos más rápidos y planeos más cortos que el de otras fardelas, siendo inclusive similar al vuelo de un *Pelecanoides*. Con fuertes vientos, vuela rasante, más rápido y aumentando los virajes. Solitaria, aunque también con otras fardelas más grandes. Bucea bien. Usualmente no sigue a los barcos.

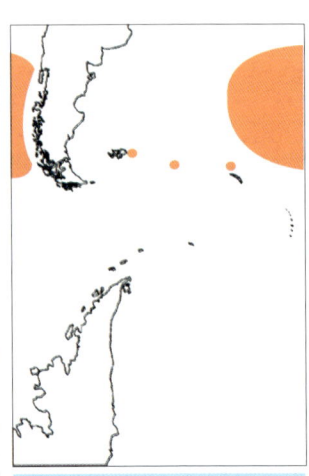

L. 28cm (12") **W.** 53cm (21")

Grey-backed Storm-Petrel

Garrodia nereis   HYDROBATIDAE

C. Golondrina de Mar Subantártica
A. Paíño Gris

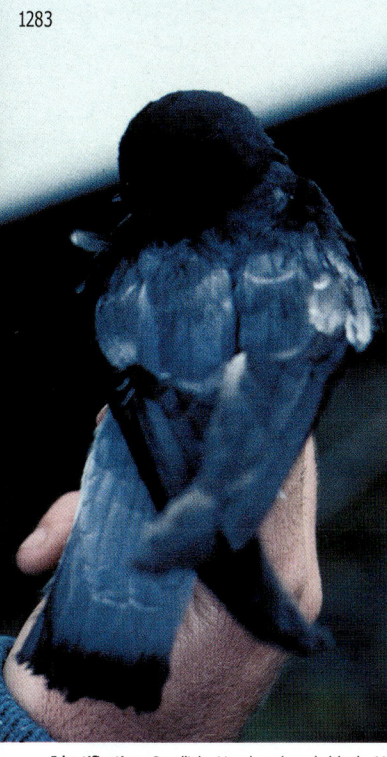

1283

1284

Identification: Smallish. Head and neck black. Upperparts dark smoky-grey, with paler rump. Wings blackish with faint paler bar across coverts. Underwing white with black margins. Underparts white. Tail grey, short and square, with broad black terminal band. Feet extend beyond the tail tip.
Habitat: Cold pelagic waters. Also in inshore waters.
Range: Sub-Antarctic resident. Nests on some outer islands of the Falkland Archipelago: Carcass, Beauchêne, Sea Lion and Kidney Islands, where is most frequent between September and May. Rare breeder on South Georgia Island. Regular visitor to offshore waters of southern Chile, from the Drake Passage north to Ancud Gulf (Chiloé). Very occasional in southern Argentine waters.
Habits: Typical flight, with stationary wing-beats while feeding. Regularly seen flying over floating kelp, whilst searching for food. Follows ships, especially trawlers. Attracted by lights. Nests in loose colonies between October and May.

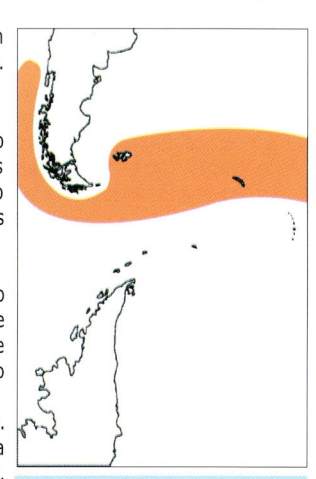

Identificación: Pequeña. Cabeza y cuello negro. Partes superiores gris ahumado oscuro, siendo gris más pálido en la rabadilla. Alas negruzcas con banda gris poco notoria en las cobertoras, inferior alar blanco con borde negro. Por debajo blanca. Cola gris, corta y cuadrada, con ancha banda terminal negra. Las patas sobresalen del borde de la cola.
Hábitat: Aguas pelágicas frías. También cerca de la costa.
Rango: Residente subantártico. Nidifica en algunas islas exteriores del Archipiélago de las Malvinas: Islas Carcass, Beauchêne, Sea Lion y Kidney, donde es frecuente entre septiembre y mayo. Raro nidificante en Isla Georgia del Sur. Es un visitante regular en aguas exteriores del sur de Chile, desde el Paso Drake hasta el Golfo de Ancud (Chiloé). Muy ocasional en el mar austral argentino.
Hábitos: Vuelo típico, realizando aleteos estacionarios mientras se alimenta. Con regularidad se observa volando sobre parches flotantes de algas, en busca de alimento. Sigue a los barcos, en especial pesqueros. Es atraída por las luces. Nidifica en colonias dispersas entre octubre y mayo.

L. 18cm (7") **W.** 39cm (15")

Wilson´s Storm-Petrel

Oceanites oceanicus   HYDROBATIDAE

C. Golondrina de Mar Común
A. Paiño Común

Identification: Smallish. Blackish-brown. Upperwing with grey line across the coverts. Prominent white rump extending to the sides of undertail-coverts. Tail, square and short. Feet extend beyond the tail tip.
Habitat: Pelagic waters. Also enters in straits, channels, bays and estuaries.
Range: *O. o. oceanicus* is an Antarctic summer resident which disperses northwards to tropical waters and the Northern Hemisphere during the winter. Nests in several localities on the Antarctic Peninsula, South Shetland Islands (largest known breeding colony), Elephant Island, South Orkney, South Sandwich and South Georgia Islands. *O. o. exasperatus* is a sub-Antarctic summer resident nesting on the Falkland Islands and Wollaston Archipelago (Cape Horn). Common throughout the coasts of Chile and Argentina. Vagrant in Andean lakes: Nahuel Huapi (Río Negro) and Puelo (Chubut).
Habits: Graceful flight, "walking" and skipping on the water surface, keeping its wings vertical over its back, while feeding. Occasionally seen resting on the water. Short glides. Gregarious, sometimes in very large flocks. Follows ships, especially trawlers. Attracted by lights. Nests colonially between November and May.

Identificación: Pequeña. Café negruzca. Dorso del ala con línea gris a través de las coberteras. Conspicua rabadilla blanca que se extiende hacia los costados de las subcaudales. Cola cuadrada corta, las patas sobrepasan el borde de ésta.
Hábitat: Aguas pelágicas. También en estrechos, canales, bahías y estuarios.
Rango: *O. o. oceanicus* es un residente estival antártico que se dispersa hacia aguas tropicales y del Hemisferio Norte durante el invierno. Nidifica en varias localidades de la Península Antártica, Islas Shetland del Sur (la colonia más grande conocida), Islas Elefante, Orcadas, Sandwich y Georgia del Sur. *O. o. exasperatus* es un residente estival subantártico que nidifica en el Archipiélago de las Malvinas y de las Wollaston (Cabo de Hornos). Común en las costas de Chile y Argentina. Errante en lagos andinos: Nahuel Huapi (Río Negro) y Puelo (Chubut).
Hábitos: Vuelo gracioso, camina y patalea sobre la superficie, manteniendo sus alas en posición vertical sobre la espalda, mientras se alimenta. Ocasionalmente se observa sentado sobre el agua. También realiza cortos planeos. Gregario, algunas veces en enormes bandadas. Sigue a los barcos, especialmente pesqueros. Es atraída por las luces. Nidifica colonialmente entre noviembre y mayo.

1286

1287

1288

1289

1290

1291

1292

1293

L. 18cm (7″) W. 41cm (16″)

Black-bellied Storm-Petrel

Fregetta tropica HYDROBATIDAE

C. Golondrina de Mar de Vientre Negro
A. Paiño Vientre Negro

1294

Identification: Smallish. Blackish-brown with prominent white rump. Head, neck and upper breast black, whitish throat. Faint pale line through the wing-coverts on upperwing. Underwing-coverts white. Underparts white, with a black line extending along centre of belly to the undertail-coverts. Tail square, feet extend beyond the tail tip.
Habitat: Cold pelagic waters.
Range: Antarctic and sub-Antarctic circumpolar. *F. t. tropica* is a resident breeding in the Antarctic: South Shetland Islands, being most abundant on Elephant Island. Also nests on South Orkney and South Georgia Islands. Regular visitor to surrounding waters of the Falkland Islands. After breeding disperses northwards along the Argentina coast north to 40ºS and through the Pacific, via the Humboldt Current, along the whole Chilean coast.
Habits: Erratic, fast and agile flight. Constantly bounces body while flying very close to the water surface, skipping and fluttering with wings raised. Alone or in small groups, associating with other storm-petrels. Follows ships. Attracted by the light of ships and lighthouses. Nests in loose colonies between December and April.

Identificación: Pequeña. Café negruzco con notoria rabadilla blanca. Cabeza, cuello y parte superior del pecho negros, con garganta blanquecina. Línea tenue pálida en las coberteras del dorso del ala. Coberteras subalares blancas. Por debajo blanca, una franja longitudinal negra que alcanza hasta las subcaudales. Cola cuadrada, las patas sobresalen del borde de ésta.
Hábitat: Aguas pelágicas frías.
Rango: Circumpolar antártico y subantártico. *F. t. tropica* es un residente que nidifica en Antártica: Islas Shetland del Sur, siendo muy abundante en Isla Elefante. También anida en Islas Orcadas y Georgia del Sur. Visitante regular en aguas aledañas de Islas Malvinas. Luego de la crianza se dispersa hacia el norte por la costa argentina hasta los 40ºS y por el Pacífico, a través de la Corriente de Humboldt, a lo largo de Chile.
Hábitos: Vuelo errático, rápido y ágil. Balancea su cuerpo en constante vaivén, muy cerca de la superficie, agitando el agua con sus patas y manteniendo sus alas elevadas. Solitaria o en pequeños grupos, asociándose con otras golondrinas de mar. Sigue a los barcos. Es atraída por las luces. Anida en colonias dispersas entre diciembre y abril.

L. 20cm (8″) W. 46cm (18″)

Peruvian Diving-Petrel

Pelecanoides garnotii PELECANOIDIDAE **C.** Yunco de Humboldt

1301

1:1

Identification: Smallish. Upperparts black, white below. Scapulars bordered with greyish white, sometimes forming a diagonal band. Underwing-coverts whitish. Bill black. Legs bluish.
Habitat: Pelagic waters.
Range: Regular non-breeding visitor to offshore waters of the Pacific from Maule south to Corral (Los Lagos), occasionally reaching the exposed coast of Isla Grande de Chiloé. More common from the coasts of Bío-Bío (Arauco Gulf) northwards.
Endemic species to the Humboldt Current, ranging along the coastal and oceanic waters of Chile and Peru.
Habits: Alone or in loose groups. Usually seen resting on the water surface or flying fast and low with rapid wing-beats. Good diver. Shallow dives propelled by its wings. Attracted by the lights of ships and lighthouses. Shy, although often permits a close approach, preferring to dive than fly when threatened.
Conservation: Classified as Endangered. The decreasing population fluctuates between 25,000–28,000 individuals. Faces threats associated with introduced animals, the competence for fish stocks with local fisheries, as well as natural threats such as the El Niño event.

Identificación: Pequeño. Por encima completamente negro y por debajo blanco. Escapulares bordeadas de blanco grisáceo, formando a veces una banda diagonal. Coberteras subalares blanquecinas. Pico negro. Patas azuladas.
Hábitat: Pelágico.
Rango: Visitante regular no-reproductivo de aguas exteriores de la costa del Pacífico desde Maule hasta Corral (Los Lagos), ocasionalmente llegando hasta la costa exterior de la Isla de Chiloé. Más común desde la costa de Bío-Bío (Golfo de Arauco) hacia el norte.
Especie endémica de la Corriente de Humboldt, se distribuye por toda la costa y aguas oceánicas de Chile y Perú.
Hábitos: Solitario o en grupos dispersos. Observado descansando sobre la superficie o volando muy veloz y rasante. Buen zambullidor. Buceos poco profundos propulsado por sus alas. Es atraído por luces de barcos y faros. Tímido, aunque permite alguna aproximación, prefiriendo zambullirse que volar al sentirse amenazado.
Conservación: Considerada en peligro, con una población decreciente de entre 25.000–28.000 individuos. Enfrenta las amenazas de los mamíferos introducidos, mas la competencia por parte de las pesquerías locales, además de amenazas naturales como el evento de El Niño.

L. 25cm (9 3/4")

Magellanic Diving-Petrel

Pelecanoides magellani   PELECANOIDIDAE

1309

1:1

Identification: Smallish. Upperparts black with scapulars, tertials and secondaries fringed with white. Underparts and white nuchal semi-collar.

Habitat: Straits, fjords, channels and exposed coasts. Coastal, although occasionally in offshore waters.

Range: ENDEMIC to Patagonian waters. Common resident in Chile from Chacao Channel (Chiloé) south to Wollaston Archipelago (Cape Horn). Nests only on islands and archipelagos in the southern area of its range. Regular visitor to the coasts and offshore waters of Argentina, and also the Falkland Islands. Vagrant in Andean lakes: El Bolsón (south-western Río Negro) and Menendez Lake (Chubut).

Habits: Alone or in loose groups. Flight very fast and low over the water surface, with rapid wing-beats, and frequently suddenly drops onto the water. Dives below the surface, propelled by its wings. Attracted by the lights of ships and lighthouses, frequently falling onto the decks of boats. Nests colonially between November and March.

Identificación: Muy pequeño. Por encima negro con escapulares, terciarias y secundarias bordeadas de blanco. Partes inferiores y semi-collar blanco.

Hábitat: En estrechos, fiordos, canales y costa expuesta. Costero, aunque ocasionalmente mar afuera.

Rango: ENDEMICO de aguas patagónicas. Residente común en Chile desde el Canal de Chacao (Chiloé) hasta el Archipiélago de las Wollaston (Cabo de Hornos). Nidifica sólo en islas y archipiélagos en la zona más austral de su distribución. Visitante regular en la costa y mar exterior argentino. También en Islas Malvinas. Errante en lagos andinos: El Bolsón (sur-oeste de Río Negro) y Lago Menéndez (Chubut).

Hábitos: Solitario o en grupos dispersos. Vuelo muy veloz y rasante, con rapidísimos aleteos, zambulléndose violentamente en el agua. Nada bajo la superficie, propulsado por sus alas. Es atraído por luces de faros y barcos, cayendo con frecuencia sobre las cubiertas. Nidifica colonialmente entre noviembre y marzo.

L. 21cm (8″) W. 38cm (15″)

South Georgia Diving-Petrel

Pelecanoides georgicus   PELECANOIDIDAE   A. Yunco Geórgico

1315

Identification: Smallish. Upperparts completely black, white below. Scapulars whitish-tipped. Underwing-coverts white. **Habitat:** Pelagic waters and exposed coasts.
Range: Common resident on South Georgia Island and in adjacent waters. Very rare visitor in adjacent waters around the Falkland Islands. Recently collected from the Drake Passage.
Habits: Alone or in loose groups. Flight very fast and low over the water surface, characteristic of *Pelecanoides*. Good diver. Attracted by lights of ships and lighthouses. Nests colonially in burrows surrounded by vegetation, between November and March. Visits nesting grounds at night.

Identificación: Muy pequeño. Por encima completamente negro y por debajo blanco. Escapulares con puntas blanquecinas. Coberteras subalares blancas.
Hábitat: Pelágico y en costas expuestas.
Rango: Residente común en Isla Georgia del Sur y mar adyacente. Visitante muy raro en aguas adyacentes de Islas Malvinas. Especímen recientemente colectado en el Mar de Drake.
Hábitos: Solitario o en grupos dispersos. Vuelo muy veloz y rasante sobre la superficie, característico de *Pelecanoides*. Buen zambullidor. Es atraído por luces de barcos y faros. Nidifica colonialmente en cuevas, entre la vegetación, entre noviembre y marzo. Arriba a sus nidos durante la noche.

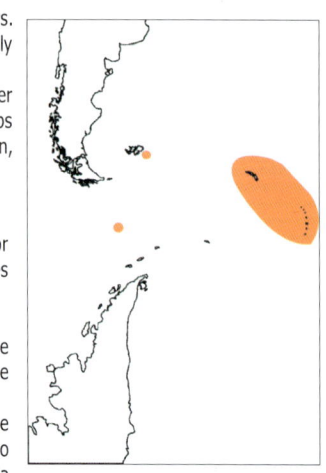

L. 22cm (9") **W.** 36cm (14")

Common Diving-Petrel
Pelecanoides urinatrix PELECANOIDIDAE

C. Yunco Subantártico
A. Yunco común

1316

1:1

Identification: Smallish. Upperparts completely black, white below. Underwing-coverts grey.

Habitat: Pelagic, favours waters of the continental shelf and exposed coasts. Also near straits and channel entrances.

Range: *P. u. copperingeri* is a common resident of Chile from Chacao Channel (Chiloé) south to Diego Ramírez Islands (Magallanes), where it nests. Regular visitor in offshore waters of Argentina. Vagrant in Andean lakes: Nahuel Huapi (Río Negro) and Puelo (Chubut). *P. u. berard* is a breeding resident in the Falkland Islands and surrounding offshore waters. *P. u. exsul* is a breeding resident of South Georgia Island.

Habits: Alone or in loose groups. Seen resting on the water surface or flying very rapidly and low over the water. Good diver. Swims under the water surface, propelled by its wings. Attracted by lights of ships and lighthouses. Nests colonially in burrows, surrounded by vegetation. Visits nesting grounds at night.

Identificación: Muy pequeño. Por encima completamente negro y por debajo blanco. Coberteras subalares grises.

Hábitat: Pelágico, aunque especialmente en aguas sobre la plataforma continental y en costas expuestas. También cerca de bocas de estrechos y canales.

Rango: *P. u. copperingeri* es un residente común en Chile desde el Canal de Chacao (Chiloé) hasta Islas Diego Ramírez (Magallanes), donde nidifica. Visitante regular en aguas exteriores argentinas. Errante en lagos andinos: Nahuel Huapi (Río Negro) y Puelo (Chubut). *P. u. berard* es un residente que anida en Islas Malvinas y habita el mar circundante, en tanto que *P. u. exsul* nidifica en Isla Georgia del Sur.

Hábitos: Solitario o en grupos dispersos. Observado descansando sobre la superficie o volando muy veloz y rasante. Buen zambullidor. Nada bajo la superficie, propulsado por sus alas. Es atraído por luces de barcos y faros. Nidifica colonialmente en cuevas, entre la vegetación, arribando a sus nidos durante la noche.

L. 22cm (9") W. 36cm (14")

Peruvian Pelican

Pelecanus thagus

PELECANIDAE

C. Pelícano
A. Pelícano Pardo

1324

Identification: Unmistakable. Long yellow bill with red sides and tip. Extendable pouch of bill black with bluish streaks. Legs slaty. Reddish orbital ring. Iris pale yellow. Head and lateral line of neck whitish-yellow. Rest of neck dark brown. Upperparts and scapulars white to pearl grey with brown-tipped feathers. In flight, upperwing dark with a rectangular pale area on wing-coverts. Underparts blackish-brown with white streaking. Juvenile and immature generally greyish-brown with white belly. Bill green at base and tip, sides orange.

Habitat: Exposed seacoasts.

Range: Regular non-breeding visitor along the Pacific coast, from Maule south to Isla Grande de Chiloé. Occasionally on Andean lakes of southern Chile and Argentina (Puelo Lake). Accidental to Fuegian archipelagic zone: one record to Picton Island, in the Beagle Channel.
This species, endemic to the Humboldt Current, nests along the central and northern coast of Chile and Peru. Ranges northwards to the coasts of Ecuador.

Habits: Highly gregarious. Often seen in large flocks flying low, close to the water surface or resting on the rocky shores. Frequents ports and fishing villages. Quite pelagic. Follows fishing vessels. Feeds by plunge-diving, then emerges and swallows prey immediately. Often seen associating with penguins, cormorants, petrels and albatrosses around shoals of fish. Rather confiding.

Identificación: Inconfundible. Pico largo amarillo con lados y punta roja. Bolsa gular negra con rayas azuladas, muy distensible. Patas apizarradas. Anillo orbital rojizo. Iris amarillo pálido. Cabeza y línea lateral en el cuello amarillo blanquecino. Resto del cuello café oscuro. Partes superiores y escapulares blancas a gris perla con plumas de punta café. En vuelo, la superficie dorsal alar es oscura y muestra un área rectangular pálida en las coberteras. Partes inferiores café negruzco con estriado blanco. Juvenil e inmaduro de coloración general café grisáceo y abdomen blanco. Pico verde en la base y punta, lados anaranjados.

Hábitat: Costas marinas expuestas.

Rango: Visitante regular no-reproductivo en la costa del Pacífico desde Maule hasta la Isla Grande de Chiloé y Canal Moraleda. Ocasionalmente en lagos andinos del sur de Chile y Argentina (Lago Puelo). Accidental en islas del archipiélago fueguino: un registro para Isla Picton, en el Canal Beagle.
Esta especie es endémica de la Corriente de Humboldt; nidifica en la costa central y norte de Chile y Perú. Se distribuye por el norte hasta la costas de Ecuador.

Hábitos: Muy gregario. Frecuente de observar en grandes grupos volando a baja altura o descansando en la costa rocosa. Frecuenta puertos y caletas de pescadores. Bastante pelágico. Sigue barcos pesqueros. Se alimenta mediante zambullidas, para luego emerger y tragar la presa inmediatamente. En presencia de cardúmenes, se observa asociado a pingüinos, cormoranes, petreles y albatros. Ocasionalmente en lagos interiores, asociado a cultivos de peces. Muy confiado.

1325

1326

1327

1328

1329

L. 152cm (60") W. 228cm (90")

1330

Peruvian Booby

Sula variegata SULIDAE

C. Piquero Común
A. Piquero Variado

1331

Identification: Bill and legs bluish-grey. Head, neck and underparts white. Mantle, back and wing-coverts brown with prominent white scaling. Underwing dark brown with white central stripe. **Juveniles:** Similar to adult, but the white parts are replaced by light brown. Keep the white scaling on upperparts.
Habitat: Coastal in cold waters of the Humboldt Current. Occasionally entering estuaries.
Range: Coastal resident from Maule south to Isla Grande de Chiloé, being more common in the coasts of central-northern Chile. Also ranges along the Peruvian coast.
Habits: Highly gregarious. Sometimes in huge flocks of up to several thousand of individuals, pursuing shoals of fish. Rises in ascending arcs in order to locate prey from height, momentarily hovers before vertically plunge-diving to catch prey. Breeds on coasts and islets. Roosts on rocks or coastal cliffs, opening its wings in order to dry its plumage. Associates with other seabirds.

Identificación: Pico y patas gris azulado. Cabeza, cuello y partes inferiores blancas. Manto, espalda y coberteras café con notorio escamado blanco. Superficie inferior alar café oscura con banda central blanca. Cola negra, muy cuneada.
Juveniles: Igual al adulto, pero las partes blancas son café claro. Conserva el escamado blanco de las partes superiores.
Hábitat: Costero, en las aguas frías de la Corriente de Humboldt. Ocasionalmente en estuarios.
Rango: Visitante regular no-reproductivo desde las costas de Maule hasta la Isla Grande de Chiloé, siendo más común en las costas del centro-norte de Chile. También habita la costa peruana.
Hábitos: Muy gregario. Algunas veces en enormes bandadas de varios miles de individuos, persiguiendo los cardúmenes. Realiza giros ascendentes para localizar los peces desde la altura, se suspende aleteando para luego arrojarse en una picada vertical. Nidifica en costas e islotes. Descansa sobre rocas y acantilados, secándose con sus alas extendidas. Se asocia con otras aves marinas.

1332

1333

1334

1335

1336

1337

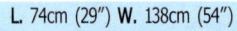

L. 74cm (29″) W. 138cm (54″)

Neotropic Cormorant

Phalacrocorax brasilianus   PHALACROCORACIDAE

C. Yeco
A. Biguá

1338

Identification: Black. Slim. During the breeding season shows a white border around the base of the bill and some white feathers scattered on head and throat. Yellowish base of bill. **Immature** blackish-brown.
Habitat: Seacoasts, rivers and inland waters, including Andean lakes. Generally, around freshwater bodies with an abundance of fish.
Range: *P. b. brasilianus* is a common resident of the entire Patagonian region, from southern Maule, in Chile and Neuquén, Río Negro and south-western Buenos Aires, in Argentina, south to the Straits of Magellan. *P. b. hornensis* is a resident in the Beagle Channel area, Staten Island and Wollaston Archipelago (Cape Horn).
This species is widely distributed in South America, Central America and extreme south of the United States.
Habits: Flight in tight "V" formation, often at considerable height. Alone or in small groups. Rests on rocks and branches, holding wings open to dry its plumage. Nests in trees, occasionally on flat areas of islands. Very noisy at breeding colonies.

Identificación: Negro. Estilizado. Durante el período reproductivo presenta borde blanco en la comisura del pico y algunas plumas blancas dispersas en cabeza y cuello. Base de la mandíbula amarillenta. **Inmaduros** café negruzco.
Hábitat: Costas marinas, ríos y aguas interiores, incluyendo lagos andinos. En general, cuerpos de agua con abundancia de peces.
Rango: *P. b. brasilianus* es un residente común de toda la región patagónica, desde el sur del Maule, en Chile y Neuquén, Río Negro y sur-oeste de Buenos Aires, en Argentina, hasta el Estrecho de Magallanes. *P. b. hornensis* es un residente en el área del Canal Beagle, Isla de los Estados y Archipiélago de las Wollaston (Cabo de Hornos).
Esta especie tiene una amplia distribución en Sudamérica, América Central y extremo sur de Estados Unidos.
Hábitos: Vuela en formación en "V", algo cerrada y a considerable altura. Solitario o en pequeños grupos. Descansa sobre rocas y ramas, extendiendo sus alas para secar su plumaje. Nidifica en árboles, ocasionalmente en planicies de islas. Muy bullicioso en las colonias reproductivas.

1339

1340

1341

1342

1343

1344

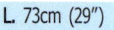

L. 73cm (29")

1345

Rock Shag

Phalacrocorax magellanicus PHALACROCORACIDAE

1346

Identification: Black. Breast, belly and flanks white. In **breeding plumage** has crest and irregular patch white on ear-coverts and chin. Bare facial skin orange to red. **Juveniles** completely black. **Immatures** with slightly paler belly.
Habitat: Rocky seacoasts. Nests on coastal cliffs.
Range: ENDEMIC to Patagonia. Resident from Corral (Los Lagos), in Chile and from Chubut (Isla de los Pájaros, Valdes Peninsula) in Argentina south to Staten and Diego Ramírez Islands, being commoner in the southern part of its range. Abundant resident on the Falkland Islands. During the fall occasionally reaches the coasts of Valparaíso, along the Pacific coasts.
Habits: Flies in line formations, low above the water surface and with rapid wing-beats. Generally in groups, associating with other cormorants. Feeds on kelp beds, making continuous shallow dives. Rests on rocks, piers and ships. Wary.

Identificación: Negro. Pecho, abdomen y flancos blancos. En **plumaje reproductivo** presenta penacho y parche irregular blanco en auriculares y barbilla. Zona desnuda de la cara de naranja a rojo. **Juveniles** completamente negros. **Inmaduros** con abdomen levemente más claro.
Hábitat: Litoral rocoso. Nidifica en acantilados.
Rango: ENDEMICO de Patagonia. Residente desde Corral (Los Lagos), en Chile y desde Chubut (Isla de los Pájaros, Península Valdés) en Argentina hasta Islas de los Estados y Diego Ramírez, siendo más común en la zona austral de su rango. Residente abundante en Islas Malvinas. Durante el otoño alcanza ocasionalmente hasta las costas de Valparaíso, por el Pacífico.
Hábitos: Vuela en formación en línea, a baja altura y aleteando rápido. Generalmente en grupos o asociado con otros cormoranes. Se alimenta entre los cinturones de algas, realizando continuos buceos. Descansa sobre rocas, muelles y barcos. Desconfiado.

1347

1348

I

1349

1350

J

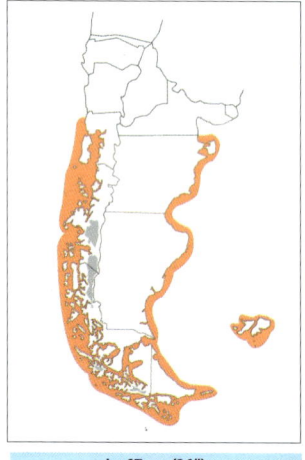

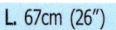

L. 67cm (26")

1351

I

Guanay Shag

Phalacrocorax bougainvillii PHALACROCORACIDAE

C. & A. Guanay

1352

Identification: Slim. Bare red skin around the eye. In **breeding plumage** has crest. Upperparts black. Throat, lower neck and rest of underparts white.

Habitat: Rocky littoral and islands. Occasionally in estuaries.

Range: Common resident along the coast from Maule south to Mocha Island (Bío-Bío). Occasionally southwards to Corral (Los Lagos), especially in El Niño years. There is a very small and decreasing disjunct population on the Atlantic coast, restricted to the coasts of Chubut: currently there are only about five individuals at Punta Lobería. Range reaches the extreme north of Chile and the Peruvian littoral.

Habits: Flight in long lines and "V" formations, in huge flocks of up to several thousand individuals. Associates with other seabirds in the presence of fish shoals. Rests on rocks and nests colonially on the flatlands of islands with other seabirds typical of the Humboldt Current.

Identificación: Estilizado. Zona roja desnuda alrededor del ojo. En **plumaje nupcial** presenta cresta. Por encima negro. Garganta, parte baja del cuello y resto de las partes inferiores blancas.

Hábitat: Litoral rocoso e islotes. Ocasionalmente en estuarios.

Rango: Residente común desde la costa de Maule hasta Isla Mocha (Bío-Bío). Ocasionalmente más al sur hasta Corral (Los Lagos), especialmente en años con ocurrencia del Fenómeno del Niño. Existe una muy pequeña población disjunta en el Atlántico, restringida a las costas de Chubut: Hoy en día existen apenas unos cinco individuos en Punta Lobería. Su distribución alcanza hasta el extremo norte de Chile y el litoral peruano.

Hábitos: Vuela en largas hileras y en formaciones en "V", en enormes bandadas que llegan a los varios miles de individuos. Se asocia con otras aves marinas ante la presencia de cardúmenes. Descansa sobre rocas y nidifica colonialmente en planicies de islas e islotes, también con otras especies de aves típicas de la Corriente de Humboldt.

1353

1354

1355

1356

1357

1358

1359

L. 72cm (28″)

South Georgia Shag

Phalacrocorax georgianus   PHALACROCORACIDAE   **A.** Cormorán Geórgico

1360

Identification: Black of face extending backwards from base of the bill, below the eye, forming an arc toward the crown. During the breeding season has crest and yellow nasal caruncles. Upperparts black with metallic sheen. In **breeding plumage** has conspicuous white patch at centre of back. Underparts completely white.
Habitat: Seacoasts free of pack-ice.
Range: ENDEMIC to islands of the Scotia Arc. Breeding resident of South Georgia, South Orkney and South Sandwich Islands.
Habits: Alone or in small groups. Rests on rocks or ice-floes. Nests on gentle slopes covered with tussock grass (*Poa*).

dentificación: El negro de la cara sale desde la comisura del pico por detrás del ojo formando un arco hacia la corona. Durante el período reproductivo tiene penacho y sus carúnculas nasales son amarillas. Partes superiores negras con brillo metálico. En **plumaje nupcial** tiene un notorio parche blanco en el centro de la espalda. Por debajo completamente blanco.
Hábitat: Litoral marino libre de hielo.
Rango: ENDEMICO en islas del Arco de Escocia. Residente que nidifica en Isla Georgia del Sur e Islas Orcadas y Sandwich del Sur.
Hábitos: Solitario o en pequeños grupos. Descansa sobre rocas y témpanos. Nidifica en pendientes suaves cubiertas de pastos (*Poa*).

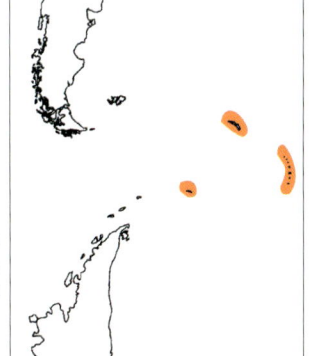

L. 78cm (31″)

413

Antarctic Shag

Phalacrocorax bransfieldensis PHALACROCORACIDAE **C. & A.** Cormorán Antártico

1361

Identification: Black of face extends backwards from base of the bill, below the eye forming an arc toward the crown. During the **breeding season** has crest and yellow nasal caruncle. Upperparts black with metallic sheen. In breeding plumage has a prominent white patch in the centre of back. Completely white below.
Habitat: Ice-free seacoasts.
Range: ENDEMIC to Antarctic Peninsula and adjacent islands. Breeding resident of the Antarctic Peninsula, South Shetland and Elephant Islands.
Habits: Alone or in small groups. Rests on rocks and ice floes. Nests in small colonies on coastal flats and cliffs; also in mixed colonies with penguins. During the winter forms flocks, moving towards feeding areas free of pack-ice.

Identificación: El negro de la cara sale desde la comisura del pico por detrás del ojo formando un arco hacia la corona. Durante el **período reproductivo** tiene penacho y sus carúnculas nasales son amarillas. Partes superiores negras con brillo metálico. En plumaje nupcial tiene un notorio parche blanco en el centro de la espalda. Por debajo completamente blanco.
Hábitat: Litoral marino libre de hielo.
Rango: ENDEMICO de Península Antártica e islas adyacentes. Residente que nidifica en la Península Antártica, Islas Shetland del Sur y Elefante.
Hábitos: Solitario o en pequeños grupos. Descansa sobre rocas y témpanos. Nidifica en pequeñas colonias en planicies costeras y acantilados; también en colonias mixtas con pingüinos. Durante el invierno se agrupa en bandadas, que se desplazan hacia zonas libres de hielo, para alimentarse.

1362

1363

1364

1365

1366

1367

1368

L. 78cm (31")

Imperial Shag

Phalacrocorax [atriceps] atriceps PHALACROCORACIDAE **C. & A.** Cormorán Imperial

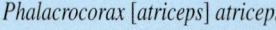

1369

Identification: Black of face extends backwards from base of the bill, below the eye forming an arc toward the crown. During the **breeding season** has crest and yellow nasal caruncles. Upperparts black with metallic sheen. In breeding plumage has a conspicuous white patch on centre of back. Underparts completely white.
Habitat: Seacoasts, especially in fjords and channels. Also on coastal lakes in the southern region.
Range: ENDEMIC RESIDENT to Patagonia. Resident from Santa María Island (Bío-Bío) south to Diego Ramírez Islands (Magallanes), being commoner in the southern part of its range. Ranges mainly in waters influenced by the Pacific Ocean, although it is also found on the Atlantic coast from Santa Cruz north to Chubut; also on the eastern coast of Tierra del Fuego. There are inland breeding colonies at Nahuel Huapi Lake (Río Negro) and Vintter Lake (Chubut), in the eastern slope of the Andes Range.
Habits: Flight usually in line formation, low over the water surface and with rapid wing-beats. In small groups, often associating with other cormorants. Rests on rocks and nests on coastal flats of islands, cliffs and abandoned piers. Forms mixed colonies with King Shag.

Identificación: El negro de la cara sale desde la comisura del pico por detrás del ojo formando un arco hacia la corona. Durante el **período reproductivo** tiene penacho y sus carúnculas nasales son amarillas. Partes superiores negras con brillo metálico. En plumaje nupcial tiene un notorio parche blanco en el centro de la espalda. Por debajo completamente blanco.
Hábitat: Litoral marino, especialmente en fiordos y canales. También en lagos costeros de la zona austral.
Rango: ENDEMICO de Patagonia. Residente desde Isla Santa María (Bío-Bío) hasta Islas Diego Ramírez (Magallanes), siendo más común en la zona austral de su rango. Se distribuye preferentemente en aguas con influencia del Pacífico, aunque también habita la costa atlántica desde Santa Cruz a Chubut; también en la costa oriental de Tierra del Fuego. Existen colonias de nidificación en aguas interiores: en el Lago Nahuel Huapi (Río Negro) y Lago Vintter (Chubut) en la vertiente oriental de la Cordillera de los Andes.
Hábitos: Vuela en formación en línea, a baja altura y aleteando rápido. En pequeños grupos y asociado con otros cormoranes. Descansa sobre rocas y nidifica en planicies costeras de islas, acantilados y muelles abandonados. Forma colonias mixtas localmente con C. real.

1370

1371

1372

1374

1373

1375

1376

L. 75cm (30″)

King Shag

Phalacrocorax [atriceps] albiventer PHALACROCORACIDAE

C. Cormorán Real
A. Cormorán Imperial

1377

Identification: Black of face extending from the base of bill straight below the eye towards the sides of neck. During the breeding period has a crest and yellow nasal caruncles. Upperparts black with metallic sheen. Underparts completely white.

Habitat: Exposed seacoasts. Also in fjords, channels and coastal lakes in the southern region.

Range: ENDEMIC to Patagonia and the Falkland Islands. Common partly migratory resident from the Straits of Magellan south to the Wollaston Archipelago (Cape Horn). Occasional in the Patagonian channels (Ultima Esperanza Inlet). Ranges mainly in waters influenced by the South Atlantic Ocean. On the Argentina Patagonian coast, with breeding colonies from Punta León southwards. Also on the Falkland Islands. During winter, along the coast north to Buenos Aires.

Habits: Flies in groups, low above the water surface with rapid wing-beats. Also associated with other cormorants. Rests on top of rocks, trees and ice floes. Nests on coastal flats of islands, cliffs and abandoned piers. Forms mixed colonies with other seabirds and locally with other cormorants.

Identificación: El negro de la cara sale desde la comisura del pico, recto por debajo del ojo hacia el cuello. Durante el período nupcial tiene penacho y sus carúnculas nasales son amarillas. Partes superiores negras con brillo metálico. Por debajo completamente blanco.

Hábitat: Litoral marino expuesto. También en fiordos, canales y lagos costeros de la zona austral.

Rango: ENDEMICO de Patagonia e Islas Malvinas. Residente parcialmente migratorio común desde el Estrecho de Magallanes hasta el Archipiélago de las Wollaston (Cabo de Hornos). Ocasional en los canales patagónicos (Seno Ultima Esperanza). Se distribuye preferentemente en aguas con influencia del Atlántico. En la costa patagónica argentina, con colonias desde Punta León hacia el sur. También en Islas Malvinas. Durante el invierno, alcanza hasta la costa de Buenos Aires.

Hábitos: Vuela en grupos, a baja altura con aleteos rápidos. También asociado con otros cormoranes. Descansa sobre rocas, árboles y témpanos. Nidifica en planicies costeras de islas, acantilados y muelles abandonados. Forma colonias mixtas con otras aves marinas y localmente con otros cormoranes.

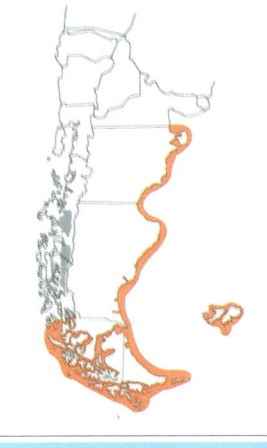

L. 75cm (30")

Red-legged Shag

Phalacrocorax gaimardi   PHALACROCORACIDAE

C. Lile
A. Cormorán Gris

Identification: Unmistakable. Slim. Grey. Longish white patch on sides of neck. Orange bare skin around the face. Bill yellow with red base. Legs red.

Habitat: Rocky littoral and islands. Occasionally in straits and channels.

Range: Common resident along the coasts from Maule south to Corral (Los Lagos). Scarcer southwards to Taitao Peninsula (Aisén) and accidental visitor to the Patagonian archipelago. There is a small disjunct population on the Atlantic, restricted to the coasts of Santa Cruz: about 13 breeding colonies from 47º05'S to 50º23'S. Rare northwards to Valdes Peninsula (Chubut) and south to the eastern entrance of the Straits of Magellan. Accidental visitor to the Falkland Islands. Pacific range reaches the extreme north of Chile and Peruvian littoral.

Habits: Alone or in small groups. Rests on rocky outcrops and floating structures together with other seabirds. Nests in small loose colonies on coastal cliffs. Shy.

Conservation: Classified as Near Threatened. It has an estimated population between 10,000 and 25,000 individuals.

Identificación: Inconfundible. Estilizado. Gris. Mancha blanca alargada a los lados del cuello. Zona anaranjada desnuda en la cara. Pico amarillo con base roja. Patas rojas.

Hábitat: Litoral rocoso e islotes. Ocasionalmente en estuarios.

Rango: Residente común desde las costas de Maule hasta Corral (Los Lagos). Menos común hasta la Península de Taitao (Aisén) y accidental en el archipiélago patagónico. Existe una pequeña población disjunta en el Atlántico, restringida a las costas de Santa Cruz: unas 13 colonias reproductivas desde los 47º05'S y 50º23'S. Raro por el norte hasta Península Valdés (Chubut) y por el sur hasta la boca oriental del Estrecho de Magallanes. Accidental en Islas Malvinas. Su distribución alcanza por el Pacífico, hasta el extremo norte de Chile y el litoral peruano.

Hábitos: Solitario o en pequeños grupos. Descansa sobre roqueríos y estructuras flotantes junto a otras aves marinas. Nidifica en pequeñas colonias dispersas en acantilados costeros. Tímido.

Conservación: Considerado como una especie casi-amenazada. Tiene una población estimada entre 10.000 y 25.000 individuos.

1386

1387

1388

1389

1390

1391

1392

L. 60cm (24″)

I

Cocoi Heron

Ardea cocoi

ARDEIDAE

C. Garza Cuca
A. Garza Mora

1393

Identification: Largest heron of the region. Bill long, yellow with black base. Greenish bare facial skin. Iris yellow. Legs yellowish. Crown and nape black. Black streaking on breast, sides and flanks. Upperparts bluish-grey. Flight-feathers black. Underparts white with black central stripe on breast and belly. Tail black. **Immature:** Neck and underparts grey with buffish streaking.

Habitat: Swamps, damp and irrigated fields, freshwater and brackish shallow lakes and lagoons and rivers.

Range: Scarce to locally common resident in lowland wetlands from southern Maule south to Isla Grande de Chiloé, in Chile and Neuquén, Río Negro and southwestern Buenos Aires, in Argentina. A more occasional visitor southwards to Chubut and Santa Cruz, in Argentina, and eastern Aysén and central-eastern Magallanes. Accidental visitor to the Falkland Islands.
This species ranges to northern Chile to Antofagasta and throughout Argentina towards the rest of South America north to Panama.

Habits: Alone. Seen in an stood motionless at the edge of rivers, concentrating on its prey when hunting. Flight slow, sustained and elegant. Wary, except at breeding colonies.

Identificación: La más grande de las garzas de la región. Pico largo, amarillo y de base negra. Piel desnuda de la cara verdosa. Iris amarillo. Patas amarillentas. Corona y nuca negra. Estriado negro en cuello, lados y flancos. Partes superiores gris azulado. Rémiges negras. Partes inferiores blancas con banda negra central en pecho y abdomen. Cola negra. **Inmaduro:** Cuello y partes inferiores grises con estriado café amarillento.

Hábitat: Areas pantanosas e irrigadas, lagos y lagunas poco profundas de agua dulce y salobre, ríos y vegas.

Rango: Residente escaso a localmente común de ambientes húmedos bajos desde el sur del Maule hasta la Isla Grande de Chiloé, en Chile y Neuquén, Río Negro y sur-oeste de Buenos Aires, en Argentina. Es un visitante estival más ocasional por el sur hasta Chubut y Santa Cruz, en Argentina, y este de Aysén y centro-este de Magallanes. Visitante accidental en Islas Malvinas. Esta especie se distribuye por el norte de Chile hasta Antofagasta y por toda Argentina hacia el resto de Sudamérica hasta Panamá.

Hábitos: Solitaria. Se observa posada en el suelo, a orillas de ríos y lagunas, inmóvil y concentrada mientras caza. Vuelo lento, sostenido y elegante. Tímida, excepto en sus colonias reproductivas.

L. 120cm (47")

Great Egret

Ardea alba

ARDEIDAE

C. Garza Grande
A. Garza Blanca

1401

Identification: Large, slim-bodied heron with long snake-like neck. Completely white. Bill yellow. Long black legs. In breeding plumage has long and prominent scapular plumes.

Habitat: Shallow lakes and lagoons, rivers, damp and swampy areas, estuaries and rocky coasts.

Range: Common resident in lowland wetlands from el sur del Maule south to Isla Grande de Chiloé, in Chile and Neuquén, Río Negro and south-western Buenos Aires south to Chubut, in Argentina. Accidental visitor southwards to Magallanes, the Falkland Islands and South Georgia Island. This species ranges widely throughout South and Central America north to southern Canada. Also occurs in Eurasia, Australasia and Africa.

Habits: Alone, in pairs or small groups. Highly gregarious in breeding colonies. Rests on the ground or on bushes. Often seen in stood motionless, at the edge of rivers, concentrating on its prey. Hunts alone or in scattered groups. Silent and shy.

Identificación: Garza grande, de cuerpo delgado y cuello largo. Completamente blanca. Pico amarillo. Patas negras, largas. En plumaje reproductivo tiene largas y conspicuas plumas escapulares.

Hábitat: Lagos y lagunas poco profundas, ríos, vegas, áreas pantanosas, estuarios y costas marinas rocosas.

Rango: Residente común en ambientes húmedos bajos desde el sur del Maule hasta la Isla Grande de Chiloé, en Chile y Neuquén, Río Negro y sur-oeste de Buenos Aires hasta Chubut, en Argentina. Visitante accidental por el sur hasta Magallanes, y en Islas Malvinas e Isla Georgia del Sur. Esta especie se distribuye ampliamente por Sudamérica y Centroamérica hasta el sur de Canadá. También se encuentra en Eurasia, Australasia y Africa.

Hábitos: Solitaria, en parejas o en pequeños grupos. Muy gregaria en colonias reproductivas. Descansa en el suelo o sobre arbustos. Se observa posada a orillas de ríos, inmóvil y muy concentrada mientras caza. Se alimenta solitaria o en grupos dispersos. Silenciosa y tímida.

L. 91cm (36")

1403

Identification: Smallish egret, completely white. Bill black. Yellow bare facial skin. Legs black, feet and rear of the tarsus, yellow. During the breeding season has long plumes on head, breast and mantle.

Habitat: Shallow lakes and lagoons, rivers, damp areas and rocky coasts.

Range: *E. t. brewsteri* is a common resident in lowland wetlands from southern Maule south to Isla Grande de Chiloé, in Chile and Neuquén, Río Negro and south-western Buenos Aires, in Argentina. A common summer visitor to Chubut. Accidental visitor to Magallanes, Falkland Islands and South Georgia Island.

This species ranges widely throughout South and Central America north to the United States.

Habits: Alone, in pairs or small groups. Highly gregarious at breeding colonies. Roosts on the ground or on bushes. Shy.

Identificación: Garza pequeña completamente blanca. Pico negro. Piel desnuda de la cara de color amarillo. Patas negras, dedos y parte posterior del tarso amarillos. Durante el período reproductivo tiene largas plumas en la cabeza, pecho y manto.

Hábitat: Lagos y lagunas poco profundas, ríos, vegas, áreas pantanosas y costas marinas rocosas.

Rango: *E. t. brewsteri* es un residente común en ambientes húmedos bajos desde el sur del Maule hasta la Isla Grande de Chiloé, en Chile y Neuquén, Río Negro y sur-oeste de Buenos Aires, en Argentina. Es un visitante estival común en Chubut. Visitante accidental en Magallanes, Islas Malvinas e Isla Georgia del Sur.

Esta especie se distribuye ampliamente por Sudamérica y Centroamérica hasta Estados Unidos.

Hábitos: Solitario, en parejas o en pequeños grupos. Muy gregaria en colonias reproductivas. Descansa en el suelo o sobre arbustos. Tímida.

1409

1410

1411

1412

1413

1414

1415

L. 58cm (23″)

Cattle Egret

Bubulcus ibis

ARDEIDAE

C. Garza Boyera
A. Garcita Bueyera

1516

Identification: Smallish short-necked, robust-bodied egret. Bill pinkish with yellow tip. Yellow bare facial skin. Iris yellow. Legs blackish to orange-yellow. General colouration white. During the breeding season acquires orange-brown feathers on crown, nape, throat, breast and back.

Habitat: Humid prairies, cultivated fields, grasslands and pastures with cattle and near inland freshwater bodies. Also in cities and parks.

Range: *B. i. ibis* is a common resident in lowlands from southern Maule south to Los Lagos, in Chile and Neuquén, Río Negro and south-western Buenos Aires, in Argentina. A winter visitor southwards to the southern part of Isla Grande de Tierra del Fuego and southern islands of the Beagle Channel. Also a regular winter visitor to the Falkland Islands and South Georgia Island, and even reaching South Orkney, South Sandwich and South Georgia Islands. The southernmost record is from the Antarctic Peninsula at 65°S. Recent arrival in the Patagonian region; the first records from Tierra del Fuego occurred during the fall of 1975. This is species was originally from Africa and arrived to Central America during late XIX century. Widely distributed species worldwide.

Habits: Alone, in pairs or small groups. Feeds around herds of cattle or wild animals. Silent. Erratic migratory movements. Most of the individuals reaching southern territories die during winter due to the harsh weather and lack of food. Confiding.

Identificación: Garza pequeña, de cuello corto y grueso y cuerpo robusto. Pico rosado con punta amarilla. Piel desnuda de la cara amarillo. Iris amarillo. Patas negruzcas a amarillo anaranjado. Coloración general blanca. Durante el período reproductivo presenta plumas café anaranjado en corona, nuca, garganta, pecho y espalda.

Hábitat: Praderas húmedas, áreas cultivadas, pastizales con ganado ovino y cercanías de cuerpos de agua dulce del interior. También en ciudades y parques.

Rango: *B. i. ibis* es un residente común en sectores bajos desde el sur del Maule hasta Los Lagos, en Chile y Neuquén, Río Negro y sur-oeste de Buenos Aires, en Argentina. Es un visitante invernal hacia el sur hasta la Isla Grande de Tierra del Fuego e islas australes del Canal Beagle. También es un visitante regular invernal en Islas Malvinas y Georgia del Sur, más ocasionalmente alcanzando las Islas Orcadas, Sandwich y Shetland del Sur. El registro más meridional corresponde a la Península Antártica a 65°S. De reciente arribo a la región, los primeros registros en Tierra del Fuego fueron en el otoño de 1975. Esta especie es originaria de Africa y arribó a Centroamérica a fines del siglo XIX. De amplia distribución mundial.

Hábitos: Solitario, en parejas o en pequeños grupos. Suele alimentarse en las cercanías de rebaños de animales domésticos o silvestres. Silenciosa. De movimientos migratorios algo errática. La mayor parte de los ejemplares que alcanzan los territorios más australes mueren durante el invierno debido al clima frío y la falta de alimento. Confiada.

Black-crowned Night-Heron

Nycticorax nycticorax   ARDEIDAE

C. Huairavo

A. Garza Bruja

1425

A

J

N. n. falklandicus

Identification: Medium-sized, robust heron with short neck. Bill long and broad, black with yellow base. Relatively short yellow legs. Iris red. Cap, nape and upperparts black with metallic bluish sheen. 2 to 3 long white plumes on hind-neck. Wings and flanks greyish-brown with bluish tinge. Forehead, face and neck white. Rest of underparts whitish to grey. Tail slaty-grey.

Immature: Yellowish bill, olive-yellow legs and orange iris. Completely greyish-brown streaked with yellowish and white on upperparts and wings. Underparts buffish streaked with brown.

Habitat: Any kind of inland wetlands including rivers, streams, beaver dams, lagoons and lakes. Also on the coast, including rocky and sandy shores, islands and fjords. From the coast to pre-Andean habitats.

Range: *N. n. obscurus* is a common resident along both slopes of the Andes, from southern Maule, in Chile and Neuquén and southern Río Negro, in Argentina south to the southern part of Isla Grande de Tierra del Fuego, southern islands of the Beagle Channel, including the Wollaston Archipelago (Cape Horn) and Diego Ramírez and Staten Islands. *N. n. hoactli* is a common resident in Río Negro. *N. n. falklandicus* is a common and widely distributed resident in the Falkland Islands. Widely distributed species throught the rest of America, Eurasia and Africa.

Habits: Alone, in pairs or small family parties. Gregarious at roosting sites. Loafs and nests in the canopy. Flight slow and ponderous, giving a loud and guttural, bark-like "*kwok*". Crepuscular and nocturnal, although sometimes active at day. Searches for prey whilst perched motionless on a branch, shoreline or on rocks. Rather wary.

Identificación: Garza mediana, robusta y de cuello corto. Pico largo y grueso, negro con amarillo en la base. Patas amarillas, relativamente cortas. Iris rojo. Boina, nuca y partes superiores negras con brillo metálico azulado. 2 o 3 diagnósticas y largas plumas blancas que nacen en la nuca. Alas y flancos café grisáceo con tinte azulado. Frente, cara, cuello y parte superior del pecho blanco. Resto de las partes inferiores blanquecino a gris. Cola gris apizarrada.

Inmaduro: Pico amarillento, patas amarillo oliváceo e iris naranja. Es totalmente café grisáceo jaspeado de amarillento y blanco en partes superiores y alas. Partes inferiores café amarillento con estriado café.

Hábitat: Todo tipo de cuerpos de agua interiores incluyendo ríos, riachuelos, diques de castores, lagunas y lagos. También en la costa marina incluyendo playas pedregosas y arenosas, islotes y fiordos. Desde la costa a la pre-cordillera.

Rango: *N. n. obscurus* es un residente común en ambas vertientes de los Andes, desde el sur del Maule, en Chile y Neuquén y sur de Río Negro, en Argentina hasta el sur de Isla Grande de Tierra del Fuego, islas australes del Canal Beagle, incluyendo el Archipiélago de las Wollaston (Cabo de Hornos) e Islas Diego Ramírez y de los Estados. *N. n. hoactli* es un residente común en Río Negro. *N. n. falklandicus* es un residente común y de amplia distribución en Islas Malvinas.

Esta especie se distribuye ampliamente por el resto de América, Eurasia y Africa.

Hábitos: Solitario, en parejas o en pequeños grupos familiares. Gregario en dormideros. Descansa y nidifica entre el follaje de árboles. Vuelo lento y pausado, emitiendo un fuerte y gutural "*kwok*", similar a un ladrido. Crepuscular y nocturno, aunque algunas veces activo durante el día. Acecha inmóvil desde alguna rama, en la orilla o desde rocas. Algo tímido.

1426
J
N. n. obscurus

1427
N. n. obscurus

1428
N. n. obscurus

1429
N. n. obscurus

1430
N. n. hoactli

1431
N. n. hoactli

1432
N. n. hoactli

L. 57cm (22")

Stripe-backed Bittern

Ixobrychus involucris   ARDEIDAE

C. Huairavillo

A. Mirasol Común

1433

Identification: Smallish bittern of very cryptic colouration. Bill yellow-green. Legs pale green. Broad black stripe passing through the crown. Upperparts densely and broadly striped with black, ochre and buffish. Bend of the wing reddish-chestnut. Shoulders and wing-coverts pale buffish. Flight-feathers with broad rufous tips. Throat white. Rest of underparts buffish streaked with brown and white.
Habitat: Lakes, lagoons and rivers fringed with abundant and dense emergent vegetation.
Range: Scarce to locally common resident in lowland wetlands from southern Maule south to Isla Grande de Chiloé, in Chile and Neuquén and Río Negro, in Argentina. This species ranges northwards from central Chile and Argentina, to Bolivia, south-eastern Brazil and Uruguay north to Colombia, southern Venezuela, Trinidad and Guianas.
Habits: Alone, usually hidden in thick vegetation. Moves quietly between the reeds. When threatened, adopts a motionless posture with its neck and bill pointing upwards. Reluctant but strong flyer. Wary.

Identificación: Garza pequeña y de coloración muy críptica. Pico verde amarillo. Patas verde pálido. Amplia banda longitudinal negra en la corona. Partes superiores con densas y anchas franjas negras, ocres y café amarillento. Doblez del ala castaño rojizo. Hombros y coberteras alares café amarillento pálido. Rémiges negras con anchas puntas rufas. Garganta blanca. Resto de las partes inferiores café amarillento con estriado café y blanco.
Hábitat: Lagos, lagunas y ríos con abundante y densa vegetación emergente en sus orillas.
Rango: Residente escaso a localmente común en ambientes palustres bajos desde el sur del Maule hasta la Isla Grande de Chiloé, en Chile y en Neuquén y Río Negro, en Argentina. Esta especie se distribuye hacia el norte desde el centro de Chile y Argentina, hasta Bolivia, sur-este de Brasil y Uruguay hasta Colombia, sur de Venezuela, Trinidad y Guyana.
Hábitos: Solitario, a menudo escondido entre la vegetación. Se mueve silenciosamente entre los juncos. Ante alguna amenaza queda inmóvil y apunta su cuello y pico hacia el cielo. Buen volador, aunque sólo ocasionalmente. Tímido.

L. 33cm (13")

Black-faced Ibis

Theristicus melanopis   THRESKIORNITHIDAE

C. Bandurria
A. Bandurria Austral

1439

Identification: Unmistakable. Bill long and curved. Legs dark pinkish. Iris red. Black bare skin area around the eye, lores and throat. Crown chestnut. Upperparts greyish-brown. Wings light grey with primaries and secondaries black. Face, neck and breast ochre-coloured. Grey band across the upper breast. Underparts and tail black.
Habitat: Open areas, cultivated fields and damp terrain, associated with freshwater bodies. In pre-Andean hills, edges of forested zones near great lakes and on seacoasts.
Range: Locally scarce to very common partly migratory resident from southern Maule, in Chile and Neuquén and Río Negro, in Argentina to the southern part of Isla Grande de Tierra del Fuego, southern islands of the Beagle Channel (Navarino Island) and Staten Island. More numerous in the southern part of its range, being very local and scarce northwards. During the fall, part of the southernmost populations migrate to Argentina north to Buenos Aires. Accidental visitor to the Falkland Islands.
Ranges locally along the coast of Chile north to Antofagasta, in Argentina north to southern Mendoza and in some coastal localities of Peru.
Habits: Highly gregarious. Forms very large breeding colonies; sometimes nesting in mixed colonies with other aquatic birds and seabirds. Flies in groups at considerable height. Undertakes daily movement to and from roosting sites which are usually located in groups of tall trees and cliffs. Very noisy. Loud and strident metallic call. Terrestrial, probes for food in the ground with its long bill. Wary.

Identificación: Inconfundible. Pico largo y curvo. Patas rosado oscuro. Iris rojo. Zona desnuda alrededor del ojo, bridas y garganta negra. Corona castaña. Partes superiores café grisáceo. Alas gris claro con primarias y secundarias negras. Cara, cuello y pecho ocre. Banda transversal gris en la parte superior del pecho. Partes inferiores y cola negros.
Hábitat: Ambientes abiertos, campos cultivados y terrenos húmedos, asociados a cuerpos de agua. En zonas pre-cordilleranas, bordes de áreas boscosas en la cercanía de grandes lagos y en la costa marina.
Rango: Residente local escaso a muy común desde el sur del Maule, en Chile y Neuquén y Río Negro, en Argentina hasta el sur de Isla Grande de Tierra del Fuego, islas australes del Canal Beagle (Isla Navarino) e Isla de los Estados. Mucho más abundante en la porción meridional de su rango, siendo muy local y escaso hacia el norte. En otoño parte de las poblaciones australes migran por Argentina hasta Buenos Aires. Visitante accidental en Islas Malvinas.
Se extiende localmente por la costa de Chile hasta Antofagasta, en Argentina hasta el sur de Mendoza y en algunas localidades costeras de Perú.
Hábitos: Muy gregaria. Forma colonias de nidificación muy numerosas; algunas veces nidifica en forma mixta con aves acuáticas y marinas. Vuela en grupos a considerable altura. Se moviliza diariamente hacia sus dormideros localizados generalmente en grupos de árboles grandes y acantilados. Muy bulliciosa. Fuerte y estridente sonido metálico. Terrestre, escarba en el suelo con su largo pico en busca de alimento. Tímida.

1440

1441

1442

1443

1444

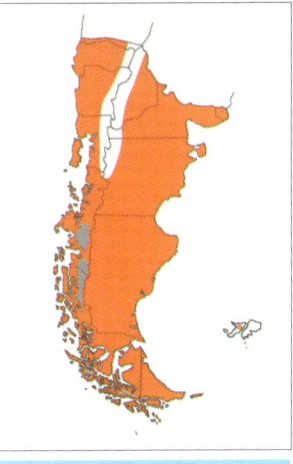

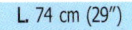

L. 74 cm (29″)

1445

White-faced Ibis

Plegadis chihi THRESKIORNITHIDAE

C. Cuervo del Pantano
A. Cuervillo de Cañada

1446

Identification: Unmistakable within its range. Bill long and curved. White edge around the base of the bill. Iris red. Generally dark chestnut with purplish and bronzy metallic sheen.

Habitat: Swamps, damp grasslands and inundated fields; riversides and sandbars.

Range: Scarce to locally frequent summer resident in lowland and coastal wetlands from southern Maule south to Llanquihue (Los Lagos), in Chile and from Neuquén, Río Negro and south-western Buenos Aires south to Chubut, in Argentina. Accidental visitor southwards to Santa Cruz and Isla Grande de Tierra del Fuego.

This species ranges locally throughout central Chile and Argentina north to Colombia, and throughout Central America north to Mexico and southern and western United States.

Habits: In small groups or large flocks. Nests colonially in reed cover, together with waterfowl and other aquatic birds. Flies in open at considerable height. Flight with continuous wing-beats, although less rapid than Neotropical Cormorant. Forms flocks when making daily flights to and from roosting sites. Silent. Aquatic, probes the muddy submerged soils of small water bodies or within the edge vegetation with its long bill. Quite shy.

Identificación: Inconfundible dentro de su rango. Pico largo y curvo. Borde blanco en la comisura del pico. Iris rojo. Coloración general castaño oscuro con brillos metálicos púrpura y bronceado.

Hábitat: Vegas, bañados, pastizales y potreros inundados; bordes e islotes de ríos.

Rango: Residente estival escaso a localmente frecuente en ambientes bajos y costeros desde el sur del Maule hasta Llanquihue (Los Lagos), en Chile y desde Neuquén, Río Negro y sur-oeste de Buenos Aires hasta Chubut, en Argentina. Visitante accidental más al sur hasta Santa Cruz e Isla Grande de Tierra del Fuego.

Se distribuye localmente por el centro de Chile y Argentina hasta Colombia, y por Centroamérica hasta México y sur y oeste de Estados Unidos.

Hábitos: De pequeños grupos a enormes bandadas. Nidifica colonialmente entre los juncos, junto con otras aves acuáticas. Vuela en largas formaciones en "V" abierta y a considerable altura. Vuelo con aleteos continuos, aunque menos rápidos que los del Yeco/Biguá. Se moviliza en grupos diariamente hacia sus dormideros. Silencioso. Acuático, escarba con su pico en el fondo sumergido de los cuerpos de agua o entre la vegetación de las riberas. Bastante tímido.

L. 56cm (22")

Chilean Flamingo

Phoenicopterus chilensis   PHOENICOPTERIDAE

C. Flamenco Chileno
A. Flamenco Austral

1453

Identification: Unmistakable. Lores and basal half of bill pale yellow and tip black. Iris cream-coloured. Legs greyish with knees and feet red. General colouration whitish-pink. Wing-coverts and tertials bright red. Primaries and secondaries black, forming a patch only visible in flight. **Juvenile:** Bill grey. Feet dark brown. General colouration greyish-brown. Belly white. Mantle and wing-coverts with black spots and feathers fringed with pale brown. Tail white.

Habitat: Brackish lagoons and ponds in steppe areas, estuaries and sheltered seacoasts.

Range: Resident, more common during the southern winter, in lowlands from Cauquenes (Maule) south to Isla Grande de Chiloé (Los Lagos) in Chile, and from Neuquén, Río Negro and south-western Buenos Aires, in Argentina south to the central-northern part of Isla Grande de Tierra del Fuego, including adjacent territories of eastern Aysén and central-eastern Magallanes, Chile. Breeds on Laguna Blanca NP (Neuquén), some lagoons west and north-west of Canquel Plateau (Chubut) and Lagoons Carilaufquén Chica and Grande, and Llancanelo, southern Mendoza. Accidental visitor to the Falkland Islands.

This species nests on the Altiplano of northern Chile, north-western Argentina, south-western Bolivia and Peru, although its winter range reaching lowlands of Paraguay, south-eastern Brazil and Uruguay.

Habits: Gregarious, in larger flocks between April and May. Occasionally seen alone. Feeds by filtering planktonic organisms with its specialized bill, in inland brackish and marine waters. Seldom swims. Flight slow and straight, with its neck and legs fully extended. Wary.

Conservation: Classified as Near Threatened; the main threats affecting its northernmost Andean populations.

Identificación: Inconfundible. Lorum y mitad basal del pico amarillo pálido y punta negra. Iris crema. Patas grisáceas con rodillas y dedos rojos. Coloración general rosado blanquecino. Coberteras alares y terciarias rojas. Primarias y secundarias negras, conformando una mancha solo visible en vuelo. **Juvenil:** Pico gris. Patas café oscuro. Coloración general café grisáceo. Abdomen blanco. Manto y coberteras alares con manchas negras y plumas bordeadas de café pálido. Cola blanca.

Hábitat: Lagunas salobres en áreas de estepa, estuarios y costas marinas protegidas.

Rango: Residente más frecuente durante el invierno, en sectores bajos, desde Cauquenes (Maule) hasta la Isla Grande de Chiloé (Los Lagos) en Chile, y desde Neuquén, Río Negro y sur-oeste de Buenos Aires, en Argentina hasta la porción centro-norte de Isla Grande de Tierra del Fuego, incluyendo territorios adyacentes de Aysén y centro-este de Magallanes, Chile. Nidifica en el PN Laguna Blanca (Neuquén), lagunas al oeste y nor-oeste de la Meseta de Canquel (Chubut) y Lagunas Carilaufquén Chica y Grande y Llancanelo, en el sur de Mendoza. Visitante accidental en Islas Malvinas.

Esta especie nidifica en el altiplano del norte de Chile, nor-oeste de Argentina, sur-oeste de Bolivia y Perú, aunque su rango invernal alcanza hasta las tierras bajas de Paraguay, sur-este de Brasil y Uruguay.

Hábitos: Gregario, en grandes bandadas entre abril y mayo. Ocasionalmente solitario. Se alimenta filtrando microorganismos con su especializado pico, en aguas salobres interiores y marinas. Ocasionalmente nada. Vuelo lento y derecho, con su cuello y patas extendidas. Tímido.

Conservación: Considerado como una especie casi-amenazada, con las principales amenazas afectando las poblaciones andinas más septentrionales.

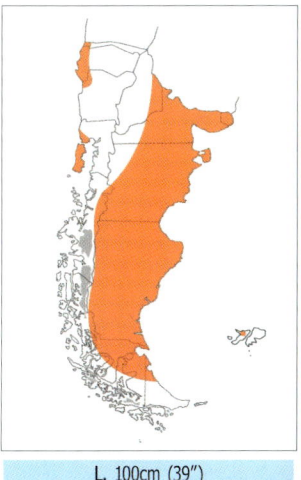

L. 100cm (39")

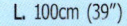

Black-necked Swan

Cygnus melanocorypha   ANATIDAE   **C. & A.** Cisne de Cuello Negro

1460

Identification: Very large. Bill plumbeous-grey with conspicuous red knob at the base. Legs pink. White line extends from forehead to just behind eye. Unmistakable due to its completely white plumage contrasting with black head and neck.

Habitat: Lakes, lagoons and reed-fringed ponds with abundant submerged vegetation, in steppe areas and open forests, located mainly on the eastern slope of the Andes. Also on sheltered coasts including bays and fjords.

Range: Locally common resident from southern Maule, in Chile and Neuquén, Río Negro and south-western Buenos Aires, in Argentina south to Isla Grande de Tierra del Fuego and southern islands of the Beagle Channel. Occasional summer visitor to the Falkland Islands. Rarer further south but with several records from South Shetland Islands and several localities in the Antarctic Peninsula, south to 68°S. Part of the southernmost populations migrates northwards during the winter. It reaches Atacama, northern Chile and the lowlands of most of Argentina north to Paraguay and south-eastern Brazil.

Habits: Alone, in pairs or family groups. Congregates in large loose flocks at certain breeding sites: Sanctuary Río Cruces (Los Lagos, Chile) and NM Laguna Blanca (Neuquén, Argentina). Highly territorial. Rather gregarious even during the breeding season congregating with swans, ducks and other aquatic birds. Chicks usually climb onto the back of its parents to rest or for protection. Feeds on aquatic plants and algae. Flight heavy, fast and noisy. Gives a series of alarm whistles when threatened. Shy.

Identificación: Muy grande. Pico plomo con notoria carúncula nasal roja. Patas rosadas. Ceja y franja post-ocular blanca. Inconfundible por su coloración completamente blanca y por su cabeza y cuello negros.

Hábitat: Lagos, lagunas y pajonales con abundante vegetación sumergida en estepa y áreas abiertas de bosque, especialmente en la vertiente oriental de los Andes. También en costas marinas protegidas incluyendo bahías y fiordos.

Rango: Residente localmente común desde el sur del Maule, en Chile y Neuquén, Río Negro y sur-oeste de Buenos Aires, en Argentina hasta la porción sur de Isla Grande de Tierra del Fuego e islas australes del Canal Beagle. Visitante estival ocasional en Islas Malvinas. Más accidental hacia el sur aunque con varias registros para Islas Shetland del Sur y varias localidades de la Península Antártica, hasta los 68°S. Parte de las poblaciones más meridionales migran hacia el norte durante el invierno. Su distribución alcanza por Chile hasta Atacama, y las planicies de la mayor parte de Argentina hasta Paraguay y sur-este de Brasil.

Hábitos: Solitario, parejas o en grupos familiares. Se agrupa en grandes bandadas dispersas en ciertos sitios de nidificación: Santuario Río Cruces (Los Lagos, Chile) and MN Laguna Blanca (Neuquén, Argentina). Muy territorial. Bastante gregario fuera del período de cría, agrupándose con cisnes, patos y otras aves acuáticas. Los polluelos acostumbran subirse sobre el dorso de sus padres para descansar o ante la presencia de intrusos. Se alimenta de plantas acuáticas y algas. Vuelo pesado, rápido y sonoro. Serie de silbidos de alerta ante la presencia de intrusos. Tímido.

1461

1462

1464

1463

1466

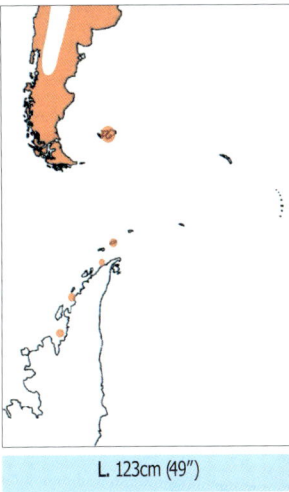

L. 123cm (49")

1467

Coscoroba Swan

Coscoroba coscoroba ANATIDAE **C. & A.** Coscoroba

1468

Identification: Very large. Bill and iris red. Legs pink. Completely white plumage. Primaries black-tipped. Broad and long wings. Tail short.

Habitat: Shallow brackish and freshwater lakes and ponds in Patagonian steppe areas. Occasionally on the coast, especially during the winter.

Range: Scarce to locally common summer resident, being more frequent in open environments of the eastern slope of the Andes, from Aysén, in Chile and Neuquén, Río Negro and south-western Buenos Aires, in Argentina south to the central-northern part of Isla Grande de Tierra del Fuego. Accidental south to the Beagle Channel. Occasional visitor to the Falkland Islands. Part of the southern populations migrate northwards during the winter, reaching the latitude of Valparaíso, in Chile. Large flocks overwinter on central-eastern Magallanes and northern Tierra del Fuego.

Its range includes the lowlands of most of Argentina north to Paraguay and south-eastern Brazil.

Habits: In pairs or small groups, during the breeding season. Also in mixed flocks with Black-necked Swan and other waterfowl. Occasionally in large flocks during the winter. Feeds by grazing or filtering the water surface. Feeds on emergent vegetation but also consumes small aquatic invertebrates. Characteristic onomatopoeic call from which it's name is derived. Shy.

Identificación: Muy grande. Pico e iris rojo. Patas rosadas. Coloración completamente blanca. Puntas de las primarias negras. Alas anchas y largas. Cola corta.

Hábitat: Lagos y lagunas de poco profundidad de agua dulce y salobre en zonas de estepa patagónica. Ocasionalmente en la costa marina, especialmente durante el invierno.

Rango: Residente estival escaso a localmente común, siendo más frecuente en ambientes abiertos de la vertiente oriental de los Andes, desde Aysén, en Chile y Neuquén, Río Negro y sur-oeste de Buenos Aires, en Argentina hasta la porción centro-norte de Isla Grande de Tierra del Fuego. Accidental hasta el Canal Beagle. Visitante ocasional en Islas Malvinas. Parte de las poblaciones meridionales migran hacia el norte durante el invierno, alcanzando en Chile hasta Valparaíso. Grandes bandadas hibernan en el centro-este de Magallanes y norte de Tierra del Fuego.

Su distribución incluye las planicies de la mayor parte de Argentina hasta Paraguay y sur-este de Brasil.

Hábitos: En parejas o en pequeños grupos, durante el período de cría. También en bandadas mixtas con Cisne de cuello negro y otras aves acuáticas. Ocasionalmente en grandes bandadas durante el invierno. Se alimenta pastoreando o filtrando sobre la superficie. Se alimenta de plantas palustres, aunque también consume pequeños invertebrados acuáticos. Característico grito onomatopéyico. Tímido.

1469

I

1470

1471

J

1472

1473

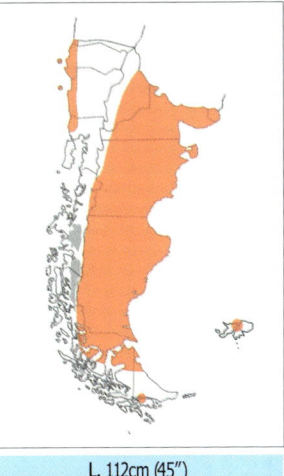

L. 112cm (45")

1474

Upland Goose

Chloephaga picta

ANATIDAE

C. Caiquén
A. Cauquén Común

1475

C. p. leucoptera

♂

Identification: Largest and more abundant Patagonian goose. **Male:** Bill and legs black. General colouration white. Mantle and flanks barred with black. Some individuals also show breast and belly entirely and densely barred with black (*picta*). Back greyish-brown. Rump white. Lesser and median coverts white. Greater coverts black with metallic green sheen. Secondaries white. Primaries and tail black. **Female:** Bill black and legs yellow. Head and neck cinnamon brown. Mantle, breast and belly brown barred with black. Flanks and remainder of underparts whitish barred with black.

Habita: Wet grasslands on scrubby steppes. Also on the coast, near forested areas and in any kind of inland wetland up to the Andean valleys.

Range: ENDEMIC to Patagonia and Falkland Islands. *C. p. picta* is a local resident on the Andes of Linares (Maule) south to Los Lagos, Aysén and Magallanes, in Chile and from Neuquén and Río Negro, in Argentina south to the southern part of Isla Grande de Tierra del Fuego, Wollaston Archipelago (Cape Horn) and Staten Island. Part of the population breeds northwards to central Chile and Mendoza, in Argentina. *C. p. leucoptera* is a widely distributed and common resident in the Falkland Islands. It was introduced to South Georgia Islands in 1911 and exterminated later. A new re-introduction during 1958 was unsuccessful.

Habits: Alone or in pairs. Very territorial and aggressive during the mating period. In large flocks during the fall and winter and in feeding areas. Terrestrial. Heavy flight, although fast. Migrating flocks form lines and "V" formations. Noisy while flying, especially during the breeding season. A loud alarm honk is given in the presence of intruders. Confiding.

Identificación: El ganso más grande y abundante de la región. **Macho:** Pico y patas negras. Coloración general blanca. Manto y flancos barrados de negros. Algunos individuos presentan además el pecho y abdomen completamente barrados de negro (*picta*). Espalda pardo grisácea. Rabadilla blanca. Coberteras alares menores y medianas blancas. Coberteras mayores negras con brillo metálico verde. Secundarias blancas. Primarias y cola negra. **Hembra:** Pico negro y patas amarillas. Cabeza y cuello café canela. Manto, pecho y abdomen café con barrado negro. Flancos y resto de las partes inferiores blanquecinas barradas de negro.

Hábitat: Pastizales húmedos en ambientes de estepa y matorral. También en la costa, cerca de zonas forestadas y en todo tipo de cuerpos de agua interiores, llegando hasta zonas cordilleranas.

Rango: ENDEMICO de Patagonia e Islas Malvinas. *C. p. picta* es un residente local en la cordillera desde Linares (Maule) hasta Los Lagos, Aysén y Magallanes, en Chile y desde Neuquén y Río Negro, en Argentina hasta la porción sur de Isla Grande de Tierra del Fuego, Archipiélago de las Wollaston (Cabo de Hornos) e Isla de los Estados. Parte de su población nidifica hacia el norte hasta el centro de Chile y Mendoza, en Argentina. *C. p. leucoptera* es un residente común y de amplia distribución en Islas Malvinas. Fue introducido en Isla Georgia del Sur en 1911 y posteriormente exterminado. Una nueva reintroducción durante 1958 no prosperó.

Hábitos: Solitario o en parejas. Muy territorial durante el período reproductivo. En grandes bandadas durante el otoño e invierno y en áreas de alimentación. Terrestre. Ocasionalmente nada. Vuelo pesado, aunque rápido. En migración forma hileras y formaciones en "V". Bullicioso en vuelo, en especial durante el período de cría. Graznido de alerta ante la presencia de intrusos. Confiado.

1476

1477

1478

1479

1480

♂

♀

♂

1481

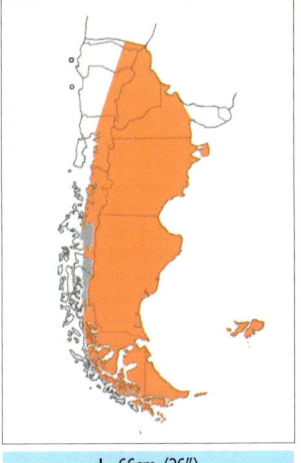

L. 66cm (26″)

1482

♀

Kelp Goose

Chloephaga hybrida   ANATIDAE   **C. & A.** Caranca

C. h. malvinarum

Identification: Unmistakable. Large. **Male:** Completely white. Bill black with pink patch on the culmen. Yellow legs. **Female:** Pink bill and yellow legs. Crown and nape light brown. General colouration blackish brown with white barring on breast, belly, sides and flanks. Lower belly, undertail-coverts and tail white. Speculum green. Upperwing with white leading and trailing edge.

Habitat: Occurs exclusively on coasts and islets, favouring rocky and pebble shores with abundant presence of algae.

Range: ENDEMIC to Patagonia and the Falkland Islands. *C. h. hybrida* is a locally common to abundant resident from the exposed coast of Isla Grande de Chiloé, southwards through the Patagonian and Fuegian channels to the southern part of Isla Grande de Tierra del Fuego, Wollaston Archipelago (Cape Horn) and Diego Ramírez and Staten Islands. During the fall makes short-distance migratory movements by the Pacific coast north to Corral (Los Lagos) and Cautín (Araucanía) and by the Atlantic very occasionally north to Chubut. *C. h. malvinarum* is a common resident and widely distributed in the Falkland Islands.

Habits: Alone, in pairs or in groups. Territorial during the breeding season. In small loose flocks during the winter. Herbivorous, feeding exclusively on algae. Walks along the coast and occasionally is seen swimming. Heavy flight. Silent. Rather wary, preferring to walk away rather than taking flight.

Identificación: Inconfundible. Grande. **Macho:** Completamente blanco. Pico negro con mancha rosada en el culmen. Patas amarillas. **Hembra:** Pico rosado y patas amarillas. Corona y nuca pardo claro. Coloración general café negruzco con barrado blanco en pecho, abdomen, lados y flancos. Parte inferior del abdomen, subcaudales y cola blanca. Espéculo verde. Superficie dorsal alar con borde anterior y posterior blanco.

Hábitat: Solo en playas marinas e islotes, de preferencia pedregosas y rocosas y con abundante cubierta de algas.

Rango: ENDEMICO de Patagonia e Islas Malvinas. *C. h. hybrida* es un residente localmente común a abundante desde la costa exterior de Isla Grande de Chiloé, por los canales patagónicos y fueguinos hasta el sur de Isla Grande de Tierra del Fuego, Archipiélago de las Wollaston (Cabo de Hornos) e Islas Diego Ramírez y de los Estados. Durante el otoño realiza migraciones cortas por la costa del Pacífico alcanzando hasta Corral (Los Lagos) y Cautín (Araucanía), y por el Atlántico muy ocasionalmente hasta Chubut. *C. h. malvinarum* es un residente común y de amplia distribución en el Archipiélago de las Malvinas.

Hábitos: Solitario, en parejas o en grupos. Territorial durante el período reproductivo. En pequeñas bandadas dispersas durante el invierno. Herbívoro, se alimenta exclusivamente de algas. Camina en la playa, y en ocasiones se observa nadando. Vuelo pesado. Silencioso. Algo desconfiado, prefiriendo alejarse caminando a volar.

1484

♂

C. h. malvinarum

1485

J

C. h. malvinarum

1486

C. h. malvinarum

1487

1488

L. 60cm (24")

1489

♀

C. h. malvinarum

Ashy-headed Goose

Chloephaga poliocephala ANATIDAE

C. Canquén Común
A. Cauquén Real

1490

Identification: Medium-sized. Bill black. Legs orange. White eye-ring. Head and neck grey. Upperparts greyish-brown. Rump and tail black. **Male** has chestnut breast and **female** has finely barred reddish-brown breast. Undertail-coverts cinnamon. Wings partially white, with blackish primaries and green speculum. Underparts white with sides and flanks barred with black.

Habitat: Open fields, grasslands and damp areas near brushwood and forests. Also on the coast and inland waters including rivers, lagoons and estuaries.

Range: ENDEMIC to Patagonia. Fairly common to locally common resident on both slopes of the Andes. Breeds from Ñuble (Bío-Bío), in Chile and western Neuquén and Río Negro, in Argentina south to Isla Grande de Tierra del Fuego and southern islands of the Beagle Channel, including the Wollaston Archipelago (Cape Horn) and Noir and Staten Islands. During winter, the southernmost populations migrate northwards congregating on the estuaries of southern Chile (Los Lagos) and north to Mendoza and central Buenos Aires, in Argentina. Rare breeder in the Falkland Islands.

Habits: Alone, in pairs or small groups and in larger flocks during the winter. Also forms flocks with other geese species in the region. Herbivorous. Occasionally perches on branches and fallen trees. Silent, although while flying gives an alarm call when threatened. Wary.

Identificación: Mediano. Pico negro. Patas anaranjadas. Anillo periocular blanco. Cabeza y cuello gris. Partes superiores pardo grisáceo. Rabadilla y cola negra. Pecho castaño en el **macho**, la **hembra** café rojizo finamente barrado. Coberteras subcaudales canela. Alas parcialmente blancas, con primarias negruzcas y espéculo verde. Partes inferiores blancas con lados y flancos barrados de negro.

Hábitat: Terrenos abiertos con pastizales y áreas inundadas en las cercanías de zonas arbustivas y forestadas. También en la costa y aguas interiores como ríos, estuarios y lagunas.

Rango: ENDEMICO de Patagonia. Residente frecuente a localmente común en ambas vertientes de los Andes. Nidifica desde Ñuble (Bío-Bío), en Chile, y oeste de Neuquén y Río Negro, en Argentina hasta Isla Grande de Tierra del Fuego e islas australes del Canal Beagle, incluyendo el Archipiélago de las Wollaston (Cabo de Hornos) e Islas Noir y de los Estados. Durante el invierno, las poblaciones más australes migran hacia el norte congregándose en estuarios del sur de Chile (Los Lagos) y hasta Mendoza y centro de Buenos Aires, por Argentina. Raro nidificante en Islas Malvinas.

Hábitos: Solitario, en parejas o en pequeños grupos. También formando parte de bandadas de otros gansos de la región. En bandadas mayores durante el invierno. Herbívoro. Se posa ocasionalmente sobre ramas. Nidifica entre pastos altos o en troncos de árboles huecos. Silencioso, aunque también grazna en vuelo, dando alerta a los otros ante la presencia de intrusos. Tímido.

1491

1492

1493

1494

1496

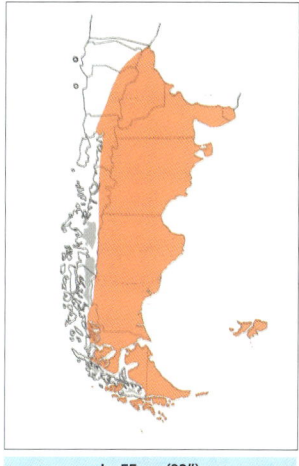

L. 55cm (22″)

1496

Ruddy-headed Goose

Chloephaga rubidiceps   ANATIDAE

C. Canquén Colorado
A. Cauquén Colorado

1497

Identification: Smallest of the Patagonian geese. Medium-sized. Sexes identical although males are larger. Bill black. Orange legs. White eye-ring. Head and neck pale cinnamon-brown to chestnut. Base of neck greyish. Upperparts greyish-brown finely barred with black. Back, rump and tail blackish. Wing-coverts and secondaries white. Speculum green with metallic sheen. Underwing-coverts white. Breast and upper belly light chestnut finely barred with black. Rest of belly unbarred chestnut. Undertail-coverts reddish-chestnut.
Habitat: Damp terrain in Patagonian steppe and open scrub of the eastern slope of the southern Andes.
Range: ENDEMIC to eastern Patagonia and the Falkland Islands. Very rare to locally scarce resident from eastern Aysén and south-eastern Santa Cruz south to central-eastern Magallanes and the central-northern part of Isla Grande de Tierra del Fuego. Rarer south to the Beagle Channel: Navarino and Staten Islands. Common and widely distributed in the Falkland Islands. The southern continental populations migrate during the winter north to Río Negro and southern Buenos Aires, in Argentina.
Habits: Alone or in pairs. Also forms small flocks with Ashy-headed Goose. Herbivorous. Mainly silent, although calls in flight. Very shy.
Conservation: A significant decline in the continental populations has been noticed in recent decades (less than 900 individuals). Restricted species to Endemic Bird Area 062 (Southern Patagonia).

Identificación: El más pequeño de los gansos patagónicos. Mediano. Sexos idénticos, aunque los machos son algo más grandes. Pico negro. Patas anaranjadas. Anillo periocular blanquecino. Cabeza y cuello pardo acanelado pálido a castaño. Base del cuello grisácea. Partes superiores café grisáceo con fino barrado transversal negro. Lomo, rabadilla y cola negruzcos. Coberteras y secundarias blancas. Espéculo verde con tornasolado brillante. Coberteras subalares blancas. Pecho y parte superior del abdomen castaño claro, con fino barrado negro. Resto del abdomen castaño sin barrado. Subcaudales castaño-rojizo.
Hábitat: Ambientes húmedos de estepa patagónica y matorral abierto de la vertiente oriental de los Andes australes.
Rango: ENDEMICO de Patagonia oriental e Islas Malvinas. Residente muy raro a localmente escaso desde el este de Aysén y sur-este de Santa Cruz hasta el centro-este de Magallanes y porción centro-norte de Isla Grande de Tierra del Fuego. Más accidental por el sur hasta el Canal Beagle: Islas Navarino y de los Estados. Residente común y de amplia distribución en Islas Malvinas. Las poblaciones continentales migran durante el invierno austral hasta Río Negro y sur de Buenos Aires, en Argentina.
Hábitos: Solitario o en parejas. También formando parte de pequeñas bandadas con Canquén. Herbívoro. Silencioso, aunque también grazna en vuelo. Muy tímido.
Conservación: En las últimas décadas se ha observado en impresionante baja en sus poblaciones continentales (menos de 900 individuos). Especie restringida al Area de Endemismo para Aves 062 (Patagonia Sur).

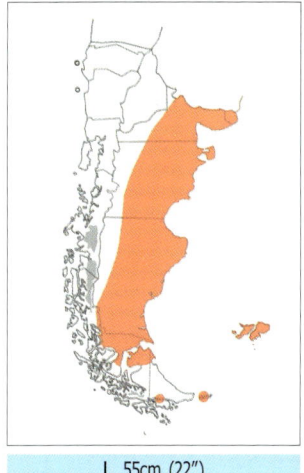

L. 55cm (22")

Flightless Steamer-Duck

Tachyeres pteneres　　　　ANATIDAE

C. Quetru No Volador
A. Quetro Austral

1505

Identification: Largest member of *Tachyeres* genus. General colouration grey. Both sexes have a heavy-built bright orange bill with black nail and yellow legs. **Male:** Very light grey head with a slightly darker greyish wash on crown. White eye-ring and post-ocular stripe. Feathers of back, scapulars, breast and flanks bordered with slaty-grey. Lower breast, belly and undertail-coverts white. Wings very short, with white secondaries. Tail dark grey with long feathers curved upwards at tip. **Female:** Slightly smaller than male. Head and neck dark grey with faint reddish-brown wash on forehead and ear-coverts, throat with faint cinnamon tinge.

Habitat: Sheltered coasts including fjords, bays and rivermouths. Never in open ocean or inland waters.

Range: ENDEMIC to western Patagonian coasts and Tierra del Fuego. Strictly coastal species of the Pacific. Scarce to locally common resident from Corral and Isla Grande de Chiloé (Los Lagos) south to the southern part of Isla Grande de Tierra del Fuego, Wollaston Archipelago (Cape Horn) and Staten Island, being more common in its southern range, especially in the Patagonian and Fuegian fjord area. Undertakes short-distance local migrations along the coast during the winter.

Habits: Exclusively marine. Generally seen in pairs or family groups during the breeding season, although occurs in flocks up to several hundred during the winter. It moves, or "steams", across the water surface by paddle-like wing-beats for the propulsion, supported also by its legs. Unable to fly. Excellent diver, dives for long periods searching for molluscs and crustaceans. Rests on rocky shores, especially during low tide. Wary.

Identificación: El más grande representante del género *Tachyeres*. De coloración general gris. Ambos sexos tienen un grueso pico color naranja brillante con punta negra y patas amarillas. **Macho:** Cabeza gris muy pálida, con leve lavado grisáceo en la corona. Anillo periocular y ceja postocular blanca. Plumas de la espalda, escapulares, pecho y flancos bordeadas de gris apizarrado. Parte inferior del pecho, abdomen y subcaudales blancas. Alas muy cortas, con secundarias blancas. Cola gris oscura, con plumas largas, levantada en su punta. **Hembra:** Levemente menor en tamaño. Cabeza y cuello gris oscuro con leve lavado café rojizo en frente y auriculares y garganta con leve tinte canela.

Hábitat: Costas marinas protegidas como fiordos, bahías y desembocaduras de ríos. Nunca en mar abierto o en aguas interiores.

Rango: ENDEMICO de las costas patagónicas occidentales y Tierra del Fuego. Especie estrictamente costera de la costa del Pacífico. Residente escaso a localmente común desde Corral e Isla Grande de Chiloé (Los Lagos) hasta la porción sur de Isla Grande de Tierra del Fuego, Archipiélago de las Wollaston (Cabo de Hornos) e Isla de los Estados, siendo más común en la región más meridional de su distribución, especialmente en la zona de los canales patagónicos y fueguinos. Cortas migraciones locales durante el invierno, en general a lo largo de la costa marina.

Hábitos: Absolutamente marino. Generalmente observado en parejas o en grupos familiares durante el período reproductivo, aunque en bandadas de hasta centenares de individuos durante el invierno. Se desplaza, aleteando rápida y ruidosamente sus alas que le ayudan en la propulsión, junto a sus patas. Es incapaz de volar. Excelente buceador, se zambulle por prolongados períodos en busca de moluscos y crustáceos. Descansa en playas pedregosas, en especial durante la marea baja. Desconfiado.

1506

1507

♂

1508

♀

1509

♂   ♀

1510

1511

♀   ♂

1512

L. 80cm (31″)

453

Chubut Steamer-Duck

Tachyeres leucocephalus   ANATIDAE   **A.** Quetro Cabeza Blanca

1513

Identification: General colouration brown with a bluish tinge. **Male:** Bright orange bill with black nail. Legs orange. Head and neck white with a faint greyish wash on lores. Feathers of back, scapulars, breast and flanks bordered with slaty-grey. Lower breast, belly and undertail-coverts white. Short wings with white secondaries. Tail dark grey with long feathers, curved upwards at the tip. **Female:** Dark olive-yellow bill. Prominent white eye-ring and post-ocular stripe, extending towards the sides of neck, forming a pale collar at the base of neck. Head and neck dark reddish-brown.
Habitat: Sheltered rocky seacoasts and coastal islands. Never in open sea or inland waters.
Range: ENDEMIC to the coast of north-eastern Patagonia. Common resident entirely restricted to coasts of Chubut, from Punta Bustamante to Valdes Peninsula in the north. Recent records south to Ría Deseado and San Julián Bay, Santa Cruz.
Habits: Recently discovered species, described in 1981. Exclusively marine. Generally seen in pairs or family groups during the breeding period. In larger flocks during the winter months. Does not fly. Excellent diver, makes prolonged dives while searching for molluscs and crustaceans. Rests on rocky shores. Nests into the cover of bushes on islets and isolated bays. Noisy. Wary. Steams across the surface, propelling itself with its legs and by flapping its wings very rapidly.
Conservation: Classified as Near Threatened with a stable population of less than 10,000 individuals.

Identificación: De coloración general gris con tinte azulado. **Macho:** Pico naranja brillante con punta negra y patas amarillas. Cabeza y cuello blanco con un muy leve lavado grisáceo en lorums. Plumas de la espalda, escapulares, pecho y flancos bordeadas de gris apizarrado. Parte inferior del pecho, abdomen y subcaudales blancas. Alas cortas, con secundarias blancas. Cola gris oscura, con plumas largas, levantada en su punta. **Hembra:** Pico amarillo oliváceo oscuro. Notorio anillo periocular y ceja postocular blanca, que se extiende hacia los lados del cuello formando un collar pálido en la base del cuello. Cabeza y cuello café rojizo oscuro.
Hábitat: Costas marinas rocosas protegidas, también en islas cercanas a la costa. Nunca en mar abierto o en aguas interiores.
Rango: ENDEMICO de la costa patagónica nor-oriental. Residente común, estrictamente costero de Chubut, desde Punta Bustamante hasta Península Valdés por el norte. Recientes registros por el sur hasta la Ría Deseado y Bahía San Julián, Santa Cruz.
Hábitos: Especie recientemente descubierta, descrita en 1981. Absolutamente marino. Generalmente observado en parejas o en grupos familiares durante el período reproductivo. En grandes bandadas durante el invierno. Incapaz de volar. Excelente buceador, se zambulle por prolongados períodos en busca de moluscos y crustáceos. Descansa en playas pedregosas. Nidifica entre la cubierta de matorrales, en islotes y bahías aisladas. Bullicioso. Se desplaza, aleteando rápida y ruidosamente sus alas que le ayudan en la propulsión, junto a sus patas. Desconfiado.
Conservación: Considerada como una Especie Casi-Amenazada, con una población estable aunque menor a los 10.000 individuos.

L. 68cm (27")

Falkland Steamer-Duck

Tachyeres brachypterus   ANATIDAE   **A.** Quetro Malvinero

1514

Identification: Similar to Flying Steamer-Duck which also inhabits the coasts of the Falklands. Large and stocky body. **Male:** Uniform bright orange bill with black nail. Yellow legs. Pale grey head (almost whitish in breeding plumage) with dark grey mottling on lores and cheeks. White eye-ring and post-ocular stripe. Throat and breast with reddish-brown mottling. Yellowish collar at the base of the neck. Feathers of back, scapulars, breast and flanks dark grey bordered with pale grey. Lower breast, belly and undertail-coverts white. Very short wings dark grey with white secondaries, and wing-tips not extending beyond the tip of tail. **Female:** Olive grey bill with base and culmen yellow and nail black. Sides of head and neck dark reddish-brown, crown and neck dark grey. Striking white post-ocular stripe.

Habitat: Sheltered rocky coasts. Occasionally visits inland lagoons near the sea.

Range: ENDEMIC to the Falkland Islands. Very common and widely distributed resident in the coasts of the whole archipelago.

Habits: Generally in pairs or family groups. Territorial and aggressive during the breeding season. Rather gregarious during the winter, forming flocks and mixed groups with Flying Steamer-Duck. Groups of non-breeding adults are often seen throughout the year. Swims with body semi-submerged, propelling itself with wings and feet. Excellent diver, making prolonged dives in search of small crustaceans and molluscs. Roosts on rocks. Near the beach, often uses abandoned penguin burrows. Noisy. Escapes from intruders by "steaming" across the surface. Often confiding.

Conservation: Species restricted to Endemic Bird Area 062 (Southern Patagonia).

Identificación: Similar a Quetru volador que también habita las costas de las Malvinas. De cuerpo grande y robusto. **Macho:** Pico naranjo uniforme brillante con punta negra. Patas amarillas. Cabeza gris pálido (casi blanquecino en plumaje nupcial), con moteado gris oscuro en lorums y mejillas. Anillo periocular y ceja postocular blanca. Garganta y pecho con moteado café rojizo. Collar amarillento en la base del cuello. Plumas de la espalda, escapulares, pecho y flancos gris oscuro bordeadas de gris pálido. Parte inferior del pecho, abdomen y subcaudales blancas. Alas muy cortas de color gris oscuro con secundarias blancas, que no sobrepasan el borde de la cola. **Hembra:** Pico gris oliváceo con base y culmen amarillo y punta negra. Lados de la cabeza y cuello café rojizo oscuro, corona y cuello gris oscuro. Marcada línea post-ocular blanca.

Hábitat: Costas marinas rocosas protegidas. Ocasionalmente visita pequeñas lagunas interiores cerca de la costa.

Rango: ENDEMICO de Islas Malvinas. Residente muy común y de amplia distribución en las costas de todo el archipiélago.

Hábitos: Generalmente en parejas o en grupos familiares. Territorial y agresivo durante el período reproductivo. Gregario durante el invierno, formando bandadas y grupos mixtos con Quetru volador. Grupos de ejemplares no-reproductivos se observan durante todo el año. Nada semi-sumergido, propulsándose con sus alas y patas. Excelente buceador, realiza prolongadas zambullidas en busca de pequeños crustáceos y moluscos. Descansa sobre las rocas. Nidifica cerca de la playa, a menudo usando cuevas abandonadas de pingüinos. Bullicioso. Algo confiado. Para alejarse de intrusos nada, propulsándose con sus alas y patas.

Conservación: Especie restringida al Area de Endemismo para Aves 062 (Patagonia Sur).

1515 ♂

1516

1517 ♂

1518 ♂

1519 ♀

1520 ♀

1521 ♀ ♂

L. 68cm (27″)

Flying Steamer-Duck

Tachyeres patachonicus ANATIDAE

C. Quetru Volador
A. Quetro Volador

1522

♂

Identification: Male: Orange-yellow bill with variable olive to greyish tinge near the tip. Legs orange-yellow. Larger than female. General colouration grey with a bluish tinge. Eyering and post-ocular stripe white. Head and neck greyish-brown with cinnamon wash on throat and breast. Feathers of back, breast and flanks bordered with purplish-grey. Lower breast, belly and undertail-coverts white. Long wings with white secondaries. Tail dark grey with long feathers, curved upwards at the tip. **Female:** Greenish bill with yellowish tinge on the culmen and black nail. Head and neck dark reddish. Upperparts, sides and flanks with purplish-grey scaling darker than on male.

Habitat: Inland water bodies such as lakes and lagoons from the coast to Andean valleys, in open forested areas and Patagonian steppes. Also on sheltered seacoasts such as bays, fjords and river mouths.

Range: ENDEMIC to Patagonia and the Falkland Islands. Scarce to locally common resident, favouring Andean lakes from Ñuble and Concepción (Bío-Bío) south to Los Lagos, all Aysén and Magallanes, in Chile and from Neuquén and Río Negro, in Argentina to the southern part of Isla Grande de Tierra del Fuego, Wollaston Archipelago (Cape Horn) and Staten Island, being more common towards the southern part of its range. Occasional in south-western Buenos Aires. Uncommon resident in the Falkland Islands. Short-distance local migration during the winter, generally along the coast.

Habits: In pairs. Rather unsocial, being territorial and aggressive, even with other aquatic birds during the breeding season. Gregarious during the winter, forming flocks. Swims with body semi-submerged. Reluctant to fly, preferring to swim away from intruders, steaming across surface propelling itself with its wings and feet. Excellent diver, makes long-lasting dives while searching for molluscs and crustaceans. Rests on rocks. Wary.

Identificación: Macho: Pico amarillo anaranjado, con tinte oliva o grisáceo variable en la porción distal y punta negra. Patas amarillo anaranjado. Es más grande que la hembra. De coloración general gris con tinte azulado. Anillo periocular y ceja postocular blanca. Cabeza y cuello café grisáceo con lavado canela en garganta y pecho. Plumas de la espalda, pecho y flancos bordeadas de gris púrpura. Parte inferior del pecho, abdomen y subcaudales blancas. Alas largas con secundarias blancas. Cola gris oscura, con plumas largas levantadas en su punta. **Hembra:** Pico verdoso con tinte amarillento en el borde de la maxila, también con punta negra. Cabeza y cuello rojizo oscuro. Partes superiores, lados y flancos con escamado gris púrpura más oscuro que en el macho.

Hábitat: Cuerpos de agua interiores como lagos y lagunas, desde la costa hasta la cordillera, en zonas de bosque abierto y estepa patagónica. También en costas marinas protegidas como bahías, fiordos y desembocaduras de ríos.

Rango: ENDEMICO de Patagonia e Islas Malvinas. Residente escaso a localmente común, de preferencia en lagos andinos desde Ñuble y Concepción (Bío-Bío) hasta Los Lagos, todo Aysén y Magallanes, en Chile y desde Neuquén y Río Negro, en Argentina hasta la porción sur de Isla Grande de Tierra del Fuego, Archipiélago de las Wollaston (Cabo de Hornos) e Isla de los Estados, siendo más común en la región más meridional de su distribución. Ocasional al sur-oeste de Buenos Aires. Residente poco común en Islas Malvinas. Pequeñas migraciones locales durante el invierno, en general a lo largo de la costa marina.

Hábitos: En parejas. Poco sociable, muy territorial y agresivo, aún con otras especies de aves acuáticas durante el período reproductivo. Gregario durante el invierno, formando bandadas. Nada semi-sumergido, propulsándose con sus alas y patas. Evita volar, para alejarse de intrusos prefiere nadar, propulsándose con sus alas a la forma característica de todos los "Patos vapor". Excelente buceador, realiza prolongadas zambullidas en busca de pequeños crustáceos y moluscos. Descansa sobre las rocas. Desconfiado.

1523 ♀ ♂

1524 ♂ ♀

1524

1526 ♀

1527 ♀ ♂

1528

L. 70cm (28″)

Torrent Duck

Merganetta armata ANATIDAE

C. Pato Cortacorrientes
A. Pato de Torrente

1529

♂

Identification: Small, slim-bodied duck. Unmistakable. Bill and legs red. **Strongly dimorphic**. Male has complex black-and-white pattern on head and neck: centre of forehead and crown black, lores and supercillium white, centre of hindneck black and a black stripe extends from eye towards the neck sides. Upperparts black with white-fringed feathers. Breast black. Belly pale cinnamon-brown. Rest of underparts dark-brown streaked with black. The **female** has crown and sides of head, hindneck and mantle plumbeous-grey. Rest of upperparts and wings dark grey. Wings with green speculum and red spurs. Wing-coverts and flight feathers bordered with whitish. Cheeks, foreneck and rest of underparts bright brick-red. Long, broad tail.

Habitat: Occurs exclusively on fast-flowing rivers and streams, located near forested areas and mountains.

Range: *M. a. armata* is a scarce to locally frequent resident on fast-flowing rivers on both slopes of the Andes from Linares (Maule) and Nahuelbuta Massif (Araucanía), in Chile and Neuquén and western Río Negro south to the southern part of Isla Grande de Tierra del Fuego and southern islands of the Beagle Channel (Hoste and Navarino Is.).

This species occurs throughout the rest of the Andes of Chile and Argentina reaching Colombia and Venezuela.

Habits: Alone, in pairs or family groups. Territorial. Roosts and dries its plumage sitting on prominent rocks. Swims and dives well, propelling itself with its wings and legs. Very active while feeding on insects, small molluscs and algae. Male makes a remarkable nuptial display. Nest on holes on rocky areas. Wary. If threatened may fly along the course of the river, although prefers to swim away or dive. Flight fast and low.

Identificación: Pequeño y de cuerpo delgado. Inconfundible. Pico y patas rojas. **Macho:** Cabeza y cuello blancos con diagnósticas líneas negras, una desde la corona hasta la nuca, otra que se extiende desde el ojo hacia los lados del cuello y una línea gruesa vertical bajo el ojo. Partes superiores negras con plumas bordeadas de blanco. Pecho negro. Zona abdominal de color café acanelado claro. Resto de las partes inferiores café oscuro con estrías negras. **Hembra:** Corona y lados de la cabeza, parte posterior del cuello y manto de color gris plomo. Resto de las partes superiores y alas de color gris oscuro. Alas con espéculo verde y espolones rojos. Coberteras alares y rémiges con borde blanquecino. Mejilla, parte anterior del cuello y resto de las partes inferiores color rojo ladrillo fuerte. Cola larga y ancha.

Hábitat: Exclusivamente en ríos y riachuelos muy torrentosos, localizados en ambientes boscosos y de montaña.

Rango: *M. a. armata* es un residente escaso a localmente frecuente en ríos torrentosos en ambas vertientes de la cordillera desde Linares (Maule) y en el macizo de Nahuelbuta (Araucanía), en Chile, y desde Neuquén y oeste de Río Negro hasta la porción sur de Isla Grande de Tierra del Fuego e islas australes del Canal Beagle (Is. Hoste y Navarino).

Esta especie se distribuye hacia el norte a lo largo de los Andes de Chile y Argentina hasta Colombia y Venezuela.

Hábitos: Solitario, en parejas o en grupos familiares. Territorial. Descansa y seca su plumaje sobre rocas que sobresalen del agua. Bucea fácilmente, propulsado por sus alas y patas. Muy activo mientras se alimenta de insectos, pequeños moluscos y algas. Vistoso despliegue nupcial del macho. Nidifica en huecos entre las rocas. Desconfiado. Si es acosado puede volar siguiendo el curso del río, en vuelo rápido y rasante, aunque prefiere alejarse zambulléndose o nadando.

L. 40cm (16")

Crested Duck
Lophonetta specularioides ANATIDAE

C. Pato Juarjual
A. Pato Crestón

1537

Identification: Medium-sized. Bill dark grey with bluish base. Red iris. Head and neck light greyish-brown. Dark brown cap extends below the eye. Characteristic partial crest hanging from the nape. Yellowish-brown general colouration, lighter on underparts. Upperparts dark greyish-brown. Wing-coverts brown. Secondaries with metallic green and violet sheen and black subterminal band with wide white terminal border. Blackish brown primaries. Throat and foreneck whitish. Underparts with dark brown-centered feathers. Breast washed reddish-brown. Dark brown, pointed tail.

Habitat: Inhabits a wide variety of inland freshwater and brackish water bodies on both slopes of the Andes. Also on broad rivers and in coastal areas, especially during the winter months. From Andean valleys to sea level.

Range: *L. s. specularioides* is a locally common to very common resident in Aysén and Magallanes, in Chile and from Neuquén and Río Negro, in Argentina south to the southern part of Isla Grande de Tierra del Fuego, southern islands of the Beagle Channel, including the Wollaston Archipelago (Cape Horn) and Staten Island. Rare in south-western Buenos Aires. Very common and widely distributed resident in the Falkland Islands. Some birds migrate to north-eastern Argentine Patagonia during the southern winter. The most southerly population of *L. s. alticola* reaches the Andes of Maule in Chile.

This species occurs throughout the rest of the Andes of Chile and Argentina reaching Peru and western Bolivia.

Habits: Alone, in pairs or small groups. Highly gregarious, especially during the non-breeding period. Associates with any kind of waterfowl. Quite noisy during the courtship display. In flight gives an alarm call similar to a dog's bark. Confiding.

Identificación: Mediano. Pico gris oscuro con base azulada. Iris rojo. Boina café oscura, que pasa por debajo de los ojos. Penacho característico, que cuelga en la nuca. Coloración general café amarillento, más pálida en las partes inferiores. Cuello y cabeza café grisáceo pálido. Partes superiores café grisáceo oscuro. Coberteras café. Secundarias con brillo iridiscente verde y lila, con banda subterminal negra y amplio borde terminal blanco. Primarias café oscuro. Garganta y parte superior del pecho blanquecino. Partes inferiores con plumas de centro pardo oscuro. Pecho con lavado café rojizo. Cola puntiaguda, café negruzca.

Hábitat: En todo tipo de aguas interiores tanto dulces como salobres, en ambas vertientes de la Cordillera de los Andes. También en ríos anchos y en playas marinas, en especial durante los meses de invierno. Desde la costa hasta la pre-cordillera.

Rango: *L. s. specularioides* es un residente localmente común a muy común por la cordillera desde Aysén y Magallanes, en Chile y desde Neuquén y Río Negro, en Argentina hasta el sur de Isla Grande de Tierra del Fuego, islas australes del Canal Beagle, incluyendo el Archipiélago de las Wollaston (Cabo de Hornos) e Isla de los Estados. Raro al sur-oeste de Buenos Aires. Residente muy común y de amplia distribución en Islas Malvinas. Algunas aves migran hacia el nor-este de la Patagonia Argentina durante el invierno austral. La distribución más meridional de *L. s. alticola* alcanza las cordilleras del Maule por Chile.

Esta especie también se distribuye a lo largo del resto de los Andes de Chile y Argentina hasta Perú y oeste de Bolivia.

Hábitos: Solitario, en parejas o en pequeños grupos. Muy gregario, en especial durante el período no-reproductivo. Sociable con todo tipo de aves acuáticas. Bastante bullicioso durante el cortejo. Emite en vuelo un llamado de alerta similar a un ladrido. Confiado.

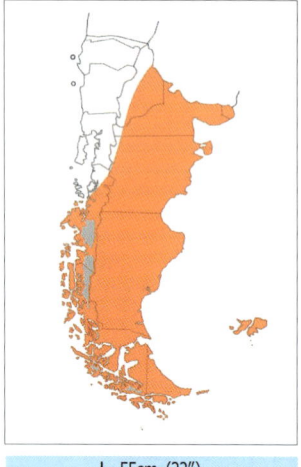

L. 55cm (22″)

1544

Identification: Medium-sized. **Male:** Bluish-grey bill with black tip. Forehead and cheeks white. Whitish auricular spot. Head and neck black with metallic blue and green sheen towards the nape. Upperparts black with feathers bordered white. White wing-coverts with greater coverts tipped black. Secondaries black with metallic green sheen. Primaries dark greyish-brown. Breast white densely barred with black. Rest of underparts white with flanks and undertail-coverts cinnamon red. Tail blackish. **Female:** Similar colouration to the male but duller.

Habitat: In any kind of aquatic environment, favouring freshwater ponds and lakes, streams and other damp areas. Also on sheltered coasts.

Range: Very common summer resident from southern Maule, in Chile and Neuquén, Río Negro and south-western Buenos Aires, in Argentina southwards to the southern part of Isla Grande de Tierra del Fuego, southern islands of the Beagle Channel including Diego Ramírez and Staten Islands. Uncommon resident in the Falkland Islands. Accidental visitor to South Georgia Islands, South Orkney and South Shetland Islands, on the Antarctic Peninsula.

The southernmost populations migrate northwards during the winter, through northern Chile (Atacama) and the rest of Argentina reaching Paraguay, south-eastern Brazil and Uruguay.

Habits: In pairs during the breeding season. Sociable, often associating with other species of waterfowl. Outside the breeding season forms large flocks. Feeds by dabbling or grazing on the shores. Erratic and high flight. Shy and noisy. Gives a loud and repetitive alarm whistle when taking flight.

Identificación: Mediano. **Macho:** Pico gris azulado con punta negra. Frente y mejillas blancas. Lunar auricular blanquecino. Cabeza y cuello negro con brillo azul y verde metálico hacia la zona de la nuca. Partes superiores negras con plumas bordeadas de blanco. Coberteras alares blancas. Coberteras mayores con punta negra. Secundarias negras con brillo metálico verde. Primarias café grisáceo oscuro. Pecho blanco densamente barrado de negro. Resto de las partes inferiores de color blanco con flancos y subcaudales canela rojizo. Cola negra. **Hembra:** De coloración similar, aunque algo más apagada.

Hábitat: En todo tipo de ambiente acuático, prefiriendo lagunas y lagos de agua dulce, riachuelos y vegas. También en la costa marina.

Rango: Residente estival muy común desde el sur del Maule, en Chile y Neuquén, Río Negro y sur-oeste de Buenos Aires, en Argentina hasta el sur de Isla Grande de Tierra del Fuego, islas australes del Canal Beagle e Islas Diego Ramírez y de los Estados. Es un residente poco común del Archipiélago de las Malvinas. Visitante accidental de Isla Georgia del Sur, Orcadas y Shetland del Sur, en la Península Antártica.

Las poblaciones australes migran hacia el norte durante el invierno, por Chile hasta Atacama y el resto de Argentina hasta Paraguay, sur-este de Brasil y Uruguay.

Hábitos: En parejas durante el período reproductivo. Muy sociable con todo tipo de aves acuáticas. En grandes bandadas fuera del período de cría. Se alimenta filtrando o pastando en las orillas. Vuelo errático y alto. Tímido y bullicioso. Emprende el vuelo emitiendo un fuerte y repetitivo silbido de alerta.

1545 ♀
♂

1546

1547

1548

1549

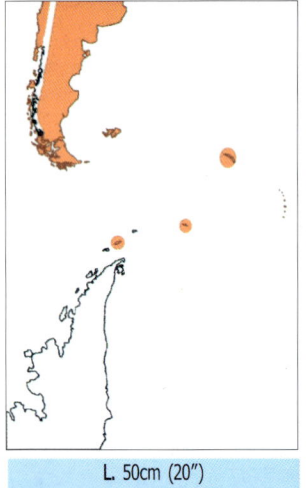

L. 50cm (20″)

1550

Speckled Teal
Anas flavirostris ANATIDAE

C. Pato Jergón Chico
A. Pato Barcino

1551

Identification: Small and compact, with large, rounded head and short neck and tail. Bill yellow with black culmen and nail. Bluish-grey legs. Dark head finely streaked and spotted with cream and blackish zone around the eye. Greyish-brown general colouration. Upperparts dark brown with buff mottling and streaking. Wings dark with coverts bordered with cinnamon-brown. Speculum black with bright green metallic sheen, bordered above with cinnamon and below with white. Underparts paler than upperparts. Back, throat and breast greyish-brown with dark brown mottling.

Habitat: Inhabits a wide variety of aquatic habitats, although absent from torrents; from Andean valleys to the coast. Also occurs in forested areas and estuaries.

Range: *A. f. flavirostris* is a common summer resident throughout the Patagonian region on both slopes of the Andes, from southern Maule, in Chile and from Neuquén, Río Negro and south-western Buenos Aires, in Argentina south to Isla Grande de Tierra del Fuego, including the Patagonian fjords, southern islands of the Beagle Channel: Navarino and Staten Islands. Part of the population migrates northwards during the winter, reaching the lowlands of Paraguay, Uruguay and southern Brazil, although many individuals remain in the southern territories. Common resident in the Falkland Islands. A small population breeds on Cumberland Bay and there are records on Bird Island, in South Georgia Island. Other subspecies occur throughout the High Andes of Chile, Argentina and Peru, and the paramos from Ecuador north to Venezuela.

Habits: Generally found in groups, although disperses in pairs during the breeding season. Very social with other waterfowl. Feeds by dabbling on the water surface or grazing emergent vegetation or around the shore. Erratic and fast flight. Nests often in trees. Rather confiding.

Identificación: Pequeño y compacto, de cabeza redondeada y grande y cuello y cola cortos. Pico amarillo con culmen y punta negra. Patas gris azuladas. Cabeza oscura con fino estriado y punteado crema y zona ocular negra. Coloración general café grisáceo. Por encima café oscuro con moteado y estriado café amarillento. Alas oscuras con coberteras bordeadas de café acanelado. Espéculo negro con brillo verde metálico, bordeado de canela por encima y blanco por debajo. Partes inferiores más pálidas que las superiores. Espalda, garganta y pecho con moteado café oscuro.

Hábitat: Presente en todo tipo de hábitat acuático, a excepción de ríos torrentosos. También en ambientes forestados y estuarios. Desde los valles andinos hasta la costa.

Rango: *A. f. flavirostris* es un residente estival común de toda la región patagónica en ambas vertientes cordilleranas, desde el sur del Maule en Chile y desde Neuquén, Río Negro y sur-oeste de Buenos Aires, en Argentina hasta el sur de Isla Grande de Tierra del Fuego, incluyendo los canales patagónicos, islas australes del Canal Beagle: Islas Navarino y de los Estados. Parte de su población migra al norte durante el invierno alcanzando Paraguay, Uruguay y el sur de Brasil, aunque muchos individuos permanecen en los territorios más australes. Es un residente común en Islas Malvinas y existe una pequeña población reproductiva en Bahía Cumberland y registros en Isla Bird, en Isla Georgia del Sur.

Otras subespecies se distribuyen en los Altos Andes de Chile, Argentina y Perú, y en los páramos desde Ecuador hasta Venezuela.

Hábitos: Generalmente en grupos, aunque en parejas durante el período reproductivo. Muy sociable con todo tipo de aves acuáticas. Se alimenta filtrando el agua o colectando vegetación emergente o de las orillas. Vuelo rápido y errático. También nidifica en árboles. Algo confiado.

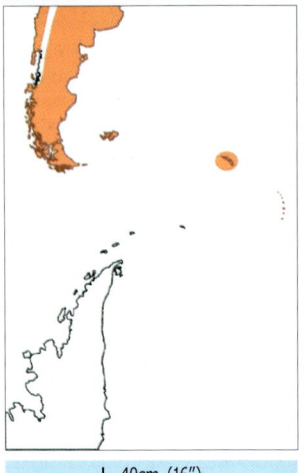

L. 40cm (16")

Yellow-billed Pintail

Anas georgica

ANATIDAE

C. Pato Jergón Grande
A. Pato Maicero

1557

A. g. spinicauda

Identification: Medium-sized, slim duck. Large head, flat crown and longish neck and tail. Bill yellow with black culmen and nail. Dark grey legs. Head and neck light brown with darker crown and nape. General colouration brown, underparts being lighter than upperparts. Upperpart feathers dark brown with buff fringes. Upperwing greyish-brown with dark green speculum bordered buff. Whitish throat. Breast, sides and flanks buff with bold and dense dark brown mottling. Pointed tail.

Habitat: A wide variety of freshwater bodies including lakes, lagoons and rivers. More common in steppe areas and open forests. Sometimes visits brackish ponds and coasts.

Range: *A. s. spinicauda* is a common to very common summer resident on both slopes of the Andes, from southern Maule, in Chile and Neuquén, Río Negro and south-western Buenos Aires, in Argentina south to Isla Grande de Tierra del Fuego and southern islands of the Beagle Channel, including Diego Ramírez Islands. Most of the southern populations migrate northwards to Chile and Argentina during fall and winter, although some individuals remain in the region during the colder months. Uncommon resident in the Falkland Islands. This race is an accidental visitor in South Georgia Island. *A. g. georgica* is a common endemic resident and widely distributed in South Georgia Island. Occasional visitor to the Antarctic with several records on the Antarctic Peninsula and South Orkney and South Shetland Islands.

This is one of the commonest ducks in Chile and Argentina, and ranges northwards through the Andes reaching south-western Colombia and the lowlands of Argentina to Bolivia, Paraguay and south-eastern Brazil.

Habits: In pairs during the breeding season and in flocks during the coldest months. Very social with any kind of waterfowl. Strong flyer. Feeds by filtering the surface water or grazing emergent vegetation and waterside grasslands. Very wary.

Identificación: Mediano y esbelto. Cabeza grande y aplanada, de cuello y cola largos. Pico amarillo con culmen y punta negra. Patas gris oscuro. Cabeza y cuello café pálido con corona y nuca más oscuras. Coloración general café, siendo las partes inferiores más pálidas que las superiores. Partes superiores café oscuro con plumas bordeadas de café amarillento. Superficie dorsal alar café grisáceo con espéculo verde negruzco bordeado de café amarillento. Garganta blanquecina. Pecho, lados y flancos café amarillento con notorio moteado café oscuro. Cola puntiaguda.

Hábitat: En lagos, lagunas, ríos y todo tipo de cuerpos de agua dulce, aunque visita ambientes salinos. Más común en zonas de estepa y bosque abierto. También en la costa marina.

Rango: *A. g. spinicauda* es un residente estival común a muy común por ambas vertientes de los Andes, desde el sur del Maule en Chile y Neuquén, Río Negro y sur-oeste de Buenos Aires, en Argentina hasta el sur de Isla Grande de Tierra del Fuego e islas australes del Canal Beagle, incluyendo Islas Diego Ramírez. La mayor parte de las poblaciones más australes migran hacia el norte de Chile y Argentina durante el otoño e invierno, aunque algunos ejemplares pueden permanecer en la región. Es un residente poco común de Islas Malvinas. Esta raza es un visitante accidental en Isla Georgia del Sur. *A. g. georgica* es un residente endémico común y de amplia distribución en Isla Georgia del Sur. Es un visitante ocasional antártico con varios registros en la Península Antártica e Islas Orcadas y Shetland del Sur.

Este es uno de los patos más comunes de Chile y Argentina, y se distribuye hacia el norte por los Andes hasta el sur-oeste de Colombia y por las tierras bajas de Argentina hasta Bolivia, Paraguay y sur-este de Brasil.

Hábitos: En parejas durante el período de cría, y en bandadas durante los meses invernales. Muy sociable con todo tipo de aves acuáticas. Buen volador. Se alimenta filtrando el agua o colectando la vegetación emergente o de las orillas. Muy desconfiado.

1558

1559

A. g. spinicauda

1560

1561

A. g. spinicauda

A. g. spinicauda

1562

1563

1564

L. 51cm (20″)

Spectacled Duck

Anas specularis

ANATIDAE

C. Pato Anteojillo
A. Pato de Anteojos

Identification: Medium-sized. Bluish-grey bill. Orange legs. Conspicuous and diagnostic white oval-shaped loral spot and throat-band extending to the sides of the neck. Head and upperparts dark brown. Feathers of back, sides and flanks with broad brown scaling. Wings dark brown, violet-coloured speculum with green and bronzy sheen, sometimes very noticeable. Underwing-coverts black with white axillaries. Underparts buffish.

Habitat: Shores, banks and small islands in wide rivers, favouring places near forested zones and isolated shores of large lakes. Occasionally on ponds with emergent vegetation located on steppes. Also in river mouths and other damp areas. In Andean valleys in northern parts of the range, reaching the coast in the south.

Range: Rare to uncommon Patagonian summer resident, through Andean areas from Ñuble, in Chile and western Neuquén, in Argentina south to Isla Grande de Tierra del Fuego, and southern islands of the Beagle Channel (Navarino Island). A significant part of the population migrates northwards during winter, occasionally reaching Santiago and Valparaíso in Chile. Accidental to Mendoza, Córdoba and San Luis, in Argentina. Important numbers also overwinter in southerly regions. Accidental visitor to the Falkland Islands. From the sea level up to 1500m/4500ft.

Habits: In pairs or family groups. Usually territorial, although forms flocks during the non-breeding period. Rests on river shores, often for long periods. When flying, follows the course of rivers. Feeds by grazing on the shores or filtering the surface water. Call similar to a dog's bark. Quite wary.

Conservation: Classified as Near Threatened, with a stable population of less than 10,000 individuals.

Identificación: Mediano. Pico gris azulado. Patas anaranjadas. Notoria y diagnóstica mancha ovalada, delante de cada ojo y otra mancha blanca en la garganta que se extiende hacia los lados del cuello. Cabeza y partes superiores café oscuro. Plumas de espalda, lados y flancos con ancho escamado café. Alas café oscuro con espéculo violáceo con brillo verde y bronceado, en ocasiones muy notorio. Coberteras subalares negras con axilares blancas. Partes inferiores café amarillento.

Hábitat: Ríos anchos con remansos, playas o islotes, de preferencia cercanos a zonas forestadas y playas aisladas de lagos grandes. Ocasionalmente en charcos con vegetación emergente en áreas de estepa. También en desembocaduras de ríos y en sectores anegados. En valles cordilleranos en la zona norte de su distribución, llegando a la costa por el sur.

Rango: Residente estival patagónico raro a poco frecuente por la zona cordillerana, desde Ñuble, en Chile y Neuquén, en Argentina hasta el sur de Isla Grande de Tierra del Fuego, e islas australes del Canal Beagle (Isla Navarino). Una parte de su población migra hacia el norte durante el invierno, llegando ocasionalmente hasta Santiago y Valparaíso, en Chile y accidentalmente hasta Mendoza, Córdoba y San Luis, en Argentina, sin embargo, números importantes hibernan en las regiones más australes. Accidental en Islas Malvinas. Desde el nivel del mar hasta los 1500m.

Hábitos: En parejas o en grupos familiares. Usualmente territorial, aunque durante el período no reproductivo se congrega en grupos. Sedentario, siempre se observa descansando en las orillas, a menudo por largos períodos. Cuando vuela, sigue el curso de los ríos. Se alimenta pastando en las orillas o filtrando el agua superficial. Su graznido es semejante al ladrido de un perro. Algo desconfiado.

Conservación: Considerada como una especie Casi-amenazada, con una población estable de menos de 10.000 individuos.

1566

1567

1568

1569

1570

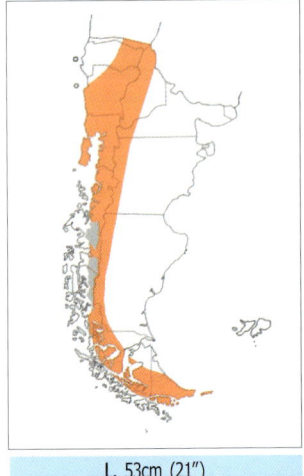

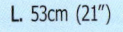

L. 53cm (21")

1571

White-cheeked Pintail

Anas bahamensis   ANATIDAE

C. Pato Gargantillo
A. Pato Gargantilla

1572

Identification: Medium-sized. Bluish-grey bill with red sides to basal half; culmen and nail black. Dark grey legs. Brown iris. Crown and nape dark brown. Sides of head, throat and upper foreneck white. Upperparts blackish brown with buff-fringed feathers. Rump and tail buff, pointed and longish. Wing-coverts brown, secondaries metallic green at base, narrow black subterminal border and broad buffish terminal bar. Primaries blackish. Underparts buff with feathers centered with dark brown.

Habitat: Brackish ponds and other saline bodies of water including estuaries and coasts. Also on open freshwater lagoons, with few or without emergent vegetation.

Range: *A. b. rubrirostris* is an uncommon to locally fairly common summer resident in lowlands from southern Maule south to Los Lagos, in Chile and from Neuquén, Río Negro and south-western Buenos Aires south to Chubut. More occasionally visits Santa Cruz, central-eastern Magallanes and the central-northern and south-eastern part of Isla Grande de Tierra del Fuego. Accidental visitor in the Falkland Islands.

This species ranges northwards across the rest of Chile and Argentina and through most of South America north to Venezuela and the Guianas. Also on Galapagos Islands.

Habits: In small groups or forming large mixed flocks with several other ducks. Flight fast and agile. Generally seen swimming quietly in shallow water bodies, dabbling on the surface. Silent and shy.

Identificación: Mediano. Pico gris azulado con lados de la base rojo; borde superior y punta negra. Patas gris oscuras. Iris café. Corona y nuca café oscuro. Lados de la cara, garganta y parte superior del cuello blanco. Partes superiores café negruzco con plumas bordeadas de café amarillento. Rabadilla y cola café amarillento, ésta última larga y puntiaguda. Coberteras café, secundarias con verde metálico en la base, delgada banda subterminal negra y amplia banda terminal café amarillento. Primarias negruzcas. Partes inferiores café amarillento con plumas de centro café negruzco.

Hábitat: Lagunas salobres y otros ambientes salinos como estuarios y costas marinas. También en lagunas de agua dulce abiertas, sin o con poca vegetación flotante.

Rango: *A. b. rubrirostris* es un residente estival escaso a localmente frecuente en sectores bajos desde el sur del Maule hasta Los Lagos, en Chile y desde Neuquén, Río Negro y sur-oeste de Buenos Aires hasta Chubut. Más ocasionalmente visita Santa Cruz, centro-este de Magallanes y la porción centro-norte y sur-este de Isla Grande de Tierra del Fuego. Accidental en Islas Malvinas.

Esta especie se distribuye por el resto de Chile y Argentina y gran parte de Sudamérica hasta Venezuela y las Guyanas. También en las Islas Galápagos.

Hábitos: En pequeños grupos o formando grandes bandadas junto a varias especies de patos. Vuelo rápido y ágil. Generalmente se observa nadando tranquilamente sobre cursos de aguas someras, filtrando la superficie. Silencioso y tímido.

L. 50cm (20″)

Silver Teal

Anas versicolor   ANATIDAE   **C. & A.** Pato Capuchino

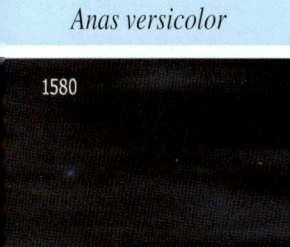

1580

Identification: Smallish. Blue and green bill with yellow patch at the base (more evident on males). Bluish-grey legs. Prominent black cap. Buff cheeks. Upperparts brown with buff-bordered feathers. Bluish speculum with narrow white border. Underparts white, densely barred with black on flanks. Tail whitish finely barred with dark grey. **Female:** Duller than the male.

Habitat: Shallow freshwater lagoons and ponds fringed with abundant emergent vegetation and reeds. Favours shallow irrigation channels and small reservoirs on the Patagonian steppe.

Range: *A. v. versicolor* is a rare to locally frequent summer resident from southern Maule south to Isla Grande de Chiloé (Los Lagos), in Chile and from Neuquén, Río Negro and south-western Buenos Aires south to Chubut, in Argentina. *A. v. fretensis* is a summer resident from Aysén, in Chile and Chubut, in Argentina extending southwards to the northern part of Isla Grande de Tierra del Fuego. During the southern winter, both subspecies migrate to the north. Resident in the Falkland Islands.

Widely distributed in South America, reaching central Chile, the rest of Argentina, southern Bolivia, Paraguay and southern Brazil.

Habits: Alone or in pairs. During the winter forms flocks of up to 10 or more individuals. Frequently seen peacefully swimming on shallow bodies of water. Silent. Wary.

Identificación: Pequeño. Pico azul y verde con mancha amarilla en la base (más evidente en el macho). Patas gris azuladas. Característica boina negra. Mejillas café amarillento. Partes superiores café con plumas bordeadas de café amarillento. Espéculo azulado con delgado borde blanco. Partes inferiores blancas con denso barrado negro en los flancos. Cola blanquecina barrada finamente de gris oscuro. **Hembra:** Algo más apagada que el macho.

Hábitat: Lagunas y charcos de agua dulce y poco profundas, y con abundante vegetación emergente en las orillas. Frecuenta cuerpos de agua someros y depósitos de agua en la estepa patagónica.

Rango: *A. v. versicolor* es un residente estival raro a localmente frecuente desde el sur del Maule hasta Isla Grande de Chiloé (Los Lagos), en Chile y desde Neuquén, Río Negro, sur-oeste de Buenos Aires hasta Chubut, en Argentina. *A. v. fretensis* en tanto es un residente estival desde Aysén, en Chile y Chubut, en Argentina hasta el norte de Isla Grande de Tierra del Fuego. Durante el invierno austral, ambas subespecies migran hacia el norte. Residente en Islas Malvinas.

Amplia distribución en Sudamérica, alcanzando el centro de Chile, resto de Argentina, sur de Bolivia, Paraguay y sur de Brasil.

Hábitos: Solitario o en parejas. Durante el invierno en bandadas de 10 o más individuos. Generalmente se observa nadando tranquilamente sobre cursos de aguas someras. Silencioso. Desconfiado.

1581

1582

1583

1584

1585

1586

L. 43cm (17")

Cinnamon Teal

Anas cyanoptera ANATIDAE **C. & A.** Pato Colorado

1587

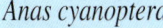

Identification: Medium-sized. **Male:** Unmistakable. Bill black. Legs yellow to orange. Crown dusky. Head, neck and underparts bright reddish-chestnut, browner towards the belly. Upperparts blackish brown with long buffish streaks. In flight, blue wing-coverts separated from bright green speculum by white bar. Primaries blackish. Tail and undertail-coverts blackish. **Female:** Dark-grey, longish bill. Upperparts dark brown barred with pale brown. Head and neck buff with brown streaking. Underparts pale brown with dense dark mottling.

Habitat: Reed-fringed swampy bogs and freshwater ponds, rivers and reservoirs with dense emergent vegetation.

Range: *A. c. cyanoptera* is an scarce to locally common summer resident from southern Maule south to Los Lagos, in Chile and from Neuquén, Río Negro and south-western Buenos Aires, in Argentina down through Santa Cruz and central-eastern Magallanes to the Magellan Straits, being rarer in the southern part of its range. Occasional visitor in the northern part of Isla Grande de Tierra del Fuego and accidental vagrant south to Staten Island. Very scarce in the Falkland Islands, with some confirmed nesting records, although its resident status is not yet clear. During the winter, the southern population migrates northwards to Chile and Argentina.

This species is widely distributed through the Andes and lowlands of South America north to western North America.

Habits: In pairs or small groups. Often seen associates with other ducks. Strong and agile flyer. Frequently swims whilst feeding. Silent and shy.

Identificación: Mediano. **Macho:** Inconfundible. Corona oscura. Cabeza, cuello y partes inferiores castaño rojizo brillante, más café hacia el abdomen. Partes superiores café negruzco con largas estrías café amarillento. En vuelo, ambos sexos tienen primarias negras, coberteras azules y una banda blanca intermedia que separa el espéculo que es verde brillante. Cola y subcaudales negruzcas. **Hembra:** Pico negro, largo. Patas amarillas a anaranjado. Partes superiores café oscuro con barrado café pálido. Cabeza y cuello café amarillento con estriado café. Partes inferiores café pálido con denso moteado oscuro.

Hábitat: Pantanos inundados y lagunas de agua dulce, ríos y embalses con densa vegetación emergente y abundantes totorales en sus orillas.

Rango: *A. c. cyanoptera* es un residente estival escaso a localmente común desde el sur del Maule a Los Lagos en Chile y desde Neuquén, Río Negro y sur-oeste de Buenos Aires, en Argentina hasta Santa Cruz y centro-este de Magallanes hasta el Estrecho de Magallanes, siendo más raro hacia el sur. Visitante ocasional en la porción norte de Isla Grande de Tierra de Fuego y accidental más al sur hasta Isla de los Estados. Muy escaso en Islas Malvinas donde hay algunos datos confirmados de nidificación, aunque aún no está claro su estatus de residencia. Durante el invierno las poblaciones más australes migran hacia el norte de Chile y Argentina.

Esta especie se encuentra ampliamente distribuida en los Andes y tierras bajas de Sudamérica hasta el oeste de Norteamérica.

Hábitos: En parejas o en pequeños grupos. A menudo se observa asociado junto a otros patos. Buen y ágil volador. Con frecuencia bucea para alimentarse. Silencioso y tímido.

1588 ♂

1589 ♀

1590

1591

1592 ♀

1593

1594 ♂ ♀

L. 46cm (18")

Red Shoveler

Anas platalea   ANATIDAE   **C. & A.** Pato Cuchara

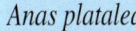

1595

Identification: Medium-sized. **Male:** Large, broad-tipped black bill. Legs orange-yellow. Iris light bluish. Head grey with fine blackish mottling. Back and rump blackish with whitish streaking. Undertail-coverts black. Underparts reddish-brown with conspicuous black-spotting. Tail fairly long, black with whitish sides. **Female:** Greyish-brown general colouration, with buff streaking on the upperparts. Underparts buff mottled with dark brown. Bright green speculum, with a white bar separating it from the wing-coverts which are light blue.

Habitat: Reed-fringed lagoons and lakes. Also on open lagoon on steppe areas. From Andean valleys to the coast.

Range: Scarce to locally common summer resident from southern Maule south to Isla Grande de Chiloé, in Chile and in lowland wetlands of Patagonian scrubby steppes of the eastern slopes of the Andes, from Neuquén and Río Negro south to Santa Cruz, in Argentina and adjacent regions of Magallanes, in Chile (Ultima Esperanza). Scarcer southwards to the southern part of Isla Grande de Tierra del Fuego and the Beagle Channel (Navarino Island). During winter, the southernmost populations migrate northwards. Uncommon resident that possibly breeds in the Falkland Islands.

This species ranges northwards to Coquimbo, in north-central Chile, the remainder of Argentina and reaches Paraguay, Uruguay, south-eastern Brazil, Bolivia and southern Peru.

Habits: In pairs or mixed flocks with other ducks. The male is polygamous and territorial during the breeding season. Highly gregarious during the winter, often forming flocks of hundreds of individuals. Swims with its head low filtering the surface water with its specialised bill. Strong flyer. Confiding.

Identificación: Mediano. **Macho:** Tiene pico negro de gran tamaño, con punta ensanchada. Patas amarillo anaranjado. Iris celeste pálido. Cabeza gris con leve moteado negruzco. Espalda y rabadilla negruzca con estriado blanquecino. Coberteras subcaudales negras. Partes inferiores café rojizo con notorio manchado negro. Cola bastante larga, negra en el centro con lados blanquecinos. **Hembra:** Coloración general café grisácea, con estriado ante en las partes superiores. Por debajo ante con moteado café negruzco. Espéculo verde brillante, con banda blanca que lo separa de las coberteras alares que son celestes.

Hábitat: Lagunas y lagos con abundantes juncales en sus orillas. También en lagunas abiertas en zonas de estepa. Desde los valles andinos hasta la costa.

Rango: Residente estival escaso a localmente común desde el sur del Maule hasta la Isla Grande de Chiloé, en Chile y en humedales de ambientes de estepa y matorral de la vertiente oriental de los Andes, desde Neuquén y Río Negro hasta Santa Cruz, en Argentina y zonas adyacentes de Magallanes, en Chile (Ultima Esperanza). Más escaso por el sur hasta el sur de Isla Grande de Tierra del Fuego y Canal Beagle (Isla Navarino). Durante el invierno, las poblaciones más australes migran hacia el norte. Escaso residente, que posiblemente nidifique, en Islas Malvinas.

Esta especie se distribuye hasta Coquimbo, en el norte-centro de Chile, el resto de Argentina, Paraguay, Uruguay, sur-este de Brasil, Bolivia y sur de Perú.

Hábitos: En parejas o en bandadas mixtas con otros patos. El macho es polígamo y territorial durante el período reproductivo. Bastante gregario durante el invierno, llegando a congregarse en bandadas de cientos de individuos. Nada inclinando su cabeza para filtrar el agua superficial con su especializado pico. Buen volador. Confiado.

1596 ♂

1597 ♀

1598

1599 ♂ ♀

1600 ♂

1601 ♂

L. 51cm (20″)

Rosy-billed Pochard

Netta peposaca ANATIDAE

C. Pato Negro
A. Pato Picazo

1602

Identification: Medium-sized duck with stocky body. **Male:** Unmistakable. Black-tipped bill and basal knob bright pink. Legs and iris red. Head, neck, breast and upperparts black with purplish sheen. Belly, sides and flanks white with dense, and fine grey vermiculations. Belly black and undertail-coverts white. Prominent white wing bar with black trailing edge. Primaries and leading edge of wing black. Underwing-coverts whitish. **Female:** Bill and legs bluish-grey. Brown iris. General colouration uniform reddish-brown, being paler on crown and upperparts. Chin and throat white. Centre of breast and belly paler. Undertail-coverts white.
Habitat: Freshwater bodies such as shallow lagoons with abundant emergent vegetation and reeds at the edges, lakes, swamps and rivers.
Range: Rare to locally common summer resident in lowland from Cauquenes (Maule) south to Los Lagos, in Chile and Neuquén, Río Negro and south-western Buenos Aires, in Argentina to Aysén, Santa Cruz and central-eastern Magallanes, being scarcer southwards. Very occasional visitor to Isla Grande de Tierra del Fuego, being a vagrant south to the Beagle Channel (Gable Island). Accidental visitor to the Falkland Islands. During the southern winter, the whole population migrates northwards to Chile and Argentina.
This species ranges north to Coquimbo, in Chile and lowlands of the rest of Argentina extending to Paraguay, south-eastern Brazil and Uruguay.
Habits: Alone, in pairs or small groups. Social, often associated with other ducks and aquatic birds. Fast flight with rapid wing-beats. Feeds by dabbling on the surface or grazing on the shoreline. Rarely dives. Confiding.

Identificación: Mediano y de cuerpo robusto. **Macho:** Inconfundible. Pico rosado intenso con carúncula basal del mismo color y punta negra. Patas e iris rojo. Cabeza, cuello, pecho y partes superiores negras con brillo púrpura. Abdomen, lados y flancos blancos con denso y fino vermiculado gris. Región ventral negra y subcaudales blancas. Prominente espéculo blanco con borde posterior negro. Primarias y borde anterior alar negro. Coberteras subalares blanquecinas. **Hembra:** Pico y patas gris azulado. Iris café. Coloración general café rojizo uniforme, siendo más oscura en corona y partes superiores. Mentón y garganta blancos. Centro del pecho y abdomen más pálidos. Subcaudales blancas.
Hábitat: Cuerpos de agua dulce como lagunas poco profundas y abundante vegetación en sus orillas, lagos, áreas inundadas y ríos.
Rango: Residente estival raro a localmente común en tierras bajas desde Cauquenes (Maule) hasta Los Lagos, en Chile y desde Neuquén, Río Negro y sur-oeste de Buenos Aires, en Argentina hasta Aysén, Santa Cruz y centro-este de Magallanes, siendo más escaso hacia el sur. Muy ocasional en Isla Grande de Tierra del Fuego, alcanzando accidentalmente hasta el Canal Beagle (Isla Gable). Accidental en Islas Malvinas. Durante el invierno austral, las poblaciones migran hacia el norte de Chile y Argentina.
Esta especie se distribuye por Chile, hasta Coquimbo, y por el resto de las planicies de Argentina hasta Paraguay, sur-este de Brasil y Uruguay.
Hábitos: Solitario, en parejas o en pequeños grupos. Sociable, a menudo asociado con otros patos y aves acuáticas. Vuelo veloz y de rápidos aletos. Se alimenta sobre la superficie o pastando en las orillas. Rara vez bucea. Confiado.

1603

1604 ♀ ♂

1605

1606 ♂

1607

1608

1609 ♀

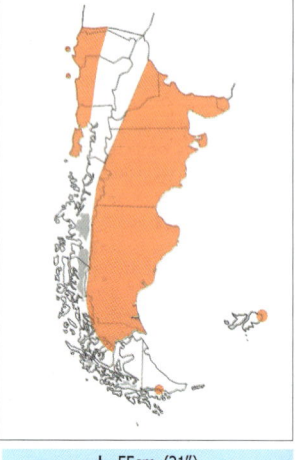

1610 ♀

L. 55cm (21")

Black-headed Duck

Heteronetta atricapilla   ANATIDAE

C. Pato Rinconero
A. Pato Cabeza Negra

1611

Identification: Small, long-bodied with a short tail. **Male:** Bluish-grey with red spot at the base of the upper mandible. Legs greyish-brown. Head and neck black. Upperparts blackish brown. Wings and tail finely barred reddish-brown. Secondary-coverts and secondaries white-tipped forming two narrow bands, both visible in flight. Underwing-coverts dark. Base of neck and rest of underparts light brown, finely vermiculated with blackish. **Female:** Head mottled with greyish-brown and whitish, crown darker with narrow and faint whitish supercilium. Upperparts blackish-brown. Underparts similar to the male although dull buff. Bill may show faint red at base.

Habitat: Reed-fringed lagoons with abundant emergent vegetation, located on open areas.

Range: Very scarce and local summer resident in lowlands from Cauquenes (Maule) south to Valdivia (Los Lagos) in Chile. More frequent, although in small numbers, in the lake region of Neuquén, south-western Río Negro (Nahuel Huapi PN and El Bolsón) and Chubut (Lakes Epuyén and Colhué Huapi). During fall begins to migrate north to central Chile and Argentina. Hypothetical accidental visitor to the Falkland Islands. Ranges to north-eastern Argentina, Paraguay, south-eastern Brazil and Uruguay.

Habits: Only brood-parasitic duck in the world. Does not build its own nest preferring to lay its eggs in the nests of other aquatic birds including several species of ducks, coots, gulls, herons and even in nests of ground-nesting birds of prey. Roosts for long periods. Swims quite low in the water, with head forward and water reaching the base of the neck. Filters feeds on the water surface. Wary.

Identificación: Pequeño, de cuerpo largo y cola corta. **Macho:** Pico gris azulado con parche rojo en la base de la maxila. Patas café grisáceo. Cabeza y cuello negro. Partes superiores café negruzco. Alas y cola con delgado barrado café rojizo. Coberteras secundarias y secundarias con puntas blancas formando dos delgadas blancas, visibles en vuelo. Coberteras subalares oscuras. Base del cuello y resto de las partes inferiores café claro, con fino vermiculado negruzco. **Hembra:** Cabeza moteada de café grisáceo y blanquecino, corona mas oscura y delgada y tenue superciliar blanquecina. Partes superiores café negruzco. Partes inferiores como el macho aunque café amarillento más apagado. El pico puede presentar algo de rojo en la base.

Hábitat: Lagunas en zonas abiertas con abundante vegetación emergente y totorales en sus orillas.

Rango: Es un residente estival muy escaso y local en ambientes bajos desde Cauquenes (Maule) hasta Valdivia (Los Lagos) en Chile. Es más frecuente aunque poco numeroso en la región de los lagos de Neuquén, sur-oeste de Río Negro (PN Nahuel Huapi y El Bolsón) y Chubut (Lagos Epuyén y Colhué Huapi). Durante el otoño inicia su migración hacia el centro de Chile y Argentina. Hipotético en Islas Malvinas. Su distribución comprende hasta el nor-este de Argentina, Paraguay, sur-este de Brasil y Uruguay.

Hábitos: Unico pato completamente parasítico. No construye un nido propio, y prefiere colocar sus huevos en nidos de otras aves acuáticas incluyendo patos, taguas/gallaretas, gaviotas, garzas y aun en nidos de aves rapaces que nidifican en el suelo. Descansa por largos períodos. Nada bastante sumergido, con la cabeza hacia delante y con el agua hasta la base del cuello. Filtra la superficie del agua. Desconfiado.

1612

1613

1614

1615

1616

1617

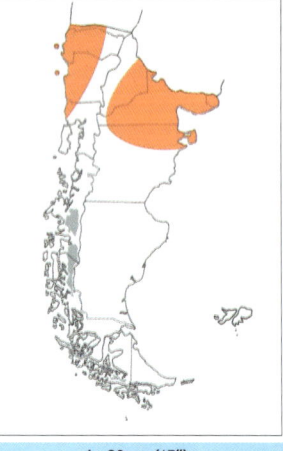

1618

L. 38cm (15")

Andean Ruddy-Duck

Oxyura ferruginea　　　　ANATIDAE

C. Pato Rana de Pico Ancho
A. Pato Zambullidor Grande

1619

Identification: Medium-sized. **Male:** Intense light blue bill with pink nail. Head and neck black. Throat, upperparts, flanks and wings reddish-chestnut. Breast black. White undertail-coverts. Stiff tail, blackish brown. **Female:** Brown bill. Greyish legs. Head brown with faint ochre band extending from base of the bill towards the nape, below the eye. Throat of the same colour. Upperparts and rest of undeparts dark reddish-brown.

Habitat: Shallow freshwater lagoons and streams with emergent vegetation and abundant reeds on the shores. Also in open lagoons on the Patagonian steppe.

Range: Frequent to locally common summer resident in lowland and coastal wetlands from southern Maule south to Los Lagos, in Chile and from Neuquén and Río Negro to Santa Cruz, in Argentina including adjacent regions of eastern Aysén and central-eastern Magallanes, Chile. In the south, favours Andean valleys. Occasional visitor to the northern part of Isla Grande de Tierra del Fuego. The southernmost populations migrate northwards to central Chile and Argentina during the colder months.
This species ranges throughout the Andes northwards to extreme south of Colombia.

Habits: In pairs or small groups. Social, congregates in mixed flocks with other ducks and aquatic birds. Strong swimmer and diver. Swims with body almost submerged and tail generally horizontal. When resting keeps tail erect. Feeds predominantly on small fish, frogs and invertebrates, with some aquatic vegetation. Confiding.

Identificación: Mediano. **Macho:** Pico azul celeste intenso con uña rosada. Cabeza y cuello negro. Garganta, partes superiores, flancos y alas de color castaño rojizo. Pecho negro. Subcaudales blancas. Cola rígida, café negruzco. **Hembra:** Pico café. Patas grisáceas. Cabeza café con banda ocre poco visible, desde la base del pico a la nuca por debajo del ojo. Garganta del mismo color. Partes superiores y resto del vientre café castaño oscuro.

Hábitat: Lagunas someras de agua dulce y esteros con vegetación emergente y abundantes totorales en sus orillas. También en lagunas abiertas en zonas de estepa patagónica.

Rango: Residente estival frecuente a localmente común en ambientes cordilleranos y bajos desde el sur del Maule hasta Los Lagos, en Chile y desde el oeste de Neuquén y Río Negro hasta Santa Cruz, por Argentina, incluyendo regiones adyacentes del este de Aysén y centro-este de Magallanes, Chile. En el sur preferentemente en ambientes pre-cordilleranos. Visitante ocasional en la porción norte de Isla Grande de Tierra del Fuego. Las poblaciones más australes migran hacia el centro de Chile y Argentina durante los meses más fríos.
Esta especie se distribuye por los Andes hacia el norte hasta el extremo sur de Colombia.

Hábitos: En parejas o en pequeños grupos. Sociable, se asocia con varias especies de patos y otras aves acuáticas. Excelente nadador y buceador. Nada con el cuerpo semi-sumergido y su cola generalmente a ras de agua. Cuando descansa mantiene la cola erecta. Se alimenta principalmente de pequeños peces, batracios e invertebrados, junto con algunas plantas acuáticas. Confiado.

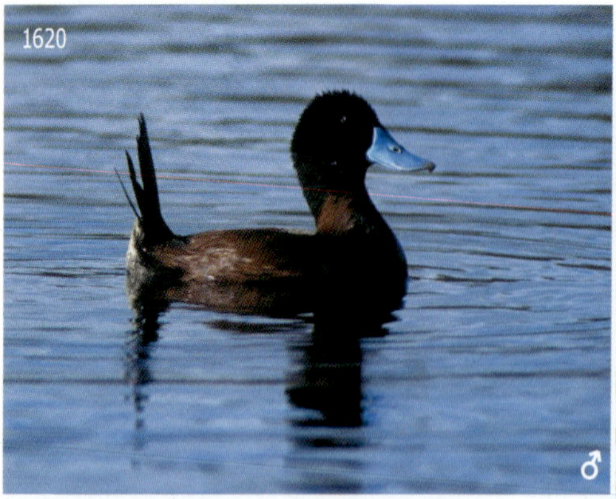

1620 ♂

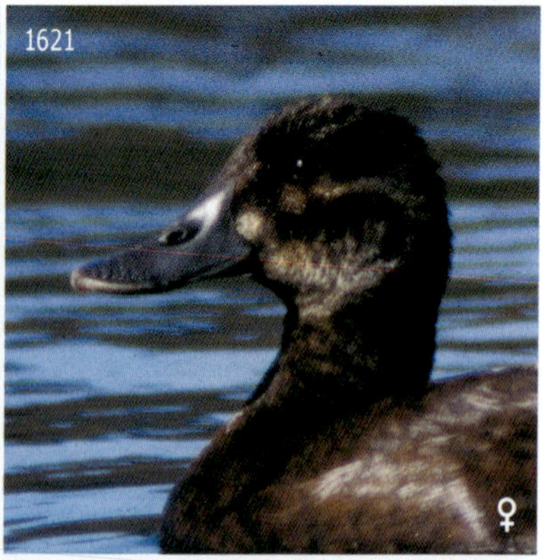

1621 ♀

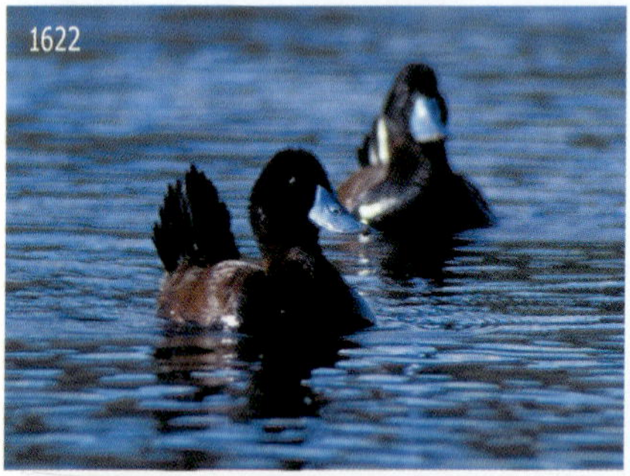

1622

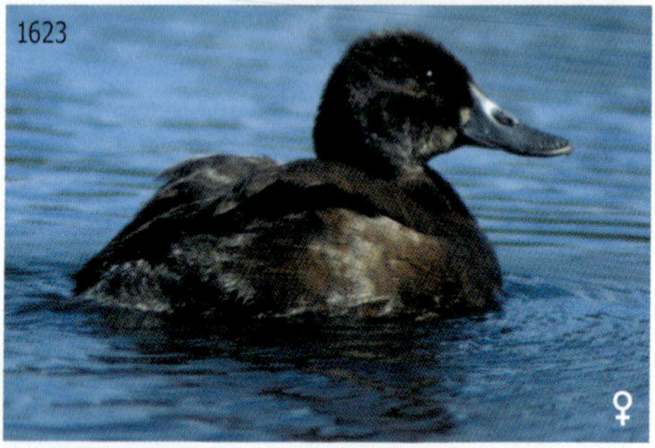

1623 ♀

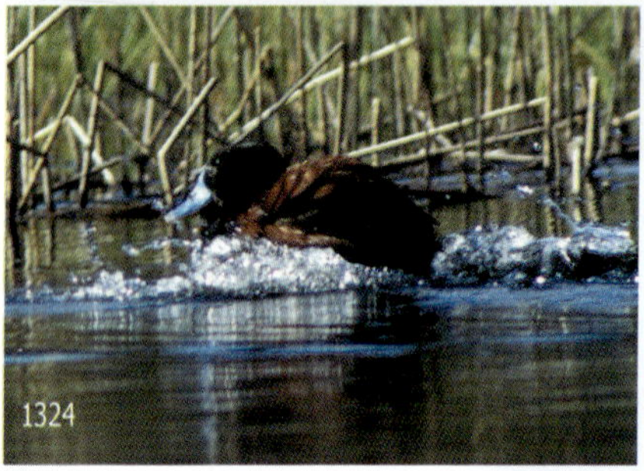

1324

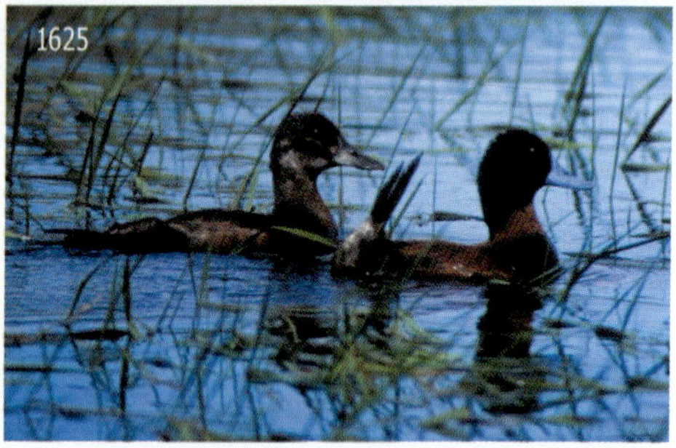

1625

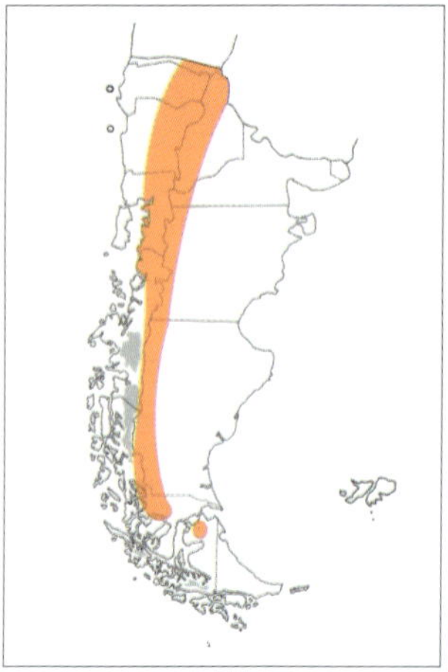

L. 47cm (19")

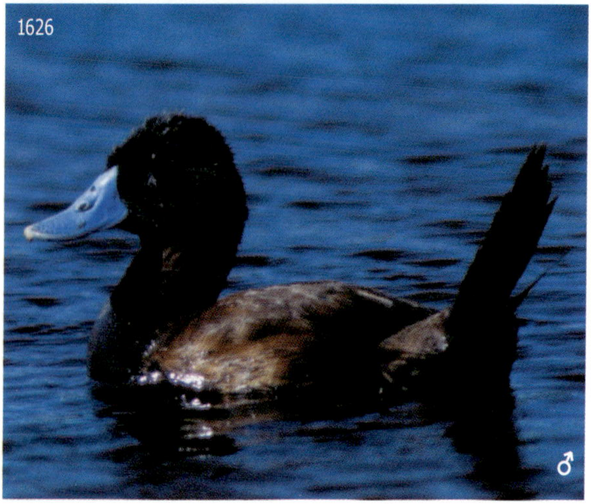

1626 ♂

Argentine Ruddy-Duck

Oxyura vittata

ANATIDAE

C. Pato Rana de Pico Delgado
A. Pato Zambullidor Chico

1627

Identification: Smallish with rounded body. Considerably smaller than Andean Ruddy-Duck. **Male:** Intense light blue bill with black nail. Head and neck black. Throat, upperparts, flanks and wings reddish-chestnut. Whitish undertail-coverts. Stiff tail, blackish-brown. **Female:** Greyish-brown bill and greyish legs. Brown general colouration barred with ochre. Prominent whitish band extending from the base of bill towards the nape. Throat of the same colour, although duller. Whitish undertail-coverts. Tail dark brown.

Habitat: Shallow freshwater lagoons and streams with abundant emergent vegetation and reed-fringed shorelines, located from the coast to pre-Andean valleys. More rarely on open lagoons.

Range: Frequent to locally common summer resident of lowlands and coastal wetlands from southern Maule south to Los Lagos, in Chile and from Neuquén, Río Negro and south-western Buenos Aires to Santa Cruz, in Argentina, including adjacent region of eastern Aysén and central-eastern Magallanes, Chile. Occasional visitor in the northern part of Isla Grande de Tierra del Fuego. The southerly populations migrate towards central Chile and Argentina during the colder months. Accidental visitor to the Falkland Islands and Deception Island, Antarctic Peninsula.

In Chile ranges north to Atacama and in Argentina to La Rioja and San Juan, and adjacent regions of Paraguay, south-eastern Brazil and Uruguay.

Habits: In pairs or small groups. Social, associates with several other species of ducks and other aquatic birds. Strong swimmer and diver. Swims with body almost submerged and tail generally horizontal. When resting keeps tail erect. Feeds predominantly on small fish, frogs and invertebrates, with some aquatic vegetation. Guttural and harsh call. Confiding.

Identificación: Pequeño y de cuerpo redondo, bastante más chico que *O. ferruginea*. **Macho:** Pico azul intenso con uña negra. Cabeza y cuello negro. Garganta, partes superiores, flancos y alas de color castaño rojizo. Subcaudales blanco sucio. Cola rígida, pardo negruzco. **Hembra:** Pico café grisáceo y patas grisáceas. Es de coloración general café barrada de ocre. Notoria banda blanquecina desde la base del pico a la nuca. Garganta del mismo color, pero más atenuada. Subcaudales blanquecinas. Cola café oscuro.

Hábitat: Lagunas someras de agua dulce y esteros con vegetación emergente y abundantes totorales en sus orillas, situadas desde la pre-cordillera a la costa. Más raramente en lagunas abiertas.

Rango: Residente estival frecuente a localmente común en ambientes bajos y costeros desde southern Maule hasta Los Lagos, en Chile y desde Neuquén, Río Negro y sur-oeste de Buenos Aires hasta Santa Cruz, por Argentina, incluyendo el este de Aysén y centro-este de Magallanes. Visitante ocasional en la porción norte de Isla Grande de Tierra del Fuego. Las poblaciones australes migran hacia el centro de Chile y Argentina durante los meses más fríos. Visitante accidental en Islas Malvinas e Isla Decepción, Península Antártica.

En Chile su distribución alcanza hasta Atacama y por Argentina hasta La Rioja y San Juan, además de regiones adyacentes de Paraguay, sur-este de Brasil y Uruguay.

Hábitos: En parejas o en pequeños grupos. Sociable, se asocia con varias especies de patos y otras aves acuáticas. Excelente nadador y buceador. Nada con el cuerpo semi-sumergido y su cola generalmente a ras de agua. Cuando descansa mantiene se cola erecta. Se alimenta principalmente de pequeños peces, batracios e invertebrados, junto con algunas plantas acuáticas. Característico grito gutural y áspero. Tímido.

Austral Rail

Rallus antarcticus

RALLIDAE

C. Pidén Austral
A. Gallineta Chica

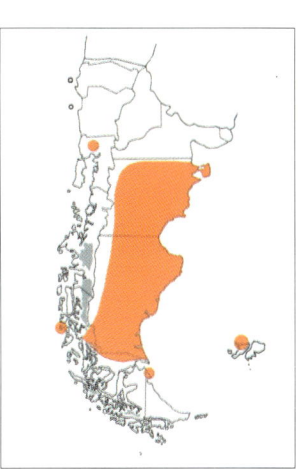

Chick / Polluelo

Identification: Smallest member of *Rallus* genus. Bill red. Legs purple. Iris reddish-brown. Lores blackish-brown. Supercilium and throat grey. Upperparts buffish, densely streaked with black. Wing-coverts reddish-brown with whitish barring. Sides of head, neck, breast and upper belly plumbeous-grey. Flanks black with bold white barring. Undertail-coverts white.

Habitat: Lagoons, ponds and damp grasslands adjacent marshy areas with abundant dense reeds, located on shrubby Patagonian steppe.

Range: ENDEMIC to Patagonia. Very scarce to locally frequent resident in Argentina from western Río Negro and Chubut (historical records) to southern Santa Cruz and adjacent regions of central-eastern Magallanes. Recent sightings from Chico River (Santa Cruz), Torres del Paine NP (Magallanes) and steppe area in the southern mainland border between Chile and Argentina (Estancia Brazo Norte). Isolated sightings at the coast of Chubut (Valdes Peninsula), Santa Cruz and the Falkland Islands. No recent records for the central-northern part of Isla Grande de Tierra del Fuego. Old XIX-century records from Buenos Aires, Argentina and central Chile (Santiago), could suggest a winter dispersal of the species. There are several old sightings in the Patagonian channels: Madre de Dios and Evans Islands and Punta Arenas (Magallanes). Also an old record at Cayutué, in Llanquihue Lake (Chile).

Habits: Alone or in pairs. Also in family groups. Rather territorial during the breeding season. Curious. Loud and singular call. Spends most of its time hidden in vegetation making it difficult to observe. Occasionally seen feeding in the open. Also swims and if threatened, makes a short flight before dropping quickly into the reeds again.

Conservation: Classified as Vulnerable. The population is estimated to be between 2,500 and 10,000 individuals. Current threats are the development of the agriculture in river valleys preferred by the species, overgrazing and the drainage of habitat for irrigation purposes.

Identificación: El más pequeño del género *Rallus*. Pico rojo. Patas púrpuras. Iris café rojizo. Lorums café negruzco. Superciliar y garganta gris. Partes superiores café amarillentas con denso estriado negro. Coberteras alares café rojizas con barrado blanquecino. Lados de la cabeza, cuello, pecho y parte superior del abdomen gris plomizo. Flancos negros con notorio barrado blanco. Subcaudales blancas.

Hábitat: Lagunas, vegas y pastizales inundados con abundantes y densos juncales en sus orillas, situadas en ambientes de matorral y estepa patagónica.

Rango: ENDEMICO de Patagonia. Residente muy escaso a localmente frecuente en Argentina desde el oeste de Río Negro y Chubut (registros históricos) hasta el sur de Santa Cruz y en la región adyacente del centro-este de Magallanes. Registros recientes en Río Chico (Santa Cruz), PN Torres del Paine (Magallanes) y zona de estepa en el límite continental sur entre Chile y Argentina (Estancia Brazo Norte). Registros aislados en la costa de Chubut (Península Valdés), Santa Cruz e Islas Malvinas. Sin observaciones recientes para la porción centro-norte de Isla Grande de Tierra del Fuego. Antiguos registros del siglo XIX para Buenos Aires, Argentina y Chile central (Santiago), podrían sugerir una dispersión invernal de la especie. Varios registros históricos en los canales patagónicos: Islas Madre de Dios y Evans y Punta Arenas (Magallanes). También un antiguo avistamiento en Cayutué, en el Lago Llanquihue (Chile).

Hábitos: Solitario o en parejas. También en grupos familiares. Bastante territorial durante el período reproductivo. Curioso. Fuerte y singular canto. Vive generalmente muy oculto entre la vegetación, lo que hace de su observación algo muy difícil. Sale en ocasiones a zonas abiertas a alimentarse. También nada y si es molestado, emprende el vuelo para ocultarse nuevamente a corta distancia.

Conservación: Considerada como una especie vulnerable. Se estima una población de entre 2.500 y 10.000 individuos. Las amenazas actuales son el desarrollo de la agricultura en valles de ríos apropiados, y el incremento del sobre pastoreo y drenaje de aguas para riegos.

L. 22cm (8 1/2")

Plumbeous Rail

Pardirallus sanguinolentus RALLIDAE

C. Pidén Común
A. Gallineta Común

1637

Identification: Long, curved yellowish-green bill with small reddish basal spot on lower mandible and bluish base to upper mandible. Legs red. Iris purple red. Upperparts olive-brown. Head and rest of underparts slaty-grey. Flanks washed brown.

Habitat: Swamps, edges of ponds, lagoons and streams with abundant vegetation. Also in inundated fields, beaver dams and coastal grasslands.

Range: *P. s. sanguinolentus* is a common resident in the north and north-eastern Río Negro. *P. s. landbeckii* is a fairly common resident from southern Maule south to Aysén and Magallanes, in Chile and from Neuquén, north-western Río Negro south to Chubut and Santa Cruz, in Argentina. *P. s. luridus* inhabits the Straits of Magellan area, Isla Grande de Tierra del Fuego and adjacent islands of the Beagle Channel, including the Wollaston Archipelago (Cape Horn) and Noir Island. Uncertain status on Staten Island. A doubtful record from the Falkland Islands.

This species ranges throughout the north of Chile and Argentina, north to southern Ecuador, Perú, Bolivia, Paraguay, southern Brazil and Uruguay.

Habits: Alone, also in family groups. Most active at twilight. Has a long and singular call. A call from one bird often causes other birds in the vicinity to respond in chorus. Generally hidden in the vegetation cover, but sometimes seen feeding in the open. Also swims. A difficult bird to see due to its crepuscular and partly nocturnal habits. Fairly curious.

Identificación: Notorio pico curvo y largo, verde amarillento con pequeña mancha basal roja en la mandíbula y azulada en la base de la maxila. Patas rojas. Iris rojo púrpura. Partes superiores café oliváceo. Cabeza y resto de las partes inferiores gris apizarrado. Flancos con lavado café.

Hábitat: Vegas, pantanos, orillas de lagunas y riachuelos con abundante vegetación. También en áreas anegadas, diques de castor y en costas marinas.

Rango: *P. s. sanguinolentus* es un residente común en el norte y nor-este de Río Negro. *P. s. landbeckii* es un residente bastante común desde el sur del Maule hasta Aysén y Magallanes, en Chile y desde Neuquén, nor-oeste de Río Negro hasta Chubut y Santa Cruz, en Argentina. *P. s. luridus* habita la zona del Estrecho de Magallanes, Isla Grande de Tierra del Fuego e islas adyacentes hasta el Canal Beagle, incluyendo el Archipiélago de las Wollaston (Cabo de Hornos) e Isla Noir. Estatus incierto en Isla de los Estados. Un registro dudoso en Islas Malvinas.

Esta especie se distribuye por el norte de Chile y Argentina, hasta el sur de Ecuador, Perú, Bolivia, Paraguay, sur de Brasil y Uruguay.

Hábitos: Solitario, aunque ocasionalmente en grupos familiares. Muy activo en el crepúsculo. Fuerte y singular canto, el que es respondido por todos los individuos presentes en el área. Vive generalmente oculto entre la vegetación. Sale en ocasiones a zonas abiertas a alimentarse. También nada. Debido a sus hábitos crepusculares y nocturnos, es un ave difícil de observar. Bastante curioso.

L. 38cm (15")

Spot-flanked Gallinule

Gallinula melanops　　　　RALLIDAE

C. Tagüita Común
A. Pollona Pintada

1644

Identification: Dark green bill and frontal shield. Iris red. Forehead, crown and nape blackish. Rest of upperparts olive-brown, with reddish-chestnut scapulars and wing-coverts. Sides of head, neck, mantle, breast and upper belly slaty-grey. Grey flanks densely mottled white and lower belly whitish. Undertail-coverts white. Tail blackish.

Habitat: Open freshwater lakes and lagoons, streams and rivers with abundant emergent vegetation and reed-fringed shores.

Range: *G. m. melanops* is a common resident of south-western Buenos Aires. *G. m. crassirostris* is a locally frequent to fairly common migratory resident in lowlands and coastal wetlands from southern Maule south to Aysén, in Chile and Neuquén and Río Negro south to Chubut, in Argentina. A partial migrant during the southern winter, with the easternmost populations reaching northwards to western Chubut and Río Negro.

This species ranges through northern Chile to Atacama, and throughout lowland areas of the rest of Argentina to eastern Bolivia, Paraguay and south-western Brazil. A disjunct population occurs in eastern Colombia.

Habits: Alone, in pairs or family groups, sometimes in small flocks. Territorial during the breeding season. Feeds whilst swimming. Dives when threatened. While swimming, moves its head back and forth. Shy.

Identificación: Pico corto y escudo frontal verde oscuro. Iris rojo. Frente, corona y nuca negruzca. Resto de las partes superiores café oliváceo, con coloración castaño rojizo en escapulares y coberteras alares. Lados de la cabeza, cuello, manto, pecho y parte superior del abdomen gris apizarrado. Flancos grises con denso moteado blanco, parte inferior del abdomen blanquecina. Subcaudales blancas. Cola negruzca.

Hábitat: Lagos y lagunas abiertas de agua dulce, esteros y ríos con abundante vegetación emergente y juncales en sus orillas.

Rango: *G. m. melanops* es un residente común del sur-oeste de Buenos Aires. *G. m. crassirostris* es un residente migratorio localmente frecuente a bastante común en tierras bajas y costeras desde el sur del Maule hasta Aysén, en Chile y desde Neuquén y Río Negro hasta Chubut, en Argentina. Durante el invierno austral, las poblaciones orientales realizan migraciones parciales hacia el norte alcanzando el oeste de Chubut y Río Negro.

Esta especie se distribuye hasta Atacama por el norte de Chile, y las tierras bajas del resto de Argentina hasta el este de Bolivia, Paraguay y sur-oeste de Brasil. Una población disjunta al este de Colombia.

Hábitos: Solitario, en parejas o en grupos familiares, en algunas ocasiones en pequeñas bandadas. Territorial durante el período reproductivo. Se alimenta nadando. Se sumerge al sentirse amenazada. Mientras nada, mueve su cabeza hacia delante y atrás. Tímida.

L. 29cm (11 1/2")

White-winged Coot

Fulica leucoptera   RALLIDAE

C. Tagua Chica
A. Gallareta Chica

1651

Identification: Pale yellow bill with an outstanding, rounded lemon-yellow frontal shield. Legs olive. Iris reddish. Head and neck black. Generally dark slaty-grey, slightly paler on the underparts. White tips to secondaries, forming a band visible only in flight. Undertail-coverts white with black centre.

Habitat: Shallow and open, freshwater or brackish lakes and lagoons. From the coast to pre-Andean lakes.

Range: Fairly common resident from southern Maule south to Los Lagos, in Chile and from Neuquén, Río Negro and south-western Buenos Aires, in Argentina, including adjacent territories of eastern Aysén and Magallanes south to the central-northern part of Isla Grande de Tierra del Fuego.

This species ranges throughout the rest of Chile and Argentina, north to eastern Bolivia, Paraguay, south-eastern Brazil and Uruguay.

Habits: Very territorial and aggressive during the breeding season. Often seen having territorial disputes. Gregarious during winter, forming mixed flocks with other coots. Feeds on aquatic plants on the surface or from the bottom of lagoons which its collects during shallow-dives. Often seen feeding on grasslands not far from the shore. Flies more readily than other coots. Noisy.

Identificación: Escudo frontal redondo y sobresaliente de color amarillo limón a anaranjado. Pico amarillo pálido. Patas oliváceas. Iris rojizo. Cabeza y cuello negro. Coloración general gris apizarrado oscuro, siendo algo más pálido en las partes inferiores. Puntas de las secundarias blancas, formando una banda visible solo en vuelo. Subcaudales blancas con centro negro.

Hábitat: Lagos y lagunas someras y abiertas, de agua dulce o salobre. Desde la costa hasta lagos pre-cordilleranos.

Rango: Residente bastante común desde el sur del Maule hasta Los Lagos, en Chile y desde Neuquén, Río Negro y sur-oeste de Buenos Aires, en Argentina hacia el sur incluyendo los territorios de la vertiente oriental de Aysén y Magallanes hasta la porción centro-norte de Isla Grande de Tierra del Fuego.

Esta especie se distribuye por el resto de Chile y Argentina, hasta el este de Bolivia, Paraguay, sur-este de Brasil y Uruguay.

Hábitos: Muy territorial y agresiva durante el período de cría. Frecuentes disputas territoriales. Gregaria durante el invierno, formando bandadas mixtas con otras especies de *Fulica*. Se alimenta de plantas acuáticas tanto en la superficie como en el fondo de las lagunas mediante cortas zambullidas. Se le observa con frecuencia alimentándose confiadamente en los pastizales cercanos a la orilla. Vuela con frecuencia, más fácilmente que sus congéneres. Bulliciosa.

1652

1653

1654

1655

1656

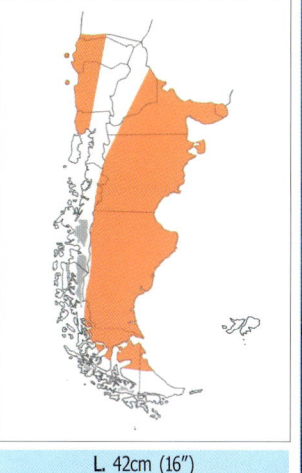

L. 42cm (16")

1657

Red-gartered Coot

Fulica armillata

RALLIDAE

C. Tagua Común
A. Gallareta Ligas Rojas

1658

Identification: Yellow bill separated from an oval-shaped frontal shield by a reddish line. Olive legs have a red garter. Iris red. Head and neck black. Generally dark slaty-grey, slightly paler on the underparts. Undertail-coverts white with black centre.

Habitat: Shallow freshwater and open lakes and lagoons with abundant emergent vegetation and reeds. From the coast to pre-Andean lakes.

Range: Common resident from southern Maule south to Los Lagos, in Chile and from Neuquén, Río Negro and south-western Buenos Aires, in Argentina southwards including adjacent territories of eastern Aysén and Magallanes to the southern part of Isla Grande de Tierra del Fuego and Navarino Island, south of the Beagle Channel.

This species ranges northwards through Chile to Coquimbo, the rest of Argentina, south-eastern Brazil and Uruguay.

Habits: Very territorial during the breeding season, having aggressive territorial disputes with other coots and even with other waterfowl. During the winter seen in mixed flocks with other coots. Rarely flies. Essentially aquatic, although often seen feeding, on grasslands not far from the shore. Dives in search for submerged vegetation. Noisy.

Identificación: Escudo frontal de forma elíptica y pico amarillo, separados por una línea transversal roja. Patas oliváceas con zona roja en la tibia. Iris rojo. Cabeza y cuello negro. Coloración general gris apizarrado oscuro, siendo algo más pálida en las partes inferiores. Subcaudales blancas con centro negro.

Hábitat: Lagos y lagunas abiertas de agua dulce con abundante vegetación emergente y juncales en sus orillas. Desde la costa hasta lagos pre-cordilleranos.

Rango: Residente común desde el sur del Maule hasta Los Lagos, en Chile y desde Neuquén, Río Negro y sur-oeste de Buenos Aires, en Argentina hacia el sur incluyendo territorios adyacentes de la vertiente oriental de Aysén y Magallanes hasta la porción sur de Isla Grande de Tierra del Fuego e Isla Navarino, al sur del Canal Beagle.

Esta especie se distribuye por el norte de Chile hasta Coquimbo, resto de Argentina, sur-este de Brasil y Uruguay.

Hábitos: Durante el período reproductivo es muy territorial. Agresivas disputas territoriales con otras taguas/Gallaretas y aún con otras especies de aves acuáticas. En inviernos se observa en bandadas mixtas con otras especies de *Fulica*. Rara vez vuela. Esencialmente acuática, aunque se le observa con frecuencia alimentándose confiadamente en los pastizales cercanos a la orilla. Bucea en busca de la vegetación sumergida. Bulliciosa.

L. 52cm (20")

Red-fronted Coot

Fulica rufifrons

RALLIDAE

C. Tagua de Frente Roja
A. Gallareta Escudete Rojo

1666

Identification: Yellow bill with reddish base and red fontal shield. Legs olive. Iris reddish-brown. Head and neck black. Generally dark slaty-grey, slightly paler on the underparts. Rump olive-brown. Undertail-coverts white. Wings and tail uniform brown.

Habitat: Open freshwater lakes and lagoons with abundant emergent vegetation and reeds on its edges.

Range: Locally common resident in lowlands from southern Maule south to Los Lagos in Chile, and from Neuquén, Río Negro and south-western Buenos Aires south to northern Chubut. Far less abundant southwards, being an accidental visitor in central-eastern Magallanes and central-northern part of Isla Grande de Tierra del Fuego. Accidental visitor to the Falkland Islands.

This species ranges northwards throughout Chile to Atacama, the lowlands of most of Argentina, north to Paraguay, south-eastern Brazil and Uruguay. Locally in coastal southern Peru.

Habits: Gregarious, forming mixed flocks with other coots during the winter. Feeds on surface plants and occasionally dives. Usually swims with its tail erect. Characteristic and loud guttural call. Shy, remains hidden under the cover of vegetation, being the least visible of the coots in the region.

Identificación: Escudo frontal rojo. Pico amarillo con base roja. Patas oliváceas. Iris café rojizo. Cabeza y cuello negro. Coloración general gris apizarrado oscuro, siendo algo más pálido en las partes inferiores. Rabadilla café oliváceo. Subcaudales blancas. Alas y cola café uniforme.

Hábitat: Lagos y lagunas abiertas de agua dulce con abundante vegetación emergente y juncales en sus orillas.

Rango: Residente localmente común en tierras bajas desde el sur del Maule hasta Los Lagos en Chile, y desde Neuquén, Río Negro y sur-oeste de Buenos Aires hasta el norte de Chubut. Mucho menos abundante hacia el sur, siendo un visitante accidental en el centro-este de Magallanes y centro-norte de Isla Grande de Tierra del Fuego. Visitante accidental en Islas Malvinas.

Esta especie se distribuye hacia el norte de Chile hasta Atacama (accidental hasta Calama, Antofagasta), tierras bajas de la mayor parte de Argentina, hasta Paraguay, sur-este de Brasil y Uruguay. Localmente en la costa del sur de Perú.

Hábitos: Gregaria, forma bandadas mixtas con otras especies de *Fulica* durante el invierno. Se alimenta de plantas en la superficie, ocasionalmente bucea. Nada con su cola generalmente erecta. Característico y sonoro grito gutural. Tímido, permanece oculto entre la vegetación, siendo la menos visible del género.

1667

1668

J

1669

1670

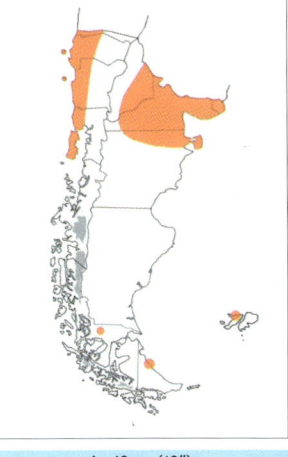

L. 48cm (19")

1671

American Oystercatcher

Haematopus palliatus

HAEMATOPODIDAE

C. Pilpilén Común
A. Ostrero Común

1672

Identification: Bill long and laterally compressed, red with yellowish tip. Legs pale pink. Iris yellow. Red eye-ring. Head and neck black. Upperparts and tail dark brown, white with narrow patch on uppertail-coverts. Wings as upperparts. In flight, shows a narrow white band, extending from inner primaries through secondaries. Breast and rest of underparts white. **Habitat:** Strictly coastal. Sandy and rocky coasts, inter-tidal mudflats and estuaries. Vagrant to inland locations.

Range: *H. p. pitanay* is a frequent to locally common summer resident from Maule south to Isla Grande de Chiloé. *H. p. durnfordi* is a common summer resident from southern Buenos Aires south to Chubut. Scarcer southwards to Santa Cruz and eastern coasts of Magallanes (Chile) and Isla Grande de Tierra del Fuego. The southernmost populations migrate northwards during the southern winter. Accidental to Andean lakes: Puelo Lake (Chubut).

This species ranges through the rest of the Chilean coast, the American coast and Caribbean islands north to United States.

Habits: In pairs or small groups. Occasionally in flocks. Feeds actively in the inter-tidal zone. Territorial during the breeding season. Threatening flights attacking intruders approaching its nest or chicks. Call is a loud and melancholic whistle, often given in pairs. Fairly confiding, although keeping a distance.

Identificación: Pico muy largo y comprimido, de color rojo con algo de amarillento en la punta. Patas de color rosado pálido. Iris amarillo. Anillo periocular rojo. Cabeza y cuello negros. Partes superiores y cola café oscuro, a excepción del delgado parche blanco en la zona supracaudal. Alas del color del dorso. En vuelo muestra una delgada banda blanca, desde las primarias internas hasta las secundarias. Pecho y resto de las partes inferiores blancas.

Hábitat: Estrictamente costero. Playas arenosas y rocosas, planicies intermareales fangosas y zonas de estuarios. Errante en ambientes interiores.

Rango: *H. p. pitanay* es un residente estival frecuente a localmente común desde Maule hasta la Isla Grande de Chiloé. *H. p. durnfordi* es un residente estival común desde sur de Buenos Aires hasta Chubut. Más escaso por el sur hasta Santa Cruz y costas orientales de Magallanes (Chile) e Isla Grande de Tierra del Fuego. Las poblaciones más australes, migran hacia el norte durante el invierno austral. Accidental en lagos andinos: Lago Puelo (Chubut).

Esta especie se distribuye por el resto de la costa Chilena, y por toda la costa americana e islas del Caribe hasta Estados Unidos.

Hábitos: En parejas o en pequeños grupos. Ocasionalmente en bandadas. Se alimenta activamente en la zona intermareal. Territorial durante el período reproductivo. Realiza vuelos amenazantes sobre intrusos cuando se encuentran cerca de su nido o crías. Ejecuta un fuerte y melancólico silbido, a menudo en parejas. Confiado, aunque mantiene su distancia.

1673

1674

1675

1675

1677

1678

L. 42cm (16")

Blackish Oystercatcher

Haematopus ater HAEMATOPODIDAE

C. Pilpilén Negro
A. Ostrero Negro

Identification: Largest of the southern oystercatchers. Bill red to orange-red, very long and slender. Legs pale pink. Iris yellow. Red eye-ring. Generally black, although upperparts, wings and tail dark brown.

Habitat: Strictly coastal. Rocky coasts and isles. Occasionally on adjacent sandy beaches.

Range: Frequent to locally common resident from Maule, in Chile and Chubut, in Argentina south to the southern part of Isla Grande de Tierra del Fuego, Wollaston Archipelago (Cape Horn) and Staten Island. Widely distributed resident in the Falkland Islands. Partially migratory. During the southern winter, some individuals migrate along the Atlantic coast north occasionally to southern Buenos Aires.

This species ranges northwards through the rest of coastal Chile north to Peru. Occasionally reaching Uruguay, during the winter months.

Habits: In pairs or family groups. During the non-breeding season in small flocks. Feeds actively on molluscs in the inter-tidal zone. Territorial during the breeding season. Nests on rocky isles or isolated sections of the coast. Gives a loud, long and diagnostic whistle. Fairly confiding, although keeps a distance.

Identificación: El más grande de los pilpilenes australes. Pico muy largo y delgado, de color rojo a rojo anaranjado. Patas de color rosado pálido. Iris amarillo. Anillo periocular rojo. Completamente negro. Partes superiores, alas y cola café oscuro.

Hábitat: Estrictamente costero. Playas e islotes rocosos. Ocasionalmente en sectores arenosos aledaños.

Rango: Residente frecuente a localmente común desde Maule, en Chile y Chubut, en Argentina hasta el sur de Isla Grande de Tierra del Fuego, Archipiélago de las Wollaston (Cabo de Hornos) e Isla de los Estados. Residente de amplia distribución en Islas Malvinas. Parcialmente migratorio. Algunos individuos se desplazan por la costa atlántica ocasionalmente hasta el sur de Buenos Aires, durante el invierno austral.

Esta especie se distribuye por el resto de la costa Chilena hasta Perú. Ocasionalmente hasta Uruguay, durante el período invernal.

Hábitos: En parejas o en grupos familiares. Durante el período no-reproductivo en pequeñas bandadas. Se alimenta activamente de moluscos en la zona intermareal. Territorial durante el período reproductivo. Nidifica en islotes rocosos o en sectores aislados de la costa. Ejecuta un fuerte, largo y diagnóstico silbido. Confiado, aunque mantiene su distancia.

1680

1681

1682

1683

1684

1685

L. 44cm (17")

Magellanic Oystercatcher

Haematopus leucopodus   HAEMATOPODIDAE

C. Pilpilén Austral

A. Ostrero Austral

Identification: Bill very long, red to orange-red. Legs pale pink. Iris and eye-ring bright yellow. Head, neck, breast and upperparts jet black. Wings as back. In flight shows a prominent triangular-shaped white patch, extending from the secondaries to inner primaries and greater coverts. Axillaries white and rest of underwing grey. Underparts and uppertail-coverts white.

Habitat: Rocky coasts, inter-tidal mudflats and estuaries. Also frequents inland wetlands and grasslands in steppes and shrubby areas, even reaching lakes in pre-Andean valleys in the eastern slope of the Andes.

Range: ENDEMIC to Patagonia. Locally frequent to common resident from Isla Grande de Chiloé, in Chile and Chubut, in Argentina south to Isla Grande de Tierra del Fuego, Wollaston Archipelago (Cape Horn) and Staten Island in the south. Widely distributed resident on the Falkland Islands. The southernmost populations are partial migrants north to the Straits of Magellan and northern coast of Tierra del Fuego. On the Atlantic coast, recorded northwards to Buenos Aires, and along the Pacific coast north to Corral (Los Lagos) during the southern winter.

Habits: In pairs or family groups. Territorial during the breeding season. In larger flocks during the winter. Often seen doing an erect-tail display during the breeding season. Diagnostic and melancholic whistle, giving out loud alarm calls when threatened. Frequently seen forming part of mixed groups with other birds, including ibises, geese and gulls. Fairly confiding, although keeping a distance.

Identificación: Pico muy largo de color rojo a rojo anaranjado. Patas rosado pálido. Iris y anillo periocular amarillo. Cabeza, cuello, pecho y partes superiores negro brillante. Alas como el dorso. En vuelo muestra una notoria zona triangular blanca, que se extiende por todas las secundarias hasta las primarias más internas y coberteras superiores. Axilares blancas y resto de la superficie inferior alar gris. Partes inferiores y rabadilla blancas.

Hábitat: Costas marinas rocosas, planicies intermareales fangosas y zonas de estuarios. También en humedales y pastizales situados en ambientes de estepa y matorral, llegando inclusive a lagos en la precordillera por la vertiente oriental de los Andes.

Rango: ENDEMICO de Patagonia. Residente localmente frecuente a común desde la Isla Grande de Chiloé, en Chile y Chubut, en Argentina hasta la Isla Grande de Tierra del Fuego, Archipiélago de las Wollaston (Cabo de Hornos) e Isla de los Estados por el sur. Residente de amplia distribución en Islas Malvinas. Las poblaciones más australes realizan migraciones parciales hacia el Estrecho de Magallanes y costa norte de Tierra del Fuego. Por la costa atlántica, registrado hasta Buenos Aires, y por el Pacífico, hasta Corral (Los Lagos) durante el invierno austral.

Hábitos: En parejas o en grupos familiares. Territorial durante el período reproductivo. En grandes bandadas durante el invierno. Se puede observar realizando un despliegue con su cola erecta, durante el período reproductivo. Diagnóstico y melancólico silbido, realizando también fuertes llamados de alerta ante la presencia de intrusos. Con frecuencia se observa en grupos mixtos con otras aves, incluyendo bandurrias, gansos y gaviotas. Confiado, aunque mantiene su distancia.

L. 43cm (17″)

White-backed Stilt

Himantopus melanurus RECURVIROSTRIDAE

C. Perrito
A. Tero Real

1693

Identification: Unmistakable. Long, fine, black bill. Extremely long red legs extending beyond tail tip in flight. White head and underparts. Nape and hindneck black and across rear of ear coverts towards each eye. Mantle, scapulars and tertials black. Female has dark brown mantle. Back and uppertail-coverts white. Tail pale grey.

Habitat: Shallow water bodies including lakeshores and freshwater and brackish lagoons, riversides, damp fields and other wetlands with muddy margins.

Range: Locally frequent to common summer resident in lowland and coastal wetlands from Cauquenes (Maule) south to Los Lagos, in Chile and Neuquén, Río Negro and south-western Buenos Aires south to Chubut, in Argentina. More occasional southwards to south-western Santa Cruz, with summer and fall records in the locality of El Calafate. Accidental visitor to the Falkland Islands.

This species ranges north to Atacama, in northern Chile and throughout the rest of Argentina to central-eastern Peru, and south-eastern Brazil.

Habits: In pairs or small loose groups. Very social, associating with other shorebirds including Yellowlegs. Wades, sometimes belly-deep in the water. Noisy, especially during the breeding season, giving a loud and diagnostic alarm call similar to the barks of a small puppy. Shy.

Identificación: Inconfundible. Pico negro, muy delgado y largo. Patas rojas extremadamente largas, que en vuelo sobrepasan el borde de la cola. Cabeza y partes inferiores blancas. Nuca negra con ramificación hacia cada ojo, del mismo color. Manto, escapulares y terciarias negras; en la hembra el manto es café oscuro. Espalda y rabadilla blancas. Cola gris pálido.

Hábitat: Cuerpos interiores de aguas someras, incluyendo bordes de lagos y lagunas de agua dulce y salobre, orillas de ríos, terrenos inundados y otras zonas húmedas de fondo fangoso.

Rango: Residente estival localmente frecuente a común en sectores bajos y costeros desde Cauquenes (Maule) hasta Los Lagos, en Chile y desde Neuquén, Río Negro y sur-oeste de Buenos Aires hasta Chubut, en Argentina. Más ocasional hacia el sur hasta el sur-oeste de Santa Cruz, con registros estivales y otoñales en la localidad de El Calafate. Visitante accidental en Islas Malvinas.

Esta especie se distribuye hacia el norte de Chile hasta Atacama y por el resto de Argentina hasta el centro-este de Perú, y sur-este de Brasil.

Hábitos: En parejas o en grupos dispersos. Muy sociable, se agrupa con otras aves playeras incluyendo *Tringa*. Camina a zancadas, aunque a veces el nivel del agua alcanza hasta el abdomen. Bullicioso, en especial durante el período de cría, emite un fuerte y diagnóstico grito de alerta similar a los gritos de un perro pequeño. Tímido.

1694

1695

1696

1697

1698

1699

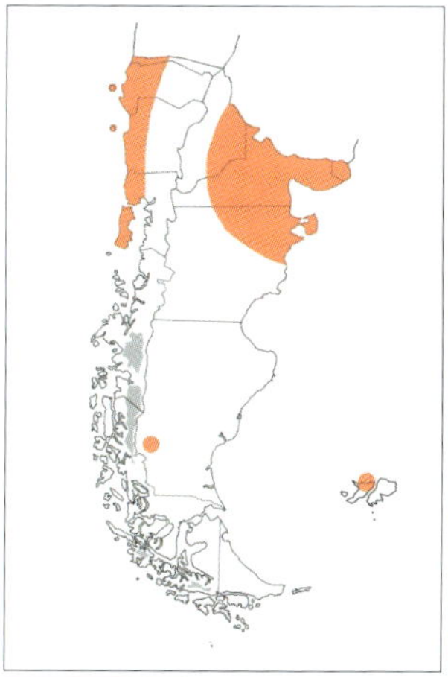

L. 42cm (17")

1700

Southern Lapwing

Vanellus chilensis   CHARADRIIDAE   C. Queltehue
A. Tero Común

1701

V. c. fretensis

Identification: Very large. Pink, black-tipped bill. Pinkish legs. Head and neck ashy grey. Long feathers on nape, forming a small crest. Upperparts greyish-brown with metallic bronzy sheen, especially prominent on shoulders. Forehead, throat, neck and breast black. Narrow white band bordering the black area of face and throat. Wings as upperparts, with prominent metallic green sheen and pinkish spurs. In flight has a diagnostic black-and-white wing pattern. Rest of underparts white. Tail white with broad black terminal band.
Habitat: Bogs and prairies, generally associated to inland water bodies, and also coasts. Also in parks of cities and towns.
Range: *V. c. chilensis* is a common resident in Chile, from southern Maule south to Isla Grande de Chiloé and in Argentina, in Neuquén and north-western Chubut. *V. c. lampronotus* is a common resident in south-western Buenos Aires, eastern Río Negro and north-eastern Chubut. *V. c. fretensis* is a common summer resident from Aysén, in Chile and Río Negro (Somuncurá plateau) and Chubut, in Argentina south to Isla Grande de Tierra del Fuego, southern islands of the Beagle Channel and Staten Island. Accidental visitor to the Falkland Islands. The whole population of this subspecies migrates northwards between March and April, returning by late August. From the sea level up to 1,500m/4,500ft.
This species is widely distributed throughout the lowlands of South America.
Habits: Alone or in pairs, although before the migration period gathers in large flocks. Very aggressive and noisy. Its penetrating and diagnostic alarm call, alerts most animals in the vicinity of any threat during day and night. Intruders entering the territory of this species are attacked by groups or pairs with a threatening low-level flight.

Identificación: Muy grande. Pico rosado con punta negra. Patas rosadas. Cabeza y cuello gris ceniciento. Largas plumas en la nuca, a manera de mechón. Partes superiores café grisáceo con brillo metálico bronceado, especialmente notorio en la zona de los hombros. Frente, garganta, cuello y pecho negro. Delgado ribete blanco que bordea la zona negra de la cara hasta la garganta. Alas del mismo color del dorso, con notorio brillo verde metálico. Espolones rosados. En vuelo tiene un característico patrón alar, blanco y negro. Resto de las partes inferiores blancas. Cola blanca con gruesa banda terminal negra.
Hábitat: Vegas y praderas, en general siempre asociado a cuerpos de agua, incluyendo la costa marina. También en parques de ciudades y pueblos.
Rango: *V. c. chilensis* es un residente común en Chile, desde el sur del Maule hasta la Isla Grande de Chiloé y en Argentina, en Neuquén y nor-oeste de Chubut. *V. c. lampronotus* es un residente común del sur-oeste de Buenos Aires, este de Río Negro y nor-este de Chubut. *V. c. fretensis* es un residente estival común desde Aysén, en Chile y Río Negro (meseta de Somuncurá) y Chubut, en Argentina hasta la Isla Grande de Tierra del Fuego, islas australes del Canal Beagle e Isla de los Estados. Accidental en Islas Malvinas. La totalidad de la población de ésta subespecie migra hacia el norte entre marzo y abril, para retornar hacia fines de agosto. Desde el nivel del mar hasta los 1.500m.
Esta especie tiene una amplia distribución en las tierras bajas de Sudamérica.
Hábitos: Solitario o en parejas, aunque durante la temporada previa a la migración, se reúne en grandes bandadas. Muy agresivo y ruidoso. Su grito potente y característico grito de alarma, alerta a toda la fauna en las cercanías, tanto de día como de noche. Ataca en parejas o grupos a cualquier intruso que transite por su territorio, con un amenazante vuelo rasante.

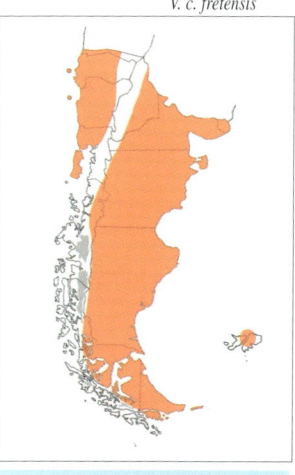

V. c. fretensis

V. c. lampronotus

L. 36cm (14 1/4")

V. c. lampronotus

American Golden Plover

Pluvialis dominica　　　　CHARADRIIDAE

C. Chorlo Dorado
A. Chorlo Pampa

1708

Identification: Medium-sized. Bill black. Greenish-grey legs.
Non-breeding plumage: Whitish supercilium. Areas around the bill, throat and neck whitish, faintly spotted with greyish-brown. Rest of head, neck and breast pale greyish-brown, variegated with whitish. Upperparts, including rump, tail and upperwing greyish-brown variably spotted with light brown, yellowish and whitish. Underwing-coverts pale grey. Rest of underparts white. **Breeding plumage:** Face and underparts black, excepting lower belly and undertail-coverts. Prominent white band extending from the forehead, above the eye and down breast sides. Upperparts dark brown with conspicuous yellow and buffish spotting.
Habitat: Inter-tidal mudflats and sandy coasts. Swampy areas, grasslands and egdes of brackish and freshwater ponds. Steppes, open areas and cultivated fields.
Range: Scarce visitor from the Nearctic throughout the Atlantic coasts and inland steppes of Argentina south to Isla Grande de Tierra del Fuego. An occasional visitor to the Pacific coast of Chile south to Chiloé Island. Breeds in the arctic tundra of Canada and northern Alaska.
Habits: Alone or in small loose flocks. Generally silent and not very active. Very erect posture. In flight, generally gives a characteristic whistle which helps to separate it from Black-bellied Plover. Rapid flight with deep wingbeats. Often overlooked due to its cryptic colouration.

Identificación: Mediano. Pico negro. Patas gris verdoso.
Plumaje no-reproductivo: Superciliar blanquecina. Zona alrededor del pico, cuello y garganta blanquecinos, levemente manchados de café grisáceo. Resto de la cabeza, cuello y parte superior del pecho café grisáceo pálido con variegado blanquecino. Partes superiores, incluyendo rabadilla y cola, y dorso de las alas, café grisáceo con manchado variable café claro, amarillento y blanquecino. Coberteras subalares gris pálido. Resto de las partes inferiores blancas. **Plumaje reproductivo:** Cara y partes inferiores negras, exceptuando la parte inferior del abdomen y subcaudales. Notoria banda blanca que se extiende desde la frente, por la superciliar hacia los lados del cuerpo. Partes superiores café oscuro con notorio manchado amarillo y café amarillento.
Hábitat: Planicies intermareales de limo y playas arenosas. Areas pantanosas, pastizales y al borde de lagunas salobres y de agua dulce. Zonas de estepas, campos abiertos y zonas cultivadas.
Rango: Visitante neártico escaso en la costa atlántica y estepas del interior por toda Argentina hasta la Isla Grande de Tierra del Fuego. Por el Pacífico, es un visitante ocasional, encontrándose en la costa chilena hasta Chiloé por el sur. Nidifica en la tundra ártica de Canadá y norte de Alaska.
Hábitos: Solitario o en pequeñas bandadas dispersas. Silencioso y poco activo. Postura muy erecta. Al volar, generalmente emite un característico canto que ayuda a diferenciarlo de *P. squatarola*. Vuelo rápido y de aleteos pronunciados. A menudo pasa inadvertido debido a su coloración críptica.

L. 26cm (10 1/4")

Grey Plover
Pluvialis squatarola   CHARADRIIDAE   **C. & A.** Chorlo Artico

1715

Identification: Largest plover. Bill thick, black. Blackish legs. **Non-breeding plumage:** Forehead, supercilium and throat whitish, with faint dark wash. Rest of head, neck and breast pale greyish-brown variegated with whitish. Upperparts greyish-brown spotted with light brown and whitish. Rump white. Dark grey wings with prominent white bar extending from the primaries, base of secondaries and tips of greater coverts. Underwing-coverts white and axillaries black. Rest of underparts white. Tail white barred with grey. **Breeding plumage:** Face and underparts black, excepting lower belly and undertail-coverts. Prominent white band extending from forehead, above the eye to the breast sides.

Habitat: Inter-tidal mudflats and sandy shores. Also in estuaries and occasionally along the border of freshwater ponds.

Range: Very scarce visitor from the Nearctic along the Chilean coast from Maule south to Concepción. Accidental visitor along the Atlantic coast from south-western Buenos Aires south to Isla Grande de Tierra del Fuego. Occasionally found through the rest of the Chilean and Argentine coast. Breeds in arctic tundra, arriving to the southern coasts of South America between October and November, to starts the migration back to the north between February and March. It has a wide world distribution during the post-breeding dispersal.

Habits: Generally alone. Silent and not very active. In flight, generally gives a characteristic call that helps in separating it from American Golden Plover. Often overlooked due to its very cryptic colouration.

Identificación: El más grande de los chorlos. Pico grueso, negro. Patas negruzcas. **Plumaje no-reproductivo:** Frente, superciliar y garganta blanquecinos, con leve manchado oscuro. Resto de la cabeza, cuello y pecho café grisáceo pálido con variegado blanquecino. Partes superiores café grisáceo, manchado de café claro y blanquecino. Rabadilla blanca. Alas gris oscuras con notoria banda transversal blanca, que pasa por las primarias, base de las secundarias y puntas de las coberteras mayores. Coberteras subalares blancas y axilares negras. Resto de las partes inferiores blancas. Cola blanca barrada de gris. **Plumaje reproductivo:** Cara y partes inferiores negras, exceptuando la parte inferior del abdomen y subcaudales. Notoria banda blanca que se extiende desde la frente, por la superciliar hacia los lados del cuerpo.

Hábitat: Planicies intermareales de limo y playas arenosas. También en estuarios y ocasionalmente al borde de lagunas de agua dulce.

Rango: Visitante neártico muy escaso en la costa chilena desde Maule hasta Concepción. Accidental en la costa atlántica desde el sur-oeste de Buenos Aires hasta Isla Grande de Tierra del Fuego. Se le encuentra ocasionalmente por el resto de la costa Chilena y Argentina. Nidifica en la tundra ártica, arribando a las costas australes de Sudamérica entre octubre y noviembre, para luego migrar hacia el norte entre febrero y marzo. Es una especie de amplia distribución mundial, durante el período post-reproductivo.

Hábitos: Generalmente solitario. Silencioso y poco activo. Al volar, generalmente emite un característico canto que ayuda a diferenciarlo de *P. dominica*. A menudo pasa inadvertido debido a su coloración críptica.

1716

1717

1718

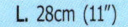

L. 28cm (11")

1719

Semipalmated Plover
Charadrius semipalmatus   CHARADRIIDAE

C. Chorlo Semipalmado
A. Chorlito Palmado

1720

1721 ♂

♀

Identification: Smallish, compact and rounded. Bill short, orange and black-tipped, although is almost completely dark during the non-breeding season. Orange legs. Upperparts dark greyish-brown. Forehead, throat, nuchal collar and the rest of underparts completely white. Black lores and frontal bar extending to sides of head. Variable white post-ocular spot. Narrow pectoral band extending towards the mantle. Sides of rump white. In flight shows a white wingbar, extending through bases of primaries and secondaries. Underwing white.
Habitat: Sandy coasts, rocky shores, inter-tidal mudflats, estuaries and edges of inland ponds.
Range: Scarce and irregular visitor from the Nearctic through the Pacific, from Maule south to Calbuco (Los Lagos) and Cucao (Chiloé); and by the Atlantic from the southern coast of Buenos Aires south to Santa Cruz. Vagrant in Isla Grande de Tierra del Fuego.
Found through the rest of the Chilean coast and Argentina during the southern summer. It makes a long-distance migration to their breeding sites located in arctic regions of North America.
Habits: Normally seen alone, in pairs or loose groups. Also associates with other shorebird species. Often seen in small flocks during migration. Walks rapidly. Favours muddy shores where it feeds. Rather confiding.

Identificación: Pequeño, compacto y redondo. Pico corto, anaranjado y con punta negra, aunque casi completamente oscuro durante el período no-reproductivo. Patas anaranjadas. Partes superiores café grisáceo oscuro. Frente, garganta, collar completo que incluye la nuca y resto de las partes inferiores completamente blancas. Corona y banda que se extiende desde el lorum hasta la zona auricular, negro. Mancha post-ocular blanca, de extensión variable. Delgada banda pectoral negra, completa hasta el manto. Lados de la rabadilla blancos. En vuelo muestra una banda alar blanca, que se extiende por la base de todas las primarias y secundarias. Superficie inferior alar blanca.
Hábitat: Costas marinas arenosas, playas rocosas, zonas intermareales fangosas, estuarios, y riberas de lagunas interiores.
Rango: Escaso visitante neártico irregular, por el Pacífico, desde Maule hasta Calbuco (Los Lagos) y Cucao (Chiloé), y por el Atlántico desde la costa sur de Buenos Aires hasta Santa Cruz. Errante en Isla Grande de Tierra del Fuego.
Se encuentra por el resto de la costa Chilena y Argentina durante el verano austral. Realiza una larga migración hacia sus sitios reproductivos localizados en la región ártica de Norteamérica.
Hábitos: Normalmente observado solitario, en parejas o grupos dispersos. También se asocia a otras especies de aves playeras. Durante el período de migración se observa en pequeñas bandadas. Camina rápidamente. Se alimenta de preferencia en lugares fangosos. Bastante confiado.

1722

1723

J

♀

1724

1725

1726

♂

1727

J

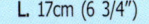

L. 17cm (6 3/4")

1728

♀

Snowy Plover

Charadrius alexandrinus   CHARADRIIDAE   **C.** Chorlo Nevado

1729

♂

Identification: Smallish. Bill and legs black. Upperparts pale greyish-brown. Forehead, face and underparts completely white, excepting greyish-brown lateral breast patches. **Breeding plumage:** Black bar on the forehead and post-ocular stripe of the same colour. Crown and nape orange-rufous and black semi-collar.

Habitat: Sandy coasts and edges of coastal lagoons and ponds.

Range: *C. a. occidentalis* is a scarce to locally common summer resident on suitable sandy beaches from Maule south to Isla Grande de Chiloé (Los Lagos). The most southerly birds make short-distance migrations northwards, during the austral winter. This subspecies occurs throughout the rest of the Chilean coast north to central Peru and southern Ecuador.

This species has an extensive worldwide distribution.

Habits: Normally seen in pairs or family groups during the breeding season. Also associates with other plovers and *Calidris*. Runs rapidly along the sandy shoreline. Often overlooked due to its cryptic colouration.

Identificación: Pequeño. Pico y patas negros. Partes superiores café grisáceo pálido. Frente, cara y partes inferiores completamente blancas, a excepción de semi-collar café grisáceo en el pecho. **Plumaje reproductivo:** Barra negra en la frente y una banda postocular del mismo color. Corona y nuca rufo anaranjado y semi-collar negro.

Hábitat: Costa marina arenosa y riberas de lagunas costeras.

Rango: *C. a. occidentalis* es un residente estival escaso a localmente común en playas arenosas apropiadas desde Maule hasta la Isla Grande de Chiloé (Los Lagos). Las aves que habitan la porción más meridional de su rango, realizan migraciones de corta distancia hacia el norte, durante el invierno austral. Esta subespecie se distribuye hacia el norte por el resto de la costa chilena, hasta el centro de Perú y sur de Ecuador. Es una especie de amplia distribución mundial.

Hábitos: Normalmente observado en parejas o grupos familiares durante el período de cría. También se asocia a otros chorlos o playeros. Corre activamente a lo largo de la costa arenosa. A menudo pasa inadvertido por su coloración críptica.

1730

1731

1732

1733

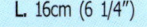

L. 16cm (6 1/4")

1734

Collared Plover
Charadrius collaris   CHARADRIIDAE

C. Chorlo de Collar
A. Chorlito de Collar

1735

♀

Identification: Smallish. Bill black. Legs orange to pale pink. **Breeding plumage:** Greyish-brown upperparts. White forehead outlined by black lores and frontal bar. Hindcrown and post-ocular area reddish-buff. Face and rest of underparts completely white except for narrow black pectoral band. In flight shows a narrow white wing bar. Outer rectrices entirely white, while the central pair as back. **Juveniles:** Faint or incomplete pectoral band.
Habitat: Sandy coasts, inter-tidal mudflats, estuaries, reservoirs and edges of inland ponds.
Range: Scarce to locally common summer resident from Maule south to northern part of Isla Grande de Chiloé (Los Lagos). In eastern Patagonia distributed through Neuquén, west and east of Río Negro and south-western Buenos Aires south to northern Chubut. More abundant on the central coast of Chile, especially during the winter months.
This species ranges throughout the rest of the Chilean coast north to Atacama, and from Ecuador north to Mexico.
Habits: Normally seen in pairs or family groups during the breeding season. Alone, in loose groups or mixed flocks during the non-breeding period. Silent. Fairly confiding although runs away along the sandy shores when disturbed.

Identificación: Pequeño. Pico negro. Patas anaranjadas a rosado pálido. **Plumaje reproductivo:** Partes superiores café grisáceo. Lorums, corona y delgada banda pectoral negros. Parte posterior de la corona y región post-ocular de un ante rojizo. Frente, cara y resto de las partes inferiores completamente blancas. En vuelo muestra una delgada banda alar blanca. Rectrices exteriores completamente blancas, en tanto que el par central es del color del dorso. **Juveniles:** Banda pectoral difusa o incompleta.
Hábitat: Costas marinas arenosas, zonas intermareales fangosas, estuarios, embalses y riberas de lagunas interiores.
Rango: Residente estival escaso a localmente común desde Maule hasta el norte de la Isla Grande de Chiloé (Los Lagos). En la Patagonia oriental, presente desde Neuquén, oeste y este de Río Negro y sur-oeste de Buenos Aires hasta el norte de Chubut. Es más abundante en la costa central de Chile, especialmente durante los meses de invierno.
Esta especie se distribuye hacia el norte por el resto de la costa chilena hasta Atacama, y desde Ecuador hasta México.
Hábitos: Normalmente observado en parejas o grupos familiares durante el período de cría. Solitario, en grupos dispersos o mixtos en el período post-reproductivo. Silencioso. Bastante confiado aunque huye corriendo rápidamente sobre la arena.

1736

1737

♂

1738

1739

♂

1740

L. 16cm (6 1/4")

1741

♀

Two-banded Plover

Charadrius falklandicus   CHARADRIIDAE

C. Chorlo de Doble Collar
A. Chorlito Doble Collar

1742

♂

Identification: Smallish. Bill and legs black. **Breeding plumage:** Hindneck and crown orange-rufous. Hindcrown grey. White forehead with black frontal bar crossing to the sub-ocular area. Upperparts greyish-brown. Two black collars, one crossing from lower neck and another broad band crossing the breast. Rest of underparts white. Some birds from the Falkland Islands show interrupted collars. During the **non-breeding season** lacks the reddish head colouration and the collars are duller, normally greyish-brown.
Habitat: Rocky coasts. Open areas of steppes with shrubs, damp areas and prairies, and edges of brackish and freshwater lagoons. Also frequents sandy beaches, especially during winter.
Range: Scarce summer resident in Chile from Maule south to Isla Grande de Chiloé. Common on the coast and inland areas of the eastern slope of the Andes of Magallanes and steppe of Isla Grande de Tierra del Fuego and southern islands of the Beagle Channel. Present in steppe and coastal areas from Santa Cruz north to southern Buenos Aires, in Argentina. Common resident in the Falkland Islands. Some of the population remain on the coasts of southern regions during the colder months, although the majority migrate northwards along the Pacific coast north to Tarapacá, in Chile and through central-northern Argentina north to south-eastern Brazil. From sea level up to 1,200m/3,600ft.
Habits: Normally in pairs or family groups during the breeding season. Also seen forming small flocks, often mixing with other plovers and peeps. When its nest and chicks are threatened, often shows the "injured-wing" display. Walks rapidly feeding along the shoreline or edges of brackish ponds. Active and normally quite confiding.

Identificación: Pequeño. Pico y patas negras. **Plumaje reproductivo:** Parte posterior del cuello y corona rufo anaranjado. Parte posterior de la corona gris. Banda negra que atraviesa la frente hasta la zona subocular. Frente blanca. Partes superiores café grisáceo. Partes inferiores blancas, a excepción de dos collares negros, uno cruzando la parte baja del cuello y otro, más ancho en la zona pectoral. Muchas aves de Islas Malvinas presentan los collares interrumpidos. Durante el **período no-reproductivo** pierde la coloración rojiza de la cabeza y los collares se tornan normalmente del mismo color del dorso.
Hábitat: Costas marinas rocosas. Areas de estepa, matorral, vegas y praderas, y orillas de lagunas salobres o de agua dulce. Frecuenta playas arenosas en especial durante el invierno.
Rango: Residente estival escaso en Chile desde Maule hasta la Isla Grande de Chiloé. Común en la costa y sectores interiores de la vertiente oriental de los Andes de Magallanes hasta la Isla Grande de Tierra del Fuego e islas australes del Canal Beagle. Presente en la estepa y costa desde Santa Cruz hasta el sur de Buenos Aires, en Argentina. Residente común en Islas Malvinas. Parte de su población permanece en las costas marinas de la región austral durante los meses más fríos, aunque la mayoría migra hacia el norte por las costas del Pacífico hasta el norte de Chile (Tarapacá) y por el centro-norte de Argentina, hasta el sur-este de Brasil. Desde el nivel del mar hasta los 1.200m.
Hábitos: Normalmente en parejas o grupos familiares durante el período de cría. También se observa formando parte de pequeñas bandadas, a menudo mixtas con otros chorlos o playeros. Cuando su nido o polluelos se ven amenazados, simula estar herida. Camina rápidamente, alimentándose en la costa marina o al borde de lagunas salobres. Activo y normalmente bastante confiado.

L. 18cm (7")

Rufous-chested Dotterel

Charadrius modestus   CHARADRIIDAE

C. Chorlo Chileno
A. Chorlito Pecho Canela

1749

Identification: Medium-sized. Bill black. Pale yellow legs. **Breeding plumage:** Grey head with white "diadem", black crown and rest of upperparts dark brown. In flight lacks wing bar and shows white sides to tail. Breast brick-red with broad black band across lower border. Rest of underparts white. During the **non-breeding season** head and upperparts uniform greyish-brown. Diadem and eye-ring whitish. Pectoral band duller during this plumage.
Habitat: Favours rocky beaches. Inland in scrubby steppe areas, damp fields and prairies, edges of lagoons and other water bodies. Nests in upland areas between low bushes, especially *Empetrum*.
Range: Frequent although uncommon summer resident from Llanquihue (Los Lagos) south to Isla Grande de Tierra del Fuego, Wollaston Archipelago (Cape Horn), Diego Ramírez and Staten Islands and north to Santa Cruz, in Argentina. Also a resident in the Falkland Islands. Some birds remain on the coasts of the southern region during the colder months, although the majority migrate northwards through the Pacific coast north to Antofagasta, accidentally in Tarapacá in northern Chile and through central-northern Argentina reaching Uruguay and Brazil. From the sea level up to 2,000m/6,000ft.
Habits: Territorial. Alone or in family groups. In small flocks outside the breeding season, associating with other plover species. Often difficult to seen due its generally dark and cryptic colouration. Active. Short whistle, usually given in flight. Shy, usually watching territory from an advantageous position.

Identificación: Mediano. Pico negro. Patas amarillo pálido. **Plumaje reproductivo:** Cabeza gris con cintillo blanco, corona negra y resto de las partes superiores café oscuro. En vuelo carece de banda alar y presenta los lados de la cola blancos. Pecho color ladrillo. Ancha banda transversal negra en la parte inferior del pecho. Resto de las partes inferiores blancas. Durante el **período no-reproductivo** tiene cabeza y partes superiores café grisáceo uniforme con cintillo y anillo periocular blanco sucio. La banda pectoral es poco notoria durante este plumaje.
Hábitat: De preferencia en playas marinas pedregosas. En el interior en áreas de estepa, matorral, vegas y praderas, orillas de lagunas y otros cursos de agua. Nidifica en ambientes de altura entre matorrales bajos, especialmente de *Empetrum*.
Rango: Residente estival frecuente aunque no muy común, desde Llanquihue (Los Lagos) hasta la Isla Grande de Tierra del Fuego, Archipiélago de las Wollaston (Cabo de Hornos), Islas de los Estados y Diego Ramírez, y por Argentina hasta Santa Cruz. También es un residente en Islas Malvinas. Parte de su población permanece en las costas marinas de la región austral durante los meses más fríos, aunque la mayoría migra hacia el norte por las costas del Pacífico hasta el norte de Chile (Antofagasta, accidentalmente hasta Tarapacá) y por el centro-norte de Argentina, hasta Uruguay y Brasil.
Desde el nivel del mar hasta los 2.000m.
Hábitos: Territorial, solitario, en parejas o en grupos familiares. En pequeñas bandadas fuera del período de cría, asociándose a otros chorlos. A menudo difícil de observar, debido a su coloración críptica y oscura. Activo. Silbido corto, normalmente mientras vuela. Tímido, observa a la distancia desde algún punto aventajado.

L. 23cm (9")

Tawny-throated Dotterel

Oreopholus ruficollis   CHARADRIIDAE

C. Chorlo de Campo
A. Chorlito Cabezón

1756

Identification: Slim and medium-sized. Bill black, thin and long. Legs pinkish. Crown dark brown. Face buffish with black line through the eye reaching the nape. Dark buffish upperparts, densely streaked with black on mantle, rump and upperwing. Chin white. Throat orange-rufous. Breast pale buffish with black patch on centre of belly. Tail pale grey.

Habitat: Low Patagonian steppe and plateaus, with scattered bushes and arid hillsides. Also present in agricultural areas, especially during migration.

Range: *O. r. ruficollis* is a locally common summer resident to the wind-swept steppes of eastern Patagonia from Río Negro (during migration) and Chubut, in Argentina south to eastern Magallanes and northern Isla Grande de Tierra del Fuego, in Chile. Accidental visitor to Staten Island and the Falkland Islands. During the winter, southern populations migrate northwards to Argentina. Winter visitor in central-southern Chile from Angol (Araucanía) northwards. Also in central Argentina, Uruguay and southern Brazil.
Range reaches the High Andes of north-western Argentina, northern Chile, south-western Bolivia and south-eastern Peru. During migration reaching southern Ecuador.

Habits: Territorial, usually in pairs during the breeding season, although in flocks of 50 to 100 individuals, from early fall to spring. Stands erect when alarmed, normally turning away from the observer, in attempt to camouflage itself. Largely silent, although gives a low whistle when taking off. Flight generally high and straight. Wary.

Identificación: Esbelto y mediano. Pico negro, largo y delgado. Patas rosadas. Corona café negruzca. Cara café amarillento con línea negra a través del ojo y que alcanza hasta la nuca. Partes superiores café amarillento oscuro, densamente jaspeado de negro en manto, rabadilla y dorso de las alas. Barbilla blanca. Garganta rufo anaranjado. Pecho café amarillento pálido con parche central negro en el abdomen. Cola gris pálido.

Hábitat: Estepas patagónicas de altura y bajas, con arbustos dispersos y laderas áridas de cerros. También presente en terrenos arables, especialmente durante migración.

Rango: *O. r. ruficollis* es un residente estival localmente común de las estepas de la Patagonia oriental desde Río Negro (en migración) y Chubut, en Argentina hasta el este de Magallanes y norte de Isla Grande de Tierra del Fuego, en Chile. Accidental en Isla de los Estados y en el Archipiélago de las Malvinas. Durante el invierno, las poblaciones australes migran hacia el norte por Argentina. Visitante invernal en el centro-sur de Chile, desde Angol (Araucanía) hacia el norte. También en el centro de Argentina, Uruguay y sur de Brasil. Su distribución alcanza también los Altos Andes del nor-oeste de Argentina, norte de Chile, sur-oeste de Bolivia y sur-este de Perú. En migración alcanza hasta el sur de Ecuador.

Hábitos: Territorial, usualmente en parejas durante el período de cría, aunque en bandadas de entre 50 a 100 individuos desde comienzos de otoño hasta la primavera. Erguido cuando está alerta, dando la espalda al observador, intentando camuflarse. Silencioso, emitiendo un silbido al levantar el vuelo. Vuela generalmente alto y recto. Tímido.

L. 26cm (10 1/4")

Magellanic Plover
Pluvianellus socialis   PLUVIANELLIDAE   **C.** Chorlo de Magallanes
A. Chorlito Ceniciento

Identification: Medium-sized, with a rounded and robust body and smallish head. The shape of its body recalls a small dove or seedsnipe more than a plover. Bill blackish, with small pinkish area at the base. Iris red in adults and orange in juveniles. Legs coral red in adults and yellowish in juveniles. Head, breast and upperparts ashy grey. Wings grey with prominent white wing bar, visible in flight. Underwing-coverts white. Tail grey with prominent white sides. Throat and rest of underparts completely white.

Habitat: Shallow saline lakes and lagoons with rocky and muddy shores, very exposed to the wind, with variable water levels. Also on rocky coasts, especially during migration periods.

Range: ENDEMIC to Patagonia. Resident that nests on upland plateaus of western Santa Cruz, in Argentina south to eastern coasts of the Straits of Magellan, Chile and the northern-central part of Isla Grande de Tierra del Fuego. Also on the coasts of extreme south-east of the island. Accidental visitor to the Beagle Channel. During the winter, migrates through the Atlantic coast north to some estuaries of Santa Cruz, Valdes Peninsula (Chubut) and south-western Buenos Aires (small numbers). Vagrant to the Falkland Islands. From sea level up to 1,200m/3,600ft.

Habits: Territorial. Normally in pairs or family groups. Sometimes found in small scattered groups. Also associates with other plovers and sandpipers. Forms flocks during migration and winter. Generally silent, although gives a high-pitched alarm call. Rather confiding. Can be easily overlooked due to its extremely cryptic colouration. Occasionally walking in the steppes. While feeding scratches the ground with its legs, usually forming circles. Both parents care for the chick, feeding it by regurgitating.

Conservation: Restricted to Endemic Bird Area 062 (Southern Patagonia). Classified as Near Threatened. It is estimated a maximum population of 1,500 individuals.

Identificación: Mediano. Cuerpo redondo y robusto, cabeza pequeña. La forma de su cuerpo se asemeja más al de una pequeña paloma o *Thinocorus* que al de un chorlo. Pico negruzco, con pequeña zona rosada en la base. Iris rojo en adultos y anaranjado en juveniles. Patas rosa coral y amarillentas en juveniles. Cabeza, pecho y partes superiores gris ceniciento. Alas grises con notoria banda transversal blanca, visible en vuelo. Coberteras subalares blancas. Cola gris con notorios bordes blancos. Garganta y resto de las partes inferiores completamente blancas.

Hábitat: Lagos y lagunas salinas, de poca profundidad con riberas pedregosas y de limo, muy expuestas al viento y por lo mismo con variable nivel de agua. También en costas pedregosas. En costas arenosas, especialmente durante el período de migración.

Rango: ENDEMICO de Patagonia. Residente que nidifica en las planicies de altura del oeste de Santa Cruz, en Argentina hasta las costas orientales del Estrecho de Magallanes, Chile y en la porción centro-norte de Isla Grande de Tierra del Fuego. También en la costa del extremo sur-este de la isla. Accidental en el Canal Beagle. Durante el invierno, migra por la costa atlántica hasta estuarios de Santa Cruz, Península Valdés (Chubut) y en pequeños números hasta el sur-oeste de Buenos Aires. Errante en Islas Malvinas. Desde el nivel del mar hasta los 1.200m.

Hábitos: Territorial. Normalmente en parejas o grupos familiares. A veces en pequeños grupos dispersos. También junto a otros chorlos o playeros. En bandadas durante el período de migración. Silencioso, aunque en vuelo emite un agudo silbido de alarma. Relativamente confiado. Puede pasar inadvertido debido a su coloración extremadamente críptica. Ocasionalmente camina al interior de la estepa. Mientras se alimenta, escarba el fango con sus patas, realizando círculos. Ambos padres cuidan al polluelo, al que alimentan regurgitando.

Conservación: Restringido al Area de Endemismo para Aves 062 (Patagonia Sur). Considerado una especie Casi-amenazada. Se estima una población máxima de 1.500 individuos.

L. 20cm (7 3/4")

South American Snipe

Gallinago paraguaise   SCOLOPACIDAE   **C. & A.** Becasina Común

1771

Identification: Compact. Bill long, olive with black tip. Olive-yellow legs. Head buff with blackish crown-stripes. Dark brown band from lores to ear coverts and another from base of the bill to the cheeks. Upperpart feathers blackish variably streaked and barred buff. Rump barred with black and buff. Primaries blackish and secondaries dark brown with black tips. Underparts white with dark brown streaking. Flanks barred. Centre of belly unbarred. Tail buff with black bars and wide reddish-brown subterminal band.

Habitat: All kinds of damp terrain including wet grasslands, salt marshes, riversides and boggy areas of steppes, brushwood and forests. From the coast to pre-Andean valleys.

Range: *G. p. magellanica* is a locally common to very common summer resident from southern Maule, in Chile and from Neuquén, Río Negro and south-western Buenos Aires south to the southern part of Isla Grande de Tierra del Fuego, Wollaston Archipelago (Cabo de Hornos) and Staten Island. This snipe arrives in Patagonia to breed during late August. At the beginning of the southern fall the whole population migrates northwards to the remainder of Chile and Argentina, reaching Uruguay. Common on the Falkland Islands, although apparently this population is entirely resident.

Habits: Alone, in pairs or loose groups. When disturbed, emits a loud call and takes off in a characteristic zigzagging flight, to land again after a short distance. Aerial courtship displays during twilight. Wary. Hides in the cover of vegetation.

Identificación: Compacta. Pico largo, oliváceo con punta negra. Patas amarillo oliváceo. Cabeza café amarillenta con bandas longitudinales negruzcas sobre la corona. Lados de la cara con banda café oscuro desde el loral a la zona auricular y otra desde la base del pico hacia las mejillas. Partes superiores café amarillento con denso estriado negruzco. Rabadilla con barrado negro y café amarillento. Primarias negruzcas y secundarias café oscuras con punta blanca. Partes inferiores blancas con estriado café oscuro. Flancos barrados. Centro del abdomen sin barrado. Cola café amarillenta con barrado negro y ancha banda subterminal rojiza.

Hábitat: Todo tipo de terrenos inundados incluyendo vegas, marismas, bordes de ríos y zonas pantanosas en las cercanías de áreas de estepa, matorral y bosque. Desde la costa a la precordillera.

Rango: *G. p. magellanica* es un residente estival localmente frecuente a muy común desde el sur del Maule, en Chile y desde Neuquén, Río Negro y sur de Buenos Aires hasta el sur de Isla Grande de Tierra del Fuego, Archipiélago de las Wollaston (Cabo de Hornos) e Isla de los Estados. Esta especie arriba a la Patagonia para nidificar a fines de Agosto. A principios del otoño austral, toda la población migra hacia el norte de Chile y Argentina, alcanzando hasta Uruguay. Común en Islas Malvinas, aunque presumiblemente esta sea una población completamente residente.

Hábitos: Solitario, en parejas o en grupos dispersos. Al ser molestado, emite un fuerte grito y emprende su característico vuelo zigzagueante, para aterrizar nuevamente a corta distancia. Realiza despliegues aéreos de cortejo durante el crepúsculo. Tímido. Se oculta en la vegetación.

L. 31cm (12 1/4")

Fuegian Snipe
Gallinago stricklandii   SCOLOPACIDAE   **C. & A.** Becasina Grande

1778

1779

Identification: Bulky with long bill, longer than in the previous species. Whitish feet. Crown dark brown with pale brown crown-stripe. Sides of head buff with dark brown bar from lores to the ear-coverts and another from the base of the bill to the cheeks. Upperparts dark brown with reddish-brown edging. Mantle and scapulars edged buff. Wings broad and rounded. Underparts pale buff with dark brown streaking on neck and breast. Flanks extensively barred with small unbarred area in centre of belly. Blackish-brown tail barred with buff. **Habitat:** Wet zones of peat bogs and damp terrain with scattered bushes and low trees, from the coast to the snow line. In inundated margins and dense grasslands along streams in forests. Favours habitats of the western slope of the Andes. **Range: ENDEMIC to Patagonian Andes and south-western Patagonia.** Scarce to locally common resident through the southernmost part of South America from the Guaitecas Archipelago (Los Lagos) south to the southern part of Isla Grande de Tierra del Fuego and Wollaston Archipelago (Cabo de Hornos). Sighting in northern Tierra del Fuego. Recently reported at south-western Santa Cruz, Argentina. Old records north to Cautín (Araucanía) and Concepción (Bío-Bío), in Chile, suggest a more extensive northern distribution in the past. No recent records on the Falkland Islands. Possible migration information is lacking. Very local, although possibly no rare; absent in extensive areas, probably because is overlooked. **Habits:** The basic biology of the species is poorly known. Alone or in pairs. When disturbed or threatened takes off in a zigzagging flight, to land again nearby. Aerial courtship displays during sunset. Drum-like sounds are lower in intensity than that of South American Snipe; also has a loud and piercing call. Perches on tree roots. Wary. Hides in the cover of vegetation. **Conservation:** Considered as Near Threatened. It is estimated a maximum population size of about 10,000 individuals, although probably has naturally low densities.

Identificación: Cuerpo robusto. Pico largo y más grueso que en la especie anterior. Patas blanquecinas. Corona café oscura con banda longitudinal café pálido. Lados de la cara café amarillento con banda café oscuro desde los lorums a la zona auricular y otra desde la base del pico hacia las mejillas. Partes superiores café oscuro con plumas bordeadas de café rojizo. Bordes de las plumas del manto y escapulares café amarillento. Alas anchas y redondeadas. Partes inferiores café amarillento claro con estriado café oscuro en cuello y pecho. Flancos con barrado extendido hacia la línea media del cuerpo. Centro del abdomen sin barrado. Cola café negruzca barrada de café amarillento. **Hábitat:** Zonas húmedas de turba y terrenos con vegetación arbustiva y arbórea achaparrada, desde la costa hasta la línea de nieve. En márgenes anegadas y con pastizales densos en arroyos en zonas boscosas. Especialmente en ambientes de la vertiente occidental de los Andes. **Rango: ENDEMICO los Andes patagónicos y suroeste de Patagonia.** Residente escaso a localmente común en la porción más austral de Sudamérica, desde el Archipiélago de las Guaitecas (Los Lagos) hasta el sur de Isla Grande de Tierra del Fuego y Archipiélago de las Wollaston (Cabo de Hornos). También avistado en la porción norte de Tierra del Fuego. Recientemente registrada al sur-oeste de Santa Cruz, Argentina. Registros antiguos hasta Cautín (Araucanía) y Concepción (Bío-Bío), en Chile, sugieren una extendida distribución septentrional en el pasado. Sin registros recientes en Islas Malvinas. No se conocen antecedentes sobre posibles migraciones. Muy local, aunque posiblemente no rara; ausente en amplias zonas, probablemente debido a que es subobservada. **Hábitos:** Se conoce muy poco acerca de su biología. Solitario o en parejas. Cuando es molestado, emprende un súbito vuelo zigzagueante, para aterrizar nuevamente a corta distancia. Realiza despliegues aéreos de cortejo durante el atardecer. Su tamboreo es algo más bajo que *G. paraguaiae*; igualmente su llamado es más fuerte y penetrante. Se posa sobre raíces de árboles. Tímido. Se oculta en la vegetación. **Conservación:** Considerada como una especie Casi Amenazada. Se estima un máximo poblacional de 10.000 individuos. Aunque es probable que tenga densidades naturalmente bajas.

L. 35cm (13 3/4")

Hudsonian Godwit
Limosa haemastica

SCOLOPACIDAE

C. Zarapito de Pico Recto
A. Becasa de Mar

1780

Identification: Large, with long neck and legs. Bill long, thin and straight, very slightly upcurved at tip. The basal half pink and distally black. Legs greyish. **Non-breeding plumage:** Prominent white supercilium. Upperpart feathers grey with dark brown edging. Rump white. In flight shows a short white wingbar contrasting with the remainder of the wing. Axillaries black. Throat whitish, remainder of underparts pale greyish. Tail black. In **breeding plumage** the upperparts are spotted with reddish-brown and breast and the remainder of underparts are rich chestnut-reddish. The **juveniles** are browner than the adults.

Habitat: Sheltered coasts especially with extensive inter-tidal mudflats. Occasionally on estuaries.

Range: Scarce to locally common nearctic visitor from Maule south to northern Isla Grande de Chiloé and on eastern Patagonia on the coast and adjacent inland south to eastern Straits of Magellan and the northern portion of Isla Grande de Tierra del Fuego. The major concentrations of the wintering population of this species are found on Caulín Bay (Chiloé), Lomas Bay (Magallanes, Chile) and San Sebastián Bay (Tierra del Fuego, Argentina). Accidental visitor to the Falkland Islands. Visits the southern coasts of South America between September and March, although some individuals remain in the region throughout the year. At the beginning of the southern fall it migrates north to arctic regions of North America where it breeds.

Habits: Highly gregarious, in great flocks of its own or associated with other species of wading birds on extensive inter-tidal flats. Feeds on mudflats, searching especially for small molluscs and crustaceans. Occasionally swims. It's an extraordinary migratory species which makes an almost direct non-stop journey south to South America. Shy and quite silent.

Identificación: Grande, de cuello y patas largas. Pico largo, delgado y recto aunque muy ligeramente curvado hacia arriba. La mitad basal es rosada y el resto es negro. Patas grisáceas. **Plumaje no-reproductivo:** Notoria ceja blanca. Partes superiores grises, con plumas bordeadas de café oscuro. Rabadilla blanca. En vuelo se aprecia una corta banda blanca, que contrasta con el resto del ala. Axilares negras. Garganta blanquecina, resto de las partes inferiores gris pálido. Cola negra. **En plumaje reproductivo** las partes superiores se encuentran manchadas de café rojizo y el pecho y resto de las partes inferiores son castaño rojizo. Los **juveniles** son de coloración más café que los adultos.

Hábitat: Costas marinas protegidas, en especial con extensas planicies intermareales fangosas. Ocasionalmente en estuarios.

Rango: Visitante neártico escaso a localmente común en la costa Pacífica desde Maule hasta el norte de Isla Grande de Chiloé, y en la Patagonia oriental por el interior y la costa hasta el Estrecho de Magallanes y la porción norte de Isla Grande de Tierra del Fuego. Las mayores concentraciones poblacionales de la especie se encuentran en Bahía Caulín (Chiloé), Lomas (Magallanes, Chile) y Bahía San Sebastián (Tierra del Fuego, Argentina). Visitante accidental de las Islas Malvinas. Visita las costas australes de Sudamérica entre septiembre y marzo, aunque algunos ejemplares permanecen en la región durante el resto del año. A principios del otoño austral, migra hacia regiones árticas de Norteamérica, donde nidifica.

Hábitos: Muy gregario, en grandes bandadas mono-específicas, o asociado a otras especies de aves playeras en planicies intermareales. Se alimenta en playas fangosas en búsqueda de pequeños moluscos y crustáceos. Ocasionalmente nada. Es una extraordinaria especie migratoria, que realiza viajes directos desde Canadá hasta el sur de Sudamérica. Tímido y generalmente silencioso.

1781

1782

1783

1784

1785

1786

1787

L. 38cm (15")

Whimbrel

Numenius phaeopus

SCOLOPACIDAE

C. Zarapito Común
A. Playero Trinador

1788

Identification: Slim body. Long decurved, black bill, light at base. Greyish legs. Crown dark brown with pale central crown-stripe, pale supercilium and dark eye-stripe. Upperparts dark greyish-brown with buff-edging, giving a scaled and streaked appearance. Back and rump slightly paler. Upperwing densely and finely spotted with white. Chin and throat white. Underparts creamy-white streaked dark greyish on neck and upper breast. The juveniles show more prominent paler scaling on upperparts.
Habitat: Sandy and rocky coasts, inter-tidal flats, estuaries and river mouths. Occasionally on inland and shallow water bodies, including rivers and lake shores.
Range: *N. p. hudsonicus* is an uncommon to locally common visitor from the Nearctic to the Pacific coast, from Maule and through the Atlantic coast from Buenos Aires south to the northern part of Isla Grande de Tierra del Fuego. Accidental visitor southwards, to the Beagle Channel. Regular visitor of the Falkland Islands. Visits the southern coasts of South America between late August and April, although some individuals may remain in the region throughout the year.
This species also visits the rest of coastal Chile and Argentina. During the southern fall migrates north to arctic regions of North America, where it breeds.
Habits: Alone or in loose groups. Feeds actively on sandy beaches searching for crustaceans and on mudflats for marine worms. During the high tide, roosts in small groups at the edge of the beach. Also associates with other wading birds. In freshwater habitats rests over submerged trunks or branches. Has a loud and distinctive rippling call.

Identificación: De cuerpo delgado y pico muy largo y curvo. Pico negro con base clara. Patas grisáceas. Cabeza blanco sucio con dos bandas negras a los largo de la corona y nuca y una franja oscura a través del ojo. Partes superiores café grisáceo oscuro con plumas bordeadas de café amarillento, dando un aspecto de escamado y estriado. Lomo y rabadilla son ligeramente más pálidos. El dorso de las alas muestra un denso y fino moteado blanco. Mentón y garganta blanca. Partes inferiores blanco crema con estriado gris oscuro en cuello y parte superior del pecho. Los **juveniles** presentan un más notorio escamado pálido en las partes superiores.
Hábitat: Costas marinas arenosas y rocosas, planicies intermareales, estuarios y desembocaduras de ríos. Ocasionalmente en cuerpos interiores de aguas someras, incluyendo ríos y bordes de lagos.
Rango: *N. p. hudsonicus* es un visitante neártico poco frecuente a localmente común en la costa del Pacífico, desde Maule y por el Atlántico desde el sur de Buenos Aires hasta la porción norte de Isla Grande de Tierra del Fuego. Accidental más al sur, en el Canal Beagle. Visitante regular de las Islas Malvinas. Visita las costas australes de Sudamérica entre fines de agosto y abril, aunque algunos ejemplares pueden permanecer en la región durante el resto del año.
Esta especie también visita el resto de las costas de Chile y Argentina. Durante el otoño austral, migra hacia regiones árticas de Norteamérica, donde nidifica.
Hábitos: Solitario o en grupos dispersos. Se alimenta activamente en playas arenosas en busqueda de crustáceos o en playas de fango, alimentándose de gusanos marinos. Durante la marea alta, descansa en pequeños grupos al borde de la playa. También se asocia a otras aves playeras. En ambientes fluviales, descansa posado sobre troncos o ramas. Emite un llamado muy fuerte y característico.

1789

1790

1791

1792

1793

1794

1795

1796

L. 44cm (17")

Greater Yellowlegs

Tringa melanoleuca   SCOLOPACIDAE   **C. & A.** Pitotoy Grande

1797

Identification: Slim and long-bodied. Very similar to Lesser Yellowlegs, although considerably larger and bulkier. Bill longer than the length of the head, slightly curved upwards. The basal third of the bill is grey and the remainder is blackish. Very long, yellow legs. **Non-breeding plumage:** Head as back with slight whitish supercilium. Upperparts dark greyish-brown with fine white mottling. Rump white. Long neck. Sides of breast and flanks with dark greyish-brown streaking. Underparts white. Tail whitish with greyish-brown barring. In **breeding plumage** the white mottling and streaking of head and upperparts is bolder and the dark streaking of breast and flanks thicker and more extensive.

Habitat: Inland and shallow bodies of water including shores of freshwater and brackish lakes and lagoons, edges of rivers and other wetlands located in the lowlands of the eastern slope of the Andes.

Range: Uncommon to locally common nearctic visitor of inland and coastal wetlands from Maule to Isla Grande de Chiloé. In eastern Patagonia from Río Negro and south-western Buenos Aires south to the northern part of Isla Grande de Tierra del Fuego, including adjacent territories of central-eastern Magallanes. Accidental visitor to the Falkland Islands. Visits the southern coasts of South America between September and March.

This species also visits the rest of Chile and Argentina. At the beginning of the southern fall migrates north by inland and coastal routes to arctic regions of North America where it breeds.

Habits: Alone or in loose groups, often associating with Lesser Yellowlegs and other wading birds including Stilts. Wades, sometimes belly deep in water. Gives a loud and diagnostic alarm call. Very shy, being the first to take flight when threatened.

Identificación: Cuerpo delgado y largo. Casi idéntico a Pitotoy chico, aunque notoriamente más grande. Pico más largo que la longitud de la cabeza, ligeramente curvado hacia arriba. El tercio basal es de coloración gris y los restantes negruzcos. Patas amarillas, muy largas y de rodillas gruesas. **Plumaje no-reproductivo:** Cabeza del color del dorso, con leve ceja blanquecina. Partes superiores café grisáceo oscuro con fino moteado blanco. Rabadilla blanca. Cuello largo. Lados del pecho y flancos con estriado café grisáceo oscuro. Partes inferiores blancas. Cola del mismo color del dorso aunque barrada de café grisáceo. **En plumaje reproductivo** el moteado y estriado blanco de cabeza y partes superiores es más notorio y el estriado oscuro del pecho y flancos es más grueso y extendido.

Hábitat: Cuerpos interiores de aguas someras, incluyendo bordes de lagos y lagunas de agua dulce y salobre, orillas de ríos y otras zonas húmedas de la vertiente oriental de los Andes.

Rango: Visitante neártico poco frecuente a localmente común en humedales interiores, desde Maule hasta la Isla Grande de Chiloé. En la Patagonia oriental, desde Río Negro y sur-oeste de Buenos Aires hasta la porción norte de la Isla Grande de Tierra del Fuego, incluyendo territorios adyacentes del centro-este de Magallanes. Visitante accidental en las Islas Malvinas. Visita las costas australes de Sudamérica entre septiembre y marzo.

Esta especie también visita el resto de Chile y Argentina. A principios del otoño austral, migra por el interior y la costa hacia regiones árticas de Norteamérica, donde nidifica.

Hábitos: Solitario o en pequeños grupos, asociándose a *T. flavipes* y otras aves playeras, incluyendo *Himantopus*. Camina a zancadas, aunque a veces el nivel del agua alcanza hasta el abdomen. Emite un fuerte y diagnóstico grito de alerta. Muy tímido, en general el primero en emprender el vuelo, ante la presencia de intrusos.

L. 34cm (13 1/4")

Lesser Yellowlegs

Tringa flavipes SCOLOPACIDAE **C. & A.** Pitotoy Chico

1804

Identification: Slim and long body. Bill black, thin and straight, the same length of the head. Yellow legs. **Non-breeding plumage**: Head as back, with slight whitish supercilium. Upperparts dark greyish-brown finely mottled with white. Rump white. Tail whitish with greyish-brown barring. Neck and sides of breast streaked with dark greyish-brown. Underparts white. In **breeding plumage** the white mottling of upperparts is more extensive and bolder, whilst underparts have more extensive streaking on breast and flanks.

Habitat: Inland shallow bodies of water including shores of freshwater and brackish lakes and lagoons, edges of rivers and other wetlands located in lowlands on the eastern slope of the Andes. Also on coasts, and inter-tidal mudflats.

Range: Uncommon to common visitor from the Nearctic to the Pacific coast, from Maule to Isla Grande de Chiloé, and further south to Magallanes. On the coast and inland waters of eastern Patagonia from Río Negro and south-western Buenos Aires south to the northern part of Isla Grande de Tierra del Fuego. Accidental visitor to the Falkland Islands. Visits the southern coasts of South America between September and March, although some individuals may remain in the region throughout the year.

This species also visits the remaining lowlands and coastal areas of Chile and Argentina. At the beginning of the southern fall migrates to arctic regions of North America, where it breeds.

Habits: Alone or in loose groups, associating with Greater Yellowlegs and other wading birds including Stilts. Wades, sometimes belly deep in water and occasionally swims. Feeds actively collecting small prey over the surface or probing its long bill into muddy soil. Gives a loud, soft and diagnostic call of alert. Fairly confiding.

Identificación: Cuerpo delgado y largo. Pico negro, recto y fino, aproximadamente del mismo largo de la cabeza. Patas amarillas. **Plumaje no-reproductivo:** Cabeza del color del dorso, con leve ceja blanquecina. Partes superiores café grisáceo oscuro con fino moteado blanco. Rabadilla blanca. Cola del mismo color del dorso aunque barrada de café grisáceo. Cuello y lados del pecho con estriado café grisáceo oscuro. Partes inferiores blancas. **En plumaje reproductivo** el moteado blanco de las partes superiores es más notorio y el estriado oscuro del pecho y flancos es más grueso y extendido.

Hábitat: Cuerpos interiores de aguas someras, incluyendo bordes de lagos y lagunas de agua dulce y salobre, orillas de ríos y otras zonas húmedas de la vertiente oriental de los Andes. También en la costa marina, en planicies intermareales fangosas.

Rango: Visitante neártico poco frecuente a común en la costa del Pacífico, desde Maule hasta la Isla Grande de Chiloé, y más al sur hasta Magallanes. En la costa e interior de la Patagonia oriental, desde Río Negro y sur-oeste de Buenos Aires hasta la porción norte de Isla Grande de Tierra del Fuego. Visitante accidental en las Islas Malvinas. Visita las costas australes de Sudamérica entre septiembre y marzo, aunque algunos ejemplares pueden permanecer en la región durante el resto del año.

Esta especie también visita el resto de Chile y Argentina. A principios del otoño austral, migra hacia regiones árticas de Norteamérica, donde nidifica.

Hábitos: Solitario o en grupos dispersos, asociándose a *T. melanoleuca* y otras aves playeras, incluyendo *Himantopus*. Camina a zancadas, a veces el nivel del agua alcanza hasta el abdomen, llegando ocasionalmente a nadar. Se alimenta activamente colectando presas sobre la superficie o enterrando su largo pico en el suelo fangoso. Emite un fuerte, suave y diagnóstico grito de alerta. Algo confiado.

L. 25cm (9 3/4")

Ruddy Turnstone

Arenaria interpres

SCOLOPACIDAE

C. Playero Vuelvepiedras
A. Vuelvepiedras

1813

Identification: Unmistakable. Medium-sized with stocky build. Bill black, thin with slight upward curve at tip. Short orange legs. **Breeding plumage:** Upperparts and upperwing chestnut-reddish. Head and underparts white. Wide black pectoral band extending upwards reaching the sides of the head and forehead. Another thiner band extending to the sides of neck. Finally a black band extending from the shoulders to the back. Lower back, rump and tail white. Tail with wide black subterminal band. Wing pattern unmistakable with bold black, white and reddish markings. The **non-breeding plumage** is duller, lacking chestnut-reddish tones, but retaining general pattern of the breeding plumage.
Habitat: Strictly coastal, associated with sandy and rocky shores, either exposed to the ocean or protected (Patagonian channels).
Range: *A. i. morinella* is a frequent to locally common visitor from the Nearctic on the Pacific coast from Maule south to Isla Grande de Chiloé and Aysén. Scarcer southwards through the Patagonian channels to Ultima Esperanza (Magallanes). Very occasional in the coasts of the Straits of Magellan and Tierra del Fuego. An uncommon visitor on the Atlantic coast from south-western Buenos Aires south to Chubut. Accidental visitor in the Falkland Islands. Visits the southern coasts of South America between September and March.
At the beginning of the southern fall migrates north to arctic regions of the Northern Hemisphere, where it breeds.
Habits: Alone or in loose flocks, although it associates with other wading birds including Surfbirds and *Calidris*. While feeding turns over small stones and algae whilst searching for marine invertebrates. Flight low and straight, with stiff wings and shallow wing-beats. During the high tide, often roosts in single species flocks at the edge of the shore or on floating objects or small boats.

Identificación: Inconfundible. Mediano y de cuerpo robusto. Pico negro, delgado y ligeramente curvado hacia arriba en la punta. Patas anaranjadas, cortas. **Plumaje reproductivo:** Partes superiores y dorso de alas castaño rojizo. Cabeza y partes inferiores blancas. Ancha banda pectoral negra, que se extiende hacia arriba, alcanzando los lados de la cabeza y frente. Otra banda negra, aunque más delgada se extiende hacia los lados del cuello. Finalmente otra banda negra se extiende desde los hombros hacia la espalda. Parte baja de la espalda, rabadilla y cola blanca, ésta última con base y ancha banda subterminal negra. Patrón alar inconfundible con notorias bandas negras, blancas y rufas. El **plumaje no-reproductivo** es más apagado, aún cuando mantiene la apariencia general del plumaje adulto.
Hábitat: Estrictamente costero, asociado a playas arenosas y rocosas, tanto exteriores como interiores (canales patagónicos).
Rango: *A. i. morinella* es un visitante neártico frecuente a localmente común en la costa del Pacífico desde Maule hasta la Isla Grande de Chiloé y Aysén. Más escaso hacia el sur en los canales patagónicos hasta Ultima Esperanza (Magallanes). Muy ocasional hacia el sur en el Estrecho de Magallanes y en Tierra del Fuego. Por el Atlántico es un visitante poco común desde el sur-oeste de Buenos Aires hasta Chubut. Visitante accidental en las Islas Malvinas. Visita las costas australes de Sudamérica entre septiembre y marzo.
A principios del otoño austral, migra hacia regiones árticas del Hemisferio Norte, donde nidifica.
Hábitos: Solitario o en grupos dispersos, aunque también se asocia a otras aves playeras como *Aphriza* y *Calidris*. Para alimentarse remueve piedras y algas marinas en la playa en busca de invertebrados marinos. Vuelo bajo y directo, con sus alas rectas y aleteos cortos. Durante la marea alta, descansa junto a sus congéneres al borde de la playa, sobre cuerpos flotantes o pequeñas embarcaciones.

1814

1815

1816

1817

1818

1819

L. 23cm (9″)

538

Surfbird

Aphriza virgata

SCOLOPACIDAE

C. Playero de las Rompientes
A. Playero de Rompiente

1820

Identification: Large with stocky body. Bill thick and short, black with yellowish base. Greenish-yellow legs.
Non-breeding plumage: Head, breast and upperparts dark grey. White rump. In flight shows a conspicuous and long wing-bar. Whitish throat. Remainder of underparts white with some dark spots on belly, sides and flanks. Tail blackish. In **breeding plumage** the head and breast densely streaked with white, lower breast and flanks show a blackish mottling while the scapulars have bold buff to reddish ovals.
Habitat: Strictly coastal, associated with rocky coasts and abundant presence of algae and mollusks.
Range: Frequent to locally common visitor from the Nearctic on the Pacific coast from Maule south to Isla Grande de Chiloé. Less common southwards in the Patagonian channels. Accidental in the Beagle Channel, eastern coast of Tierra del Fuego and Falkland Islands. Visits the southern coasts of western South America from September to late April, although some individuals remain in the region throughout the year.
At the beginning of the southern fall migrates north to arctic regions of the Northern Hemisphere where it breeds.
Habits: Usually in small single-species flocks, although also associates with other wading birds such as Turnstones. Feeds exclusively in the surf zone, searching constantly for marine invertebrates removed or exposed by the waves. Confiding.

Identificación: Grande y de cuerpo robusto. Pico negro de base amarillenta, corto y robusto. Patas amarillo verdoso.
Plumaje no-reproductivo: Cabeza, pecho y partes superiores gris oscuro. Rabadilla blanca. En vuelo muestra una notoria y larga banda alar. Garganta blanquecina. Resto de las partes inferiores blancas con algunas manchas oscuras en el abdomen, lados y flancos. Cola negruzca. **En plumaje reproductivo** la cabeza y pecho están densamente estriadas de blanco, la parte baja del pecho y flancos presentan un moteado negruzco, en tanto que las escapulares presentan notorios óvalos color café amarillento a rojizo. **Hábitat:** Estrictamente costero, asociado a playas rocosas y con abundante presencia de algas y moluscos.
Rango: Visitante neártico frecuente a localmente común en la costa del Pacífico desde Maule hasta la Isla Grande de Chiloé. Más escaso hacia el sur en los canales patagónicos. Accidental en el Canal Beagle, costa este de Tierra del Fuego e Islas Malvinas. Visita las costas australes de Sudamérica occidental entre septiembre y fines de abril, aunque algunos individuos permanecen en la región durante todo el año.
A principios del otoño austral, migra hacia regiones árticas del Hemisferio Norte, donde nidifica.
Hábitos: Forma pequeñas bandadas mono-específicas aunque también se asocia a otras aves playeras como *Arenaria*. Se alimenta exclusivamente en la zona de rompiente, en la que constantemente busca invertebrados que son removidos o expuestos por las olas. Confiado.

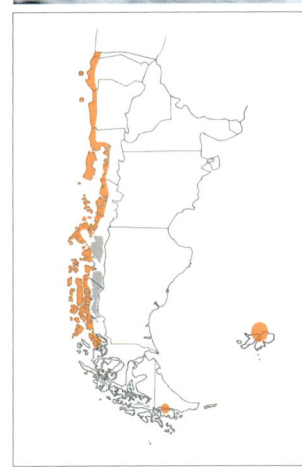

L. 25cm (9 3/4")

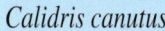

1828

Identification: Bulky with stocky build and short legs. Bill black and almost straight. Dull green legs. **Non-breeding plumage:** Prominent white supercilium. Upperpart feathers pale grey with fine dark shaft streaks. White rump finely vermiculated dark grey. In flight shows a narrow and long white wingbar. Throat and remainder of underparts white. Slight grey to greyish-brown streaking on breast, flanks and sides. Grey tail. During **breeding plumage** the upperpart feathers are centred dark brown with buff edges and grey tips. Sides of head, supercilium and remainder of underparts are brick-red.

Habitat: Strictly coastal. Rocky shores, muddy inter-tidal flats and sandbars in estuaries.

Range: *C. c. rufus* is a scarce to locally common visitor from the Nearctic on the Pacific coast from Maule south to Isla Grande de Chiloé. On eastern Patagonian coasts, is found from south-western Buenos Aires down to the northern part Isla Grande de Tierra del Fuego where a major portion of the wintering population concentrates in two bays: Lomas Bay, in Chile and San Sebastian Bay, in Argentina. Accidental visitor to the Falkland Islands. Visits the southern coasts of South America between September and April.

At the beginning of the southern fall, migrates northwards to arctic regions of the Northern Hemisphere, where it breeds.

Habits: Highly gregarious, congregating in large single species flocks of up to several thousands of individuals, although it also associates with other wading birds, particularly Whimbrel and Hudsonian Godwit. Feeds actively by probing the mud searching for small bivalves, crustaceans and other marine invertebrates. During the high-tide period roosts in groups at the edge of the shore. Silent. During migration flies in "V" formations.

Identificación: Grande, de cuerpo robusto y patas relativamente cortas. Pico negro, recto. Patas verde oscuras. **Plumaje no-reproductivo:** Notoria ceja blanca. Partes superiores gris pálido con estriado negruzco. Rabadilla blanca con fino vermiculado gris oscuro. En vuelo muestra una delgada y larga banda blanca. Garganta blanca. Resto de las partes inferiores del mismo color, aunque el pecho, flancos y lados presentan un fino estriado gris a café grisáceo. Cola gris. **En plumaje reproductivo** las partes superiores presentan un denso estriado oscuro, gris y café amarillento y los lados de la cara, ceja y toda las partes inferiores son de un color rojo ladrillo.

Hábitat: Estrictamente costero. Costas rocosas, planicies intermareales fangosas y barras arenosas en estuarios.

Rango: *C. c. rufus* es un visitante neártico escaso a localmente común en la costa Pacífica desde Maule hasta la Isla Grande de Chiloé. En la Patagonia oriental se le encuentra desde el sur-oeste de Buenos Aires hasta el norte de Isla Grande de Tierra del Fuego. Es aquí donde existen dos bahías que albergan las mayores concentraciones: Ba. Lomas, en Chile y Ba. San Sebastián, en Argentina. Es un visitante accidental en las Islas Malvinas. Visita las costas australes de Sudamérica entre septiembre y fines de abril.

A principios del otoño austral, migra hacia regiones árticas del Hemisferio Norte, donde nidifica.

Hábitos: Muy gregario, concentrándose en grandes bandadas mono-específicas de hasta miles de individuos, aunque también se asocia con otras especies de aves playeras, en especial *Limosa* y *Numenius*. Se alimenta activamente, probando el fango en busca de pequeños bivalvos, crustáceos y otros invertebrados marinos. Durante la marea alta, descansa en grupos en el borde de la playa. Silencioso. Volando durante la migración, forma líneas o "V".

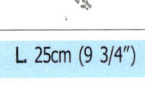

L. 25cm (9 3/4")

Sanderling

Calidris alba　　　　　　　SCOLOPACIDAE

C. Playero Blanco
A. Playerito Blanco

1834

Identification: Medium-sized *Calidris* with compact body. Relatively thick bill and legs black. **Non-breeding plumage:** Upperparts uniform pale grey, sometimes with slight dark brown streaking. Tail dark with white sides. Shoulders and primaries black. In flight shows a conspicuous, bold and long white wingbar. Face and underparts entirely white. In **breeding plumage** the head, breast and upperparts become mottled and streaked with rufous.

Habitat: Sandy and rocky beaches, also in estuaries. Occasionally at the shores of lakes and inland brackish ponds.

Range: Frequent to locally common nearctic visitor from Maule south to Isla Grande de Chiloé, in Chile, and from south-western Buenos Aires to the northern part of Isla Grande de Tierra del Fuego, in Chile/Argentina, including adjacent regions of central-eastern Magallanes. Uncommon visitor in the Falkland Islands. Visits the southern coasts of South America from September to April, although some individuals may remain in the region throughout the year. This species also visits the rest of coastal Chile. At the beginning of the southern fall migrates to arctic regions of the Northern Hemisphere, through both the Atlantic and Pacific coasts.

Habits: Forms huge, compact flocks, that take off simultaneously. Also associates with other *Calidris* species and wading birds. Confiding and extremely active. Often seen running rapidly along the surf, where it feeds on small crustaceans exposed by the waves.

Identificación: Playero mediano y de cuerpo compacto. Pico grueso y patas negras. **Plumaje no-reproductivo:** Partes superiores gris pálido uniforme, pudiendo mostrar un leve estriado café oscuro. Cola oscura con lados blancos. Hombros y primarias negras. En vuelo muestra una notoria, ancha y larga banda blanca. Cara y partes inferiores completamente blancas. En **plumaje reproductivo** la cabeza, pecho y partes superiores presentan un moteado y estriado rufo.

Hábitat: Playas arenosas y rocosas y también en estuarios. Ocasionalmente en los bordes de lagos y lagunas salobres, del interior.

Rango: Visitante neártico frecuente a localmente común desde Maule hasta la Isla Grande de Chiloé, en Chile, y desde el sur-oeste de Buenos Aires hasta el norte de Isla Grande de Tierra del Fuego, en Chile/Argentina, incluyendo regiones adyacentes del centro-este de Magallanes. Visitante poco común en Islas Malvinas. Visita las costas australes de Sudamérica entre septiembre y abril, aunque algunos ejemplares pueden permanecer en la región durante el resto del año. Esta especie también visita el resto de la costa de Chile. A principios del otoño austral, migra hacia regiones árticas del Hemisferio Norte, por las costas del Atlántico y del Pacífico.

Hábitos: Forma enormes bandadas muy compactas, que emprenden el vuelo en forma simultánea. También se asocia a otras especies de *Calidris* y aves playeras. Confiado y extremadamente activo. Es frecuente observarlo corriendo rápidamente al borde del oleaje, donde se alimenta de pequeños crustáceos que son expuestos por las olas.

1835

1836

1837

1838

1839

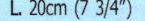

L. 20cm (7 3/4")

1840

White-rumped Sandpiper

Calidris fuscicollis SCOLOPACIDAE

C. Playero de Lomo Blanco
A. Playerito Rabadilla Blanca

1841

Identification: Medium-sized *Calidris*. Bill black, slightly decurved at tip. Blackish legs. **Non-breeding plumage:** Whitish supercilium. Upperparts greyish-brown with ochre and black streaking. White rump, very conspicuous in flight. At rest, the wing-tips project well beyond the tip of tail giving an elongated appearance. In flight shows a weak and narrow white wingbar. Throat white. Ashy-grey breast with slight blackish streaking. Remainder of underparts white, with blackish streaking on flanks. Blackish tail. In **breeding plumage** the feathers of upperparts have a grey, buff and reddish-brown fringing. In **juvenile** plumage feathers of the upperparts have reddish-brown and buff edges and whitish fringes on the scapulars. Also the nape is noticeably paler than the rest of upperparts.
Habitat: Littoral including sandy and rocky coasts and intertidal mudflats. Also on shores of rivers, ponds and lakes, especially those with brackish waters, located on steppe and brushwood environments of the eastern slope of the Andes.
Range: Common to very common visitor from the Nearctic. In Chile from Maule and through the Atlantic coast of Argentina south to Isla Grande de Tierra de Fuego, including Wollaston Archipelago (Cabo de Hornos) and Staten Island. A common visitor to the Falkland Islands, and rare on South Georgia Island. Accidental visitor on South Shetland Islands, off Antarctic Peninsula. Visits the southern coast of South America between August and April. The most common sandpiper on Atlantic coasts.
This species also visits the rest of coastal Chile. At the beginning of the southern fall, migrates northwards to arctic regions of the Northern Hemisphere, where it breeds.
Habits: Gregarious, often forming mixed flocks with Baird's Sandpiper. Restless, walks very rapidly while searching for food on muddy shores. Utters a characteristic and high-pitched sparrow-like call. Confiding.

Identificación: Mediano. Pico negro, ligeramente curvo en la punta. Patas negruzcas. **Plumaje no-reproductivo:** Ceja blanquecina. Partes superiores gris pardo con estriado ocre y negro. Rabadilla completamente blanca, muy notoria en vuelo. En reposo, la punta de las alas sobrepasa la punta de la cola. En vuelo muestra una débil y delgada banda alar blanca. Garganta blanca. Pecho gris ceniciento con leve estriado negruzco. Resto de las partes inferiores completamente blancas, con estriado negruzco en lados y flancos. Cola negruzca. **En plumaje reproductivo** las plumas de las partes superiores presentan bordes grises, café amarillento y rufo. Los **juveniles** presentan en las partes superiores, plumas con bordes rojizos y café amarillento, y escapulares de borde blanquecino. Además la nuca es notoriamente más pálida, que el resto de las partes superiores.
Hábitat: Litoral marino incluyendo playas arenosas y rocosas y planicies intermareales fangosas. También a orillas de ríos y de lagos y lagunas, especialmente de agua salobre, situados en la estepa y matorral, de la vertiente oriental de los Andes.
Rango: Visitante neártico común a muy común desde Maule, en Chile y por toda la costa Atlántica hasta la Isla Grande de Tierra de Fuego, incluyendo el Archipiélago de las Wollaston (Cabo de Hornos) e Isla de los Estados. Es un visitante común en Islas Malvinas, y raro en Isla Georgia del Sur. Es un visitante accidental en Islas Shetland del Sur, en la Península Antártica. Visita las costas australes de Sudamérica entre fines de agosto y abril. El más común de los playeros en la costa atlántica.
Esta especie también visita el resto de la costa de Chile. A principios del otoño austral, migra hacia regiones árticas del Hemisferio Norte, donde nidifica.
Hábitos: Gregario, a menudo en bandadas mixtas con *Calidris bairdii*. Muy activo, camina muy rápidamente mientras busca alimenta en los suelos fangosos. Emite un característico y agudo canto, muy similar al de un gorrión. Confiado.

1842

1843

1844

1845

1846

L. 19cm (7 1/2″)

Baird's Sandpiper

Calidris bairdii   SCOLOPACIDAE

C. Playero de Baird
A. Playerito Unicolor

1847

Identification: Medium-sized *Calidris*. Bill black, short and straight. **Non-breeding plumage:** Slight whitish supercilium. Upperparts greyish-brown with buff-edging on feathers, giving a scaled-appearance. Rump dark with narrow white sides. At rest, wing-tips project well beyond the tip of tail. In flight shows a weak and narrow white wingbar. Throat white. Breast, sides and flanks buff with blackish-brown streaking. Remainder of underparts white. Blackish brown tail. In **breeding plumage** the feathers of upperparts are very dark with buff and reddish-brown edging. The **juveniles** show a prominent scaled-appearance on upperparts due to the pale-edging of the feathers.
Habitat: Littoral including sandy and rocky shores and muddy inter-tidal flats. Also on shores of rivers, ponds and lakes of steppe, brushwood and mountain environments, especially those located at the eastern slope of the Andes.
Range: Common to very common nearctic visitor from Maule, in Chile and through the Atlantic coast and inland of Argentinean Patagonia south to Isla Grande de Tierra de Fuego, including Wollaston Archipelago (Cabo de Hornos). Accidental visitor on the Falkland Islands, South Georgia and South Orkney Islands. Visits the southern coasts of South America between September and April, although some individuals remain in the region during the colder months.
This species also visits rest of coastal Chile. At the beginning of the southern fall, migrates northwards to arctic regions of the Northern Hemisphere, where it breeds.
Habits: Alone or in small groups, although it forms mixed flocks with White-rumped Sandpiper and other wading birds. When flushed gives a loud and diagnostic "*preet-preet*". Confiding.

Identificación: Mediano. Pico negro, corto y recto. Patas negruzcas, cortas. **Plumaje no-reproductivo:** Leve ceja blanquecina. Partes superiores café grisáceo con plumas bordeadas de café amarillento, otorgando un aspecto de escamado. Lados de la rabadilla blancos. En reposo, la punta de las alas sobrepasa la punta de la cola. En vuelo muestra una débil y delgada banda alar blanca. Garganta blanca. Pecho, lados y flancos café amarillento con estriado café negruzco. Resto de las partes inferiores blancas. Cola café negruzca. **En plumaje reproductivo** las plumas de las partes superiores son muy oscuras y presentan bordes café amarillento y rufo apagado. Los **juveniles** presentan un notorio escamado en el dorso, debido a los bordes pálidos de sus plumas.
Hábitat: Litoral marino incluyendo playas arenosas y rocosas y planicies intermareales fangosas. También a orillas de ríos y de lagos y lagunas situados en la estepa, matorral y en sectores montañosos, en especial de la vertiente oriental de los Andes.
Rango: Visitante neártico común a muy común desde Maule, en Chile y por toda la costa Atlántica e interior patagónico hasta la Isla Grande de Tierra de Fuego, incluyendo el Archipiélago de las Wollaston (Cabo de Hornos). Visitante accidental en Islas Malvinas, Georgia del Sur y Orcadas del Sur. Visita las costas australes de Sudamérica entre septiembre y abril, aunque algunos ejemplares permanecen en la región durante los meses más fríos.
Esta especie también visita el resto de la costa de Chile. A principios del otoño austral, migra hacia regiones árticas del Hemisferio Norte, donde nidifica.
Hábitos: Solitario o en pequeños grupos, aunque también en bandadas mixtas con *Calidris fuscicollis* y otras aves playeras. Emite al emprender el vuelo un característico y fuerte "*priit-priit*". Confiado.

1848

1849

1850

1851

1852

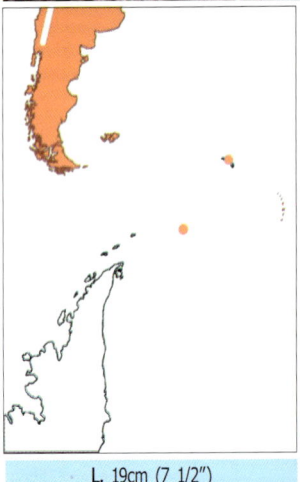

L. 19cm (7 1/2″)

1853

Pectoral Sandpiper
Calidris melanotos

SCOLOPACIDAE

C. Playero Pectoral
A. Playerito Pectoral

1854

1855

Identification: Medium-sized with stocky build and longish neck. Bill brownish with a yellowish basal third, thin with a slightly decurved tip. Legs usually dull yellowish. **Non-breeding plumage:** Slight whitish supercilium. Upperparts greyish-brown densely streaked black with pale cinnamon fringes. Sides of rump white. Head, neck and breast buff finely streaked with brown. Lower breast whitish with long dark streaks, sharply separated from the rest of underparts, which are white. During **breeding plumage** sides of the head, mantle and scapulars dark brown bordered with pale cinnamon. Males show blackish-brown breast mottled with whitish.

Habitat: Muddy inter-tidal flats and inland wetlands situated in open terrain including freshwater ponds, surrounding grasslands, damp fields and sandbars in rivers.

Range: Scarce to uncommon nearctic visitor on the Pacific coast, from Maule south to Isla Grande de Chiloé. On the eastern Patagonian coast, it is a common migrant from south-western Buenos Aires to Chubut, being more occasional southwards to Santa Cruz. Accidental visitor in the Falkland Islands and South Georgia. One summer record at Rothera, Adelaide Island, on the Antarctic Peninsula. Visits the coast of southern South America between September and April, although some individuals may remain in the region throughout the year. This species also visits the remainder of the Chilean coast. At the beginning of southern fall migrates north to arctic regions of the Northern Hemisphere, where it breeds.

Habits: Alone or in small flocks. Occasionally in large single species flocks; also associates with other waders such as Hudsonian Godwit. During the high-tide period roosts in groups at the edge of the shore. Confiding, although when disturbed takes off in a snipe-like zigzagging flight.

Identificación: Mediano, de cuello largo y cuerpo robusto. Pico fino, del mismo largo de la cabeza de color amarillo verdoso, ligeramente curvado en la punta. Patas del mismo color. **Plumaje no-reproductivo:** Muy leve ceja blanquecina. Partes superiores café grisáceo con denso estriado negro y plumas bordeadas de canela claro. Lados de la rabadilla blancos. Cabeza, cuello y pecho café amarillento con finas estrías café. Parte baja del pecho blanco sucio con estrías longitudinales oscuras, nítidamente separado del resto de las partes inferiores, que son blancas. **En plumaje reproductivo** los lados de la cabeza, manto y escapulares son de color café oscuro bordeadas de canela pálido y los machos presentan el pecho café negruzco, moteado de blanquecino.

Hábitat: Planicies intermareales fangosas y humedales interiores localizados en sectores abiertos tales como lagunas de agua dulce, pastizales aledaños, campos inundados y barras de arena en ríos.

Rango: Visitante neártico escaso o poco frecuente en la costa del Pacífico, desde Maule hasta la Isla Grande de Chiloé. En la costa patagónica oriental, en tanto, es un visitante común desde el sur-oeste de Buenos Aires hasta Chubut, siendo más ocasional hacia el sur, alcanzando Santa Cruz. Visitante accidental en las Islas Malvinas y Georgia del Sur. Existe un registro de verano para Rothera, Isla Adelaida, en la Península Antártica. Visita las costas australes de Sudamérica entre septiembre y abril, aunque algunos ejemplares pueden permanecer en la región durante el resto del año.

Esta especie también visita el resto de la costa de Chile. A principios del otoño austral, migra hacia regiones árticas del Hemisferio Norte, donde nidifica.

Hábitos: Solitario o en bandadas pequeñas. Ocasionalmente en grandes bandadas mono-específicas; también se asocia a otras aves playeras, como *Limosa haemastica*. Durante la marea alta, descansa en grupos en el borde de la playa. Confiado, aunque cuando es molestado emprende un vuelo zigzagueante, muy similar al de una becasina.

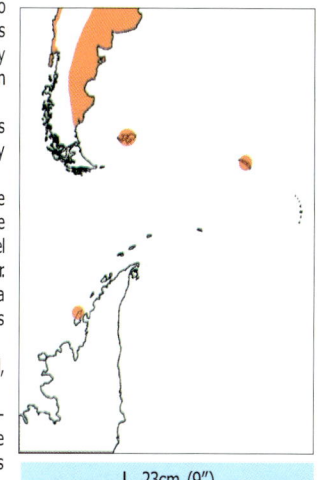

L. 23cm (9")

Wilson's Phalarope

Phalaropus tricolor SCOLOPACIDAE

C. Pollito de Mar Tricolor
A. Falaropo Común

1856

Identification: Largest of the Phalaropes. Medium-sized and slim body. Bill black, very thin and long. Yellowish legs, with feet projecting beyond the tail tip in flight. **Non-breeding plumage:** Sexes alike. Slight and short white eyebrow. Upperparts uniform pale grey. White rump. In flight the upperwing is uniformly dark grey (no wing bar). Face and underparts entirely white. Tail grey. **Breeding plumage** is **sexually dimorphic**. The **female** is more colourful than male. Short white supercilium. Black stripe through the eye extending onto the sides of neck, along edge of mantle and on scapulars, tuning into reddish-chestnut. Rest of upperparts dark grey. Underparts entirely white, although the breast may be tinged chestnut. The **male** is similar although duller in general appearance.

Habitat: Shallow and inland bodies of fresh and brackish water, from coastal ponds to Andean lakes. Very rarely on the sea.

Range: Rare to locally common visitor from the Nearctic to the Pacific coast, from Maule south to Los Lagos and Isla Grande de Chiloé. Throughout eastern Patagonia from Neuquén and Río Negro to the northern part of Isla Grande de Tierra del Fuego. Accidental visitor in the Falkland Islands, South Georgia and Signy Island, South Orkney Islands. It has been also recorded on Alexander Island, Antarctica, being the most southerly record for any wader.

Visits South America between September and late April. At the beginning of the southern fall migrates to arctic region of North America, where it breeds.

Habits: Gregarious. Seen alone occasionally, although more often in small groups or large flocks. Frequently shares similar habitats as the Chilean Flamingo. Generally seen floating on the surface, in a "cork-like" manner, moving while feeding very actively and spinning very rapidly in order to collect small invertebrates. Occasionally also seen on land, where it can run while probing the muddy soil.

Identificación: El más grande de los falaropos. Mediano y de cuerpo delgado. Pico negro, muy delgado y largo. Patas amarillentas, que en vuelo se sobrepasan el borde de la cola. **Plumaje no-reproductivo:** Sexos similares. Leve y corta ceja blanca. Partes superiores gris pálido uniforme. Rabadilla blanca. En vuelo, la superficie superior alar es gris oscuro uniforme (sin banda alar). Cara y partes inferiores completamente blancas. Cola gris. **En plumaje reproductivo**, presenta **dimorfismo sexual**. La **hembra** más colorida que el macho. Corta ceja blanca. Banda negra que pasa a través de los ojos y que se extiende hacia los lados del cuello y escapulares, tornándose castaño rojiza. Partes superiores gris oscuro. Partes inferiores enteramente blancas, aunque el pecho puede estar teñido de castaño. El **macho** es similar aunque de coloración general más apagada.

Hábitat: Cuerpos de aguas someras del interior, desde lagunas costeras hasta lagos andinos, tanto de agua dulce como salobre. Muy raramente en el mar.

Rango: Visitante neártico raro a localmente común por la costa Pacífica, desde Maule hasta Los Lagos e Isla Grande de Chiloé. Por toda la Patagonia oriental desde Neuquén y Río Negro hasta la porción norte de Isla Grande de Tierra del Fuego. Visitante accidental de las Islas Malvinas, Georgia del Sur e Isla Signy en Orcadas del Sur. Además ha sido observada en Isla Alexander, Antártica, siendo éste el registro más meridional para cualquier especie de ave playera.

Visita Sudamérica entre septiembre y fines de abril. A principios del otoño austral, migra hacia regiones árticas de Norteamérica, donde nidifica.

Hábitos: Gregario. Se observa ocasionalmente solitario, aunque es más frecuente en pequeños grupos o grandes bandadas. A menudo se asocia a los mismos ambientes frecuentados por Flamenco chileno. Generalmente se le observa flotando sobre la superficie, a manera de corchos, moviéndose activamente y realizando rápidos movimientos rotatorios para colectar los pequeños invertebrados de los que se alimenta. Ocasionalmente en tierra, donde corre velozmente colectando alimento del suelo fangoso.

L. 23cm (9″)

Red-necked Phalarope

Phalaropus lobatus   SCOLOPACIDAE

C. Pollito de mar boreal
A. Falaropo pico fino

1864

Identification: Smallest of the phalaropes. Bill black, relatively long and thin. Bluish-grey legs. **Non-breeding plumage:** Sexes alike. Ocular patch and nape blackish grey. Upperparts pearl grey, with feathers of mantle and scapulars edged with white. Sides of rump white. In flight, the upperwing is dark grey with white wingbar. Head, neck and underparts white. Tail dark greyish. In **breeding plumage** is **sexually dimorphic**. The **female** has head, neck and breast bluish-grey. Throat white. Sides of neck and upper chest reddish-chestnut. Upperparts grey with feathers edged buff. The male is similar although duller in general appearance.

Habitat: Essentially pelagic. Very occasionally on the seacoast and inland wetlands, including lakes and rivers.

Range: Rare offshore visitor from the Nearctic in the Chilean sea south to the latitude of Los Lagos. Occasional southwards, being an accidental visitor south to Magallanes. Hypothetical species in Argentina, with some doubtful records to Río Negro and Neuquén.

Visits the Pacific coast of South America between September and April. At the beginning of the southern fall migrates north to arctic regions of North America, where it breeds.

Habits: Seen offshore, generally in flocks. Occasionally some solitary storm-driven individuals are seen on the coast. Migrates through the ocean. Flight low, with rapid wingbeats and sudden and erratic changes of direction. Confiding.

Identificación: El más pequeño de los falaropos. Pico largo y delgado, negro. Patas gris azulado. **Plumaje no-reproductivo:** Sexos iguales. Mancha ocular y parche en la nuca gris negruzco. Partes superiores grises perla, con plumas del manto y escapulares bordeadas de blanco. Lados de la rabadilla blancos. En vuelo, la superficie superior alar es gris oscuro con banda alar blanca. Cabeza, cuello y partes inferiores blancas. Cola gris oscura. **En plumaje reproductivo,** presenta **dimorfismo sexual.** La **hembra** tiene cabeza, cuello y pecho grises. Garganta blanca. Lados del cuello y parte superior del pecho castaño rojizo. Partes superiores grises con plumas bordeadas de café amarillento. El **macho** es similar aunque de coloración general más apagada.

Hábitat: Esencialmente pelágico. Muy ocasionalmente en la costa y cuerpos de agua interiores, como lagos y ríos.

Rango: Raro visitante neártico oceánico por el Mar Chileno hasta la latitud de Los Lagos. Más ocasional hacia el sur, siendo un visitante accidental más al sur hasta Magallanes. Especie hipotética para Argentina, con algunos registros dudosos para Río Negro y Neuquén.

Visita las costas del Pacífico de Sudamérica entre septiembre y abril. A principios del otoño austral, migra hacia regiones árticas de Norteamérica, donde nidifica.

Hábitos: Observado en alta mar, generalmente en bandadas. Ocasionalmente se observan individuos solitarios, que han sido arrastrados hacia la costa por los fuertes vientos. Migra por el océano. Vuelo bajo, de aleteos rápidos y de súbitos y erráticos quiebres de dirección. Confiado.

1865

1866

1867

1868

1869

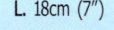

L. 18cm (7")

Red (Grey) Phalarope
Phalaropus fulicaria SCOLOPACIDAE

C. Pollito de Mar Rojizo
A. Falaropo Pico Grueso

1870

Identification: Short bill black with some yellow at the base. Greyish legs. **Non-breeding plumage:** Sexes alike. Ocular patch and nape blackish-grey. Upperparts grey. Sides of rump white. In flight the upperwing is dark grey with bold white wingbar. Head, neck and underparts white. Tail dark grey. **Breeding plumage** is **sexually dimorphic**. The **female** has white sides of head. Chin, lores, forehead, crown and nape black. Upperpart feathers blackish with rufous edging. Underparts reddish-chestnut. The **male** is similar although duller in general appearance.

Habitat: Essentially pelagic. Very occasionally on the coast, rivers and lakes.

Range: Offshore summer visitor from the Nearctic, seasonally common though the Chilean sea south to the latitude of Chiloé. An accidental visitor southwards to the Beagle Channel and Staten Island. Vagrant individuals have been recorded on Andean lakes: Puyehue (Los Lagos), Laguna Blanca NP (Neuquén) and Lago Puelo and Cushamen (Chubut); and rivers (Valdivia River). Recent sightings in south-western Santa Cruz (Lake Argentino and Nimes and Tonchi lagoons).Accidental visitor in the Falkland Islands and Anvers Island, on the Antarctic Peninsula.

Visits the Pacific coasts of South America between September and April. At the beginning of the southern fall migrates north to arctic regions of North America, where it breeds.

Habits: Seen on sea in small groups. Flight low, less erratic and with slower wing-beats than Red-necked Phalarope. Often forms flocks in the presence of cetaceans. Occasionally some individuals occur on the coast or inland, after strong storms. Fairly confiding.

Identificación: Pico corto, negro con algo de amarillo en la base. Patas grisáceas. **Plumaje no-reproductivo:** Sexos iguales. Mancha ocular y parche en la nuca gris negruzco. Partes superiores grises. Lados de la rabadilla blancos. En vuelo, la superficie superior alar es gris oscuro con notoria banda alar blanca. Cabeza, cuello y partes inferiores blancas. Cola gris oscura. **En plumaje reproductivo**, presenta **dimorfismo sexual**. La **hembra** tiene cara blanca. Barbilla, lorums, frente, corona y nuca negras. Partes superiores negruzcas con plumas bordeadas de rufo. Partes inferiores castaño rojizo. El **macho** es similar aunque de coloración general más apagada.

Hábitat: Esencialmente pelágico. Muy ocasionalmente en la costa, ríos y lagos.

Rango: Visitante estival neártico oceánico, estacionalmente frecuente por todo el Mar Chileno hasta la latitud de Chiloé. Es un visitante accidental más al sur hasta el Canal Beagle e Isla de los Estados. Registros de individuos errantes en lagos cordilleranos: Puyehue (Los Lagos), PN Laguna Blanca (Neuquén) y Lago Puelo y Cushamen (Chubut); y ríos (Río Valdivia). Registros recientes en el sur-oeste de Santa Cruz (Lago Argentino y lagunas Nimez y Tonchi). Visitante accidental en Islas Malvinas e Isla Anvers, en la Península Antártica.

Visita las costas del Pacífico de Sudamérica entre Septiembre y Abril. A principios del otoño austral, migra hacia regiones árticas de Norteamérica, donde nidifica.

Hábitos: Observado en altamar, en pequeños grupos. Vuelo bajo, menos errático y de aleteos más lentos que *P. lobatus*. A menudo se congrega en torno a cetáceos. Ocasionalmente individuos solitarios en la costa o interior, luego de fuertes tormentas. Bastante confiado.

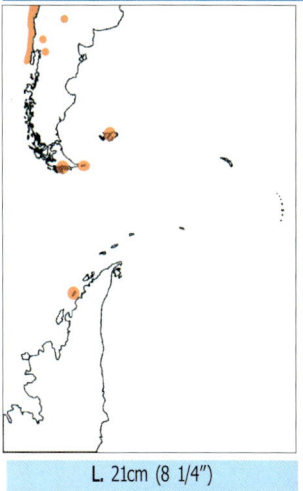

L. 21cm (8 1/4")

Snowy Sheathbill
Chionis alba   CHIONIDAE   **C. & A.** Paloma Antártica

1877

Identification: Unmistakable. Pink bare skin around the face and eyes. Bill yellow, black-tipped short and thick. A large horny sheath covers the nasal openings. Grey legs. Completely white plumage.

Habitat: Exposed rocky and sandy coasts. Also on sheltered coastal habitats such as bays, ports and near humans settlements. Generally associated with *pinniped*, penguin and cormorant breeding colonies.

Range: Locally common summer resident in several areas on the Antarctic Peninsula south to 65°S. Also breeds on all the islands of the Scotia Arc, in the South Atlantic including South Georgia Island, South Orkney and South Shetland Islands. Occasional winter visitor south to 70°S. During the colder months migrates towards the Falkland Islands and southern coasts of South America north to Buenos Aires, in the Atlantic and Llanquihue (Los Lagos) in the Pacific coast. Occasional records north to Buenos Aires, coasts of Uruguay and in Chile, to Mocha Island (Bío-Bío). Non-breeding adults remain throughout the year on the eastern Patagonian coasts, southern Tierra del Fuego, Diego Ramírez and Staten Islands and the Falkland Archipelago.

Habits: Alone or in small loose flocks. Scavenger. Flight low and with fast wing-beats. Along the coasts prefers to run instead of flying. During the summer scavenges in breeding colonies of albatrosses, penguins, cormorants and *pinnipeds*, preying on eggs or feeding on regurgitated food, placentas and faeces. During the winter, feeds along the coasts mainly on molluscs and green algae. Silent. Very tame.

Identificación: Inconfundible. Parte de la cara y alrededor de los ojos con piel desnuda de color rosado. Pico corto y robusto, amarillo con punta negra. Presenta una estructura en forma de estuche, que cubre los orificios nasales. Patas grises. Completamente blanco.

Hábitat: Costas marinas rocosas y arenosas exteriores. También en sectores más protegidos como bahías, puertos y cerca de asentamientos humanos. Generalmente asociado a colonias de pinnípedos, pingüinos y cormoranes.

Rango: Residente estival localmente común en varias localidades de la Península Antártica hasta los 65°S. También nidifica en islas del Arco de Escocia, en el Atlántico Sur incluyendo Georgia del Sur, Orcadas y Shetland del Sur. Visitante ocasional invernal hasta los 70°S. Durante los meses más fríos migra hacia las Islas Malvinas y costas australes de Sudamérica hasta Buenos Aires por el Atlántico y Llanquihue (Los Lagos) por el Pacífico. Registros ocasionales hasta Buenos Aires, costas de Uruguay y en Chile, hasta Isla Mocha (Bío-Bío). Adultos no-reproductivos permanecen durante todo el año en las costas patagónicas orientales, sur de Tierra del Fuego, Islas Diego Ramírez y de los Estados e Islas Malvinas.

Hábitos: Solitario o en pequeños grupos dispersos. Carroñero. Vuelo bajo de rápidos aleteos. En la costa prefiere correr a volar. Durante el verano carroñea en colonias de albatros, pingüinos, cormoranes y pinnípedos, predando sobre huevos o alimentándose de comida regurgitada, placentas y fecas. Durante el invierno, se alimenta en la costa preferentemente de moluscos y algas verdes. Silencioso. Muy confiado.

1878

1879

1880

1881

1882

1883

L. 40cm (15")

1884

Chilean Skua

Catharacta chilensis STERCORARIIDAE

C. Salteador Chileno
A. Escúa Común

1885

Identification: Bill bluish-grey with black tip. Legs black. Iris dark. Cap blackish-brown. Nape and sides of neck pale orange to reddish-chestnut or greyish-brown with yellow to whitish streaking during the breeding season. Upperparts blackish-brown to greyish-brown. Mantle and scapulars streaked and mottled with reddish-brown. Rump and uppertail-coverts dark brown with thin pale brown edging. Upperwing blackish-brown. Flight-feathers blackish-brown, prominent white patch at base of primaries. Axillaries and underwing-coverts cinnamon to reddish-brown. Underparts cinnamon to reddish-brown with dark and diffuse pectoral band. Tail dark brown. **Immature:** Similar to adult, although with more brilliant reddish-brown tinge on underparts, and dark cap extending as a hood. Upperparts uniform dark brown. Legs bluish-grey with black toes.

Habitat: Rocky and sandy seacoasts. Also in offshore waters. In the southern part of its range, penetrates considerable distances inland to the Patagonian steppe. Locally close to ports and human settlements, also on rubbish dumps.

Range: Common resident in the Patagonian coasts of Magallanes, in Chile and Santa Cruz, in Argentina to the coasts, fjords and exposed isles of southern Isla Grande de Tierra del Fuego, including the Wollaston Archipelago (Cape Horn) and Staten Island. Probable nesting species on the Falkland Islands. Accidental visitor to the Antarctic Peninsula (South Shetland Islands). During the southern winter, disperses throughout the rest of the Chilean coast north to Peru, and along the Atlantic to the coast of Brazil.

Habits: Alone, in pairs or small loose groups. Scavenger, frequently seen near offal discharge places, slaughter-houses and at sea, follows ships. Piratical, steals the prey, eggs and chicks of any kind of seabird. Aggressive and territorial.

Identificación: Pico gris azulado con punta negra. Patas negras. Iris oscuro. Boina café negruzco. Nuca y lados del cuello naranja pálido a canela rojizo a café grisáceo con estriado amarillo a blanquecino durante el período reproductivo. Partes superiores café negruzco a café grisáceo. Manto y escapulares con estriado y moteado café rojizo. Rabadilla y coberteras supracaudales café oscuro con plumas con delgado borde café pálido. Superficie dorsal alar café negruzco. Rémiges café negruzco, primarias con prominente base blanca. Axilares y coberteras subalares canela a café rojizo. Partes inferiores canela a café rojizo con banda pectoral oscura. Cola café oscuro. **Inmaduro:** Similar al adulto aunque con tinte café rojizo más brillante en las partes inferiores, y boina oscura más extendida a manera de capucha. Partes superiores café oscuro uniforme. Tarsos gris azulado con dedos negros.

Hábitat: Costas marinas rocosas y arenosas. También en altamar. En la zona sur de distribución realiza incursiones considerables hacia el interior de la estepa patagónica. Localmente cerca de puertos y poblados, también en basurales.

Rango: Residente común en las costas patagónicas de Magallanes, en Chile y Santa Cruz, en Argentina hasta las costas, fiordos e islotes exteriores del sur de Isla Grande de Tierra del Fuego, incluyendo el Archipiélago de las Wollaston (Cabo de Hornos) e Isla de los Estados. Es una probable especie nidificante en Islas Malvinas. Accidental en la Península Antártica (Islas Shetland del Sur). Durante el invierno austral, se dispersa por el resto de la costa Chilena hasta el norte de Perú, y por el Atlántico hasta la costa de Brasil.

Hábitos: Solitario, en parejas o en pequeños grupos dispersos. Carroñero, frecuenta lugares de descarga de deshechos, mataderos y en el mar, sigue barcos. Pirata, roba las presas, huevos y polluelos de toda clase de aves marinas. Agresivo y territorial, defendiendo sus nidos.

1886

1887

1888

1889

1890

1891

1892

L. 59cm (23″)

J

Brown Skua
Catharacta antarctica   STERCORARIIDAE

C. Salteador Pardo
A. Escúa Parda

1893

Identification: Bill dark, occasionally with pale grey base. Legs black. Iris dark. Fierce appearance. Head uniform blackish-brown, occasionally showing small white spots on forehead and crown. Blackish ocular stripe. Nape, sides of head and neck slightly paler with narrow pale streaking, that can extends towards breast. Upperparts uniform dark brown with irregular whitish to yellowish streaking on mantle and scapulars. Upperwing dark brown. Flight-feathers blackish-brown. Prominent white patch at base of primaries. Underparts dark greyish-brown to blackish-brown with faint reddish tinge. Often shows pale mottling on breast and flanks. Tail blackish. **Juvenile:** Completely uniform chocolate brown. Can show a reddish-brown tinge on the underparts, underwing-coverts and mantle.

Habitat: Rocky and sandy seacoasts, and mostly in areas free of ice. Also in offshore waters.

Range: *C. a. antarctica* is a common migratory resident along the coasts of Chubut, Argentina and the Falkland Islands. In the south, is a regular visitor in offshore waters of Tierra del Fuego and Staten Island. During the southern winter disperses northwards through the Atlantic to offshore waters of Buenos Aires and Brazil. *C. a. lonnbergi* is a common Antarctic circumpolar resident that nests on South Georgia, South Sandwich, South Orkney and South Shetland Islands and Elephant Island, also at some other localities of the extreme north of the Antarctic Peninsula. Recorded as a non-breeding visitor south to 67°S (Adelaide Island). During the southern winter, part of the population migrates along both coasts of South America, reaching north to 25-30°S in the Pacific.

Habits: Alone or in pairs, in groups around carrion and corpses. Very fierce predator, taking on seabirds such as penguins and small petrels. Very dominant scavenger around bodies of very large animals such as elephant seals and cetaceans. Hybridises at least at some degree with Chilean Skua in southern Argentina. Very aggressive on the breeding grounds.

Identificación: Pico oscuro, en ocasiones con base gris pálido. Patas negras. Iris oscuro. De aspecto muy fiero. Cabeza café negruzca uniforme, en ocasiones con pequeñas manchas blancas en frente y corona. Línea ocular negruzca. Nuca, lados de la cabeza y cuello ligeramente más pálidos con delgado estriado pálido, que puede continuar hacia el pecho. Partes superiores café oscuro uniforme con estriado irregular blanquecino a amarillento en manto y escapulares. Superficie dorsal alar café oscuro. Rémiges café negruzco. Base de las primarias con prominente parche blanco. Partes inferiores café grisáceo oscuro a café negruzco con leve tinte rojizo. Con frecuencia, moteado pálido en pecho y flancos. Cola negruzca. **Juvenil:** Completamente café chocolate uniforme. Puede mostrar un tinte café rojizo en las partes inferiores, coberteras subalares y manto.

Hábitat: Costas marinas rocosas y arenosas, y en general áreas libres de hielo. También en altamar.

Rango: *C. a. antarctica* es un residente frecuente en las costas de Chubut, Argentina e Islas Malvinas. Por el sur es un visitante regular en aguas exteriores de Tierra del Fuego e Isla de los Estados. Durante el invierno austral parte de su población migra hacia el norte por el Atlántico hasta aguas exteriores de Buenos Aires y Brasil. *C. a. lonnbergi* es un residente circumpolar antártico común que nidifica en Islas Georgia del Sur, Sandwich, Orcadas y Shetland del Sur e Isla Elefante, además de algunas localidades del extremo norte de la Península Antártica. Registrada como visitante no-reproductivo hasta los 67°S (Isla Adelaida). Durante el invierno austral parte de su población migra por ambas costas del sur de Sudamérica, alcanzando por el Pacífico hasta los 25-30°S.

Hábitos: Solitario o en parejas, en grupos en torno a cadáveres. Muy feroz predador de aves marinas como pingüinos y pequeños petreles. Carroñero muy dominante en torno a cadáveres de animales grandes como elefantes marinos o cetáceos. Hibridismo en algún grado con *Catharacta chilensis* en el sur de Argentina. Muy agresivo en sus colonias reproductivas.

C. a. lonnbergi

C. a. lonnbergi

L. 63cm (25″)

1894
1895
1896
1897
1898
1899
1900
1901

C. a. lonnbergi

1902

Identification: Bill and legs black. Iris dark. Poly-morphic. **Light phase:** Head and mantle grey to greyish-brown, with strong contrast between the bill and dark ocular area. Head and underparts contrast with darker wings, rump and tail. In worn plumage (during the southern winter) the head appears almost completely white. **Intermediate phase:** Dark hood contrasts with light grey underparts. Paler frontal area extending to lores. Nape normally paler contrasting with darker hood, and many individuals have paler mantle. **Dark phase:** Generally uniform blackish to dark chocolate brown. Forehead, throat and lores paler. Faint pale streaking on mantle. Non-breeding adults show narrow yellow streaking on nape and sides of neck. **Juvenile:** Similar to intermediate phase, although greyer. Nape and underparts uniform dark grey. Upperparts blackish, with slightly paler scaling.

Habitat: Rocky ice-free seacoasts. Also in offshore waters.

Range: Common resident around coasts and mountains of the Antarctic Peninsula from Graham Land north to South Shetland and South Orkney Islands. Adults remain in Antarctic waters, at the edge of pack-ice, throughout the year. Regular visitor although scarcer in waters surrounding South Georgia and the Falkland Islands. Frequent visitor to waters of the Humboldt Current. Juveniles and immature birds are long-distance migrants, dispersing northwards through the Pacific north to Japan and the western coast of the United States during the southern winter.

Habits: Alone or in pairs, congregates in groups around carrion and corpses. Often seen feeding on fish or *krill*, which are caught by a series of continuous plunge-dives. Also preys on eggs, chicks or weakened penguins. Dominant scavenger, around bodies of very large animals such as elephant seals or cetaceans. Very aggressive on the breeding grounds.

Identificación: Pico y patas negras. Iris oscuro. Polimórfico. **Fase pálida:** Cabeza y manto gris pálido a café grisáceo. En la cabeza, marcado contraste con pico y zona ocular oscura. Cabeza y partes inferiores contrastan con alas, rabadilla y cola oscuras. En plumaje gastado (durante el invierno) la cabeza aparece casi completamente blanca. **Fase intermedia:** Capucha oscura que contrasta con las partes inferiores gris pálido. Zona frontal más pálida que se extiende hacia los lorums. Nuca es normalmente más pálida que contrasta con la capucha oscura, y muchos tienen manto más pálido. **Fase oscura:** Coloración negruzca a café chocolate oscuro uniforme. Zona frontal y en torno a la comisura del pico más pálida. Leve estriado pálido en manto. Los adultos reproductivos muestran delgado estriado amarillo en nuca y lados del cuello. **Juvenil:** Similar a la fase intermedia, aunque más grisáceos. Nuca y partes inferiores gris oscuro uniforme. Partes superiores negruzcas, con leve escamado más pálido.

Hábitat: Costas marinas rocosas libres de hielo. También en altamar.

Rango: Residente común en costas y montañas de la Península antártica desde la Tierra de Graham a las islas Shetland y Orcadas del Sur. Los adultos permanecen en aguas antárticas, al borde del *pack-ice*, durante todo el año. Visitante regular aunque escaso en aguas adyacentes de Isla Georgia del Sur e Islas Malvinas. Visitante frecuente en aguas de la Corriente de Humboldt. Los juveniles e inmaduros son migratorios de larga distancia, dispersándose por el Pacífico hasta Japón y la costa occidental de Estados Unidos durante el invierno austral.

Hábitos: Solitario o en parejas, en grupos en torno a cadáveres. Con frecuencia se le observa alimentándose de peces o *krill*, que captura mediante continuas zambullidas. También preda sobre huevos, polluelos e individuos jóvenes y débiles de pingüinos. Carroñero muy dominante en torno a cadáveres de animales grandes como elefantes marinos o cetáceos. Muy agresivo en sus sitios reproductivos.

1903

1904

1905

1906

Dark phase / Fase oscura

1907

1908

1909

L. 53cm (21")

Pomarine Jaeger
Stercorarius pomarinus   STERCORARIIDAE

1910

Identification: Largest *Stercorarius*. Bill dark buffish with blackish tip. Legs black. Iris blackish. Poly-morphic. **Light phase:** Most common morph. Dark brown cap. Upperparts uniform dark brown. Rump and uppertail-coverts whitish with prominent dark brown barring. Dark pectoral band. Underparts whitish. Flanks, lower belly and undertail-coverts barred with dark brown. During the southern winter, twisted long central rectrices are lacking, although it can show elongated, broad and rounded feathers. **Dark phase:** Generally dark brown. Sides of neck paler. Variable whitish mottling on the underparts. Pale patch at base of primaries.
Habitat: Pelagic species, favouring cold and deep waters.
Range: Scarce to occasional visitor from the Nearctic in offshore waters of western Patagonia, reaching southwards to South Shetland Islands and the Antarctic Peninsula south to 67°S.
This species breeds in the Arctic, in tundra habitats.
Habits: Alone. Piratical, often seen chasing terns in order to steal their prey.

Identificación: El más grande de los *Stercorarius*. Pico café amarillento oscuro con punta negra. Patas negras. Iris negruzcos. Polimórfico. **Fase pálida:** Es la más común. Boina café oscura. Partes superiores café oscuro uniforme. Rabadilla y coberteras supracaudales blanquecinas con notorio barrado café oscuro. Banda pectoral oscura. Partes inferiores blanquecinas. Flancos, parte inferior del abdomen y subcaudales barradas de café oscuro. Durante el verano austral, las rectrices centrales largas están ausentes, aunque pueden presentar elongaciones anchas y redondeadas. **Fase oscura:** Coloración general café oscuro. Lados del cuello más pálido. Variable moteado blanquecino en las partes inferiores. Parche pálido en la base de las primarias.
Hábitat: Especie pelágica, de preferencia en aguas frías y profundas.
Rango: Visitante neártico escaso a ocasional en aguas exteriores de la costa occidental de Patagonia, alcanzando las Islas Shetland del Sur y Península Antártica hasta los 67°S.
Esta especie nidifica en el ártico, en ambientes de tundra.
Hábitos: Solitario. Pirata, se observa acosando gaviotines por su alimento.

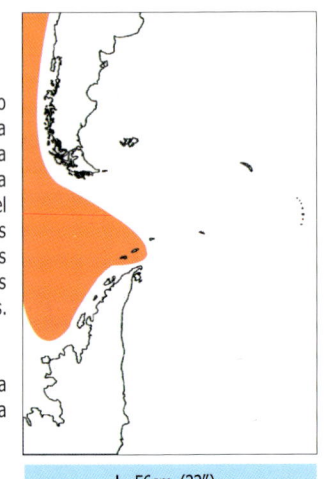

L. 56cm (22")

Parasitic Jaeger
Stercorarius parasiticus   STERCORARIIDAE   **C. y A.** Salteador Chico

1911

1912

Identification: Medium-sized *Stercorarius*. Bill and legs blackish. Iris blackish. Poly-morphic. **Light phase:** Most common morph. Dark brown cap. Upperparts uniform dark brown. Rump and uppertail-coverts whitish with prominent dark brown barring. Faint dark pectoral band. Underparts whitish. Flanks, lower belly and undertail-coverts with faint dark brown barring. During the southern summer, long central rectrices are absent, although can show elongated and narrow feathers. Pale patch at base of primaries. **Dark phase:** Generally dark brown.
Habitat: Coastal species, also entering straits and channels.
Range: Scarce although regular visitor from the Nearctic to coastal waters of the Pacific, from Maule south to Patagonian and Fuegian channels, in Magallanes. In the Atlantic, it is a regular visitor from south-western Buenos Aires southwards, through shallow waters of the Patagonian Shelf. Also in waters surrounding the Falkland Islands. Accidental Antarctic visitor south to South Orkney Islands, reaching occasionally south to 65°S.
This species breeds in the Arctic, in tundra habitats.
Habits: Alone, occasionally in small loose groups. Flapping falcon-like flight. Piratical, often seen chasing terns, in order to steal their prey. Shy.

Identificación: *Stercorarius* mediano. Pico y patas negruzcas. Iris negruzcas. Polimórfico. **Fase pálida:** Es la más común. Boina café oscura. Partes superiores café oscuro uniforme. Rabadilla y coberteras supracaudales blanquecinas con notorio barrado café oscuro. Banda pectoral oscura poco definida. Partes inferiores blanquecinas. Flancos, parte inferior del abdomen y subcaudales con leve barrado café oscuro. Durante el verano austral, las rectrices centrales largas están ausentes, aunque pueden presentar elongaciones delgadas. Parche pálido en la base de las primarias. **Fase oscura:** Coloración general café oscuro.
Hábitat: Especie costera, también se interna a canales y estrechos.
Rango: Visitante neártico escaso aunque regular en aguas costeras del Pacífico desde Maule hasta los canales patagónicos y fueguinos, en Magallanes. En el Atlántico es un visitante regular desde el sur-oeste de Buenos Aires hacia el sur por aguas poco profundas de la plataforma continental patagónica. También en aguas adyacentes de Islas Malvinas. Visitante accidental antártico por el sur hasta las Islas Orcadas del Sur y los 65°S.
Esta especie nidifica en el ártico, en ambientes de tundra.
Hábitos: Solitario, ocasionalmente en pequeños grupos dispersos. Vuelo aleteado, similar al de un halcón. Pirata, se observa acosando gaviotines por su alimento. Tímido.

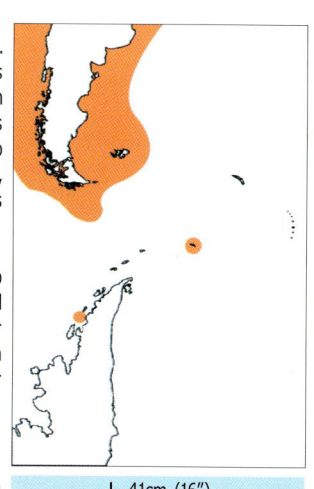

L. 41cm (16")

Long-tailed Jaeger

Stercorarius longicaudus   STERCORARIIDAE

C. Salteador de Cola Larga
A. Salteador Coludo

1913

Identification: Smallest *Stercorarius*. Bill and legs blackish. Iris blackish. Cap dark brown. In worn plumage and after moult, feathers of upperparts uniform dark brown with pale edging. Rump and uppertail-coverts whitish with conspicuous dark brown barring. Faint dark pectoral zone. Small and restricted pale base at primaries. Underparts whitish. Flanks, lower belly and undertail-coverts with very slight dark brown barring. During the southern summer, long central rectrices are absent, although can show narrow and pointed elongated feathers.
Habitat: Pelagic species, favouring cold and deep waters. Very occasionally in waters over the continental shelf.
Range: Scarce although regular visitor from the Nearctic in Atlantic waters, at the edge of the Patagonian Shelf towards offshore waters of the Falkland Islands, reaching southwards to 65-70°S. Accidental visitor at South Georgia Island. Possibly reaching the Pacific between 40-50°S.
This species breeds at arctic regions of the Northern Hemisphere.
Habits: Alone, occasionally in small loose groups. Graceful and agile tern-like flight. Piratical, often seen harassing terns for their food.

Identificación: El más pequeño de los *Stercorarius*. Pico y patas negruzcas. Iris negruzcos. Boina café oscura. En plumaje gastado y luego de la muda, plumas de las partes superiores café oscuro uniforme con bordes pálidos. Rabadilla y coberteras supracaudales blanquecinas con notorio barrado café oscuro. Zona pectoral oscura difusa. Pequeño y restringido parche pálido en la base de las primarias. Partes inferiores blanquecinas. Flancos, parte inferior del abdomen y subcaudales con muy leve barrado café oscuro. Durante el verano austral, las rectrices centrales largas están ausentes, aunque pueden presentar elongaciones delgadas y puntiagudas.
Hábitat: Especie pelágica, de preferencia en aguas frías y profundas. Muy ocasionalmente en aguas de la plataforma continental.
Rango: Visitante neártico escaso aunque regular en aguas del Atlántico, desde el borde de la plataforma continental patagónica hasta aguas exteriores de las Islas Malvinas, alcanzando por el sur hasta los 65-70°S. Visitante accidental en Isla Georgia del Sur. Por el Pacífico es posible que alcance hasta los 40-50°S. Esta especie nidifica en regiones árticas del Hemisferio Norte.
Hábitos: Solitario, ocasionalmente en pequeños grupos dispersos. Vuelo grácil y ágil, similar al de un gaviotín. Pirata, se observa acosando gaviotines por su alimento.

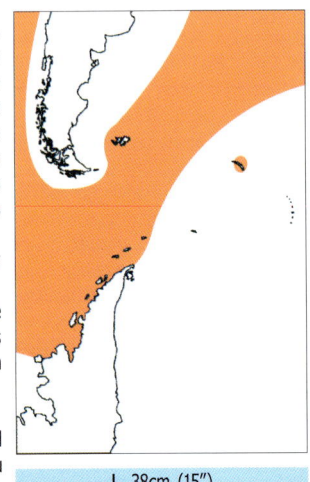

L. 38cm (15")

Dolphin Gull
Larus scoresbii

LARIDAE

C. Gaviota Austral
A. Gaviota Gris

1914

Identification: Sexes alike. Seasonally variable. Bill and legs red. Iris pale yellow. Red orbital ring. **Breeding plumage:** Head and underparts pearl grey. Mantle and upperwing slaty-black. Rump white. Prominent white trailing edge, formed by tips of tertials, secondaries and all except the two outermost primaries. Underwing-coverts grey. Tail white. **Non-breeding plumage:** Hood dark grey. **Juvenile:** Iris dark. Bill blackish. Legs grey. Head slaty-brown with chin and throat paler. Upperparts dark brown. Rump whitish. Upper breast brown grading white towards belly and ventral area. Upperwing dark brown. Inner primaries, secondaries and tertials tipped with white. Tail white with black subterminal band.
Habitat: Rocky and sandy seacoasts. Frequents seabird and marine mammal breeding colonies as well as ports.
Range: ENDEMIC to Patagonia and the Falkland Islands. Common resident from the exposed coast of Los Lagos and Isla Grande de Chiloé, in Chile and from northern Chubut, in Argentina south to the southern part of Isla Grande de Tierra del Fuego and southern islands of the Beagle Channel, including the Wollaston Archipelago (Cape Horn) and Diego Ramírez and Staten Islands. Common and widely distributed resident in the Falkland Islands. Accidental visitor to South Georgia Island.
During the southern winter disperses along the Pacific coast north to Mocha Island (Bío-Bío).
Habits: In pairs or small flocks. Aggressive, when fighting for food with other gull species. Scavenger, associated with offal at sea, on ships, at rubbish dumps, and also at breeding colonies of penguins, cormorants and sea lions. Also feeds on molluscs on the coast, which are dropped from a height in order to break the shell. Confiding.

Identificación: Sexos similares. Variación estacional. Pico y patas rojas. Iris amarillo pálido. Anillo orbital rojo. **Plumaje reproductivo:** Cabeza y partes inferiores gris perla. Manto y superficie dorsal alar negro apizarrado. Rabadilla blanca. Notorio borde posterior alar blanco formado por las punta de las terciarias, secundarias y todas las primarias, excluyendo las dos más externas. Coberteras subalares grises. Cola blanca. **Plumaje no-reproductivo:** Capucha gris oscuro. **Juvenil:** Iris oscuro. Pico negruzco. Patas grises. Cabeza café apizarrado con barbilla y garganta más pálidos. Partes superiores café oscuro. Rabadilla blanquecina. Parte superior del pecho café variando a blanco hacia el resto de las partes inferiores. Superficie dorsal alar café negruzco. Primarias internas, secundarias y terciarias con punta blanca. Cola blanca con banda subterminal negra.
Hábitat: Playas marinas rocosas y arenosas. Frecuenta colonias de aves y mamíferos marinos y puertos.
Rango: ENDEMICO de Patagonia e Islas Malvinas. Residente común desde la costa expuesta de Los Lagos e Isla Grande de Chiloé, en Chile y desde el norte de Chubut, en Argentina hasta el sur de Isla Grande de Tierra del Fuego e islas australes del Canal Beagle, incluyendo el Archipiélago de las Wollaston (Cabo de Hornos) e Islas Diego Ramírez y de los Estados. Residente común y de amplia distribución en Islas Malvinas. Visitante accidental en Isla Georgia del Sur.
Durante el invierno austral alcanza por la costa del Pacífico hasta Isla Mocha (Bío-Bío).
Hábitos: En parejas o en pequeñas bandadas. Agresiva, cuando se disputa por el alimento con otras gaviotas. Carroñera, asociada a lugares de descargas de deshechos, barcos y basurales, también a colonias reproductivas de pingüinos, cormoranes y lobos marinos. También se alimenta en la costa de moluscos, que arroja desde la altura para romper sus conchas. Confiada.

L. 45cm (18″)

Band-tailed Gull

Larus belcheri   LARIDAE   **C.** Gaviota Peruana

1922

Identification: Sexes alike. Seasonally variable. **Breeding plumage:** Bill yellow with black subterminal band and tip red. Legs bright yellow. Iris brown. Yellow orbital ring. Head white. Mantle slaty-black and rump white. Upperwing slaty-black with conspicuous white trailing edge, formed by tips of secondaries and inner primaries. Underwing pearl grey with outer primaries entirely blackish. Underparts white. Tail white with broad black subterminal band. **Non-breeding plumage:** Hood blackish-brown. **Juvenile:** Bill pale yellow with black tip. Legs greyish. Head dark brown. Mantle and scapulars greyish-brown and back brown with feathers bordered with buffish. White rump. Primaries and secondaries blackish-brown, the latter bordered with white. Breast brown with white mottling grading to white towards the rest of underparts.
Habitat: Rocky and sandy shores of the Pacific coast. Also in offshore waters.
Range: Irregular to scarce non-breeding visitor, from Maule south to Chacao Channel (Los Lagos, being more common during El Niño years.
Endemic to the Humboldt Current this species nests in the coastal desert of northern Chile and Peru.
Habits: Frequently in flocks. Occasionally enters estuaries and rivers. A piratical scavenger. Occasionally follows fishing vessels. Confiding.

Identificación: Sexos similares. Variación estacional. **Plumaje reproductivo:** Pico amarillo con banda subterminal negra y punta roja. Patas amarillo brillante. Iris café. Anillo orbital amarillo. Cabeza blanca. Manto negro apizarrado y rabadilla blanca. Superficie dorsal alar negro apizarrado con notorio borde posterior blanco, formado por las puntas de las secundarias y primarias internas. Superficie inferior alar gris perla con primarias externas completamente negruzcas. Partes inferiores blancas. Cola blanca con amplia banda subterminal negra. **Plumaje no-reproductivo:** Capucha café negruzca. **Juvenil:** Pico amarillo pálido con punta negra. Patas grisáceas. Cabeza café oscuro. Manto y escapulares café grisáceo y espalda café con plumas bordeadas de café amarillento. Rabadilla blanca. Primarias y secundarias café negruzco, las últimas bordeadas de blanco. Pecho café con moteado blanco degradándose a blanco hacia el resto de las partes inferiores.
Hábitat: Playas rocosas y arenosas de la costa del Pacífico. También en alta mar.
Rango: Visitante no-reproductivo irregular y escaso, algo más frecuente en años de ocurrencia del Fenómeno del Niño, desde Maule hasta el Canal de Chacao (Los Lagos).
Esta especie endémica de la Corriente de Humboldt nidifica en las costas desérticas del norte de Chile y Perú.
Hábitos: Frecuentemente en bandadas. Ocasionalmente entra hacia el interior por estuarios y ríos. Pirata y carroñero. En ocasiones sigue barcos pesqueros. Confiada.

1923

1924

1925

I

1926

1927

J

1928

I

1929

L. 51cm (20″)

Olrog's Gull

Larus atlanticus   LARIDAE   **A.** Gaviota Cangrejera

1930

1931

Identification: Sexes alike. Seasonally variable. **Breeding plumage:** Bill yellow with black subterminal band and red tip. Legs bright yellow. Iris brown. Yellow orbital ring. Head white. Mantle slaty black and rump white. Upperwing slaty black with conspicuous white trailing edge, formed by tips of secondaries and inner primaries. Underwing pearl grey with outer primaries entirely blackish. Underparts white. Tail white with broad black subterminal band. **Non-breeding plumage:** Hood blackish-brown. **Juvenile:** Bill pale yellow with black tip. Legs greyish. Head dark brown. Mantle and scapulars greyish-brown and back brown with feathers fringed with buffish. White rump. Primaries and secondaries blackish-brown, the latter fringed white. Breast brown with white mottling grading to white towards the rest of underparts.
Habitat: Seashores and inter-tidal flats of the Atlantic coast.
Range: Very local to scarce coastal summer resident of eastern Patagonia, from southern Buenos Aires south to Chubut; very occasionally south to southern Santa Cruz; the few breeding colonies are concentrated around Buenos Aires, and more rarely south to Chubut. Accidental visitor to the Falkland Islands. Its northern range reaches the coasts of southern Brazil.
Habits: Frequently in flocks. Rather confiding. Nests in compact colonies. Associated with colonies of seabirds such as cormorants. A piratical scavenger. Occasionally follows fishing vessels.
Conservation: Classified as Vulnerable. Population is estimated to be some 4,600 individuals. The major threats facing by this gull have been identified as urban development and pollution.

Identificación: Sexos similares. Variación estacional. **Plumaje reproductivo:** Pico amarillo con banda subterminal negra y punta roja. Patas amarillo brillante. Iris café. Anillo orbital amarillo. Cabeza blanca. Manto negro apizarrado y rabadilla blanca. Superficie dorsal alar negro apizarrado con notorio borde posterior blanco, formado por las puntas de las secundarias y primarias internas. Superficie inferior alar gris perla con primarias externas completamente negruzcas. Partes inferiores blancas. Cola blanca con amplia banda subterminal negra. **Plumaje no-reproductivo:** Capucha café negruzca. **Juvenil:** Pico amarillo pálido con punta negra. Patas grisáceas. Cabeza café oscuro. Manto y escapulares café grisáceo y espalda café con plumas bordeadas de café amarillento. Rabadilla blanca. Primarias y secundarias café negruzco, las últimas bordeadas de blanco. Pecho café con moteado blanco degradándose a blanco hacia el resto de las partes inferiores.
Hábitat: Playas y planicies intermareales de la costa atlántica.
Rango: Residente estival nidificante costero muy local y escaso de la Patagonia oriental, desde el sur de Buenos Aires hasta Chubut, muy ocasionalmente hasta el sur de Santa Cruz; las escasas colonias reproductivas se concentran en algunas localidades de Buenos Aires (Islotes y canales de Bahía Blanca) y Chubut (Islote Laguna). Visitante accidental en Islas Malvinas. Su rango septentrional alcanza la costa del sur de Brasil.
Hábitos: Frecuentemente en bandadas. Algo confiada. Nidifica en colonias compactas. Se asocia a colonias de aves marinas como cormoranes. Pirata y carroñero. En ocasiones sigue barcos pesqueros.
Conservación: Considerada como Vulnerable. Su población se estima en unos 4.600 individuos. Las mayores amenazas que enfrenta han sido identificadas como el desarrollo urbano y la polución.

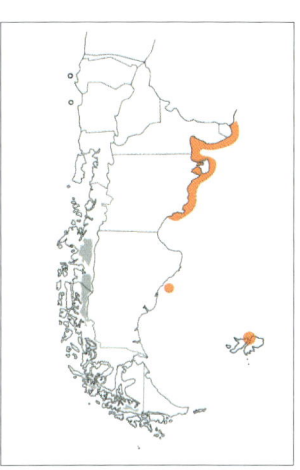

L. 51cm (20")

Grey Gull
Larus modestus   LARIDAE   **C. & A.** Gaviota Garuma

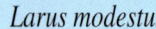

1932

Identification: Sexes alike. Seasonally variable. **Breeding plumage:** Bill and legs black. Iris brown. Hood whitish-grey. Generally smoky-grey, with rump and underparts somewhat paler. Primaries, wing-coverts and secondaries blackish-brown. Prominent white trailing edge formed by tips of secondaries. Tail blackish-brown with broad black subterminal band and white terminal band. **Non-breeding plumage:** Hood and mantle paler. **Juvenile:** Head blackish-brown. Forehead, chin and sides of face paler. Upperparts and underparts greyish-brown with feathers bordered with greyish-buff. Primaries, wing-coverts and secondaries blackish-brown, the latter fringed with white. Tail blackish with buffish terminal band.
Habitat: Large sandy beaches and rocky seashores.
Range: Irregular non-breeding visitor, seasonally common along the Pacific coast from Maule south to Isla Grande de Chiloé. Very occasionally southwards to Golfo de Penas (Aysén). Accidental visitor to the Falkland Islands.
Endemic to the Humboldt Current, this species nests in the coastal desert of northern Chile and south-western Peru, being a regular visitor north to Ecuador.
Habits: Generally in large flocks. Seen feeding actively along stretches of sandy coastline searching for small crustaceans. Very noisy, with a characteristic cat-like scream. Occasionally follows fishing vessels. Confiding.

Identificación: Sexos similares. Variación estacional. **Plumaje reproductivo:** Pico y patas negras. Iris café. Capucha gris blanquecina. Coloración general gris ahumado, con rabadilla y partes inferiores algo más pálidas. Primarias, coberteras y secundarias café negruzco. Notorio borde blanco formado por las puntas de las secundarias. Cola café negruzco con ancha banda subterminal negra y terminal blanca. **Plumaje no-reproductivo:** Capucha y manto más pálidos. **Juvenil:** Cabeza café negruzco. Frente, barbilla y lados de la cara más pálidos. Partes superiores e inferiores café grisáceo con plumas bordeadas de ante grisáceo. Primarias, coberteras y secundarias café negruzco, las últimas bordeadas de blanco. Cola negruzca con banda terminal café amarillento.
Hábitat: Playas arenosas extensas y costas rocosas.
Rango: Visitante irregular no-reproductivo, temporalmente común en la costa del Pacífico desde Maule hasta la Isla Grande de Chiloé. Muy ocasionalmente por el sur hasta el Golfo de Penas (Aysén). Visitante accidental en Islas Malvinas.
Esta especie endémica de la Corriente de Humboldt nidifica en el desierto costero del sur-oeste de Perú y norte de Chile, siendo visitante regular por el norte hasta Ecuador.
Hábitos: Generalmente en grandes bandadas. Se observa alimentándose activamente en la costa arenosa en búsqueda de pequeños camarones. Muy bulliciosa, grito similar al de un gato. En ocasiones sigue barcos pesqueros. Confiada.

1933

1934

1935

1936

1937

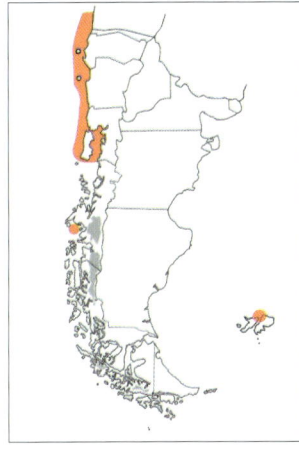

L. 46cm (18″)

1938

1939

Kelp Gull
Larus dominicanus   LARIDAE

C. Gaviota Dominicana
A. Gaviota Cocinera

1940

Identification: Sexes alike. Bill yellow with red gonydeal spot. Legs yellow to grey. Iris yellowish-grey. Red orbital ring. Head and underparts white. Mantle blackish and rump white. Upperwing black. Outermost primaries with bold white mirror. Prominent white trailing edge formed by tips of inner primaries and secondaries. Tail white. **Juvenile:** Bill and iris black. Legs greyish. Head greyish-brown. Back dark brown with feathers bordered and barred with buffish and whitish. Lower back and rump barred with brown and white. Primaries and secondaries blackish, the latter tipped white. Underparts with brown and white mottling, densest on the belly. Tail blackish with narrow buff border.
Habitat: Seacoasts, inland steppes to Andean lakes. Also in cities and rubbish dumps.
Range: Very common resident along the Patagonian coast from Maule in the Pacific, and south-western Buenos Aires in the Atlantic, south to the southern part of Isla Grande de Tierra del Fuego, Wollaston Archipelago (Cape Horn) and Diego Ramírez and Staten Islands. Often seen well away from the coast in inland Patagonia and in Andean lakes. Also a common resident on the Falkland Islands, South Georgia Island, all the islands of the Scotia Arc, and the Antarctic Peninsula south to 68°S.
This species ranges northwards to Ecuador and southern Brazil in South America. Circumpolar in sub Antarctic and Antarctic islands of the South Atlantic, Indian and Pacific Oceans. Also found along the coasts of South Africa, southern Australia and New Zealand.
Habits: In large flocks. Very noisy and aggressive when fighting over food with other gulls. Scavenger, associated with offal at sea, on ships, at rubbish dumps, and also at breeding colonies of penguins, cormorants and sea lions. Piratical, stealing food, eggs and chicks from other seabirds. Also feeds on molluscs on the coast, which are dropped from a height in order to break the shell. Very confiding.

Identificación: Sexos similares. Pico amarillo con punto rojo en el gonys. Patas amarillas a grises. Iris gris amarillento. Anillo orbital rojo. Cabeza y partes inferiores blancas. Manto negruzco y rabadilla blanca. Superficie dorsal alar negra. Primarias más exteriores con notoria marca blanca. Notorio borde posterior blanco formado por la punta de las primarias internas y secundarias. Cola blanca.
Juvenil: Pico e iris negro. Patas grisáceas. Cabeza café grisáceo. Espalda café oscura con bordeado y barrado café amarillento y blanquecino. Lomo barrado de café y blanco. Primarias y secundarias negruzcas, las últimas con punta blanca. Partes inferiores con moteado café y blanco, más concentrado en el abdomen. Cola negruzca con delgado borde café amarillento.
Hábitat: Costas marinas, estepas del interior y lagos andinos. También en ciudades y basurales.
Rango: Residente muy común a lo largo de toda la costa patagónica desde Maule por el Pacífico y sur-oeste de Buenos Aires, en el Atlántico hasta el sur de Isla Grande de Tierra del Fuego, Archipiélago de las Wollaston e Islas Diego Ramírez y de los Estados. Se interna grandes distancias al interior por la Patagonia y en lagos andinos. También es un residente común en Islas Malvinas, Georgia del Sur, todas las Islas del Arco de Escocia, y Península Antártica hasta los 68°S.
Esta especie se distribuye por el norte hasta Ecuador y sur de Brasil en Sudamérica. Es circumpolar en islas subantárticas y antárticas del Atlántico, Indico y Pacifico Sur y se encuentra además en las costas de Sudáfrica, sur de Australia y Nueva Zelanda.
Hábitos: En bandadas muy numerosas. Muy bulliciosa y agresiva, cuando disputa por el alimento con otras gaviotas. Carroñera, asociada a lugares de descargas de deshechos, barcos y basurales; también a colonias reproductivas de pingüinos, cormoranes y lobos marinos. Pirata, roba el alimenta, huevos y polluelos de otras especies. También se alimenta en la costa de moluscos, que arroja desde la altura para romper sus conchas. Muy confiada.

1941

1942

1943

I

1944

SA

1945

J

1946

1947

J

1948

J

1949

I

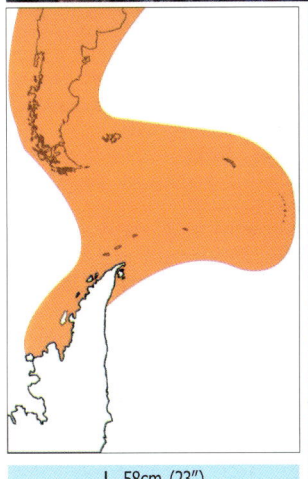

1950

L. 58cm (23″)

Brown-hooded Gull
Larus maculipennis　　　　　　LARIDAE

C. Gaviota Cáhuil
A. Gaviota Capucho Café

1951

Identification: Sexes alike. Seasonal variation. Bill and legs red. Iris brown. **Breeding plumage:** Hood chocolate brown. White eye crescents. Mantle pearl grey. Rump white. Upperwing pearl grey with white leading edge. Inner webs of primaries black. Underwing-coverts pale grey. Underparts white, occasionally with a pinkish tinge. Tail white. **Non-breeding plumage:** Head white with small dark patch on ear-coverts. **Juvenile:** Bill red with black tip. Head white. Crown, nape and ear-coverts pale greyish-brown. Upperparts greyish-brown and rump whitish. Small white central mirror on outermost primaries. Rest of primaries with inner webs black. Underparts white, sides of breast with a variable grey wash. Tail white with narrow black subterminal band.
Habitat: Seacoasts, estuaries and inland freshwater bodies. Also near human settlements including cultivated fields, rubbish dumps and villages.
Range: Locally common to very common resident along the entire Patagonian coast and inland territories, from southern Maule, in Chile and Neuquén, Río Negro and south-western Buenos Aires south to the southern part of Isla Grande de Tierra del Fuego, southern islands of the Beagle Channel and Staten Island. Locally common resident in the Falkland Islands. Accidental visitor to South Georgia Island. Part of the population spreads northward during the southern winter to extreme north of Chile and along the Atlantic north to Brazil.
Habits: Generally seen in flocks, resting on rocky shores. Scavenger. Very noisy. Confiding.

Identificación: Sexos similares. Variación estacional. Pico y patas rojo. Iris café. **Plumaje reproductivo:** Capucha café chocolate. Semi-anillo orbital blanco. Manto gris perla. Rabadilla blanca. Superficie dorsal alar gris perla y borde anterior blanco. Primarias con membrana interna negra. Coberteras subalares gris pálido. Partes inferiores blancas, ocasionalmente con tinte rosa. Cola blanca. **Plumaje no-reproductivo:** Cabeza blanca con pequeña mancha oscura en auriculares. **Juvenil:** Pico rojo con punta negra. Cabeza blanca. Corona, nuca y auriculares café grisáceo pálido. Partes superiores café grisáceo y rabadilla blanquecina. Primarias externas con pequeña mancha central blanca. Primarias restantes con membrana interna negra. Partes inferiores blancas, lados del pecho con lavado gris variable. Cola blanca con delgada banda subterminal negra.
Hábitat: Costas marinas, estuarios y cuerpos de agua dulce interiores. También cerca de asentamientos humanos como terrenos cultivados, basurales y villas.
Rango: Residente localmente común a común en toda la costa e interior patagónico, desde el sur del Maule, en Chile y Neuquén, Río Negro y sur-oeste de Buenos Aires hasta la costa sur de Isla Grande de Tierra del Fuego, islas australes del Canal Beagle e Isla de los Estados. Es un residente localmente común en Islas Malvinas. Visitante accidental en Isla Georgia del Sur.
Parte de su población se dispersa durante el invierno austral hacia el norte alcanzando el extremo norte de Chile y por el Atlántico hasta Brasil.
Hábitos: Generalmente en bandadas descansando sobre playas pedregosas. Carroñera. Muy bulliciosa. Confiada.

1952

1953

1954

1955

1956

I

I

1957

J

1958

1959

L. 42cm (17")

Andean Gull
Larus serranus LARIDAE **C. & A.** Gaviota Andina

1960

Identification: Sexes alike. Seasonally variable. Bill and legs dark red. Iris brown. **Breeding plumage:** Black hood. White eye crescents. Mantle pearl grey. Rump white. Secondaries and wing-coverts pearly-grey. Black subterminal spot across primaries. Underwing grey, primaries dark with white mirror across primaries. Underparts white, occasionally with pinkish tinge. Tail white. **Non-breeding plumage:** Head white with small dark spot on ear-coverts. **Juvenile:** Bill and legs black. Iris brown. Head greyish-brown with forehead and nape paler. Mantle greyish-brown with feathers bordered with whitish. Rump white. Sides of breast brown. Tail white with black subterminal band.
Habitat: Andean lakes. During winter, occasionally down to the coast.
Range: Irregular winter visitor in Andean habitats from Linares and Ñuble south to Aysén, in Chile and adjacent regions of Argentina.
This species is a common resident in puna habitats of northern Chile, north-western Argentina, Bolivia and Peru north to the paramo of Ecuador.
Habits: Alone or in pairs. Generally seen feeding or flying over mountain lakes. Noisy. Confiding.

Identificación: Sexos similares. Variación estacional. Pico y patas rojo oscuro. Iris café. **Plumaje reproductivo:** Capucha negra. Semi-anillo orbital blanco. Manto gris perla. Rabadilla blanca. Secundarias y coberteras gris perla. Mancha subterminal negra a través de las primarias. Superficie inferior alar gris, primarias oscuras y parche subterminal blanco en las primarias. Partes inferiores blancas, ocasionalmente con tinte rosa. Cola blanca. **Plumaje no-reproductivo:** Cabeza blanca con pequeña mancha oscura en auriculares. **Juvenil:** Pico y patas negros. Iris café. Cabeza café grisácea con frente y nuca más pálidos. Manto café grisáceo con plumas bordeadas de blanquecino. Rabadilla blanca. Lados del pecho café. Cola blanca con banda subterminal negra.
Hábitat: Lagos andinos. En la costa ocasionalmente durante el invierno.
Rango: Visitante invernal irregular en ambientes cordilleranos desde Linares y Ñuble, en Chile. Accidental por el sur hasta Aysén. Localmente hasta el nor-oeste de Neuquén, en Argentina. Esta especie es un residente común en ambientes de puna de norte de Chile, nor-oeste de Argentina, Bolivia y Perú hasta los páramos de Ecuador.
Hábitos: Solitario o en parejas. Se observa alimentándose o volando sobre lagos andinos. Bulliciosa. Confiada.

1961

1962

1963

1965

I

1966

1964

1967

L. 45cm (18″)

1968

I

Franklin's Gull
Larus pipixcan

LARIDAE

C. Gaviota Franklin
A. Gaviota Chica

1969

Identification: Sexes alike. Seasonally variable. Bill and legs dark red. Iris black. **Non-breeding plumage:** Partial blackish-brown hood. White eye crescents. Mantle dark grey. Rump white. Upperwing slaty grey, with white trailing edge. Primaries white with black central spot, variable in extension. Leading edge white. Underwing-coverts grey. Underparts white, occasionally with pinkish tinge. Tail white with pale grey centre. **Breeding plumage:** Hood completely black reaching the nape and throat. Underparts more frequently flushed with pink.

Habitat: Sandy and rocky seacoasts and inland freshwater lakes and ponds. Also near human settlements including cultivated fields, rubbish dumps and around villages.

Range: Common to very common visitor from the Nearctic along the Pacific coast, from Maule south to Los Lagos and Isla Grande de Chiloé. Scarcer southwards in the Patagonian channels, Straits of Magellan and Beagle Channel. More occasionally along the Argentina coast from Santa Cruz north to Chubut. Accidental visitor to the Falkland Islands, South Georgia Island, Signy Island on the South Orkney Islands and in the Drake Passage, near South Shetland Islands, Antarctic Peninsula.

During the southern fall migrates towards the Northern Hemisphere to inland United States and southern Canada, where it nests.

Habits: Generally in flocks. Alone or in small groups in the south or along the Atlantic coast. Also associates with other gull species. Feeds actively on sandy beaches. Very noisy. Wary.

Identificación: Sexos similares. Variación estacional. Pico y patas rojo oscuro. Iris negro. **Plumaje no-reproductivo:** Capucha parcial café negruzco. Semi-anillo orbital blanco. Manto gris oscuro. Rabadilla blanca. Superficie dorsal alar gris pizarra, borde posterior blanco. Primarias blancas con mancha negra central, variable en extensión. Borde anterior blanco. Coberteras subalares grises. Partes inferiores blancas, ocasionalmente con tinte rosa. Cola blanca con porción central gris pálido. **Plumaje reproductivo:** Capucha negra completa que llega hasta la nuca y garganta. Partes inferiores con tinte rosa.

Hábitat: Costas marinas arenosas y pedregosas y cuerpos de agua dulce interiores. También cerca de asentamientos humanos como terrenos cultivados, basurales y en las cercanías de villas.

Rango: Visitante neártico muy común a común de la costa del Pacífico, desde Maule hasta Los Lagos e Isla Grande de Chiloé. Más escaso por el sur en los canales patagónicos, Estrecho de Magallanes y Canal Beagle. Más ocasionalmente en la costa Argentina desde Santa Cruz hasta Chubut. Visitante accidental en Islas Malvinas, Georgia del Sur, Isla Signy en Orcadas de Sur y en el Mar de Drake, en las cercanías de Islas Shetland del Sur, Península Antártica.

Durante el otoño migra hacia el Hemisferio Norte hacia el interior de Estados Unidos y sur de Canadá donde nidifica.

Hábitos: Generalmente en bandadas. Solitaria o en pequeños grupos en el sur o en la costa del Atlántico. También se asocia con otras especies de gaviotas. Se alimenta activamente en playas arenosas. Muy bulliciosa. Desconfiada.

1970

1971

I

I

1972

1973

1974

1975

1976

L. 37cm (14 1/2")

1977

Elegant Tern

Sterna elegans   LARIDAE   **C.** Gaviota Elegante

Identification: Sexes similar. Seasonally variable. Bill orange-red, long, slender and slightly curved downwards. Iris black. Legs yellowish. **Non-breeding plumage:** Forehead and crown white. Black ocular stripe extending towards nape. Rest of head white. Upperparts pale bluish grey. Rump white. Upperwing pale grey. Outermost primaries with outer webs dark. Underparts white. Strongly forked white tail. **Breeding plumage:** Cap entirely black with long crest.

Habitat: Sandy and rocky coasts, also on estuaries.

Range: Regular visitor from the Nearctic along the Pacific coast from Maule south to Isla Grande de Chiloé. This species over-winters along the western coast of South America and at the beginning of the fall migrates north to Mexico and California where it nests.

Habits: Gregarious. Frequently seen in groups or associating with other tern species. Flight strong, high and fast. Feeds by plunge-diving to catch small fish. Rests in groups on sandy beaches or on rocks. Forms dense breeding colonies together with other *Sterna* species.

Identificación: Sexos similares. Variación estacional. Pico rojo anaranjado, largo, delgado y muy ligeramente curvo. Iris negro.

Plumaje no-reproductivo: Patas amarillentas. Frente y corona blanca. Línea ocular que se extiende hacia la nuca de color negro. Resto de la cabeza blanca. Partes superiores gris azulado pálido. Rabadilla blanca. Superficie dorsal alar gris pálido. Primarias exteriores con membranas externas oscuras. Partes inferiores blancas. Cola blanca, muy ahorquillada.

Plumaje reproductivo: Boina negra completa con cresta larga.

Hábitat: Playas arenosas y rocosas y también en estuarios.

Rango: Visitante neártico regular en la costa del Pacífico desde Maule hasta la Isla Grande de Chiloé.

Esta especie hiberna en toda la costa occidental de Sudamérica y a comienzos del otoño migra hacia México y California donde nidifica.

Hábitos: Gregario. Frecuentemente en grupos o asociado a otras especies de gaviotines. Vuelo fuerte, alto y rápido. Se alimenta lanzándose en picada sobre sus presas. Descansa en grupos en playas arenosas o sobre rocas. Forma densas colonias reproductivas junto a otras especies de *Sterna*.

1979

1980

1981

1982

1982

1984

1985

L. 40cm (16")

Sandwich (Cayenne) Tern

Sterna sandvicensis   LARIDAE

C. Gaviotín de Sandwich
A. Gaviotín Pico Amarillo

1986

S. s. eurygnatha

Identification: Sexes alike. Seasonally variable. *S. s. eurygnatha* occurs on the coasts of eastern Patagonia. *S. s. acuflavidus* is an accidental visitor to the Pacific coast. **Breeding plumage:** Bill lemon-yellow (*eurygnatha*) and black with yellow tip (*acuflavidus*). Legs black. Iris brown. Black cap with crest on rear of the crown. Mantle and upperwing pale grey. Rump white. Outermost primaries grey with black tips. Inner primaries and secondaries tipped with white. Underparts white. White, forked tail. **Non-breeding plumage:** Forehead and lores white. Black cap extends from crown to nape.
Habitat: Sandy and rocky seashores and inter-tidal flats. Occasionally in offshore waters.
Range: *S. s eurygnatha* is a common to locally common summer resident along the Atlantic coasts from south-western Buenos Aires south to Chubut and Puerto Deseado, Santa Cruz. A few breeding colonies in Chubut. Ranges northwards along the coast to Venezuela.
S. s. acuflavidus is a very occasional visitor along the Pacific coast. Records along the coast of central Chile, Tumbes Peninsula (Bío-Bío) and Chamiza (Los Lagos). Nests on several localities from Trinidad north to south-eastern United States.
Habits: Gregarious. Frequently seen associating with other tern species. Flight strong and fast. Has a high hovering flight above the water surface, from where it plunge-dives to catch fish. Rests in groups on sandy beaches or on rocks. *S. s. eurygnatha* forms dense breeding colonies together other *Sterna* species.

Identificación: Sexos similares. Variación estacional. *S. s. eurygnatha* en la costa patagónica oriental. *S. s. acuflavidus* es un visitante accidental en la costa del Pacífico. **Plumaje reproductivo:** Pico amarillo limón (*eurygnatha*) y negro con punta amarilla (*acuflavidus*). Patas negras. Iris café. Boina negra con cresta en la parte anterior de la corona. Manto y superficie dorsal alar gris pálido. Rabadilla blanca. Primarias externas con grises con punta negruzca. Primarias internas y secundarias con punta blanca. Partes inferiores blancas. Cola blanca ahorquillada. **Plumaje no-reproductivo:** Frente y lorums blancos. Boina negra solo se extiende desde la corona a la nuca.
Hábitat: Playas arenosas y rocosas y planicies intermareales. Ocasionalmente en altamar.
Rango: *S. s eurygnatha* es un residente estival común a localmente común en la costa atlántica desde el sur-oeste de Buenos Aires hasta Chubut y Puerto Deseado, Santa Cruz. Escasas colonias en Chubut. Se distribuye por la costa hacia el norte hasta Venezuela.
S. s. acuflavidus es un visitante muy ocasional en la costa del Pacífico. Registros en la costa central de Chile, Península Tumbes (Bío-Bío) y Chamiza (Los Lagos). Nidifica en varias localidades desde Trinidad hasta el sur-este de Estados Unidos.
Hábitos: Gregario. Frecuentemente en grupos o asociado a otras especies de gaviotines. Vuelo fuerte y rápido. Se alimenta volando alto para lanzarse en picada sobre sus presas. Descansa en grupos en playas arenosas o sobre rocas. *S. s. eurygnatha* forma densas colonias reproductivas junto a otras especies de *Sterna*.

1987

1988

1989

1990

1991

1992

L. 40cm (16")

Royal Tern

Sterna maxima   LARIDAE   **A.** Gaviotín Real

1993

Identification: Sexes alike. Seasonally variable. **Breeding plumage:** Relatively thick red bill. Legs black. Iris black. Black cap and prominent crest on nape. Upperparts and upperwing pale grey. Outer webs of outermost primaries and tips of remaining primaries blackish. Underwing white. Underparts white. **Non-breeding plumage:** Forehead and lores white. Eye-stripe, sides of head, nape and crest black. Tail white, forked.

Habitat: Sandy and rocky seashores.

Range: *S. m. maxima* is a summer resident, locally common along the northern coast of eastern Patagonia with scarce breeding colonies, from south-western Buenos Aires south to Puerto Deseado, Santa Cruz.
This species ranges northwards through the Atlantic north to Central America. Also occurs in West Africa.

Habits: In small groups or large flocks. Forms dense breeding colonies together with other terns. Has a hovering flight above the water surface, from where it plunge-dives after shoals of fish.

Identificación: Sexos similares. Variación estacional. **Plumaje reproductivo:** Pico rojo, grueso. Patas negras. Iris negro. Boina negra y prominente cresta en la nuca. Partes superiores y dorso de alas gris pálido. Membranas externas de las primarias más exteriores y puntas de las restantes, negruzcas. Superficie inferior alar blanca. Partes inferiores blancas. **Plumaje no-reproductivo:** Frente y lorums blancos. Línea ocular, lados de la cabeza, nuca y cresta negros. Cola blanca, ahorquillada.

Hábitat: Costas marinas arenosas y pedregosas.

Rango: *S. m. maxima* es un residente estival, localmente común de la costa norte de la Patagonia oriental con escasas colonias reproductivas, desde el sur-oeste de Buenos Aires hasta Puerto Deseado, en Santa Cruz.
Esta especie se distribuye hacia el norte por el Atlántico hasta Centroamérica.

Hábitos: En pequeños grupos o grandes bandadas. Forma colonias densas junto a otros gaviotines. En vuelo suspendido sobre la superficie, para lanzarse en picada, sobre los cardúmenes de peces.

1994

1995

1996

1997

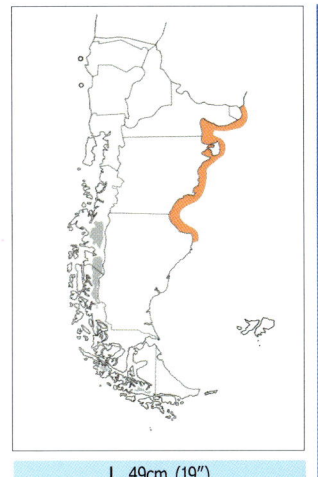

L. 49cm (19″)

1998

South American Tern

Sterna hirundinacea   LARIDAE   **C. & A.** Gaviotín Sudamericano

1999

Identification: Sexes similar. Seasonally variable. **Breeding plumage:** Bill and legs red. Iris brown. Complete black cap. White facial band contrasting with grey chin and throat. Underparts pale grey, belly and undertail-coverts white. Upperparts pale grey. Back white. Outermost primaries with dark border. Narrow white trailing edge along inner primaries and secondaries. Tail white, long and strongly forked. **Non-breeding plumage:** Bill and legs dark red. Forehead and lores white. Black ocular stripe, sides of head and nape. Underparts white. **Juvenile:** Bill black. Legs pinkish. Pale forehead. Cap and ear-coverts dark. Head and underparts greyish-brown. Back and wing-coverts with brown mottling. Carpal patch blackish.
Habitat: Any kind of seacoasts, estuaries, fjords and channels. Also in offshore waters and inland lakes and lagoons.
Range: Common to very common resident along the Patagonian coast from Maule, in Chile and south-western Buenos Aires and Río Negro, in Argentina south to the southern part of Isla Grande de Tierra del Fuego, Wollaston Archipelago and Diego Ramírez and Staten Islands. Also a common resident on the Falkland Islands. Some individuals move inland to the Patagonian plateaus up to 1,000m/ 3,000ft., on the eastern slope of the Andes. One record to Lake Colhué Huapi, inland in southern Chubut. Part of the population disperses northwards during the southern winter, although many individuals remain in the region throughout the year.
This species ranges northwards to Peru along the Pacific and to Brazil in the Atlantic.
Habits: In small groups or larger flocks. Has a hovering flight above the water surface, from where it plunge-dives to catch small fish. Found in the presence of fish shoals often associating with other terns and gulls, dolphins and sea lions. Rests on floating patches of kelp or on sandy or rocky shores. Aggressive and territorial around its nest. Noisy.

Identificación: Sexos similares. Variación estacional. **Plumaje reproductivo:** Pico y patas rojas. Iris café. Boina negra completa. Banda facial blanca que contrasta con barbilla y garganta grises. Partes inferiores gris pálido, abdomen y subcaudales blancas. Partes superiores gris pálido. Lomo blanco. Primarias más exteriores con borde oscuro. Delgado borde posterior blanco a lo largo de las primarias internas y secundarias. Cola blanca, muy ahorquillada y larga.
Plumaje no-reproductivo: Pico y patas rojo oscuro. Frente blanca y lorums blancos. Línea ocular, lados de la cabeza y nuca negros. Partes inferiores blancas. **Juvenil:** Pico negro. Patas rosadas. Frente pálida. Boina y auriculares oscuras. Cabeza y partes inferiores café grisáceo. Espalda y coberteras alares con moteado café. Banda carpal negruzca.
Hábitat: Costas marinas de todo tipo, estuarios, fiordos y canales. También en altamar y lagos y lagunas interiores.
Rango: Residente común a muy común en la costa patagónica desde Maule, en Chile y sur-oeste de Buenos Aires y Río Negro, en Argentina hasta el extremo sur de Isla Grande de Tierra del Fuego, Archipiélago de las Wollaston e Islas Diego Ramírez y de los Estados. También es un residente común en Islas Malvinas. Algunos ejemplares incursionan hacia el interior de la Patagonia hasta los 1.000m, en la vertiente oriental de los Andes. Un registro para Lago Colhué Huapi, al interior del sur de Chubut. Parte de su población se dispersa hacia el norte durante el invierno austral, aunque muchos individuos permanecen en la región durante todo el año.
Su distribución alcanza hasta Perú por el Pacífico y Brasil por el Atlántico.
Hábitos: En pequeños grupos o grandes bandadas. En vuelo suspendido sobre la superficie, para lanzarse en picada, sobre pequeños cardúmenes de peces. Se agrupa con gaviotines y gaviotas, y en lugares de alimentación con delfines y lobos marinos. Descansa sobre parches de algas flotantes o en playas arenosas o pedregosas. Agresivo y territorial en la cercanía de sus nidos. Bullicioso.

2000

2001

2002

2003

2004

2005

L. 43cm (17")

Common Tern

Sterna hirundo

LARIDAE

C. Gaviotín Boreal
A. Gaviotín Golondrina

2006

Identification: Sexes alike. Seasonally variable. **Non-breeding plumage:** Bill blackish with reddish base. Legs dull red. Forehead and lores white. Black eye-stripe, sides of head and nape. Upperparts grey. Back white. Upperwing grey. Outermost primaries darker. Underwing white with narrow and diffuse border, formed by dark tips to the primaries. Only innermost primaries translucent. Underparts white. Forked tail white with dark borders. **Breeding plumage:** Bill red with black tip. Cap completely black.

Habitat: Marine coasts and offshore waters.

Range: *S. h. hirundo* is a scarce to rare visitor from the Nearctic to offshore waters and coasts of the Pacific and Atlantic south to the Straits of Magellan and Tierra del Fuego. Vagrant inland in Andean lakes: Puelo Lake (Chubut). Accidental visitor to the Falkland Islands.

During the southern winter migrates northwards to North America. Also occurs across Eurasia and Africa.

Habits: Alone or in flocks. On the beach seen resting together with other terns and gulls. Flight strong, high and fast. Feeds on small fish that are caught by hovering and plunge-diving. Rather confiding.

Identificación: Sexos similares. Variación estacional. **Plumaje no-reproductivo:** Pico negruzco con base rojiza. Patas rojo apagado. Frente y lorums blancos. Línea ocular, lados de la cabeza y nuca negros. Partes superiores grises. Lomo blanco. Superficie dorsal alar gris. Primarias más exteriores de punta oscura. Superficie inferior blanca y delgado borde oscuro difuso formado por las puntas oscuras de éstas. Solo las primarias más internas se observan traslúcidas. Partes inferiores blancas. Cola blanca ahorquillada con bordes oscuros. **Plumaje reproductivo:** Pico rojo con punta negra. Boina negra completa.

Hábitat: Costas marinas y altamar.

Rango: *S. h. hirundo* es un visitante neártico accidental a raro en aguas exteriores y costas del Pacífico y Atlántico hasta el Estrecho de Magallanes y Tierra del Fuego. Errante por el interior, en lagos andinos: Lago Puelo (Chubut). Es un visitante accidental en Islas Malvinas.

Durante el invierno austral migra hacia Norteamérica, donde nidifica. También se encuentra en Eurasia y Africa.

Hábitos: Solitario o en bandadas. En playas se observa descansando junto a otros gaviotines y gaviotas. Vuelo fuerte, alto y rápido. Se alimenta de pequeños peces que captura en la superficie mediante zambullidas en picada. Algo confiado.

L. 34cm (13 1/2")

Arctic Tern
Sterna paradisaea   LARIDAE   **C. & A.** Gaviotín Artico

2015

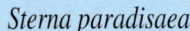

Identification: Sexes similar. Seasonally variable. **Non-breeding plumage:** Bill black. Legs dull red. Forehead and lores white. Black ocular stripe, sides of head and nape. Upperparts grey. Back white. Upperwing grey. Outermost primaries with black tip. Narrow white border formed by tips of secondaries. Underwing with translucent zone between primaries and narrow dark border formed by dark tips to primaries. Underparts grey with belly and undertail-coverts white. Tail white, strongly forked. **Breeding plumage:** Bill and legs red. Complete black cap. White facial stripe contrasting with grey chin and throat.

Habitat: Seacoasts and offshore waters.

Range: Common to scarce arctic visitor to offshore waters and coasts of the Pacific and the Atlantic south to the southern tip of the continent. Scarce visitor to the Falkland Islands and South Georgia. Fairly frequent visitor, occasionally abundant, in waters surrounding the Antarctic Peninsula south to 68°S, during the southern winter.

Every year this species makes a spectacular long-distance migration from these southern latitudes to arctic regions of the Northern Hemisphere, where it breeds.

Habits: Alone or in flocks, occasionally in flocks numbering thousands of individuals. Often seen resting together with other terns and gulls. Flight strong, high and fast. Feeds on small fish and krill, which are caught by plunge-diving. Rather confiding.

Identificación: Sexos similares. Variación estacional. **Plumaje no-reproductivo:** Pico negro. Patas rojo apagado. Frente y lorums blancos. Línea ocular, lados de la cabeza y nuca negros. Partes superiores grises. Lomo blanco. Superficie dorsal alar gris. Primarias más exteriores con punta negra. Delgado borde blanco en la punta de las secundarias. Superficie inferior con zona traslúcida en las primarias y delgado borde oscuro formado por las puntas oscuras de éstas. Partes inferiores grises con abdomen y subcaudales blancos. Cola blanca muy ahorquillada. **Plumaje reproductivo:** Pico y patas rojo. Boina negra completa. Banda facial blanca que contrasta con barbilla y garganta grises.

Hábitat: Costas marinas y altamar.

Rango: Visitante ártico común a escaso en aguas exteriores y costas del Pacífico y Atlántico hasta el extremo sur del continente. Es un visitante escaso en Islas Malvinas y Georgia del Sur. Visitante relativamente frecuente, en ocasiones muy abundante, en aguas de la Península Antártica hasta los 68°S, durante el verano austral.

Esta especie realiza cada año una espectacular migración desde estas latitudes australes hasta regiones árticas del Hemisferio Norte, donde nidifica.

Hábitos: Solitario o en bandadas, en ocasiones de hasta miles de ejemplares. En playas se observa descansando junto a otros gaviotines y gaviotas. Vuelo fuerte, alto y rápido. Se alimenta de pequeños peces y krill que captura en la superficie mediante zambullidas en picada. Algo confiado.

2016

2017

2018

2019

2020

2021

L. 38cm (15″)

Antarctic Tern

Sterna vittata LARIDAE **C. & A.** Gaviotín Antártico

2022

Identification: Sexes alike. Seasonal variation. **Breeding plumage:** Bill red. Legs orange. Iris black. Complete black cap. Upperparts and underparts grey with white rump. Upperwing as back. Outer webs of outermost primaries dark. Underwing white. Grey patch darker on breast. Deeply forked white tail. **Non-breeding plumage:** Bill and legs dull red. Forehead and lores white. Black ocular stripe, sides of head and nape. Underparts white with grey breast.
Habitat: Rocky seashores.
Range: *S. v. gaini* is a common breeding summer visitor of South Shetland Islands and several localities of the Antarctic Peninsula south to 68°S. *S. v. georgiae* is a common and widely distributed resident in South Georgia Island. This subspecies possibly inhabits South Sandwich and South Orkney Islands, in the Scotia Arc.
Most of the population is migratory dispersing northwards during the southern winter, to the coasts of eastern South America. It might also visits offshore waters and coasts of the Falkland Islands. Some individuals remain in waters around the Antarctic Peninsula during the winter.
This is an Antarctic and sub Antarctic circumpolar species with breeding colonies on most of the islands of the Southern Ocean.
Habits: Gregarious, often in flocks. Flight strong, high and fast. Feeds on small fish and krill which are caught by hovering flight followed by a plunge-dive. Very aggressive while defending its nest.

Identificación: Sexos similares. Variación estacional. **Plumaje reproductivo:** Pico rojo. Patas anaranjadas. Iris negro. Boina negra completa. Partes superiores e inferiores grises. Rabadilla blanca. Superficie dorsal alar como el dorso. Bordes exteriores de las primarias más externas oscuros. Superficie inferior alar blanca. Parche gris más oscuro en la zona del pecho. Cola blanca, muy ahorquillada. **Plumaje no-reproductivo:** Pico y patas rojo apagado. Frente y lorums blancos. Línea ocular, lados de la cabeza y nuca negros. Partes inferiores blancas con pecho gris.
Hábitat: Playas marinas rocosas.
Rango: *S. v. gaini* es un residente estival común de las Islas Shetland del Sur y de varias localidades de la Península Antártica hasta los 68°S. *S. v. georgiae* es un residente común y de amplia distribución en Islas Georgia del Sur. Posiblemente esta subespecie es la que habita en Islas Sandwich y Orcadas del Sur, en el Arco de Escocia.
La mayor parte de su población es migratoria durante el invierno austral, dispersándose hacia el norte hasta las costas de Sudamérica oriental, pudiendo también visitar aguas exteriores y costas de Islas Malvinas. Algunos ejemplares permanecen en aguas de la Península Antártica durante el invierno.
Esta es una especie circumpolar antártica y subantártica, con colonias reproductivas en la mayoría de las islas del Océano Austral.
Hábitos: Gregario, frecuentemente en bandadas. Vuelo fuerte, alto y rápido. Se alimenta de pequeños peces y krill que captura en la superficie mediante zambullidas en picada. Muy agresivo, en defensa de sus nidos.

L. 38cm (15")

2030

Identification: Sexes alike. Seasonally variable. **Breeding plumage:** Bill base orange, black subterminal band and tip yellow. Legs orange. Iris black. Head white with prominent black ocular patch extending towards the ear-coverts. Upperparts and upperwing pale grey. Back white. Underwing white. Underparts white with greyish wash on breast and belly. Tail short with a slight fork. **Non-breeding plumage:** Bill black with yellow tip. Ocular patch greyer.

Habitat: Rivers, estuaries and lagoons with abundant emergent vegetation. Also on sheltered seacoasts.

Range: Scarce to locally common resident along the Chilean coast and inland lowland wetlands from southern Maule south to Isla Grande de Chiloé (Los Lagos). More occasional southwards, being an accidental visitor in Magallanes. In eastern Patagonia ranges from south-western Buenos Aires to Chubut. Occasionally south to Santa Cruz. Accidental visitor in Andean lakes (Vuriloches Valley, Río Negro).

Along the Pacific coast its range reaches the extreme north of Chile and Peru. Along the Atlantic, occurs north to Uruguay and south-eastern Brazil. Inland from central Argentina to the north-east of the country.

Habits: Alone or in pairs. Frequently seen actively flying along the rivers and sheltered coasts, capturing small fish by hovering flight followed by plunge-diving. Rests on tree-trunks or other structures. Noisy. Wary.

Identificación: Sexos similares. Variación estacional. **Plumaje reproductivo:** Pico con base naranja, franja negra media y punta amarilla. Patas anaranjadas. Iris negro. Cabeza blanca con prominente parche ocular negro que se extiende hasta las auriculares. Partes superiores y dorso de las alas gris pálido. Lomo blanco. Superficie inferior alar blanca. Partes inferiores blancas con pecho y abdomen con lavado gris pálido. Cola corta, levemente ahorquillada. **Plumaje no-reproductivo:** Pico negro con punta amarilla. Parche ocular más grisáceo.

Hábitat: Ríos, estuarios y lagunas con abundante vegetación emergente. También en costas marinas protegidas.

Rango: Residente escaso a localmente común en la costa Chilena y sectores bajos del interior desde el sur del Maule hasta la Isla Grande de Chiloé (Los Lagos). Mas ocasional por el sur, siendo un visitante accidental en Magallanes. En la Patagonia oriental se distribuye desde el sur-oeste de Buenos Aires hasta Chubut. Ocasional hasta Santa Cruz. Accidental en lagos andinos (Valle de Vuriloches, Río Negro). Por las costas del Pacífico su distribución alcanza hasta el extremo norte de Chile y Perú, en tanto que por el Atlántico, hasta Uruguay y sur-este de Brasil. Por el interior, desde el centro al nor-este de Argentina.

Hábitos: Solitario o en parejas. Se observa con frecuencia volando activamente por el borde de ríos y costas protegidas, realizando zambullidas desde la altura, intentando capturar pequeños peces. Descansa sobre troncos u otras estructuras. Bullicioso. Desconfiado.

L. 36cm (14")

Inca Tern

Larosterna inca LARIDAE **C.** Gaviotín Monja

Identification: Unmistakable. Sexes alike. Red bill and legs. Iris brown. Prominent moustache formed by a curving band of white feathers, extending from base of bill towards the sides of head and neck diagnostic. General colouration dark slaty-grey. Primaries and secondaries black. Inner primaries, secondaries, tertials and scapulars tipped with white. Slightly forked black tail. **Juvenile:** Bill and legs blackish. Upperparts greyish-brown. Underparts somewhat paler. Feathers of mantle and upperwing fringed with whitish, becoming more prominent on the scapulars. Primaries black, innermost and all secondaries tipped with white.
Habitat: Rocky and sandy shores along the Pacific coast. Also on estuaries, sheltered bays and offshore waters.
Range: Irregular to scarce non-breeding visitor, more common during El Niño years, from Maule south to Corral (Los Lagos). Occasionally south to Reloncaví Sound (Los Lagos).
Endemic to the Humboldt Current, this species nests on the desert coast of northern Chile and Peru and ranges north to Ecuador.
Habits: Gregarious, generally in flocks, occasionally up to several hundreds or even thousands of individuals. Fast and graceful flight. Found near shoals of fish, and fishing vessels, often associating with cormorants, penguins and marine mammals including sea lions and cetaceans. Confiding.

Identificación: Inconfundible. Sexos similares. Pico y patas rojas. Iris café. Diagnóstico y conspicuo mostacho formado por una banda curva de plumas blancas, que se extiende desde la base del pico hacia los lados de la cabeza y nuca. Coloración general gris apizarrado oscuro. Primarias y secundarias negras. Primarias internas, secundarias, terciarias y escapulares con punta blanca, formando una notoria banda alar. Cola negra, levemente ahorquillada. **Juvenil:** Pico y patas negruzcas. Partes superiores café grisáceo; las partes inferiores son algo más pálidas. Plumas del manto y dorso de las alas con delgado bordes blanquecinos, siendo más notorios en las escapulares. Primarias negras, las más internas y todas las secundarias con punta blanca.
Hábitat: Playas rocosas y arenosas de la costa del Pacífico. También estuarios, bahías protegidas y en altamar.
Rango: Visitante no-reproductivo irregular y escaso, algo más frecuente en años de ocurrencia del Fenómeno del Niño, desde Maule hasta Corral (Los Lagos). Ocasionalmente hasta el Seno de Reloncaví (Los Lagos).
Esta especie, endémica de la Corriente de Humboldt, nidifica en las costas desérticas del norte de Chile y Perú, y se distribuye hasta Ecuador.
Hábitos: Gregario, generalmente en bandadas, en ocasiones de hasta cientos y miles de individuos. Vuelo grácil y rápido. En presencia de cardúmenes y barcos pesqueros, se asocia a cormoranes y pingüinos y mamíferos marinos como lobos de mar y cetáceos. Confiado.

2039

2040

2041

2042

2043

2044

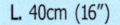

L. 40cm (16")

2045

Black Skimmer

Rynchops niger   LARIDAE   **C. & A.** Rayador

Identification: Unmistakable. Sexes alike. Long bill with red base and black tip. The lower mandible is compressed laterally and extends beyond the tip of upper mandible. Short, red legs. Iris dark brown. Crown, nape and upperparts black. Rump white with central black stripe. Long and narrow, very pointed wings. Upperwing black. Inner primaries and secondaries tipped with white, forming a prominent trailing edge, visible in flight. Underwing white, with darker primaries. Forehead, face and underparts white. Slightly forked white tail, with black central rectrices.

Habitat: Sandy seacoasts, estuaries and sheltered bays. Occasionally in inland ponds and lagoons.

Range: *R. n. intercedens* is a scarce to locally common Nearctic visitor from southern Maule south to northern part of Isla Grande de Chiloé (Los Lagos) in Chile. Accidental visitor southwards to the Straits of Magellan and along the Atlantic coast, north to Chubut.

This species ranges throughout the rest of the Pacific coast and in the Atlantic from northern Argentina, and inland wetlands of Paraguay and south-eastern Brazil north to Central America and the coasts of south-eastern United States.

Habits: Gregarious, generally in flocks. Flies near the surface with its bill open and lower mandible in contact to the water, catching small fish. Flies mainly during early morning or at dusk, preferring to rest in groups during most of the day. Wary.

Identificación: Inconfundible. Sexos similares. Pico de base roja y punta negra, largo. La mandíbula es comprimida lateralmente y sobrepasa el borde de la maxila. Patas rojas, cortas. Iris café oscuro. Corona, nuca y partes superiores negras. Rabadilla blanca con franja central negra. Alas largas y angostas, muy puntiagudas. Superficie dorsal negra. Primarias internas y secundarias con punta blanca, formando una prominente banda visible en vuelo. Superficie inferior alar blanca, con primarias oscuras. Frente, cara y partes inferiores blancas. Cola blanca con rectrices centrales negras, algo ahorquillada.

Hábitat: Playas arenosas, estuarios y bahías protegidas. Ocasionalmente en lagunas y lagos interiores.

Rango: *R. n. intercedens* es un visitante estival no-reproductivo escaso a localmente común desde el sur del Maule hasta el norte de Isla Grande de Chiloé (Los Lagos) en Chile. Es un visitante accidental por el sur hasta el Estrecho de Magallanes, costa Atlántica Chubut y Santa Cruz, y en el Canal Beagle, Tierra del Fuego.

Esta especie se distribuye por el resto de la costa del Pacífico y en el Atlántico desde el norte de Argentina, y ambientes del interior del Paraguay y sur-este de Brasil hasta Centroamérica y costas del sur-este de Estados Unidos.

Hábitos: Gregario, generalmente en bandadas. Vuela cerca de la superficie con el pico abierto y la mandíbula en contacto con el agua, capturando pequeños peces. Vuela de preferencia durante la mañana o el atardecer, en tanto que durante el día prefiere descansar en grupos. Tímido.

2047

2048

2049

2050

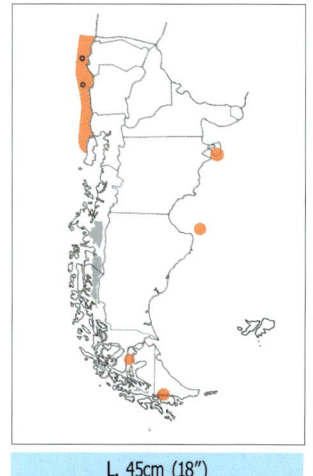

L. 45cm (18")

2051

Ringed Kingfisher

Ceryle torquata   ALCEDINIDAE

C. Martín Pescador
A. Martín Pescador Grande

2052

Identification: Unmistakable. Bill and legs dark grey. **Male:** White loral patch, throat and collar on upper neck. Head bluish-grey, with large erect crest. Upperparts as head, with faint black streaking. Upperwing as back with flight-feathers spotted with white. Underwing white. Underparts rufous-chestnut. **Female:** Bluish-grey breast and rest of underparts rufous-chestnut, separated by a white band on the upper belly. Tail black with white barring.

Habitat: Forested shores and craggy sides of rivers, lagoons and lakes. Also in sheltered marine coasts, fjords and channels. From pre-Andean habitats to the coast.

Range: *C. t. stellata* is a locally common resident in suitable habitats from the Andes of Bío-Bío, in Chile and western Neuquén and Río Negro south to the central-southern part of Isla Grande de Tierra del Fuego and southern islands of the Beagle Channel (Navarino Island). Local and uncommon along rivers of north-eastern Patagonia (Chubut River).

Habits: Alone, in pairs or family groups. Perches on tree branches, wires and bridges located on the edges of rivers. Plunge-dives from its perch to catch fish. Loud alarm call usually given in undulating flight. Rather confiding.

Identificación: Inconfundible. Pico y patas gris oscuro. **Macho:** Mancha loral, garganta y collar en la parte superior del pecho, blancos. Cabeza gris azulado oscuro, grande y con cresta eréctil. Partes superiores como la cabeza, con leve estriado negro. Superficie dorsal alar como el dorso pero las rémiges salpicadas de blanco. Superficie inferior alar blanca. Partes inferiores rufo castaño. **Hembra:** Pecho gris azulado y resto de las partes inferiores rufo castaño, separados por una banda blanca en la parte superior del abdomen. Cola negra con barrado transversal blanco.

Hábitat: Orillas arboladas de ríos, barrancas de ríos, lagunas y lagos. También en bahías marinas protegidas como fiordos y canales. Desde la pre-cordillera a la costa.

Rango: *C. t. stellata* es un residente localmente común en ambientes apropiados desde la cordillera de Bío-Bío, en Chile y oeste de Neuquén y Río Negro hasta la porción centro-sur de Isla Grande de Tierra del Fuego e islas australes del Canal Beagle (Isla Navarino). Local y poco común en ríos de la Patagonia nor-oriental (Río Chubut).

Hábitos: Solitario, en parejas o en grupos familiares. Se posa sobre ramas de árboles, cables y puentes localizados a orillas de ríos. Desde su percha se zambulle para capturar peces. Vuelo ondulante acompañado de un estridente grito de alerta. Bastante confiado.

2053

2054 ♂

2055

2056

2057

L. 44cm (17″)

♀

APPENDIX / APENDICE

RESIDENT, REGULAR VISITORS, ACCIDENTAL AND INTRODUCED SPECIES IN THE REGION

ESPECIES RESIDENTES, VISITANTES REGULARES, ACCIDENTALES E INTRODUCIDAS EN LA REGION

RHEIDAE

Greater Rhea   *Rhea americana albescens*
A. Ñandú
Typical resident of pampas and fields with scattered vegetation in the extreme north of eastern Patagonia: north of Río Negro and eastern Neuquén. Ranges throughout the rest of east and north-east of Argentina, eastern Bolivia, western Paraguay and eastern and south-western Brazil.

Residente típico de pampas y campos con vegetación dispersa del extremo norte de Patagonia oriental: norte de Río Negro y este de Neuquén. Se distribuye por el resto del este y nor-este de Argentina, este de Bolivia, oeste de Paraguay y este y sur-oeste de Brasil.

TINAMIDAE

Red-winged Tinamou   *Rhynchotus rufescens pallescens*
A. Colorada
Resident of semi-arid areas with scattered bushes and trees and cultivated fields in extreme north of eastern Patagonia: south-western Buenos Aires and northern Río Negro. Ranges northwards through the remainder of central and north-eastern Argentina, northern Bolivia, central and north-eastern Brazil, Paraguay and Uruguay. Also in mountain valleys from north-western Bolivia to north-western Argentina.

Residente en terrenos semiáridos con arbustos y árboles dispersos y campos cultivados del extremo norte de la Patagonia oriental: sur-oeste de Buenos Aires y norte de Río Negro. Se distribuye hacia el norte por el resto del centro y nor-este de Argentina, norte de Bolivia, centro y nor-este de Brasil, Paraguay y Uruguay. También en valles montañosos del nor-oeste de Bolivia al nor-oeste de Argentina.

Brushland Tinamou   *Nothoprocta cinerascens cinerascens*
A. Inambú Montaraz
Resident of semi-arid areas with scattered vegetation and cultivated fields in the extreme north of eastern Patagonia: south-western Buenos Aires and north-eastern Río Negro. This species ranges northwards through the remainder of central Argentina, to the north-western part of the country, to south-eastern Bolivia and north-western Paraguay.

Residente de sectores semiabiertos con vegetación arbustiva dispersa y campos cultivados del extremo norte de la Patagonia oriental: sur-este de Buenos Aires y nor-este de Río Negro. Esta especie se distribuye hacia el norte por el centro de Argentina, hasta el nor-oeste del país, sur-este de Bolivia, y nor-oeste de Paraguay.

Andean Tinamou   *Nothoprocta pentlandii mendozae*
A. Inambú Silbón
Uncommon Andean resident on semi-arid hillsides and scrubby uplands of the extreme north of the eastern slope of the Patagonian Andes: north of Neuquén. Ranges northwards along the Andes, between 4,500-10,800ft/1,500-3,600m, although locally over 12,000ft/4,000m, through western Bolivia and northern Chile north to central-western Peru.

Residente andino poco común de laderas semiáridas de cerros y planicies arbustivas del extremo norte de la vertiente oriental de los Andes patagónicos: norte de Neuquén. Se distribuye hacia el norte de Argentina por la cordillera, entre 1.500-3.600m, aunque localmente sobre los 4.000m, por el oeste de Bolivia y norte de Chile hasta el centro-oeste de Perú.

Darwin's Nothura   *Nothura darwinii darwinii*
A. Inambú Pálido
Uncommon resident on arid grasslands with scattered scrubby vegetation, in the extreme north of eastern Patagonia including south-western Buenos Aires, eastern Río Negro and the extreme north-east of Chubut. Ranges northwards through western Argentina, to western Bolivia and southern Peru.

Residente poco común en pastizales áridos con vegetación arbustiva dispersa, del extremo norte de la Patagonia oriental incluyendo el sur-oeste de Buenos Aires, este de Río Negro y extremo nor-este de Chubut. Se distribuye hacia el norte por el oeste de Argentina, oeste de Bolivia y sur de Perú.

Spotted Nothura
Nothura maculosa submontana
A. Inambú Común
Uncommon resident on scrubby hillsides of the northern tip of the eastern slope of the Patagonian Andes, locally in western Neuquén, reaching up to 6,000ft/2,000m.
Nothura maculosa nigroguttata
Uncommon resident of arid grasslands and scrubby steppes of north-eastern Patagonia, including south-eastern Neuquén, Río Negro and western Chubut.
Ranges northwards throughout most of Argentina, north to Paraguay, Uruguay and south and east of Brazil.

Residente poco común en laderas arbustivas de cerros, de la vertiente oriental del extremo norte de los Andes patagónicos, específicamente al oeste de Neuquén, llegando a alcanzar los 2.000m.
Nothura maculosa nigroguttata
Residente poco común de pastizales áridos y estepas arbustivas del norte de Patagonia oriental, incluyendo el sur-este de Neuquén, Río Negro y oeste de Chubut.
Se distribuye hacia el norte por gran parte de Argentina, hasta Paraguay y Uruguay y sur y este de Brasil.

SPHENISCIDAE

Fiorland Penguin
Eudyptes pachyrhynchus
A. Pingüino Pico Grueso
Doubtful records from the Falkland Islands, corresponding to a specimen, without dates, presumably found on King George Bay and, given to the British Museum by the British Admiralty (Woods, 1988). This species nests along the forested coast of South, Stewart and Solander Islands, of New Zealand.

Registro dudoso para Islas Malvinas, correspondiente a un espécimen, sin fecha, encontrado presumiblemente en Bahía King George y que fuera entregado por el Almirantazgo Británico al Museo Británico (Woods, 1988). Esta especie nidifica en costas forestadas de las Islas Sur, Stewart y Solander, en Nueva Zelanda.

Snares Penguin
Eudyptes robustus
A. Pingüino de Snares
Accidental in the region. An individual was photographed on New Island, Falkland Islands, on December of 1988 (Mazar Barnett & Pearman, 2001). The species nests only on Snares Island, New Zealand.

Accidental en la región. Un ejemplar fue fotografiado en Isla New, en el Archipiélago de las Malvinas, en Diciembre de 1988 (Mazar Barnett & Pearman, 2001). La especie nidifica únicamente en la Isla Snares, en Nueva Zelanda.

Erect-crested Penguin
Eudyptes sclateri
A. Pingüino Crestudo
Accidental in the region, with the only records coming from the Falkland Islands. The first record involved a single individual observed on West Point Island between 1961 and 1966. This bird made failed nesting attempts with Rockhopper Penguin on two occasions (Woods, 1988). There are also sightings from Pebble Island, on January 1997 and between November 1997 and January 1998 (Anonymous [1998] *in* Birding World 11:258). This species breeds only on some sub Antarctic islands, south of New Zealand (Bounty, Antipodes and Auckland).

Accidental en el área, sólo existen registros para Islas Malvinas. El primero corresponde a un ejemplar observado en Isla West Point entre 1961 y 1966. Este individuo trató de reproducirse con *E. chrysocome*, nidificando en dos oportunidades, aunque fallidamente (Woods, 1988). Existen también registros en Isla Pebble, para Enero de 1997 y entre Noviembre de 1997 y Enero de 1998 (Anónimo [1998] *in* Birding World 11:258). Este pingüino nidifica únicamente en algunas islas subantárticas al sur de Nueva Zelanda (Bounty, Antipodes y Auckland).

Royal Penguin
Eudyptes schlegeli
A. Pingüino Cara Blanca
Accidental in the region. Vagrant to South Georgia Island, with two records from Bird Island, on February 1984 and December 1992 (Prince & Croxall 1996). The first sighting belongs to a bird that was caught, measured and photographed.

The only record from the Falkland Island comprises three pairs, presumably breeding at New Island (Mazar Barnett & Pearman, 2001). It is interesting to note that there are no sightings of pale-faced Macaroni penguins on South Georgia Island. These birds have been seen on several sub Antarctic islands of the Indian Ocean, and could belong to local mutations or possible hybrids between Macaroni and Royal Penguins. This species nests only on Macquarie Island, located some 6,750 nautical miles from South Georgia.

Accidental en el área. Errante en Isla Georgia del Sur, con dos registros para Isla Bird, en Febrero de 1984 y Diciembre de 1992 (Prince & Croxall 1996). El primer registro correspondió a un ejemplar capturado, medido y fotografiado. El único registro para Islas Malvinas corresponde a tres parejas, aparentemente reproduciéndose en Isla New (Mazar Barnett & Pearman, 2001). Es interesante considerar que en Isla Georgia del Sur, nunca se han registrado ejemplares de cara pálida de Pingüino macaroni. Estas aves si han sido registrados en varias islas subantárticas del Océano Indico, y podrían corresponder a mutaciones locales o posiblemente híbridos entre *E. chrysolophus* y *E. schlegeli*. Esta especie nidifica solamente en Isla Macquarie, ubicada a unas 6.750 millas náuticas al este de Georgia del Sur.

Jackass Penguin   *Spheniscus demersus*
A. Pingüino del Cabo
Hypothetical visitor in the region. A single individual was observed and photographed at Punta Tombo (Chubut) in December 1986 (Rumboll 1990). Aberrant individuals of Magellanic Penguin have been reported sharing some similarities with this species. Thus, Mazar Barnett & Pearman (2001) consider this as an hypothetical species for Argentina, due to the lack of convincing evidence confirming its occurrence.

Dudoso visitante en la región. Un individuo fue observado y fotografiado en Punta Tombo (Chubut) en Diciembre de 1986 (Rumboll 1990). Han sido observados ejemplares aberrantes de *S. magellanicus* que comparten similaridades con la especie en cuestión, por lo que Mazar Barnett & Pearman (2001), consideran ante la falta de mayor evidencia, que la especie es aún hipotética en la República Argentina.

PODICIPEDIDAE

Least Grebe   *Tachybaptus dominicus speciosus*
A. Macá Gris
Contreras *et al.* (1980) include this species on their list for Nahuel Huapi National Park (Río Negro), without giving details or dates. Its normal range in Argentina includes the whole north-east of the country, although there are some records southwards on Entre Ríos and north-eastern Buenos Aires. Ranges throughout most of South and Central America, the Caribbean and southern United States.

Contreras *et al.* (1980) lo consideran en su listado del Parque Nacional Nahuel Huapi (Río Negro), sin dar detalles ni fechas. Su rango normal en Argentina incluye todo el nor-este del país, aunque existen registros más al sur en Entre Ríos y nor-este de Buenos Aires. Se distribuye por gran parte del resto de Sudamérica, Centro América, Islas del Caribe y sur de Estados Unidos.

DIOMEDEIDAE

Yellow-nosed Albatross   *Thalassarche chlororhynchos chlororhynchos*
A. Albatros Pico Fino
This is a rare to frequent visitor to waters off Buenos Aires and Chubut. Vagrant south of 45°S. Beck reported a single individual for the surrounding waters of the Falkland Islands on September 1915 (Murphy, 1936). Another bird was sighted at 15 nautical miles east of the Falklands on September 1983 (Bourne & Curtis, 1985). There is a recent record south of this archipelago at 54°S, 60'W (Orgeira, 2001). More frequent throughout the remainder of Argentine and Brazilian waters. Nests on Tristan da Cunha and Gough Islands.

Este albatros es un visitante raro a frecuente en el mar exterior frente a Buenos Aires y Chubut. Errante más al sur de los 45°S. Beck reportó un ejemplar en las cercanías de Islas Malvinas para Septiembre de 1915 (Murphy, 1936). Otro ejemplar fue observado a 15 millas náuticas al este de Malvinas en Septiembre de 1983 (Bourne & Courtis, 1985). Un registro reciente para el sur del archipiélago, a 54°S, 60'W (Orgeira, 2001). Más frecuente en el resto del mar Argentino y Brasilero. Nidifica en Islas Tristan da Cunha y Gough.

PROCELLARIIDAE

Spectacled Petrel
Procellaria conspicillata
A. Petrel de Anteojos
Occasional visitor in the area. Recent records from the surrounding waters of the Falkland Islands and Argentina. One individual recorded at 54º23'S, 55º45'W in December 1996 and another single sighted in March 2000 at 50º20'S, 57º41'W (White *et al*. 2002). Three individuals sighted in Argentine waters in February 2000 at 48º47'S, 62º21'W (Savigny, 2002). Three records in March 2000: 46º14'S, 59º11'W; 45º28'S, 58º54'W; 41º44'S, 57º36'W (Imberti, 2002). Somewhat commoner in more temperate waters, off southern Brazil and Uruguay. This species only nests on Inaccessible Island, on of the three main islands of the Tristan da Cunha Group, on the South Atlantic.

Visitante ocasional en el área. Registros recientes para aguas aledañas a Islas Malvinas y en aguas Argentinas. Uno reportado a 54º23'S, 55º45'W en Diciembre de 1996 y otro ejemplar solitario registrado en Marzo de 2000 a 50º20'S, 57º41'W (White *et al*. 2002). Tres ejemplares observados en el mar Argentino en Febrero de 2000 a 48º47'S, 62º21'W (Savigny, 2002). Tres registros en Marzo de 2000: 46º14'S, 59º11'W; 45º28'S, 58º54'W; 41º44'S, 57º36'W (Imberti, 2002). Es algo más frecuente en aguas más templadas, al sur de Brasil y Uruguay. Esta especie nidifica únicamente en Isla Inaccesible, una de las tres islas principales del grupo Tristan da Cunha, en el Atlántico Sur.

Cory's Shearwater
Calonectris diomedea
A. Pardela Grande
Occasional visitor from the North Atlantic along the northern coast of Patagonia. Sighted in March 1994, at 43ºS, 54ºW (Blendinger, 1998). Regular visitor in waters off Buenos Aires. One record from Volunteer Point, on coastal waters of the Falkland Islands in March 1986 (Woods, 1988) and another off the Falklands at 52º46'S, 60º36'W in November 1999 (White *et al*. 2001). This is a common species of the North Atlantic, nesting on the Mediterranean Sea, and in the Azores, Madeira and Canary Islands. After the breeding season disperses southwards to the coasts of Brazil, Uruguay and Argentina.

Visitante neártico ocasional en la costa norte de Patagonia. Observado en Marzo de 1994, a 43ºS, 54ºW (Blendinger, 1998). Visitante regular en aguas exteriores de Buenos Aires. Un registro en Volunteer Point, en aguas costeras de Islas Malvinas en Marzo de 1986 (Woods, 1988) y otro en aguas exteriores del mismo archipiélago a 52º46'S, 60º36'W en Noviembre de 1999 (White *et al*. 2001). Esta especie es común en el Atlántico Norte, nidificando en el Mediterráneo, y en Islas Azores, Madeira y Canarias. Se dispersa hacia el sur, luego del período de crianza hacia las costas de Brasil, Uruguay y Argentina.

Mottled Petrel
Pterodroma inexpectata
C. & A. Petrel Moteado
Accidental in the region. Specimens were collected during the first expedition of Cook (1769) in offshore waters of Isla Grande de Tierra del Fuego, and later by the naturalist Peale in 1868, at 68ºS, 95ºW, near the Drake Passage. There are two recent sightings: one individual sighted some 130 nautical miles south-east of the Cape Horn, at 58º45'S, 65º30'W in December 1993 (Meltofte & Horneman, 1995). Another bird was recorded at 54º17'S, 59º02'W, south-east of the Falklands in December 1994 (Curtis, 1995). Only nests on islands off New Zealand.

Accidental en la región. Especimenes fueron recolectados durante la primera expedición de Cook (1769) en aguas exteriores de Isla Grande de Tierra del Fuego, y posteriormente por el naturalista Peale en 1868, a 68ºS, 95ºW, cerca del Paso Drake. Existen dos observaciones recientes: un ejemplar fue observado a 130 millas náuticas al sur-este del Cabo de Hornos, a 58º45'S, 65º30'W en Diciembre de 1993 (Meltofte & Horneman, 1995). Otro ejemplar fue observado a 54º17'S, 59º02'W, al sur-este de Islas Malvinas en Diciembre de 1994 (Curtis, 1995). La especie nidifica únicamente en islas exteriores de Nueva Zelanda.

Herald Petrel
Pterodroma arminjoniana
C. Petrel Heráldico
A. Petrel de Trinidad
Accidental in the region. There is one record of a single individual sighted by Bill Curtis at 54º01'S 54º45'W, some 200 nautical miles south-east of the Falkland Islands, in October 1994 (Robin Woods *pers. comm.*). Ranges in tropical and subtropical waters of the Atlantic and nests on Trinidad and Martin Vaz Islands. Also occurs locally through the Indian and Pacific Oceans. Reaches Easter Island, off Chile.

Accidental en la región. Existe un registro de un individuo solitario observado por Bill Curtis a 54º01'S 54º45'W, unas 200 millas náuticas al sur-este de Islas Malvinas, el 12 de Octubre de 1994 (Robin Woods *com. pers.*). Se distribuye en aguas tropicales y subtropicales del Atlántico nidificando en Islas Trinidad y Martín Vaz. También se distribuye fragmentadamente en los océanos Indico y Pacífico. Su rango alcanza hasta Isla de Pascua, por Chile insular.

New Zealand Shearwater   *Puffinus bulleri*
C. Fardela de Dorso Gris
Harrison (1987) considers this an occasional visitor south to Cape Horn. A regular visitor in offshore waters of Central Chile. Nests only on some islands off New Zealand.

Harrison (1987) lo menciona como visitante ocasional por el sur hasta el Cabo de Hornos. Es un visitante algo regular en aguas exteriores del centro de Chile. Nidifica únicamente en islas exteriores de Nueva Zelanda.

Broad-billed Prion   *Pachyptila vittata*
C. Petrel Paloma de Pico Ancho   **A. Prion Pico Ancho**
Occasional sub Antarctic non-breeding visitor in offshore waters of the Falkland Islands: Cape Pembroke in August 1912; East Falkland in July 1940 and Eliza Bay near Port Stanley in September 1963 (Woods 1988). Single individuals recorded at 52°46'S, 62°29'W in November 1998 and at 50°20'S, 56°00'W in October 1999 (White *et al.*, 2002). Vagrant to the Cape Horn area (Magallanes) and along the Atlantic coast. Occasional visitor around South Georgia Island: Cumberland Bay in November 1982; Stromness Bay in March 1986 and one individual collected at sea in January 1994 at 53°42'S, 38°20'W (Prince & Croxall 1996). Its pattern of post-breeding dispersal is unknown. The nearest breeding colonies are located in the Atlantic Ocean (Tristan da Cunha and Gough Islands) and South Indian Ocean (Marion, Crozet and Prince Edward islands).

Visitante ocasional subantártico no nidificante, en aguas exteriores de Islas Malvinas: Cabo Pembroke en Agosto de1912; Isla Gran Malvina en Julio 1940 y Bahía Eliza cerca de Port Stanley en Septiembre de 1963 (Woods 1988). Individuos solitarios a 52°46'S, 62°29'W en Noviembre de 1998 y a 50°20'S, 56°00'W en Octubre de 1999 (White *et al.*, 2002). Errante en Cabo de Hornos (Magallanes) y la costa Argentina. Visitante ocasional en Isla Georgia del Sur: Bahía Cumberland en Noviembre de 1982; Bahía Stromness en Marzo de 1986 y un ejemplar colectado en el mar en Enero de 1994 a 53°42'S, 38°20'W (Prince & Croxall 1996). Se desconocen mayores antecedentes acerca del patrón de dispersión post-reproductiva de esta especie, desde sus colonias de nidificación localizadas en el Océano Atlántico (Islas Tristan da Cunha y Gough) e Indico (Islas Marion, Crozet y Prince Edward).

HYDROBATIDAE

White-bellied Storm-Petrel   *Fregetta grallaria leucogaster*
C. Golondrina de Mar de Vientre Blanco   **A. Paíño Vientre Blanco**
Occasional visitor to Argentinean offshore waters. There are recent records between 37° and 55°S, in the South Atlantic (Orgeira, 2001). Recorded at sea some 200 nautical miles north of the Falkland Islands in December 1983 (Bourne & Curtis, 1985; Woods, 1988). There are several records in deep water, at the edge of the Patagonian Shelf, north-east of the archipelago between December and February (White *et al.*, 2001). Accidental visitor to surrounding waters of South Georgia Island, with one sighting at 50°40'S, 50°01'W (Prince & Croxall 1996). This species nests on Tristan da Cunha and Gough islands.

Visitante ocasional en el mar Argentino. Existen registros recientes entre los 37° y 55°S, en el Atlántico Sur (Orgeira, 2001). Registrado a unas 200 millas náuticas al norte de Islas Malvinas en Diciembre de 1983 (Bourne & Curtis, 1985; Woods, 1988). Existen variados registros en aguas profundas, al borde de la plataforma, al nor-este del archipiélago entre Diciembre y Febrero (White *et al.*, 2001). Es un visitante accidental en aguas aledañas a Isla Georgia del Sur, con un registro a 50°40'S, 50°01'W (Prince & Croxall 1996). Esta especie anida en Islas Tristan da Cunha y Gough.

White-faced Storm-Petrel   *Pelagodroma marina marina*
C. Golondrina de Mar de Cara Blanca   **A. Paíño Cara Blanca**
Occasional visitor on the south-western Atlantic between 37°S and 45°S. Three individuals were observed at 45°52'S, 51°23'W in December 1992. A single individual was recorded south of Tierra del Fuego at 55°04'S, 66°07'W in June 1995 (Montalti & Orgeira, 1997). There is one doubtful record from the Falkland Islands (Woods, 1988). This species nests on Tristan da Cunha and Gough islands, in the South Atlantic.

Visitante ocasional en el Atlántico sur-occidental entre los 37°S y 45°S. Tres ejemplares fueron observados a 45°52'S, 51°23'W en Diciembre de 1992. Un ejemplar solitario fue registrado al sur de Tierra del Fuego a 55°04'S, 66°07'W en Junio de 1995 (Montalti & Orgeira, 1997). Existe un registro dudoso en las Islas Malvinas (Woods, 1988). Esta especie nidifica en Islas Tristan da Cunha y Gough, en el Atlántico Sur.

Leach's Storm-Petrel   *Oceanodroma leucorhoa*
A. Paiño Boreal
Accidental to the south-western Atlantic. A single individual was sighted some 270 nautical miles north of South Georgia, at
50°11'S, 38°30'W in February 1994 (Veit *et al.*,1996). One captured and photographed individual at King George Island,
South Shetland, near the Antarctic Peninsula in February 1996 (Hahn & Quillfeldt, 1998). Later, two individuals were sighted
in Argentinean waters at 40°20'S, 57°08'W in March 2000 (Mazar Barnett & Pearman, 2001; Imberti, 2002). This is a
common species of the North Atlantic, nesting on the east coast of the United States, Faroe Islands, Lofoten and outer
islands off Scotland.

Accidental en el Atlántico sur-occidental. Un ejemplar observado a unas 270 millas náuticas al norte de Isla Georgia del Sur, a
50°11'S, 38°30'W en Febrero de 1994 (Veit *et al.*,1996). Un ejemplar fue capturado y fotografiado en Isla Rey Jorge, Shetland del
Sur, cerca de la Península Antártica en Febrero de 1996 (Hahn & Quillfeldt, 1998). Con posterioridad, dos ejemplares fueron
observados en el mar Argentino a 40°20'S, 57°08'W en Marzo de 2000 (Mazar Barnett & Pearman, 2001; Imberti, 2002). Es una
especie común en el Atlántico Norte, nidificando en la costa este de Estados Unidos, Islas Faroes, Lofoten y otras exteriores de
Escocia.

Elliot's Storm-Petrel   *Oceanites gracilis gracilis*
C. Golondrina de Mar Chica   A. Paiño de Elliot
Two specimens kept at the Museo Argentino de Ciencias Naturales and collected by A. Kovacs at El Bolsón (Río Negro) in February
1972 and November 1983, constitute the first two records of the species in Argentina, and the first in the Patagonian region
(Mazar Barnett & Pearman, 2001). This species ranges in offshore waters of the Humboldt Current, nesting on some islets of
northern Chile. Range extends northwards reaching Ecuador and the Galapagos Islands.

Dos especimenes depositados en el Museo Argentino de Ciencias Naturales y colectados por A. Kovacs en El Bolsón (Río Negro)
en Febrero de 1972 y Noviembre de 1983, resultaron corresponder a los primeros registros de ésta especie en Argentina, y a su
vez los primeros para la región patagónica (Mazar Barnett & Pearman, 2001). Esta especie se distribuye en aguas de la Corriente
de Humboldt, nidificando en algunos islotes del norte de Chile. Su rango alcanza por el norte hasta Ecuador y las Islas Galápagos.

SULIDAE

Cape Gannet   *Morus capensis*
A. Piquero del Cabo
Accidental on the eastern Patagonian coast. A single individual observed near San Antonio Oeste, Río Negro in November 1992.
Another individual was photographed on the Beagle Channel, Tierra del Fuego, near Ushuaia in January 1995 (Ramirez Llorens,
1996). Later, some solitary individuals were observed on the Bay of San Antonio, Río Negro in November 1995 and October 1996
(Mazar Barnett & Pearman 2001). During July 1999, a single individual was observed on Macabí Island, northern Peru (García-
Godos, 2002). Ranges along the coasts of South Africa.

Accidental en costa oriental patagónica. Un ejemplar observado cerca de San Antonio Oeste, Río Negro en Noviembre de 1992.
Otro ejemplar fotografiado en el Canal Beagle, Tierra del Fuego, en las cercanías de Ushuaia en Enero de 1995 (Ramirez Llorens,
1996). Posteriormente se observaron ejemplares solitarios en la Bahía de San Antonio, Río Negro en Noviembre de 1995 y
Octubre de 1996 (Mazar Barnett y Pearman 2001). En Julio de 1999, se observó un individuo en Isla Macabí, al norte de Perú
(García-Godos, 2002). Se distribuye en las costas de Africa del Sur.

ARDEIDAE

Green-backed Heron   *Butorides striatus striatus*
C. & A. Garcita Azulada
Uncommon summer resident in wetlands of the extreme north of eastern Patagonia, specifically Río Negro. Accidental visitor to
the Falkland Islands, with one record of a dead individual on Carcass Island in June 1960 (Woods, 1988). This species ranges
widely throughout the rest of Argentina and South America. There are several records in northern and central Chile. It is a widely
distributed species through Central America and United States, Africa, Asia and Australia.

Residente estival poco común en humedales del extremo norte de la Patagonia oriental, específicamente Río Negro. Accidental en
Islas Malvinas, con un registro de un inmaduro encontrado muerto en Isla Carcass en Junio de 1960 (Woods, 1988). Esta especie
se distribuye por el resto de Argentina y gran parte de Sudamérica. Existen varios registros en las zonas norte y centro de
Chile. Su amplio rango distribucional incluye Centroamérica y Estados Unidos, Africa, Asia y Australia.

Little Blue Heron   *Egretta caerulea*
C. & A. Garza Azul
Accidental in the area. One record from the rubbish dump of Trelew, Chubut in December 2000 (Kirwan, 2002). An occasional visitor, with some isolated records, in Argentina. Regular visitor to the extreme north of Chile. Nests from southern Peru and Uruguay north to eastern United States. Part of the Nearctic population migrates south to South America during the winter.

Accidental en el área. Un registro para el basurero de Trelew, Chubut en Diciembre de 2000 (Kirwan, 2002). Es un visitante ocasional con algunos registros aislados en Argentina. Visitante regular en el extremo norte de Chile. Nidifica desde el sur de Perú y Uruguay hasta el este de Estados Unidos. Parte de su población neártica migra hacia Sudamérica durante el invierno austral.

CICONIIDAE

Maguari Stork   *Euxenura maguari*
C. Pillo   A. Cigüeña Americana
Irregular visitor to wetlands and inundated grasslands of the extreme north of eastern Patagonia including eastern Río Negro and north-eastern Chubut, with several records along the valley of Chubut river. Accidental visitor to the Falkland Islands, with a record from Horseshoe Bay, West Falkland in August 1961 (Woods, 1988). Its range includes the remainder of Argentina and eastern South America.

Visitante irregular en humedales y pastizales inundados en el extremo norte de Patagonia oriental incluyendo el este de Río Negro y nor-este de Chubut, con varios registros en el valle del Río Chubut. Accidental en Islas Malvinas, con un registro en Bahía Horseshoe, Isla Soledad en Agosto de 1961 (Woods, 1988). Su distribución incluye el resto de Argentina y Sudamérica oriental.

THRESKIORNITHIDAE

Plumbeous Ibis   *Theristicus caerulescens*
C. & A. Bandurria Mora
Araya *et al.* (1995) include this species on their Chile List based on a personal communication on a possible sighting from the Nature Sanctuary "Río Cruces", Valdivia (Los Lagos) in 1989. There is no documentary evidence for this record, so therefore we rather prefer to classify this as an hypothetical visitor to Patagonia, and Chile. Its normal range includes Bolivia, Paraguay, northern Argentina, Uruguay north to central Brazil.

Araya *et al.* (1995) la incluyen en su listado para las aves de Chile basados en una comunicación personal sobre un posible avistamiento en el Santuario de la Naturaleza "Río Cruces", Valdivia (Los Lagos) en 1989. No hay evidencia sobre esta observación, por lo que preferimos considerarla una especie hipotética para Patagonia, y a su vez para Chile. Su distribución normal incluye Bolivia, Paraguay, norte de Argentina, Uruguay y hasta el centro de Brasil.

Roseate Spoonbill   *Ajaia ajaja*
C. & A. Espátula Rosada
Accidental to the Falkland Islands. Four documented records: one on Kidney Cove in July 1860, near Port Stanley in 1922 and 1953 and one dead bird found at Port San Carlos in May 1962 (Woods, 1988). Resident of swampy areas, lagoons and coastal brackish lakes from northern Argentina, ranging north widely through most of South and Central America north to southern United States.

Accidental en Islas Malvinas. Cuatro registros documentados: en Kidney Cove en Julio de 1860, cerca de Port Stanley en 1922 y 1953 y un ejemplar encontrado muerto en Port San Carlos en Mayo de 1962 (Woods, 1988). Es un residente de áreas pantanosas, lagunas y lagos costeros de agua salobre desde el norte de Argentina, hacia el norte por gran parte de Sur y Centroamérica hasta el sur de Estados Unidos.

ANATIDAE

Black-bellied Whistling-Duck   *Dendrocygna autumnalis autumnalis*
C. Pato Silbón de Ala Blanca   A. Sirirí Vientre Negro
Accidental in the area. Two individuals were collected in June 1993, at Trumao, Osorno (Los Lagos). These were part of s small flock of five individuals (Ruiz, 1994). Ranges northwards to Argentina through most of South and Central America north to southern United States.

Accidental en el área. Dos ejemplares fueron cazados en Junio de 1993, en la localidad de Trumao, Osorno (Los Lagos). Estos pertenecían a una bandada de cinco individuos (Ruiz, 1994). Se distribuye desde el norte de Argentina por gran parte de Sur y Centroamérica hasta el sur de Estados Unidos.

Greylag (Domestic) Goose
Anser anser

A. Ganso Común
Introduced resident on the Falkland Islands. Possibly introduced during the early XXth century. This species has been introduced in many countries from its original domestication localities on Eurasia.

Residente introducido en Islas Malvinas. Probablemente introducido hacia principios del siglo XX. Esta especie ha sido introducida en muchos países desde sus lugares originales de domesticación localizados en Eurasia.

Andean Goose
Chloephaga melanoptera

C. Piuquén
A. Guayata
Summer resident of cordilleran wetlands, along both slopes of the Patagonian Andes from Linares south to Ñuble, in Chile and south to Neuquén, in Argentina. Ranges northwards through both countries along the Andes north to western Bolivia and central Peru.

Residente estival de humedales de altura, por ambas vertientes de los Andes Patagónicos desde Linares hasta Ñuble, por Chile y hasta Neuquén, en Argentina. Se distribuye hacia el norte por los Andes de ambos países hasta el oeste de Bolivia y centro de Perú.

Mallard
Anas platyrhynchos
Introduced resident in the Falkland Islands. First introduced on West Falkland during the 1930's. Woods & Woods (1997) comment that its introduction to the island failed, although the authors, did see a small wild flock on Moody Brook in March 1998. This species ranges widely in the Northern Hemisphere.

Residente introducido en Islas Malvinas. Introducida en Isla Soledad en la década de 1930. Woods & Woods (1997) comentan que su introducción en la isla fue fallida, aunque los autores, observamos una pequeña bandada asilvestrada en Moody Brook en Marzo de 1998. Esta es una especie de amplia distribución en el Hemisferio Norte.

Blue-winged Teal
Anas discors

C. Pato de Alas Azules
A. Pato Medialuna
Accidental visitor from the Nearctic to eastern Patagonia. There are isolated records from Pellegrini Lake, Río Negro (Canevari, 1979) and Laguna de Escarchados, Santa Cruz (Rumboll, 1991). Accidental visitor to South Georgia Island in June 1972 (Prince & Payne, 1979; Prince & Croxall, 1996). Occasional visitor throughout the rest of Argentina and central Chile. This species ranges and breeds widely throughout North America.

Visitante neártico accidental en Patagonia oriental. Hay avistamientos aislados en Lago Pellegrini, Río Negro (Canevari, 1979) y en Laguna de Escarchados, Santa Cruz (Rumboll, 1991). Visitante accidental en Isla Georgia del Sur en Junio de 1972 (Prince & Payne, 1979; Prince & Croxall, 1996). Visitante ocasional por el resto de Argentina y centro de Chile. Esta especie se reproduce en gran parte de Norteamérica.

ACCIPITRIDAE

Sharp-shinned Hawk
Accipiter striatus erythronemius

A. Esparvero Común
Accidental to the Falkland Islands. An immature was observed between May and June 1981 near Port Stanley (Woods, 1988). Its range extends through eastern Argentina northwards, to central Brazil, through the Andes of Bolivia, Peru, Ecuador, Colombia and Venezuela, and throughout Central and North America.

Accidental en Islas Malvinas. Un ejemplar inmaduro fue observado entre Mayo y Junio de 1981 en las cercanías de Port Stanley (Woods, 1988). Su rango se extiende por Argentina oriental hacia el norte, incluyendo Bolivia hasta el centro de Brasil. Se extiende por los Andes de Bolivia, Perú, Ecuador, Colombia y Venezuela, y por toda Centro y Norteamérica.

Crowned Solitary-Eagle   *Harpyhaliaetus coronatus*
A. Aguila Coronada
Uncommon resident in open forested areas and scrubby steppes of the extreme north of eastern Patagonia,
specifically Neuquén. Ranges northwards through lowland areas from central Argentina to Paraguay and south-eastern
Brazil.

Residente poco común en ambientes forestados abiertos y estepas arbustivas del extremo norte de Patagonia oriental,
específicamente Neuquén. Se distribuye hacia el norte por ambientes bajos desde el centro de Argentina hacia Paraguay
y sur-este de Brasil.

Swainson's Hawk   *Buteo swainsoni*
A. Aguilucho Langostero
Regular visitor from the Nearctic to the extreme north of eastern Patagonia, including south-western Buenos Aires and
northern Río Negro. There is one record from Huilma, Osorno (Los Lagos) in September 1994 (Couve *pers. obs*).
During the southern spring leaves its breeding sites of western North America, moving southwards through Central
America and the Andes of north-western South America south to the plains of northern and eastern Argentina.

Visitante regular neártico del extremo norte de Patagonia oriental, incluyendo el sur-oeste de Buenos Aires y norte de
Río Negro. Existe un registro en Huilma, Osorno (Los Lagos) en Septiembre de 1994 (Couve *obs. pers*). Durante la
primavera austral, abandona sus sitios reproductivos del oeste de Norteamérica, desplazándose hacia el sur por
Centroamérica y los Andes de Sudamérica nor-occidental hasta las planicies del norte y este de Argentina.

FALCONIDAE

Mountain Caracara   *Phalcoboenus megalopterus*
C. Carancho Cordillerano   A. Matamico Andino
Uncommon resident along the eastern slope of the Andes and pre-cordilleran habitats south to Neuquén (Chébez *et al.*
1993) and Río Negro (Vuilleumier, 1970). Its southern range in Chile reaching O'Higgins. It ranges northwards along
the Andes of Argentina and Chile north to south-western Bolivia and Peru.

Residente poco común de la vertiente oriental en los Andes y precordillera hasta Neuquén (Chébez *et al.* 1993) y Río
Negro (Vuilleumier, 1970). Su rango meridional en Chile alcanza hasta O'Higgins. Se extiende hacia el norte por los
Andes de ambos países hasta el sur-oeste de Bolivia y Perú.

Spot-winged Falconet   *Spiziapteryx circumcinctus*
A. Halconcito Gris
Uncommon resident of arid scrubby areas of the extreme north of eastern Patagonia, including south-western Buenos
Aires and northern Río Negro. Accidental south to Santa Cruz (Bornschein, 1996). Ranges northwards through central
Argentina north to western Paraguay and eastern Bolivia.

Residente poco común en zonas de matorral árido en el extremo norte de Patagonia oriental, incluyendo el sur-oeste
de Buenos Aires y norte de Río Negro. Accidental más al sur hasta Santa Cruz (Bornschein, 1996). Se distribuye hacia
el norte por Argentina central hasta el oeste de Paraguay y este de Bolivia.

ODONTOPHORIDAE

California Quail   *Callipepla californica*
C. Codorniz   A. Codorniz de California
Introduced resident through central Chile since 1870. It has been spreading and has adapted to several kind of
habitats southwards reaching Araucanía, and in Argentina, south-western Neuquén, western Río Negro and Chubut.
Its northern range in Chile reaching Atacama.

Residente introducido en la zona central de Chile en 1870. Se ha dispersado y adaptado a ambientes más al sur
llegando hasta el sur de Araucanía y por Argentina al el sur-oeste de Neuquén, oeste de Río Negro y de Chubut. Su rango
hacia el norte por Chile alcanza hasta Atacama.

Ring-necked Pheasant
Phasianus colchicus
C. Faisán

Recently introduced resident in Aysén, Chile during 1995, south of General Carrera Lake, specifically in the locality of Mallín Grande and in Balmaceda, Ñirehuao and El Gato, in the surroundings of Coyhaique (Aysén) (H. Saldivia, pers. *Comm.*). This is a widely distributed species throughout Asia. Introduced in Europe and United States.

Residente introducido recientemente en Aysén, Chile en 1995, al sur del Lago General Carrera, específicamente en la localidad de Mallín Grande y en Balmaceda, Ñirehuao y El Gato, en los alrededores de Coyhaique (Aysén) (H. Saldivia, *com. pers*).
Esta especie está ampliamente distribuida en toda Asia. Introducida en Europa y Estados Unidos.

Silver Pheasant
Lophura nycthemera
A. Faisán Plateado

Introduced and successfully acclimatized resident in Neuquén, Argentina specifically on Victoria Island. This is a native and widely distributed species of south-eastern Asia.

Especie introducida y exitosamente aclimatada en Neuquén, específicamente en Isla Victoria. Esta es una especie originaria y de amplia distribución en el sureste de Asia.

RALLIDAE

Speckled Rail
Coturnicops notatus
A. Burrito Enano

Accidental visitor to eastern Patagonia. It has been recorded on the estuary of Río Negro, in the homonymous province (Taylor, 1998). Probable accidental visitor to the Falkland Islands, with an old unconfirmed record from Port Stanley in April 1921 (Woods, 1988). Locally distributed in Argentina, Uruguay, Paraguay, Bolivia, central and southern Brazil, Guianas, western Venezuela and south-eastern Colombia.

Visitante accidental en Patagonia oriental. Ha sido registrado en el estuario del Río Negro, en la provincia homónima (Taylor, 1998). Posible visitante accidental en Islas Malvinas. Antiguo registro sin confirmar en Port Stanley en Abril de 1921 (Woods, 1988). Localmente distribuido en Argentina, Uruguay, Paraguay, Bolivia, centro y sur de Brasil, Guyana, oeste de Venezuela y sur-este de Colombia.

Black Rail
Laterallus jamaicensis salinasi
C. Pidencito
A. Burrito Cuyano

Resident of reed-fringed wetlands and inundated grasslands of extreme north of western Patagonia, locally from Cauquenes/ Linares south to Malleco (Araucanía) and Valdivia (Los Lagos) (Ruiz, pers. *comm.*). Recorded in western Río Negro, in Argentina (De la Peña, 1999). Its range in Chile extends north to Huasco valley and through Argentina spreading westwards to San Juan.
Its range in South America is very local, with some records in southern and central Peru, northern Brazil and several localities in Central and North America.

Residente de juncales y pastizales inundados del extremo norte de la Patagonia occidental, localmente desde Cauquenes/ Linares hasta Malleco (Araucanía) y Valdivia (Los Lagos) (Ruiz, *com. pers*). Registrada al oeste de Río Negro, en Argentina (De la Peña, 1999). Su rango en Chile se extiende hasta el Valle del Huasco y por Argentina por el oeste hasta San Juan. Su distribución en Sudamérica es muy local, siendo registrado en el sur y centro de Perú, norte de Brasil y en varias localidades de Centro y Norteamérica.

Painted-billed Crake
Neocrex erythrops olivascens
A. Burrito Pico Rojo

Accidental in eastern Patagonia, with one record from the Valdes Peninsula, north-eastern Chubut (Camperi, 1992). This species has been observed locally in northern Argentina.
The remainder of its range is very local comprising Paraguay, Bolivia, Peru, Guianas, Surinam, Venezuela, south-western Ecuador, Galapagos Islands, eastern Colombia, Panama and Costa Rica.

Accidental en la Patagonia oriental, con un registro en Península Valdés, nor-este de Chubut (Camperi, 1992). Esta especie ha sido observada localmente al norte de Argentina.

El resto de su distribución es muy local y comprende Paraguay, Bolivia, Perú, Guyana, Surinam, Venezuela, sur-oeste de Ecuador, Islas Galápagos, este de Colombia, Panamá y Costa Rica.

Allen's Gallinule
Porphyrio alleni

A. Pollona Africana
Accidental visitor to South Georgia Island. An individual was found dead in Royal Bay in December 1984 (Prince & Croxall, 1996). This highly migratory species ranges widely throughout tropical Africa, with several records in Europe and some islands of the Atlantic, including Santa Helena and Ascension islands.

Accidental en Isla Georgia del Sur. Un ejemplar encontrado muerto en Bahía Royal en Diciembre de 1984 (Prince & Croxall, 1996). Esta especie migratoria tiene una amplia distribución en Africa tropical, existiendo varios registros en Europa y en islas del Atlántico, incluyendo las Islas Santa Helena y Ascensión.

American Purple Gallinule
Porphyrio martinica

C. Tagüita Purpúrea
A. Pollona Azul

Accidental visitor to the Falkland Islands: recorded at Port Stanley in September 1923 and February 1983 and Port Louis in June 1960 (Woods, 1988). Accidental visitor to South Georgia Island: one immature male collected at Grytviken, Cumberland Bay in 1943 and a second individual collected at sea some 30 nautical miles north of Bird Island, South Georgia in April 1978. Ranges northwards from central Argentina and extreme northern Chile (where it is occasional visitor), throughout most of South and Central America north to eastern United States.

Accidental en Islas Malvinas: registrada en Port Stanley en Septiembre de 1923 y Febrero de 1983 y Port Louis en Junio de 1960 (Woods, 1988). Accidental en Isla Georgia del Sur. Un macho inmaduro colectado en Grytviken, Bahía Cumberland en 1943 y un segundo ejemplar colectado en altamar a unas 30 millas náuticas al norte de Isla Bird, en Georgia del Sur en Abril de 1978. Se distribuye hacia el norte desde el centro de Argentina y extremo norte de Chile (donde es ocasional), por gran parte de Sur y Centroamérica hasta el este de Estados Unidos.

Common Gallinule (Moorhen)
Gallinula chloropus

C. Tagüita del Norte
A. Pollona Negra

Recent records of this species from the Nature Sanctuary Río Cruces, Valdivia (Los Lagos) in May of 2002 (J. Ruiz *pers. comm.*). This species ranges in Chile from Curicó (Talca) northwards, and in Argentina from the central part of the country northwards. Ranges widely throughout the rest of America, Europe, Asia and northern Africa.

Recientes registros de esta especie en el Santuario Río Cruces, Valdivia (Los Lagos) en Mayo de 2002 (J. Ruiz *com. pers*). En Chile se distribuye desde la zona central (Curicó) hacia el norte y en Argentina, desde el centro del país hacia el norte. Esta especie tiene una amplia distribución en el resto de América, Europa, Asia y norte de Africa.

ROSTRATULIDAE

South-American Painted Snipe
Nycticryphes semicollaris

C. Becasina Pintada
A. Aguatero

Scarce and local resident of swampy lowland habitats from Cauquenes/Linares to Arauco (Bío-Bío), accidental south to Osorno (Los Lagos) in Chile and in Quemequemtreu, Neuquén; Ing. Jacobacci, Río Negro and south-western Buenos Aires, in Argentina. Accidental southwards to north-eastern Chubut (Nuevo Gulf, Puerto Madryn). Its northern range in Chile reaching to Coquimbo, and spreading through lowlands of northern Argentina north to Paraguay, Uruguay and southern Brazil.

Residente escaso y local de ambientes pantanosos bajos desde Cauquenes/Linares hasta Arauco (Bío-Bío), siendo accidental hasta Osorno (Los Lagos) en Chile y en Quemequemtreu, Neuquén; Ing. Jacobacci, Río Negro y sur-oeste de Buenos Aires, en Argentina. Accidental por el sur hasta el nor-este de Chubut (Golfo Nuevo, Puerto Madryn). Su rango septentrional en Chile alcanza hasta Coquimbo, y se dispersa por tierras bajas del norte de Argentina hasta Paraguay, Uruguay y sur de Brasil.

CHARADRIIDAE

Diademed Sandpiper-Plover
Phegornis mitchellii
C. Chorlito Cordillerano
A. Chorlito de Vincha

Scarce and local summer resident of damp upland grasslands of the extreme north of the eastern slope of the Patagonian Andes, specifically western Neuquén. Its range in Chile reaching north to Curicó (Talca). Ranges northwards through the Andes of both countries to the puna of western Bolivia and Peru.

Residente estival escaso y local en pastizales húmedos de altura del extremo norte de la vertiente oriental de los Andes Patagónicos, específicamente al oeste de Neuquén. Su rango meridional en Chile alcanza hasta Curicó (Talca). Se distribuye hacia el norte por los Andes de ambos países hasta la puna del oeste de Bolivia y Perú.

SCOLOPACIDAE

Short-billed Dowitcher
Limnodromus griseus griseus
A. Becasa Gris

Contreras *et al.* (1980) include this species on their list of Nahuel Huapi National Park (Río Negro), based on possible sightings from the summers of 1969 and 1970, at Mascardi Lake. There are no details for these records, therefore it is classified as an hypothetical species in Patagonian territory, and in Argentina (Mazar Barnett & Pearman, 2001).

Contreras *et al.* (1980) lo incluyen en su listado para el Parque Nacional Nahuel Huapi (Río Negro), considerando observaciones atribuibles a esta especie en los veranos de 1969 y 1970, en el Lago Mascardi. No se otorgan más detalles por lo que se clasifica como una especie hipotética en el territorio patagónico, y a su vez en Argentina (Mazar Barnett & Pearman, 2001).

Marbled Godwit
Limosa fedoa fedoa
C. Zarapito Moteado

Accidental on the coasts of north-western Patagonia. Recorded at Playa Pelluco, Puerto Montt (Los Lagos) in November 1992 (Espinoza & Von Mayer, 1992). There are several records along the central and northern coasts of Chile. This species breeds on the Great Plains of north-western North America.

Accidental en las costas de Patagonia nor-occidental. Registrada en Playa Pelluco, Puerto Montt (Los Lagos) en Noviembre de 1992 (Espinoza & Von Mayer, 1992). Existen varios registros en la costa de Chile central y norte. Esta especie nidifica en las Grandes Planicies de Norteamérica nor-occidental.

Upland Sandpiper
Bartramia longicauda
C & A. Batitú

Uncommon visitor from the Nearctic to grasslands and inland fields of Argentina south to northern Río Negro. Accidental in the Falkland Islands, recorded near Port Stanley twice: May 1938 and October 1961 (Woods, 1988). There is one record to Deception Island, South Shetland in 1923, one probable record at Signy Island, South Orkney in 1962-63 and one sighting some 800 nautical miles north of South Georgia del Sur at 40°35'S, 39°34'W in October 1980 (Prince & Croxall, 1996). There are some records from central and northern Chile. This species breeds from central United States to north-western Alaska.

Visitante neártico poco común por pastizales y campos del interior de Argentina hasta el norte de Río Negro. Accidental en Islas Malvinas, siendo registrado en las cercanías de Port Stanley, en dos ocasiones: Mayo de 1938 y Octubre de 1961 (Woods, 1988). Existe un registro para Isla Decepción, Shetland del Sur en 1923, un probable registro en Isla Signy, Orcadas del Sur en 1962-63 y por último, un avistamiento a unas 800 millas náuticas al norte de Isla Georgia del Sur a 40°35'S, 39°34'W en Octubre de 1980 (Prince & Croxall, 1996). Existen registros para el centro y norte de Chile. Esta especie nidifica desde el centro de Estados Unidos hasta el nor-oeste de Alaska.

Solitary Sandpiper
Tringa solitaria solitaria
C & A. Pitotoy solitario

Uncommon visitor from the Nearctic to wetlands and inland swampy areas of Argentina south to northern Río Negro. Accidental visitor to South Georgia Island with two records from Bird Island in November 1975 and November 1981 (Prince & Croxall, 1996). Accidental in northern Chile. This species breeds throughout the extreme north of the Northern North America.

Visitante neártico poco común en humedales y área pantanosas del interior de Argentina hasta el norte de Río Negro. Accidental en Isla Georgia del Sur con dos registros en Isla Bird en Noviembre de 1975 y Noviembre de 1981 (Prince & Croxall, 1996). Accidental en el norte de Chile. Esta especie nidifica por todo el extremo norte del Hemisferio Norte.

Spotted Sandpiper
Actitis macularia
C. Playero Manchado
A. Playerito Manchado
Accidental in northern Patagonia. One record from Todos los Santos Lake (Los Lagos, Chile), in November 1924, and one for Puelo Lake (Chubut, Argentina) in January 1977 (Narosky, 1983). There are several records from central and northern Chile. This species breeds in central and northern North America.

Accidental en el norte de Patagonia. Un registro en Lago Todos los Santos (Los Lagos, Chile), en Noviembre de 1924, y en Lago Puelo (Chubut, Argentina) en Enero de 1977 (Narosky, 1983). Existen varios registros en el centro y norte de Chile. Esta especie nidifica en el centro y norte de Norteamérica.

Willet
Catoptrophorus semipalmatus
C. Playero Grande
A. Playero Ala Blanca
Accidental on the eastern coast of Tierra del Fuego (Olrog, 1979). Regular visitor along the Pacific coast of central and northern Chile. Breeds in north-western North America.

Accidental en la costa oriental de Tierra del Fuego (Olrog, 1979). Es un visitante regular por la costa del Pacífico del centro y norte de Chile. Esta especie nidifica en el nor-oeste de Norteamérica.

Semipalmated Sandpiper
Calidris pusilla
C. Playero Semipalmado
A. Playerito Enano
Rare to scarce visitor from the Nearctic of the coasts of eastern Patagonia, from southern Buenos Aires south to northern Chubut, usually from September to March. Accidental visitor of the Falkland Islands.
This species also visits the coasts of central and northern Chile. At the beginning of the southern fall, migrates to arctic regions of the Northern Hemisphere, from May to July, nesting on tundra habitats.

Raro a escaso visitante neártico de la costa norte de la Patagonia oriental, desde el sur de Buenos Aires hasta el norte de Chubut, pudiendo encontrarse en la zona desde septiembre a marzo. Visitante accidental en Islas Malvinas. Esta especie también visita la costa central y norte de Chile. A principios del otoño austral, migra hacia regiones árticas del Hemisferio Norte, donde entre mayo y julio nidifica en ambientes de tundra.

Little Stint
Calidris minuta
A. Playerito Menudo
Accidental visitor to South Georgia Island: recorded once at Bird Island in December 1977 (Woods, 1988). This is the only confirmed record of the species in South America. Breeds in arctic regions of Eurasia.

Visitante accidental en Islas Georgia del Sur: registrada en Isla Bird en Diciembre de 1977 (Woods, 1988). Este es el único registro confirmado de la especie para Sudamérica. Nidifica en regiones árticas de Europa.

Least Sandpiper
Calidris minutilla
C. Playero Enano
A. Playerito Menor
Accidental visitor from the Nearctic. Recorded once on Signy Island, South Orkneys between December 1981 and February 1982. A rare visitor in northern Chile. This species breeds in Arctic regions of North America.

Visitante neártico accidental en Isla Signy, Orcadas del Sur entre Diciembre de 1981 y Febrero de 1982. Es un raro visitante en el norte de Chile. Esta especie nidifica en regiones árticas de Norteamérica.

Curlew Sandpiper
Calidris ferruginea
A. Playerito Zarapitín
Hypothetical species in the region. Its inclusion in this listing is based on a female presumably collected in eastern Patagonia, although without details or localities, by W. Burnett and Capt. Fitz Roy (Mazar Barnett & Pearman, 2001).

Especie hipotética en la región. Su inclusión en este listado se basa en una hembra presumiblemente capturada al este de Patagonia, aunque sin detalles de fechas ni localidades, por W. Burnett y el Capitán Fitz Roy (Mazar Barnett & Pearman, 2001).

Stilt Sandpiper   *Calidris himantopus*
C. Playero de Patas Largas   **A. Playero Zancudo**
Occasional visitor from the Nearctic along the coast and inland Argentina south to south-western Buenos Aires and Río Negro. Recorded from the Andean lakes: Mascardi Lake, western Río Negro during the summer of 1970 (Contreras *et al.*, 1980). There are several records along the Chilean coast. Breeds in Arctic regions of western North America.

Visitante neártico ocasional por la costa e interior de Argentina hasta el sur-oeste de Buenos Aires y Río Negro. Registrado en lagos andinos: Lago Mascardi, oeste de Río Negro durante el verano de 1970 (Contreras *et al.*, 1980). Existen varios registros por la costa chilena. Nidifica en regiones árticas del oeste de Norteamérica.

LARIDAE

Sabine's Gull   *Xema sabini sabini*
C. Gaviota de Sabine
Occasional visitor from the Nearctic to Chilean offshore waters from Maule south to Bío-Bío (Talcahuano). It probably extends south to 40°S. This species breeds in Arctic regions of North America.

Visitante neártico ocasional en aguas pelágicas Chilenas desde Maule hasta Bío-Bío (Talcahuano). Probablemente su rango alcance más al sur hasta los 40°S. Esta especie nidifica en regiones árticas de Norteamérica.

Bridled Tern   *Sterna anaethetus*
C. Gaviotín de Bridas
Accidental tropical visitor sighted some 75 nautical miles south of Cape Horn, in the Drake Passage, in January 1969 (Peterson & Watson, 1971; Watson, 1975). This is the only record for the region as well as in Chile. Breeds on tropical islands in the Pacific, Atlantic and Indian Oceans.

Visitante tropical accidental observado a unas 75 millas náuticas al sur del Cabo de Hornos, en el Paso Drake, en Enero de 1969 (Peterson & Watson, 1971; Watson, 1975). Es el único registro para la región y a su vez para Chile. Nidifica en islas tropicales de los Océanos Pacífico, Atlántico e Indico.

Sooty Tern   *Sterna fuscata luctuosa*
C. Gaviotín Apizarrrado   **A. Gaviotín Sombrío**
Accidental pan-tropical visitor to the coasts of north-western Patagonia. Collected individuals from Penco and Concepción (Bío-Bío) and the Valdivia River (Los Lagos) (Johnson & Goodall, 1951). There are several records along the coasts of central and northern Chile. This species breeds on offshore islands of Chile, including Easter, San Félix and San Ambrosio, Sala y Gómez and Juan Fernández. Hypothetical visitor to the Falkland Islands and Argentina (Mazar Barnett & Pearman, 2001).

Visitante pantropical accidental en la costa patagónica nor-occidental con ejemplares capturados en Penco y Concepción (Bío-Bío) y en el Río Valdivia (Los Lagos) (Johnson & Goodall, 1951). Existen varios registros en la costa del centro y norte de Chile. Esta especie nidifica en islas exteriores de Chile, incluyendo Pascua, San Féliz y San Ambrosio, Sala y Gómez y Juan Fernández. Especie hipotética en Islas Malvinas y Argentina (Mazar Barnett & Pearman, 2001).

COLUMBIDAE

Rock Dove   *Columba livia*
C. Paloma   **A. Paloma Doméstica**
Introduced species in Chile and Argentina from Europe, being more common in cities, towns and ports.

Especie introducida en Chile y Argentina desde Europa, siendo muy común en ciudades, pueblos y puertos.

Picazuro Pigeon   *Columba picazuro picazuro*
A. Paloma Picazuro
Occasional visitor to prairies and savannas of the extreme north of eastern Patagonia, including eastern Neuquén and Río Negro. Ranges northwards through the remainder of Argentina to eastern Bolivia, Paraguay and north-eastern Brazil.

Visitante ocasional de praderas y sabanas del extremo norte de Patagonia oriental, incluyendo el este de Neuquén y Río Negro. Esta especie se distribuye hacia el norte por el resto de Argentina hasta el este de Bolivia, Paraguay y el nor-este de Brasil.

Ruddy Ground-Dove   *Columbina talpacoti*
C. Tortolita rojiza   A. Torcacita colorada
Accidental visitor. A flock of 50 individuals was recorded in the town of Angol (Araucania) during the winter of 1926 (Bullock, 1929). This species ranges from northern Argentina north to Colombia, Venezuela and Guianas, and through Central America north to Mexico.

Visitante accidental. Una bandada de 50 individuos fue observada en la localidad de Angol (Araucanía) durante el invierno de 1926 (Bullock, 1929). Esta especie se distribuye desde el norte de Argentina hasta Colombia, Venezuela y Guyanas, y por Centroamérica hasta México.

CUCULIDAE

Ash-coloured Cuckoo   *Coccyzus cinereus*
A. Cuclillo Chico
Visitor to savanna and monte desert habitats of the extreme north of eastern Patagonia, specifically Viedma, Río Negro (Salvador & Narosky, 1987). Ranges northwards through the remainder of Argentina to Bolivia, south-eastern Peru, Paraguay and southern Brazil.

Visitante de ambientes de sabana y monte del extremo norte de Patagonia oriental, específicamente Viedma, Río Negro (Salvador & Narosky, 1987). Se distribuye hacia el norte por el resto de Argentina hasta Bolivia, sur-este de Perú, Paraguay y sur de Brasil.

Dark-billed Cuckoo   *Coccyzus melacoryphus*
C. Cuclillo de Pico Negro   A. Cuclillo Canela
Visitor to open forested habitats, savannas and monte deserts of the extreme north of eastern Patagonia, specifically Río Negro (Nores, 1986). Accidental visitor to the Falkland Islands: one individual collected at Port Stanely in April 1937 (Woods, 1988). Ranges northwards through most tropical and subtropical habitats of South America, through the remainder of eastern Argentina north to Venezuela, Guianas and Brazil. Also on the western slope of the Andes in Peru and the Galapagos Islands.

Visitante de ambientes forestados abiertos, sabanas y montes del extremo norte de Patagonia oriental, específicamente Río Negro (Nores, 1986). Accidental en Islas Malvinas: un ejemplar colectado en Port Stanely en Abril de 1937 (Woods, 1988). Se distribuye hacia el norte hacia gran parte de los ambientes tropicales y subtropicales de Sudamérica, por el resto de Argentina oriental hasta Venezuela, Guyana y Brasil. También en la vertiente occidental de los Andes hasta Perú y en Islas Galápagos.

STRIGIDAE

Tropical Screech-Owl   *Otus choliba uruguaiensis*
A. Alilicucu Común
Scarce resident in forests, monte desert, plantations and parks of the extreme north of eastern Patagonia, specifically Río Negro (Piacentini & Acerbo, 1988). Ranges northwards through the remainder of Argentina, Uruguay and south-eastern Brazil. Widely distributed in the Neotropics, reaching north to Costa Rica and north-western Colombia.

Residente escaso en bosques, montes, plantaciones y parques del extremo norte de la Patagonia, específicamente Río Negro (Piacentini & Acerbo, 1988). Se distribuye hacia el norte por el resto de Argentina, Uruguay y sur-este de Brasil. De amplia distribución neotropical, alcanzando hasta Costa Rica y el nor-oeste de Colombia.

CAPRIMULGIDAE

Nacunda Nighthawk   *Podager nacunda nacunda*
A. Ñacunda
Uncommon resident of fields and savannas of the extreme north of eastern Patagonia, specifically Río Negro. Accidental visitor southwards to Santa Cruz (Imberti, 2001). Widely distributed throughout the rest of eastern South America, extending through the remainder of Argentina north to Colombia, Venezuela, Guianas and northern Brazil.

Residente poco común de campos y sabanas del extremo norte de Patagonia oriental, específicamente Río Negro. Visitante accidental por el sur hasta Santa Cruz (Imberti, 2001). De amplia distribución por el resto de Sudamérica oriental, extendiéndose por el resto de Argentina hasta Colombia, Venezuela, Guyana y norte de Brasil.

APODIDAE

White-collared Swift
Streptoprocne zonaris zonaris
A. Vencejo de Collar
Accidental visitor to the Falkland Islands: a single individual sighted at Cape Pembroke, near Port Stanley in November 1986 (Woods, 1988). Extends along the Andes south to Mendoza, in central-western Argentina. This tropical species ranges widely from northern Argentina north to Panama, Venezuela and Colombia.

Accidental en Islas Malvinas: un individuo observado en Cabo Pembroke, en las cercanías de Puerto Stanley en Noviembre de 1986 (Woods, 1988). Alcanza por los Andes hasta Mendoza, por el sur, en Argentina centro-occidental. Esta especie tropical se distribuye ampliamente desde el norte de Argentina hasta Panama, Venezuela y Colombia.

Ashy-tailed Swift
Chaetura andrei meridionalis
A. Vencejo de Tormenta
Accidental in the Falkland Islands: a single individual sighted in Moody Brook, near Port Stanley in March 1959 (Woods, 1988). This tropical species ranges widely from northern Argentina north to Surinam, Venezuela, and northern Colombia.

Accidental en Islas Malvinas: un individuo observado en Moody Brook, en las cercanías de Puerto Stanley en Marzo de 1959 (Woods, 1988). Esta especie tropical se distribuye ampliamente desde el norte de Argentina hasta Surinam, Venezuela, y norte de Colombia.

Andean Swift
Aeronautes andecolus andecolus
C. Vencejo Chico
A. Vencejo Blanco
Uncommon summer resident in the extreme north of the eastern slope of the Patagonian Andes, specifically Neuquén and Río Negro. Inhabits upland semi-arid habitats up to 7,500ft/2,500m. In Chile only found in the northern part of the country. Extends northwards along the Andes to Bolivia and Peru.

Residente estival poco común en el extremo norte de la vertiente oriental de los Andes patagónicos, específicamente en Neuquén y Río Negro. Frecuenta ambientes semiáridos de altura hasta los 2.500m. Por Chile se encuentra sólo en el extremo norte del país. Se extiende hacia el norte por los Andes hasta Bolivia y Perú.

TROCHILIDAE

Giant Hummingbird
Patagona gigas gigas
C. & A. Picaflor Gigante
Uncommon summer resident in scrubby areas of the extreme north of western Patagonia from Cauquenes/Linares south to Arauco (Bío-Bío). More occasionally southwards to Isla Grande de Chiloé. Along the eastern slope of the Andes reaching south to western Neuquén. The range extends northwards to northern Chile and north-western Argentina to the Andes of Bolivia, Peru and Ecuador.

Residente estival poco común en regiones arbustivas del extremo norte de la Patagonia occidental, desde Cauquenes/ Linares hasta hasta Arauco (Bío-Bío). Más ocasionalmente por el sur hasta la Isla Grande de Chiloé. Por la vertiente oriental de los Andes alcanza hasta el oeste de Neuquén. Su rango se extiende hacia el norte hasta el extremo norte de Chile y nor-oeste de Argentina hasta los Andes de Bolivia, Perú y Ecuador.

Red-tailed Comet
Sappho sparganura sapho
A. Picaflor Cometa
Uncommon summer resident of the extreme north of the eastern slope of the Patagonian Andes, specifically northern Neuquén, where frequents arid hillsides with scattered bushes up to 6000ft/2000m. This species ranges northwards along the Andes, through the remainder of Argentina to north-western Bolivia.

Residente estival poco común del extremo norte de la vertiente oriental de los Andes patagónicos, específicamente al norte de Neuquén, donde frecuenta laderas áridas de cerros con arbustos dispersos hasta los 2000m. Esta especie se distribuye hacia el norte por los Andes del resto de Argentina hasta el nor-oeste de Bolivia.

PICIDAE

Green-barred Woodpecker
A. Carpintero Real
Colaptes melanochloros leucofrenatus

Uncommon resident of monte desert and savannas of the extreme north of eastern Patagonia, including eastern Neuquén and Río Negro (Valcheta).
Its range extends northwards through the remainder of Argentina, to northern Bolivia, Paraguay and north-eastern Brazil.

Residente poco común de montes y sabanas del extremo norte de Patagonia oriental, incluyendo este de Neuquén y Río Negro (Valcheta).
Su rango se extiende hacia el norte por el resto de Argentina, hasta el norte de Bolivia, Paraguay y nor-este de Brasil.

Field Flicker
A. Carpintero Campestre
Colaptes campestris campestroides

Common summer resident of steppes and prairies of the extreme north of eastern Patagonia, specifically Río Negro, where reaches up to 1,800ft/600m, in Chipauquil, at the base of Somuncurá plateau. Ranges northwards through the remainder of the country to Paraguay, Uruguay, Brazil and southern Surinam.

Residente estival común de estepas y praderas del extremo norte de Patagonia oriental, específicamente Río Negro, donde alcanza hasta los 600m, en Chipauquil, en la base de la meseta Somuncurá. Se distribuye hacia el norte por el resto del país hasta Paraguay, Uruguay, Brasil y sur de Surinam.

FURNARIIDAE

Creamy-rumped Miner
C. Minero Grande
Geositta isabellina
A. Caminera Grande

Local and uncommon resident of craggy walls and cordilleran gorges (over 6,000ft/2,000m), along the Andes of Chile from Atacama south to Talca (Maule) and in Argentina, locally south to Laguna Blanca, Neuquén. Also in Mendoza and San Juan.

Residente local y poco frecuente, que habita riscos y quebradas cordilleranas (sobre 2.000m), en los Andes de Chile desde Atacama hasta Talca (Maule) y en Argentina, localmente hasta Laguna Blanca, Neuquén. También en Mendoza y San Juan.

Chilean Seaside Cinclodes
C. Churrete Costero
Cinclodes nigrofumosus

ENDEMIC to Chile. Rare to locally common resident exclusively inhabiting rocky coasts, from Arica in the extreme north south to Valdivia (Los Lagos).

ENDEMICO de Chile. Residente raro a localmente común, que habita exclusivamente las costas rocosas del país, desde Arica en el extremo norte hasta Valdivia (Los Lagos).

Bay-capped Wren-Spinetail
A. Espartillero Enano
Spartonoica maluroides

Resident of wetlands bordered with abundant low grasslands located in Río Negro and south-western Buenos Aires. Its range includes the remainder of central Argentina, southern Brazil and Uruguay.

Residente de humedales con abundantes pastizales a baja altura, situados en Río Negro y sur-oeste de Buenos Aires. Su distribución incluye también el resto de Argentina central, sur de Brasil y Uruguay.

Stripe-crowned Spinetail
A. Curutié Blanco
Cranioleuca pyrrhophia pyrrhophia

Fairly common resident in lowland forests and scrubby areas. The southern range includes Neuquén, Río Negro and south-western Buenos Aires, spreading northwards through the remainder of central and northern Argentina, excepting most of Buenos Aires province. Also found in southern Bolivia, western Paraguay, Uruguay and the extreme south of Brazil.

Residente bastante común en bosques bajos y matorrales. El límite meridional de su distribución incluye Neuquén, Río Negro y sur-oeste de Buenos Aires, y en el resto del centro y norte de Argentina, a excepción de la mayor parte de la Provincia de Buenos Aires. También se encuentra en el sur de Bolivia, oeste de Paraguay, Uruguay y el extremo sur de Brasil.

Short-billed Canastero
Asthenes baeri baeri
A. Canastero Chaqueño
Inhabits forests and scrub in lowland areas. Uncommon to locally common resident in eastern Neuquén, Río Negro and south-western Buenos Aires. Ranges northwards through the remainder of central and northern Argentina, southern Bolivia, western Paraguay, Uruguay and south-western Brazil.

Frecuenta bosques bajos y áreas de matorral, de preferencia en sectores bajos. Residente poco frecuente a localmente común al este de Neuquén, Río Negro y sur-oeste de Buenos Aires. Se distribuye por el resto del centro y norte de Argentina, sur de Bolivia, oeste de Paraguay, Uruguay y el extremo sur-occidental de Brasil.

Dusky-tailed Canastero
Asthenes humicola polysticta
C. Canastero Común
ENDEMIC to Chile. Uncommon to locally common resident in semi-arid areas with dense thorny scrub (espinal) and cacti, from southern Maule to coastal Bío-Bío and Nahuelbuta Massif (Araucanía). Reaches up to 6600ft/2200m ranging north through central and northern Chile to south-western Antofagasta.

ENDEMICO de Chile. Residente poco frecuente a localmente común en terrenos semi-áridos con matorrales densos (espinos) y cactos, desde el sur del Maule hasta la zona costera de Bío-Bío y la cordillera de Nahuelbuta (Araucanía). Alcanza hasta los 2200m y se distribuye hacia el centro y norte de Chile hasta el sur-oeste de Antofagasta.

Hudson's Canastero
Asthenes hudsoni
A. Espartillero Pampeano
Uncommon to locally common summer resident in tall grasslands and surrounding scrubby areas from eastern Río Negro and south-western Buenos Aires northwards to eastern Argentina to Entre Ríos and Santa Fe. Hypothetical south to north-eastern Chubut. Also present in Uruguay and more occasionally in the extreme south of Brazil.

Residente estival poco frecuente a localmente común en pastizales altos y áreas arbustivas cercanas a sitios inundados, desde el este de Río Negro y sur-oeste de Buenos Aires hacia el norte por la porción oriental de Argentina hasta Entre Ríos y Santa Fe. Hipotético al nor-este de Chubut. Presente también en Uruguay y ocasionalmente en el extremo sur de Brasil.

Lark-like Brushrunner
Coryphistera alaudina alaudina
A. Crestudo
Inhabits scrubby areas and cultivated fields in lowlands. Uncommon to common resident in south-western Buenos Aires, and possibly also in north-eastern Río Negro. Ranges northwards to central and northern Argentina, south-eastern Bolivia, western Paraguay and southern Brazil.

Frecuenta zonas de matorral y áreas cultivadas, en sectores bajos. Residente poco frecuente a común en el extremo sur-oeste de Buenos Aires, y posiblemente también al nor-este de Río Negro. Desde ahí se distribuye por el centro y norte de Argentina, sur-este de Bolivia, oeste de Paraguay y sur de Brasil.

Brown Cacholote
Pseudoseisura lophotes
A. Cacholote Castaño
Uncommon to common resident in eastern Río Negro, Neuquén and extreme south-west of Buenos Aires. Inhabits small patches of trees and scrubby areas in lowland areas below 2,700ft/900m. Its range includes central and northern Argentina, southern Bolivia, western Paraguay, Uruguay and extreme south of Brazil.

Residente poco frecuente a común al este de Río Negro, Neuquén y extremo sur-oeste de Buenos Aires. Habita bosquetes y áreas de matorral bajo los 900m. Su distribución incluye el centro y norte de Argentina, sur de Bolivia, oeste de Paraguay, Uruguay y extremo sur de Brasil.

DENDROCOLAPTIDAE

Scimitar-billed Woodcreeper
Drymornis bridgesii
A. Chinchero Grande
Uncommon resident in scrubby areas of eastern Neuquén (Senillosa), Río Negro (Villa Regina and Julián Romero) and extreme south-western Buenos Aires. Its range includes central and northern Argentina, southern Bolivia, western Paraguay, western Uruguay and the extreme south of Brazil.

Residente poco común en ambientes de matorral del este de Neuquén (Senillosa), Río Negro (Villa Regina y Julián Romero) y extremo sur-oeste de Buenos Aires. Su distribución incluye el centro y norte de Argentina, sur de Bolivia, oeste de Paraguay, oeste de Uruguay y extremo sur de Brasil.

Narrow-billed Woodcreeper
Lepidocolaptes angutirostris praedatus
A. Chinchero Chico
Uncommon resident in espinal and monte desert areas of eastern Río Negro, in the extreme north of eastern Patagonia. Ranges widely through central and northern Argentina, eastern Bolivia, Paraguay, Uruguay and eastern and inland Brazil.

Residente poco común en ambientes de espinal y monte del este de Río Negro, en el extremo norte de Patagonia oriental.
Se distribuye ampliamente por el centro y norte de Argentina, este de Bolivia, Paraguay, Uruguay y este e interior de Brasil.

RHINOCRYPTIDAE

Chestnut-throated Huet-huet
Pteroptochos castaneus
C. Hued-hued Castaño
A. Huet-huet Castaño
ENDEMIC to the forests of the extreme north of **western Patagonia**. Very similar to *P. tarnii*. Fairly common resident in Chile, from Colchagua (O´Higgins) south to Ñuble and Concepción (Bío-Bío). Recently recorded in western Neuquén, in Lagunas de Epulaufquén Nature Reserve, in December 1999 and March 2000 and in Laguna Vaca Laufquén (Pearman, 2000; Mazar Barnett & Pearman, 2001).
Species restricted to Endemic Bird Area 060 (Central Chile).

ENDEMICO de los bosques del extremo norte **de la Patagonia occidental**. Muy similar a *P. tarnii*. Es un residente relativamente frecuente en Chile, desde Colchagua (O´Higgins) hasta Ñuble y Concepción (Bío-Bío). Registrado recientemente al oeste de Neuquén, en la Reserva Forestal Lagunas de Epulaufquén, en Diciembre de 1999 y Marzo de 2000 y en la Laguna Vaca Laufquén (Pearman, 2000; Mazar Barnett & Pearman, 2001).
Especie restringida al Area de Endemismo para Aves 060 (Chile central).

Moustached Turca
Pteroptochos megapodius megapodius
C. Turca
ENDEMIC to Chile. Fairly common resident of rocky and scrubby hillsides from the coast to the Andean foothills. Ranges from Coquimbo south to Concepción (Bío- Bío).
ENDEMICO de Chile. Es un residente bastante frecuente de laderas rocosas de cerros cubiertas de matorral, desde la costa hasta la cordillera. Se distribuye desde Coquimbo hasta Concepción (Bío- Bío) por el sur.

Crested Gallito
Rhinocrypta lanceolata lanceolata
A. Gallito Copetón
Resident of arid scrubby areas of the extreme north of eastern Patagonia, reaching Río Negro and south-western Buenos Aires. Ranges northwards to Argentina, through the centre and west of the country, reaching southern Bolivia, western Paraguay and north-eastern Brazil.

Residente de áreas de matorral árido y zonas de bosque del extremo norte de la Patagonia oriental, alcanzando Río Negro y sur-oeste de Buenos Aires. Se distribuye hacia el norte de Argentina, por el centro y oeste del país, alcanzando el sur de Bolivia, oeste de Paraguay y noreste de Brasil.

Sandy Gallito
Teledromas fuscus
A. Gallito Arena
ENDEMIC to Argentina. Locally common resident of arid scrubby areas with sandy and rocky soils. Just reaches the extreme north of eastern Patagonia, in eastern Neuquén, Río Negro and north-eastern Chubut. Ranges north to south-western Salta.

ENDEMICO de Argentina. Residente localmente común de terrenos arbustivos áridos con suelos arenosos o pedregosos. Presente sólo en el extremo norte de la Patagonia oriental, al este de Neuquén, Río Negro y nor-este de Chubut. Se distribuye por el norte del país hasta el sur-oeste de Salta.

Dusky Tapaculo   *Scytalopus fuscus*
C. Churrín del Norte
ENDEMIC to Chile. Ranges in scrubby areas and forest undergrowth from the northern extreme of western Patagonia (Bío-Bío) north to Atacama. Locally sympatric with Magellanic Tapaculo, at least from Bío-Bío north to O'Higgins. Mazar Barnett & Pearman (2001) considered this an erroneously cited species for Mendoza, Argentina. Considered by some authors as a race of *S. magellanicus*.

ENDEMICO de Chile. Se distribuye en ambientes de matorral y sotobosque, desde el límite septentrional de la Patagonia occidental (Bío-Bío) hacia el norte del país (Atacama). Es localmente simpátrico con *S. magellanicus*, a lo menos desde Bío-Bío hasta O'Higgins. Mazar Barnett & Pearman (2001) lo consideran erróneamente citado para Mendoza, Argentina. Considerado por algunos autores como subespecie de *S. magellanicus*.

TYRANNIDAE

Sooty Tyrannulet   *Serpophaga nigricans*
A. Piojito Gris
Uncommon in scrubby areas, cultivated fields and semi-open areas, always associated with water. Resident, although partly migratory in the extreme north of eastern Patagonia (Río Negro and south-western Buenos Aires). Ranges north and east, through the remainder of Argentina, southern Bolivia, eastern Paraguay, Uruguay and southern Brazil.

Poco frecuente en áreas de matorral, campos de cultivo y ambientes semiabiertos, siempre asociados a cuerpos de agua. Residente parcialmente migratorio del extremo norte de la Patagonia oriental (Río Negro y sur-oeste de Buenos Aires). Hacia el norte, su distribución alcanza por el este, el resto de Argentina, sur de Bolivia, este de Paraguay, Uruguay y sur de Brasil.

Southern Scrub-Flycatcher   *Sublegatus modestus brevirostris*
A. Suirirí Pico Corto
Resident, although partly migratory inhabiting arid scrubby areas of north-eastern Patagonia: extreme east of Río Negro and south-western Buenos Aires. Its range includes most of central and northern of eastern Argentina, northern and eastern Bolivia, Paraguay, Uruguay and central and southern Brazil.

Residente parcialmente migratorio que habita zonas de matorral árido del extremo nor-oriental de Patagonia: extremo este de Río Negro y sur-oeste de Buenos Aires. Su distribución incluye la mayor parte del centro y norte de Argentina oriental, norte y este de Bolivia, Paraguay, Uruguay y centro y sur de Brasil.

Greater Wagtail-Tyrant   *Stigmatura budytoides flavocinerea*
A. Calandrita
Summer resident of arid scrubby and forested areas of the extreme north of eastern Patagonia: Río Negro and south-western Buenos Aires. Recorded at Punta Tombo, north-eastern Chubut (Harris, 1998). During the southern winter, this race migrates northwards. Ranges northwards to northern Argentina, through the central-western part of the country, reaching southern Bolivia, western Paraguay and north-eastern Brazil.

Residente estival de áreas de matorral árido y zonas de bosque del extremo norte de la Patagonia oriental: Río Negro y sur-oeste de Buenos Aires. Registrada en Punta Tombo, nor-este de Chubut (Harris, 1998). Durante el invierno austral, esta subespecie migra hacia el norte. La Calandrita se distribuye hacia el norte de Argentina, por el centro-oeste del país, alcanzando el sur de Bolivia, oeste de Paraguay y nor-este de Brasil.

Vermillion Flycatcher   *Pyrocephalus rubinus rubinus*
C. Saca-tu-real   A. Churrinche
Summer resident of the extreme north of eastern Patagonia: eastern Neuquén (Babarskas *et al.*, 1996), Río Negro and south-western Buenos Aires. Migrates to the north of Argentina during the southern winter. Rest of the range comprises most of South America, including northern Chile, Bolivia, Paraguay, Uruguay and southern Brazil.
Also present throughout Central America and southern United States.

Residente estival del extremo norte de la Patagonia oriental: este de Neuquén (Babarskas *et al.*, 1996), Río Negro y sur-oeste de Buenos Aires. Migra hacia el norte del país durante el invierno austral. La distribución de ésta especie comprende la mayor de Sudamérica, incluyendo el norte de Chile, Bolivia, Paraguay, Uruguay y sur de Brasil.
También presente en Centroamérica y sur de Estados Unidos.

Black-crowned Monjita
A. Monjita Coronada

Xolmis coronata

Summer resident in the northern part of eastern Patagonia, specifically the extreme east of Río Negro and south-western Buenos Aires. Uncommon to fairly common in semi-open areas with scattered, low bushes and trees. During the southern winter, migrates northwards through the remainder of Argentina, reaching southern Bolivia, western Paraguay, Uruguay and the extreme south of Brazil.

Residente estival de la porción norte de la Patagonia oriental, específicamente en el extremo este de Río Negro y sur-oeste de Buenos Aires. Poco frecuente a relativamente común en ambientes semiabiertos con arbustos y árboles bajos dispersos. Durante el invierno austral, migra hacia el norte, por el resto de Argentina, alcanzando el sur de Bolivia, oeste de Paraguay, Uruguay y el extremo sur de Brasil.

White Monjita
A. Monjita Blanca

Xolmis irupero irupero

Resident in the northern part of eastern Patagonia, specifically in Neuquén, Río Negro and south-western Buenos Aires. Uncommon to fairly common in semi-open areas with scattered bushes and low trees. Its range extends north through the remainder of eastern Argentina, south-eastern Bolivia, Paraguay, Uruguay and the extreme south of Brazil. Also in the north-east of Brazil.

Residente de la porción norte de la Patagonia oriental, específicamente en Neuquén, Río Negro y sur-oeste de Buenos Aires. Poco frecuente a relativamente común en ambientes semiabiertos con arbustos y árboles bajos dispersos. Su distribución alcanza por el norte, el resto de Argentina oriental, alcanzando el sur-este de Bolivia, Paraguay, Uruguay y el extremo sur de Brasil.
También en el nor-este de Brasil.

Cinereous Ground-Tyrant
C. & A. Dormilona Cenicienta

Muscisaxicola cinerea cinerea

Summer resident in cordilleran habitats of the extreme north of eastern Patagonia (Neuquén), the southern limit for this species. In Chile, its southern limit is eastern Talca. This species ranges northwards along the Andes of Chile and Argentina, reaching southern Peru and western Bolivia.

Residente estival de ambientes cordilleranos del extremo norte del distrito patagónico argentino, siendo Neuquén, el límite meridional de la especie. En Chile, su límite sur es el este de Talca. Esta especie se distribuye hacia el norte por el resto de los Andes de Chile y Argentina, alcanzado el sur de Perú y oeste de Bolivia.

Black-fronted Ground-Tyrant
C. & A. Dormilona de Frente Negra

Muscisaxicola frontalis

Uncommon summer resident, present along rocky hillsides and cordilleran habitats of the extreme north of eastern Patagonia (western Neuquén and Río Negro), the southern limit for the species. Also recorded on the Somuncará plateau, central Río Negro. In Chile, it ranges south to eastern O'Higgins, in the central part of the country, being accidental to Los Lagos, in the south. During the winter, migrates northwards along the Andes of Chile and Argentina, reaching the Altiplano of western Bolivia and southern Peru.

Residente estival poco frecuente, presente en laderas rocosas de cerros y ambientes cordilleranos del extremo norte del distrito patagónico oriental, siendo el oeste de Neuquén y Río Negro, el límite meridional de la especie. Registrada también en la meseta Somuncará, en el centro de Río Negro. En Chile, su límite meridional es el este de O'Higgins, en la zona central del país, siendo accidental hasta Los Lagos, por el sur. Durante el invierno, migra hacia el norte por los Andes de Chile y Argentina, alcanzando el altiplano del oeste de Bolivia y sur de Perú.

Hudson's Black-Tyrant
A. Viudita Chica

Knipolegus hudsoni

Rare summer resident in scrubby areas of the extreme north of eastern Patagonia including eastern Neuquén, eastern and central Río Negro and south-western Buenos Aires. It ranges northwards through central Argentina to Cordoba. During the southern winter migrates to northern Argentina and western Paraguay, northern Bolivia and the extreme south-west of Brazil.

Residente estival raro de zonas de matorral del extremo norte de la Patagonia oriental incluyendo el este de Neuquén, este y centro de Río Negro y sur-oeste de Buenos Aires. Su distribución alcanza hasta Córdoba, por el centro de Argentina. Durante el invierno austral migra hacia el norte de Argentina y oeste de Paraguay hasta el norte de

Bolivia y extremo sur-oeste de Brasil.

Cattle Tyrant
Machetornis rixosus rixosus
A. Picabuey
Characteristic of open habitats, near agricultural areas and grazing fields. Also near human habitation and parks. Resident of the extreme north of eastern Patagonia, including Neuquén (Chébez *et al.*, 1993) and south-western Buenos Aires. Accidental to the Falkland Islands. Its range northwards includes the remainder of Argentina, through the east of the country, northern and eastern Bolivia, Paraguay, Uruguay and eastern and southern Brazil. Also present in northern Colombia, Venezuela and Panama.

Característico de terrenos abiertos, en las cercanías de zonas agrícolas y campos de pastoreo. También cerca de asentamientos humanos y parques. Residente del extremo norte de la Patagonia oriental, incluyendo Neuquén (Chébez *et al.*, 1993) y sur-oeste de Buenos Aires. Accidental en Islas Malvinas. Su distribución incluye el resto de Argentina hacia el norte, por el este del país, norte y este de Bolivia, Paraguay, Uruguay y este de Brasil. También presente en el norte de Colombia, Venezuela y Panamá.

Swainson's Flycatcher
Myiarchus swainsoni ferocior
A. Burlisto Pico Canela
Fairly common summer resident of forested regions and semi-open areas of the central and northern parts of Argentina. Its southern range includes the extreme north of eastern Patagonia: eastern Río Negro and south-western Buenos Aires. Ranges widely throughout most of South America, including north and east of Bolivia, Paraguay, Uruguay, Brazil, south-eastern Peru and eastern Venezuela.

Residente estival bastante frecuente de regiones forestadas y terrenos semiabiertos de la región central y norte de Argentina. Su distribución meridional incluye el extremo norte de la Patagonia oriental, incluyendo hasta el este de Río Negro y sur-oeste de Buenos Aires. Su distribución comprende casi el resto de Sudamérica, incluyendo el norte y este de Bolivia, Paraguay, Uruguay, Brasil, sur-este de Perú y este de Venezuela.

Crowned Slaty Flycatcher
Griseotyrannus aurantioatrocristatus aurantioatrocristatus
A. Tuquito Gris
Summer resident of scrubby areas of the extreme north of Río Negro. Ranges widely throughout the central-northern part of Argentina, north and east of Bolivia, Brazil, Paraguay and Uruguay. During the southern winter, this flycatcher migrates to the Amazon Basin.

Residente estival de regiones arbustivas del extremo norte de Río Negro. Se encuentra ampliamente distribuido en la porción centro-norte de Argentina, norte y este de Bolivia, Brasil, Paraguay y Uruguay. Durante el invierno austral, este cazamoscas migra hasta la Amazonía.

Tropical Kingbird
Tyrannus melancholicus melancholicus
C. Benteveo Real
A. Suirirí Real
Summer resident in a variety of semi-open habitats south to Neuquén (Chébez *et al.* 1993) and the extreme north of Río Negro. Northwards, it ranges throughout most of Argentina. Very occasional in Chile, with records in the central and northern parts of the country. This is a widely distributed species in South America.

Residente estival en una variedad de terrenos semiabiertos hasta Neuquén (Chébez *et al.* 1993) y extremo norte de Río Negro. Por el norte, se encuentra en la mayor parte de Argentina. Muy ocasional en Chile, con registros en el centro y norte del país. Esta especie se encuentra ampliamente distribuida en Sudamérica.

Eastern Kingbird
Tyrannus tyrannus
C. Benteveo Blanco y Negro
A. Suirirí Boreal
Accidental visitor from the Nearctic. Breeds in North America migrating south during the southern winter to Central and most of South America. Accidental to the Falkland Islands, recorded in January 1978 in Port William (Woods, 1988). Regular visitor south to northern Argentina. Accidental in Chile.

Visitante neártico accidental. Nidifica en Norteamérica migrando durante el verano austral hacia Centro y gran parte de Sudamérica. Accidental en Islas Malvinas, registrado en Enero de 1978 en Port William (Woods, 1988). Visitante regular hasta el norte de Argentina. Accidental en Chile.

HIRUNDINIDAE

Brown-chested Martin   *Progne tapera fusca*
A. Golondrina Parda
Summer resident in lowland open and semi-open areas and near human habitation in the extreme north of eastern Patagonia, specifically Río Negro and south-western Buenos Aires. Scarcer southwards to Chubut and very occasional south to Santa Cruz (Nores & Yzurieta, 1995). Found northwards through the remainder of Argentina, southern Bolivia and south-eastern Brazil. During the southern winter, the southernmost populations migrate northwards to north-western Brazil, Colombia, Panama and even Costa Rica.

Residente estival de ambientes bajos, abiertos y semiabiertos y asentamientos humanos del extremo norte de la Patagonia oriental, en Río Negro y sur-oeste de Buenos Aires. Menos frecuente en Chubut y muy ocasional más al sur hasta Santa Cruz (Nores & Yzurieta, 1995). Se encuentra hacia el norte por el resto de Argentina, sur de Bolivia y sur-este de Brasil. Durante el invierno austral, las poblaciones australes migran hacia el norte hasta el nor-oeste de Brasil, Colombia, Panamá y aún Costa Rica.

Southern Rough-winged Swallow   *Stelgidopteryx ruficollis ruficollis*
A. Golondrina Ribereña
Accidental in the Patagonian region. Recorded on the Falkland Islands on three occasions: near Port Stanley, in October 1979; in John Street in November 1981 with a flock of Barn Swallow and two individuals on Sea Lion Island in November 1983 (Woods, 1988). A common swallow in lowland areas of Argentina, from Buenos Aires northwards. During the winter, southernmost populations migrate northwards to the Amazon Basin.

Accidental en la región patagónica. Registrada en las Islas Malvinas en tres oportunidades: en las cercanías de Puerto Stanley, en Octubre de 1979; en John Street en Noviembre de 1981 junto a un grupo de *H. rustica* y dos individuos en Isla Sea Lion en Noviembre de 1983 (Woods, 1988). Es una golondrina frecuente en las tierra bajas de Argentina, desde Buenos Aires hacia el norte. Durante el invierno, las poblaciones más australes migran hacia el norte hasta la Amazonía.

MIMIDAE

Chalk-browed Mockingbird   *Mimus saturninus modulator*
A. Calandria Grande
Fairly common resident in lowlands, open fields with scattered trees, also near human habitation and in gardens. Found in the extreme north of eastern Patagonia, in Río Negro and Neuquén. Accidental southwards to north-eastern Chubut (Gaimán). Ranges north through the remainder of Argentina, reaching Bolivia, Brazil, Paraguay and Uruguay.

Residente relativamente frecuente en ambientes bajos, terrenos abiertos con parches boscosos dispersos, y también cerca de habitaciones humanas y jardines. Se encuentra solamente en el extremo norte de la Patagonia oriental, en Río Negro y Neuquén. Accidental por el sur hasta el nor-este de Chubut (Gaimán). Se distribuye hacia el norte por el resto de Argentina, alcanzando Bolivia, Brasil, Paraguay y Uruguay.

TURDIDAE

Wood Thrush   *Hylocichla mustelina*
A. Zorzalito Rojizo
Hypothetical accidental visitor to the area. One individual collected near Port Stanley, Falkland Islands in February 1970 by Ian Strange (Woods, 1988; Mazar Barnett & Pearman, 2001). This is a migratory species from the Nearctic inhabiting deciduous forests in the eastern half of North America, migrating southwards during the boreal winter, reaching the extreme north of South America.

Visitante accidental hipotético en el área. Un ejemplar obtenido en las cercanías de Puerto Stanley, Islas Malvinas en Febrero de 1970 por Ian Strange (Woods, 1988; Mazar Barnett & Pearman, 2001). Esta especie migratoria neártica es un habitante de bosques deciduos de la mitad oriental de Norteamérica, que migra hacia el sur durante el invierno boreal alcanzando el extremo norte de Sudamérica.

Chiguanco Thrush   *Turdus chiguanco anthracinus*
C. Zorzal Negro   A. Zorzal Chiguanco
Cordilleran resident in the area of central-western Neuquén and Río Negro, on the eastern slope of the Andes, in northern Patagonia. Ranges northwards along the Andes, to Jujuy and Salta, north-western Argentina. In Chile has occasionally been recorded during the winter south to Curicó and Talca (Maule) and in the foothills near Santiago (Goodall *et al.*, 1957). Ranges northwards to the Atacama Salar (Antofagasta).
This species is distributed through cordilleran regions of Bolivia, Peru and Ecuador.

Residente cordillerano presente en el área, en el centro-oeste de Neuquén y Río Negro, en la vertiente oriental de la Cordillera de los Andes del extremo septentrional de Patagonia. Se distribuye hacia el norte, por los Andes, hasta Jujuy y Salta, en el extremo nor-oeste argentino. En Chile ha sido registrado ocasionalmente durante el invierno en Curicó y Talca (Maule) y en la pre-cordillera de Santiago (Goodall *et al.*, 1957). Se distribuye hacia el norte hasta el Salar de Atacama (Antofagasta).
El rango de ésta especie alcanza regiones cordilleranas de Bolivia, Perú y Ecuador.

Creamy-bellied Thrush   *Turdus amaurochalinus*
C. Zorzal Argentino   A. Zorzal Chalchalero
Fairly common to common summer resident of forested areas, parks and cultivated fields of the extreme north of eastern Patagonia, in Neuquén, Río Negro and extreme south-western Buenos Aires. Ranges northwards through the remainder of Argentina, eastern Bolivia, Paraguay, Uruguay and southern Brazil. During the southern winter migrates northwards reaching south-western Peru. Occasional visitor in northern Chile (Atacama).

Residente estival bastante frecuente a común de áreas forestadas, parques y áreas cultivadas del extremo norte de Patagonia oriental, en Neuquén, Río Negro y extremo sur-oeste de Buenos Aires. Se distribuye hacia el norte por el resto de Argentina, este de Bolivia, Paraguay, Uruguay y sur de Brasil. Durante el invierno austral migra hacia el norte alcanzando el sur-oeste de Perú. Visitante ocasional en el norte de Chile (Atacama).

CORVIDAE

House Crow   *Corvus splendens*
C. Cuervo
Two individuals of this species were observed on the surroundings of Punta Arenas (Magallanes), Chile between October 1993 and June 1994 (Matus, 1998). These were probably ship-assisted individuals originating in Asia. In a similar way this species has arrived in some localities of northern Europe. Its original range comprises southern Iran to India, Sri Lanka, Maldives Islands, south-western Thailand and south-western China.

Dos ejemplares de ésta especie, fueron observados en los alrededores de Punta Arenas (Magallanes), Chile entre Octubre de 1993 y Junio de 1994 (Matus, 1998). Probablemente se trató de individuos transportados en barcos de procedencia asiática. Ha llegado a sectores del norte de Europa de manera similar. Su rango original comprende desde el sur de Irán hasta India, Sri Lanka, Islas Maldivas, sur-oeste de Tailandia y sur-oeste de China.

FRINGILLIDAE

Hooded Siskin   *Carduelis magellanica*
C. Jilguero Peruano   A. Cabecitanegra Común
Locally common resident in rural areas and cultivated fields, scrubby areas with scattered trees, and also visiting parks. Present in the northern part of eastern Patagonia. *C. m. magellanica* ranges from eastern Argentina to Río Negro and south-western Buenos Aires. *C. m. tucumana*, occurs along the Andes of Argentina south to Neuquén (Chébez *et al.*, 1993).
This species ranges along the Andes of Argentina, northern Chile, Bolivia, Peru, Ecuador and Colombia. Also in lowland areas of Uruguay, Paraguay and southern and central Brazil.

Residente localmente común de zonas rurales y cultivadas, áreas de matorral con árboles dispersos, frecuentando también parques. Presente en la porción septentrional de Patagonia oriental. *C. m. magellanica* se distribuye por el este de Argentina hasta Río Negro y sur-oeste de Buenos Aires. *C. m. tucumana*, en tanto se distribuye por los Andes de Argentina hasta Neuquén (Chébez *et al.*, 1993).
Esta especie se distribuye por los Andes de Argentina, norte de Chile, Bolivia, Perú, Ecuador y Colombia. También en ambientes bajos de Uruguay, Paraguay y sur y centro de Brasil.

Yellow-rumped Siskin   *Carduelis uropygialis*
C. Jilguero Cordillerano   A. Cabecitanegra Andino
Locally common resident in cordilleran habitats from Cauquenes/Linares south to Bío-Bío in Chile, and in Argentina locally south to Loncopue, Neuquén (Veiga, 1993), favouring scrubby hillsides and upland wetlands and grasslands. Also found near abandoned buildings. Ranges northwards through the remainder of the Andes of Chile and Argentina, reaching Peru and Bolivia, being less common in the northernmost parts of its range.

Residente localmente común en ambientes cordilleranos desde Cauquenes/Linares hasta Bío-Bío en Chile, y por el sur de Argentina localmente hasta Loncopue, Neuquén (Veiga, 1993), frecuentando de preferencia laderas arbustivas de cerros y humedales y pastizales de altura. También cerca de asentamientos humanos abandonados. Se distribuye hacia el norte por el resto de los Andes de Chile y Argentina, alcanzando hasta Perú y Bolivia, siendo menos frecuente en la porción más septentrional de su rango.

PARULIDAE

Blackpoll Warbler   *Dendroica striata*
C. Monjita Americana   A. Arañero Estriado
Accidental visitor from the Nearctic. The only record for this region is of an adult male collected in June 1858 near Valdivia (Los Lagos) (Johnson & Goodall, 1965). There are two records for north-eastern Argentina. This species migrates from its breeding grounds in North America south to Central America and north-western South America.

Visitante neártico accidental en la región. El único registro corresponde a un macho adulto capturado en Junio de 1858 en las cercanías de Valdivia (Los Lagos) (Johnson & Goodall, 1965). Existen dos registros para el nor-este de Argentina. Esta especie migra desde Norteamérica hasta Centro América y Sudamérica nor-occidental.

THRAUPIDAE

Blue-and-yellow Tanager   *Thraupis bonariensis schulzei*
C. & A. Naranjero
Locally common resident in scrubby areas and cultivated fields of the extreme north of eastern Patagonia: Neuquén and northern Río Negro. It ranges northwards reaching the remainder of Argentina, western Paraguay, Uruguay and southern Brazil.
It also extends to Andean valleys of western Bolivia, northern Chile, Peru and Ecuador.

Residente localmente frecuente en ambientes arbustivos y zonas cultivadas del extremo norte de la Patagonia oriental: Neuquén y norte de Río Negro. Su distribución alcanza por el norte el resto de Argentina, oeste de Paraguay, Uruguay y sur de Brasil.
Su rango alcanza valles cordilleranos del oeste de Bolivia, norte de Chile, Perú y Ecuador.

EMBERIZIDAE

Band-tailed Sierra-Finch   *Phrygilus alaudinus alaudinus*
C. Platero   A. Yal Platero
Scarce to locally common resident in Chile, from Maule south to Valdivia (Los Lagos), being scarcer in the southern part of range. Inhabits rocky hillsides with semi-open vegetation and cultivated fields, from sea level up to the Andes. The range of this species also includes northern Chile, and the Andes of north-western Argentina, western Bolivia, Peru, Ecuador and Colombia.

Residente escaso a localmente frecuente en Chile, desde Maule hasta Valdivia (Los Lagos), siendo más escaso hacia el sur. Habita laderas rocosas con vegetación arbustiva no muy densa y también en áreas cultivadas, desde el nivel del mar hasta la precordillera. La distribución de ésta especie también incluye el norte de Chile, y los Andes del nor-oeste de Argentina, oeste de Bolivia, Perú, Ecuador y Colombia.

Cinnamon Warbling-Finch   *Poospiza ornata*
A. Monterita Canela
Predominantly an Argentinean species. Summer resident of the extreme north of eastern Patagonia, including eastern

Neuquén, eastern Río Negro and south-western Buenos Aires, and adjacent provinces northwards. Inhabits arid scrubby areas, grasslands and fields with scattered bushes and trees. During the southern winter migrates to northern Argentina, reaching Salta in the west and Santa Fe eastwards. There are documented records in Uruguay (Mazar Barnett & Pearman, 2001).

Especie predominantemente Argentina. Residente estival del extremo norte de la Patagonia oriental, incluyendo el este de Neuquen, este de Río Negro y sur-oeste de Buenos Aires, y provincias adyacentes hacia el norte. Frecuenta ambientes de matorral árido, pastizales y campos con árboles y arbustos dispersos. Durante el invierno austral migra hacia el norte de Argentina, alcanzando Salta por el oeste y Santa Fe por el este. Existen registros documentados para Uruguay (Mazar Barnett & Pearman, 2001).

Black-and-rufous Warbling-Finch
A. Sietevestidos Común

Poospiza nigrorufa

Fairly common resident of scrubby areas with trees located near water bodies, also in reed beds. Found in the extreme north of eastern Patagonia: eastern Río Negro and south-western Buenos Aires. Ranges northwards through eastern Argentina, reaching Uruguay, south-eastern Paraguay, Uruguay and south-eastern Brazil.

Residente bastante frecuente de zonas arbustivas y con árboles, ubicadas cerca de cuerpos de agua, también en juncales. Se encuentra en el extremo norte de la Patagonia oriental, al este de Río Negro y sur-oeste de Buenos Aires. Desde ahí se distribuye por el este de Argentina, alcanzando Uruguay, sur-este de Paraguay, Uruguay y sur-este de Brasil.

Double-collared Seedeater
A. Corbatita Común

Sporophila caerulescens caerulescens

Fairly common summer resident of the extreme north of eastern Patagonia, specifically Río Negro and south-western Buenos Aires. Occasional in Neuquén. Southwards occasionally also reaching to Chubut. There is an old record from Staten Island, off Tierra del Fuego. Inhabits semi-open scrubby areas, cultivated fields and road borders, throughout the rest of Argentina, reaching northern and eastern Bolivia, central Brazil and Paraguay. The southernmost populations migrate north during the winter to the Amazon Basin.

Residente estival relativamente frecuente del extremo nor-oriental de Patagonia, particularmente en Río Negro y sur-oeste de Buenos Aires. Ocasional en Neuquén. Por el sur alcanza ocasionalmente hasta Chubut. Existe un antiguo registro para Isla de los Estados, Tierra del Fuego. Habita áreas semiabiertas de matorral, zonas cultivadas y bordes de caminos, por el resto de Argentina, alcanzando el norte y este de Bolivia, centro de Brasil y Paraguay. Las poblaciones más australes migran durante el invierno hacia la Amazonía.

Saffron Yellow-Finch
C. Chirihue de Frente Azafrán

Sicalis flaveola pelzeni
A. Jilguero Dorado

Inhabits semi-open areas with scattered scrubby cover, but also in cultivated fields, reedbeds, cities and parks. Common resident in the extreme north of eastern Patagonia, eastern Neuquén and south-western Buenos Aires. Recent records on eastern Araucanía, in Chile (Ruiz *in litt.*). Also ranges northwards to Mendoza and La Pampa, in Argentina. Its range in South America includes several disjunct populations: north-western Argentina, northern and eastern Brazil, south-western Ecuador and north-western Peru, Bolivia, Colombia and Venezuela.

Habita ambientes semiabiertos con arbustos dispersos, frecuentando también zonas de cultivo, juncales, ciudades y parques. Es un residente frecuente del límite septentrional de Patagonia oriental, al este de Neuquén y sur-oeste de Buenos Aires. Registros recientes al este de Araucanía, en Chile (Ruiz *in litt.*). También se distribuye en Mendoza y La Pampa, en Argentina. Su distribución en Sudamérica incluye varias poblaciones disjuntas: nor-oeste de Argentina, norte y este de Brasil, sur-oeste de Ecuador y nor-oeste de Perú, Bolivia, Colombia y Venezuela.

Greenish Yellow-Finch
C. Chirihue Verdoso

Sicalis olivascens mendozae
A. Jilguero Oliváceo

Scarce resident in semi-open scrubby areas on hillsides of the extreme north of Patagonia, along the eastern slope of the Andes in Neuquén, this being the southern limit for the species. Ranges northwards along the Andes of Argentina, northern Chile, Peru and western Bolivia.

Residente escaso de áreas arbustivas semiabiertas en laderas de cerros, del extremo norte de Patagonia, en la vertiente oriental de los Andes: Neuquén, siendo éste el límite meridional para la especie. Se distribuye hacia el norte, por los Andes de Argentina, norte de Chile, Perú y oeste de Bolivia.

Great Pampa-Finch   *Embernagra platensis platensis*
A. Verdón

Fairly common resident in scrubby areas, open grasslands, reedbeds and cultivated fields of the extreme north of eastern Patagonia: south-western Buenos Aires, northern Río Negro and eastern Neuquén. Ranges to the northern extreme of Argentina, reaching eastern Bolivia, Paraguay, Uruguay and south-eastern Brazil.

Residente relativamente común de ambientes arbustivos, pastizales abiertos, juncales y zonas cultivadas del extremo norte de la Patagonia oriental: sur-oeste de Buenos Aires, norte de Río Negro y este de Neuquén. Se distribuye hacia el extremo norte de Argentina, alcanzando el este de Bolivia, Paraguay, Uruguay y sur-este de Brasil.

Yellow Cardinal   *Gubernatrix cristata*
A. Cardenal Amarillo

Local and rare resident in semi-arid scrubby areas of the extreme north of eastern Patagonia: south-western Buenos Aires and Río Negro, spreading northwards through the remainder of Argentina, Uruguay and extreme southern Brazil.

Residente local y raro de ambientes arbustivos semiabiertos, del extremo norte de la Patagonia oriental: sur-oeste de Buenos Aires y Río Negro, distribuyéndose hacia el norte del país. Su distribución alcanza Uruguay y el extremo sur de Brasil.

Red-crested Cardinal   *Paroaria coronata*
C. Cardenal   **A. Cardenal Común**

Locally abundant resident in semi-open areas with scrubby vegetation and scattered trees of Argentina. In Patagonia, only found in the extreme north, in Río Negro. From there ranges northwards through the north of the country reaching northern and eastern Bolivia, extreme north of Chile (accidental), western Paraguay and Uruguay.

Residente localmente abundante en ambientes semiabiertos con vegetación arbustiva y árboles dispersos de Argentina. En Patagonia, se encuentra solamente en el extremo norte, en Río Negro. Desde ahí se distribuye hacia el norte del país, alcanzando el norte y este de Bolivia, extremo norte de Chile (accidental), oeste de Paraguay y Uruguay.

Grassland Sparrow   *Ammodramus humeralis xanthornus*
A. Cachilo Ceja Amarilla

Locally common resident, characteristic of tall grasslands and cultivated fields in lowland areas. In Patagonia, only found in Río Negro, ranging northwards throughout the rest of Argentina, reaching eastern and southern Brazil, Uruguay and Paraguay. Also present through eastern and northern Bolivia and extreme south-eastern Peru.

Residente localmente común, característico de pastizales altos y áreas cultivadas, localizados a baja altura. En Patagonia, se encuentra solamente en Río Negro, distribuyéndose desde ahí hacia el resto de Argentina, alcanzando el este y sur de Brasil, Uruguay y Paraguay. También presente a través del este y norte de Bolivia y extremo sur-este de Perú.

CARDINALIDAE

Golden-billed Saltator   *Saltator aurantiirostris aurantiirostris*
C. Pepitero   **A. Pepitero de Collar**

Uncommon resident of scrubby areas and surrounding forested zones of the extreme north of eastern Patagonia: north-eastern Río Negro and south-western Buenos Aires. Ranges northwards throughout the rest of central and northern Argentina to Paraguay, Uruguay and southern Brazil. Also in Andean habitats of Bolivia, northern Chile (accidental) north to Peru.

Residente poco frecuente de zonas de matorral y sectores forestados adyacentes del extremo norte de la Patagonia oriental: nor-este de Río Negro y sur-oeste de Buenos Aires. Su distribución hacia el norte incluye el resto del centro y norte de Argentina hasta Paraguay, Uruguay y sur de Brasil En ambientes cordilleranos de Bolivia, norte de Chile (accidental) hasta Perú.

ICTERIDAE

Unicolored Blackbird   *Agelaius cyanopus cyanopus*
A. Varillero Negro

Fairly common resident of reed-fringed wetlands and other swampy habitats with tall vegetation located at the edges of small lagoons. Recorded from north-eastern Río Negro, in the extreme north of eastern Patagonia. Ranges northwards through the remainder of Argentina, reaching northern and eastern Bolivia, Paraguay and Brazil.

Residente relativamente frecuente en pajonales y otras zonas pantanosas de vegetación alta situadas a orillas de pequeñas lagunas. Registrado al nor-este de Río Negro, en el extremo norte de la Patagonia oriental. Se distribuye hacia el norte por el resto de Argentina, alcanzando el norte y este de Bolivia, Paraguay y Brasil.

White-browed Blackbird
Sturnella superciliaris
C. Loica Argentina
A. Pecho Colorado
Locally common resident of grasslands with scattered bushes and wet terrain of north-eastern Patagonia, in the south-western extreme of Buenos Aires. Ranges northwards through the remainder of Argentina, reaching south-eastern Peru, northern and eastern Bolivia, Paraguay, Uruguay and southern Brazil. Accidental in Coquimbo, in the central-north of Chile.

Residente localmente común de pastizales con arbustos dispersos y terrenos húmedos del norte de la Patagonia oriental, en el extremo sur-oeste de Buenos Aires. Se distribuye hacia el norte por el resto de Argentina, alcanzando el sur-este de Perú, norte y este de Bolivia, Paraguay, Uruguay y sur de Brasil. Accidental en Coquimbo, en la zona centro-norte de Chile.

Screaming Cowbird
Molothrus rufoaxillaris
C. Mirlo de Pico Corto
A. Tordo Pico Corto
Uncommon to locally common resident of grasslands, fields, scrubby areas and near human habitation in the extreme north of eastern Patagonia: Río Negro and south-western Buenos Aires. It ranges northwards throughout the rest of Argentina, Uruguay, Paraguay, southern Brazil and eastern Bolivia. Accidental to northern Chile.

Residente poco frecuente a localmente común en pastizales, campos, áreas arbustivas y asentamientos humanos del extremo norte de Patagonia oriental: Río Negro y sur-oeste de Buenos Aires. Su distribución hacia el norte comprende el resto de Argentina, Uruguay, Paraguay, sur de Brasil y este de Bolivia. Accidental en el extremo norte de Chile.

Bibliography / Bibliografía

Aguayo, A. (1994) Registro de mamíferos y aves marinas en la Antártica, durante los inviernos de 1993 y 1994. *Bol. Antárt. Chil.* 13(2):13-14.

Aguayo, A., J. Acevedo & D. Torres (1998) Influencia del Fenómeno "El Niño" en el Estrecho Bransfield, Antártica, durante Junio de 1998. *Ser. Cient. Inach* 48:161-184.

Aguayo, A., J. Acevedo, C. Valenzuela & C. Venegas (2001) Censo de Albatros de ceja negra *Diomedea melanophris* Temmink 1828, en las Islas Ildefonso y comentarios sobre su nidificación en Isla Evout. *Ans. Inst. Pat.*, Ser. Cs. Nat. 29:165-172.

Andors, A.V. & F. Vuilleumier (1995) Breeding of *Anthus furcatus* (Aves: Motacillidae) in northern Patagonia, with a review of the breeding biology of the species. *Ornitología Neotropical* 6:37-52.

Andors, A.V. & F. Vuilleumier (1998) Observations on the Distribution, Behavior, and Comparative Breeding Biology of *Neoxolmis rufiventris* (Aves: Tyrannidae). *Am. Mus. Nat. Hist. Novitates* 3220. 32 pp.

Araya, B. (1965) Notas preliminaries sobre ornitología de la Antártica Chilena. *Rev. Biol. Mar.* Valparaíso 12:161-174.

Araya, B. (1973) Recaptura de petreles gigantes anillados en Isla Nelson, Antártica chilena. *Rev. Biol. Mar.*, Valparaíso 15(1):111-114.

Araya, B., G. Millie & O. Magnere (1974) Aves del Parque Nacional "Vicente Pérez Rosales". *Anales Mus. Hist. Nat. Valparaíso* 7:311-316.

Araya, B., M. Bernal, R.P. Schlatter & M. Salaberry (1995) Lista Patrón de las Aves Chilenas. Editorial Universitaria, Santiago. 35 pp.

Araya, B. & G. Millie (1996) Guía de Campo de las Aves de Chile. Editorial Universitaria, Santiago. 7ª Ed. 406 pp.

Babarskas, M., J. Veiga & F. Filiberto (1996) Nuevos registros de aves para la Provincia de Neuquén. *Nuestras Aves* 34:44-46.

Babarskas, M. & P. Flombaum (1998) Nuevos registros de aves para la Provincia de Chubut, Argentina. *Nuestras Aves* 29:13-14.

Bachmann, S. (1999) Pingüino de barbijo (*Pygoscelis antarctica*) y Pingüino rey (*Aptenodytes patagonicus*) en la Provincia de Buenos Aires, Argentina. *Nuestras Aves* 40:8.

Barros, A. (1971) Aves observadas en las Islas Picton, Nueva, Lennox y Navarino oriental. *Ans. Inst. Pat.* 2:166-180.

Barros, A. (1976) Nuevas aves observadas en las Islas Picton, Nueva, Lennox y Navarino oriental. *Ans. Inst. Pat.* 7:189-193.

Battaglia, G.J. & J. Salerno (1986) Presencia del Pingüino rey en el litoral atlántico bonaerense. *Nuestras Aves* 11:8-9.

Beck, J.R. (1968) Unusual birds at Signy Island, South Orkney Islands, 1966-67. *Brit. Ant. Surv. Bull.* 18:81-82.

Beltrán, J., C. Bertonatti, A. Johson, A. Serret & P. Sutton (1992) Actualizaciones sobre la distribución, biología y estado de conservación del Macá tobiano (*Podiceps gallardoi*). *Hornero* 13:193-199.

Bennett, A.G. (1926) A List of the Birds of the Falkland Island & Dependencies. *Ibis* 1926:306-333.

Bergkamp, P.J. (1995) First record of Cape Gannet *Sula capensis* for Argentina. *Bull. Brit. Ornith. Club* 115:71.

Bernath, E. L. (1965) Observations in southern Chile in the southern hemisphere autumn. *Auk* 82:95-101.

Bettinelli, M.D. & J.C. Chébez (1986) Notas sobre aves de la Meseta de Somuncurá, Río Negro, Argentina. *Hornero* 12(4):230-234.

BirdLife International (2000) Threatened Birds of the world. Cambridge, UK: BirdLife International & Barcelona: Lynx Editions.

Black, A.D., K.W. Gillon & R.W. White (2000) Uncommon seabirds in Falkland Island waters, 1998-1999. *Sea Swallow* 49:36-42.

Blanco, D., S. Zalba, C. Belenguer, G. Pugnali & H. Rodríguez (2003) Estado y conservación del Cauquén Colorado *Chloephaga rubidiceps* Sclater (Aves, Anatidae) en su zona de invernada (Provincia de Buenos Aires, Argentina). *Rev. Chil. Hist. Nat.*, 76(1): 47-55.

Blendinger, P.G. 1998. Registros de aves poco frecuentes en Argentina y sector Antártida Argentina. *Nuestras Aves* 38:5-8.

Bornschein, M. R. (1996) Extralimital record of the Spot-winged Falconet *Spiziapteryx circumcinctus*. *Bull. Brit. Ornith. Club* 116:197-198.

Bourne, W.R.P. & W.F. Curtis (1985) South Atlantic Seabirds. *Sea Swallow* 34:18-28.

Brinkley, E.S., Howell, S.N.G., Force, M.P., Spear, L.B. & D.C. Ainley (2000) Status of the Westland Petrel (*Procellaria westlandica*) off South America. *Notornis* 47:179-183.

Brown, R.G.B., F. Cooke, P.K. Kinnear & E.L. Mills (1975) Summer seabird distribution in Drake Passage, the Chilean fjords and off southern South America. *Ibis* 117:339-356.

Bullock, D.S. (1929) Aves observadas en los alrededores de Angol. *Rev. Chil. Hist. Nat.* Año 33:171-211.

Camperi, A.R. (1992) Hallazgo extralimital del Burrito pico rojo *Neocrex erythrops olivascens*. *Nuestras Aves* 27:30-31.

Camperi, A. R. (1998) Avifauna andinopatagónica: lista comentada de especies. *Physis* Secc. C. 56:33-46.

Canevari, M., P. Canevari, G.R. Carrizo, G. Harris, J. Rodríguez Mata y R.J. Straneck. Nueva Guía de las Aves argentinas. Tomos 1 y 2. Fundación Acindar.

Canevari, P., G. Castro, M. Salaberry & L. Naranjo (2001) Guía de los chorlos y playeros de la region neotropical. Asociación Calidris, Colombia. 141 pp.

Casas, A.E. (1992) La avifauna de las lagunas Cari Laufquen Chica y Cari Laufquen Grande, Departamento 25 de mayo, Río Negro. *Hornero* 13: 248-252.

Casas, A.E. (1992) Nidificación simpátrica de los patos zambullidores *Oxyura ferruginea* y *O. vittata* en la Argentina. *Nuestras Aves* 27: 33.

Casas, A.E. & M. Gelain (1986) Presencia del Chorlo nadador de pico fino en Ñirihuau, Departamento Pilcaniyeu, Provincia de Río Negro. *Nuestras Aves* 37:6.

Casas, A.E. & M. Gelain (1995) Nuevos datos acerca del estatus del Aguilucho andino *Buteo albigula* en la Patagonia argentina. *Hornero* 14: 40-42.

Clark, G.S. (1988) The Totorore Voyage. Century Hutchinson Ltd., New Zealand. 357 pp.

Clark, G.S., A.P. Von Mayer, J.W. Nelson & J.N. Watt (1984a) Notes on Sooty Shearwaters and other avifauna of the Chilean offshore island of Guafo. *Notornis* 31:225-231.

Clark, G.S., A.J. Goodwin & A.P. Von Mayer (1984) Extension of the known range of some seabirds on the coast of southern Chile. *Notornis* 31:320-324.

Clark, G.S., A. Cowan, P. Harrison & W.R.P. Bourne (1992) Notes on the seabirds of the Cape Horn Islands. *Notornis* 39:133-144.

Clark, R. (1984) Notas sobre aves de Península Mitre, Isla Grande de Tierra del Fuego, Argentina. *Hornero* 12(3):212-218.

Clark, R. (1986) Aves de Tierra del Fuego y Cabo de Hornos. Editorial LOLA, Buenos Aires. 294pp.

Clark, W.S. (1986) What is *Buteo ventralis*? Birds of Prey Bull 3:115-118.

Clements, J. F. (2000) Birds of the World: A Checklist. 5th Edition. Ibis Publishing Co., California.

Cobley, N. (1989) First recorded sighting of the Imperial Cormorant (*Phalacrocorax atriceps*) at Zavadovski Island, South Sandwich Islands. *Cormorant* 17:78.

Contreras, J.R. (1976) Una nueva especie *Geositta rufipennis* procedente de la cercanía de San Carlos de Bariloche, Provincia de Río Negro, Argentina (Aves: Furnariidae). *Physis*, CC, 35 (91):213-220.

Contreras, J.R. & V.G. Roig & A.G. Giai (1980) La avifauna de la cuenca del Río Manso superior y la orilla sur del Lago Mascardi, Parque Nacional Nahuel Huapi, Provincia de Río Negro. *Historia Natural* 1:41-48.

Convey, P., A. Morton & J. Poncet (1999) Survey of marine birds and marine mammals of the South Sandwich Islands. *Polar Record* 35 (193):107-124.

Coria, N. R. & D. Montalti (2000) A newly discovered breeding colony of Emperor Penguins *Aptenodytes forsteri*. *Marine Ornithology* 28:119-120.

Corti, P. (1997) Observación de un Pingüino de Penacho Amarillo *Eudyptes chrysocome* Forster 1781, fuera de su rango de distribución. *Bol. Chil. Ornitol.* 4:36-37.

Couve, E. & C. Bravo (1994) Un nuevo registro para la Provincia de Osorno, Décima Región. *Bol. Chil. Ornitol.* 1:28.

Couve, E. & C. Vidal (1999) Dónde observar aves en el Parque Nacional Torres del Paine, Guía de Identificación. Fantástico Sur, Punta Arenas. 234 pp.

Couve, E. & C. Vidal (1999) Tórtola Cordillerana, *Metriopelia melanoptera* (Molina, 1782), una nueva especie de ave para la región de Magallanes. *Ans. Inst. Pat.* 27:115-116.

Couve, E. & C. Vidal (2000) Birds of the Beagle Channel and Cape Horn. Fantastico Sur, Punta Arenas. 265 pp.

Couve, E. & M. Marín (2003) La presencia de Fardela Capirotada *Puffinus gravis* (O'Reilly) en Chile. *Ans. Inst. Pat. (in press)*

Croxall, J.P., S.J. McInnes & P.A. Prince (1984) The status and conservation of seabirds at the Falkland Islands. ICBP Technical Publication No. 2. 271-286.

Croxall, J.P., P.A. Prince, I. Hunter, S.J. McInnes & P.G. Copestake (1984) The seabirds of the Antarctic Peninsula, Islands of the Scotia Sea, and the Antarctic continent between 80ºW and 20ºW: their status and conservation. ICBP Technical Publication No. 2. 637-666.

Curtis, W.F. (1995) Mottled Petrel *Pterodroma inexpectata* near the Falkland Islands. *Sea Swallow* 44:63-64.

Chapman, F.M. (1934) Descriptions of new birds from Mocha Island, Chile, and the Falkland Islands, with comments on their bird life and that of the Juan Fernandez Islands and Chiloe Island, Chile. *American Museum Novitates* 762. 8pp.

Chébez, J.C. (1994) Los que se van. Editorial Albatros, Buenos Aires. 606pp.

Chébez, J.C. & D. Gómez (1988) Notas zoogeográficas sobre las aves de Tierra del Fuego. *Hornero* 13:75-78.

Chébez, J.C. & C. Bertonatti (1994) La avifauna de la Isla de los Estados, Islas de Año Nuevo y mar circundante (Tierra del Fuego, Argentina). Editorial LOLA, Buenos Aires.

Chébez, J.C., C. Bertonatti, A. Johson, S. Heinonen & G. Gil (1988) Notas sobre la distribución de algunas aves santacruceñas. *Aprona*, Bol. Cient. Nº 8.

Chébez, J.C, N.R. Rey, M. Babaskas & A.G. Di Giacomo (1998) Las aves del los parques nacionales de la Argentina. Monografía No. 12, Ed. LOLA, Argentina. 126 pp.

Chesser, R. & M. Marín (1994) Seasonal distribution and natural history of the Patagonian Tyrant (*Colorhamphus parvirostris*). *Willson Bulletin* 106(4): 649-667.

Daciuk, J. (1977) Notas faunísticas y bioecológicas de Península Valdés y Patagonia. V. Anillado de aves en el litoral marítimo patagónico para estudios de comportamiento migratorio (Provincias de Chubut y Santa Cruz, Rep. Argentina). *Hornero* 11:361-372.

Daciuk, J. (1977) Notas faunísticas y bioecológicas de Península Valdés y Patagonia. VI. Observaciones sobre áreas de nidificación de la avifauna del litoral marítimo patagónico (Provincias de Chubut y Santa Cruz, Rep. Argentina). *Hornero* 11:361-372.

Daciuk, J. (1977) Notas faunísticas y bioecológicas de Península Valdés y Patagonia XXI. Lista sistemática y comentarios de una colección ornitológica surcordillerana (Subregión Araucana, Provincia de Río Negro y Chubut, Argentina). *Physis*, Secc. C. 36(92):201-213.

Darrieu, C.A. y Camperi, A.R. (2001) Aves observadas en el Lago Colhue Huapi y sus alrededores, Provincia del Chubut. *Physis*, C 58: 23-25.

De la Peña, M. R. (1999) Aves argentinas. Lista y distribución. Editorial LOLA, Buenos Aires. 244 pp.

Delacour, J. (1950) Variability in *Chloephaga picta*. *American Museum Novitates* 1478. 4pp.

Devillers, P. & J.A. Terschuren (1978) Relationships between the blue-eyed shags of South America. *Le Gerfaut* 68:53-86.

Devillers, P. & J.A. Terschuren (1978) Midsummer seabird distribution in the Chilean Fjords. *Le Gerfaut* 68:577-588.

Egli, G. & J. Aguirre (2000) Aves de Santiago. UNORCH, Chile. 130 pp.

Ellis, D.H. & C. Peres (1983) The Pallid Falcon *Falco kreyenborgi* is a color phase of the Austral Peregrine Falcon (*Falco peregrinus cassini*). *Auk* 100(2):269-271.

Espinoza, L. (1988) Aves observadas en una expedición marítima de Puerto Montt a Isla Guafo. *Bol. Inf. Asoc. Ornit. de Chile* 5:4-5.

Espinoza, L., M. Salaberry & A. Von Mayer (1987) Aves observadas en la zona de Chamiza y mar adyacente. *Bol. Inf. Asoc. Ornit. de Chile* 4:14-28.

Espinoza, L., A. Von Mayer, H. Muller & R. Thomas (1991) Aves de la Isla Doña Sebastiana y mar adyacente. *Bol. Inf. Asoc. Ornit. de Chile* 12:16-17.

Espinoza, L. & A. Von Mayer (1992) Observación de Zarapito moteado (*Limosa fedoa*) en la localidad de Pelluco (X Región). *Bol. Inf.* UNORCH 14:5-6.

Espinoza, L. & A. Von Mayer (1993) Lista patrón de las aves de la Región de Los Lagos, Chile. *Bol. Inf.* UNORCH 15:27-37.

Espinoza, L. & A. Von Mayer (1999) Nidificación de Gaviota austral (*Larus scoresbii*) en Isla Doña Sebastiana, Provincia de Llanquihue, Chile. *Bol. Chil. Ornit.* 6:28-29.

Estades, C., J.P. Gabella & J. Rottmann (1994) Nota sobre el Canastero del sur (*Asthenes anthoides*) en la Reserva Nacional Ñuble. *Bol. Chil. Ornitol.* 1:31-32.

Ferguson-Lees, J. & D.A. Christie (2001) Raptors of the World. Houghton Mifflin, Boston. 992 pp.

Figueroa, R., S. Corales, J. Cerda & H. Saldivia (2000) Roedores, Rapaces y Carnívoros de Aysén. Servicio Agrícola y Ganadero SAG, Aysén, Chile. 190 pp.

Figueroa, R., C. Bravo, E. Corales., R. López & S. Alvarado (2000) Avifauna del Santuario de la Naturaleza Los Huemules del Niblinto, Región del Bío-Bío, Chile. *Bol. Chil. Ornitol.* 7:2-12.

Fjeldså, J. & N. Krabbe (1990) The Birds of the High Andes. Zoological Museum, University of Copenhagen and Apollo Books, Denmark. 876 pp.

Fullagar, P. (1972) Identification of Prions – *Pachyptila ssp. The Australian Bander* 10(2): 36-39.

Gaete, J. & M. Saavedra (1995) Registro de *Plegadis chihi* (Vieillot, 1817) para la Provincia de Malleco, IX Región, Chile. *Bol. Chil. Ornitol.* 2:27.

García-Godos, I. (2002) First record of the Cape Gannet *Morus capensis* for Peru and the Pacific Ocean. *Marine Ornithology* 30: 50.

Goodall, J.D., A.W. Johnson & R.A. Philippi (1951) Las Aves de Chile. Su Conocimiento y sus Costumbres. Platt Estab. Gráficos, Buenos Aires. 2 vol.

Goodall, J.D., A.W. Johnson & R.A. Philippi (1957) Suplemento de las Aves de Chile. Platt Estab. Gráficos, Buenos Aires.

Goodall, J.D., A.W. Johnson & R.A. Philippi (1964) 2° Suplemento de las Aves de Chile. Platt Estab. Gráficos, Buenos Aires. 2 vol.

Guzmán, L., A. Atalah & C. Venegas (1986) Composición específica y estructura de la comunidad de aves de verano en el complejo de la tundra magallánica. *Ans. Inst. Pat.* 16:75-86.

Hahn, S., P. H-U., P. Quillfeldt & K. Reinhardt (1998) The Birds of the Potter Peninsula, King George Island, South Shetland Islands, Antarctica, 1965–1998. *Marine Ornithology* Vol. 26 Nos 1 & 2.

Harper, P. & F. Kinsky (1978) Southern Albatrosses and Petrels. Price Milburn, Australia. 116 pp.

Harris, G. (1998) A guide to the birds and mammals of coastal Patagonia. Princeton University Press, New Jersey. 231 pp.

Harrison, P. (1986) Seabirds of the World: A Photographic Guide. Princeton University Press, New Jersey. 317 pp.

Harrison, P. (1996) Seabirds: An Identification Guide. Revised Ed. Christopher Helm, London. 448 pp.

Hayman, P., J. Marchant & T. Prater (1986) Shorebirds. An Identification Guide to the Waders of the World. Christopher Helm, UK. 412 pp.

Howell, S.N.G. & S. Webb (1995) Noteworthy bird observations from Chile. *Bull. B.O.C* 115(1):57-66.

Humphrey, P.S. & D. Bridge (1970) Apuntes sobre la distribución de aves en la Tierra del Fuego y la Patagonia argentina. *Rev. Mus. Arg. Cs. Nat. Zool.* 10:251-265.

Humphrey, P.S., D. Bridge, P.W. Reynolds y R.T. Peterson (1970) Birds of Isla Grande (Tierra del Fuego). Preliminary Smithsonian Manual. Smithsonian Institution, Washington D.C. 411 pp.

Imberti, S. (2001) Primera observación del Ñacundá (*Podager nacunda*) en Santa Cruz, Argentina, la más austral para la especie. *Nuestras Aves* 41:10.

Imberti, S. (2001) Registro del Huet huet del Sur (*Pteroptochos tarnii*) en Fuerte Bulnes, Magallanes. *Bol. Chil. Ornitol.* 8:24-25.

Imberti, S. (2003) Notes on the distribution and natural history of some birds in Santa Cruz and Tierra del Fuego provinces, Patagonia, Argentina. *Cotinga* 19:15-24.

Imberti, S. & J. Mazar Barnett (1999) El Pidén austral (*Rallus antarcticus*) redescubierto en Chile. *Bol. Chil. Ornitol.* 6:44-45.

Isacch, J.P. & S. Bachmann (1997) Hallazgo del Prión Pico Ancho (*Pachyptila desolata*) en la Provincia de Buenos Aires. *Nuestras Aves* 37:1.

Jaramillo, A. & P. Burke (1999) New World Blackbird. The Icterids. Princeton University Press. 431 pp.

Jehl, J.R. (1973) The distribution of marine birds in Chilean waters in winter. *The Auk* 90:114-135.

Jehl, J.R. (1975) *Pluvianellus socialis*: biology, ecology and relationships of an enigmatic Patagonian shorebird. *Trans. San Diego Soc. Nat. Hist.* 18(3):31-72.

Jehl, J.R. & M.A. Rumboll (1976) Notes on the avifauna of Isla Grande and Patagonia argentina. *Trans. San Diego Soc. Nat. Hist.* 18(8):145-154.

Jiménez, J.E. & F.M. Jaksic (1988) Ecology and behavior os southern South America Cinereous Harriers, *Circus cinereus*. *Rev. Chil. Hist. Nat.* 61(2):199-208.

Jiménez, J.E. & F.M. Jaksic (1989) Biology of the Autral Pygmy Owl. *Will. Bull.* 101(3):377-389.

Jiménez, J.E. & F.M. Jaksic (1990) Historia natural del Aguila *Geranoaetus melanoleucus*: una revisión. *Hornero* 13(2):97-110.

Johnson, A.W. (1962) Heteronetta atricapilla. *The Oologists' Record* 36(1):1-6.

Johnson, A.W. & J.D. Goodall (1965) The birds of Chile and adjacent regions of Argentina, Bolivia and Peru. Platt. Estab. Gráf. S.A. Buenos Aires, Vol. I. 398 pp.

Jory, J. & W. Texera (1975) *Anas bahamensis rubrirostris* (Pato gargantillo) en Magallanes, Chile. *Ans. Inst. Pat.* 6:161-162.

Jory, J., C. Venegas & W.A. Texera (1974) La avifauna del Parque Nacional "Laguna de los Cisnes", Tierra del Fuego, Chile. *Ans. Inst. Pat.* 5(1-2):131-154.

Juniper, T. & M. Parr (1998) Parrots: A Guide to Parrots of the World. Yale University Press. 584 pp.

Kirwan, G.M. (2002). Nuevos registros de Garza Azul (*Egretta caerulea*) y Golondrina Zapadora (*Riparia riparia*) en el sur argentino. *Nuestras Aves* 44:11.

König, V.C. & M. Winck (1996) Zur Taxonomie der Uhus (Strigidae: Bubo spp.) im südlichen Südamerika. *Stuttgarter Beiträge zur Naturkunde* Serie A (Biol.) Nr. 540: 1-9.

Kusch, A. & M. Marín (2002) Distribución del Chorlo de Campo, *Oreopholus ruficollis* (Wagler) (Charadriidae) en Chile. *Ans. Inst. Pat.* 30: 133-142.

Livezey, B. & P.S. Humphrey (1992) Taxonomy and Identification of Steamer-Ducks (Anatidae: *Tachyeres*) University of Kansas Museum of Natural History, USA. Monograph No. 8. 125 pp.

Madge, S. & H. Burn (1988) Wildfowl. Christopher Helm, UK. 298 pp.

Malling Olsen, K. & H. Larsson (1997) Terns of Europe and North America. Christopher Helm. 175pp.

Malling Olsen, K. & H. Larsson (1997) Skuas and Jaegers. A Guide to the Skuas and Jaegers of the World. Pica Press. 190pp.

Marchant, S. & P.J. Higgins (1990) Handbook of Australian, New Zealand & Antarctic Birds. Vol. 1 Ratites to Ducks. Melbourne, Australia. 2 vol.

Marín, M. (1984) Breeding record for the Sooty Shearwater (*Puffinus griseus*) from Chiloe Island, Chile. *The Auk* 101(1):102.

Marín, M. (1999) Distribución y situación del Playero Grande de Alas Blancas (*Catoptrophorus semipalmatus*) en Chile. *Bol. Chil. de Ornit.* 6:29-32.

Marín, M. (1999) Estatus y distribución de la Golondrina bermeja (*Hirundo rustica*) en Chile. *Bol. Chil. de Ornit.* 6:39-41.

Marín, M. (2000) The Shiny Cowbird (*Molothrus bonariensis*) in Chile: Introduction or dispersion? Its hosts and parasitic trends. *Ornitología Neotropical* 11(4):285-296.

Marín, M., FK. Lloyd & L. Peña (1989) Notes on Chilean birds, with descriptions of two new subspecies. *Bull. Brit. Ornith. Club* 109(2):66-82.

Marín, M. & E. Couve (2001) La Gaviota de Franklin, *Larus pipixcan* Wagler (Laridae), al sur de latitud 41°S, con nuevos registros de distribución. *Ans. Inst. Pat.* 29:161-163.

Markham, B.J. (1970) Reconocimiento faunístico del area de los fiordos Toro y Cóndor, Isla Riesco, Magallanes. *Ans. Ins. Pat.* 1(1):41-57.

Markham, B.J. (1970) Cuatro nuevas especies de aves para Magallanes. *Ans. Inst. Pat.* 1:67-70.

Markham, B.J. (1971) Catálogo de los Anfibios, Reptiles, Aves y Mamíferos de la Provincia de Magallanes (Chile). Publicaciones Instituto de la Patagonia (Chile), Serie Monografías Nº1. 64 pp.

Markham, B.J. (1971) Descripción de una nueva subespecie de "Tordo", *Curaeus curaeus recurvirostris*, subsp. nov. *Ans. Inst. Pat.* 2(1-2): 158-159.

Markham, B.J. (1971) Censo invernal de cisnes y flamencos en Magallanes. *Ans. Inst. Pat.* 2:146-157.

Martínez, D.R. & FM. Jaksic (1996) Habitat, relative abundance, and diet of Rufous-legged Owl (*Strix rufipes* King) in temperate forests remnants of southern Chile. *Ecoscience* 3(3):259-263.

Matus, R. & B. González (1997) Registro de anidación de *Eremobius phoenicurus*, Bandurrilla de cola negra (Furnariidae), en la Región de Magallanes. *Bol. Chil. Ornitol.* 4:37-39.

Matus, R. (1998) Presencia accidental de *Corvus splendens* (Aves: Corvidae) y nuevos registros de aves raras en Magallanes: *Rollandia gallardoi* y *Eremobius phoenicurus*. *Ans. Inst. Pat.*, Ser. Cs. Nat. 26: 137-139.

Matus, R., O. Blank, D. Blanco, J. Madsen, L. Benegas & G. Mateazzi (2000) El Canquén Colorado (*Chloephaga rubidiceps*): Antecedentes sobre sitios de reproducción y concentración en la XII Región de Magallanes, Chile. *Bol. Chil. Ornitol.* 7:13-18.

Mazar Barnett, J. & M. Pearman (2001) Lista comentada de las aves argentinas/Annotated checklist of the birds of Argentina. Lynx Edicions, Barcelona. 164 pp.

Mazar Barnett, J. (2001) Nuevo registro del Picaflor Andino (*Oreotrochilus leucopleurus*) para Santa Cruz (Argentina). *Nuestras Aves* 41:31.

Mazar Barnett, J. & J.R. Navas (1998) Primer registro de la Pardela patas rosas *Puffinus creatopus* en las costas Argentinas. *Hornero* 15:43-44.

Mazar Barnett, J., M. della Seta, S. Imberti & G. Pugnali (1998) Notes on the rediscovery of the Austral Rail *Rallus antarcticus* in Santa Cruz, Argentina. *Cotinga* 10:96-101.

McGhee, S., R. Rozzi, J. C. Torres-Mura, & M. Wilson (1999) Observaciones del Bailarín (*Elanus leucurus*) en Chiloé (X Región). *Bol. Chil. Ornitol.* 6:23-24.

Meltofte, H. & C. Horneman (1995) Mottled Petrel (*Pterodroma inexpectata*) off Tierra del Fuego. *Bull. Brit. Ornith. Club* 115:71-72.

Milius, N. (2000) The Birds of Rothera, Adelaide Island, Antarctic Peninsula. *Marine Ornithology* 28:63-67.

Minton, C. D., T. Piersma, D.E. Blanco, A. J. Baker, L.G. Benegas, P. Goeji, R.E. Manríquez, M. Peck & M. S. Ramírez (1996) Wader numbers and the use of high tide roosts at the Hemispheric Reserve "Costa Atlántica de Tierra del Fuego", Argentina – January and February 1995. *Wader Study Group Bull.* 79:109-114.

Montalti, D. & J.L. Orgeira (1997) White-Faced Storm Petrels *Pelagodroma marina* in the south-western Atlantic Ocean and south of Tierra del Fuego. *Mar. Ornit.* 25: 67.

Murphy, R.C. (1936) Oceanic Birds of South America. The American Museum of Natural History, New York. 2 vol.

Narosky, S. (1983) Registros nuevos o infrecuentes de aves argentinas. *Hornero* 12(2):122-126.

Narosky, S. (1983) Nuevas citas para la avifauna argentina. *Hornero* Nro. Extraordinario:74-76.

Narosky, T. & D. Yzurieta (1993) Guía para la identificación de las aves de Argentina y Uruguay. Asoc. Ornit. del Plata. Vázquez Mazzini Editores, Buenos Aires. 346 pp.

Navas, J.R. (1962) Reciente hallazgo de *Rallus limicola antarcticus* King (Aves, Rallidae). *Neotrópica* 8(26):73-76.

Navas, J.R. (1964) Notas sobre la distribución geográfica de *Sicalis auriventris* y de *Sicalis u. uropygialis* (Aves, Fringillidae). *Neotrópica* 10: 36-39.

Navas, J.R. (1970) Nuevos registros de aves para la Patagonia. *Neotrópica* 16(49):11-16.

Navas, J.R. (1994) Aves nuevas o poco comunes de la Patagonia. *Neotrópica* 40: 91-92.

Navas, J.R. & Bo, N.A. (1998) La distribución geográfica de las razas de *Lophonetta specularioides* y *Merganetta armata* (Anatidae) en las provincias de Mendoza y San Juan, Argentina. *Hornero* 15: 57-59.

Nores, M. (1986) Nuevos registros para aves de Argentina. *Hornero* 12 (4):169-172.

Olrog, C.C. (1948) Observaciones sobre la avifauna de Tierra del Fuego y Chile. *Acta Zool. Lill.* 5:437-531.

Olrog, C.C. (1972) Notas ornitológicas VIII, sobre la colección del Instituto Miguel Lillo, Tucumán. *Acta Zool. Lill.* 26(18):269-272.

Orgeira, J.L. & D. Montalti (1998) Autumn seabird observations off the South Shetland Islands. *Hornero* 15:60-64.

Parkinson, B. (2000) Field Guide to New Zealand Seabirds. New Holland (NZ). 136 pp.

Peña, M. R. de la (1999) Aves argentinas: Lista y distribución. LOLA, Buenos Aires, Argentina. 244 pp.

Pérez, C. & P. Petracci (1997) Nidificación del Tuquito gris (*Empidonomus aurantioatriocristatus*) en la Provincia de Río Negro. *Nuestras Aves* 36:6.

Piacentini, H. & P. Acerbo (1998) Presencia del Alilicucu común (*Otus choliba*) en la Provincia de Río Negro, Argentina. *Nuestras Aves* 38:12.

Peterson, R. T. & G. E. Watson (1971) Franklin's Gull and Bridled Tern in southern Chile. *Auk* 88:670-671.

Philippi, R.A., A.W.Johnson, J.D. Goodall & F. Behn (1954) Notas sobre aves de Magallanes y Tierra del Fuego. *Bol. Mus. Nac. Hist. Nat.*, Santiago 26(3):65pp.

Philippi, R.A., A.W. Johnson, J.D. Goodall & F. Behn (1954) Distribución geográfica de los cormoranes de párpados azules. *Rev. Chil. Hist. Nat.* 12:155-162.

Pierce, R. (1990) Feeding observations on the Magellanic Plover *Pluvianellus socialis* at the Peninsula Valdés, Chubut, Argentina. *Hornero* 13:166-168.

Prince, P.A. & M. R. Payne (1979) Current status of birds at South Georgia. *Brit. Antarct. Surv. Bull.* 48:103-188.

Prince, P. A. & J. Croxall (1996) The birds of South Georgia. *Bull. Brit. Ornith. Club* 116(2):81-104.

Ramírez Llorens, P. (1996) *Sula capensis* en el Canal Beagle, Argentina. *Hornero* 14(3):67-68.

Richieri, A. (1994) *Pandion haliaetus* en Río Negro. *Nuestras Aves* 30:27.

Ridgely, R. & G. Tudor (1989) The Birds of South America. Volume I. The Oscine Passerines. University of Texas Press. 516 pp.

Ridgely, R. & G. Tudor (1994) The Birds of South America. Volume II. The Suboscine Passerines. Oxford University Press, UK. 814 pp.

Rodríguez Moulin, H. (1985) Chinchero grande en Neuquén y Río Negro. *Nuestras Aves* 7:5-6.

Ruiz, J. (1994) *Dendrocygna autumnalis*: Una nueva ave para Chile. *Bol. Chil. Ornitol.* 1:29-30.

Rumboll, M.A. (1975) Notas sobre anseriformes. El Cauquén de cabeza colorada (*Chloephaga rubidiceps*). *Hornero* 11(4):315-316.

Rumboll, M.A. (1990) Tres aves nuevas para la Argentina. *Nuestras Aves* 22:28.

Rumboll, M.A. (1991) Hallazgo de *Anas discors* en Santa Cruz. *Nuestras Aves* 24:23.

Saucedo, C. & P. Herrera (1999) Primer registro de *Knipolegus aterrimus* para Chile. *Bol. Chil. Ornitol.* 6:46.

Salvador, S. & T. Narosky (1987) Nuevos registros para aves argentinas. *Nuestras Aves* 13:9-11.

Savigny, C. (2002) Observaciones sobre aves marinas en aguas argentinas, sudeste bonaerense y Patagonia. *Cotinga* 18:81-84.

Schiavini, A., E. Frere, P. Yorio & A. Parera (1999) Las aves marinas de la Isla de los Estados, Tierra del Fuego, Argentina: Revisión histórica, estado poblacional y problemas de conservación. *Ans. Inst. Pat.* Ser. Cs. Nat. 27:25-40.

Schlatter, R.P. (1984) The status and conservation of seabirds in Chile. ICBP Technical Publication No. 2: 261-269

Schlatter, R.P. & G. Riveros (1987) Historia Natural del Archipiélago Diego Ramírez, Chile. *Ser. Cient. Inach* 47:87-112.

Schlatter, R.P., J. Ruiz, J. Ordóñez y J. Herreros (1992) Nidificación del cuervo del pantano en el río Cruces, Valdivia. *Bol.* UNORCH 13:12-13.

Serret, A. & A. Johnson (1986) Primera cita del Picaflor serrano ventinegro para la Provincia de Santa Cruz. *Nuestras Aves* 10:14.

Shirihai, H. (2002) A complete guide to Antarctic wildlife. The birds and marine mammals of the Antarctic continent and Southern Ocean. Alula Press Oy, Finland. 510 pp.

Short, L. (1970) The habits and relationships of the Magellanic Woodpecker. *Wilson Bull.* 82(2):115-129.

Simeone, A. (1993) Observaciones de Pollito de Mar rojizo (*Phalaropus fulicaria*) en los ríos Valdivia y Calle-Calle, Provincia de Valdivia, X Región. *Boletín* UNORCH 15:15-16.

Simeone, A. & R. Hucke-Gaete (1997) Presencia de Pingüino de Humboldt (*Spheniscus humboldti*) en Isla Metalqui, Parque Nacional Chiloé, sur de Chile. *Bol. Chil. Ornitol.* 4:34-36.

St. Pierre, P. & M. Davies (1998) Observaciones ornitológicas en el Monumento Natural Laguna de los Cisnes, Tierra del Fuego: nuevo registro de Pimpollo Tobiano (*Podiceps gallardoi*) en Chile. *Bol. Chil. Ornitol.* 5:28-29.

Stattersfield, A.J. &, M.J. Crosby, A.J. Long & D.C. Wedge (1998) Endemic Bird Areas of the world: priorities for biodiversity conservation. Cambridge, UK: BirdLife International (Conservation Series 7).

Stiles, E.W. (1974) Black-browed Albatrosses on fresh water. *The Auk* 91:844-845.

Storer, R.W. (1982) The Hooded Grebe on Laguna de los Escarchados: Ecology and Behavior. *The Living Bird* 19:50-67

Strange, I. The Striated Caracara *Phalcoboenus australis* in the Falkland Islands. Philip Myers Press, UK. 56 pp.

Szijj, L.J. (1967) Notes on the winter distribution of birds in the Western Antarctic and adjacent Pacific waters. *The Auk* 84:366-378.

Taylor, B. (1998) Rails. A guide to the Rails, Crakes, Gallinules and Coots of the World. Yale University Press. 600 pp.

Thurston, M.H. (1982) Ornithological observations in the South Atlantic Ocean and Weddell Sea 1959-64. *Brit. Antarct. Surv. Bull.* 55:77-103.

Tickell, W.L.N. (2000) Albatrosses. Pica Press, UK. 448 pp.

Tickell, W.L.N. & R.W. Woods (1972) Ornithological observations at sea in the South Atlantic Ocean, 1954-64. *Brit. Antarct. Surv. Bull.* 31:63-84

Veiga, J. (1993) Observaciones sobre *Carduelis uropygialis* en Neuquén. *Nuestras Aves* 29:29.

Veit, R.R., M.J. Whitehouse & P.A. Prince (1996) Sighting of a Leach's Storm Petrel *Oceanodroma leucorhoa* near the Antarctic Polar Front. *Marine Ornithology* 24:41–42.

Venegas, C. (1973) La Garza mora (*Ardea cocoi* Linne) en Magallanes. *Ans. Inst. Pat.* 4:275-279.

Venegas, C. (1974) Tres nuevas especies de aves para la Región de Magallanes. *Ans. Inst. Pat.* 5(1-2):127-130.

Venegas, C. (1975) Dos adiciones a la fauna avial magallánica: *Bubulcus ibis* (Ardeidae) y *Agelaius thilius* (Icteridae). *Ans. Inst. Pat.* 6(1-2):141-145.

Venegas, C. (1991) Ensambles avifaunísticos estivales del Archipiélago Cabo de Hornos. *Ans. Inst. Pat.* 20(1):69-82.

Venegas, C. & J. Jory (1979) Guía de Campo para las Aves de Magallanes. Instituto de la Patagonia, Chile. 253 pp.

Venegas, C. (1981) Aves de las Islas Wollaston y Bayly, Archipiélago del Cabo de Hornos. *Ans. Inst. Pat.* 12:213-219.

Venegas, C. (1982) Nuevos registros ornitológicos en Magallanes. *Ans. Inst. Pat.* 13:183-187.

Venegas, C. (1982) Suplemento a la Guía de campo para las Aves de Magallanes. *Ans. Inst. Pat.* 13:189-206.

Venegas, C. (1984) Comunidades ornitológicas en cuatro isles del archipiélago del Cabo de Hornos. En: Investigación de recursos naturals en el archipiélago del Cabo de Hornos y territories al sur del Canal Beagle. *Inf. Inst. Pat.* 28:11-35.

Venegas, C. & P. Drouilly (1972) Nota aclaratoria acerca de la presencia de *Parabuteo unicinctus unicinctus* (Temminck) en Magallanes. *Ans. Inst. Pat.* 3(1-2):201-202.

Venegas, C. & W. Sielfeld (1998) Catálogo de los Vertebrados de la Región de Magallanes y Antártica Chilena. Ed. Universidad de Magallanes, Chile. 122 pp.

Von Mayer, A. (1996) Observación de *Steganopus tricolor* en Puerto Montt, X Región. *Bol. Chil. Ornitol.* 3:37-38.

Von Mayer, A. & L. Espinoza (1996) Golondrina barranquera (*Riparia riparia*) en Cucao, Chiloé. *Bol. Chil. Ornitol.* 3:40.

Von Mayer, A. & L. Espinoza (1998) Situación del Flamenco Chileno (*Phoenicopterus chilensis*) en Chiloé y sur de la Provincia de Llanquihue. *Bol. Chil. Ornitol.* 5:16-20.

Von Mayer, A. & C. Von Mayer (1998) Observación de Chorlo Dorado (*Pluvialis dominica*) en Coihuín, Provincia de Llanquihue, X Región. *Bol. Chil. Ornitol.* 5:33-34.

Vuilleumier, F. (1985) Forest Birds of Patagonia: Ecological geography, speciation, endemism, and faunal history. *Ornithological Monographs* 36:255-304.

Vuilleumier, F. (1991) A quantitative survey of speciation phenomena in Patagonian birds. *Ornitología Neotropical* 2:5-28.

Vuilleimier, F. (1993) Especiación en aves de Fuego-Patagonia Chilena: Estudios preliminaries. *Ans. Inst. Pat.* 20(1):83-88.

Vuilleumier, F. (1994) Nidificación y status de Phrygilus fruticeti (Aves, Emberizidae) en la Patagonia chilena: ¿un ejemplo del fenómeno de "límite de la especie"? *Rev. Chil. Hist. Nat.* 67: 299-307.

Vuilleumier, F. (1994) Status of the Ruddy-headed Goose *Chloephaga rubidiceps* (Aves, Anatidae): a species in serious danger of extinction in Fuego-Patagonia. *Rev. Chil. Hist. Nat* 67:341-349.

Vuilleumier, F. (1994) Nesting, Behavior, Distribution, and Speciation of Patagonian and Andean Ground Tyrants (*Myiotheretes, Xolmis, Neoxolmis, Agriornis*, and *Muscisaxicola*). *Ornitología Neotropical* 5:1-55.

Vuilleumier, F. (1995) Boreal migrant birds in southern South America: distribution, abundance, and ecological impact on Neotropical breeding species. *Ecotrópica* 1: 99-145.

Vuilleumier, F. (1997) Status and Distribution of *Asthenes anthoides* (Furnariidae), a species endemic to Fuego-Patagonia, with notes on its systematic relationships and conservation. *Ornithological Monographs* 48:791-808.

Vuilleumier, F. (1998) Avian Biodiversity in forest and steppe communities of Chilean Fuego-Patagonia. *Anales Inst. Pat.*, Ser. Cs. Nat. 26:41-57.

Vuilleumier, F., A.P. Capparella & I. Lazo (1993) Two notable bird records from Chilean Patagonia. *Bull. B.O.C.* 113(2):85-87.

Vuilleumier, F., A.P. Capparella & I. Lazo (1994). Extensión del rango de *Asthenes pyrrholeuca* (Aves: Furnariidae) en Fuego-Patagonia chilena. *Ans. Inst. Pat.*, Cs. Nat. 21: 67-69.

Watson, G.E. (1971) Molting Greater Sherwater (*Puffinus gravis*) off Tierra del Fuego. *The Auk* 88:440-442.

Watson, G.E. (1975) Birds of the Antarctic and Subantarctic. Am. Geoph. Union. Washington, D.C. 350 pp.

Weller, M.W. (1967) Notes on some marsh birds of Cape San Antonio, Argentina. *Ibis* 109:391-411.

White, R. & A. Henry (2001) Rare and vagrant birds in the Falkland Islands 1996-2000. *Wildlife Conserv. in the Falkland Islands* 1:16-18.

White, R. W., K. W. Gillon, A. D. Black & J. B. Reid (2002) The distribution of seabirds and marine mammals in Falkland Island waters. Joint Nat. Conserv. Committee, Peterborough. 106 pp.

Whitney, B. & D. Stejskal (1992) *Procellaria westlandica* in the Beagle Channel. *Hornero* 13:252-254.

Woods, R. W. (1988) Guide to birds of the Falkland Islands. Anthony Nelson, Oswestry. 256 pp.

Woods, R. W. & A. Woods (1997) Atlas of breeding birds of the Falkland Islands. Anthony Nelson, Oswestry. 190 pp.

Yorio, P.M. & G. Harris (1992) Actualización de la distribución reproductiva, estado poblacional y de conservación de la Gaviota de Olrog (*Larus atlanticus*). *Hornero* 13:200-202.

Yorio, P., E. Frere, P. Gandini & G. Harris (1998) Atlas de la Distribución Reproductiva de Aves Marinas en el Litoral Patagónico Argentino. Fundación Patagonia Natural, Argentina. 221 pp.

Zapata, A. (1969) Aves observadas en el Golfo San Jorge, Provincias de Chubut y Santa Cruz, Argentina. *Zool. Platense* I (5):7. La Plata.

PHOTOGRAPHIC CREDITS / CREDITOS FOTOGRAFICOS

PABLO ACERBO: 526-709-710
E. BARTELS/VIREO: 1986
T. BECK/VIREO: 1913
GUILLERMO BODRATI: 723
R. & N. BOWERS/VIREO: 1360
DENNIS BUURMAN: 1081-1238-1317
JOSE & ADRIANA CALO: 525-699-1046-1049-1050
H. CLARKE/VIREO: 721
ROHAN CLARKE: 1051-1054-1059-1060-1064-1077-1078-1116-1193-1206-1225-1234-1241-1282
ALEJANDRO CORREA: 551
ENRIQUE COUVE: 1-2-3-4-5-6-7-8-10-12-13-14-15-16-17-18-21-22-23-24-25-26-27-28-29-30-31-32-33-34-35-36-37-39-40-41-43-44-45-46-47-48-49-50-52-53-54-55-56-64-65-66-67-68-69-70-71-72-73-74-75-76-77-78-79-80-81-82-83-84-85-86-87-88-89-90-93-94-95-98-99-101-102-103-105-106-107-110-111-112-113-114-115-116-117-118-119-124-125-126-128-129-130-131-132-133-134-135-136-137-138-139-140-141-142-143-144-145-146-147-148-149-150-151-152-153-154-155-156-157-158-159-160-161-162-163-164-165-166-167-168-169-170-171-172-173-174-175-176-177-178-179-181-182-188-191-192-197-198-199-200-201-202-203-204-205-206-207-208-209-210-211-212-213-214-215-216-217-218-219-220-221-222-223-224-225-226-227-228-229-230-231-232-234-235-236-237-238-239-240-241-247-248-249-250-251-252-253-254-255-257-258-259-260-261-262-263-264-265-266-267-268-269-270-278-279-280-281-282-283-284-285-286-287-288-289-290-291-292-293-294-295-296-297-298-299-300-301-302-303-304-305-306-308-309-310-311-312-313-314-315-316-317-318-319-320-321-322-323-324-325-326-327-328-329-330-333-334-339-340-341-343-344-345-346-347-348-349-350-351-352-353-354-357-358-359-361-362-364-365-366-367-368-369-370-371-372-373-374-375-376-377-378-379-380-381-382-383-384-385-386-387-388-389-390-401-402-403-404-405-406-409-410-411-412-413-414-415-416-417-418-419-420-421-422-423-424-425-426-427-429-430-431-432-433-434-435-436-437-438-439-440-441-442-443-444-445-446-447-448-449-450-451-452-453-454-455-456-457-458-459-460-461-462-463-464-465-466-467-468-469-472-473-474-475-476-477-478-479-480-481-482-483-484-485-486-488-489-490-491-492-493-495-496-497-498-499-500-501-502-503-504-505-506-507-508-509-510-511-512-513-514-515-516-517-518-527-528-529-530-531-532-537-538-544-545-553-554-555-556-557-558-559-560-567-568-569-570-571-572-573-574-575-576-577-578-579-580-581-587-590-591-592-593-594-595-596-599-600-601-602-603-604-605-606-608-609-610-611-612-613-614-615-616-618-619-620-621-622-623-626-628-629-630-632-633-634-635-636-637-638-639-640-641-642-643-644-645-646-647-648-649-650-651-652-653-654-655-656-657-658-659-660-661-662-663-664-665-666-667-668-669-670-671-672-673-674-675-679-680-682-683-684-685-687-688-689-690-691-692-693-701-702-703-704-705-706-711-712-713-714-715-716-717-722-725-726-727-728-729-730-731-733-734-735-736-737-738-739-747-748-749-750-751-752-753-754-755-756-757-759-760-761-762-763-765-766-767-768-769-770-771-772-773-774-775-776-777-778-779-780-781-782-783-784-785-786-787-788-800-801-802-803-804-805-806-807-808-809-810-811-812-813-814-815-816-817-818-819-820-821-822-823-824-825-826-827-828-829-830-831-832-833-834-835-839-840-841-843-844-845-846-847-848-849-850-851-852-853-854-855-856-857-858-859-860-861-863-864-865-866-867-868-869-870-871-872-873-874-875-881-884-885-886-887-888-889-890-891-892-893-894-895-896-897-898-899-903-906-907-908-909-910-911-912-913-914-915-916-917-918-919-920-921-924-925-926-927-928-929-930-931-932-933-934-935-936-937-938-939-940-941-942-943-944-945-946-947-948-951-959-960-961-962-963-964-965-966-967-969-970-971-972-976-977-978-979-980-982-983-984-985-986-987-988-998-999-1000-1001-1002-1003-1004-1006-1007-1008-1009-1010-1011-1012-1013-1014-1015-1016-1017-1018-1019-1020-1021-1022-1023-1025-1027-1028-1029-1030-1031-1032-1033-1034-1035-1036-1037-1038-1039-1040-1041-1042-1043-1052-1056-1065-1066-1067-1068-1070-1071-1072-1073-1074-1075-1080-1086-1088-1089-1090-1091-1096-1097-1098-1099-1100-1101-1102-1103-1104-1106-1107-1109-1115-1121-1123-1124-1125-1126-1127-1128-1129-1133-1134-1135-1136-1137-1138-1139-1140-1141-1142-1143-1144-1145-1147-1148-1149-1150-1151-1152-1153-1154-1155-1157-1158-1161-1162-1163-1164-1165-1166-1167-1168-1169-1170-1171-1172-1173-1174-1175-1176-1177-1178-1179-1180-1181-1182-1183-1184-1185-1186-1187-1188-1218-1220-1221-1222-1223-1224-1228-1229-1230-1243-1245-1246-1247-1248-1249-1251-1252-1253-1254-1255-1256-1257-1258-1259-1260-1263-1264-1265-1266-1267-1276-1277-1278-1285-1286-1287-1288-1289-1290-1291-1292-1293-1301-1302-1303-1304-1305-1306-1307-1308-1309-1310-1311-1312-1313-1314-1316-1318-1319-1320-1321-1322-1324-1325-1326-1327-1328-1329-1330-1331-1332-1333-1334-1335-1336-1337-1338-1339-1340-1341-1342-1343-1344-1345-1346-1347-1348-1349-1350-1351-1352-1353-1354-1355-1356-1357-1358-1359-1361-1362-1363-1364-1366-1367-1368-1369-1370-1371-1372-1373-1374-1376-1377-1378-1379-1380-1381-1382-1383-1384-1385-1386-1387-1388-1389-1390-1391-1392-1393-1394-1395-1396-1397-1398-1399-1400-1401-1402-1403-1404-1404-1406-1407-1408-1409-1410-1411-1412-1413-1414-1415-1417-1422-1423-1424-1425-1426-1427-1428-1429-1430-1432-1435-1436-1437-1439-1440-1441-1442-1443-1444-1445-1446-1447-1448-1449-1450-1451-1452-1454-1455-1456-1457-1458-1459-1460-1461-1462-1463-1464-1465-1466-1467-1468-1469-1470-1471-1472-1473-1474-1475-1476-1477-1478-1480-1481-1482-1483-1484-1485-1486-1487-1488-1489-1490-1491-1492-

1493-1494-1495-1496-1498-1500-1501-1502-1504-1505-1506-1507-1508-1509-1510-1511-1512-1514-1515-1516-1517-1518-1519-1520-1521-1523-1524-1525-1526-1527-1528-1529-1530-1531-1532-1533-1534-1535-1536-1537-1539-1540-1541-1542-1543-1544-1545-1546-1547-1548-1549-1550-1551-1552-1553-1554-1555-1556-1557-1558-1559-1560-1561-1563-1564-1565-1566-1567-1568-1569-1570-1571-1572-1573-1574-1575-1576-1577-1578-1579-1581-1582-1588-1589-1590-1591-1592-1593-1596-1597-1598-1599-1600-1601-1602-1603-1604-1605-1606-1607-1608-1609-1610-1619-1620-1621-1622-1623-1624-1625-1626-1627-1629-1630-1631-1632-1633-1635-1636-1637-1638-1640-1641-1642-1643-1644-1646-1647-1648-1649-1650-1651-1652-1653-1654-1655-1656-1657-1658-1659-1660-1661-1662-1663-1664-1665-1666-1667-1668-1669-1670-1671-1672-1673-1674-1675-1676-1677-1678-1679-1680-1681-1682-1683-1684-1685-1686-1687-1688-1689-1690-1691-1692-1693-1694-1695-1696-1697-1698-1699-1700-1701-1702-1703-1704-1705-1708-1709-1712-1713-1714-1716-1717-1718-1719-1720-1721-1722-1724-1725-1726-1727-1728-1731-1732-1736-1737-1740-1742-1743-1744-1745-1746-1747-1748-1749-1750-1751-1752-1753-1754-1757-1758-1759-1760-1761-1763-1764-1765-1766-1767-1768-1769-1770-1771-1772-1773-1774-1775-1776-1777-1780-1781-1782-1783-1784-1785-1786-1787-1788-1789-1790-1791-1792-1793-1794-1795-1796-1797-1798-1799-1800-1801-1802-1803-1807-1808-1810-1811-1813-1814-1815-1816-1817-1818-1819-1820-1821-1822-1823-1824-1825-1826-1827-1828-1829-1830-1831-1832-1833-1834-1835-1836-1837-1838-1839-1840-1841-1842-1843-1844-1845-1846-1847-1848-1849-1850-1851-1852-1853-1857-1858-1859-1860-1861-1862-1863-1864-1865-1866-1867-1868-1869-1870-1871-1872-1873-1874-1875-1877-1878-1879-1880-1881-1882-1883-1884-1885-1886-1887-1888-1889-1890-1891-1892-1893-1894-1895-1896-1897-1898-1899-1900-1901-1902-1903-1904-1905-1906-1907-1908-1909-1912-1914-1915-1916-1917-1918-1919-1920-1921-1922-1923-1924-1925-1926-1927-1928-1929-1932-1933-1934-1935-1936-1937-1938-1939-1940-1941-1942-1943-1944-1945-1946-1947-1948-1949-1950-1951-1952-1953-1954-1955-1956-1957-1958-1959-1960-1961-1962-1963-1964-1965-1966-1967-1968-1969-1970-1971-1972-1973-1974-1975-1976-1978-1979-1980-1981-1982-1983-1984-1985-1987-1988-1989-1990-1991-1992-1993-1994-1995-1996-1997-1998-2000-2001-2002-2003-2004-2005-2006-1007-2008-2009-2010-2012-2013-2015-2016-2017-2018-2019-2020-2021-2022-2023-2024-2025-2026-2027-2028-2029-2031-2032-2033-2034-2035-2036-2037-2038-2039-2040-2041-2042-2043-2044-2045-2046-2047-2048-2049-2050-2051-2052-2053-2054-2055-2056-2057

PAUL CUMING: 1191
R. CURTIS/VIREO: 724
EVELINE DEVERAUX: 1999
JIM ENTICOTT: 1069-1084-1131-1132-1189-1190-1199-1200-1201-1202-1204-1205-1212-1215-1216-1239-1242-1261-1262-1273-1274-1279-1281-1283-1284-1294
CRISTIAN ESTADES: 470-471
GONZALO GONZALEZ: 51-91-96-104-108-109-180-183-190-245-271-272-273-407-408-494-549-563-564-565-585-686-698-719-883-955-1058-1061-1093-1122-1130-1146-1156-1219-1416-1418-1421-1453-1499-1522-1584-1586-1595-1639-1715-1723-1730-1733-1755-1756-1762-1856-1977-2030
CHRIS GOODDIE: 842
ROBERTO GULLER: 60-63-187-233-331-332-335-336-355-356-487-519-524-562-625-627-695-700-708-720-732-794-795-796-797-798-799-838-879-1613-1615-1618-1645-1710-1809-1812-1854-1855-2014
DON HADDEN: 1079-1082-1083-1105-1108-1110-1117-1119-1120-1236-1237-1240-1268-1269-1271-1323
ALAN HENRY: 740-741-742-743-744-745
MIKE HERMES: 276
ARMANDO IGLESIAS: 718-1628
INSTITUTO DE LA PATAGONIA: 307
ANDRES JOHNSON: 1044-1045-1047-1048
FEDERICO JOHOW: 1634
SCOTT JONES: 1094-1095-1497
HARALD KOCKSCH: 97-185-186-242-243-244-246-337-338-542-543-582-583-584-678-681-696-697-876-877-878-880-882-900-901-902-904-905-922-923-997-1005-1419-1420-1433-1434-1438-1580-1583-1587-1594-1611-1612-1614-1616-1617-1729-1734-1735-1738-1739-1741-1804-1805-1806
ALEJANDRO KUSCH: 38-42-363-428-550-552
GREG LASLEY: 1207-1208-1209-1210
JOSE LEIBERMAN: 92
REGINALDO LEJARRAGA: 597-598
A. MALEY/VIREO: 548
JUAN MAZAR BARNETT: 521-607-694-862-1711-2011
A. MORRIS/VIREO: 1911
TONY PALLISER: 1076-1194-1195-1197-1198-1203-1211-1213-1214-1235-1270-1275-1295-1298
R.L. PITMAN/VIREO: 1910
NICOLAS PIWONKA: 274-275-536
DARIO H. PODESTA: 57-58-59-62-127-193-195-342-360-400-533-566-631-836-1585-1706-1707-1876
HERNAN POVEDANO: 61-122-184-194-196-256-520-561-624-676-677-707-837-1431-1538

JULIO PRELLER: 956
GERMAN PUGNALI: 746
MAURICIO A. RUMBOLL: 20
HERNALDO SALDIVIA: 120-534-535-539-540-541-546
JULIO SCHINDLER: 100-522-523-1931-1931
CRAIG SMITH: 189-547-586-588-589-1026-1479
BRENT STEPHENSON: 1111-1112-1113-1114-1118-1192-1196-1226-1231-1232-1233-1244-1250-1272-1280
CHARIF TALA: 9-11
T.J. ULRICH/VIREO: 1513
MAURICE VAN DE MAELE: 1227
T. VEZO/VIREO: 1315
CLAUDIO VIDAL: 19-617-758-764-789-790-791-792-793-949-950-952-953-954-957-958-968-973-974-975-981-989-990-991-992-993-994-995-996-1024-1053-1055-1057-1062-1063-1085-1087-1092-1159-1160-1217-1296-1297-1299-1300-1365-1375-1503-1562
B.K. WHEELER/VIREO: 121-123
JACOB T. WIJPKEMA: 1778-1779

INDEX / INDICE

NOTES / NOTAS

NOTES / NOTAS

NOTES / NOTAS

NOTES / NOTAS